塑料注射模浇注系统设计

徐佩弦　张占波　王利军　编著

机械工业出版社

本书全面系统地介绍了塑料注射模的浇注系统设计技术。在塑料熔体流变学基础上，结合计算机的流动分析，提出了各种浇口和各级流道直径的计算方法；结合传热学的理论，介绍了热流道喷嘴的结构和强度校核，解析了喷嘴和流道板的加热和膨胀；应对热流道的装配连接，提出了热补偿分析计算方法；通过分析剪切热的生成和分布，介绍了改善熔体流动不平衡的途径和方法，并提供了调控注射流动不平衡的熔体转动技术；以保障注塑制件的精度和质量为中心，提供了实现科学注塑的途径和注射工艺优化的方法。本书的技术数据图表、实例丰富，并配备实用的设计计算公式，可帮助读者掌握并精通塑料注射成型与模具设计技术，针对性和实用性强。

本书可供从事塑料注射成型与模具设计的工程技术人员、工人使用，也可供相关专业的在校师生参考。

图书在版编目（CIP）数据

塑料注射模浇注系统设计/徐佩弦，张占波，王利军编著. —北京：机械工业出版社，2024.5
ISBN 978-7-111-75525-8

Ⅰ.①塑… Ⅱ.①徐… ②张… ③王… Ⅲ.①注塑-塑料成型
Ⅳ.①TQ320.66

中国国家版本馆 CIP 数据核字（2024）第 068021 号

机械工业出版社（北京市百万庄大街 22 号　邮政编码 100037）
策划编辑：陈保华　　　　　　　责任编辑：陈保华　赵晓峰
责任校对：贾海霞　牟丽英　　　封面设计：马精明
责任印制：邓　博
北京盛通数码印刷有限公司印刷
2024 年 6 月第 1 版第 1 次印刷
184mm×260mm · 29.25 印张 · 724 千字
标准书号：ISBN 978-7-111-75525-8
定价：139.00 元

电话服务　　　　　　　　　　　网络服务
客服电话：010-88361066　　　机 工 官 网：www.cmpbook.com
　　　　　010-88379833　　　机 工 官 博：weibo.com/cmp1952
　　　　　010-68326294　　　金 书 网：www.golden-book.com
封底无防伪标均为盗版　　　机工教育服务网：www.cmpedu.com

前　言

塑料注射模塑过程中，最基本和最有影响的因素是输送塑料熔体的浇注系统。模具设计和制造企业必须掌握流道和浇口里熔体注射流动规律，才能减少差错和试模次数。本书详细陈述了冷流道和热流道、有关流道布局和设计，以及浇口的设计和位置的设定等内容，解析了相关设计理论和计算方法，并有科学的数据和实例解说。

注射期间，在数秒钟内输送高压熔体，经流道和浇口注射充填到制件型腔，熔体的物理条件和材料黏度变化剧烈。通过流变学方程式计算，可以预测剪切速率和剪切应力的分布和变化，从而保证全流程中熔体输送浇注平衡，避免临界剪切应力造成制件缺陷。

收缩和翘曲变形是影响塑料制件质量的重要问题。应用塑料物理状态方程的数值分析，可以预测制件的收缩率和变形量。本书解析了制件冷却时残余应力的产生和分布规律，为塑料制件设计、模具设计和注射工艺拟定，提供了合理的理念和方法。

本书分析了剪切热的生成和分布，介绍了改善熔体流动不平衡的途径和方法。当采用多个型腔注射模塑时，在流道系统的熔体输送过程中会产生剪切热，使得各个型腔浇注不平衡，也会使单个的不对称型腔产生浇注不平衡。要用熔体转动技术调整控制注射流动不平衡，改善注塑制件翘曲变形。多个型腔注射成型的熔体转动技术是掌握和控制流道系统高剪切层流的方法。正确应用熔体转动技术可提高各个型腔成型制件的一致性，从而改善成型制件的质量和精度。本书详细介绍了熔体单轴和多轴转动技术、冷流道和热流道的熔体转动技术。

本书以保障注塑制件精度和质量为中心，将注射模具设计和注射工艺结合，给出了实现科学注塑的实践途径和注射工艺优化方法。为此，本书阐述了各种注塑塑料的性能和原材料的处理，说明了注塑制件结构设计要点，解析了注射机螺杆塑化原理和操作控制。为精准判定工艺窗口，本书讲解了熔体黏度曲线、流程的压力降和浇口封闭时间等项的实验测试操作。本书还介绍了试模过程、二段式的稳健工艺的开发，从而通过不断改造和摆脱"经验法则"的现状，让塑料注射生产率得到提升。

本书编者有长期从事塑料加工专业的教学和科研的经历，在注塑和注射模具生产企业负责技术工作。二十年来，上海克朗宁技术设备有限公司王建华、上海席瑞电气系统设备有限公司余志良，与上海占瑞模具设备有限公司王利军合作，在专业期刊发表了多篇论文。在这些技术经验积累的基础上，并参考国外相关技术发展的新资料，徐佩弦、张占波、王利军共同编著了这本现代塑料注射成型技术图书。

在本书出版之际，感谢为本书提供资料的各位同仁，感谢机械工业出版社承担了本书的出版工作。

编　者

目 录

第1章

概　　述

本章概要介绍了塑料注射成型机（简称注射机）、成型模具和注射成型过程，以及注射成型技术的基础知识，并说明了冷流道到热流道的发展过程。

1.1　注射模塑

塑料的注射成型过程借助螺杆的塑化和推进将塑料熔体充填模具型腔，冷却固化后开模而获得制品。

1. 注射机的基本组成

掌握注射成型工艺要从了解注塑机的基本结构开始。图 1-1 所示为注射机的基本组成。注射塑化装置在定模板 8 的右侧，而合模装置在左侧。图示注射机有注射液压缸、注塑装置移动液压缸、合模液压缸和螺杆旋转液压马达。液压控制系统的控制阀和油箱等装在机座内或注射机的各个位置。电气控制装置有的在独立的控制柜里，有的安装在定模板前。

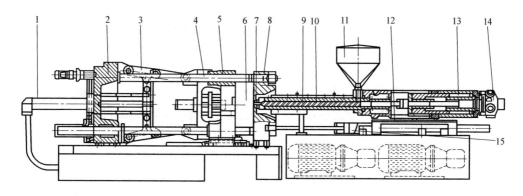

图 1-1　注射机的基本组成

1—合模液压缸　2—后模板　3—双曲肘　4—拉杆　5—动模板　6—装注射模的空间
7—喷嘴　8—定模板　9—往复式螺杆　10—料筒　11—料斗　12—注塑装置的导轨
13—注射液压缸　14—螺杆旋转液压马达　15—注塑装置移动液压缸

（1）**注射塑化装置**　其作用是将塑料原料由料筒电加热，又经螺杆混合、均化和剪切加热，塑化成黏流态，并以很高的压力和速度注入进模具型腔。注塑装置主要有料斗加料装置，电加热的料筒，旋转并移动的螺杆，注射喷嘴和计量装置等。

当液压马达驱动螺杆旋转时，固态塑料粒子被压缩、加热、剪切而熔化。熔融的塑料积聚在螺杆头的前面，迫使螺杆与注射液压缸的活塞后退。完成计量后螺杆止转，塑化结束。在密闭模具中，注塑制件的冷却固化时间比塑化时间长。要等到注射模打开，制件被顶出，重新闭合后，液压缸才能注射定量的塑料熔体。

整个注塑装置在床身的导轨上，可由牵引液压缸往复拖动。在注射和保压时注射喷嘴紧压贴合在注射模的凹坑上。高压熔料经模具的主流道射入型腔。

（2）合模装置　合模装置由模板、拉杆、合模机构、制品顶出机构、调模机构和安全门等组成。注射成型时，熔融塑料通常以 40～200MPa 的高压注射。为了保持注射模紧密闭合，合模液压缸和机械肘杆机构要提供足够的锁模力。合模装置不但能启闭模具，还能在开模运动的后期驱使模具的脱模机构推顶固化的制件。

合模装置的动模板牵引动模慢速开模，保证制件顺利脱离定模型腔。动模在运行途中应快速移动。在开模运动的后期，在动模的脱模机构对制件的顶出运动时应该减速，以保护制件不受脱模损伤。为避免与定模碰撞，合模装置推动闭模时，动模应减速接近定模。

（3）液压系统　为了实现注射工艺过程中注塑装置和合模装置的动作程序，对液压系统的执行液压缸和液压马达提供液压动力并进行控制。液压系统包括液压泵、驱动电动机、附设的管道、油箱和滤油器以及对压力油有压力调节、控制流量和流向的各种液压阀。这些液压控制阀又与电气控制系统连接。

（4）控制系统　料筒的温度、模具温度、锁模力、注射压力和速率、保压压力和时间等十几个参数，在注塑生产中要保持稳定。要保证注射周期内，螺杆、动模等功能零部件，按照逻辑程序在确定的时刻达到所要求的位置和方向。控制系统直接监控加工过程。

2. 注射成型循环过程

在注射成型循环的时间周期内，注塑装置与合模装置相互协作，完成注射成型的动作程序，生产质量合格的制件。

（1）注射成型的循环动作　图 1-2 所示为注射成型的循环动作过程，分成四个阶段。

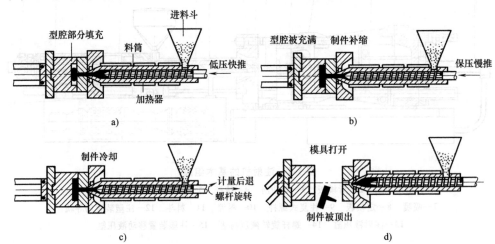

图 1-2　注射成型的循环动作过程

a）锁模与注射　b）保压与补缩　c）塑化与冷却　d）开模并顶出

1）锁模与注射。模具被低压快速推进闭合。当动模将要合上定模时，动模低速行进，自动切换成高压锁模。喷嘴贴合模具后，注射液压缸以高速高压传力给螺杆，将熔料注入模具的型腔。

2）保压与补缩。塑料熔体注入低温型腔后有较大收缩。应进行熔料补偿，使制件的质量密实。料筒内预留一定的熔料量，注射螺杆以高压少量地向前推挤。模具内浇口冻结闭合时，应撤除保压压力，让制件在密封的型腔中冷却固化。

3）塑化与冷却。制件冷却时，螺杆在液压马达驱动下转动，将来自料斗的粒料沿螺旋槽向前输送。粒料受料筒外加热和螺杆剪切热的共同作用逐渐软化，并最终完全熔融。由于螺杆头部熔体压力的作用，迫使螺杆转动时发生后退。注射液压缸可调节 25MPa 以下的油压，阻挡螺杆的后退，这个阻力称为背压。螺杆的后移量可折算成贮存的熔体体积。当螺杆退回到一次注射所需的计量值，监测信号控制螺杆停止转动，完成塑化。

4）开模并顶出。要求塑化时间少于注塑件的冷却时间。制件冷却定型后模具开启。在开启移动的后期，合模装置的顶杆或者液压缸活塞，驱使动模的脱模机构顶出制件。

（2）注射成型周期　注射成型周期指完成一次注射成型工艺过程所需的时间。它包含注射成型过程中所有的时间，直接关系到生产率的高低。注射成型周期如图 1-3 所示。图中的冷却时间从保压结束到开模为止，称为模具内的冷却时间。实际上自熔体流动充填到型腔后，即刻开始冷却。开模后，在室温下的制件还会继续冷却。

如果是注射热敏感或易降解的塑料，在注射机停机前，要把料筒里的余料清除，为此，注射座需后移。注射时，热流道注射模的主流道喷嘴应加热并保持注射温度。注射机在各个工作循环中，喷嘴始终同模具接触。若采用固定加料方式，注射座不移动。

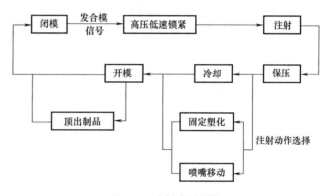

3. 注射充模

注射液压缸以高压将塑料熔体经喷嘴及注射模的流道和浇口

图 1-3　注射成型周期

输入制件的型腔。熔体的传输过程可分为流动充模、保压补偿和倒流三个阶段。

（1）流动充模　图 1-4 所示为注射成型的塑料熔体的压力-时间曲线。曲线 1 是螺杆头前熔料的压力变化，也是注射液压缸的活塞推力的压力变化。计算机控制注射机，可以测定并显示该曲线。曲线 2 为注射机的喷嘴出口处流道熔料的压力变化。曲线 3 为注射模中浇口出口处型腔内熔料的压力变化。而且，浇口是开放式的，浇口里的塑料熔体由热量和压力控制冻结启闭。该处可用压力传感器测试，说明型腔内的最高压力随时间的变化。

要理解熔体压力在流动输送中的变化，必须了解到塑料熔体是高黏度的流体，而且具有明显的弹性。在进入制件型腔前的流程中，由于料筒、喷嘴、流道和浇口的阻力，不断消耗注射压力。熔体流动传输过程中，料筒和喷嘴有一定的加热温度，而进入模具的制件型腔后，低温的流道壁对熔体有冷却作用。因此，塑料熔体的流动传输过程，不仅是假塑性非牛顿流体的质量和动量传输，又是熔体能量变化的过程。

1）注射压力曲线。图 1-4 中，t_0 为螺杆开始推压熔体的时刻。在压力曲线 1 上，p_{i1} 为螺杆的注射压力。t_2 为熔体充满型腔的时刻，时间段 $t_0 \sim t_2$ 为注射充填阶段。t_1 塑料熔体冲出浇口，进入成型型腔的时刻。$t_0 \sim t_1$ 为流动前期。在流动前期喷嘴口和流道中熔体压力急剧上升。在 $t_1 \sim t_2$ 注射流动的后期，型腔内塑料熔体被充满，p_{i2} 由 V/P 切换成保压压力。控制 t_2 的保压切换时刻十分重要。过早切换会使制品的密度不足。

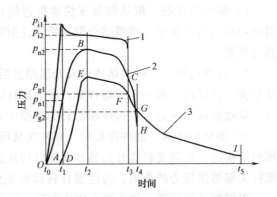

图 1-4　注射成型的塑料熔体的压力-时间曲线
1—注射压力曲线　2—喷嘴出口处流道熔料的压力曲线
3—注射模中浇口出口处型腔内熔料的压力曲线

2）注射机喷嘴出口处熔料的压力曲线。图 1-4 中，流道中熔体压力在流动前期，压力由 A 点上升至 B 点。B 点对应注射机喷嘴出口的保压压力 p_{n2}，显然，$p_{i1}-p_{n2}$ 为在注射后期，塑料熔体在料筒和喷嘴传输时的压力损失，而在模具内压力从 p_{n1} 升至 p_{n2}。t_3 是保压时间结束时刻。此时压力曲线 2 上螺杆头的注射压力急剧下降。在 $t_2 \sim t_3$ 的保压期间，塑料熔体在保压压力下补偿给制件型腔。保压结束，流道中熔体压力自 C 点迅速下落至 H 点。期间，流道中熔体压力和温度下降很快，而制件型腔内的熔体压力较高。如果浇口有足够大的流通截面，塑料熔体会倒流至流道中。

3）喷嘴浇口出口处熔料的压力曲线。图 1-4 中，自 t_1 时刻熔体冲出浇口，型腔内材料的压力曲线 3 上，压力在流动充填期间自 D 点上升至 E 点。自 E 点至 F 点，制件型腔内的塑料得到压实和补缩。F 点的型腔内压力为 p_{g1}。在 $t_1 \sim t_4$ 期间，熔料充填并压实了制件型腔，而塑料熔体温度在下降。t_4 是截面狭窄的浇口中塑料冻结封闭的时刻。自 t_4 起，制件型腔为密封容器，停止质量和压力传递。p_{g2} 是浇口冻结时刻的型腔中塑料的内压。从 G 点到 I 点，型腔内的注塑制件内压和温度不断下降，制件形体冷却收缩。直到时间 t_5，模具的分型面打开。

（2）保压补偿　在注射阶段结束后，螺杆不能立即退回，必须在前段位置保持一定压力，螺杆缓慢推进。塑料熔体有补给型腔的保压流动，此时螺杆前端压力称为保压压力。此时型腔内熔体温度已下降，黏度升高，只是低速流动。而压力的传递起主导作用，影响制件的质量。浇口冻结之前，熔体在保压压力下，产生补偿冷却收缩的流动。此时在注射机的料筒内，螺杆前端应有一定量的熔体，称为缓冲垫。

保压阶段的压力和时间，影响型腔内压力和补偿收缩程度。较高的保压压力，补进了较多物料，增大了制件的密度，也提高了密度分布的均匀性。但是，保压阶段的材料输送和压力传递，是在成型制件的温度不断下降时进行的。较高的压力会在制件中产生较大的残余应力和大分子取向，从而使制件在使用期内容易翘曲变形。

一定的保压压力下，延长保压时间能向型腔中补进更多熔料。其效果与提高保压压力相似。如果浇口的截面较大，又保持较长的保压时间，会出现型腔中塑料凝固之后浇口才冻结，型腔的内压将缓慢下降。这有利于保证深型腔的大型薄壁制件的质量。反之，保压时间不足，浇口又不能及时冻结，则物料会从模具型腔中倒流，型腔内压力会下降很快。

（3）倒流　如果模具内的浇口没有冻结就撤除保压压力，则塑料在较高的模具型腔内压下发生倒流。倒流会使型腔内压力很快下降。倒流将持续到浇口冻结闭合为止。曾发生倒流的模塑制件的密度不足，其表面有凹陷，内部有真空泡等缺陷。浇口截面的大小和形状决定了冻结的时刻。注射模内采用针点式的浇口，一般不会发生倒流。大型的注塑制件，采用主流道类型的浇口，保压时间可达 1min。保压时间对制件密度和尺寸精度有较大的影响。浇口封闭之前就结束保压是注射生产操作的失误。用不同的保压时间，对注塑制件称重，可找到合适的切换时间（见第 13 章的 13.2.6 小节）。

1.2 注射模具

1.2.1 冷流道和热流道注射模具

注射模具是用闭合和开启的型腔，成型一定形状和尺寸塑料制件的工具。热流道和冷流道模具，成型塑料制件的原理基本相同，区别在于浇注系统的流道是否加热，是否有流道凝料。

1. 注射模具组成和结构

凡是注射模，均可分为动模和定模两大部件。注射充填时动模与定模闭合，构成型腔和浇注系统。开模时动模与定模分离，取出制件。定模安装在注射机的固定板上，动模则安装在注射机的移动模板上。

图 1-5 所示为典型的单分型面注射模。根据模具上各个零部件的不同功能，可由以下七个系统机构组成。

（1）成型零件　成型零件指构成型腔，直接与熔体相接触并成型塑料制件的零件，通常包括凸模、型芯、成型杆、凹模、成型环、镶件等。在动模和定模闭合后，成型零件确定了制件的内部和外部轮廓和尺寸。图 1-5 所示的模具，其型腔由凹模 3、型芯 4 和动模板 12 构成。

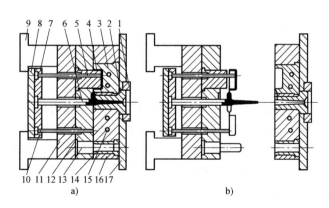

图 1-5　单分型面注射模

a）闭合充模　b）开模取件

1—定位环　2—主流道衬套　3—凹模　4—型芯　5—推杆　6—拉料杆　7—顶出固定板
8—顶出底板　9—动模座　10—回程杆　11—动模垫板　12—动模板　13—导柱
14—导套　15—冷却水管道　16—定模板　17—定模安装板

（2）浇注系统　将塑料熔体由注射机喷嘴引向型腔的流道称为浇注系统，它由主流道、分流道、浇口和冷料井组成。图 1-6 所示为单分型面注射模上的浇注系统。

（3）导向与定位机构　为确保动模和定模闭合时，能准确导向和定位对中，通常分别在动模和定模上设置导柱和导套。深腔注射模还必须在主分型面上设有锥面定位。有时为保证脱模机构的准确运动和复位，顶出底板 8 和顶出固定板 7 也要设置导向零件。

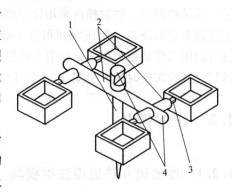

图 1-6　单分型面注射模上的浇注系统

1—主流道　2—分流道　3—浇口

4—冷料井

（4）脱模机构　脱模机构是指在开模过程的后期，将塑件从模具中脱出的机构。图 1-5 中脱模机构由推杆 5、拉料杆 6、顶出固定板 7、顶出底板 8 及回程杆 10 组成。

（5）侧向分型抽芯机构　带有侧凹或侧孔的塑件，在被脱出模具之前，必须先进行侧向分型或拔出侧向凸模或抽出侧型芯。

（6）温度调节系统　为了满足注射工艺对模具温度的要求，模具设有冷却或加热的温度调节系统。模具冷却一般在模板内开设冷却水管道，模具加热则在模具内或周边安装电加热元件。有的注射模配备模具温度自动调节装置。

（7）排气系统　为了在注射充模过程中将型腔内原有气体排出，常在分型面处开设排气槽。小型腔的排气量不大，可直接利用分型面排气，也可利用模具的顶杆或型芯与配合孔间的间隙排气。大型注射模要设置专用排气槽。

单分型面注射模也称两板式注射模，它的主流道设在定模一侧，分流道设在分型面上，开模后制件连同流道凝料一起留在动模一侧。动模上的脱模机构负责顶出制件和流道凝料。在打开的动模和定模之间，取走制件和流道凝料。在模具重新闭合时，一般通过回程杆 10 使脱模机构复位。

在注射模具中，用于取出塑料制件或浇注系统的面，统称为分型面。常见的取出注塑制件的主分型面，与开模方向垂直。

2. 双分型面注射模

双分型面注射模泛指浇注系统凝料和制品从不同分型面取出的注射模。此类注射模也称三板式注射模，如图 1-7 所示。与单分型面注射模相比，在定模边增加了一块可往复移动的型腔板 13，此板称为型腔中间板或流道板，多用于针点浇口的单型腔或多个型腔模具。开模时 *A—A* 面分型，型腔板与定模板作定距分离，供人工取出或自由下落浇注系统凝料。*B—B* 面分型时，型腔板 13 与脱模板 5 相互分离，然后再由脱模机构顶出底板 9、推杆 11 和脱模板 5，将制件从型芯上脱出。

1.2.2　冷流道与热流道

1. 冷流道和浇口的模具

这里简单介绍冷流道的基本类型，它决定了模具结构的类型。

（1）流道和浇口在主分型面　图 1-5 和图 1-6 中，流道和浇口与制件型腔沿着同一分型

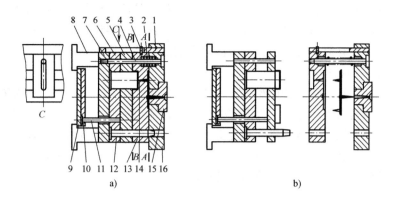

图1-7 双分型面注射模

a) 闭合充模 b) 开模取出制件和流道凝料

1—定距拉板 2—压缩弹簧 3—限位销钉 4—导柱 5—脱模板 6—型芯固定板
7—动模垫板 8—动模座 9—顶出底板 10—顶出固定板 11—推杆 12—导柱
13—型腔板 14—型芯 15—主流道衬套 16—定模板

面布局。流道与制件表面很接近，常用短的矩形浇口连通。熔体经过矩形浇口输送到制件的型腔。塑料熔体被模具冷却后充分凝固。模具打开后流道和制件在同一个分型面上被推出。图1-5说明了模具里流道的位置和它被从分型面上顶出的过程。

这种矩形浇口的高度由制件的壁厚决定，宽度由射入制件型腔的流量决定，所以会有几个宽3~5mm的矩形浇口浇注同一型腔。有多种经修正的矩形浇口，诸如扇形浇口、平缝形浇口、圆环形浇口、盘形浇口、轮辐式浇口、重叠式浇口等，它们属于中等截面浇口。这类浇口与流道在同一分型面上，浇口对着制件的侧壁表面或内侧壁。流道和浇口附留在制件上，必须在模具外剪断分离。中等截面浇口，注射充模时能限制浇口区域的剪切速率和剪切应力。可用浇口位置、浇口宽度和高度来改善模具型腔间隙的流动模式，也能用浇口的高度增强保压作用。

（2）模板内的流道和浇口 图1-7中，点浇口中的物料是长约0.6mm的塑料细圆柱。开模时，可以把制件和浇注系统的凝料在模内分离。有浇注系统凝料的脱出机构，保证将点浇口拉断。各级分流道布置A—A分型面上，并与主流道连通。开模时要可靠地将浇注系统凝料从定模板或型腔板上脱离，自动坠落。

点浇口也称针尖式浇口，直径0.5~1.8mm，有很长的圆锥形的引导长度，属于约束型浇口。在模具冷却过程中，点浇口中物料首先冻结，此时注射的保压阶段结束。冷流道的三板模是常用的模具结构，适用于多个型腔制件的大批量高效生产。

此种模具的结构较复杂，模板有顺序动作过程。在多个型腔的注射模里，浇注系统凝料较多。如果将流道加热，定模中设置加热的流道板和喷嘴，将演变成热流道注射模。而且，大型制件的三板式注射模在每次注塑时，很重的型腔板都要在导柱上滑动。所以，即使模具制作精良，其寿命也不会太长。采用热流道注射模，就能避免三板模结构。

成型同样的注塑制品时，热流道注射模比三板式点浇口的冷流道注射模的制造成本有所增加；但没有流道系统的塑料材料消耗，而且注射成型周期缩短，注射生产费用降低。总之，相同批量生产制品的总成本下降。

三板模中冷流道在型腔板中给多个型腔输送熔料,是注射模的第一次改革。模具的第二次重大改革是热流道的应用。热流道就如同冷流道那样输送熔体,但它贮存塑料熔体,在流道板内加热保温,没有流道凝料,在两个注射周期之间并不取出。

2. 热流道模具的结构和系统

图 1-8 所示为完全的热流道喷嘴系统,主要由主流道喷嘴、流道板、分喷嘴、加热和测温元件以及安装和紧固零件组成。包围在模具中央的流道板布置了各级分流道。注射机喷嘴射出的塑料熔体经主流道喷嘴分流到各流道。流道板的各分流道有若干的注射点,熔体经喷嘴流道和浇口注射到制件的型腔。图 1-8 中,喷嘴有两种,右侧喷嘴是开放式浇口,依靠热力闭合;左侧是针阀式喷嘴,是可控阀针的运动开闭浇口。

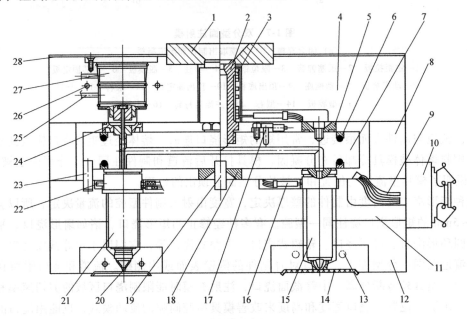

图 1-8　热流道喷嘴系统

1—中心定位环　2—主流道喷嘴　3—主流道喷嘴的加热器　4—定模固定板　5—承压圈　6—管状电热弯管
7—流道板（分流板）　8—垫板　9—耐温导线　10—接线盒　11—定模夹板　12—定模板　13—冷却水孔
14—注塑制件　15—开放浇口的喷嘴　16—喷嘴加热器的引出线　17—流道板测温热电偶　18—支承垫
19—中心定位销　20—阀针　21—针阀式喷嘴　22—喷嘴的止转销　23—流道板上的止转销　24—承压圈
25—气管　26—冷却水管　27—气缸　28—隔热垫

主流道喷嘴 2 的功能与冷流道浇注系统的主流道相同。但它有电加热线圈和热电偶测温。中心定位环 1 的外径与注射机上定模板定位孔相配。定位环内孔与主流道喷嘴的定位轴段紧配合。主流道喷嘴入口的凹坑和孔径,必须与注射机喷嘴的突球面和孔径相匹配。图 1-8 所示的主流道喷嘴与流道板 7 之间采用螺纹连接。

流道板应装备加热和绝热设施,保证电加热效率和温度控制有效。图 1-8 所示流道板上,在两平面嵌装了金属管状电热弯管 6。它的热量通过流道板金属间接地传导给流道中的塑料熔体。还安装了测温热电偶 17。流道板悬置于定模板与垫板构成的模框中,利用空气绝热。

根据浇口数目和位置,热流道板可以设计为一字、H 和 X 等各种外形。它要承受流道高压熔体的作用力和各喷嘴的热膨胀，要求它有足够的刚度。流道常用圆形截面。流道转折处应圆滑过渡，防止熔体滞留。流道板用螺栓连接定模板，在压力下开放浇口的喷嘴15与流道板的连接应可靠，防止塑料熔体泄漏。

热流道开放浇口的喷嘴15的通道直径，应与流道板上流道直径相配。喷嘴浇口的设置方法有两种：一种是制造在喷嘴的壳体的末端，供应商提供的喷嘴上有浇口套，如图1-8所示；另一种是将浇口孔做在定模板上，或把浇口套嵌装在定模板上。开放式浇口主要有两类：一类是有主流道型的直接浇口，简称直浇口；另一类为图1-8中所示的针尖式浇口。与冷流道系统的点浇口相比，进入喷嘴末端点浇口的熔体温度较高。但是，塑料熔体的剪切速率过大，会有降解的风险。喷嘴上浇口的设计和制造是热流道注射成功的关键。所有的喷嘴必须安装有热电偶以及加热和温度调节系统。喷嘴里较多用线圈加热器，不但要求加热器能等温均衡地加热熔体，而且在喷嘴与冷模具之间要绝热。

热流道板和喷嘴设有加热和测温元件。现今，流道板很少采用圆棒式加热器，较多采用图1-8所示的管状电热弯管6。它的热量通过流道板金属间接地传导给流道中的塑料熔体。流道板通常是分区加热。每个弯管加热器，对应一个测温热电偶。测温位置应是高温热点，如加热器输出量最大的点（在加热器与熔体通道之间）。

喷嘴里多用线圈加热器，要求元件能等温均衡地加热熔体，而且喷嘴与冷模具间采用空气间隙绝热。通常，每个喷嘴单独加热并布置测温热电偶。热电偶可布置在浇口附近，该处的温度对于熔体的流动性和压力的传递都非常重要，或布置在主流道的末端，防止塑料熔体的分解。

流道板的紧固和密封要防止泄漏，必须计入热膨胀的作用，还要限制流道板的热损失。图1-8中，喷嘴轴线上的承压圈5、流道板7和开放浇口的喷嘴15，在注射加热时应有恰当的过盈量，防止泄漏。

图1-8所示模具的中央轴线上，流道板与定模板之间配有中心定位销19。流道板边缘的止转销23，能保证流道板的定位精度及定模板周边间隙均匀，也能保证流道板与喷嘴上流道对准。中心定位销19与流道板7之间应该是密配。流道板边缘上的止转销23在模板平面径向必须有足够的间隙。它仅限止流道板的转动，只有这样才能防止流道板产生过大的热应力和热变形。

图1-8左侧所示是针阀式的多喷嘴，针阀式喷嘴21的普遍应用是注射模具的重大进步。针阀式喷嘴将移动阀针20插入到浇口孔中，可控制机械启闭。阀针有圆柱头和圆锥头两种。图1-8所示阀针20处于浇口闭合状态，而且浇口套紧固在喷嘴壳体上。

阀针的开闭行程为7~15mm，由气缸27里的活塞驱动。双通道的气管25由电磁阀控制气压，又连接到注塑过程的电子程序控制器。气缸活塞驱动有被液压缸替代的趋势。现代还有步进电动机驱动阀针运动。气缸装在定模固定板4中，需接冷却水管26进行冷却。针阀式喷嘴21装在定模板12中，需用喷嘴的止转销22防止周向转动，也要用流道板上的止转销23防止流道板转动。

3. 热流道系统的注射和保压

热流道的喷嘴有几十种的浇口。浇口启闭影响注射充模、保压补偿和倒流。喷嘴大致有四种类型。

1）如果热流道系统是开放式浇口的喷嘴，注射与保压由注射机的控制系统实施。

2）如果注射模是针阀式单喷嘴，模具型腔的注射与保压由注射机的控制系统跟单喷嘴的驱动阀针联合控制。通常，两者的起始注射和保压结束是同步的。

3）如果注射模有数个针阀式的多喷嘴，而且这些喷嘴的阀针是圆柱头，对模具型腔各注射点的注射与保压，各阀针的启闭与注射模的控制系统同步控制。在注射生产中，注射机的保压结束，而多喷嘴的阀针推迟闭合，如果此时开放的浇口不能热力闭合，会使模具型腔内塑料倒流。

4）注射模有数个针阀式的多喷嘴，为了控制这些喷嘴按时间程序逐个注射和保压，应该采用圆锥头的阀针。这种针阀式多喷嘴的结构虽复杂，但对于浇口孔的闭合可靠。常用于各注射点的注射保压时间的控制，可以获得较理想的熔合缝的分布位置，甚至可消除熔合缝。在注射机开始注射后，这些喷嘴的注射保压时间由时间程序控制器逐个调节，直到注射机的保压终止。

1.2.3 注射模塑制件的精度和质量

注塑生产中，通常以最终的塑料制件的品质来评价模具的设计和制造。制件的品质由尺寸及形状位置精度和质量两方面加以衡量。注射制件质量，包括表观质量和内在质量。

1. 注射成型制件的质量

注射制件的表观质量，即注射制件的表面粗糙度和表面缺陷状况。常见的表面缺陷有凹陷、真空泡、气孔、流动痕、无光泽、发白、银纹、剥层、暗斑纹、烧焦、裂纹、翘曲、溢料及可见熔合缝等。作为装饰零件，表面缺陷会影响美观。作为结构件，这些缺陷会影响制件工作性能。表观质量也是制件内部质量的反应。

内在质量，有三个方面指标。其一，塑料的力学性能、热性能、化学阻抗、渗透性、阻燃性、耐候性、电性能、光学性能、摩擦磨损性能和硬度，这些性能指标的测量都有行业标准；其二，塑料经注射成型加工的制件的性能，包括熔合缝强度、残余应力、取向与密度等相关的力学性能、热性能、电学和光学性能；其三，塑料注塑制品，或者电子消费产品等含有注塑制件，侧重于产品的性能的测量指标。

2. 材料和注射工艺对尺寸精度的影响

注射制件的尺寸精度比金属零件低，是由塑料的性能和加工工艺特征所决定的。

（1）材料方面影响　注射模塑材料的成型收缩率的波动和非均一是注塑制件精度低下的主要原因。注射模塑的塑料在高温高压的熔融状态下流动充模。常见熔体温度为170～300℃，然后进行冷却固化，通常脱模温度为20～100℃。塑料有比金属大2～10倍的线胀系数。不同塑料有不同的成型收缩率。无定形和热固性塑料的成型收缩率较小，在1%以下；结晶型塑料的成型收缩率在2%左右；用无机填料充填，或用玻璃纤维增强的塑料有较低的成型收缩率。成型收缩率越大，其收缩率的波动范围越大。塑料的冷却固化收缩是材料分子结构所决定的。成型收缩率的不稳定是造成注塑制件尺寸误差的内在因素。现代注射成型生产中，为使成型收缩稳定，采用了许多高新技术。

（2）注射工艺方面影响　操作工艺条件发生变化，注射周期各阶段的温度、压力和时间会影响注塑制件的收缩、取向和残余应力，因为存在对于制件尺寸精度要求的最佳工艺条件。在注塑生产中，不仅要实施注射工艺量的优化设置，还应保持工艺参数的稳定性。

注射机的控制系统的误差影响制件尺寸精度。注塑装置的塑化和注射量变化影响注射成型的物理条件，关系到制件材料密度和成型收缩率的稳定。合模装置动模板的锁模力的控制误差，会影响注塑制件的精度。

模具冷却系统设计和调节不当，使模具温度不稳定。模具温度分布不均匀并随着时间的波动，造成成型制件的收缩不均匀。

在高压注射阶段，模具零件的弹性变形和塑性变形使制件型腔尺寸变化，会影响制件的精度。脱模机构的作用力不当，会使被顶出制件变形，也会影响精度。

此外，制件壁厚均匀一致，形体又对称，可使注塑制件收缩均衡。提高制件的刚度，如合理设置加强筋，采用金属嵌件等，都能减小制件翘曲变形，有利于提高制件精度。

3. 模具成型零件方面影响

由于塑料熔体在高压的熔融温度下注射充模，并在模具温度下冷却固化，最终在室温下进行尺寸检测和使用，因此塑料制件的形状和尺寸精度的获得，必须考虑物料的成型收缩率等众多因素的影响。由于制件尺寸类型的多样性，因此成型零件工作尺寸的计算，一直是注塑加工中的重大课题。出现的制件尺寸误差，主要是以下四方面因素综合作用的结果。

1）模具成型零件的制造偏差的影响。各尺寸的实际偏差由模具制造精度控制在公差范围内。模具成型零件尺寸的制造误差是产生塑料制件误差的重要因素。对于小尺寸的制件，模具的制造误差占注塑制件公差的 1/3。单个型腔模塑的成型制件精度较高。模具的型腔数目每增加一个，就要降低注塑制件 5% 的精度。

2）塑料的成型收缩对制件尺寸误差的影响。一方面，这是由模具设计所用的计算收缩率与制件生产时的实际收缩率之间的误差所致。另一方面，在注塑生产中，受到温度、压力和冷却和时间的注射工艺参量的影响，收缩率在最大值与最小值之间波动。收缩引起制件尺寸误差，与制件的公称尺寸成正比。注塑加工工程，要求成型收缩引起制件尺寸误差限制在制件公差的 1/3。

3）成型零件的磨损影响制件的尺寸误差。它包括两个方面：一是熔体的冲刷磨损和制件脱模的刮磨，其中被刮磨的型芯径向表面有最大磨损；二是旧模具的修磨抛光量。磨损造成误差与制件尺寸大小无关，而与注塑制件尺寸类型有关，也与塑料的物理性能（如与钢表面的摩擦系数）有关。玻璃纤维增强塑料会使型腔表面有较快的磨损速率。生产中实际注射 2.5 万次，型芯径向尺寸磨损量为 0.02 ~ 0.04mm。注塑工程要求模具在使用期限内，工作尺寸磨损量造成制件误差限制在制件公差的 1/6 内。

按平均收缩率计算成型零件尺寸，要考虑模具成型零件的不同磨损方向。要识别制件包容与被包容尺寸，分别代入不同的计算式。型腔和型芯的磨损会使塑料壳体制件的壁厚变厚，造成超差。

4）模具运动零件配合间隙影响。模具导柱与导套之间的间隙逐渐变大，造成模具动模与定模的对准定位误差，产生圆筒壳体制件的径向壁厚尺寸误差。分型面的配合偏差，会造成制件高度尺寸误差。与模具上运动零件有关的制件，尺寸精度较低。

4. 模塑塑料件的精度和公差标准

GB/T 14486—2008《塑料模塑件尺寸公差》中规定了热固性和热塑性塑料模塑件的尺寸公差。它适用于注塑、压塑、传递和浇注成型的塑料模塑件，公差等级分为七级。

GB/T 14486—2008 与德国国家标准 DIN 16901：1982《塑料模塑件尺寸公差与检验条件》基本一致，但也有一些局部差异。

GB/T 14486—2008 还附有：标准各级公差数值表、常用材料模塑件尺寸公差等级选用表、模塑材料收缩特性值和选用的公差等级选用表等。此标准只规定公差。基本尺寸的上、下偏差可根据工程的实际需要分配。未注公差尺寸等级也有规定。

GB/T 14234—1993《塑料件表面粗糙度》中提供了多种热塑性塑料注射成型所能达到的表面粗糙度 Ra（μm）范围。

注塑制件的设计图用制造公差标明尺寸和形状位置精度等级，以及表面粗糙度。这关系到塑料制品装配时的互换性和使用功能，也关系到注射模塑工程的经济性。

1.2.4 注射模各功能系统设计要点

1. 注射模的强度和刚度设计计算

在注射和保压阶段模具型腔受到很高的压力，强度和刚度必须在允许值之内。

（1）中小型模具的侧壁和底板的强度和刚度计算 中小型注射模是指型腔中塑料容量 $3000cm^3$ 以下的模具。在注射周期中，注射模的工作状态可视为压力达到 $100MPa$ 的高压容器。因此，模具型腔侧壁厚度和底板厚度是主要受力构件，强度和刚度的设计计算和校核必不可少。

传统的力学方法将多种多样型腔结构模型化，归类为圆形型腔和矩形型腔的整体式及组合式，共四种结构类型。对模具型腔的侧壁厚度和动模垫板厚度进行强度和/或刚度的设计和校核计算。

强/刚度计算中的力学参量有：

p——型腔内最大的熔体压力（MPa），一般为 $30\sim50MPa$；

E——模具钢材的弹性模量（MPa），中碳钢 $E=2.1\times10^5MPa$，预硬化塑料模具钢 $E=2.2\times10^5MPa$；

$[\sigma]$——模具强度计算的许用应力 MPa，中碳钢 $[\sigma]=160MPa$，是由下屈服强度 $R_{eL}=300MPa$ 的安全系数 $n=1.875$ 算出；预硬化塑料模具钢 $[\sigma]=300MPa$；

μ——模具钢材的泊松比，$\mu=0.25$。

由理论分析和生产实际证实，在塑料熔体的高压作用下，小尺寸模具主要存在强度问题。首先要防止模具的塑性变形和断裂破坏。因此，用强度条件式进行型腔壁厚和底板厚度设计计算，再用刚度条件式进行校验。大尺寸模具主要存在刚度问题，要防止模具过大的弹性变形。因此，须先确定许用变形量 $[\delta]$，用刚度条件式进行壁厚和底板厚度设计计算，再用强度条件式进行校验。模具刚度计算中，型腔的许用变形量 $[\delta]$ 的确定通常从以下三方面考虑：

1）从模具制件型腔，不能发生溢料考虑。非整体式型腔中的一些配合接触面，当高压塑料熔体注入时会产生足以溢料的间隙，间隙大小与不同塑料品种的黏度特性有关系。

2）从保证制件尺寸精度考虑。模具制件型腔，不能产生过大的使制件尺寸超差的变形量。型腔壁厚的许用变形量，应为注塑制件尺寸公差的函数，而模具的尺寸精度又跟制件精度有对应关系。

3）从保证制件顺利脱模考虑。

（2）大中型模具型腔侧壁和型芯垫板的刚度 大尺寸模具的刚度十分重要，对多种式样型腔的侧壁和垫板进行刚度的计算，应按模具结构进行力学分析。大型注射模的动模有用模框镶拼的，有镶底板的，也有用斜面镶条或企口辅助定位。为保证大型模具有足够刚性，对于各种结构设计有专门型腔侧壁厚度刚度的计算式。

大跨距垫块间可以设置支承柱或支承板，提高动模垫板的刚度和强度，从而减小动模垫板的厚度。这应按各自受力分析求解。得到支承柱的压力后，经动模型芯垫板的支承柱的刚度计算，再得到支承柱的根数和直径。

2. 型芯的偏移和变形

在高压熔体作用下，整个型芯在长度方向上存在侧向压力，易造成成型芯偏移，致使成型制件的内孔与外轮廓偏心，壁厚不均，甚至尺寸超差。型芯的变形还会使脱模困难。

在模具型腔的注射充填过程中，型腔压力、型芯的长径比、浇口位置等影响了偏移量和变形。

1）型芯的长径比是决定型芯变形的主要因素。细长型芯变形大。

2）提高型芯固定轴段长度和装配精度，可减小偏移量。

3）使用对称的两个或多个侧面浇口，能减小型芯高度方向的变形量。

4）型芯中冷却孔直径小些。

3. 脱模机构设计要点

想要可靠地脱模，让固化的成型制件完好地从模具中顶出，要保证制件在脱模顶出时的刚性，脱模温度必须在材料的热变形的下限温度以下，或者在注射模试射中，找到合理的脱模温度。要合理设计脱模机构，就要测算脱模力数值，明确和实现脱模机构的各项功能。

（1）脱模机构设计的要求

1）尽可能让制件留在动模。

2）不损坏制件，不因脱模而使制件质量不合格。

3）制件顶出位置应尽量在制件内侧，以免损伤制件外观。

4）脱模零件配合间隙合适，无溢料现象。

5）脱模零件应有足够的强度和刚度。

6）脱模机构要工作可靠，运动灵活，制造容易，配换方便。

实现注塑生产的自动化，不但制件要实现自动坠落，还要使浇注系统凝料也能脱出并自动坠落。

（2）脱模力测算　注塑制件是薄板组合体，大多数是中空壳体，开模方向上有主型芯，或者众多型芯。为使脱模可靠，不损坏塑料制件和模具零件，实现自动脱模，就必须计算脱模力，并作为注射模脱模机构的设计依据。脱模力是注塑制件通常从动模边的主型芯上分离时所需施加的外力。它包括型芯包紧力、真空吸力、黏附力和脱模机构本身的运动阻力。包紧力是指制件在冷却固化中，因体积收缩而产生的对型芯的包紧。真空吸力是指闭式壳类塑件，脱模中制件与型芯间形成真空腔，与大气压的压差产生的阻力。黏附力是指脱模时，塑料制件表面与模具钢材表面的吸附。最早的经验估算，预测的脱模力数值均偏大。经国外实验验证，脱模力的热应力解析计算法，计算结果合理。参考文献［11］《塑料注射成型与模具设计指南》中的第 10 章脱模和抽芯机构设计，有详细解析。

（3）影响脱模力的因素

1）塑料制件与钢型芯之间的脱模摩擦系数 f_c，比常温下的塑料与钢表面间的摩擦系数大许多。高压高温下塑料熔体与钢表面间有过黏着过程。聚碳酸酯等塑料与钢型芯间的有较大的静摩擦系数，有较大的脱模力。聚酰胺等塑料与钢型芯间的静摩擦系数很小，其制件的脱模力也较小。

2）同样侧面积，矩形型芯所产生的包紧力比圆筒型芯大些。

3）脱模斜度 β 直接影响脱模力。当 β 角增大，$\tan\beta > f_c$ 时，注塑制件有自动滑落的趋势。

4）对闭式壳体的大气压力，增大了脱模力。型芯底面积大时，安装进气锥面推杆，可克服真空吸力。

5）注塑制件材料的弹性模量和线胀系数与脱模力成正比，并与脱模温度有关。

6）对于薄壁注塑制件，壁厚与脱模力成正比。对于厚壁注塑制件，由于材料向壁厚中性层收缩，部分抵消对型芯的包紧力。故壁厚增大时，脱模力并非线性增大。

（4）推杆脱模机构设计　用推杆推顶制件是最简单，也是应用最广泛的脱模方法。由于推杆位置设置有较大自由度，常用推杆为圆形截面，圆柱推杆和相配的孔，容易加工到较高精度，并且圆柱推杆已有国家标准，更换方便。但是，推杆的作用面积小，制件表面有凹坑，使用不当，会引起推顶发白和裂纹等弊病。推杆与孔的长期过度磨损，会造成溢料。细长推杆的开裂和折断在工作中经常发生。

多根推杆同步推顶时，各根推力不一致。制件上推杆痕迹过深，是由于固定在顶出板上的这些推杆的脱模运动不平稳，需要在脱模机构上设置导柱导套以精准引导。

1）推杆布置位置不当会损伤制件。制件被顶出位置应尽量在制件内侧，以免损伤制件外观。顶杆位置在制件内侧时，尽量靠近型芯侧面，减少附加倾侧力矩产生。禁止将浇口对准推杆端面。避免浇口附近材料破损，过高的熔体压力会损伤推杆。脱模零件配合间隙要合适，无溢料现象。

2）注射模细长推杆的破损是常见的事故。生产中出现推杆破损折断现象，属于细长压杆的稳定性的问题。影响压杆稳定性的因素有：压杆截面形状、压杆长度、约束条件和材料性能。保持压杆顶端稳定的临界压力，应用欧拉公式校核极限柔度。

3）制件顶出接触面上的压力过大，会留下较大内应力而发白，甚至使塑料制件产生塑性变形而损伤开裂。根据制件许用压力，可计算所需的顶出接触面积及顶杆根数。

4. 温度调节系统设计要点

为了满足注射工艺对模具温度的要求，模具设有冷却或加热的温度调节系统。注射模具不仅是塑料熔体的成型装备，还是热交换器。模具温度调节系统直接关系到制件的质量和生产率，是注射模具设计的核心内容之一。

（1）对制件质量的影响　模具温度直接关系到注塑制件的成型收缩率。温度波动会使注塑生产制件的尺寸不稳定，从而降低制件尺寸精度。这对成型收缩率较大的结晶型塑料影响更为明显。

模具温度分布不均匀，如果制件型腔壁面与型芯的表面有过大温差，会导致制件厚度截面上残余应力分布的不均匀，固化后会出现变形翘曲。制件局部范围残余应力过大会引起裂纹和开裂。这对刚硬的聚碳酸酯等制品尤为重要。

提高模具温度能改善制件的表面粗糙度，使轮廓清晰，熔合缝不显现。提高温度有利于结晶型塑料的结晶过程，有利于高黏度熔体的注射流动，还有利于减小制件中残余应力，但是会延长冷却时间和注射周期。

（2）对生产率的影响 冷却时间在整个注射周期中占50%~80%。在保证制件质量的前提下，限制和缩短冷却时间是提高注塑生产率的关键。模具温度调节系统应有较高的冷却效率，让高温熔体尽快降温固化。注入模具的塑料熔体所具有的热量，大部分由冷却水携走。缩短冷却时间的途径主要是让冷却水处于湍流状态，并增大冷却介质的传热面积。

（3）冷却系统设计计算方法 大型注射模的冷却系统设计尤其重要，计算也较为复杂。对于大多数模具温度较低的塑料注射，仅设置模具冷却系统。有关冷却系统设计计算详细过程可查阅参考文献［11］《塑料注射成型与模具设计指南》中的第11章模具温度调节系统设计。

传热学的原理与计算公式应用到注射模的冷却系统的计算，应了解塑料材料和金属材料的热性能，并结合注塑工艺和模具结构，才能获得工程应用所允许的近似计算结果。传统的解析计算方法包括模具冷却系统系统热平衡计算、湍流计算和冷却管道的面积计算三部分。

1）模具冷却系统热平衡计算。进行注射过程热平衡计算，就是计算单位时间内熔体固化放出热量等于冷却水携走的热量。有些注射模备有两套冷却装置，就要分别计算定模型腔和动模型芯承担、传导的热量。在工程实际中认为，型芯散热条件差，须强化冷却。因此近似处理为型芯携走塑料制件冷却热量的60%。

2）湍流计算。要确保单位时间（h）的塑料质量的冷却，模具管道中冷却水应处于高速湍流状态，流速 $v=0.5~1.5m/s$，甚至更高。雷诺数 $Re>6000$。提高冷却管道孔壁与冷却介质之间的传热系数。经计算得到冷却水的体积流量 V。

3）冷却管道的面积计算。设计注射模具的水冷却系统，须计算管道冷却传热面积，以确定冷却水的进水温度和出水温度，模具温度及相应的管径 d，从而进一步确定能保证冷却效率的冷却管道长度和孔数。

注射模计算机辅助工程分析软件，能模拟模塑塑料凝固过程，也能在塑料、模具与冷却管道中的冷却剂之间进行热传递分析。在给定目标函数、变量和约束的数值分析中得到优化的冷却管道数目、尺寸、位置和冷却液流速。冷却管道初步结构设计和计算机造型时，逐次修改造型和分析冷却时间。成功的冷却分析有助于模塑中产生收缩和翘曲数值分析。

（4）冷却管道设计 为了提高冷却效率和保持型腔表面温度的均匀与稳定，在系统的冷却管道结构设计中应遵守注塑生产中的约定准则。

1）要优先考虑冷却管道的位置，而后综合处理脱模机构零件布置和镶块结构，并要首先保证型芯的冷却。通常对凹模和型芯采用两条回路。减小型芯壁和型腔壁之间的温度差是很重要的，特别是大型模具。使用模具温度调节的模温机，可有效保证模温控制质量。在注射成型生产中，模具温度波动不超过±2.5℃；精密注射时，模温误差在±1℃之内。

2）要保证管道冷却水湍流状态的流速和流量，还要保证足够的水压。冷却管道总长在1.5m以下；弯头数目不要超过15个。出水温度与进水温度相差越大，说明模具内温度越不均匀。精密注射的模具，出水和进水温度差应限制在5℃之内，一般模具也应在8℃左右。管道作串联布置，流程长使冷却水的压力降和进出温差大。多路并联冷却的冷却效果好，但需控制好各路流量和水温的一致。

3）管道直径经湍流计算确定，一般取 $d=8~25mm$。管道过细，加工和清理困难。水垢和铁锈会使冷却效率变低，因此须定期清理。较大的管道孔径和较多的根数能增加有效冷却面积。

4）冷却管道布置应以均匀为前提。通常，水管孔与型腔壁的间距 $h = 1.5d \sim 3d$，间距过小，孔壁承受型腔高压后，孔的中央部位钢材会产生压塌现象。管道孔壁之间的间距 $b = 2.5d \sim 4d$。均匀布置后，按需要做局部调整。

5）注射模的浇注系统，如主流道的末端等处需加强冷却，可利用较冷的进水。塑料制件局部的厚壁及转角等处，应强化冷却。塑料熔体流动末端，特别是熔合缝的汇合处，不应设置冷却孔道。

6）常用模具钢的热导率均较低。含碳量和含铬量越高的钢种导热性越差。不锈钢相比之下可视为绝热材料。铍铜合金导热性和热稳定性好，有较高硬度。国产的铍铜 TBe2 硬度可达 49HRC，热导率大约是模具钢的 3 倍。

（5）提高制件冷却效率新途径　快速热冷循环成型技术（Rapid Heating Cycle Molding，RHCM）又称高光无痕注射成型技术。模具温度对注塑制件质量的影响很大。传统的冷模具设计片面追求低的模具温度，减少冷却时间，提高生产率。低温模具的快速冷却，使制件的质量不佳。快速热冷循环在注射和保压阶段，用加热介质使模具快速加热到注塑塑料的热变形温度以上，然后改用冷却介质快速冷却，实现动态的模具温度控制。

在注射和保压阶段，塑料熔体在高温型腔中流动充填并补偿进料。熔体能较好地保持注射温度，进料的流动阻力小，压力传递畅通。因此，塑料熔体能与型腔壁面黏合良好，能很好地充填窄小间隙或细小的凹槽拐角。将细微结构完整地复制在注塑制件上，能获得表面粗糙度值低的制件。

在高温模具中的熔体温度不会急剧下降，熔体不会在型腔壁上形成冷凝皮层，高温熔体能充分扩散，可消除制件上的流动痕。熔体有足够能量汇合交融，提高了熔合缝强度。高温的熔料也能更有效地补偿收缩。因此，成型制件密度足够，没有凹陷等缺陷，残余应力减小，强度和刚度也有提高。在高温模具保压结束后，模具快速冷却，使注塑制件的表层迅速固化。制件表面光亮、平整，轮廓清晰。

快变模具温度技术。模具的快速加热方法有高温蒸汽加热、电加热和电磁感应加热等。为了提高模具温度的控制精度，保证注塑制件的质量，可采用随形介质通道的模具结构。

快速热冷循环注塑，要求模具在最短时间内均匀传热。要使模具的成型表面温度均匀，并能快速上升与下降，可将冷却介质管道改造成随形介质通道的模具结构。随形介质通道随着制件的轮廓设计和加工，传热壁厚一致。

动模型芯块和定模型腔块要用组合结构。其中成型构件壁厚约 10mm，能承受型腔高压，一般由耐热合金钢制造。该成型构件耐热疲劳，又有较好导热性，型腔表面能被镜面研磨抛光。随形介质通道的设计和加工困难。因此，对动模型芯仍旧按线型的介质管道设计。定模型腔镶块设计有随形介质通道。这样注射成型塑料壳体的外表面光亮无痕，壳体内表面质量较差。

近几年，3D 激光打印技术已经用于注射模具的随形冷却管道零件的加工。3D 激光打印的随形冷却管道如图 1-9 所示。

注射生产用的模具温度控制机，简称模温机，是高效和精密注射的重要附属装备。模温机的传热介质有水和油两种。水温机可控制模具温度在 $15 \sim 120$℃；油温机可控制模具温度在 $25 \sim 200$℃，也有控制温度达 300℃ 的机型。模温机还应配有冷冻机，用 3℃ ~ 常温的水冷

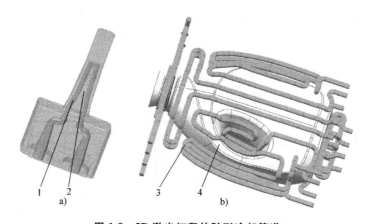

图 1-9 3D 激光打印的随形冷却管道
a）扁型芯中的冷却管道 b）制件型腔零件中的冷却管道
1—扁管道 2—扁型芯 3—随形管道 4—成型制件

却模温机的传热介质。一台注射机用一台模温机，也有定模和动模用两台模温机分别控制。模温机的输出介质的流量和压力应满足注射模热平衡所需。

高光无痕注射生产要用过热水模温机。当注塑制件成型脱模后，注入 100~150℃高温热水到模具，让模具在高温下注射和保压，然后再注入冷却水，使模具温度降到 35~85℃。另一种是蒸汽模温机，用高温蒸汽加热模具。注射和保压后迅速注入冷却水。

5. 排气系统设计要点

注射模也是一种置换装置。塑料熔体注入型腔的同时，必须置换出型腔内空气和从物料中逸出的挥发性气体。排气系统是注射模具设计的重要组成部分。为将熔体在注射流动过程中型腔内原有气体排出，常在分型面处开设排气槽。小型腔的排气量不大，可直接利用分型面排气，也可利用推杆或型芯与相配孔的间隙排气。

（1）排气不良的危害 排气和排气槽的不合理设计，将会产生下述弊病。

1）增加熔体充填流动的阻力，致使不能充满型腔，会使注塑制件的棱角缺损不清。

2）在制件上呈现明显可见的流动痕和熔合缝，使制件力学性能降低。

3）滞留气体使制件产生银纹、气孔、剥层等表面质量缺陷。

4）型腔内气体受到压缩后产生瞬时局部高温，使塑料熔体分解变色，甚至炭化烧焦。

5）由于排气不良，降低了注射流动速度，增长了注塑成型周期。

（2）排气设计要点 利用分型面排气是最简便的方法，排气效果与分型面的接触精度有关。大型制件成型必须开设排气槽。

1）排气槽开设。

① 在熔体最后充满的部位，浇口对面设排气槽。

② 排气槽通常设在分型面的动模一侧。圆筒形制件采用中心浇口时应在分型面的型腔周边均匀布置排气槽。

③ 排气槽的高度应根据各种塑料熔体的黏度确定，防止溢料。

④ 排气槽的截面积要根据模具型腔的排气量用理论计算式得到，防止排气不畅。

2）其他排气方法。

① 用球状合金颗粒的烧结块引导排气。烧结块应能承受熔体压力，设置在制件的隐蔽处，避免制件上存在可见痕迹。要求镜面或高抛光的成型表面时不宜采用这种方法。排气方向需要设置排气通道。

② 用 3D 激光打印制成的透气钢用于排气时，与烧结块一样也要开设排气通道。

③ 随着高速注射技术发展，可采用负压（真空）系统。

注射模浇注系统和制件型腔里，都会有困气的角落。在成型制件上常会发现短射的痕迹，本该是尖角的地方会成圆角。用推杆、排气槽或透气钢排气，都会有挥发性气体的残留物的堆积，需要清理。

图 1-10 所示为注射模负压抽气的排气设计方案。在单分型面上设置排气通道，还在整个周边设置密封圈。此方案特别适用于针阀式喷嘴的热流道模具。在熔体注射前，真空泵吸出型腔内所有气体。让塑料熔体填满所有细微部分。冷流道注射模、主流道拉杆头和流道的分岔位置也应该有排气槽。要防

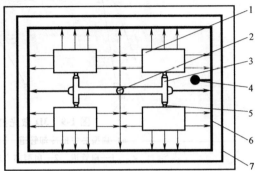

图 1-10　注射模负压抽气的排气设计方案
1—型腔　2—主流道　3—分流道　4—抽气口
5—浇口　6—排气通道　7—排气密封圈

止流道困住气体，应在螺杆后退时混入料筒，随着下次注射进入模具。注射机喷嘴固定压紧在模具上，不能漏气。

1.3　注射机

1.3.1　螺杆塑化和注射

注射机的注射塑化装置有两个功能：其一，固态粒子在料筒加热和螺杆旋转的剪切作用下，熔融成黏流态；其二，将高速高压的塑料熔体注入模具。

1. 螺杆塑化

了解螺杆塑化过程和能力，才能正确选择注射机的型号，合理设置料筒温度，考虑塑化的背压和螺杆的转速。

（1）塑化参数　理论注射体积是直径 D_S（cm）的螺杆做最大的注射行程 S_{max}（cm）推进时的容积 V（cm^3）。有

$$V = \frac{\pi}{4} D_S^2 S_{max} \tag{1-1}$$

螺杆直径按注射机的系列，有 30mm、40mm、60mm、80mm、100mm 等，又有 $S_{max} = (4\sim5)D_S$。

塑料计量的注射量（g）是以聚苯乙烯（PS）熔料为注射物，对空注射的最大量，有一定的参考价值。塑化能力为单位时间内可塑化 PS 物料的最大质量（kg/h，g/s）。注射模塑生产时，各种塑料的实际注射量与塑料熔体密度等因素有关，很难从注射体积计算预测精确的注射量。

国产注射机以理论注射体积系列规格命名。国外生产的注射机以合模力（kN）作为注射机规格的命名。如中小型注射机的理论注射体积为 $16\sim3150\text{cm}^3$，对应的合模力为 $160\sim630\text{kN}$。

生产制件时每小时的注射量 m_p（kg/h）应小于注射机的塑化能力 $0.8G$（kg/h）。有

$$m_p = \frac{3.6nm_1}{t} \tag{1-2}$$

式中　m_p——每小时的注射量（kg/h）；

　　　m_1——每次注射塑料量（g）；

　　　n——每小时注射次数；

　　　t——注射周期（s）。

注射机生产供应商提供技术清单中，塑化能力 G 是单位时间内可塑化 PS 物料的最大质量（kg/h）。应该将注射材料的质量（kg/h）进行校核。

（2）塑化能力的校验　避免塑化物料供不应求，除了用熔体体积校核外，还有两种注射周期校验方法。

1）在每个注射周期 t 内，保证供应注射模具的塑料熔体质量和条件合格。注射机的实际注射量（g），即料筒可容纳的最大注射量。注塑生产的每次注射输出注射量（g），占实际注射量的 20%~80%。有

　　　每次输出注射量 =［（制件重量×型腔数目）+流道重量］×1.06/塑料密度　　（1-3）

注射输出注射量的比例对成型过程的稳定性有重要影响。如果输入模具的注射量很小，压力和速度没有足够的时间达到所需水平，注射阶段无法达到一致性。而且刚建立的熔体压力突然停止流动，动量变化导致注射充填过程有波动。尤其对于结晶型塑料，螺杆旋转产生剪切热影响晶体熔化和熔体均匀。如果注射量过小，螺杆转动量很小，会使剪切热缺失，塑化的熔体条件差，实际射出注射量小，塑料在料筒中滞留时间增加，引起材料降解。

注射输出注射量的比例高于 80%，会导致塑化的熔体条件不良。塑料熔融和均匀需要充足的时间。塑化的注射量过大，势必提高螺杆的转速，材料不能充分均化，甚至会出现夹生的颗粒。热流道浇注系统中，熔体压力从螺杆头到喷嘴的浇口逐渐降低。塑料熔体的弹性压缩，使得射入制件型腔的熔体物理条件，不均衡不一致。

2）塑料熔体在注射前的滞留料筒和热流道中滞留时间，就是从进料口进入直到喷嘴射出的全部时间。该时间应限制在塑料成型温度下不发生降解的时间内。不同等级的 PVC 的热滞留时间不同，最长 4~7min。熔体加热温度越高，热滞留的时间越短。先要由式（1-3），计算出每个注射周期 $t(\text{s})$ 的注射量（g），再实验测试材料在料筒和热流道滞留的注射次数。在料斗中看到螺杆时投入一颗色母粒，恢复料斗加料。从这次注射开始，记录注射次数直到制件上出现色斑，就是料筒所含材料的注射次数。例如，注射周期 15s，每次射出塑料量 5g，色斑出现有三次注射，则滞留时间为 45s。

（3）螺杆的塑化过程　注塑系统的几何和物理状态图如图 1-11 所示。注射压力 p（MPa）是由注射液压缸 5 通过螺杆 3 提供的。

如图 1-11 所示，液压马达 6 把液压液能量转化成机械转矩。通常使用转速缓慢的径向活塞的液压马达，其特征是运转平稳。螺杆 3、注射液压缸 5 和液压马达 6 三者在一条轴线上排列。装有止退轴承 7 的液压缸活塞并不转动。液压马达很轻，让它随着螺杆和活塞一起

进退，称为随动式单液压缸的液压马达螺杆旋转装置。常见的螺杆旋转的驱动方式用三相异步电动机，传动经离合器、减速变速齿轮箱。现今已有用变频器控制电动机，并有制动和避免反转的措施。

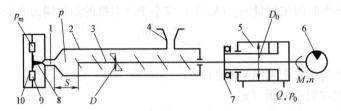

图1-11 注塑系统的几何和物理状态图

1—喷嘴 2—注塑装置 3—螺杆 4—料斗 5—注射液压缸 6—液压马达 7—止退轴承 8—模具的主流道

9—模具的流道 10—模具的浇口 P_m—型腔压力 p—注射压力 S—注射行程（螺杆行程）

D—螺杆直径 M、n—液压马达输出转矩和转速 Q、p_0—液压系统

供油流量和油压 D_0—注射液压缸直径

螺杆式注射装置配有适用各种塑料熔体的螺杆2~3根。注射机的螺杆是由挤出机螺杆演化而来。螺杆塑化和输送塑料物料的理论已经相当成熟，并发展了多种新型螺杆。

螺杆通过对螺旋槽中的物料进行输送和混合，在电热料筒与材料之间进行热传递。螺杆转动时，由机械能转化产生剪切热和摩擦热。常规螺杆通常分为三段，如图1-12所示。从料斗开始，有进料段 L_1、压缩段 L_2 和计量段 L_3。加工热塑性塑料的常规螺杆的长径比（L/D）为20∶1。螺杆太短则不能获得恰当的塑料塑化质量。长螺杆的长径比（L/D）为（22∶1）~（24∶1），会使塑化时间过长，将导致一些热敏性塑料降解，故只用于高速注射成型。注射机的螺杆在料筒中往复注射和塑化，受到轴向注射压力。

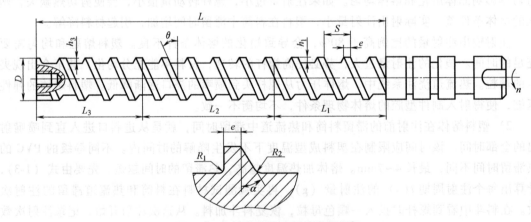

图1-12 加工热塑性塑料的常规螺杆

L_1—进料段 L_2—压缩段 L_3—计量段 α—螺棱后角（25°~30°）

θ—螺旋升角 $\theta=17.8°$ e—轴向螺棱宽

螺杆直径决定了注射量和塑化能力。螺杆直径大，相应的注射液压缸直径也增大。往复行程过长会使螺杆的有效长度缩短太多，影响塑化均匀性。

表1-1列出了螺杆的几何参量。L_1 进料段又称输送段或加料段。螺槽深度 h_1 越深，能提高物料的供应量，但会削弱螺杆根部的强度。

表 1-1 螺杆的几何参量

直径/mm	进料螺槽深度 h_1/mm	计量螺槽深度 h_3/mm	螺槽深度比 (h_1/h_3)	螺杆单面径向间隙/mm	注释
30	4.3	2.1	2.0：1	0.15	表面粗糙度值 $Ra = 2 \sim 4 \mu m$；$R_1 \approx 1 \sim 4mm$；$R_2 \approx 5mm(D = 30 \sim 60mm)$；$R_3 \approx 10mm(D = 60 \sim 100mm)$；螺距 $S = D$；轴向螺棱宽 $e \approx 0.07D$；长径比 $L/D = 20$
40	5.4	2.6	2.1：1	0.15	
60	7.5	3.4	2.2：1	0.15	
80	9.1	3.8	2.4：1	0.20	
100	10.7	4.3	2.5：1	0.20	
120	12	4.8	2.6：1	0.25	
>120	max14	max5.6	max3：1	0.25	

图 1-13 所示为塑料通过螺杆各区段的熔融过程。在进料段，塑料颗粒开始软化并相互粘连；到达压缩段时，粒子被压缩在一起，熔化的和未熔化的塑料相互混合。较长的计量段能增加塑料熔体的推送量，在均匀熔体的同时，也有较大剪切作用。

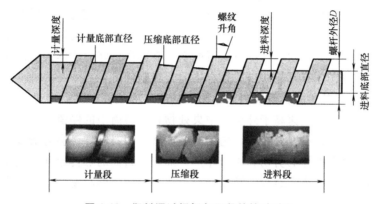

图 1-13 塑料通过螺杆各区段的熔融过程

注射机螺杆在后退运动中接收料斗的供料，它应有足够的输送长度，一般 $L_1 = (9 \sim 10)D$。这段螺杆的底径最小，而且恒定。螺槽深度也称进料深度。在进料段，固态塑料随着螺杆旋转被卷走并软化。但材料不应该过早熔化，否则，会使料斗口的螺槽不能接收更多原料，原料在螺槽里打滑，塑料的熔化和推进停止，旋转着的螺杆没有后退动力。

压缩段 L_2 又称塑化段，此段螺槽深度逐渐变浅。螺槽起始点底径与进料段相同。直到终止时，与计量段的底径相同。物料在锥形螺槽空间中受到挤压，吸收料筒的电加热和螺杆旋转的剪切热后逐渐熔化。在螺槽轴向截面方向有固体转向熔池的过程，塑料不断地从固态转变为黏流态。螺杆在旋转中不断输送物料，将粒子间的空气和挥发物挤出，并将物料进行分散混合和分布混合。塑料到达压缩段的末端时形成均匀的熔体。压缩段长度和几何参量 h_1 的收缩量，要与该种塑料塑化所需的物理压缩比相当。对于结晶型塑料件，如 PE、PP 和 PA 等（物理压缩比 3～4），应使用压缩段较短的突变螺杆，压缩段 $L_2 = (5\% \sim 15\%)L$；对于无定形塑料，如 ABS 和 PS 等（物理压缩比 1.6～2.5）较小，应使用压缩段 $L_2 = (20\% \sim 30\%)L$，且适应性较强的通用型螺杆；对黏度高的塑料，如 HPVC 等，使用压缩段 $L_2 = 50\%L$ 的螺杆。

计量段 L_3 又称均化段或熔融段。该段螺槽深度最浅且底径恒定深度一致。每次注射塑料的计量通过螺杆后撤到设定的轴向位置实现。计量段的螺槽深度大，进入螺杆前端的物料容易波动，注射工艺不稳定。倘若螺槽深度过浅，剪切力将过大，物料有降解的风险。

要求螺杆输送、混合和均化的效果要好。对普通塑料，要求塑化产量高，螺杆的圆周速度为 0.4~1.5m/s；对有混合要求的物料，圆周速度为 0.1~0.3m/s。对各种塑料材料，如加工硬质聚氯乙烯、热固性塑料等，都有专门设计和制造的螺杆，它们有不同的螺杆几何参量。

(4) 螺杆塑化的质量 固体粒状塑料在注射机的料筒内经压实、加热、剪切及混合等作用后，转变成熔体的过程称为塑化。物料经过塑化，要求达到所需的成型温度，具有合适的流动性。

螺杆式注射机的塑化质量主要是由塑料的受热状况和所受的剪切作用所决定的。螺杆式注射机的螺杆转动对物料产生剪切作用，以机械力强化了塑化过程，同时又有摩擦热的生成。螺杆式注射机料筒内，物料的熔融是一个非稳态的间歇式过程。注射螺杆的塑化过程中，螺杆边旋转边后退，存在可调节的液压缸背压。螺旋槽的物料固体床解体比挤出螺杆早。在料筒前端的塑化熔料压力下，旋转螺杆后退时，存在一定的反向压力流和漏流。

塑料熔体内必须组分均匀、密度均匀、黏度均匀和温度分布均匀，还要尽量避免高聚物及添加剂的热分解，热分解物的含量应尽可能少。有这样良好的熔体条件，才能保证熔体顺利注射充填模具型腔，才有可能获得质量合格的塑料制件。

1) 由于塑料的导热性差，致使料筒壁附近的物料温度高，料筒中央的物料温度低。此外，熔料在料筒中央处的流速高于外层，中央处物料在料筒中的停留加热时间短。这将进一步扩大径向温差。用这种温度分布不均匀的熔体成型的塑料制件，会有诸多质量问题。在螺杆式注塑装置内，由于螺杆的剪切和混合作用，加速了料筒的热传导并产生摩擦热，物料升温快而且温度均匀。在塑化时螺杆的转速提高，剪切作用强烈时物料的温度会超过料筒和喷嘴的加热温度。

2) 不良的螺杆熔融和输送过程中，停滞点或死点会引起驻留塑料的炭化。在螺杆的熔融段，螺槽深度是逐渐变浅的。固体床物料被料筒加热，表面形成熔膜。熔膜被螺棱刮到熔池里。固体床物料受到剪切作用，温度升高。在加速熔化中不经熔膜无序熔入熔池。在固体床的另一侧，滞留的物料受到螺旋面的摩擦热作用，熔融后分解炭化。炭化微粒最终混入塑化的熔体流里，将在制件里生成黑斑。对 PC、SAN 和 PMMA 等材料，用于成型光学透镜制件时，常用螺杆不适用，可用分离型新型螺杆，在熔融段附加一条矮的螺棱，将熔池和未熔物料尽早分离。这种螺杆能避免固体床过早被破坏，塑化效率高、质量好。熔体在注射传输过程中，喷嘴和止回阀通道结构同样不能有死点。

3) 在料斗与螺杆的颈喉处，固态物料供给不稳定。外力使固体床解体，产生固体碎片混在塑化的熔体中。这些漂浮碎片不能被料筒加热，又不能获得剪切热，使得塑化熔体密度和温度不均匀。针对该问题有以下措施：

① 供料粒子的形状和尺寸一致，保证供料速率均衡。

② 对于大多数的塑料，料斗颈喉处的温度应调节在 43~60℃。

③ 采用有搅拌和送进装置的料斗。这样料斗中的物料能保持一定高度，还能排气。

(5) 螺杆转矩转速和背压压力 热塑性塑料塑化所需能量，是螺杆旋转的剪切热供给的。螺杆的驱动转矩 M 和转动速度 n 使物料得到有效的剪切、混合和输送。背压压力和螺杆转速保证各种塑料物料有优良的塑化质量，又有恰当的塑化时间。常用螺杆的圆周速度 v 来讨论合适转速 n，然后计算驱动螺杆所需的功率。

螺杆直径 40～60mm 时，常用注射机能提供的螺杆转速为 300～450r/min，最大背压在 20～30MPa。圆周线速度可达 50～60m/min，能满足各种热塑性塑料塑化所需的机械能。

在注射模塑的试模阶段，为实现较高塑化能力，应设置较短的塑化时间和较低背压。高黏度物料和热敏性塑料，以直径 40mm 的螺杆为例，应有较低的圆周速度，为 15～20m/min，折算成螺杆转速为 120～160r/min，试射后调整。一般黏度的 PS 和 ABS 等热塑性塑料，应以 30～45m/min 的圆周线速度注射。螺杆直径为 60mm 时，以转速 160～318r/min 试射。

螺杆直径决定了注射量和塑化能力。螺杆直径大，相应的注射液压缸直径也增大。行程过长会使螺杆的有效长度缩短太多，影响塑化均匀性。

1）背压压力。背压压力是螺杆在预塑成型物料时，对其前端汇集的熔体所施加的反压力，也称塑化压力，简称背压。增大背压可驱除物料中的气体，提高熔体的密实程度。螺杆前端熔体的内压力增大后，螺杆后退速度减小，螺杆对物料的剪切作用加强，摩擦热增多，熔体温度上升，塑化效果提高。

单增大背压会增加压力流率和漏流流率，使塑化能力下降，必须同时提高螺杆转速，才能提高塑化效果和塑化能力。背压增大后螺杆后退移动速度减慢，塑化时间延长是必然的。物料塑化应该在注塑周期内完成计量。

背压的大小与塑料品种、喷嘴种类和塑化加料方式有关，并与螺杆转速相对应，过大背压和过高转速会使螺杆的传动系统过载。背压的大小按以下三种情况确定。

① 热流道模具背压取大时，喷嘴的开放式浇口容易发生流延现象，因此应用较小背压。

② 对于热敏性的塑料，如硬聚氯乙烯、聚甲醛和聚三氟氯乙烯等，为防止塑化时剪切摩擦力过大引起热分解，背压尽量取小值。

③ 对于高黏度的塑料，如聚碳酸酯、聚砜和聚苯醚等，在一定的背压下螺杆以低转速高转矩剪切塑化。背压随塑料品种调节大小，不宜使用过大背压，防止螺杆的传动功率超载。

2）螺杆转速。塑化时螺杆的转矩和旋转速度是物料剪切和混合的原动力。螺杆转速影响塑化能力和塑化效果。首先以塑料熔体的黏度考虑螺杆的转速，高黏度物料的转速较低。转速与背压、转矩和塑化能力有以下两方面的复杂关系。

① 提高螺杆转速，增大塑化能力，更大的传动转矩使物料输送和剪切混合，缩短塑化时间。但对塑化效果不利，会使物料混合和均化的质量下降。必须保持一定的背压，保证足够塑化时间，补偿塑化质量。

② 在高转速、大转矩和高背压作用下，螺旋槽中物料剪切产生热量增大，熔料的塑化温度提升。在塑化能量中，机械剪切能量大于料筒外加热能。为防止熔体过热，可适当降低料筒加热温度。

2. 料筒和喷嘴的加热温度

料筒和喷嘴加热是使塑料塑化和流动，但不能产生热分解。因此，料筒和喷嘴温度应控制在塑料流动温度 T_f（或熔点 T_m）至塑料的热分解温度 T_d 之间。料筒温度的分布，一般从料斗到喷嘴由低到高，以使塑料的温度平缓上升，均匀塑化。

由于螺杆剪切塑化有较多的摩擦热，为防止塑料过热分解。有时靠近喷嘴的前段，略低于中段。注射时塑料熔体在螺杆高压下高速通过喷嘴小孔，会产生摩擦热，使熔体温度升高约10℃。因此，喷嘴设置温度通常略低于料筒的最高温度。在注射现场操作时，必须按材料供应商给出的技术清单设置温度，再经优化调整。各种塑料加热料筒和喷嘴的温度设置时，有以下提示。

1）无定形塑料一般有较宽的注射温度的范围，可用较低的料筒和喷嘴加热温度，并用提高注射速率方法，降低熔体黏度。结晶型塑料注射温度的范围较窄，要严格控制料筒和喷嘴加热温度，避免发生热降解。

2）无定形塑料加料段的温度取料筒温度的下限。加料段和压缩段连续升温。压缩段温度较高。结晶型塑料从软化到熔化需要较多热量。在加料段到达压缩段时，有驼峰的加热曲线。

3）对于各种无机矿物质和纤维充填的塑料，视添加剂的比例，为提高熔料的流动性，要用较高的料筒温度和喷嘴温度。对添加有机染料的塑料，加热温度要严格控制。

4）对于热敏性塑料，如聚氯乙烯和聚甲醛等，以及添加阻燃剂塑料，要严格控制料筒和喷嘴的加热温度，应取较低值。为防止塑料热降解，还必须控制其保持熔体状态的时间，这对用热流道注射成型尤其重要。

5）模塑成型薄壁长流程复杂制件时，熔体流程比较长，料筒和喷嘴要用较高的加热温度。保证熔料能顺利流经狭长的型腔间隙。对带有金属嵌件和预置的各种覆盖件的制件也需要较高的注射温度。厚壁注塑件的熔体注射温度可以低些，料筒和喷嘴设置温度选择下限。

3. 温度测量和控制

最早的注射机只有料筒和喷嘴是闭环的温度控制。为了保证最终的注射制品质量，现代注射机的温度控制对象增设了热流道系统、液压油和注射模。注射工艺实验的注射机还会增设熔料温度、螺杆温度和料斗温度等。

注射机的温度测量采用热电偶。注射机的料筒加热温度在500℃以下，因此用国际电工委员会IEC标准的K、J或E分度号的热电偶。K型用镍铬-镍硅双金属丝，测量温度范围≤400℃，允许偏差±1.6~±3℃；J型用铁-康铜，测量温度范围-40~750℃，允许偏差±1.5℃或±2.5℃。为防止信号的失真和延迟，热电偶的热接触端的位置，能减小控制对象实际温度的偏差。热电偶元件的精细安装，关系到温度的精确控制。

料筒的加热分成3~4个独立区，大型注射机有5个以上温控区。每个温控区有独立的加热器，电阻加热是料筒加热的主要方法。精制的加热器有较高的热效率，不但与料筒的接触传热良好，而且有绝热优良的隔热罩。

料筒的加热温度与熔体温度是两个控制温度。熔体温度相比料筒温度，有±30℃的偏差是完全可能的。要监测熔体温度应将热电偶的接触点放在料筒各段加热器的中央。控制喷嘴温度的热电偶应安装在从喷嘴头起，长度的三分之一处。如果喷嘴长度大于75mm，也应如此。而且插在喷嘴本体上，不允许用螺钉固定在加热套上。喷嘴温度控制差，可能冻结，也可能流延。

料筒的加热和冷却存在惯性，加热期间存在干扰。要求料筒的温度控制系统的响应时间短又有良好稳定性。早期的工业自动化原理，给定值的偏差 e 是用模拟量，进行比例P、积分I和微分D的调节。偏差 $e(t)$ 一旦产生，调节器立即产生控制作用，控制量 $u(t)$ 朝着减小偏差方向变化。

模拟量的电子线路控制器已经很少使用，大都采用数字电子线路的控制器。这种数字控制器具有微处理器的功能。数字式控制器用计算机程序进行 PID 控制，简便可靠。可以实现高级复杂的控制算法。PID 控制还可以提供生产管理的监控接口，用程序防止生产过程中的故障和事故。

若执行机构需要，控制器输出量 u 使用 D/A 转换器，将数字量转成模拟量。反馈信号要用采样器将它断续化，然后再用 A/D 转换器数字化。相对于系统控制参量的变化，采样的频率应足以保证检测量的准确。

注射机的料筒、热流道系统和模具等的温度控制，应用模糊控制器。使用模糊控制器必须在线检测被控对象的误差和误差的变化率。按照调控法则，用模糊条件语句修改系数。让PID 调节器输出优化的控制量，可得到良好的温度调节效果。它的全称为全参数模糊自整定PID 调节器，是高精度的温度自动控制方法。有关计算机 PID 控制算法，在第 11 章的11.4.2 小节中有详细陈述。

材料厂商提供的结晶型塑料的熔体温度范围较窄。试模操作时，目标温度取推荐温度平均值，作为温度设置的起始点。目标温度应该是塑料熔体的实际温度，而不是注射机料筒的设置温度。在试模调试过程中，熔体温度会有改变，因此熔体温度测量很有必要。

熔体温度的测量有探针式测温仪、红外线测温仪和红外线成像仪。其中探针式测温仪的测量效果最好，后两种红外线测温仪可测熔体表面温度，也可用来测模具温度。

塑料熔体冷却速度快，温度分布不均匀。熔体温度测量有一定难度。若要将探针插入到排空的熔体中，探头应有预热。测量时，要避免熔体粘在探针上，还不能损坏探头对排空的熔体条上的探测位置。

不同牌号的聚碳酸酯的熔化温度有差别，所以，对投产的塑料品种牌号的物理性能要认真审核。将低熔体温度的材料的加热温度设置过高，会导致降解；将高熔体温度的材料的加热温度设置过低，高黏度的材料可能会造成螺杆断裂。

材料供应厂商提供的模具温度范围，注塑生产中应予以维持。在注塑现场要有机动处置。模温机输出的冷却水温度，要比模具所需要的冷却水温度高一些，以补偿管道输送时的热量损失。又如制件壁厚过大，要以较低的模具温度冷却。结晶型塑料的结晶过程需要提供能量、较高的模具温度和足够的冷却时间，才能提高结晶度，防止过大的收缩和翘曲。

4. 注射压力和注射速率

（1）注射压力　注射压力是反映注射机的注射能力，关系制件质量的重要技术参数。

1）增强比。如图 1-11 所示，液压缸直径为 D_0，螺杆直径为 D。活塞的面积与螺杆的截面积之比就是增强比（Intensification Ratio，IR），也称增压比。塑料注射机的增压比为 10左右。注射长流程薄壁制件，须用较高的增强比。

注射机的规格清单上，最大注射压力与最大液压力之比为增强比。获知注射机的增强比，可以从压力表得到注射压力。注射机的显示屏上会直接报告注射压力。在注射现场，输入很高的注射压力，系统报错后会显示最大液压力。

2）注射压力 p 与型腔压力 p_m 的关系。如图 1-11 所示的注塑系统，注射压力 p（MPa）是由注射液压缸通过注射螺杆提供的，与型腔压力 p_m（MPa）有关。

$$p = p_m + \sum \Delta p \tag{1-4}$$

式中　$\sum \Delta p$——模具的浇注系统的主流道、分流道和浇口的压力损失总和。

　　模具的浇注系统的压力损失总和 $\sum \Delta p$ 应限制在 35MPa 内。型腔压力 p_m 按模具制件型腔的注射充填要求确定，大致在 50MPa 内。

　　注射压力 p 与注射油压 p_0 关系为

$$p = p_0 \frac{A_0}{A} = p_0 \frac{D_0^2}{D^2} \tag{1-5}$$

式中　D_0、A_0——注射液压缸的直径（cm）、有效面积（cm^2）；

　　　　D、A——螺杆的直径（cm）、作用面积（cm^2）。

　　（2）注射速率　注射速度 v（cm/s）表示注射时螺杆移动的最大速度。它为螺杆注射行程 S 与注射时间 t_1 之比，即

$$v = \frac{S}{t_1} \tag{1-6}$$

　　注射速率 Q（cm^3/s）是表示单位时间内熔料从喷嘴射出的理论容量，即螺杆截面 A 与注射速度 v 的乘积：

$$Q = A \frac{S}{t_1} = \frac{V}{t_1} \tag{1-7}$$

　　在注射生产时，调节注射液压缸的供油流量来获得合理的注射速率和注射速度。高速注射的速度达到 15~20cm/s。表 1-2 列出了注射成型常用的注射速率，也是普通注射机技术参数。

表 1-2　注射成型常用的注射速率

注射容积/cm^3	注射速度/（cm/s）	注射时间/s	注射速率/（cm^3/s）
100	8	1	75
250	8.5	1.25	110
500	9	1.5	170
1000	9.5	1.75	300
2000	10	2.25	450
4000	10.5	3.0	700
6300	11	3.75	900
10000	12	5.0	1100

5. 螺杆头和止回阀

　　（1）螺杆头　螺杆前端面上有螺纹孔，可将所需的螺杆头连接起来。常规的螺杆头应为尖头锥，其锥角与料筒头的锥孔相配，可减小注射流动阻力，防止螺杆头部产生滞料。图 1-14 所示为锥角止回阀螺杆头，可用于注射高黏度或热敏性的塑料。

　　（2）止回阀　最高的注射压力产生于螺杆头前端。在注射和保压推进中，防止注射熔料的倒流很有必要，同时也要提高塑化计量的精度。在注射工程中，在螺杆头上专门加装有止回环。螺杆旋转塑化时，在螺槽熔料输送的压力下顶开了止回环 4，如图 1-14 的下半剖视所示。熔料经螺杆头上的通道，进入螺杆头的前端。螺杆头前熔料增多并被计量。它克服液压缸的背压，迫使螺杆后移。当螺杆在前推时，高压熔料将止回环滑移至止推垫 8。两者贴

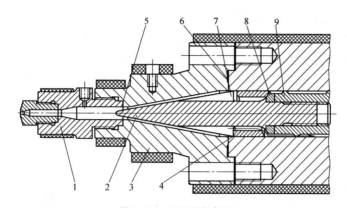

图1-14 止回阀螺杆头

1—螺纹连接的喷嘴 2—螺杆头 3—料筒头 4—止回环 5—喷嘴的密封面
6—料筒的密封面 7—凹槽通道 8—止推垫 9—螺杆

合密封，阻止熔料倒流。这种止回阀适合中、低黏度的塑料。

还有销钉和钢珠等多种止回阀螺杆头。要求注射操作时，止回阀螺杆头能快速关闭密封，有效地防止倒流；在塑化时有足够通道输送熔料，且通道畅通无死角。

（3）螺杆和止回阀磨损

1）注射螺杆承受塑化时的转矩和注射时的高压，还承受注射行程的轴向滑动摩擦，受到塑料材料的腐蚀和磨损。螺杆在加料段的螺旋槽根部，常见的损坏是疲劳断裂。长期加工聚甲醛和聚氯乙烯物料、添加矿物填料和阻燃剂的塑料、玻璃纤维增强塑料的螺杆，会有严重的腐蚀和磨损。螺杆常用38CrMoAl制造。经渗氮处理，渗氮层厚0.5~0.8mm，硬度达65~70HRC，表面粗糙度值小于$Ra0.8\mu m$。近年来，螺杆表面用离子渗氮，离子渗氮层厚0.4mm。用碳化钨或钨铬钴等合金硬化表面，具有更高的防护能力。

2）料筒和螺杆棱边磨损后，两者之间的径向间隙扩大，会导致熔体返回泄漏。注射机的料筒也有同样的耐蚀和耐磨损的要求，也用38CrMoAl制造，内表面经渗氮处理，硬度不低于65HRC。近年来，双金属的料筒得到应用。它用新型合金浇铸料筒的里衬，厚度达1.5~2mm。换置新螺杆后，如果料筒磨损成椭圆形，依然有熔体返回泄漏，会影响注射计量的稳定性，破坏缓冲垫的一致性，继而影响制件的性能。

3）止回阀磨损或破裂，螺杆注射朝前推进时有飘移，说明止回阀有泄漏。塑化50%注射量，再以注射10%计量位置施压推动，螺杆只有少许前进迹象，说明料筒或止回阀是坏的。图1-14中，止回环4与止推垫8之间的斜锥面，必须配合精确，密封可靠。在螺杆转动时，止回环最好不转动。

6. 注射喷嘴

喷嘴是连接塑化装置和注射模具的输送塑料熔体的通道。在塑化时应阻止熔料从喷嘴中流出。注射装置的喷嘴是与模具直接作用的部件。喷嘴的结构分成敞开式和阀式两类。阀式喷嘴除了注射和保压两个阶段打开外，其余时间是关闭的。

敞开式直通喷嘴在注射保压完成后，无论是喷嘴保持与模具接触还是退返，它依靠塑料自身固化或半固化闭合。闭合效果取决于各种塑料的固化温度和结晶温度、喷嘴温度控制和结构，也与螺杆塑化时的背压有关。对于各种黏度物料，为适应各模具的型腔厚度和流程比，满足保压补偿等加工工艺，需要有多种结构。

图 1-15 所示为三种常用的依靠热力闭合的敞开式喷嘴。图 1-15a 所示的 PVC 喷嘴主要用于加工厚壁注塑制件和热敏性的高黏度塑料。它结构简单，压力损失小，补偿效果好。但容易形成"冷料"与"流延"现象。图 1-15b 所示为延长型喷嘴，它延长了喷嘴口的长度，可给喷嘴外部加热，补偿收缩好，射程远，但有"流延"现象，可用于加工厚壁制件和高黏度塑料。图 1-15c 所示为小孔型喷嘴，喷嘴孔内可贮存较多熔料，也可给喷嘴外部加热，不易形成冷凝料。其口径小而射程远，"流延"现象较少见，主要用于加工低黏度物料，注射成型薄壁和形状复杂的制件。

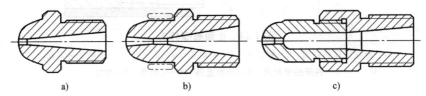

图 1-15　三种常用的依靠热力闭合的敞开式喷嘴
a) PVC 喷嘴　b) 延长型喷嘴　c) 小孔型喷嘴

喷嘴头制成球形，其曲率半径小于注射模上凹坑的半径才能贴合。该部位接触压力高，有频繁的碰撞，又有很大的温度变化，易发生塑料熔体反喷和流延等事故。对于低黏度塑料，喷嘴的口径为螺杆直径 D 的 $1/15 \sim 1/10$；对于高黏度塑料，喷嘴的口径是 $(1/20 \sim 1/15)D$。国内喷嘴口径设计情况见表 1-3。

表 1-3　国内喷嘴口径设计情况　　　　　　　　　　　　　（单位：mm）

注塑量/g		30~200	250~800	1000~2000
敞开式	通用类	2~3	3.5~4.5	5~6
	硬聚氯乙烯	3~4	5~6	6~7
弹簧针式自闭式		2~3	3~4	4~5

模具上的定位圈必须与注射机的定模板中央孔要密配。模具衬套的主流道入口孔，应大于注射机喷嘴口径 1mm 左右。模具入口凹坑球半径要大于喷嘴球头半径 2~3mm，保证喷嘴在接触压力下注射顺畅，贴合紧密。

1.3.2　合模装置和锁模

合模装置上安装着注射模具，在每个注射周期里给予动模锁模力以启闭行程。保证在熔体注射时把模具锁紧，并在开模时顶出成型制件。因此，合模装置的结构和机械动作，关系到注塑制件生产的效率和质量。模具设计和注射试模必须校核锁模力、脱模顶出行程、开模行程、装模具的空间等。任何差错都会给注塑生产带来很大麻烦。

1. 两类合模机构的特性

注射机的合模部件有液压-机械式和全液压式两类。液压-机械式是由液压缸的活塞杆驱动单曲肘或双曲肘机构，以曲肘机构实现运动特性和增力作用，且有自锁能力。其较小行程是定值，需要调模机构适应模具高度的小范围变化，并调整锁模力。它用于中小型注射机。大型注射机采用全液压合模装置，所需运动和力学特性由复杂的液压系统实现，其行程大且可调节。注射机的动模板可在任意位置停留，直接由油路压力获得锁模力。

　　合模装置如图 1-16 所示，主要由模板、拉杆、合模机构、顶出机构、调模机构及其他附属装置组成。图 1-16a 所示为全液压式的合模装置，可用于移动模板速度低和合模力小的场合。增大液压缸直径能提高合模力，但需要很大的进油流量，才能维持应有的移动模具速度。图 1-16b 所示为单曲肘的液压-机械式合模装置。单曲肘机构对于合模液压缸作用力的增力倍数不高，但动模板有较大的工作行程。

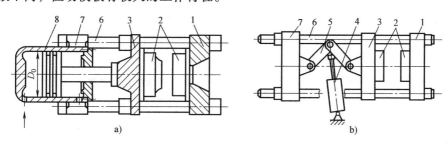

图 1-16　合模装置

a）全液压式　b）液压-机械式

1—前模板　2—注射模　3—动模板　4—移模液压缸　5—肘杆机构　6—拉杆　7—后模板　8—合模液压缸

　　全液压式与液压-机械式合模装置各自的特点简述如下。

　　1）全液压式合模装置的动模板行进，慢快慢的变速是通过复杂的液压系统控制的，而液压-机械式合模装置对合模力有增力作用。肘杆机构本身能让动模板运动，有变速性能。因而它的液压系统较简单。

　　2）全液压式合模装置的动模板行程大，而且方便调节大小；液压-机械式装置的工作行程是一定的，而且较短。

　　3）为容纳不同的注射模的高度，液压-机械式合模装置有复杂的调整动模板位置的机构，故容易安装注射模。

　　4）全液压式合模装置获得的较大锁模力来自液压力，其锁模力大小可显示并可调节。液压-机械式装置的锁模力，由调模机构调节拉杆-模具系统的弹性变形获得，调节其大小很困难，但该装置有自锁功能，在失去液压动力时能保持锁模力。

　　5）全液压式合模装置的开模力是锁模力的 10%～15%；液压-机械式合模装置有较大开模力。

　　6）全液压式合模装置有较长的使用寿命；液压-机械式合模装置的制造精度和注射模的精度对寿命的影响大。

　　7）大中型注射机采用全液压式合模装置。注射量 500cm³ 以下的注射机大都是液压-机械式合模装置。

2. 开合模速度

　　整个动模板行程中，要求速度可变。合模时由快至慢，开模时由慢到快再至慢。

　　图 1-17a 所示为全液压式合模装置开闭模过程中，由液压系统控制的动模板合模力 P_{cm} 和移模速度 v_m 的变化。图 1-17b 所示为液压-机械式合模装置开闭模过程中，肘杆机构增力作用下，动模板合模力和移模速度的变化。

　　为了缩短成型周期，动模板移动速度呈提高的发展趋势，我国标准规定为 ≥24m/min，国外注射机一般为 30~35m/min，高速可达 40~50m/min。液压-机械型注射机的肘杆机构可以获得较快的开合模速度，是全液压合模装置的 1.4~1.8 倍，最高速已达 70~90m/min，慢速时为 2.4~3.6m/min。

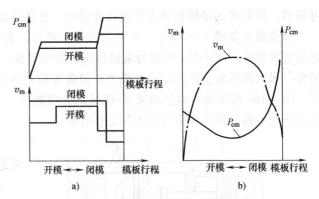

图 1-17　动模板开闭过程中合模力 P_{cm} 和移模速度 v_m 的变化

a) 全液压式　b) 液压-机械式

3. 装模空间

注射机上装模空间与注射模设计的关系密切。在模具设计的初始阶段，应确定注射机的型号及其装模的各参数。

（1）模板尺寸和拉杆间距　注射模与注射机前模板的安装关系如图 1-18 所示，模板尺寸为 $H \times V$，拉杆间距为 $H_0 \times V_0$。注射模应能安装入注射机的模板并固定。通常，模板面积大约是拉杆间有效面积的 2.5 倍。

（2）模具厚度　一定公称注塑量的某型号注射机上，合模装置有相应的成型面积，也有对应模架的安装面积。对模具的闭合高度 H 变化也有限制。模具最大（最小）厚度 H_{max}（H_{min}）是注射机上能安装闭合模具的最大（最小）厚度。模具高度 H 应该大于 H_{min}、小于 H_{max}；否则，闭合模具不能实现所需的锁模力。

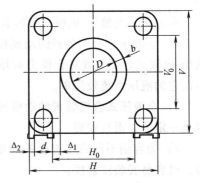

图 1-18　注射模与注射机前模板的安装关系

（3）模板间距

1）对于全液压式合模装置，动模板的行程 S 是可调整的。如图 1-19 所示，模板间距 L 是指动模板与前模板之间的最大运动距离。最大模板间距 L 等于活塞运动的最大开模行程 S 和模具最大厚度 H_{max} 之和。为使成型注塑制件能在脱模后能顺利落下，最大模板间距 L 一般为成型制品高度的 3~4 倍。全液压式合模装置允许注射模有较大闭合高度 H，也能适应闭合高度有较大变动范围 ΔL。

2）对于液压-机械式合模装置，动模板的行程 S 是固定的。行程 S 不小于模具最大厚度 H_{max} 或注塑制件最大高度的 2 倍。最大模板间距 L_{max} 等于动模板的行程 S 加上调模机构的调节距离 ΔL。这个调节距离 ΔL 就是 H_{max} 与 H_{min} 之差。

4. 锁模力

合模力（Clamping Force）是合模运动和终结时，动模板对注射模的驱动紧闭力。锁模力（Locking Force）是注射模合模后，高压熔体注入型腔时动模板对注射模的锁紧力。一般将两者通用，作为表征注射机规格的主要参数。锁模力 P_{cm}（kN）应能克服由于型腔压力 p_m（MPa）形成的胀模力，构成合模装置沿轴向的力平衡。型腔压力 p_m 是塑料熔体注入模具型腔瞬时的压力，它与熔体流程有关。一般是指型腔在分型面上的平均压力。不同制品和物料条件下的型腔压力 p_m 为 25~40MPa。PE、PP 和 PS 等壁厚均匀的易成型日用品或容器可取 25MPa。高黏度物料注射高精度与难充模制品，高精度的机械零件，如齿轮和凸轮等，应取 40MPa。若 A 为塑料制件在分型面上的投影面积（cm^2），冷流道的单分型面的注射模还要计入流道的投影面积，其表达方式为

$$P_{cm} \geqslant p_m A \qquad (1\text{-}8)$$

型腔压力 p_m 可用模流分析软件预测，也可从螺杆头的液压力经喷嘴到模具的主流道和分道逐段解析计算

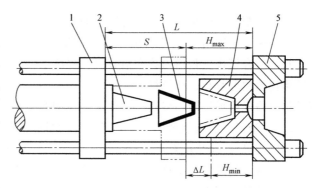

图 1-19　全液压型合模装置的模板间距
1—动模板　2—动模型芯　3—塑料制品　4—定模　5—前模板

获知。注射液压力是可操控的。当胀模力过大，合模装置不能在模塑注射时有足够的锁模力，在熔体的压力下分型面产生缝隙和漏料现象，从而影响到制件在开模方向的尺寸。

此外，在注射操作中计量过分，会产生额外的胀模力。锁模力不足，会产生溢边；锁模力足够，分型面密闭，成型制件表面光亮。

1）液压-机械式合模装置是利用各种型式的肘杆机构，液压驱动使拉杆-模具合模机构形成弹性变形量。合模力大小取决于肘杆变形的初始位置角的大小，而与锁紧后的液压力无关。肘杆机构有增力作用，移模速度快而且变速平稳。液压-机械式合模装置必须有调模机构。调模机构的作用是调节动模板与前模板间距，以满足不同模具的要求，同时对合模力大小进行调节。液压-机械式合模装置开模时所用的顶出机构，都为固定在注射机上的圆顶杆。其塑料制品的顶出力和速度，取决于开模力和移模速度。

单曲肘锁模的工作原理如图 1-20 所示。液压油进入液压缸上部，活塞下移，将肘杆推动模板移合至定模。此时，肘杆并未成平直排列，有初始位置角 α 和 β，如图 1-20a 所示。合模液压缸继续进油升压，拉杆被拉伸。两肘杆成一直线，肘杆、模板和模具受压缩，位置角 α 和 β 趋于零，如图 1-20b 所示。模具合紧后所有受力构件遵循胡克定律，合模机构产生协调弹性变形量 ΔL_p，由此对模具的预紧压力，即为锁模力 P_{cm}。

肘杆机构对液压缸推力有放大特性，故称为增力机构，用放大倍数 M 表达，即

$$M = \frac{P_{cm}}{P_0} \qquad (1\text{-}9)$$

式中　P_{cm}——肘杆机构的锁模力；

　　　P_0——液压缸活塞的推力。

为了得到大的锁模力，必须有大的初始角，对应有较大的模具闭合高度。但是一味增大初始角，会让模具实际高度超过模具最大厚度 H_{max}，由于活塞的推力不够，肘杆机构不能伸直。通常，单曲肘的初始位置角 $\alpha = 6° \sim 7°$ 对应 H_{max} 时，具有最大有效推力。

如图 1-20 所示，它的移模液压缸在注射机的床身中。动模板有两块，中间有螺旋副调模机构，调整两

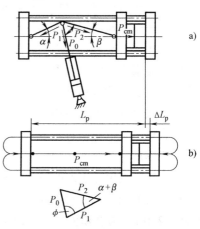

图 1-20　单曲肘锁模的工作原理
a）接触碰合　b）锁模闭合

块动模板间距，对应模具高度获得肘杆的初始位置角 α 和 β。由于单曲肘截面承受的推力有限，此合模装置适用于合模力 1000kN（注塑量 125g）以下的小型注射机。

双曲肘合模优点是增力放大倍数大，提高了合模力，并且对动模板的载荷均匀。但双曲肘结构比单曲肘复杂，移模行程较短，适用于中小型注射机。顶出杆固装在动模板中央。动模后移时停靠脱模机构，将注塑制件从动模型芯上顶出。

2）全液压式合模装置的力学和运动特性是靠液压系统实现的。液压合模装置的动模板行程可以用机械-电气开关调节。此方法简便，但安全和可靠性差。有行程可调的特殊液压缸，用机械结构限制活塞移动位置。全液压式的合模装置要实现足够大的合模力，快速和变速移动模板是有困难的。

中大型注射机上可专门设置顶出液压缸实现塑料制件的脱模顶出。液压顶出可以满足注塑制件脱模的位置、速度、脱模力、行程和二次顶出的要求，且可以自行复位，适应自动化生产。但其结构复杂，脱模力不如机械顶出大。许多注射机同时设有液压和机械两种顶出机构。一般是机械顶杆设在模板两侧，液压顶出机构设在动模板中央位置。为了适应不同制件的顶出距离，顶出液压缸的行程或机械顶出杆的位置必须可以调节。

图 1-16a 所示全液压式合模装置的锁模力是液压式合模装置的基本形式。它是依靠液压油驱动单个液压缸活塞直接实现对模具的启闭与锁紧。其锁模力为

$$P_{cm} = \frac{\pi D_0^2}{4} p_0 \times 10^{-2} \tag{1-10}$$

式中　P_{cm}——液压缸活塞的锁模力（kN）；

$\quad\quad p_0$——液压油的压力（MPa）；

$\quad\quad D_0$——锁模液压缸的直径（cm）。

移模速度

$$v_m = \frac{Q}{A} = \frac{40Q}{\pi D_0^2} \tag{1-11}$$

式中　v_m——动模板移模速度（m/min）；

$\quad\quad Q$——液压油的流量（L/min）；

$\quad\quad A$——锁模液压缸活塞的截面积（cm）。

全液压式合模装置只用于移模速度低，合模力又小的注射机。全液压式的液压缸活塞增大，势必要很大的液压油流量才能提高移模速度。由于难以兼顾移模速度和合模力，因此中小型注射机上一般采用增压式合模装置。

增压式合模装置采用小直径液压缸来提高合模速度，再通过提高液压油压力实现大的合模力。合模时，液压油首先进入合模液压缸。由于液压缸直径 D 较小，可以有一定的合模速度。合模后，液压油转向进入增压液压缸。增压液压缸活塞一端直径 D_0 大于另一端直径 d_0。合模液压缸中工作液的压力提高，从而提高了锁模力。

增压式的两液压缸对密封的要求较高，使工作液油压的升高受到限制，一般可使油压增至 20~32MPa。而合模液压缸的活塞直径缩小也受到限制，故移模速度不够快。一些大型注射机采用充液式增压液压系统，以小直径液压缸用于高速移模，以大直径液压缸保证取得大合模力。

1.3.3 注射压力的测量和控制

注射机实现塑料注射成型的塑化、计量、注射、合模、锁模和顶出的基本加工工艺过程和原理，几十年来未曾改变。早期的注射机的电气控制线路，依靠继电器和液压阀，注塑制件的重量误差很大。为实现精密注射成型，注射机的控制系统至关重要。

随着现代电子技术发展，注射机控制系统升级换代较快。微型计算机或单板机控制的注射机已较为常见。其控制系统由 CPU、存储器、显示器等组成，并有初始化和调试、注射和模具动作、压力和速度控制、数字 PID 调节、油路和诊断等功能软件。注射机工艺参数控制精度高，制件质量及一致性好。电子计时精度在 0.1s 之内，制品重量误差在 0.2% 以下。制件尺寸误差在 ±0.03%~±0.05%。温度在 2~5℃，压力在 1×10^5Pa 之内。微型计算机控制注射机可集中监控，也可显示和存储几十种工艺参数。采用比例电磁阀等液压元件，实现了连续平滑控制，避免了零部件的冲击，延长了使用寿命，而且控制系统工作可靠。配置了精密的注射模后，可实现高精度制件的注射。

闭环控制系统能够反馈输出受控制的信号，并连续将它的值与给定值比较。干扰导致与给定值的偏差，被用来修正被控制的输出量。控制器能补偿各种干扰的影响。在闭环控制系统中，必须测量被控制的输出信号。注射和保压压力控制时，要求测量螺杆头前的熔体压力和液压油压力。模塑制件最终在模具的型腔内成型，型腔内压力是影响制件品质的关键。

图 1-21 所示为压力传感器在注射机和模具内的检测位置。注射阶段压力增大非常迅速。系统切换到保压阶段，保压压力恒定。保压结束，液压压力直线下降。受到控制系统指令，开始塑化计量。螺杆旋转，有背压的液压力曲线。

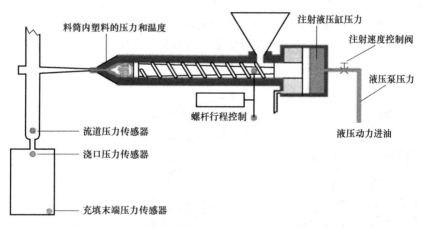

图 1-21 压力传感器在注射机和模具内的检测位置

图 1-22 所示为注射充填阶段模具型腔内的压力曲线。利用浇口压力传感器，塑料注入型腔就与压力传感器接触，测得型腔内的材料压力。浇口封闭后压力下降，待制件冷却到一定程度，收缩使传感器脱离接触，压力值为零。型腔末端的压力传感器，可以测得型腔末端的材料充填时的最高压力，也可获知型腔注射充填的时间。

将图 1-22 上各位置的压力值按时间采样，经计算机的数字化处理，在屏幕上显示四条注射充填的压力曲线：注射保压的液压压力曲线、型腔内浇口的材料压力曲线、型腔末端的材料压力曲线、螺杆背压的液压压力曲线。

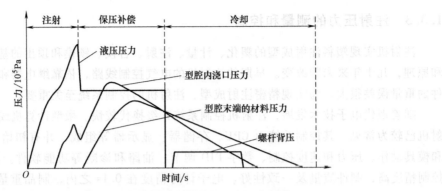

图 1-22　注射充填阶段模具型腔内的压力曲线

分析注射充填过程中压力曲线的变化，可获得以下信息。

1）获知型腔内首末两位置的材料的压力值。压力不足，成型制件密度低，重量轻。

2）每次注射充填压力曲线有偏差，不一致，可以察觉到液压油或熔体的泄漏。

3）检测多个型腔内压力，比较压力曲线，可获知注射充填的不平衡，估测到各型腔内成型制件重量不一致。

4）在注射保压结束时刻，型腔内浇口的材料压力曲线有反常的降落，说明浇口没有封闭，型腔中的材料倒流。

5）如果出现短射，型腔末端的材料压力为零。

图 1-23 所示为压力传感器，也称石英传感器。外部施加力大小，会使石英产生电势的改变，石英传感器表面可以测定施加力的变化。图 1-23a 所示压力传感器，直接装在料筒里，不接触塑料熔体。在螺杆推进位置，熔料的注射压力引起料筒的应力变化由传感器测出。压电传感器输出与机械负荷成正比的信号，信号放大并转化成相应的电压。该传感器的输出量与熔体压力成正比，且有足够的灵敏度。图 1-23b 所示为嵌入式传感器，直接装在模

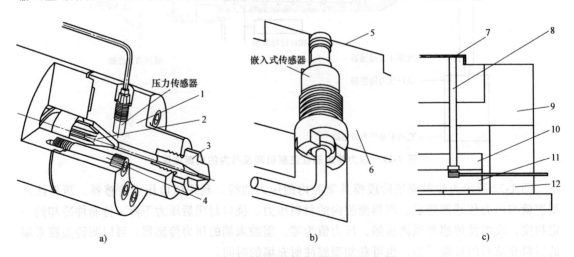

图 1-23　装在料筒和模具里的压力传感器

a）装在料筒里的压力传感器　b）嵌入式传感器　c）间接式传感器

1—料筒　2—螺杆　3—喷嘴　4—连接螺钉　5—型腔壁面　6—模板　7—型腔制件
8—推杆　9—动模板　10—顶出固定板　11—顶出板　12—动模座

板里。传感器接触熔体，能安装在型腔需要测量的位置。传感器芯柱与安装孔应有良好配合，要让芯柱无阻力传力，又要防止熔体侵入。虽然芯柱与型腔面齐平，但还会在制品表面留下痕迹。型腔表面的装配位置受高温熔体侵蚀，会妨碍型腔表面的抛光修理。图1-23c所示为间接式传感器，具有纽扣式的石英片。间接测量法利用模具脱模推杆零件，间接传递型腔压力。压力传感器装在推杆的下部，引出导线管装在顶出板的槽中，推杆连同导线，方便装拆。在不需要测量型腔内压力时，可以用实心钢杆填塞，保证推杆脱模。而这个压力监测推杆可以在各副注射模上使用。推杆与孔壁有摩擦阻力，推杆端面与传感器应有良好接触。

还有一种测量注射模型腔内压力的方法，是在注射机的拉杆上贴应变片。电阻元件弹性应变时有电流变动，引测出所施加力的大小。由拉杆上的拉伸应变变化，测出注射过程中模具分型面上的胀模力，从而控制合模机构施加足够的锁模力。

第2章

塑料材料的注射成型

本章介绍热塑性塑料、热塑性弹性体和纤维增强材料的注射成型工艺性能，添加剂和着色对注射成型的影响，以及注塑生产中塑料粒子的准备和干燥。

2.1 塑料材料的形态和性能

塑料是高分子材料中最大的一类材料。塑料是以聚合物为主要成分，且在制成品加工的某阶段为可流动成型的材料。聚合物是指高相对分子质量的聚合产物，故又称高聚物。塑料是以聚合物为基体，含有添加剂的材料。

2.1.1 聚合物的形态和性能

热塑性塑料是指在特定的温度范围内，能反复加热软化和冷却硬化的材料。这类塑料基本是以聚合反应得到的高聚物为主配制的。聚合反应是用相同或不相同的低分子化合物聚合成高分子材料。受热时主要通过物理变化使其几何形体发生变化。当它再次受热后仍具有可塑性，但性能有所降低。属于这类塑料的有聚乙烯（PE）、聚丙烯（PP）、聚氯乙烯（PVC）、聚苯乙烯（PS）等。

同样，在缩聚反应生成的聚合物常称为缩聚物。其中聚酰胺（PA66）是由己二胺和己二酸的单体聚合而成的，在反应过程中析出副产物有水。还有许多性能优异的工程塑料，如聚砜（PSU）、聚酰亚胺（PI）、聚对苯二甲酸丁二醇酯（PBT）和聚对苯二甲酸乙二醇酯（PET）等。

以塑料的使用特点分类，有通用塑料及工程塑料。通用塑料系指常用塑料，这类塑料产量大，应用广泛，价格低廉，包括聚乙烯、聚丙烯、聚氯乙烯。工程塑料指 ABS、聚甲醛（POM）、聚砜（PSU）、聚苯醚（PPO）、聚碳酸酯（PC）等。通用塑料经改性也能起工程结构件的作用。ABS 是丙烯腈、丁二烯和苯乙烯的三元共聚物，它是聚苯乙烯的重要改性品种，也可以添加填料改性，如果用玻璃纤维增强，增强后塑料的强度成倍提高。

常见盐类化合物如 $NaCl$，为离子键的强静电键，在聚合物中不常见。两个原子的外壳上的电子分摊在两原子之间，这就是 C—C 共价键，是大多数聚合物的主价键。

图 2-1 所示为一些聚合物的分子结构。现以图 2-1a 所示的聚乙烯为例，说明塑料分子的结构。聚乙烯由乙烯分子连接而成，乙烯在适当的温度、压力和催化剂作用下，可使乙烯分

子相互反应，由共价键联结成为长聚乙烯分子链。如100 个乙烯分子聚合，则聚合物的近似相对分子质量为 3200。生产合成时聚乙烯可能有 7000 个乙烯分子，相对分子质量约为 200000。聚合时聚合物分子的长度和构型各不相同，塑料加工的各种制品都是聚合度高的聚合物。相对分子质量的分布是聚合物的另一项重要特征。相对分子质量分布在大的范围内，其性能与那些相对分子质量分布狭小的高聚物不同。

分子链的主链的共价键使高聚物有较高的内聚能。但是在分子链之间的键合力是范德瓦尔斯力。范德瓦尔斯力永远存在于分子链之间，没有方向性。随着分子链间距离增大成指数衰减。范德瓦尔斯键合力比化学键小得多。

将 $1cm^3$ 的塑料升高温度，则其体积将增大。有理由认为分子间距离已经增大。范德瓦尔斯力随距离增大而减小，分子链更易活动。因此，聚合物性能从"固体"转变为"液体"有个较窄的温度范围，这就是聚合物的玻璃态转化温度，代号 T_g。

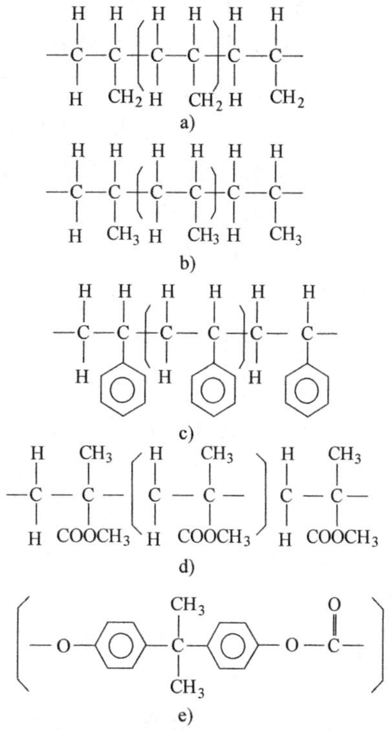

2.1.2　聚合物的形态转变

聚合物的分子强度与温度关系密切。固态塑料的弹性模量和液态塑料的黏度，随着温度上升而下降。聚合物材料还存在各向异性的取向，取向方向的物理性能优于垂直取向的方向。聚合物的取向是流动中剪切应力诱导而成的，造成聚合物分子链沿着流动方向排列，又在冷却中被凝固下来。

热塑性聚合物的分子链有线性的或支链的结构。用平均相对分子质量来表征和测定聚合物分子链的长度。相对分子质量越大，固态聚合物的力学强度越好，黏流态聚合物的黏度更高。多次循环加工的废料，在聚合物分子链断裂后，使得相对分子质量的分布宽度分散，因此造成使用和加工性能的差别。

除液晶聚合物外，聚合物的液态是无定形的，具有无定形的结构。从冷却期间聚合物的分子结构建立，热塑性聚合物可分成两类：一类是具有无定形结构的聚合物，另一类是具有结晶结构的聚合物，如图 2-2 所示。

无定形结构的塑料中的微观分子以黏结的连接形式保持着紊乱状态。PS、ABS、PMMA、CA、PPO、PVC、PC、PSU 和氟塑料等为无定形塑料。

图 2-1　一些聚合物的分子结构

a）聚乙烯　b）聚丙烯　c）聚苯乙烯
d）聚甲基丙烯酸甲酯　e）聚碳酸酯

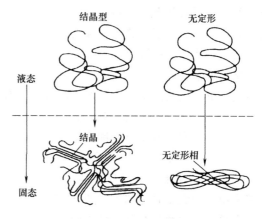

图 2-2　热塑性聚合物的形态

　　结晶结构塑料中，分子链沿着已生成的晶核有序地折叠着，但其周围是无定形结构。结晶型塑料在国外称为半结晶塑料。结晶度是结晶型塑料用来说明结晶态结构的百分率。结晶结构的分子聚集比无定形分子有序密集，因此结晶型塑料的冷却成型收缩率比无定形塑料大，前者在1%以上，后者在1%以下。同种结晶型塑料，由于冷却过程的温度条件不同，晶核生成和晶体生长受时间制约，会有不同的结晶度。结晶度较高的塑料收缩率较大，刚性和拉伸强度提高，而冲击强度下降。结晶型塑料中，LDPE为结晶度较低的低结晶型塑料，高结晶塑料有POM等。

　　物质有三种状态，即固态、液态和气态。由于聚合物大分子的结构特点和物理状态不同，结晶型塑料有结晶态（固态）和黏流态；无定形塑料有玻璃态（固态）、高弹态和黏流态。注塑加工过程是利用塑料的黏流态进行加工，赋予塑料以一定的形状和尺寸。

　　图2-3所示为无定形聚合物的变形与温度关系曲线。在恒定的外力作用下，作用时间一定，用变形与温度关系表达了不同的物理状态。

　　对于无定形塑料，玻璃态转化温度 T_g 是考虑模具温度的依据。高弹态的无定形塑料表现了独特的黏弹性。在较小应力下可获得较大的变形，其弹性恢复有较长的时间过程，有松弛过程和明显的松弛时间。聚合物在黏流温度 T_f 以上的黏流态表现出黏性液体的行为，在较小的压力下，变形值却很大。流动中分子链之间彼此发生相对滑动，在注射模中以层流充填模具型腔。

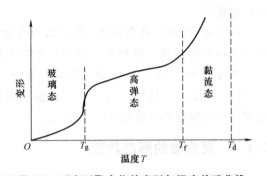

图2-3　无定形聚合物的变形与温度关系曲线
T_g—玻璃态转化温度　T_f—黏流温度　T_d—热分解温度

　　无定形聚合物在黏流温度 T_f 和玻璃态转化温度 T_g 之间的力学状态称为高弹态。其基本特征是弹性模量低，延伸率大，在不太大的外力下可产生很大变形，外力除去后又能恢复原状。相对分子质量极大的长分子链卷曲成无规线团，分子构象万千。分子链构象的可变性所导致的柔性，宏观上反映了固态聚合物的高弹性。无定形聚合物在适当温度和一定条件下，都可处于高弹态，在高弹态下，容易进行吹塑和热成型等加工。注射喷嘴中的无定形塑料常处于高弹态，使开放式喷嘴能轻易地热力闭合与开放喷射。倘若注射喷嘴中为结晶型塑料，则需要严格控制开放式喷嘴的温度。

　　结晶型聚合物存在结晶区和无定形区两相。无定形区的聚合物也存在三种力学状态和两种转变。由于结晶区中分子链的有序折叠，有着类似物理交联的作用。图2-4所示为结晶型聚合物的变形-温度曲线。对结晶型高聚物，结晶态和黏流态的转化温度称为熔点。

　　在玻璃化温度 T_g 以下，结晶型聚合物呈现玻璃态力学性能。温度升高到 T_g 时，结晶型聚合物中的无定形区部分发生玻璃化转变，进入高弹态，如图2-4中虚线3所示。由于结晶区的存在，结晶区的刚性比高弹态的无定形区大得多，因而晶态聚合物在未达到熔点 T_m

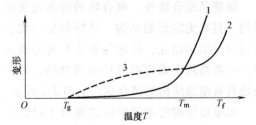

图2-4　结晶型聚合物的变形-温度曲线
T_g—玻璃态转化温度　T_m—熔点　T_f—黏流温度

前，形变较小地增加。此时聚合物呈皮革状柔软的弹塑态。这种无定形区形变随着聚合物结晶度的增加而减小，直至观察不到明显的玻璃化转变。温度继续升高到熔点 T_m 时，结晶区熔融。若聚合物的相对分子质量较小，使黏流温度 T_f 小于熔点时，结晶型聚合物熔融后直接进入黏流态，如图 2-4 中曲线 1 所示。倘若聚合物的相对分子质量较大，使黏流温度 T_f 大于熔点 T_m，则结晶型聚合物熔融后先转变成高弹态，直至温度升高到黏流温度 T_f 时，才转变成黏流态，如图 2-4 中曲线 2 所示。结晶型聚合物在熔融后还处于高弹态，不利于流动充填模具的型腔。因此，要控制注射级聚合物的相对分子质量。

无定形和结晶型塑料名称及代号见表 2-1。无定形和结晶型塑料的加工性能比较见表 2-2。

表 2-1　无定形和结晶型塑料名称及代号

代号	中文名	英文名	类型
ABS	丙烯腈-丁二烯-丙烯酸酯共聚物	Acrylonitrile-Butadiene-Styrene	无定形
ASA	丙烯腈-苯乙烯-丙烯酸酯共聚物	Acrylonitrile-Styrene-Acrylate	无定形
CAP	醋酸丙酸纤维素	Cellulose Acetate Propionate	无定形
CPVC	氯化聚氯乙烯	Chlorinated Polyvinyl Chloride	无定形
EVA	乙烯-醋酸乙烯酯共聚物	Ethylene Vinyl Acetate	结晶型
HDPE	高密度聚乙烯	High Density Polythylene	结晶型
HIPS	高抗冲击强度聚苯乙烯	High Impact Polystyrene	无定形
IMPS	抗冲击聚苯乙烯	Impact Polystyrene	无定形
LCP	液晶聚合物	Liquid Crystal Polymer	结晶型
LDPE	低密度聚乙烯	Low Density Polymer	结晶型
PA	聚酰胺	Polymide, Nylon	结晶型
PAI	聚酰胺-酰亚胺	Polymide-Imide	无定形
PB	聚丁二烯	Polybutylene	结晶型
PBT	聚对苯二甲酸丁二醇酯	Polybutylene Terephthalate	结晶型
PC	聚碳酸酯	Polycarbonate	无定形
PC/ABS	PC/ABS 混合物	PC/ABS blend	无定形
PE	聚乙烯	Polythylene	结晶型
PEEK	聚醚醚酮	Polyetheretherketone	结晶型
PEI	聚醚酰亚胺	Polyetherimide	无定形
PES	聚醚砜	Polyethersulfone	无定形
PET	聚对苯二甲酸乙二醇酯	Polyethylene Terephthalate	结晶型
PMMA	聚甲基丙烯酸甲酯	Polymethyl Methacrylate, Acrylic	无定形
POM	聚甲醛	Acetal, Polyacetal	结晶型
PP	聚丙烯	Polypropylene	结晶型
PPO/PS	聚苯醚/聚苯乙烯混合物	Polyphenylene-Styrene	无定形
PPS	聚苯硫醚	Polyphenylene Sulfide	结晶型
PS	聚苯乙烯	Polystyrene	无定形

（续）

代号	中文名	英文名	类型
PSU(PSF)	聚砜	Polysulfone	无定形
PPSU	聚苯砜	Polyphenylenesulfone	无定形
PTFE	聚四氟乙烯	Polytetrafluoroethylene	结晶型
PUR	聚氨酯	Polyurethane	无定形
PVC	聚氯乙烯	Polyvinylchloride	无定形
SAN	苯乙烯-丙烯腈共聚物	Styrene Acrylonitrile	无定形
TPO	聚烯烃热塑性弹性体	Thermoplastic Olefine	结晶型
TPU	聚氨酯热塑性弹性体	Thermoplastic Polyurethane	无定形

表 2-2　无定形和结晶型塑料的加工性能比较

无定形塑料	结晶型塑料
范围较宽的加工温度	定义温度波动范围较严格
加热和冷却期间的黏度逐渐变化	从黏流态转变成结晶态,快速经过结晶温度
冷却期间需携去的热量较低	冷却结晶需携去较多热量
需较低脱模温度,以防止塑料制件的变形	可有高的脱模温度顶出
因经济原因,应用较低的模具温度	以较高模具温度来获取合适的结晶化
对高质量要求制件,推荐较高模具温度来降低内应力,为此控制热状态	为实现制件质量,模具本质上处于热状态控制中
较小体积收缩率,在加工模塑时保压时间和压力影响很小	在结晶时有较大的体积收缩率,需要足够高的保压压力和延长浇口开放时间,改善补缩
有较小的成型收缩率	有较大的成型收缩率
模塑制件的稳定性取决于冻结的内应力	模塑制件性能取决于结晶程度

2.1.3　热塑性塑料的力学性能

　　热塑性塑料是指在特定的温度范围内,能反复加热软化和冷却硬化的材料。这类塑料基本是以聚合反应得到的高聚物为主配制的。聚合物由长分子链组成。

　　塑料的性能包括力学性能、热性能、化学阻抗、渗透性、阻燃性、耐候性、电性能、光学性能、摩擦磨损性能和硬度。掌握塑料的各种性能和测试,有助于合理选择材料和分析塑料制品的失效形式,进而了解塑料制品的性能指标和测试方法。下面介绍塑料及其制件的力学性能。

　　塑料制件受到各种载荷时的应力分析,通常可参照金属材料的力学分析方法。但由于塑料材料性能的特殊性,在长期静载荷作用下,塑料的应变行为和塑性破坏,对时间和温度有明显的依赖性。本节从塑料材料静载荷下的形变行为,讨论力学性能、弹性模量和各向异性。

1. 应力与应变

　　静载荷下塑料制件的弹性和塑性形变,会改变制件的形状和尺寸。为防止塑料制件在使用寿命期限内变形失效，首先应了解影响塑料力学性能的因素。

按照材料短期拉伸应力-应变曲线（图 2-5）及其断裂形态，塑料可分为脆性和塑性两类。图 2-5 中，曲线 b、曲线 c 和曲线 d 为塑性材料的拉伸应力-应变曲线。其中，曲线 b 无明显的屈服点，曲线 d 是典型的塑性材料的拉伸应力-应变曲线，具有比例极限、屈服应力、拉伸强度和断裂伸长率。曲线 d 上（1）区是材料失去弹性后，应力开始缓慢变化的屈服区；（2）区为"应力软化"的颈缩范围；（3）区为大应变的冷拉状态区域；（4）区是断裂前"应变硬化"阶段。

常用 PC、PC/ABS、ABS 和 HIPS 的拉伸应力-应变曲线测试，分别具有 115%、58%、90% 和 40% 的断裂伸长率。

应力-应变行为是静态载荷下塑料力学性能的最重要特征。掌握塑料件所用材料在特定条件下的应力-应变行为，是了解材料和制品力学性能和测试的先决条件。下述四个方面是影响塑料力学性能的主要因素。

（1）材料 固态高分子聚合物的力学性能，主要取决于主链的化学结构。共聚、支化与侧基、嵌段与接枝也都影响了化学结构。影响塑料性能因素有相对分子质量与相对分子质量分布、分子取向、交联、结晶度与结晶形态，增塑、增韧、增强、聚合物的混合等。

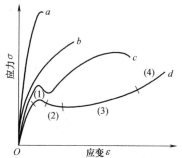

图 2-5 塑料的拉伸应力-应变曲线
a—脆性断裂 b—稍有屈服后断裂
c—颈缩后断裂 d—颈缩并冷拉后断裂

（2）温度 与金属相比，塑料是对环境温度很敏感的材料。聚合物的状态转变温度有：玻璃态转化温度 T_g、无定形聚合物的软化温度 T_f、结晶型聚合物的熔点 T_m。塑料工程中，通常以一定载荷下的热变形温度作为塑料制件加工和使用温度上限。

温度会影响固态聚合物的塑性和断裂形式。低温下聚丙烯呈脆性断裂。温度升高后，可观察到颈缩屈服现象，但断裂伸长率不超过 10%。在高于玻璃态转化温度 T_g 后，出现稳定的颈缩和冷拉现象。在更高的温度下，聚丙烯呈黏流态。

（3）时间 在长时期的应力或应变作用下，塑料的响应有蠕变和松弛行为。塑料的力学性能是时间的函数。在间歇应力作用下，还存在应变的回复现象。黏弹性在塑料制件设计和应用中必须考虑。此外，塑料试样在施加载荷时的应力或应变速率也必须关注，如试样拉伸速度应在 250mm/min 以下。

（4）加工 塑料制件大多在材料加热后成型。塑料经加热成黏流态或高弹态，在压力下流动变形。冷却固化成型后，塑料制件力学性能有异于塑料原有性能。成型中产生的熔合缝、取向和残余应力影响制件的力学性能。在塑料制件中截取的试样与原材料试样的应力-应变行为有明显差异。

力学负载有恒定应力和恒定应变两种类型。按负载与试样关系，有拉伸、压缩、弯曲、剪切和扭转五种基本类型。

比较同一材料在拉伸和压缩负载下的应力-应变曲线，脆性 PS 在压缩负载下有屈服点，并有更高的压缩强度和断裂压缩率。许多聚合物的压缩强度是拉伸强度的 1.5~4 倍。

2. 弹性模量

弹性模量是固态塑料刚性的量度。它的重要性在于胡克定律建立的应力与应变的线性关系。拉伸弹性模量是材料于屈服点以下的弹性范围内，在外力作用下所测得材料对变形的阻抗，也就是作用应力 σ 和产生的应变 ε 的比值，即

$$E=\frac{\sigma}{\varepsilon} \tag{2-1}$$

弯曲弹性模量常用矩形梁试样的三点弯曲测试方法测得。弯曲弹性模量是注射塑料制件刚性设计和校验时，必须考察的力学性能。

3. 各向异性

注射成型塑料制件是各向异性的材料。它们在两个相互垂直方向的弹性模量不同，弹性模量之比最高可达6，有的相差很小，可以忽略。各向异性材料对应存在不同的泊松比。从理论上完整地描述各向异性材料的模量要用烦琐的数学向量。工程上是依照材料取向的对称性来测量和描述其模量。一些细长条的注射模塑制件主要是单向取向，但大多数注射制件是复杂的各向异性，为单向和双向取向的组合。

2.2 塑料注射材料的工艺性能

2.2.1 注射塑料的性能

1. 常见热塑性塑料

（1）聚乙烯（PE） 聚乙烯是乙烯聚合的结晶型塑料。熔体的流动性能好。低密度聚乙烯（LDPE），用高压法生产，结晶度较低（45%~65%）。其柔软性、断裂伸长率、冲击强度和透明性较好，适用于吹塑薄膜和挤出线缆绝缘层。

高密度聚乙烯（HDPE），用低压法生产，密度为 $0.95 \sim 0.96 g/cm^3$，具有高结晶度（85%~95%），热变形温度为78℃（1.82MPa下），具有较高的力学强度和使用温度，适宜中空吹塑，注射和挤出各种瓶、盆、桶、片材、管材和异形材。注塑级的 HDPE 熔体流动速率为 5~20g/10min，注射温度为 180~250℃，模具温度为 180~250℃。

HDPE 的缺点是热膨胀大，热变形温度低。耐候性差，在受热和光照下会发生氧降解，致使塑料制件脆化，损失了弯曲和拉伸强度。加入玻璃纤维等增强填料，力学性能会有所改善。

（2）聚丙烯（PP） 聚丙烯是密度小而耐热性较好的结晶型聚合物。热变形温度为102℃（1.82MPa下）。其物理性能与 PE 相近，成型收缩率大，熔体流动性好，有突出的抗疲劳性能。聚丙烯是产能产量和消费需求增长最快的热塑性塑料。

聚丙烯的结晶能力较强，120~130℃时具有最高的结晶速率，提高模具温度将有助于注射制件的结晶度增加。采用较高的模具温度（60~90℃），不仅利于结晶，也有利于分子链的松弛，可减轻了制品的取向，并降低了残余应力。但是由于冷却时间延长，降低了注塑生产率。因此，只有在成型长流程和复杂制件，或注射流动不佳时才采用高模具温度。一般情况下，多维持 30~50℃ 的模具温度。倘若模具温度过低，注射制件冷却太快，浇口冻结过早，不仅制件的密度小，结晶度低，质量也会变差。聚丙烯注射模中采用针点式浇口时，成型制件的收缩率较大。因此，多采用矩形浇口，有中等截面，可保证充分注射和补缩，可降低制品的收缩。

注塑级聚丙烯的品种从聚合类型，可分为均聚聚丙烯、无规共聚聚丙烯和抗冲共聚聚丙烯。均聚聚丙烯的刚度和耐热性都较高，低温冲击性差。无规共聚聚丙烯熔点低，透明性好，韧性比均聚聚丙烯有所改善。抗冲共聚聚丙烯的综合性能优良，改进了低温抗冲击性能。它已广泛应用于汽车零配件和家用电器的注射制件。

汽车工业促使聚丙烯发展了众多的品种。高流动抗冲共聚聚丙烯适用于大型薄壁汽车保险杠等壳体的注射生产。它是经橡胶增韧和无机粉剂填充的塑料，可降低注射加工温度和压力。高结晶抗冲共聚聚丙烯强度高，热变形温度和固化温度高。低收缩率聚丙烯的横向收缩率0.81%，纵向收缩率0.79%，横纵向收缩比1.03。不但有较小的成型收缩率，而且呈现各向同性。经玻璃纤维增强和无机粉剂填充的PP品种也被大量使用，都有较小的成型收缩率，但短玻璃纤维增强PP塑料的各向异性很明显。

PP不像PE那样会因环境应力开裂而失效，但它的耐老化能力比PE差。在氧化和降解中，分子链失去氢原子，伴有主链断裂导致力学性能下降。制件在吹风干燥时被氧化，使用寿命较短。另外，PP的低温冲击强度低。它的玻璃态转化温度T_g为$-20℃$左右，在此温度早已脆化。PP制造的壳体等结构件，如经受过0℃以下的冷冻，就要注意可能会出现的破裂现象。因此需经复合或共混改性方法加以改善。

用滑石粉等充填聚丙烯，材料密度小于$1.06g/cm^3$，可大批量生产汽车门板、内饰板和仪表板等。减轻汽车的重量和成本，有下述三种途径。

1）化学微发泡聚丙烯。用滑石粉和玻璃纤维充填的PP，配以发泡剂。利用普通的注射机加热。注射至模具后，开模一定行程，让材料熔体膨胀发泡并固化，闭合泡孔的直径为$1\sim500\mu m$。要求材料熔体在加工温度范围狭窄条件下能快速注射流动，才能保证制件的刚度和韧性，避免制件上有流痕和虎皮纹等缺陷。

2）薄壁注塑聚丙烯。用薄壁注塑聚丙烯注射成型制件时，要求制件的壁厚小于2.2mm，注射材料的流动性好，熔融指数为35g/10min。改性填料应能缓解内应力和翘曲，室温下缺口冲击强度为$29kJ/m^2$，固态密度为$1.06g/cm^3$。要求模具温度分布均匀，做好流动分析，应用热流道浇注，并程序控制多个针阀式喷嘴。

3）低密度聚丙烯。低密度聚丙烯注射生产的制件，其耐热性和刚性不高，一般充填滑石粉、碳酸钙等填料。低填料低密度聚丙烯的密度为$0.93\sim0.96g/cm^3$，熔融指数为（25～35）g/10min，成型收缩率为0.8%～1.0%。注射成型的2.2～2.3mm薄壁汽车门板，在室温下简支梁缺口冲击强度为$25kJ/m^2$。

（3）聚氯乙烯（PVC） 根据成型加工和使用的性能要求，在PVC树脂中加入各种添加剂，可制成各种性能的塑料制件。添加增塑剂可以降低熔融温度和熔体黏度，通过添加不同比例的增塑剂，可获得不同软硬程度的PVC制件。加入稳定剂可使PVC在成型过程和使用中不易老化。加入润滑剂则可在加工中减少摩擦热，并使制品表面光滑。

结晶型PVC树脂为白色或淡黄色粉末。供给注射加工的PVC粒子具有无定形聚合物特征。注塑级的硬PVC成型收缩率较小（0.07%～0.4%），熔体的热稳定性差，最高注射温度为195℃。成型温度的范围小，料筒温度在170～190℃之间，喷嘴温度高于料筒温度10℃，模具温度为35～40℃。PVC分解时有盐酸生成，对模具有腐蚀作用，模具的成型零件表面要镀铬处理，或用不锈钢制造成型零件。

注塑级的硬PVC的熔体流动性较差，用于注射成型管接头和较小的结构件。注射和挤出时的加热塑化温度，对成型制件的断裂性能有影响。硬PVC的冲击强度较低，硬PVC管道及阀门类塑料制件，突然受到液压冲击时容易开裂。改性可以提高硬PVC的冲击强度，但同时也降低了制件的刚度。在80℃以上的环境，硬PVC制件会变形软化，刚性降低、弹性提高。

（4）聚苯乙烯（PS）　聚苯乙烯是无色透明塑料，透光率仅次于聚甲基丙烯酸甲酯（PMMA）。着色性、耐水性和化学稳定性良好，电绝缘性能优良，但不耐苯和汽油等有机溶剂。PS是无定形聚合物，固态密度为$1.05g/cm^3$，熔融态密度为$0.93\sim0.98g/cm^3$，熔体流动性好且不易分解，有良好的注射工艺性。可在较宽的温度范围内（120~180℃）注射流动，分解温度在300℃以上，力学性能一般，抗冲击性能差。聚苯乙烯塑料制件，在坠落和冲击时容易断裂，构件不能承受动态的弯曲载荷。

聚苯乙烯塑料本身的吸水率很小，成型一般制件可以不予干燥，但对外观质量要求较高的注塑制件，可在成型前进行干燥处理，应在70~80℃温度下干燥2~4h。

聚苯乙烯熔料的黏度对剪切速率和温度都比较敏感，在注射成型中无论是增大注射速率和注射压力，还是升高料筒温度，都会使黏度明显下降，把物料加热到190~215℃，有利于熔体流畅充模。但料温过高会使聚合物过热分解，导致制件上出现花斑、银纹、发白、泛黄和气泡，这对透明的聚苯乙烯制件来说是严重的缺陷。

聚苯乙烯的分子链刚硬，成型中容易产生分子取向和残余应力，甚至在制件中生成银纹和开裂。聚苯乙烯注塑制件的冷却速度不宜过快，模具温度为40~45℃，且不宜带有金属嵌件，嵌件周边塑料容易开裂。聚苯乙烯制件的浇口的附近区域，内应力集中，容易产生各种缺陷，在设计注射模时，要注意优化浇口位置和类型。

聚苯乙烯塑料的成型收缩率为0.3%~0.7%。聚苯乙烯制件的弹性小硬度高，脱模困难。为使制件顺利脱模，模具的型芯取较大的斜度。

（5）高抗冲击强度聚苯乙烯（HIPS）　高抗冲击强度聚苯乙烯是丁苯橡胶增韧改性的聚苯乙烯，与PS相比有较高的韧性和冲击强度。如果相对分子质量偏低，橡胶含量较少或注射工艺不良，则会有较低的强度，更高的残余应力。如用HIPS制造的笔杆有较高的残余应力，使用几次就会开裂。单薄无筋条的简易衣架，也易弯曲折断。对200~300mm以上的HIPS构件，需注意自重，对其支承位置产生的弯曲应变进行限制。HIPS制件不宜露天使用，它的抗氧化和热化学阻抗的稳定性较差，尤其在承载情况下，扭曲和弯曲时会产生热变形或疲劳裂纹。

（6）ABS　Acrylonitrile-Butadiene-Styrene（ABS）是丙烯腈-丁二烯-丙烯腈共聚的无定形塑料。ABS通常有比HIPS好的韧性，有较好的综合力学性能，熔体流动性中等，易于注射成型，有较宽的熔体加热范围（180~240℃）。较高的模具温度可改善注塑制件表面的光泽。在注射大型复杂制品时，需要有60~80℃高的模温，这样制件成型收缩率小（0.4%~0.7%），尺寸稳定。ABS是广泛使用的工程塑料，其品种牌号很多。通过改变ABS中各单体的组分的比例，有许多品种类别的ABS。它们有不同的物理性能，加工的工艺条件也有差异。ABS/PC混合塑料制件，可提高耐热温度到120℃左右。

ABS是三元共聚物，丙烯腈赋予ABS较高的耐热性和表面硬度。ABS因极性容易吸水，吸水率0.2%~0.45%，表面吸水率可达0.3%~0.8%，所以粒料成型前必须进行干燥处理。料斗干燥时加热温度为70~85℃，需2~4h方可使含水量降至0.1%以下。对于有优良光泽要求的制件，在湿热的季节，干燥加热时间需4~8h，还须防止已干燥的ABS再度受潮。

　　ABS 是无定形塑料，黏流态的成型温度范围较宽，有比聚苯乙烯熔体较高些的黏度，对流动剪切速率敏感。对薄壁和复杂的制件，注射生产时采用较高的注射速率和压力。在注射模塑成型时，常用 0.6~1.8mm 直径的针点式浇口，料筒温度在 190~250℃。熔体注射温度高于 250℃ 时，会导致 ABS 中丁二烯降解，产生有毒挥发物，还会导致物料变色甚至炭化。

　　（7）SAN　SAN 是丙烯腈与苯乙烯共聚的无定形塑料，其透光率与 PS 相当，韧性和强度超过 PS，有较好刚度且耐刻。SAN 抗冲击性能好，但对缺口敏感，其熔体流动性也较好，模塑成型收缩率为 0.2%~0.5%。利用其透明和半透明性，可注射生产各种照明灯具上的制件和装饰性的小尺寸壳体、按钮和表盘等。但需注意，SAN 制件在模塑成型时易产生残余应力，会引发裂纹。SAN 在成型加工和使用中与溶剂接触，有环境应力开裂的现象，如用 SAN 制造热咖啡的容器，由于化学作用和高温，会使容器开裂。

　　（8）聚甲基丙烯酸甲酯（PMMA）　聚甲基丙烯酸甲酯是丙烯酸类树脂中最重要的一种，它是透明度高的无定形塑料，常以板材供应，俗称有机玻璃，比无机玻璃轻得多，且抗冲耐振。它具有良好的电绝缘性、染色性和二次加工的装饰性能。PMMA 熔体的流动性中等，熔体黏度比 PE 和 PS 高，对加热温度比较敏感，超过 245℃ 以上即会分解。不良的注射工艺会影响制件的透明度和强度。PMMA 的氧指数为 17.3，属易燃塑料。

　　PMMA 不能承受太大应力，在钻孔切削时很容易开裂。PMMA 的螺纹孔在室温下拧紧时也会开裂。有机玻璃的表面硬度差，易被硬物擦伤，进行专门的涂覆可以改善这种情况。

　　（9）聚酰胺（PA）　聚酰胺多品种的结晶型聚合物，坚韧且耐疲劳，表面摩擦系数低且耐磨，但极易吸湿聚酰胺熔点高，熔融温度范围窄，约 10℃：结晶至熔化的相变过程 PA6 在 215~225℃，最高注射温度 250℃；PA66 相变在 250~265℃，最高温度 285℃；PA610 相变在 210~225℃，最高温度 250℃；PA12 相变在 175~185℃，最高温度 230℃。模具温度的高低影响结晶度和生产率，在较大温度范围（40~100℃）内，按需要选定。制件的成型收缩率大，PA6 有 0.7%~1.4% 的收缩率，其他品种有 1.6% 左右的收缩率，且有波动。成型的制件因吸湿等原因，尺寸不稳定。

　　PA6 弹性好，冲击强度高，吸水性较大。PA66 强度高，耐磨性好。PA610 与 PA66 性能相似，但吸水性和刚度都较小。PA12 的吸水性小，成型收缩率较小，制品尺寸较稳定。PA1010 半透明，吸水性较小，耐寒性较好。PA/ABS 混合物中 ABS 占 15%~20%，冲击强度有很大提高。

　　注射前必须充分干燥物料。熔体黏度低，注射模塑时很容易出现喷嘴流延和溢边。聚酰胺在分子结构中因含有亲水的酰胺基，容易吸水。其中 PA6 吸水率最大，PA66 次之，PA610 的吸水率为 PA66 的一半，PA1010 的吸水率最低。PA6 的吸水率在平衡状态为 1.3%~3.0%。水分对这些塑料的物理性能有明显的影响。如果用已吸湿的聚酰胺物料注射成型，会引起熔体的黏度下降。从而使注塑件表面出现气泡、银纹和料花等缺陷，制件的内在质量和力学性能变差，因此在成型前必须将物料的含水量降至 0.2% 以下。干燥处理后的塑料即使加盖，雨天的存放时间也不应超过 1h，晴天存放时间应限制在 3h 内。

　　聚酰胺有明显的熔点，视不同品种而异，大致在 200~270℃。聚酰胺的熔融温度较高，但范围较窄。而且，熔体流动剪切速率提高时，对其黏度影响较小。聚酰胺熔体的黏度低，有很大的注射充填流程比。为防止螺杆注射推进时发生过多漏流，螺杆头部应有滑动止逆环。熔料容易在注射模中泄漏，溢料会在制件上形成飞边，故注射模上运动零件的配合间隙要很小。为防止注射机喷嘴口熔体流延，可用阀式喷嘴，热流道注射时采用针阀式喷嘴为好。而且聚酰胺熔体的热稳定性差，容易分解，生产中料筒的加热温度不宜超过300℃，熔料加热时间不要超过30min。

玻璃纤维充填含量达33%的PA，其力学性能和耐热性能有很大提高，成型收缩率有明显下降。添加30%~60%的玻璃纤维为增强组分，用特殊功能的助剂复配，通过双螺杆挤出机制备材料有众多优异功能。如优异的长期耐热老化性能，在150~190℃环境中，1000h后拉伸强度变化很小；优异的耐醇解性能，材料在118℃乙二醇溶液（1:1）中放置1000h具有较好的性能保持率；很好的高温颜色稳定性，明显减缓玻璃纤维增强PA高温放置下氧化发黄；很好的流动性，其熔体流程比达到113。以充填50%玻璃纤维的增强PA为例，密度为1.57g/cm^3，拉伸强度为230MPa，室温下简支梁缺口冲击强度为20kJ/m^2，模具温度60~120℃，料筒温度250~300℃。该材料用于汽车上长期处于高温的结构件。

（10）聚碳酸酯（PC） 由于大分子链的结构的刚性强，结晶能力差，故属于无定形聚合物。PC有突出的抗冲击强度和抗蠕变性能，并较能耐寒、耐热，使用温度的范围为−130~130℃。PC的力学性能和电绝缘性能优良，并有较好的透明度。制件成型收缩率较小（0.5%~0.7%），且尺寸精度高。PC是产量仅次于PA的工程塑料。

聚碳酸酯主链上有亲水的酯基，容易吸水分解，在高温下对水分很敏感，微量水分也会造成聚碳酸酯水解，相对分子质量下降，性能劣化。所以，在成型前必须严格干燥，可采用沸腾干燥（温度120~140℃，时间1~2h）或真空干燥（温度110℃，真空度0.95×10^{5}Pa，时间10~25h）。干燥后的含水量应小于0.02%，注射时最好用注射机料斗式干燥器再干燥。物料的干燥程度不足，对空注射时从喷嘴流出的条料表面不光亮，内部夹有气泡；干燥程度很差时，深色的熔料黏度很低，并有分解气体喷出；干燥程度合格时，喷出条料的应均匀光亮，无细丝和气泡。

聚碳酸酯属于无定形塑料，主链上存在刚性的苯环，熔体的黏度比聚苯乙烯高很多，而且其流动特性接近牛顿流体，它有较高的热稳定性和很宽的成型温度范围，熔体黏度受剪切速率的影响较小，但对温度的变化十分敏感。因此，在注射成型时，通过提高温度来降低黏度比增大压力更有效。

成型温度的选择与聚碳酸酯的相对分子质量、制件的壁厚和注射机的类型等有关，温度一般控制在250~310℃范围内。注射成型应选用相对分子质量稍低的物料，其熔体有较好的流动性，但制品的韧性会有所降低。为保证薄壁制件型腔内的注射流动性，应用较高的成型温度（285~310℃）。

聚碳酸酯熔料的黏度很高，成型长流程和薄壁的复杂注塑件需要较高的注射压力，螺杆式注射机为80~130MPa。选用高料温和低压力有利于减少成型制件内的残余应力。由于聚碳酸酯的成型收缩率较小，保压时间不应过长，以免制件脱模困难，出现应力开裂。

聚碳酸酯注射模的模具温度为80~120℃，对薄壁制件模具温度为80~100℃，对厚壁制件成型的模具温度为100~120℃。成型聚碳酸酯的注射模，应该备有加热装置，如电热棒或电热板。较高的模具温度可减小制件中的温差残余应力，但会延长注射周期。

在脱模温度下，PC制件的弹性模量高，与模具钢表面间的摩擦系数大，成型件脱模困难。物料注射充填时流动和温差产生的残余应力较高，尤其在塑料件的嵌件周围、成型孔的周边和截面突变处。在外力等环境因素下，易产生应力开裂。PC 制件有较高的缺口敏感性，疲劳强度低，且 PC 注塑件有高温水解的特性，在 65℃以上的高湿条件下会产生应力开裂。

玻璃纤维或碳纤维增强后，可明显提高制件的力学强度并改善耐热性，但冲击强度下降。PC 的混合塑料品种很多，如 PC/ABS 能改善熔料加工流动性，降低制件的残余应力；PC/HDPE 能降低熔体黏度，提高制件的冲击强度，减少应力开裂；PC/POM 能提高耐溶剂性能、耐应力开裂和耐热性能；PC/PMMA 的制品光泽美观，耐紫外线；PC/PA 混合，使冲击强度提高，更耐化学腐蚀。

（11）聚甲醛（POM） 聚甲醛是高结晶度的聚合物，它具有优良的物理和力学性能且耐磨、耐水、耐蚀，耐蠕变和耐疲劳性能好。聚甲醛制件表面滑动摩擦系数低，具有自润滑性，是齿轮和轴承等传动零件的理想材料。均聚 POM 与共聚 POM 由于分子结构不同，性能有差异，均聚 POM 的密度、结晶度和力学性能稍高一些，而共聚 POM 的热稳定性、化学稳定性及加工性能稍好一些。共聚 POM 比均聚 POM 应用广泛。

共聚 POM 熔体流动性中等，物料熔融温度范围小，共聚 POM 在 165～175℃间结晶熔化，需模具温度 80～100℃。共聚 POM 热敏性强，容易分解，熔体最高注射温度 200℃，熔体温度过高或保持熔融状态的时间过长，会溢出甲醛气体，制品会变色或起泡。共聚 POM 的成型收缩率大（1.5%～3.5%），且波动范围大。用玻璃纤维增强改性，可减小成型收缩率。添加聚四氟乙烯、石墨和二硫化钼等可制成耐磨自润滑的支承或传动零件。POM 制件的热稳定性差，易燃烧，若长期在大气中暴晒，老化较快。

（12）聚苯醚（PPO） 聚苯醚（Polyphenylene Oxide，PPO）由于分子链段的内旋困难，导致刚度增大，为无定形聚合物。成型收缩率和吸水率小，阻燃性能好，热变形温度高达 190℃，但其熔体流动性差，需 300～330℃的高温加热熔化。纯 PPO 加工困难，难以模塑成型制件。

1）PPO/PS 混合物。生产中用 PS 混合 PPO，名为 Noryl 塑料，应用较多。其热性能和力学性能与聚苯乙烯含量有关，与聚碳酸酯相近，黏度比聚碳酸酯低，高于 ABS。料筒温度 315～340℃，喷嘴温度 300～320℃，模具温度 110～150℃，成型收缩率为 0.3%。PPO/PS 耐热、难燃，力学性能突出，电绝缘性能优异，一般用于电子电器产品上的耐热、高压和高频的绝缘制件，计算机、打印机和复印机等办公用品的壳体，汽车和机电产品上的结构件。制品的工作温度在 100℃上下，化学阻抗性能差。

2）PPO/PA 混合物。应用于汽车覆盖件，替代钢板冲压件，密度为 1.08g/cm³，制件实测弯曲强度为 80MPa，室温下简支梁缺口冲击强度为 18kJ/m²，热变形温度为 180℃，可满足在线电镀且经烘烤后不变形。玻璃纤维增强 PPO/PA 混合物的密度为 1.2～1.33g/cm³，各项性能均有提高。

聚对苯二甲酸丁二醇酯（PBT）和聚对苯二甲酸乙二醇酯（PET）同属于结晶型的饱和聚酯，为热塑性的工程塑料。

（13）聚对苯二甲酸丁二醇酯（PBT，PBTP） PBT 为结晶型热塑性树脂，纯 PBT 的力学性能一般，熔体的黏度较低。PBT 能在高温、高湿条件下保持优良的电绝缘性，抗化学腐蚀性和耐油性好。PBT 有阻燃增强品级，也有低翘曲的无机填料充填的品种，还有 PBT/PET 和 PBT/PA 混合物。它们用于电子电器和仪器仪表领域。

1）阻燃增强 PBT。经玻璃纤维增强后，力学性能大幅度提高，弯曲弹性模量达到

8.82GPa，热变形温度（1.82MPa下）为220℃，连续使用温度可达到120℃。介电绝缘性能优良。增强PBT的流动性良好，但成型的温度范围较窄（225～235℃）。PBT的黏度对剪切速率的敏感性大于对温度的依赖。注射成型制件的取向明显，纯PBT的成型收缩率为1.7%～2.3%，玻璃纤维增强后PBT成型收缩率为原收缩率的1/4～1/2，玻璃纤维含量越高，收缩率越小。阻燃增强PBT的出现，将更广泛用以电子产品上连接器的生产。

2）PBT/PET混合物。PBT/PET混合物兼有两者的优点，PET弥补了PBT耐热性及力学性能的不足，降低了材料成本。PBT缩短了PET的注射成型周期。PBT/PET混合物制件尺寸稳定，改善了翘曲变形，热变形温度高，具有高刚度和高韧性，又有高光亮的表面。PBT/PET混合物一般应用于汽车前照灯饰框的注射成型。

3）PBT/PC混合物。PBT和PC混合，改进了材料耐热温度和冲击强度。PBT耐热性差，冲击强度低。PC耐化学腐蚀和耐磨性差，注射成型效果不佳。PBT为结晶型材料，晶体结构有利提高材料抗化学腐蚀能力。PC属于无定形塑料，薄壁制件的韧性好。PBT/PC混合物用作高端品牌汽车保险杠的基材，其冲击强度远高于PP改性材料。

（14）聚对苯二甲酸乙二醇酯（PET）　PET主要用于纤维、薄膜和吹塑瓶。PET是对称的芳环线性聚合物，易于取向。熔融温度较高，加热温度范围较窄，为270～290℃，分解温度300℃。熔体流动性良好，且对流动剪切速率敏感。需较高的模具温度（85～130℃），以促使成型制件结晶，壁厚大时有较高的模具温度。PET的成型模塑收缩率很大，一般为1.8%，加入玻璃纤维后可降至0.2%～1.0%。PET在-50～100℃范围内，基本保持常温下的力学性能，常用来注塑电子电器和汽车配件。PET有30%玻璃纤维含量的增强工程塑料，还有PET/PC和PET/PA等共混品种。

（15）聚酰亚胺（PI）　聚酰亚胺是分子主链中具有稳定的芳杂环结构的一类无定形聚合物。下面介绍能注射成型的热塑性醚酐型PI，它具有优异耐热和耐低温特性，在-180～200℃下可长期使用。PI的机械强度高，介电性能优异且难燃，抗蠕变的能力强，耐辐射性能好，有优良的耐油和耐溶剂性能，主要用于汽车发动机的配件、液压泵和气泵盖、电子电器用的高温插座和计算机硬盘等。PI的熔融温度高，熔料的黏度大，温度对黏度影响大，对流动剪切速率影响小。要求注射机的料筒温度能加热到410℃。模塑成型收缩率为0.5%～1%，模具温度为180～210℃。

（16）聚醚酰亚胺（PEI）　它具有优良的力学性能和电绝缘性。由于PEI分子主链引入了大量的柔性基团，其熔体的流动性改善，为无定形聚合物，可按热塑性工程塑料注射和挤塑成型，但耐热性相比聚酰亚胺有些下降。适合长期使用，耐高、低温（-160～170℃），且发展了玻璃纤维、碳纤维增强品种，如玻璃纤维含量10%～40%各品级，其模塑成型收缩率为0.7%～0.8%，注射机料筒和喷嘴加热温度为310～420℃，模具温度为100～175℃；还发展了PEI/PPS、PEI/PC和PEI/PA等混合塑料。其注塑制品广泛应用在电子电气、电机、航空和医用器械等领域。

（17）聚苯硫醚（PPS）　聚苯硫醚PPS分子主链中带有苯环与硫原子交替联结，结构对称、规则，为高结晶度的热塑性塑料。PPS是综合性能优异的特种工程塑料，它有出色的耐高温和耐蚀性，机械强度和硬度均较高，但冲击强度低，阻燃性和耐热性好，吸水率极低，电气绝缘性极佳。纯PPS熔体的黏度低，熔点高达280℃，与无机填料、增强纤维的亲和性高，与其他聚合物的相容性好。用玻璃纤维增强后会大幅度提高冲击强度，可配制成许多改性的品种和各种混合塑料。

1）聚苯硫醚的增强改性。30%～50%玻璃纤维增强PPS在较宽的温度范围内有很好的力学性能和电绝缘性能。玻璃纤维加入对PPS的增强效果明显，20%玻璃纤维增强PPS的拉伸强度提高1倍，玻璃纤维含量为40%时PPS增强改性材料的综合性能较好。玻璃纤维增强PPS的注射温度为310～350℃，熔体有中等黏度，且对流动剪切速率不敏感。模具温度为135～160℃，模具温度高可使结晶充分，提高制品质量。制品的热变形温度在265℃左右，连续使用温度为200～240℃。在电子电器产品上做连接器和结构件，其模塑成型收缩率为0.2%～0.5%，制件的尺寸稳定性好。玻璃纤维增强PPS可应用于汽车的发热和散热零部件。

2）共混改性的聚苯硫醚。PPS/PEEK（聚醚醚酮）和PPS/PI（聚酰亚胺）可耐高温，用于汽车发动机结构件。PPS/PTFE（四氟乙烯）改进了润滑性和耐蚀性，可以做齿轮等传动件，也可精密注射成型。PPS/PA和PPS/PPO共混改善了熔体的流动性，制品具有高韧性。

① PPS/PA共混。PA66和PA6聚合物的黏度参数与PPS相近，两者有良好的热力学相容性。PA的混入，显著提高PPS的抗冲击性能和流动性，耐磨性也有提高。PPS/PA为6∶4时，共混物的抗冲击强度最优。当PPS/PA为1∶4时，再添加玻璃纤维，可有效降低磨损并增韧，改善玻璃纤维增强PPS材料的脆性，克服裂纹开裂。

② PPS/PPO共混。聚苯醚是无定形聚合物，有突出的电性质，低收缩率及尺寸稳定性，但与结晶型的聚苯硫醚缺乏相容性，熔融共混困难，需要使用聚苯乙烯作为两者的增容剂共混。PPS/PPO共混物不仅保留PPS原有的优异性能，还提高了尺寸稳定性和精密的加工成型性能，适合应用在耐热电气和精密零部件中。

3）填料改性聚苯硫醚。

① 玻璃微珠填充改性PPS。玻璃Al_2O_3和SiO_2球形微珠是硬度极高的耐磨材料。选用适当粒径的微珠对PPS改性，可有效降低复合材料的摩擦系数，提高耐磨性。微珠表面光滑，具有较好流动性，也赋予制件良好的外观和触感，并对PPS基体起诱导结晶作用，加快成核速率。经硅烷类偶联剂对玻璃微珠表面处理后，促进了结晶过程，材料的力学性能进一步提高。

② 矿物填充改性PPS。矿物填充改性PPS提高尺寸的稳定性与抗蠕变性能，经对填料表面处理，可有效改善PPS材料的力学性能，并赋予材料以新的电性能、导热等特性，进一步扩大PPS的应用领域。采用纳米级的碳酸钙、SiO_2等填料，保证材料刚度又大幅提高PPS共混材料的韧性，使冲击强度得到改善。

（18）聚醚醚酮（PEEK） 耐高温、阻燃和耐辐射突出的PEEK为结晶型热塑性塑料，纯PEEK的弯曲弹性模量为3.94GPa，玻璃化转变温度为149℃，热变形温度（1.8MPa下）为160℃，在-65℃低温下仍能保持常温下的冲击强度。纯PEEK的连续使用温度虽与PI相当，但成型加工性和耐高温水解性能优于PI。PEEK的注射温度在350～400℃之间，熔体黏度与聚碳酸酯相当，黏度随剪切速率增加而逐渐下降。模具温度为165～190℃时，制件才能有较高的结晶度。

30%玻璃纤维增强的PEEK制件，连续使用温度提高到240℃，弯曲弹性模量为8.87～11.3GPa。玻璃纤维增强PEEK耐热的品种，玻璃化转变温度为157℃，熔点374℃，可用于注射成型。温度高于300℃时，能保持良好的力学和物理性能，更有各种矿物充填改性和玻璃纤维增强品种，弯曲弹性模量能达到15GPa的高强度。用于制作承受高温下传动的链条零件、医疗器械和密封件。

聚砜类塑料是指大分子链上含有砜基和芳核的一类聚合物。它包括三个品种，聚砜（PSF）、聚醚砜（PES）和聚醚酮（PEK）。其中PSF产量最多，应用最广。

（19）聚砜（PSF或PSU）　它以双酚A和4,4'-二氯二苯砜为原料，经缩聚反应制备的热塑性工程塑料，其耐热性和抗水解性能优良，高温下对酸碱和热水稳定，可在−100~150℃温度范围内长期使用。PSF为无定形聚合物，成型收缩率为0.6%~0.8%，制件半透明。注射机料筒和喷嘴加热温度为320~390℃。熔体黏度高，其流动性对温度敏感，对注射压力和流动剪切速率不敏感。模具温度宜在90~150℃，成型长流程及复杂制件的模具时应采用较高温度。

PSF在电子电器领域内是理想的绝缘材料，可在汽车制造和精密机械中取代金属，适宜用于需蒸煮的医疗器械和家用器具。ABS/PSF混合塑料材质坚韧又耐高温。PSF有玻璃纤维增强的刚硬品种。

（20）聚醚砜（PES）　聚醚砜大分子主链由砜基、醚基和亚苯基组成，其刚度、强度和耐热性的较PSF有提高。注射料筒温度为300~360℃，模具温度为110~130℃。PES为无定形聚合物，成型收缩率为0.6%~0.7%，制件在180℃高温下连续使用时，尺寸稳定。在无定形塑料中有优异的耐化学性和耐应力开裂。PES与PSF共聚物具有较好流动性，该共聚物具有比聚砜更高的热变形温度，比聚醚砜更低的吸水率，其组分含量不同时，有不同品种，也有玻璃纤维增强的品种和碳纤维改性导电品种。PES电绝缘性优良，且具有阻燃性，在电子电器行业，可用于制作绝缘零件，在航空、机械、汽车、医疗器械和厨房用具等领域都有应用。此外，PES有很好的折射率，可用于制作照明和光学器材的零部件。

（21）液晶聚合物（LCP）　液晶聚合物（Liquid Crystal Polymer，LCP）是指在一定条件下能以液晶相态存在的一类聚合物。LCP是指聚合物的一种状态。在此种状态下，聚合物分子排列的序列介于结晶固体和各向同性液体之间。它一方面具有流体的流动性，另一方面又具固体分子排列的方向性，兼有固体和液体两者的特性。用于注射成型的是热致液晶聚合物，是一种因温度变化而呈现液晶性能的聚合物。

热致液晶聚合物（Thermotropic Liquid Crystal Polymer，TLCP）依靠自身分子内的刚性链的高度取向起自增强作用，有很高的强度和模量。近年来，已用于高档精密的接插件的制造，原因是其制件的尺寸稳定性优异，能承受电子元器件组装时波峰焊或再流焊的热作用，而且有低的吸湿性和线胀系数，又有良好的抗蠕变性能。大量的TLCP由玻璃纤维增强、碳纤维增强或无机物充填，增强和改善了某些力学性能，也降低了物料成本。TLCP制件能进行黏结和超声波焊接，是优秀电子电气绝缘材料，但注塑时需高温熔融并需100℃以上的模具温度。

2. 热塑性弹性体

通常把弹性模量小于10^4MPa的材料称为弹性体。弹性体在室温下能被反复拉伸至原始长度的2倍以上，应力解除后能大致恢复到原始长度和形状。橡胶是典型的弹性体，但橡胶不能通过热熔融再生造型。热塑性弹性体（Thermo Plastic Elastomer，TPE）在常温下具有弹性，在熔融温度下能反复熔化后成型。TPE的价格高于一般的橡胶。制备热塑性弹性体的主要方法是橡胶与塑料共混。

热塑性弹性体的高分子链段具有弹性的软段，又有常温下约束大分子运动的硬段。软段为材料的连续相，硬段作为分散相。在熔融温度下，硬段被离解并和软段混合，冷却后硬段能重新分散在软段连续相中。

热塑性弹性体与硫化橡胶相比，弹性、抗蠕变性、耐溶剂性和耐油性能等还有待改进。TPE 制品容易与其他材料黏合，但表面修饰尚有困难。

热塑性弹性体的种类较多，较重要的有聚苯乙烯系、聚烯烃系、聚酯系、聚氨酯系和聚酰胺系等。

热塑性弹性体注射成型时的加热熔融温度取决于相混塑料。TPE 的熔体黏度对温度的依赖性较大，与塑料相同而与橡胶不同。TPE 在注射时成型收缩率在 1.0%～1.5%。由于 TPE 的种类众多，有不同塑料与橡胶配比，又有各种添加剂，需要材料供应商提供熔体加热温度、模具温度和注射成型收缩率。TPE 在注射成型时，浇口中凝料很难拉断，要求浇口细长并有锐边，尽可能用剪切切断的浇口。

（1）聚苯乙烯系热塑性弹性体（TPS）　TPS 的典型代表是苯乙烯-丁二烯-苯乙烯嵌段共聚物（SBS）、苯乙烯-乙烯-丁烯-苯乙烯共聚物（SEBS）。SBS 密度为 $0.94g/cm^3$，SEBS 密度为 $0.91g/cm^3$，二者拉伸强度均可达 30MPa，邵氏硬度可在 30～75A 之间调节，透明性好，着色性能优异。SBS 用于柔性结构件和电线绝缘层，需求量很大。注射加热温度为 180～240℃，模具温度为 20～50℃。SBS 与 SEBS 之间最大差异在于老化性能。双键经加氢后生成的 SEBS 稳定性良好，耐化学药品性能优良。鉴于 SEBS 具有容易消毒灭菌、无须交联剂、毒性低等优点，常作为医疗器械用材料，可制造密封件、血袋、奶嘴、医用插管、软管和手术衣等。

（2）聚烯烃系热塑性弹性体（TPO）　用动态硫化技术机械掺混 EPDM/PP，其价格比乙丙橡胶 EPDM 低，也称为 EPDM 热塑性弹性体。它避免了交联剂的毒性，省去了多种配合剂，废品废料可回收加工，相对密度为 $0.88～0.97g/cm^3$，可在-60～135℃温度范围内使用。硬度范围广，邵氏硬度可在 35～90A 范围调节，对应拉伸强度为 4.4～27.6MPa，扯断伸长率为 330%～600%。TPO 具有良好耐疲劳、耐酸碱、耐臭氧的性能。因其耐候性好，主要用于汽车配件，如保险杠和软管等；建筑上用的防水密封件，如玻璃板的防振密封衬垫、铝塑门窗的密封条等。注射加热温度在 180～200℃，模具温度在 15～40℃，注射时成型收缩率为 1.2%。

（3）聚酯系热塑性弹性体（TPEE）　TPEE 有结晶聚酯的高分子硬段，又有非结晶的软段。TPEE 的拉伸强度大于 30MPa，弹性为工程塑料的 3～6 倍。耐疲劳、耐油、耐化学药品并耐溶剂侵蚀性能优良。其使用温度范围宽（-50～130℃），且邵氏硬度在 35～80D 范围内可调，但不耐热水和强酸。TPEE 的综合性能优良，耐候和耐高低温，适用于薄壁汽车配件，可制造减振板、密封环和液压软管等。由于绝缘性能好，也可用于电气开关和接插件的保护罩。TPEE 的注射加热温度为 200～250℃，模具温度为 20～50℃，注射时成型收缩率为 1.0%～1.5%。

（4）聚氨酯热塑性弹性体（TPU）　TPU 的高分子硬段由扩链剂（如丁二醇）加成到二异酸酯上形成，软段由聚酯或聚醚构成。

TPU 的耐磨性非常突出。添加石墨、二硫化钼、硅油和氟化物后，摩擦系数显著降低，拉伸强度为 25~70MPa，撕裂强度高、回弹性好、耐油。在干燥条件下的最高使用温度为 70~80℃，脆化温度可达 -53℃。用于鞋底、胶轮、手柄、仪表板和密封件等。注射加热温度为 190~240℃，模具温度为 20~40℃，注射时成型收缩率为 0.8%~1.4%。TPU 的改性品种很多，透明级的透光率可达 85%。

（5）聚酰胺系热塑性弹性体（TPAE）　TPAE 也是由软、硬嵌段交替组成的多嵌段共聚物，其硬段为聚酰胺 PA，软段为聚酯或聚醚。它的硬段有许多种，如 PA6、PA66、PA11 和 PA12 等。加上软硬段比例不同，PATE 有许多品种和相当宽的性能变化可调配。邵氏硬度可在 65A~75D 范围内调节。

TPAE 的低温韧性好、回弹性好，有良好的耐油和耐化学药品性能。TPAE 制品耐磨，接触面上压强和线速度的 pv 极限值比较高，且有较高的弹性模量和使用温度，可以用于制作球拍和运动鞋，汽车上用的软管、减振片、密封垫，以及工业上用的传送带和轧辊。TPAE 的注射加热温度为 200~260℃，模具温度为 20~50℃。

3. 纤维增强复合塑料

聚合物基复合塑料采用的增强材料主要有玻璃纤维、碳纤维、芳纶纤维和超高相对分子质量聚乙烯等。在不同基体中加入这些纤维材料，目的在于大幅度提高基体的强度和弹性模量，而且能减少复合塑料成型过程中的收缩，提高热变形温度。使用注射成型增强的制件，也能提高产品结构件的性能和生产率。

纤维增强塑料主要有两个组分。基体是热固性或热塑性塑料，用纤维材料充填。通常基体的强度较低，而纤维填料具有较高的刚性，但呈脆性。两者复合得到的增强塑料中，纤维承受了很大的载荷应力。基体树脂通过与纤维界面上的剪切应力，支承了纤维并传递了外载荷。

热塑料纤维增强塑料（Fiber Reinforced Thermoplastics，FRTP）。若用玻璃纤维增强则加前缀 G，如 GFRTP、GFRTP；用碳纤维增强加前缀 C；用芳纶聚酰胺纤维（Kevlar）增强加前缀 K。

玻璃纤维增强热塑性塑料。玻璃纤维（GF）是玻璃原料经熔融和拉丝制得一种无机纤维，具有高强度、高模量、耐高温、耐蚀和低密度等性能，而且价格较低，广泛用于塑料的增强改性。玻璃纤维增强塑料品种很多。无碱玻璃（E-Glass）为常用普通纤维，碱金属氧化物含量很低，具有优良的化学稳定性和电绝缘性。高强度玻璃纤维（S-Glass）含有镁铝硅酸盐等成分，强度比 E-Glass 纤维高 10%~50%。由于化学成分和生产工艺的不同，还有高模量、中碱和高碱等各种玻璃纤维。

玻璃纤维的表面通常要涂覆表面处理剂。表面处理剂包括浸润剂及一系列偶联剂和助剂。偶联剂能在纤维与基体树脂间形成一个良好黏合界面，从而有效提高两者的黏结强度，也提高了增强塑料的防水、绝缘和耐磨等性能。

纤维增强塑料的性能主要取决于纤维品种、性能以及纤维的含量，常用纤维含量在 10%~80%，还取决于纤维的长短，连续长纤维与短切纤维的增强作用有差异，纤维在基体中的取向和排列也对性能有一定影响。另一方面，基体树脂的种类和性能，决定了增强塑料的工作特性和所适用的环境条件。

1）短玻璃纤维增强（SGF）热塑性塑料。热塑性玻璃纤维增强塑料的基体有 PP、PA、ABS、POM、PC、PPS、LCP、PEEK、PET 和 PBT 等。主要应用注射工艺生产短纤维增强的模塑制件。常用无碱玻璃纤维（E-glass），密度为 2.55g/cm³，直径为 6～13mm，拉伸模量为 75GPa，拉伸强度为 2000MPa，线胀系数 5×10^{-6}（1/℃）。常用玻璃纤维直径为 10mm，长径比在 25 左右。纤维经表面处理剂涂覆，与基体塑料形成良好黏合界面。大多数的注射制件具有复杂的各向异性，主要为单向取向，也有单向和双向取向的组合。纤维的运动状态决定了固化后制件中纤维的取向。注塑制件具有各向异性，故有较大的翘曲变形。

玻璃纤维含量的增加会提高液态物料的黏度，玻璃纤维的含量越高，熔体黏度越高，注射流动的流程变小，制件强度和刚度有提高，但呈现脆性。玻璃纤维增强塑料的熔体对成型机械和注射模有较强的磨耗。塑料中添加玻璃纤维不但磨损注射机螺杆和止回阀，对热流道装备，特别是喷嘴顶部浇口、针尖和阀针等磨损更加明显。

制件中的熔合缝的力学性能比无缝区域材料低很多。故制件设计必须遵循壁厚一致和结构对称原则。模具浇注系统设计时应减少熔合缝，并使各熔合缝之间相互错开。

2）长玻璃纤维增强（LGF）热塑性塑料。近年来，长玻璃纤维增强热塑性塑料在挤出机上，输入连续的玻璃纤维束或带，与热塑性塑料熔融浸渍，经口模成型。牵引后切断成 10mm 左右的塑料粒子，供注射成型。通常定义长度在 5mm 以上为长玻璃纤维。经注射加工，在注塑制件里长度在 3mm 以上。

LGF 注射成型制件中形成三维玻璃纤维网络结构显著提高力学性能，冲击强度提高，刚度和抗蠕变性能增强。纤维长度方向分布良好，可以有较高的玻璃纤维含量，能够注射成型形状复杂的制件。

注射机螺杆的剪切作用及模具中曲折浇注通道，都会对长玻璃纤维造成一定的折损与破坏。推荐使用压缩比较小、螺槽螺距较大的螺杆。模具中，通道要避免尖角和锐角。优化加工工艺也可提高制件的性能。

以聚丙烯为基体的长玻璃纤维增强注射材料，玻璃纤维含量为 10%～60%，代号 LGF-PP。它可替代玻璃纤维增强聚酰胺材料，注射成型换档器底座和发动机舱盖等汽车制件。LGF-PP 生产制件不受干湿环境条件影响，尺寸稳定、重量轻，而且注射加工的能耗低。LGF-PP 材料在 80℃下，1000h 长期测试中，变形量明显小于短玻璃纤维材料，更适合应用于有抗疲劳要求的场合。

2.2.2 添加剂对注射模塑的影响

塑料是复合材料，以聚合物为基体，混入添加剂、填充剂和着色剂。人工复合改性目的是增强、增韧或降低成本，也有为改善某些物理性能或加工成型性能。下面讲述阻燃剂和着色剂对注射模塑的影响。

1）塑料中的阻燃剂和某些有机颜料着色剂，会产生化学氧化或力学剪切分解，使这些熔融塑料有热状态的时间限制。高黏度塑料在流动中，会发生复合组分的分离和沉淀。在高剪切力下，填料会脱粘，着色剂会凝结或变色。

2）塑料中的填料不但填充了空间，降低了成本，而且改善了塑料的某些物理和力学性能。常见的填料有碳酸钙、陶土、钛白粉和石英粉等。惰性填料的加入，会使聚合物熔体的流动性降低。填料对熔体流动性的影响与填料粒径大小和颗粒的形状等有关。粒径小的填料，会使其分散所需能量较多，加工时流动性差，但成型制件的表面较光滑，强度高。反之，粒径大的填料，其分散性和流动性都较好，但制件表面粗糙，强度低。

3) 熔融塑料的分解产物对模具有腐蚀效应。在加工温度下，PVC 有较强的化学腐蚀作用，会产生盐酸。在加热 POM 和 PET 的整个过程中，各自释放甲醛和乙醛酸。高温会使阻燃剂分解，导致溴或氯等化合物释放卤素离子。热流道零件要使用不锈钢或保护性表面处理。注意，铜合金是极易被腐蚀的，PP 会与铜合金和铍铜合金起化学反应，会使铍铜合金表面被腐蚀，导致注塑制件被合金分子污染。铜对 PP 熔体有催化作用，会损坏塑料的长分子链。所以，注射 PP 时，铍铜合金零件应该用镍或碳化硅被覆。

诸如热稳定剂、抗氧剂、润滑剂、增塑剂、紫外线稳定剂、发泡剂和阻燃剂等添加剂，也会改变加工性能或最终制件的性能。

1. 阻燃剂对注射模塑影响

添加阻燃剂的塑料，注射熔体熔胶容易分解，且对模具有腐蚀作用，必须慎重应对。

（1）可燃性 防止火灾和环境保护要求人们重视塑料燃烧性能。塑料有可燃、慢燃、自熄和不燃之分。各种塑料的可燃性见表 2-3。

表 2-3 各种塑料的可燃性

塑料种类	氧指数(%)	UL 等级	点着温度/℃	评估
聚甲基丙烯酸甲酯	17	—	—	可燃
聚丙烯	17	—	—	可燃
聚乙烯	17	—	340	可燃
聚苯乙烯	18	—	360	可燃
聚对苯二甲酸乙二醇酯	21	—		慢燃
聚碳酸酯	26	V-2		自熄
ABS	30	HB		自熄
聚砜	30	V-0		自熄
聚酯酰亚胺	—	V-0		自熄
脲甲醛树脂	35	V-0		自熄
未增塑聚氯乙烯	43	V-0	390	不燃
聚酰胺-酰亚胺	50	V-0		不燃
聚四氟乙烯	90	V-0	—	不燃

含有氟和氯的塑料是不燃的，聚四氟乙烯是阻燃材料。未增塑的聚氯乙烯，在燃烧中分解的 HCl 有阻燃作用。高温下释放的烟雾中含有毒的氯气。聚碳酸酯和聚氨酯是自熄的塑料，当火焰和热量撤去后燃烧会停止。绝大多数热塑性塑料容易点燃和燃烧。塑料升温加热达到点燃温度后，分解和氧化塑料表面材料，生成可燃气体。各种复杂的反应和自由基产生，促使燃烧和热量生成，伴随着大量烟雾和有害气体逸出。燃烧的最终残留物是炭，表层炭的生成如同屏障，有阻燃作用。

用户安全和防火法规要求塑料材料阻燃。塑料的阻燃性根据它在海平面高度上，支持塑料样品燃烧的最低含氧量，即氧指数来评定。GB/T 2406 系列标准，对应 ASTM D2863 和 ISO 4589 标准。氧指数是在规定条件下，试样在氧、氮混合气体中，维持平稳燃烧所需的最低氧气浓度，以氧气所占的体积百分数表示。普通大气中的氧的质量分数是 22%，故在表 2-3 中超过此值的塑料大致是自熄和不燃的。

另一方法是 GB/T 4610—2008《塑料　热空气炉法点着温度的测定》，对应 ASTM D1929 标准。点着温度是在规定的试验条件下，从材料中分解出的可燃气体，经火焰点燃的最低温度。它的试样是粒度 0.5~1.0mm 的颗粒塑料。

美国保险商实验所的 UL94 燃烧标准，目前被广泛引用。它是将试样水平和垂直放置，用本生灯（Bunsen Burner）点燃，观察试样燃烧速度、自熄和滴落物。依阻燃性提高顺序：94HB、94V-2、94V-1、94V-0、94V-5，其中 94HB 为水平燃烧，其他均为垂直燃烧。该标准对应我国标准 GB/T 2408—2021《塑料　燃烧性能的测定　水平法和垂直法》。

此外，我国还有 GB/T 2407—2008，用于评定硬质塑料可燃性。GB/T 6011—2005，用于评定纤维增强塑料的可燃性。电加热的炽热棒用碳化硅制成，可燃性主要以试样的烧蚀距离来评定。

（2）模具浇注系统要求　由于各种塑料的燃烧过程很复杂，故阻燃剂的品种也很多。阻燃剂使用不当，会在注射加工时逸出刺激性气体，腐蚀模具和螺杆等成型机械零件。阻燃剂的活性越强，添加阻燃剂越多，在长时间的高温下阻燃剂分解的低分子挥发物越强烈，严重影响注塑制件的外观及性能。含阻燃剂的塑料是热敏感性物料，成型加工时需慎重对待。

1）热流道系统防腐蚀要求。阻燃剂加热时会产生酸性物质，对模具钢材有较强的腐蚀性。4Cr13 等不锈钢的耐蚀能力较差，所以，浇口区域的导流梭等零件应用氮化钛做表面处理，喷嘴衬里用陶瓷涂层或用导热、耐蚀又耐磨的钛锆钼合金。

2）热流道系统温度分布要均匀。严禁局部温度过高，各部位的温度差异控制在 5℃ 之内。可加厚流道板，设置较多的加热区，使加热盘条较短些；或加强阻热措施，如用钛合金或陶瓷的隔热圈，喷嘴用嵌入式或铜套镶嵌的加热线圈。

3）流道系统无死角。为避免流道转角处堵塞，应改用镶嵌结构，以圆球弧光滑过渡。喷嘴浇口不采用塑料层隔热保温。流道与流道的接口、零件间的连接，都应是平缓流线型的过渡，防止塑胶在死角滞留分解，又被冲刷携走。

4）流道内表面粗糙度值要求在 $Ra0.4\mu m$ 以下。经人工抛光后，再以高压流体抛光，也可在管道内施镀层。

5）塑料熔体在注射机料筒和模具热流道中停留时间一般为 3~5min。模具型腔用料为注射机额定注射量的 60% 以下，要防止物料的塑化受热时间过长。热流道系统的流道直径尽量做小，让流道内贮存的塑胶体积在一个注射周期内射完。

2. 配色和着色对注射模塑的影响

日常生活中的塑料制品有不同的色彩。工业生产用的塑料管道和电讯器材等，为呈现其功能也要着色。不透明塑料的颜色是表面反射光的波长决定，对所有波长光都能吸收的制件呈黑色；如果能把照射到它表面上的所有波长的光都反射出去，那制品就是白色。透明塑料的颜色则是透过光的波长决定的。能很好透过所有波长的光，该塑料就为无色透明体。下面从塑料注射制件着色的视角，讲述配色和着色工艺的基础知识。

（1）着色剂的分类和性能　着色剂是能改变物体颜色，或将原来本无色的物体染上颜色的物质。塑料着色剂是指能够使塑料着色的物质。塑料着色剂除必须具有光学着色性能外，还必须满足塑料制件加工和使用条件。下面介绍常用的无机颜料、有机颜料、染料和特效的塑料着色剂。

着色剂分为颜料和染料两大类。颜料是不溶解于水和油的着色剂，它是以微粒子状态分散于塑料中而使塑料着色的。与此相反，染料是能溶解在水和油中的着色剂，有水溶性染料和油溶性染料之分，它是溶解于塑料中，而使塑料着色的。不论是颜料还是染料，按其来源，都可分为天然和合成的两大类。此外，还有金属、荧光和珠光等特殊着色剂。

颜料有无机颜料和有机颜料。无机颜料通常是金属氧化物、硫化物和炭黑等，主要用于不透明或半透明塑料制件的着色。有机颜料都是含有苯环的有机物，如偶氮和酞菁等颜料。这类颜料很少用于塑料制件的着色。染料分水溶性、醇溶性和油溶性染料，适用于硬质透明塑料，有还原桃红、分散红和溶剂紫等，用在聚苯乙烯、丙烯酸类塑料、聚碳酸酯、聚酯和硬质聚氯乙烯等塑料着色。

染料在一定加工温度下可以完全溶解于聚合物。无机染料不能应用于塑料着色，只有有机染料可用于塑料着色。着色的有机染料不能溶于水，以防止在潮湿下迁移。要考察染料溶解于溶剂、脂或油的性能，在用于包装塑料制件时慎重评测染料的迁移性。PS、PMMA 和 PC 等无定形塑料有较高的玻璃化转变温度，在室温下染料没有迁移到制件表面的可能。

染料主要用于 PS、PMMA、SAN、PC 和 PET 透明塑料着色，其浓度通常在 0.01% ~ 0.1%范围内。染料也可用于不透明塑料，但要用钛白颜料遮盖，以较高浓度配色。染料用于透明塑料所呈现颜色，只是光线吸收和反射的作用；而用于不透明塑料，是颜料粒子对光线的吸收、反射和散射的共同效果。

染料着色塑料在高温中加工，有升华现象。一些染料品种的熔点较低，只有 115 ~ 209℃。染料随着温度升高，从固态直接转变为气态，而未经历液态。在高温注射成型时，溶于聚合物熔体的部分染料转变成气态。气态染料在低温的模具型腔壁面上沉积。沉积物在塑料制品的表面形成缺陷。此外，在塑料着色中，染料溶解不充分，会导致制品的色斑和色纹。溶解染料在聚合物熔体中分布不均匀也会引起色纹。

各种金属粉颜料、荧光颜料和珠光颜料的着色有特殊效果。

金属粉颜料是由金属或合金组成。用于塑料中可产生仿金属的颜色和光泽。金属色颜料包括铝粉和铜合金粉。常用的铝粉有银白色的光泽，俗称银粉。铜锌粉呈淡金或真金色，又称铜金粉。金属粉颜料的粒径大小是获得金属色效果的关键。

使用金属着色剂的塑料要有一定的透明度，要使金属颜料在塑料中良好分散。金属粉用量较多，为塑料的 1% ~ 2%，常和染料或珠光粉一起配色，能产生良好的彩色效果，但要尽量避免与钛白粉等配色使用。强化塑料制件的取向，可提高金属效果。要注意减少注塑件中的熔合缝和改善熔合缝的强度。着色的铜金粉都经二氧化硅包覆处理。金属铜易使聚丙烯降解，故不宜用于聚丙烯着色。

塑料着色剂的光学性能有：色调与色光、着色力和遮盖力。在选用着色剂时，还必须考察它着色的塑料制件的加工性能和适用性能，分散性、耐热性、耐迁移性、耐光性和耐气候性。着色剂的化学和物理性能、电气性能和毒性也应该关注。

1）分散性。将干燥的颜料润湿并减少其团聚体或凝聚体大小的过程称为分散。分散性就是着色剂被分散的难易程度，是塑料着色质量的关键。

要求着色时颜料或染料能很容易分散或溶解到塑料中去。在大多数情况下，塑料的着色和成型是同时进行的。塑料物料混炼时间和剪切作用不充分，会使着色剂在塑料中分散和溶解不良，致使塑料制件出现混色不均的斑点和条痕等缺陷。

通常有机颜料比无机颜料难以分散。不同颜料的分散难易程度不同。延长塑化混料时间，提高加工温度，增大机械剪切力能使颜料对聚合物的润湿性增大，分散程度提高。颜料在不同塑料中的分散效果不同。颜料在熔融温度高的塑料中的分散程度，比在熔融温度低的塑料中的分散程度高。

2）耐热性。着色剂的耐热性，是指塑料在加工温度下，着色剂的颜色和性能变化。通常要求着色剂的耐热温度和时间，大于着色塑料的成型加工温度和加热时间。否则，着色剂会变色甚至分解。

大多数无机颜料的耐热性较好，能在 200~300℃ 的高温下使用。有机颜料一般在 200℃ 以上会发生变色。只有酞菁、喹吖啶酮和偶氮之类的少数有机颜料的耐热性稍好。

着色颜料应该有变色温度和时间的测试数据，如酞菁绿和酞菁蓝的测试数据为 325℃/30min。着色剂的加热温度越高，耐热时间越短。如果着色剂在塑料加工温度下耐热时间为 5~10min，已属于热敏性的物料，很难保证塑料制件质量。

（2）塑料配色和着色工艺　塑料着色关系到塑料制品最直观的装饰质量，有其复杂性和难度，理应由配色工程师操作。下面简单介绍配色和着色工艺方法。

1）配色工艺。颜料的各种色彩特征是色调，有红黄橙绿蓝紫棕黑白、金属色、珠光色和荧光色等。配色是将基础色的颜料混合，可以得到许多过渡色或中间色。另一方面，一种色调的颜色，在光波作用下的视觉效果会不同，有色光现象。在太阳光与人工光源下还会有同色异谱现象。因此配色有基本色的拼合，也有色光的混合。有经验的配色专业人员，按塑料制件的设计要求选用着色剂后，先制成小样。初步确认后，拟定合理的投产着色工艺。有些塑料制件着色要求很高，如电视的前框与后盖，分别着色并注射成型后，它们的颜色和色光要一致。因此，计算机配色技术，测色与比色的光学仪已得到应用。

着色剂和聚合物的相容固然重要。色粒或色母粒里着色剂的载体树脂与聚合物也应相容。在着色剂的合理选择和匹配方面，要获得着色剂耐热性能的准确数据。不但获知耐热温度，还要知道耐热时间。不但获得着色剂本身的热性能，还要有着色后塑料中颜料的热性能，并与色粒或色母粒聚合物基体的耐热性能作比较。相匹配的着色剂的热稳定性必须相近。应选用匹配着色剂的耐光性和耐候性与聚合物基体相近的品种。如果性能相差很大，随时间流逝色调和光会变得面目全非；同时应选用分散性良好的品种，因为颜料分散后的粒径大小及能否在聚合物基体中均匀分开，影响到着色力和遮盖力。

2）着色工艺。着色剂的形态有粉状、糊状、分散液、色粒或色母粒。着色工艺方法因着色剂形态不同而有各自特点。注射模塑生产企业大都使用供应商提供的色粒或色母粒。

① 色粒着色。用粉状或糊状颜料与制品塑料混合塑炼，制成着色颗粒。色粒着色的分散性好，但会增加制造色粒工序，提高成本，该工艺可用于多种热塑性塑料，不能用于荧光颜料等易破损的着色剂。

② 色母粒着色。用经过预处理的颜料均匀分散到载体树脂中，塑化造粒制得。该工艺一般用于高档的塑料制件，可选用不同的树脂。要求载体树脂与颜料的相容性和分散性好，其黏度接近制件塑料，又不影响制品塑料的性能。

（3）色差的控制　色差是注塑中常见的缺陷，塑料容器的盖与筒体，电子消费产品面板与盒座，对色差有严格限制。因配套件颜色差别造成注塑制件成批报废的情况并不少见。一个注塑制件上区域性的色差也是不容许的。在实际的生产过程中，一般从以下几个方面来进行色差的控制。

1) 在注塑试射期出现的局部区域的变色，由塑料熔体过热和温度不均衡引起，应检查注射机的塑化能力和质量。模具浇注系统设计不当，尤其有热流道浇注，应检查模具和热流道的温度控制。输送熔体过程中的死角和排气不畅，都会引起制件变色，可通过相应部分模具的维修来解决。必须首先解决好注射机及模具问题才可以组织批量生产。

2) 控制原材料是解决色差的关键，尤其是生产浅色制件时，不能忽视原材料的不同批次，其热稳定性差异对制件色泽波动带来的明显影响。要加强生产管理和原材料检验，尽可能采用同一树脂生产厂、同一牌号和批次的塑料粒子。生产前要进行抽检试色，既要同上次校对，又要在本次中比较。如果色差不合格，色料的热稳定性不佳，应去色料的生产厂进行调换。

3) 塑料原料同色料混合不好会使产品颜色变化无常。将塑料粒子及色料粒子经机械混合均匀后，通过下吸料送入料斗时，因静电作用，色料同塑料原料分离，易吸附于料斗壁，这势必造成注塑周期中色料用量的改变，从而产生色差。

4) 生产中需经常检查注射机料筒与喷嘴，热流道的流道板与喷嘴的加热线圈装置，还有测温与控制电子线路各部分。某个加热线圈损坏失效或加热控制部分失控，造成熔体温度剧烈变化会产生制件色差。注射机料筒加热圈损坏会使塑化质量变坏，熔体温度不均匀，而温度失控会使注射制件出现色斑、严重变色甚至焦化现象。发现加热圈损坏时，应及时更换和维修。

5) 非色差原因需调整注塑工艺参数时，尽可能不改变注塑温度、背压、注塑周期及色料加入量，需观察工艺参数改变对色差的影响，发现有色差应及时调整。尽可能避免使用高注射速度、高背压等引起强剪切作用的注塑工艺，防止因局部过热或热分解等因素造成的色差。严格控制料筒的各加热段温度，特别是喷嘴和紧靠喷嘴的加热部分温度。

2.3 塑料的注射工艺性能

塑料的密度和熔体的流动性是注射模塑工程中的重要工艺数据。塑料的黏流态性能影响浇注系统与模具的设计，又影响着注射加工，也支配着模塑制件的质量。

2.3.1 塑料的固态和液态密度

1. 固态密度

常用塑料的密度见表2-4。填料添加和玻璃纤维增强后的塑料，密度增加。

2. 塑料熔体密度

塑料经加热塑化后，熔融态塑料的密度会降低。几种塑料的熔体密度见表2-5。

注射模塑成型的每次注入模具的塑料量，如测定螺杆前面的熔料的体积。注射计量以模具型腔和浇道的容积 V_i 表示，即

$$V_i = \alpha' V_m \tag{2-2a}$$

可得每次注射质量

$$G = \rho V_i = \rho_m V_m = \alpha' \rho V_m$$

由此得

$$\rho_m = \alpha' \rho \tag{2-2b}$$

两式中 V_i——模具型腔和浇道的容积（cm^3）；

    α'——密度修正系数，取 $0.85 \sim 0.95$，无定形塑料可取 0.95，结晶型塑料可取 0.85；

    V_m——注射计量熔体的体积（cm^3）；

    G——每次注射入模具的熔体质量（g）；

    ρ——所注射塑料的固态密度（g/cm^3）；

    ρ_m——塑料熔体的密度（g/cm^3）。

表 2-4 常用塑料的密度   （单位：g/cm^3）

名称	密度	名称	密度
热塑性塑料		热塑性塑料	
LDPE	0.917~0.932	ABS	1.01~1.08
HDPE	0.932~0.965	ABS+20%~40%GF	1.23~1.36
PP 均聚	0.90~0.91	AS	1.07~1.08
PP 共聚	0.89~0.905	PMMA	1.19
PP+20%矿物粉	1.022~1.030	PB(聚丁二烯)	0.91~0.925
PEC(氯化聚乙烯)	1.13~1.26	PTFE(聚四氟乙烯)	2.14
PS 均聚	1.04~1.05	PVF(聚氟乙烯)	1.38~1.40
PS 高抗冲	1.03~1.06	FEP(四氟乙烯-六氟丙烯共聚)	2.12~2.17
PA6	1.12~1.14	PVC 软质	1.2~1.4
PA6+30%~35%GF	1.35~1.42	PVC 硬质	1.4~1.6
PA66	1.13~1.15	MPPO(改性 PPO)	1.04~1.10
PA66+30%~35%GF	1.35~1.42	PSU	1.24
PA11	1.03~1.05	PSU+20%~30%GF	1.38~1.45
PA12	1.01~1.02	PPS	1.35
PC	1.2	PPS+40%GF	1.64
PC+ABS	1.12~1.20	PEEK	1.30~1.32
PC+10%~40%GF	1.24~1.52	PEEK+20%~30%GF	1.40~1.44
POM 均聚	1.42	LCP(液晶聚合物)	1.35~1.84
POM 共聚	1.40	PEI(聚醚酰亚胺)	1.27
共 POM+25%GF	1.61	PEI+10%~30%GF	1.34~1.57
PBT	1.31	PES(聚醚砜)	1.37
PBT+GF	1.45~1.67	PAS(聚芳砜)	1.36
热塑性弹性体		热塑性弹性体	
聚烯烃类	0.88~0.98	PS 二烯烃类	0.90~1.2
聚酯类	1.10~1.28	聚氨酯类	1.05~1.25

注：GF 为玻璃纤维充填，百分数指质量分数。

表 2-5　几种塑料的熔体密度　　　　　　（单位：g/cm³）

塑料	测定温度 T/℃	熔体密度/固体密度
高密度聚乙烯 HDPE	180~280	0.7272/0.9516
低密度聚乙烯 LDPE	180~280	0.7302/0.9478
线性低密度聚乙烯 LLDPE(MFR:20g/10min)	148~232	0.7456/0.9093
聚甲基丙烯酸甲酯 PMMA(MFR:16g/10min)	240~280	1.0606/1.1863
聚丙烯 PP(MFR:14g/10min)	218~238	0.77615/0.92889
PP+20%矿物粉(MFR:13g/10min)	220~260	0.83428/1.022
PP+23%滑石粉	190~290	0.7699/0.9289
PP+30%GF(MFR:4g/10min)	200~250	0.97396/1.1456
聚苯乙烯 PS(MFR:26.2g/10min)	180~260	0.9464/1.0461
ABS(MFR:25g/10min)	200~240	0.95489/1.0541
聚酰胺 PA1010	234	0.93
PA11+30%GF	240~300	1.137/1.267
PA6(MFR:16g/10min)	224~280	0.97156/1.1383
PA66(MFR:38.4g/10min)	280~300	0.94627/1.1322
聚碳酸酯 PC(MFR:13g/10min)	260~320	1.0332/1.1976
PC+10%GF	280~320	1.116/1.289
PC/ABS	240~250	0.99~1.08
PC/ABS(MFR:11g/10min)	250~290	1.030/1.171
PC/ABS(MFR:18g/10min)	250~290	1.009/1.133
PC/PET(MFR:14g/10min)	270~300	1.054/1.220
PC/PET(MFR:46.5g/10min)	258~280	1.132/1.300
聚对苯二甲酸丁二醇酯 PBT(MFR:45g/10min)	235~245	1.1221/1.3671
PBT/PC	240~280	1.094/1.241
PBT+15%GF	227~260	1.253/1.524
聚甲醛 POM	180~210	1.149/1.4208
POM+30%GF	180~210	1.3811/1.5646
聚对苯二甲酸乙二醇酯　PET	265~290	1.465/1.711
PET+30%GF	270~290	1.250/1.489
聚砜 PSF(PSU)	311	1.17
聚醚酰亚胺 PEI	340~370	1.246/1.405
PEI+20%GF	340~360	1.242/1.389
苯乙烯-丁二烯 SB	180~250	0.9097/1.018
聚氯乙烯 PVC	160~220	1.054/1.198
热塑性弹性体 TPE(MFR:10.5g/10min)	235~260	0.7642/0.9046
聚苯乙烯系热塑性弹性体 TPE-S(MFR:5g/10min)	160~220	0.7916/0.9046
TPE-S+10%滑石粉(MFR:15g/10min)	175~230	0.9495/1.048

（续）

塑料	测定温度 $T/℃$	熔体密度/固体密度
聚酯系热塑性弹性体 TPEE（MFR：33g/10min）	190~250	1.058/1.212
聚氨酯泡沫塑料 PUR	227~250	1.156/1.292
聚氨酯热塑性弹性体 TPU（MFR：19g/10min）	210~227	1.093/1.306
TPU（MFR：35g/10min）	180~230	1.037/1.200
TPU+30%GF	223~240	1.286/1.451
TPU+50%长玻璃纤维充填	240~260	1.347/1.497
TPU+40%高模量碳纤维	240~280	1.245/1.396

密度修正系数 $α'$ 反映出液态塑料密度比固态塑料密度低。无定形塑料的液态密度比固态密度低7%左右。一些结晶型塑料大致低15%~20%。如PS固体密度为 $1.05g/cm^3$，塑化后熔体密度为 $0.98g/cm^3$。

目前，热流道行业流行粗糙的选择标准系列的喷嘴的方法。它以注射模具型腔的质量选取喷嘴流道的直径。以注射100g的PP料为例，其密度为 $0.9g/cm^3$，体积为 $111cm^3$。在熔体状态，结晶型的塑料修正体积系数为0.85，熔融PP塑料的注射量为 $130cm^3$。倘若是100g的PC固态密度 $1.2g/cm^3$，则体积为 $83cm^3$。无定形物料熔融态的修正体积系数0.95。PC塑料的注射量为 $87cm^3$。两者相差很大。

现今，科学注塑技术认为应该按照质量计算每次注射量。有

$$质量=体积×固态密度=熔体体积×熔体密度 \qquad (2-2c)$$

科学注塑理论将注射阶段熔体充填制件型腔95%以上作为制件重量验收标准。每次具注射模塑，都以工艺卡上制件质量标准称重验收。这样，保证各批次制件质量一致性，也提高注塑工艺的稳定性。

现今，注射制件大都经过计算机造型，可方便获知注射的体积量，进而通过体积流量设计计算流道和浇口的直径。

2.3.2 塑料熔体的流动性

注射成型是通过在一定压力下的塑料熔体，经流动充填模具型腔而实现的。塑料熔体有比一般流体高得多的黏度，通常为 $10^2~10^3Pa·s$，并且有非牛顿的假塑性流体的特征。描述各种塑料的黏度，用流变曲线是科学的方法。但以往流变数据测算和应用有一定难度。注射生产企业已习惯用熔体流动速率比较不同塑料熔体的流动性。

生产中通常用黏度的相对值来评估熔体的流动性。热塑性塑料熔体流动速率测试仪如图2-6所示。

熔体流动速率 MFR（g/10min）是在一定温度和负荷下，10min通过标准口模的熔体质量。口模内径为2.095mm，长为8mm。负荷用的砝码及料筒自动控制的温度均要按标准条件进行。注射模塑料熔体的 MFR 为5~50g/10min。当 MFR 为15~25g/10min 时最适宜注射流动充模。MFR 速率是同一种热塑性塑料不同规格品级的重要区别标志。薄膜吹塑的 MFR 为0.3~12g/10min。为防止吹塑过程中熔体黏度过稀而破裂，需要高黏度的塑料品级。

塑料熔体的流动速率测量方便，其仪器操作简单，数据容易获得。但此数据不能用于熔

体的黏度、体积流率、剪切应力与剪切速率及流程压力损失的计算。

图 2-7 所示为塑料流程比测试注射模。由阿基米德螺旋线布置的窄小流道。将定量的某种塑料，在一定熔融温度和注射压力下注入模具，用测得的流程长度除以流道截面的厚度就得到流程比。

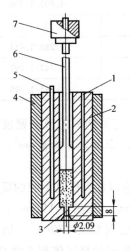

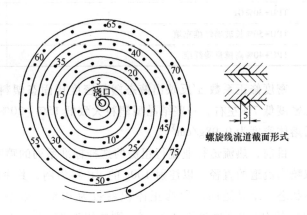

螺旋线流道截面形式

图 2-6　热塑性塑料熔体流动速率测试仪
1—热电偶　2—料筒　3—出料孔　4—保温层
5—电加热棒　6—柱塞　7—负载

图 2-7　塑料流程比测试注射模

表 2-6 所列的流程比是一些塑料熔体在 80~90MPa 压力下的最大流程比 FLR_{max}。由表 2-6 可知，高黏度塑料如 PC、PSU 等，FLR_{max} 在 100~130，中等黏度塑料如 ABS 和 POM 等，FLR_{max} 在 160~250；而低黏度塑料如 PE 和 PA 等，FLR_{max} 在 300 左右。

表 2-6　一些塑料熔体的最大流程比

塑料	熔融温度/℃	模具温度/℃	FLR_{max}
ABS	218~260	38~77	160~175
聚甲醛	182~200	77~93	140~250
丙烯酸类	190~243	49~88	130~150
聚酰胺 6	232~288	77~93	150~300
聚酰胺 11	191~194	77~93	150~300
聚对苯二甲酸丁二醇酯	221~260	66~93	300
聚碳酸酯	277~321	77~99	100~110
液晶+30%GF	310~340	66~93	300
低密度聚乙烯	98~115	15~60	275~300
高密度聚乙烯	125~140	20~60	225~250
聚丙烯	168~175	15~60	350
改性聚苯醚	203~310	93~121	200~250
聚苯乙烯	232~274	27~60	200~250

（续）

塑料	熔融温度/℃	模具温度/℃	FLR$_{max}$
聚氨酯	170~204	27~66	200
聚氯乙烯	196~204	21~38	100
聚酯酰亚胺	350~415	65~175	200

注：注射压力 80~90MPa。当流程厚度小于 2.5mm 时，取表值下限的 0.7~0.8。

2.3.3　塑料的注射加工温度

充分认识塑料形态的转化温度，了解加热熔融塑料的持续时间，才能合理控制注射机料筒加热，以及热流道的保温和模具的冷却。只有认识各种塑料的注射加工温度范围和热性能，才能正有效掌控流道系统的熔体输送及浇口冻结。

1. 注射加工温度范围

结晶型塑料和无定形塑料在形态转化时热性能不同。图 2-8 所示为这两种塑料的热转化及熔体注射加工温度范围。聚合物晶体熔化需要热能。晶体开始熔化的温度称为熔点 T_m。结晶型塑料的融化温度范围相当狭窄，大约只有 20℃。由于存在非结晶区，聚合物结晶度越低，可加工温度范围就越宽。无定形塑料没有明显的熔点，但会在某一温度范围内软化。无定形塑料有推荐的可加工范围。在此温度范围内，塑料熔体足以在压力下在流道和型腔间隙中注射流动。

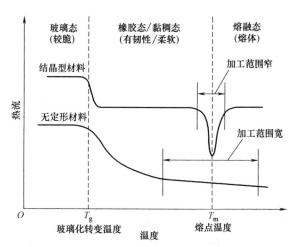

图 2-8　结晶型塑料和无定形塑料的热转化及熔体注射加工温度范围

无定形塑料、结晶型塑料和热塑性弹性体状态转化时的热性能不同，所以考虑热流道系统的喷嘴、流道和浇口的加热准则也有区别。热流道注射加工的温度范围见表 2-7。

下面表 2-7 的热流道注射加工的温度范围做进一步说明。

（1）无定形塑料

1）除了注射 PVC 和 CA，整个热流道系统允许有较大的温度波动。

2）喷嘴的浇口会将热量传递给模具型腔。如果喷嘴的接触表面太热，会使注塑制件表面变形，甚至烧伤。

表 2-7　热流道注射加工的温度范围

塑料名称		代号	温度/℃			
			喷嘴	模具		状态变化
无定形塑料	聚苯乙烯	PS	160~230	20~60	固化…熔化	90
	高抗冲聚苯乙烯	HIPS	160~250	20~60		85
	苯乙烯-丙烯腈共聚物	SAN	200~260	40~80		100
	丙烯腈-丁二烯-苯乙烯共聚物	ABS	180~260	40~85		105
	硬聚氯乙烯	硬PVC	160~180	20~60		80
	软聚氯乙烯	软PVC	150~170	20~40		55…75
	乙酸纤维素	CA	185~225	30~60		100
	乙酸丁酸纤维素	CAB	160~190	30~60		125
	丙酸纤维素	CP	160~190	30~60		125
	聚甲基丙烯酸甲酯	PMMA	220~250	60~110		105
	聚苯醚	PPO	245~290	70~120		120…130
	聚碳酸酯	PC	290~320	60~120		150
	聚芳酯	PAR	350~390	120~150		190
	聚砜	PSU	320~390	100~160		200
	聚醚砜	PES	340~390	120~200		260
	聚醚酰亚胺	PEI	340~425	100~175		220…230
	聚酰胺-酰亚胺	PAI	340~360	160~210		275
	无定形聚酰胺	PA	260~300	70~100		150…160
结晶型塑料	低密度聚乙烯	LDPE	210~250	20~40	结晶…熔化	105…115
	高密度聚乙烯	HDPE	250~300	20~60		125…140
	聚丙烯	PP	220~290	20~60		158…168
	聚酰胺46	PA46	210~330	60~150		295
	聚酰胺6	PA6	230~260	40~100		215…225
	聚酰胺66	PA66	270~295	50~120		250…265
	聚酰胺610	PA610	220~260	40~100		210…225
	聚酰胺11	PA11	200~260	40~100		180…190
	聚酰胺12	PA12	200~250	40~100		175…185
	共聚甲醛	POM	185~215	80~120		165…175
	聚对苯二甲酸乙二醇酯	PET	260~280	50~140		225…258
	聚对苯二甲酸丁二醇酯	PBT	230~270	40~80		220…225
	聚苯硫醚	PPS	300~360	20~200		280…288
	全氟链烃乙烯基乙烯共聚物	PFA	350~420			300…310
	全氟(乙烯-丙烯)共聚物	FEP	340~370	150~200		285…295
	乙烯-四氟乙烯共聚物	PTFE	315~365	80~120		270
	聚偏二氟乙烯	PVDF	220~300	70~90		171
	聚醚酮	PEK	400~430	150~180		365
	液晶聚合物	LCP	280~450	30~160		270…380

（续）

塑料名称		代号	温度/℃		
			喷嘴	模具	状态变化
热塑性弹性体	热塑性聚酰胺弹性体	TPE-A	220~260	20~50	—
	热塑性酯弹性体	TPE-E	200~250	20~50	
	热塑性苯乙烯弹性体	TPE-S	180~240	20~50	
	热塑性聚氨酯弹性体	TPE-U	190~240	20~40	
	热塑性聚烯烃弹性体	TPE-O	110~180	15~40	

注：1. 注射机喷嘴温度等于热流道喷嘴温度。
　　2. 状态变化栏中出现两个数据时，前者是固化或结晶的温度，后者是熔化温度。

3）浇口中塑料固化需要浇口区域有较低的温度。选用对冷却敏感的材料制造浇口。

（2）结晶型塑料

1）保压期间要保持浇口开放。为阻止浇口快速固化，需要高温的浇口区。喷嘴的顶端应设置绝热区。

2）为保持 POM 和 PA 等料温在较窄的温度范围内，热流道喷嘴应有良好的导热性。为此设计多个区域的精确的温度控制系统。

3）在这些浇口中都有冷料柱塞头。它将与塑料熔体一起注射到型腔。

（3）热塑性弹性体

加热温度在玻璃态转化温度以上。固化是逐渐演变的过程，有较低的硬度和很高的断裂伸长率。

1）浇口直径应较小，并有锐边，促使浇口凝料破裂分离。

2）可使用针阀式喷嘴，避免在浇口断开位置上有凹陷。

塑料的温度特征和流动性的比较见表 2-8。通过表 2-8 可进一步了解塑料加工的温度范围，浇口区的温度特征和塑料熔体的流动性。表 2-8 中的加工温度范围是从 T_g 开始的，计算到最高注射温度，如 ABS，从 110℃ 计算到 250℃，$\Delta T = 140℃$；实际上热流道注射加工时喷嘴和浇口的温度范围为 180~250℃，$\Delta T = 70℃$。无定形塑料的注射加工温度范围大于结晶型塑料。大多数结晶型塑料的注射加工温度范围 $\Delta T < 60℃$。最高注射温度与结晶温度之间的加工温度范围较小。

表 2-8 中，排列在前的大部分无定形塑料的注射加工温度范围较宽，塑料熔体的冷却固化较慢。浇口区域要求有较"冷"温度，以使浇口冻结较快，缩短注射循环时间。

表 2-8 中，排列在后的大多数结晶型塑料的注射加工温度范围较窄。浇口区域要维持较高的温度才能避免过早冻结。"热"浇口保证慢冷，让制件受到充分的保压补缩。

对于表 2-8 中的 PVC、PC、TPU、PE 和 PP 等塑料，注射时浇口区域要"温"，以合适的温度使浇口在保压补缩后及时冻结。

在热流道浇注中，要区别两类不同固化速度的结晶型塑料。快速结晶固化有 POM 和 PA 等塑料，排列在表 2-8 的后下部分，浇口区域要"热"；另一类是较慢固化的 PE 和 PP 等结晶型塑料，浇口区域要"温"。

2. 塑料熔体的高温加工和加热时间

影响热流道注射塑料熔体热性能的因素，主要表现在两方面：一方面，是熔融温度范围

表 2-8　塑料的温度特征和流动性的比较

形态	塑料	温度 T/℃ 注射	玻璃态转化	模具	温度范围 ΔT/℃ (25 60 100 180)	浇口区的特性	塑料流动性 (差 中等 好)
无定形	PPO	300	120	80		较"冷"	
	PEI	370	215	100			
	PMMA	245	100	70			
	ABS	250	110	75			
	ASA	245	105	75			
	SAN	255	115	80			
	PS	225	100	45			
	SB	225	100	70			
	PES	350	230	150			
	PSU	315	200	150			
	PVC	195	100	35		增加温度	
	PC	300	220	90			
	CAB	315	140	55			
	TPU	210	150	35			
结晶型			结晶				
	PE	250	140	25			
	PP	255	165	35			
	LCP	400	330	175			
	PA 11	230	175	60			
	PA 12	230	175	60			
	FEP	340	290	150			专门的
	PET	285	245	140			
	PBT	265	225	60		较"热"	
	PPS	330	290	110			
	PEEK	370	334	160			
	PA 610	250	215	90			
	PA 6	250	220	90			
	PA 66	285	255	90			
	POM	200	181	100			

的大小，其超过分解温度后会使塑料因过热而破坏；另一方面，是在注射机料筒和热流道模具的加工过程中，维持塑料加热的允许时间。

（1）高温加工　塑料重要性能指标之一是最高温度。它包括短期耐热温度范围、分解温度和熔融温度。加热成型时各种塑料加工时的最高温度见表 2-9。

表 2-9　加热成型时各种塑料加工时的最高温度　　　　　　　　　（单位：℃）

塑料种类	短期耐热温度范围	分解温度	熔融温度
聚酰亚胺	260~430	—	—
聚硅氧烷	200~300	—	—
氟碳树脂类（氟塑料）	150~250	500~550	—
聚酰胺-酰亚胺	270~290	—	340~390
聚苯硫醚	250~260	—	330~390
聚醚砜	150~200	—	330~420

（续）

塑料种类	短期耐热温度范围	分解温度	熔融温度
双酚 A 型聚砜	170~200	—	330~420
三聚氰酰胺	150~200	—	120~200
聚酰胺	110~175	300~400	260~290
聚碳酸酯	80~150	340~440	280~350
聚苯醚	80~130	—	230~350
聚丙烯	80~130	320~400	200~300
聚氨酯	80~250	—	230~280
聚氯乙烯	70~110	200~300	160~180
ABS 与 SAN	70~105	250~400	180~240
聚苯乙烯	50~100	300~400	180~260
ABS/PC 混合物	88~93	—	280~350
丙烯酸类树脂	60~93	180~280	180~250
纤维素类	50~93	—	60~120
聚乙烯	50~85	—	160~240

塑料的分解温度是指在此温度附近降温后可保持原有的全部性能的温度。表 2-9 中的分解温度是试样在惰性气体中试验确定的。如果在大气中试验，由于氧的作用导致塑料分解较快，不易测量分解温度。聚合物分解过程主要是热能促使结合键断裂。

耐热性更高的还有聚苯并味唑 PBI，短期耐热可达 600℃ 以上。能耐此高温是由于主链上有芳烃的闭环结构，使聚合物的刚性、熔点和转化温度提高。因分子链段转动困难而耐热的聚合物还有聚醚醚酮 PEEK、聚酰胺-酰亚胺 PAI 和聚苯硫醚 PPS 等。

聚四氟乙烯 PTFE 的连续工作温度为 185~150℃。氟塑料有良好的热稳定和耐低温性能。碳-氟结合的键合能为 461kJ/mol，高于碳-氢的键合能 408kJ/mol。氟原子比氢原子大，盘旋在碳-碳主链周围起护套作用。PTFE 是高结晶度的聚合物，结晶熔点 327℃，平均相对分子质量为 $(10~100)×10^{6}$，380℃ 时黏度高达 $10^{12}Pa·s$。PTFE 的分解温度为 400℃，但在 230~330℃ 经 200h 以上也会发生分解，其至在加热温度 150~220℃ 并施加负载，超过 1000 天时也会分解。PTFE 不能注射加工，常用烧结方法成型。氟塑料中聚三氟氯乙烯 PCTFE、全氟（乙烯-丙烯）共聚物 FEP 和全氟烷氧基聚合物 PFA 可以注射成型。

（2）热敏性塑料的加热时间　热敏性塑料有 PVC、POM、PBT、CA、CAB、CP、聚苯酰胺 PPA 和聚醚醚酮 PEEK 等，以及所有添加阻燃剂的塑料。热稳定塑料有 PE、PP、PM-MA、PC、PS 等。

热敏性塑料在料筒和热流道中的允许停留时间只能在 5~10min。热稳定塑料的允许停留时间可在 30~60min。POM 熔体在注射机和热流道模具的允许停留时间如图 2-9 所示。由图 2-9 曲线可以看出，此时间还与 POM 塑料熔体的温度有关。

当温度下降至 160℃ 时，PC 在料筒中可停留长达 24h。在注射机关停后，随着料筒冷却固化的 PVC 或 POM 会发生分解。对这些塑料，应该用其他塑料（如 LDPE）替换，将其挤出料筒。PA66、PA46、PBT 和 PET 的加工温度范围较窄。添加了纤维或玻璃珠后，塑料的加热限制更严。

多次使用的回收料，其分子链的降解增多，会使注塑制件脆化，并在注射过程中释放气体。除了分子的热降解外，塑料熔体与空气中的氧接触还会有氧化分解。由于注射循环过程中压力变化，空气会进入热流道。注意减少阻燃添加剂，以及染料和有机颜料着色剂，以改善塑料的热敏性。

热敏性塑料加工时，对热流道系统有如下附加要求。

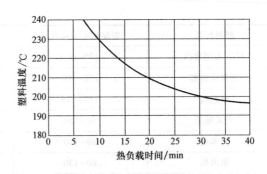

图 2-9　POM 熔体在注射机和热流道模具的允许停留时间

1）若要限制热流道中存料的体积与注射量的比例，就要缩短塑料在流道中流过的时间。模具的制件型腔总体积小于流道的容量时，更应该这样做。

2）将系统分成更多的温度控制区以减小系统中的温度差。使用的加热器要具有接近线性的温度变化特性。

3）要避免流道系统内塑料滞留。

4）主流道喷嘴、流道板和喷嘴的系统里要保证无熔料泄漏。

2.4　注射模塑生产准备

原材料质量是注射生产的首要问题。规范原料处理和预热干燥，可排除模塑制件许多质量问题。

2.4.1　原料处理

各种注塑制件生产厂的原料来自合成树脂厂的塑料粒子。生产电器电子和汽车等产品上的注塑制件，应该检验原材料质量，也须处理浇注系统的凝料，作为回收料。

1. 塑料粒子管理和测试

塑料粒子进入注射机的料斗前必须严加管理和控制，对各批次原材料进行多项测试，确保原材料具有稳定质量。注塑生产企业应该建立完整档案，记录塑料粒子生产、进厂、储存和投产等信息，保留各项材料的测试记录。

（1）管控和储存　塑料粒子的包装、运输和储存不当，原材料性能会受损。丙烯酸类树脂受阳光照射会丧失透明度。含有玻璃纤维和有各种添加剂的塑料粒子长期在恶劣环境下，会有低分子化合物析出。吸湿型 PA、PBT 和 PB 等，在注射加工前应按规范的温度和时间干燥，或采用密封式包装。

（2）检验原材料质量　原材料供应商必须提供材料性能和注塑工艺参量的完整清单。为了保证注塑制件的质量，满足模具制造和注射工艺要求，注塑生产企业必须检测原材料的注射模塑成型收缩率。还要用热塑性塑料熔体流动速率试验，以了解塑料熔体的流动性。为了明确注射机的加热温度参数，还要测试塑料的热性能。另外，还要测试和纪录原材料的某些力学性能和物理性能，将来与注塑制件的性能逐项比照，并用来分析原材料的质量和注射工艺的合理性。现今，科学注塑还要求测试材料的黏度，依据流变曲线优化熔体的注射速率。

2. 处理再生料

（1）注射成型生产的废料　注塑生产企业有大量的废料要再用，常称为回收料。常见的是注射时成型的浇注系统的凝料和成型的废品。这类废塑料多按塑料的品种收集分类，污染少且便于处理。这些回收料在去除杂质、分类、洗涤和干燥后，有两种途径混入新料：可以由切碎机切成碎片；也可由粉碎机将碎片磨切成粉状，再经挤出造粒。回收料只能以20%～25%以下的比例混入新料。高精度的塑料制件不能有回收料混入注射成型材料。聚合物经过多次加热熔化，平均相对分子质量会有下降，影响塑料制件的性能。

（2）废旧塑料的回收与利用　废旧塑料制件的回收是再生料的主要来源。日常生活中的鞋类、日用制品和包装物，电器电子产品的机壳，建筑物的门窗、板料管材，农业用的薄膜都属于废旧塑料。将它们集中回收后，由专业厂再生利用。

对回收的废旧制件，要进行分类、鉴别和分拣。大批量的废旧塑料的再生利用，大致有四个方面。其一，分类清洗后，粉碎造粒，重新注射成型制件。其二，改性后再用，经配料充填添加剂，也可加入碳酸钙等无机填料，重新着色造粒，注射成型新制件，如垃圾桶和公园的凳椅之类。其三，热分解化学再生。热分解废旧塑料可以生产油品、聚合物单体或化工原料。其四，将残留物掩埋，待其降解。

2.4.2　塑料的干燥

除了聚乙烯、聚丙烯和聚苯乙烯等非吸湿性物料，在原料包装良好时成型前不必干燥外，其他品种（如 ABS、聚酰胺 PA、聚碳酸酯 PC 和聚对苯二甲酸丁二醇酯 PBT 等吸湿性塑料）成型前必须进行干燥处理，有些品种的干燥要求很高。

1. 含水塑料对注射模塑影响

（1）塑料的水解　水是"万能的溶剂"。最典型的是聚酰胺的水解过程。水中的氢原子能攻击酰胺基 N—H—O 中的氢原子，与带负电的氢原子结合，使主链断裂，破坏聚合物的长分子链。因此，聚酰胺分子结构中酰胺基团密度减小，能改善吸水性能。半结晶的聚酰胺中的无定形区的水解反应更加迅速，导致分子量显著下降，进而引起注塑制件力学性能下降。水解现象常见于缩聚物聚酰胺、聚酯、聚碳酸酯和聚氨酯等。这些塑料在注射成型前，要将物料充分干燥。

水会影响复合塑料中颗粒填料或增强纤维与基体聚合物的结合程度。结合界面上的脱粘会导致材料的破坏。将填料和玻璃纤维经混料前的偶联剂处理，这些偶联剂（如硅烷等）都是憎水的。所以复合塑料的原材料的含水率更应严格控制。

吸水使塑料材料产生缓慢水解，还会使塑料件的尺寸不稳定。聚酰胺塑件在模塑后要做调湿处理。吸水塑料件的绝缘性变差，是电气零件潜在的危险。吸水量和吸水百分率是选用塑料品种的重要指标。我国标准 GB 1034—2008《塑料　吸水性的测定》等同 ISO 62 和 ASTM D570。测试的各种塑料试样浸入 23℃的蒸馏水 24h，测得相对于原始质量的吸水百分率。

（2）模塑加工的各种外观质量缺陷

1）料花或银纹。注射过程中随熔体进入模具型腔的水分都会逸出，在熔体与模壁之间形成薄膜，妨碍熔体与壁面直接贴合。一旦冷却，会在制件表面留下一片闪亮条纹。

2）气泡。水分被困在熔体内部无法排出时，会在制件中形成各种气泡。气泡离制件表面很近，泡内的高温气体会导致表面隆起。如果是大面积的厚壁制件会因此产生翘曲变形。

3）焦痕。高速注射时水汽不能排出。高温高压气体使塑料降解乃至烧焦，制件上会出现暗色条纹。

（3）制件的性能变化　塑料制件吸水后会引起许多性能变化，如电绝缘性能降低、弹性模量减小、尺寸胀大等。聚合物分子链上含有氧、羟基、酰胺基等亲水基团的塑料，具有明显的吸水倾向。塑料中的某些添加剂对制件的吸水性也有影响。

2. 塑料干燥

（1）干燥温度和时间　判别各种塑料试样吸水性能，可以在常温下根据实验室的平衡条件测得吸水率，与此吸水率有关的是塑料原材料的含水量。温度、空气相对湿度和贮存时间等，决定塑料粒子的含水量。常用注塑材料的烘干工艺参数见表2-10。表2-10中所列的各种塑料的含水率，取决于实验室条件下塑料的吸水性能。未经干燥或干燥不充分的塑料供给料，成型时会使制品出现银纹和气泡，也会使注塑制件的力学和电性能下降。塑料粒子应根据注射工艺允许的含水量进行烘干，除去物料中过多的水分及挥发物。

表2-10　常用注塑材料的烘干工艺参数

塑料	烘干温度/℃ （最低/最高）	烘干时间/h	建议最高含水率（%）	熔体温度/℃ （最低/最高）	模具温度/℃ （最低/最高）
共聚聚甲醛　POM	79/121	1.5~5.0	0.15~0.20	189/211	49/96
均聚聚甲醛　POM	79/86	2.0~3.5	0.20	199/216	47/91
聚甲基丙烯酸甲酯　PMMA	65/86	3.5~5.0	0.097~0.10	225/271	54/76
丙烯腈/丁二烯/苯乙烯共聚物　ABS	80/91	2.0~3.5	0.010~0.15	223/246	49/76
ABS+聚碳酸酯　PC	78/111	3.0~4.0	0.020~0.043	248/288	59/88
聚酰胺6　PA6	78/82	2.0~5.5	0.095~0.20	182/314	59/81
聚酰胺66　PA66	79/83	3.0~5.5	0.15~0.20	268/296	65/88
聚酰胺12　PA12	79/100	3.0~10	0.020~0.50	233/275	38/87
聚碳酸酯　PC	102/128	3.0~4.5	0.019~0.020	282/308	79/102
聚对苯二甲酸丁二醇酯　PBT	113/132	3.0~6.0	0.020~0.043	234/265	58/92
聚对苯二甲酸乙二醇酯　PET	120/180	4.0~5.5	0.030~0.20	256/285	85/130
PC+PBT	94/121	2.0~5.0	0.020~0.022	257/272	62/105
PC+PET	97/118	2.0~8.0	0.019~0.020	267/271	79/81
聚醚酰亚胺　PEI	134/151	5.0~5.5	0.020~0.021	373/374	148/151
聚醚醚酮　PEEK	135/150	3.0~4.0	0.1	374/384	149/192
高密度聚乙烯　HDPE	79/80	1.0	—	180/251	10/46
聚苯硫醚　PPS	134/150	4.0~6.0	0.015~0.20	313/323	121/156
均聚聚丙烯　PP	75/85	1.0~3.0	0.050~0.02	202/249	20/50
通用聚苯乙烯　GPPS	69/82	1.5~2.0	0.02	214/248	30/60
抗冲聚苯乙烯　HIPS	70/78	1.5~2.0	0.1	208/236	29/61
聚醚砜　PES	134/177	2.5~6.0	0.020~0.050	355/366	134/160
聚砜　PSU	134/149	3.0~4.0	0.020~0.10	352/366	121/151
硬质聚氯乙烯　RPVC	66/66	3.0	—	186/206	32/32
苯乙烯/丙烯腈共聚　SAN	77/80	2.0~4.0	0.020~0.20	204/251	49/65

通常应由塑料材料供应商提供干燥温度和时间规范。吸湿性塑料粒子必须进行规定时间的高温干燥，有效去除多余水分。干燥温度过高会导致低分子量的添加剂流失。各种塑料中极性基团不同，水分子与聚合物之间结合键的强度不同。因此，各种塑料所需的干燥温度和时间有差别。塑料的最初含水率越高，所需干燥时间越长。对塑料试样含水率的检测可确定合适的干燥时间。

输入干燥机的热风含有水蒸气会影响粒子的干燥程度，要用干燥剂吸收气流中的水蒸气。同时，系统应提供充足的干热风的流量。另外，在注射生产中断时，已经达到要求含水率的物料应该贮存在低温干燥环境中。注塑车间的空气温度和湿度也应进行控制。无论吸湿性或非吸湿性的塑料都要防止颗粒表面水汽凝结。

（2）塑料干燥设备　干燥方法很多，介绍下面常见的三种。

1）空气循环干燥。该方法用于多品种和小批量注射生产。空气循环干燥箱用红外线和远红外线加热塑料粒子。干燥盘上物料厚度以 18～19mm 为宜，最大不超过 30mm，以利于空气循环流通。各种塑料在空气循环干燥箱中有不同的温度和加热时间要求。由于塑料粒子堆砌紧密，粒子表面水分气化干燥后，粒子内的水分向表面的扩散传递速率很慢。干燥速率取决于粒子堆砌厚度、粒子的形状和尺寸。使用真空泵可加速干燥箱中水分排出。但这种干燥方法效果差、电能消耗高、占用厂房面积大、劳动强度大。

2）热风干燥机和除湿干燥机。空气经过加热输入干燥机，热风从塑料中流过时，会携带粒子表面水分排出，还可将塑料中少量的水分转移到粒子表面，从而加速干燥过程。这种热风干燥机适合非吸湿性或含水率要求不高的物料。除湿干燥机与热风干燥机相似，不同之处在于空气经过干燥剂贮罐。干燥的空气加热后输送到粒子料斗，可以吸收塑料粒子中更多水分，达到聚酰胺塑料的含水率要求。干燥剂再生处理后可以循环使用。

3）料斗式干燥。料斗式干燥装置用于中小型注射机，为单机的塑料粒子干燥器。干燥器装在注塑装置的料斗上。输入的热空气从干燥器底部穿流贮存的塑料粒子。排出的空气经除湿加热箱，用分子筛除湿、经电加热再进入料斗。这样可避免经干燥粒子重新受湿。料斗的容积和加料量，要与注射机的塑化能力相互协调。各种塑料粒子有不同的干燥温度和干燥时间要求。

长时间高温受热易氧化的塑料，宜采用真空干燥。大批量塑料粒子宜用沸腾干燥机。

（3）含水率的测定　电子水分测定仪在生产企业已得到广泛应用。测定仪给塑料加热，所含水分蒸发，重量下降。将少量的塑料试样放入天平称重，记录初始重量。按塑料品种加热到预设温度。水分蒸发后，试样重量逐渐下降，直至充分干燥，记录趋于稳定的最终重量，就可以计算出样本的含水率。

另有 TVI 测试，称为载玻片测试法。将塑料粒子压在已加热两玻璃片之间。粒子在冷却过程中，水分在载玻片上留下水珠，要借助显微镜观察。该测试法无法提供塑料的精确含水率。

还有一种卡尔·费歇尔（Karl·Fischer）滴定法。试剂与塑料中水分反应后可产生微电流。塑料试样加热后释放水分，电流大小反映含水率。但测试时间长，仪器昂贵，使用较少。

以上各种塑料含水率测定方法有根本缺陷：在检测含水率的同时，加热塑料试样时，塑料试样中所含挥发物中有降解的聚合物和添加剂分解的残留物，会使测试结果产生偏差。

（4）避免过度干燥　当塑料粒子的干燥温度和干燥时间超过供应商规定，即为干燥过度，会产生不良后果，会对注塑制件的外观和力学性能产生负面影响，如塑料粒子在干燥过程中出现物料变色，在干燥机里发生软化和结块，在注射机料斗底部出现"架桥"。塑料里混有热敏性添加剂，若过度干燥会导致这些低分子化合物或低聚物流出。

实验测试结果表明，聚酰胺的干燥温度过高和干燥时间过长造成水分损失，导致熔体黏度提高，影响注射传输流动性乃至制件的表面质量。

为避免过度干燥，在注射生产停止时，干燥温度应降至20℃。同时，要正确选择料斗容积及干燥机的工作容积，以避免干燥时间过长。现今，有干燥机或料斗的电子控制器，能根据材料干燥规范自动调节温度和时间。

第3章

塑料熔体流变学

本章介绍塑料熔体的非牛顿流动特征,陈述剪切速率、剪切应力和压力等因素对熔体输送的影响,并为注射模浇注系统流道和浇口的设计提供理论、计算式和数据。

3.1 塑料熔体的压力流动

模塑成型是将一定温度下塑料熔体依靠压力作用,流动输送到注射模的型腔,实现从塑料原料到制件的转变的工艺。掌握塑料熔体的流动与变形的现象和基本原理,了解其流动类型和特点以及在注射模中的流动规律,对注射工艺拟定和注射模的浇注系统设计具有指导意义。

3.1.1 非牛顿塑料熔体的流动

剪切流动中剪切应力与剪切速率的关系,可以分为牛顿型流体和非牛顿型流体的流动。

1. 牛顿型流体的流动

流体流动时内部抵抗流动的阻力称为黏度,它是流体内摩擦力的表现。为了研究剪切流动的黏度,可将这种流体的流动简化成层流模型,如图 3-1 所示。

图 3-1 所示的稳定剪切流动出现在塑料熔体的注射过程中。如果采用直角坐标系,$y=0$ 处流体是静止的,$y=h$ 处的流体则从与上平面相同速度 v_{max} 在 x 方向上运动。此种流动发生在两平行板间的窄缝之中。假如采用圆柱坐标系,则圆柱中央 $r=0$ 处流体以 v_{max} 在 x 方向上运动,在 $r=R$ 管壁上流动是静止的。此种流动发生在压力作用下圆管道剪切流动。

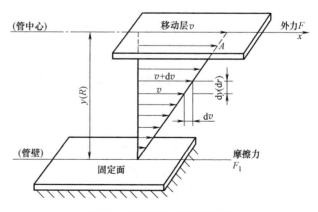

图 3-1 剪切流动的层流模型

将这种切变方式的流动看作许多彼此相邻的液层沿着外力作用方向进行着相对移动。图 3-1 中,F 为外部作用于面积 A 上的剪切力。F 克服面积 A 下各层的流体间的内摩擦力，使以下各层流体向右流动。单位面积上的剪切力称剪切应力（Pa），剪切应力 τ 是流动方向的单位面积的剪切力，反映了流体内摩擦的黏滞阻力，有

$$\tau = \frac{F}{A} \tag{3-1}$$

流体以速度 v 沿剪切力方向移动。在黏性阻力和固定壁面阻力的作用下，使相邻液体层之间出现速度差。假定液层对固定壁面无滑移，与壁面接触的液层的流动速度为零。在间距为 dy 的两液层面的移动速度分别为 v 和 $(v+dv)$。dv/dy（或 dv/dr）是垂直液流方向的速度梯度，称为剪切速率 $\dot{\gamma}(\mathrm{s}^{-1})$，有

$$\dot{\gamma} = \frac{dv}{dy} \quad \text{或} \quad \dot{\gamma} = \frac{dv}{dr} \tag{3-2}$$

设液体运动方向为 x 轴正向，运动距离 dx 与相应的移动时间 dt 之比为速度，即 $v = dx/dt$，则速度梯度 $\dfrac{dv}{dt}$ 为

$$\frac{dv}{dt} = \frac{d(dx/dt)}{dy} = \frac{d(dx/dy)}{dt}$$

因此，剪切速率 $\dot{\gamma}$ 也可理解成间距为 dy 的液层在 dt 时间内的相对移动距离，或者单位时间内剪切力作用下液体产生的剪切应变。

理想黏性流体的流动符合牛顿型流体的流变方程。遵循牛顿黏性定律的牛顿型流体，其剪切应力与剪切速率成正比，有

$$\tau = \mu\dot{\gamma} \tag{3-3}$$

式中　μ——牛顿黏度（Pa·s），$1\mathrm{Pa} \cdot \mathrm{s} = 1\mathrm{N} \cdot \mathrm{s/m}^2$。它是流体本身所固有的性质，其大小表征抵抗外力所引起的流体变形的能力。反映了物料流体的流动性优劣。

剪切应力 τ 与剪切速率 $\dot{\gamma}$ 的关系曲线也称流动曲线或流变曲线，如图 3-2 所示。牛顿型流动曲线是通过原点的直线。该直线与轴夹角 θ 的正切值是流体的牛顿黏度值，即

$$\mu = \frac{\tau}{\dot{\gamma}} = \tan\theta$$

牛顿流体的应变是不可逆的。纯黏性流动的特点是在其应力解除后应变永远保持。牛顿黏度与温度有密切关系。真正属于牛顿流体的只有低分子化合物的液体或溶液，如水和甲苯等。

2. 非牛顿型流体流动

图 3-2 所示为流体的 τ-$\dot{\gamma}$ 流动曲线，流体的剪切应力和剪切速率之间呈现非线性的曲线关系。凡不服从牛顿黏性定律的流体称为非牛顿流体。这些流体在一定的温度下，其剪切应力和剪切速率之间不是线性正比关系。其黏度不是常数，而是随剪切应力或剪切速率而变化的非牛顿表观黏度 η_a，流体的 η_a-$\dot{\gamma}$ 流变曲线如图 3-3 所示。

假塑性流体是非牛顿流体中最常见的一种。橡胶和绝大多数聚合物及其塑料的熔体和浓溶液都属于假塑性流体。如图 3-2 曲线 c 所示，此种流体的流动曲线是非线性的，剪切速率

的增加比剪切应力增加得快。又如图 3-3 曲线 c 所示，此种流体的流变曲线特征是黏度随剪切速率或剪切应力的增大而降低，常说成是剪切变稀的流体。聚合物的细长分子链在流动方向的取向使黏度下降。

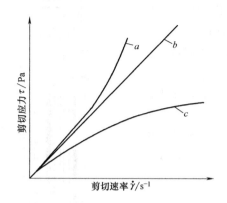

图 3-2　流体的 τ-$\dot{\gamma}$ 流动曲线
a—膨胀性流体　b—牛顿流体　c—假塑性流体

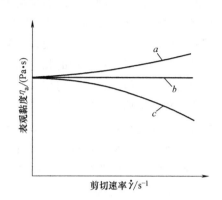

图 3-3　流体的 η_a-$\dot{\gamma}$ 流变曲线
a—膨胀性流体　b—牛顿流体　c—假塑性流体

膨胀性流体的流动曲线如图 3-2 曲线 a 所示，剪切速率的增加比剪切应力增大要慢一些。图 3-3 曲线 a 所示为此种流体的流变曲线，其特征是黏度随剪切速率或剪切应力的增大而升高，常说成是剪切增稠的流体。聚合物熔体与固体颗粒填料体系等属于此种流体。在较高剪切速率下的碳酸钙填充的塑料熔体具有膨胀性。在静止状态，固体粒子密集地分布在液相中，能较好排列并填充在间隙中。在高剪切速率的流动时，颗粒沿着各自液层滑动，不进入层间的空隙，出现膨胀性的黏度增加。

描述假塑性和膨胀性的非牛顿流体的流变行为，用幂律指数函数方程表示，即

$$\tau = K\dot{\gamma}^n \tag{3-4}$$

式中　K——流体稠度（Pa·s）；

　　　n——流动指数，也称非牛顿指数。

流体稠度 K 值越大，流体越黏稠。流动指数 n 可用来判断流体与牛顿型流体的差别程度。n 值偏离整数 1 越远，则呈非牛顿性越明显。对于牛顿流体 $n=1$，此时 K 相当于牛顿黏度 μ。对于假塑性流体，$n<1$；对于膨胀性流体，$n>1$。

将指数函数方程与牛顿流体的流变方程 $\tau = \mu\dot{\gamma}$ 进行比较，有

$$\tau = K\dot{\gamma}^n = (K\dot{\gamma}^{n-1})\dot{\gamma} \tag{3-5a}$$

令

$$\eta_a = K\dot{\gamma}^{n-1} \tag{3-5b}$$

得

$$\tau = \eta_a\dot{\gamma} \tag{3-5c}$$

式中　η_a——非牛顿型塑料熔体的表观黏度（Pa·s）。

3. 流变曲线

塑料熔体有比一般流体高得多的黏度，通常为 $10^2 \sim 10^3 \mathrm{Pa \cdot s}$，并且有非牛顿的假塑性

流体的特征。

生产中通常用黏度的相对值来评估熔体的流动性。熔体流动速率是在一定温度和负荷下，10min 通过标准圆管的熔体质量。负荷用的砝码及料筒自动控制的温度均要按标准条件进行。注射模适宜浇注的塑料熔体流动速率 MFR 为 5~50g/10min。

塑料熔体的流动速率测量方便，检测仪器简单，数据容易获得。它是工业企业对熔体黏度的相对测定法，但此数据不能用于熔体流动的黏度、体积流率、剪切应力与剪切速率及流程压力损失的计算。塑料熔体的黏度特性要用流变仪测得，常用图 3-4 所示毛细管流变仪进行在压力作用下剪切流动有关流变参数的测定和分析。熔体流动速率仪的圆管长径比（L/D）比较小，L/D 大约为 4，而毛细管流变仪 L/D 为 20~40。熔体流动速率仪是对挤出物称重得知流量，而流变仪上装有传感器，可测出活塞杆的压力和位移，又经自动计时，可获知柱塞下降速度，从而推算出熔体流经圆管的流量，而且它的载荷和柱塞速度有很大的调节范围。

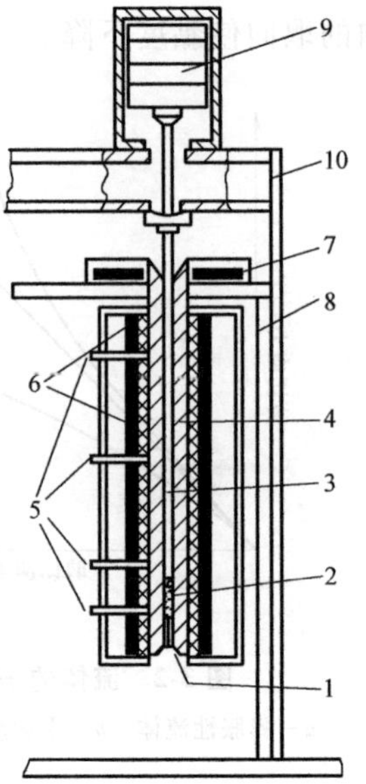

测量时，恒定压力作用在柱塞上，把装在料筒里经熔化的物料从毛细管中挤出，测得柱塞下移速度。由流量、压力、温度和毛细管几何参量，获得图 3-5 所示的流变曲线。

常见的有毛细管最大剪切应力 τ 与剪切速率 $\dot{\gamma}$ 的流变曲线（图 3-5a）和表观黏度 η_a 与剪切速率 $\dot{\gamma}$ 流变曲线（图 3-5b）。

图 3-4 毛细管流变仪

1—圆管口模 2—聚合物 3—柱塞
4—料筒 5—热电偶 6—加热器
7—加热盘 8—支框 9—负重
砝码 10—机架

有了这些流变曲线，并经流动方程的分析计算，能解答注射模中塑料流动的工程问题，能分析计算模具流道和型腔中熔体流动的剪切速率和剪切应力，能计算预测各段流程的压力损失，从而校核设计计算流道尺寸和型腔间隙等。国内外市场上的注塑流动分析模拟 CAE/CAD 计算机软件，就是经实验储存了各种塑料品种的流变曲线参量，软件中的参数可用来优化塑料制件和注射模设计以及注射加工工艺的拟定。

注射流动的热塑性塑料熔体的黏度不但与温度和压力有关，而且随流动的剪切速率 $\dot{\gamma}$ 增大而下降。如图 3-5b 所示，曲线有"剪切变稀"的现象，即表观黏度 η_a 随剪切速率 $\dot{\gamma}$ 增大而下降。因此，非牛顿流体的流变方程以流动指数 n 来描述。

熔体在圆管中流动时，若 τ 为管壁的最大剪切应力，有

$$\tau = \frac{\Delta p R}{2L} \tag{3-6a}$$

式中　Δp——管道两端的压力差（Pa）；

　　　R——管径（m）；

　　　L——管道长度（m）。

式（3-6a）有另一形式，可用来求塑料熔体在圆管流道中流动的压力损失，即

$$\Delta p = \frac{2\tau L}{R} \tag{3-6b}$$

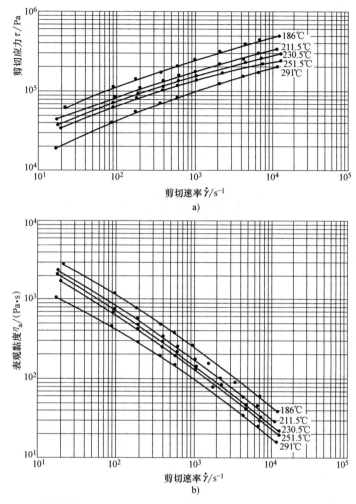

图 3-5 聚丙烯的流变曲线（MFR = 10.8g/10min，毛细管 L/D = 40/1）

a）剪切应力与剪切速率流变曲线　b）表观黏度与剪切速率流变曲线

$\dot{\gamma}$ 为管壁上剪切速率，也称为表观剪切速率，有

$$\dot{\gamma} = \frac{4Q}{\pi R^3} \tag{3-7}$$

式中　Q——体积流率，可用被注射浇注的型腔体积 V 与注射机常规注射时间 t 之比求得。

近年来，国内在流道和型腔的注射流动分析的工程计算时，为应用流变数据的方便，常用下式计算，即

$$\tau = K' \dot{\gamma}^n \tag{3-8}$$

式中　K'——表观稠度（Pa·s）。

从流变仪测得数据为表观的稠度、黏度和剪切速率。"表观"一词常冠以实验测定的流变参量。在一定条件下，只能片面或局部地观察到流变参量。要经过修正，才能获知真实的稠度、黏度和剪切速率。用毛细管流变仪测定的非牛顿流体的流变曲线，需做两项修正方能成为真实的流变曲线。其中，一项是非牛顿修正，又称雷比诺维茨修正；另一项是入口修

正，又称贝格里修正。

在未修正的 τ-$\dot{\gamma}$ 流变曲线上可获知 K'。不过真实值与表观值相差不大，在工程计算时可以忽略差异。K' 与 K 有如下关系：

$$K' = K\left(\frac{3n+1}{4n}\right)^n \tag{3-9}$$

表观稠度 K' 与流体稠度 K 相差不大，当 $n = 0.1$ 时，有

$$K' = \left(\frac{3n+1}{4n}\right)^n K = \left(\frac{3\times0.1+1}{4\times0.1}\right)^{0.1} K = 1.125K$$

当 $n = 0.9$ 时，有

$$K' = \left(\frac{3n+1}{4n}\right)^n K = \left(\frac{3\times0.9+1}{4\times0.9}\right)^{0.9} K = 1.025K$$

4. 流变仪计算获得熔体黏度

在图 3-4 所示的毛细管流变仪中，若柱塞 3 的直径 d_2 为 20mm，其料筒长度 $l_2 = 40$mm。毛细管直径 d_1 为 1mm，长度 $L_1 = 20$mm。材料试验时 15s 内料筒清空，负重砝码 9 作用在柱塞上的力为 2000N。

（1）求熔体流动的剪切应力 τ

熔体推进受到作用力 $F = 2000$N

料筒的截面积 $a = \pi r^2 = \pi(10\text{mm})^2 = 6.63\text{mm}^2$

熔体推进受到压力 $\Delta p = F/a = 2000\text{N}/6.63\text{mm}^2 = 0.366\text{N}/\text{mm}^2$

由式（3-6a）计算毛细管中熔体剪切应力，有

$$\tau = \frac{\Delta p R}{2L} = \frac{\Delta p d_1}{4L_1} = \frac{6.366\text{Pa}\times1\text{mm}}{4\times20\text{mm}} = 0.07958\text{MPa}$$

（2）计算毛细管中剪切速率 $\dot{\gamma}$

已知物料体积 $V = \pi d_2^2 l_2/4 = 3.1416\times(20\text{mm})^2\times40\text{mm}/4 = 12566\text{mm}^3$

由清空时间 $t = 15$s，物料体积 V 求出体积流率，即

$$Q = \frac{V}{t} = \frac{12566\text{mm}^3}{15\text{s}} = 837.758\text{mm}^3/\text{s}$$

由式（3-7）计算剪切速率，得

$$\dot{\gamma} = \frac{4Q}{\pi R^3} = \frac{32Q}{\pi d_1^3} = \frac{32\times837.758\text{mm}^3/\text{s}}{3.1416\times(1\text{mm})^3} = 8533.33\text{s}^{-1}$$

（3）由式（3-5c）计算熔体黏度，得

$$\eta_a = \frac{\tau}{\dot{\gamma}} = \frac{0.07958\text{MPa}}{85533.33/\text{s}} = 9.3258\times10^{-6}\text{MPa}\cdot\text{s} = 9.3258\text{Pa}\cdot\text{s}$$

聚合物熔体在工程上的实用计算方程，用 K' 和 n 描述也就是用流变的表观参量来进行运算。图 3-5 的流变曲线是 20 世纪 70 年代，北京塑料研究所测试的实验数据。到九十年代，成都科技大学（现四川大学）高分子材料系，对表 3-1 的塑料品种实测了流变曲线。国内用简易的流变仪测试是很费力耗时的。几种塑料熔体的剪切速率 $\Delta\dot{\gamma}$ 范围内的流动指数 n 和表观稠度 K' 见表 3-1。$\Delta\dot{\gamma} = 10^2 \sim 10^3\text{s}^{-1}$ 为分流道中塑料熔体的适宜剪切速率，用于流道直

径的设计计算；$\Delta\dot{\gamma}=10^3\sim10^4\,\mathrm{s}^{-1}$ 用于主流道直径的设计计算；$\Delta\dot{\gamma}=10^4\sim10^5\,\mathrm{s}^{-1}$ 用于浇口尺寸计算。第 5 章中冷流道和浇口的设计计算都应用表 3-1 中的数据。

注塑工程将剪切速率范围（$\Delta\dot{\gamma}=\dot{\gamma}_1-\dot{\gamma}_2$）内的流变曲线视为小段直线。在此区间内有一定的表观稠度 K' 和近似的流动指数 n 值。

熔体流变数据单位用 N-m-s，对于塑料制品和注射模具设计很不方便。因此常用 N-cm-s，黏度单位用 $\mathrm{N\cdot s/cm^2}$。表 3-1 中，表观稠度 K' 单位 $\mathrm{Pa\cdot s}=10^{-4}\mathrm{N\cdot s/cm^2}$。

表 3-1　几种塑料熔体的流动指数 n 和表观稠度 K'

名称	牌号和生产厂	温度/℃	$\dot{\gamma}=10^2\sim10^3\,\mathrm{s}^{-1}$		$\dot{\gamma}=10^3\sim10^4\,\mathrm{s}^{-1}$		$\dot{\gamma}=10^4\sim10^5\,\mathrm{s}^{-1}$	
			n	$K'/\mathrm{Pa\cdot s}$	n	$K'/\mathrm{Pa\cdot s}$	n	$K'/\mathrm{Pa\cdot s}$
LDPE	112A 兰州石化厂	160	0.32	21800	0.32	22000	0.32	22100
		180	0.35	14700	0.35	14700	0.35	14700
		200	0.38	10100	0.37	10900	0.37	10900
HIPS	兰州石化厂	200	0.26	30400	0.24	30900	0.26	31000
		220	0.26	22400	0.26	22600	0.26	22900
		240	0.27	15500	0.27	156030	0.27	15600
HIPS	南京塑料厂	200	0.29	21300	0.29	21400	0.29	21400
		220	0.29	14800	0.29	14900	0.29	14900
		240	0.29	11100	0.29	11200	0.29	12100
POM	M60 上海溶剂厂	180	0.56	6000	0.36	24000	0.16	151700
		200	0.60	4100	0.37	20300	0.18	116000
		220	0.61	3200	0.38	16900	0.20	80000
ABS	301 兰州石化厂	220	0.32	24900	0.26	35600	0.11	152300
		240	0.38	11500	0.31	18800	0.16	74500
		260	0.44	5400	0.36	9500	0.21	37700
ABS	IMT-100 上海高桥化工厂	220	0.34	19500	0.27	31700	0.18	72700
		240	0.38	11500	0.31	18500	0.20	51000
		260	0.41	7300	0.33	12700	0.23	31900
PMMA	372 上海金笔塑料厂	220	0.20	70600	0.20	70000	0.19	76400
		240	0.25	32100	0.25	32000	0.24	34800
		260	0.30	15100	0.30	14800	0.30	14200
HDPE	7006A 齐鲁石化公司	220	0.56	2500	0.43	6200	0.30	20600
		240	0.57	2000	0.44	5000	0.33	13900
		260	0.57	1800	0.47	3500	0.34	11600
HDPE	2200J 扬子石化公司	220	0.52	4100	0.40	9500	0.25	38100
		240	0.53	3300	0.42	7100	0.30	21500
		260	0.54	2800	0.43	6100	0.31	14800
PP	J340 扬子石化公司	220	0.27	18700	0.26	20000	0.11	80100
		240	0.30	13800	0.26	18300	0.13	60400
		260	0.31	11700	0.26	16500	0.15	45500

（续）

名称	牌号和生产厂	温度/℃	$\dot{\gamma}=10^2\sim10^3\,s^{-1}$		$\dot{\gamma}=10^3\sim10^4\,s^{-1}$		$\dot{\gamma}10^4\sim10^5\,s^{-1}$	
			n	$K'/Pa\cdot s$	n	$K'/Pa\cdot s$	n	$K'/Pa\cdot s$
PP	1400 燕山石化公司	220	0.31	12900	0.24	20900	0.15	47900
		240	0.31	11300	0.24	18600	0.18	32300
		260	0.32	9400	0.27	13200	0.18	30400
PBT	上海涤纶厂	240	0.77	1300	0.44	13100	0.30	47700
		260	0.90	300	0.57	2800	0.43	10300
		280	0.91	200	0.68	800	0.52	3400
PBT	301-G30 北京化研所	240	0.59	2200	0.52	3400	0.41	10000
		260	0.60	1200	0.57	1500	0.45	4400
		280	0.63	600	0.57	900	0.47	2100
PA1010	吉林石井沟化工厂	240	0.61	2200	0.42	8100	0.24	42500
		260	0.72	700	0.51	2900	0.28	24300
		280	0.77	300	0.62	800	0.36	8900
PA6	上海塑料制品十八厂	240	0.84	400	0.50	4100	0.29	28400
		260	0.90	200	0.59	1500	0.33	16200
		280	0.97	100	0.64	700	0.37	9000
PA66	黑龙江尼龙厂	280	0.80	300	0.61	1200	0.35	12900
		300	0.90	100	0.68	400	0.42	4600
		320	0.93	30	0.79	100	0.54	800
PS	666D 燕山石化公司	200	0.28	18500	0.28	18500	0.27	20500
		220	0.30	11600	0.30	11600	0.29	12600
		240	0.31	7900	0.31	7900	0.30	8500
PSF	S-100 上海曙光化工厂	340	0.50	14000	0.35	39100	0.17	20400
		360	0.55	7200	0.38	23000	0.20	32000
		380	0.63	2800	0.43	11300	0.24	64800
PC	6709 重庆长风	290	0.81	1000	0.77	1400	0.74	1900
		310	0.84	400	0.79	600	0.75	900
		330	0.80	400	0.70	800	0.60	1900
PC	GF20 重庆长风	280	0.58	7500	0.58	7400	0.58	7200
		300	0.59	6300	0.49	12500	0.40	30700
		320	0.66	2200	0.51	6300	0.36	24600
RPVC	12 成都科技大学	180	0.42	27900	0.27	78600	0.10	411000
		200	0.43	22700	0.28	63600	0.12	277200

5. 流变曲线上获得表观稠度 K' 和近似 n 值

图 3-6 所示为 ABS 的表观黏度 η_a 与剪切速率 $\dot{\gamma}$ 的流变曲线。该曲线中的数据用注射机上的流变仪测得，并储存在计算机的专业数据库中。

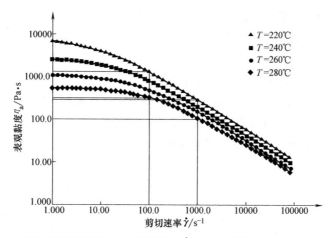

图 3-6 ABS 的表观黏度 η_a 与剪切速率 $\dot{\gamma}$ 的流变曲线（MFR = 13g/10min）

由图 3-6 的 ABS 的流变曲线可求得其 K' 和 n，步骤如下：

（1）读 220℃剪切速率 $\dot{\gamma}$ 对应的表观黏度 η_a 值

对 $\dot{\gamma} = 10^2 \mathrm{~s}^{-1}$，读到实际值和坐标区间值，将比值经指数运算，得

$$\eta_{a1} = 10^{3.105263}\mathrm{Pa \cdot s} = 1274\mathrm{Pa \cdot s}$$

对 $\dot{\gamma} = 10^3 \mathrm{~s}^{-1}$，读到实际值后，经指数运算，得

$$\eta_{a2} = 10^{2.4210526}\mathrm{Pa \cdot s} = 264\mathrm{Pa \cdot s}$$

（2）由两点的联立方程求解 n 和 K'

$$\eta_1 = K'\dot{\gamma}_1^{n-1}$$

$$\eta_2 = K'\dot{\gamma}_2^{n-1}$$

$$K' = \frac{\eta_{a1}}{\dot{\gamma}_1^{n-1}} = \frac{\eta_{a2}}{\dot{\gamma}_2^{n-1}}$$

代入 η_{a1}、η_{a2}、$\dot{\gamma}_1$ 和 $\dot{\gamma}_2$ 数值后，得

$$\frac{1274}{100^{n-1}} = \frac{264}{1000^{n-1}}$$

解此方程，得

$$n = 0.316 \approx 0.32$$

代入方程，得

$$K' = \frac{\eta_{a1}}{\dot{\gamma}_1^{n-1}} = \frac{1274}{100^{0.32-1}}\mathrm{Pa \cdot s} = 29186\mathrm{Pa \cdot s}$$

（3）校核后取平均值

$$K' = \frac{\eta_{a2}}{\dot{\gamma}_2^{n-1}} = \frac{264}{1000^{0.32-1}}\mathrm{Pa \cdot s} = 28947\mathrm{Pa \cdot s}$$

得剪切速率 $\dot{\gamma}$ 在 $10^2\mathrm{s}^{-1}$ 至 $10^3\mathrm{s}^{-1}$ 区间内。

$$n = 0.32, \quad K \approx K' = 2.91 \times 10^4\mathrm{Pa \cdot s}$$

　　根据图 3-6 所示的表观黏度 η_a 与剪切速率 $\dot{\gamma}$ 的流变曲线，可以求出剪切速率某区间内的表观稠度 K' 和流动指数 n。一些国外生产的塑料的表观稠度 K' 和流动指数 n 见表 3-2。得到表 3-2 所列的数据后，可方便用于人工的流道和浇口的流变学计算。

　　塑料熔体的流变数据是流道浇口的设计依据。人工设计计算与计算机 Moldflow 数值分析计算都依赖实验所获知的流变数据。它揭示了塑料熔体在注射模塑中的压力流动的规律。第12 章中热流道和浇口的人工设计都应用表 3-2 中的数据。

表 3-2　一些国外生产的塑料的表观稠度 K' 和流动指数 n

剪切速率 $\dot{\gamma}/s^{-1}$		$10^2 \sim 10^3$	$10^3 \sim 10^4$	$10^4 \sim 10^5$
ABS		Lustran ABS 1146：Lanxess		
260℃	$K'/Pa \cdot s$	17545	22465	23059
MFR：4g/10min	n	0.346	0.31	0.307
ABS		Lustran ABS Elite HH 1827：Lanxess		
260℃	$K'/Pa \cdot s$	5647	14839	18313
MFR：13g/10min	n	0.469	0.329	0.306
ABS		ABS MP220N：LG Chemical		
221.7℃	$K'/Pa \cdot s$	19714	24745	25884
MFR：20g/10min	n	0.288	0.255	0.25
ABS/PC		ABS+PC 9901 Yellow 6307：Diamond Polymers		
260℃	$K'/Pa \cdot s$	3713	8672	10043
MFR：22g/10min	n	0.536	0.413	0.397
ABS/PC+12%矿物填料		Cycoloy CM6210：SABIC Innovative Plastics B. V		
270℃	$K'/Pa \cdot s$	4168	10218	11502
MFR：14.6g/10min	n	0.546	0.416	0.403
ABS+20%GF		Stylac-ABS R240A：Asahi Kasei Corporation		
236.7℃	$K'/Pa \cdot s$	17147	29982	23788
MFR：无	n	0.324	0.243	0.268
PP		Hostalen PPT 1052：SF Hoechst		
253.3℃	$K'/Pa \cdot s$	4860	8322	7658
MFR：31.6g/10min	n	0.401	0.323	0.332
PP		Hostalen PPUX 9057 HS：Targor		
243.3℃	$K'/Pa \cdot s$	2591	6059	7618
MFR：10g/10min	n	0.47	0.347	0.322
PP		PPV 2762：Kemcor Australia		
266.7℃	$K'/Pa \cdot s$	2957	3057	2274
MFR：22g/10min	n	0.388	0.383	0.415
PP+10%滑石粉		Marlex（R）CBF-265PP：Phillips Sumika Polypropylene Company		
245.9℃	$K'/Pa \cdot s$	766	6286	17437
MFR：26.5g/10min	n	0.628	0.323	0.212

（续）

剪切速率 $\dot{\gamma}/s^{-1}$		$10^2 \sim 10^3$	$10^3 \sim 10^4$	$10^4 \sim 10^5$
PP+10%滑石粉		Astryn SD-058；Basell Polyolefins North America		
256.7℃	K'/Pa·s	3617	4697	6189
MFR：10.4g/10min	n	0.397	0.358	0.328
PP+20%滑石粉		TPP20AF；Ferro		
221.3℃	K'/Pa·s	9599	12474	11791
MFR：4g/10min	n	0.354	0.316	0.322
PP+23%滑石粉		Astryn BC-78G；Basell Polyolefins North America		
256.7℃	K'/Pa·s	2085	6204	3567
MFR：26g/10min	n	0.452	0.294	0.354
PP+25%GF		Akrolen PP GFM25/15 Schwarz（1415）；Akro-Plastic GmbH		
240℃	K'/Pa·s	2217	4603	4859
MFR：15g/10min	n	0.461	0.355	0.349
PP+30%GF		Gapex RPP30EV30HB；Ferro		
247℃	K'/Pa·s	15839	22038	23905
MFR：4g/10min	n	0.306	0.258	0.249
PP/ERDM+32%矿物		RAU EMPP 138926929（R2360）；Rehau AG & Co		
246.7℃	K'/Pa·s	2939	4962	6071
MFR：6g/10min	n	0.421	0.345	0.323
PP+9%金属须+3%滑石粉		HX320；Hyundai Engineering's CoLtd		
203.3℃	K'/Pa·s	2743	6320	102817
MFR：38g/10min	n	0.455	0.334	0.031
HDPE		SABIC HDPE M80063；SABIC Europe B. V		
246℃	K'/Pa·s	1397	8889	22723
MFR：8g/10min	n	0.669	0.401	0.299
HDPE		782；NOVA Chemicals		
230.7℃	K'/Pa·s	4663	9750	8883
MFR：9g/10min	n	0.434	0.327	0.337
LDPE		SABIC LDPE 2015T；SABIC Europe B. V		
246.7℃	K'/Pa·s	482	1367	2460
MFR：15g/10min	n	0.646	0.495	0.431
PMMA		PMMA IF-850；LG Chemical		
266.7℃	K'/Pa·s	1109	2682	4527
MFR：11g/10min	n	0.602	0.474	0.417
PMMA		Acrypet VH5；Mitsubishi Rayon		
260℃	K'/Pa·s	476	3969	16539
MFR：6g/10min	n	0.8	0.493	0.338

（续）

剪切速率 $\dot{\gamma}/s^{-1}$		$10^2 \sim 10^3$	$10^3 \sim 10^4$	$10^4 \sim 10^5$
PS		Polystyrene 804；TOTAL Petrochemicals		
246.7℃	$K'/Pa \cdot s$	4280	10798	19993
MFR：10g/10min	n	0.387	0.253	0.186
PS/PMMA		Zylar 631；NOVA Chemicals		
226.7℃	$K'/Pa \cdot s$	8704	11776	20249
MFR：5g/10min	n	0.405	0.361	0.302
HIPS		Polystyrene 3631；TOTAL Petrochemicals		
240℃	$K'/Pa \cdot s$	6322	12875	8344
MFR：15g/10min	n	0.39	0.287	0.334
HIPS		Polystyrene 800；TOTAL Petrochemicals		
210℃	$K'/Pa \cdot s$	14313	18345	11893
MFR：6g/10min	n	0.312	0.276	0.323
PS/PMMA		Zylar 530；NOVA Chemicals		
226.7℃	$K'/Pa \cdot s$	7157	9105	9879
MFR：5g/10min	n	0.409	0.374	0.365
PC		Apec 1795；Bayer Material Science		
340℃	$K'/Pa \cdot s$	595	4957	37212
MFR：31g/10min	n	0.834	0.527	0.308
PC		Apec 1805；Bayer Material Science		
343.3℃	$K'/Pa \cdot s$	1947	10931	50797
MFR：10g/10min	n	0.737	0.487	0.320
PC/PS		Lupoy GN-5001SF1；LG Cemical		
246.7℃	$K'/Pa \cdot s$	1401	4313	4766
MFR：18g/10min	n	0.634	0.471	0.460
PC/PET		Iupilon MB 2106；Marplex Australia Ltd		
290℃	$K'/Pa \cdot s$	1453	17209	44787
MFR：14g/10min	n	0.744	0.386	0.282
PC/PET		Panlite MN-9035 TG5912；Teijin Chemicals		
272.7℃	$K'/Pa \cdot s$	428	4086	20817
MFR：46.45g/10min	n	0.850	0.523	0.346
PC/ABS		Pulse 2000 EZ；Styron NA-CA		
276.7℃	$K'/Pa \cdot s$	2501	8316	18684
MFR：18g/10min	n	0.573	0.399	0.311
PC/ABS		Emerge 7550；Styron APAC		
276.7℃	$K'/Pa \cdot s$	546	3622	9782
MFR：11g/10min	n	0.741	0.467	0.359

（续）

剪切速率 $\dot{\gamma}/s^{-1}$		$10^2 \sim 10^3$	$10^3 \sim 10^4$	$10^4 \sim 10^5$
PC+30%GF		Panlite G-3130 Nat；Teijin Chemicals		
303.3℃	$K'/Pa \cdot s$	6570	21394	39240
MFR：3.9g/10min	n	0.652	0.481	0.415
PC+10%GF		Panlite G-3110 Nat；Teijin Chemicals		
303.3℃	$K'/Pa \cdot s$	2554	25286	102451
MFR：4.6g/10min	n	0.752	0.420	0.268
PC+10%GF		GS2010MPH；Mitsubishi Group		
306.7℃	$K'/Pa \cdot s$	563	5095	47273
MFR：20g/10min	n	0.859	0.540	0.298
PA6		KEPAMID 1300 CRM；Korea Engineering Plastics Company Ltd		
266.7℃	$K'/Pa \cdot s$	246	1164	2688
MFR：50g/10min	n	0.814	0.589	0.498
PA66		Zytel 101 NC010；Dopont Europe		
293.3℃	$K'/Pa \cdot s$	139	761	8980
MFR：24g/10min	n	0.918	0.672	0.404
PA66		Scanamid PA66 A120 Fp20；Polykemi		
303.3℃	$K'/Pa \cdot s$	201	1459	8158
MFR：7g/10min	n	0.862	0.575	0.388
PA11+30%GF		Rilsan B2M30 Black TL；Arkema NA		
280℃	$K'/Pa \cdot s$	890	3125	5325
MFR：8.1g/10min	n	0.719	0.537	0.479
PA12		Grilamid L16 LM；EMS-Grirory		
256.7℃	$K'/Pa \cdot s$	167	1061	6439
MFR：50g/10min	n	0.875	0.607	0.411
PA66+14%GF		M2279 PA66 GF14 IM；Delphi Packard Electric Systems		
289.7℃	$K'/Pa \cdot s$	380	3709	27087
MFR：无 g/10min	n	0.818	0.488	0.272
PA6+30%GF		Kepamid 1330 GF；Korea Engineering Plastics Company Ltd		
273.7℃	$K'/Pa \cdot s$	514	3088	11618
MFR：8g/10min	n	0.766	0.506	0.362
POM		Delrin 900 NC010；Dupont Engineering Polymers		
218.3℃	$K'/Pa \cdot s$	449	4824	28776
MFR：11g/10min	n	0.829	0.485	0.291
POM+25%GF		Lucel GC-225；LG Chemical		
211.7℃	$K'/Pa \cdot s$	1987	7846	12528
MFR：8g/10min	n	0.638	0.439	0.388

（续）

剪切速率 $\dot{\gamma}/s^{-1}$		$10^2 \sim 10^3$	$10^3 \sim 10^4$	$10^4 \sim 10^5$
PBT+15%GF		Lupox GP-2156F；LG Chemical		
249℃	$K'/Pa \cdot s$	959	1511	3489
MFR：10g/10min	n	0.794	0.728	0.637
PBT+30%GF		Valox 420-1001；GE Plastics（USA）		
260℃	$K'/Pa \cdot s$	1177	10871	57475
MFR：无	n	0.787	0.465	0.284
PBT/PC		Xenoy RCX201；SABIC Innovative Plastics JapanLLC		
266.7℃	$K'/Pa \cdot s$	1160	6423	17994
MFR：21.65g/10min	n	0.738	0.490	0.378
PBT/PET+30%GF		Schuladur PCR GF30；ASchulman NA		
266.7℃	$K'/Pa \cdot s$	1013	3840	9547
MFR：14g/10min	n	0.686	0.493	0.394
PET		PET Generic Estimates；CMOLD Generic Estimates		
281.7℃	$K'/Pa \cdot s$	17682	16595	31296
MFR：27g/10min	n	0.201	0.210	0.141
PET+30%GF		Rynite 430HP NC010；DuPont Europe		
283.3℃	$K'/Pa \cdot s$	8695	8877	6667
MFR：8g/10min	n	0.497	0.494	0.525
PPO/PS+30%GF		GenericPPO/PS（Noryl）；Generic Shrinkage Characterised Material		
303.3℃	$K'/Pa \cdot s$	12654	18477	22375
MFR：无	n	0.351	0.296	0.275
PPO/PA		GenericPPO/PA（Noryl）；Generic Shrinkage Characterised Material		
289.3℃	$K'/Pa \cdot s$	1941	3816	5410
MFR：无	n	0.592	0.494	0.456
PPS		Supec G402；GE Plastics（Europe）		
326.7℃	$K'/Pa \cdot s$	3389	4253	3912
MFR：无	n	0.536	0.503	0.512
PPS+30%GF		Supec G301T；GE Plastics（Europe）		
326.7℃	$K'/Pa \cdot s$	6801	8891	13197
MFR：无	n	0.209	0.47	0.427
PEEK		Lubricomp PDX-L-91475；LNP Engineering Plastics		
388.3℃	$K'/Pa \cdot s$	4610	8710	14569
MFR：无	n	0.586	0.484	0.428
LCP+30%GF		Xydar G-930 NT；Solvay Advanced Polymers		
356.7℃	$K'/Pa \cdot s$	200	602	534
MFR：无	n	0.67	0.51	0.523

（续）

剪切速率 $\dot{\gamma}/s^{-1}$		$10^2 \sim 10^3$	$10^3 \sim 10^4$	$10^4 \sim 10^5$
SAN		Absolan AS2300；Lanxess		
260℃	$K'/\mathrm{Pa \cdot s}$	2065	5068	6260
MFR：30g/10min	n	0.5	0.37	0.347
PEI		Ultem 1110T；SABIC Innovative Plastics US. LLC		
360℃	$K'/\mathrm{Pa \cdot s}$	2033	30254	139375
MFR：15g/10min	n	0.761	0.370	0.204
PEI+20GF		Ultem ATX152R；SABIC Innovative Plastics US. LLC		
353.3℃	$K'/\mathrm{Pa \cdot s}$	1754	8756	28426
MFR：38g/10min	n	0.743	0.510	0.382
PVC		Vestotit Granulat3255；Begra Kunstofproduktion Gmblf		
200℃	$K'/\mathrm{Pa \cdot s}$	50279	75534	56703
MFR：10.8g/10min	n	0.241	0.182	0.213
TPE		Hytrel G-5544；Dupont Engineering Polymers		
251.7℃	$K'/\mathrm{Pa \cdot s}$	3159	1650	10402
MFR：10.5g/10min	n	0.482	0.576	0.376
TPE+10%碳化钙		Telcar Apex Company；Telcar 1000-92 Black		
251.7℃	$K'/\mathrm{Pa \cdot s}$	11750	7702	17155
MFR：无	n	0.293	0.354	0.267
TPE-E		TRIEL 5252SP BK；Sam Yang Company		
226.7℃	$K'/\mathrm{Pa \cdot s}$	1366	3979	6358
MFR：25g/10min	n	0.573	0.418	0.367
TPE-E		TRIEL 5252FR（BK）；Sam Yang Company		
230℃	$K'/\mathrm{Pa \cdot s}$	808	3562	7781
MFR：33g/10min	n	0.637	0.422	0.337
TPU		Pellethane 2104-45D；Lubrizol		
221.3℃	$K'/\mathrm{Pa \cdot s}$	1556	7665	18536
MFR：19g/10min	n	0.722	0.491	0.395
TPU		SkythanS 395A；Lubrizol		
213.3℃	$K'/\mathrm{Pa \cdot s}$	2725	12886	35487
MFR：35g/10min	n	0.674	0.449	0.339
TPU+30%GF 玻璃纤维充填		Estaloc 59300；Lubrizol		
234.3℃	$K'/\mathrm{Pa \cdot s}$	196	620	2289
MFR：无	n	0.822	0.655	0.513
TPU+40%高模量碳纤维		Celstran TPU CF40-01；Ticona		
266.7℃	$K'/\mathrm{Pa \cdot s}$	3146	15172	15148
MFR：无	n	0.505	0.277	0.277

（续）

剪切速率 $\dot{\gamma}/\text{s}^{-1}$		$10^2 \sim 10^3$	$10^3 \sim 10^4$	$10^4 \sim 10^5$
TPU+50%长玻璃纤维		Celstran TPU GF50-01；Ticona		
253.3℃	$K'/\text{Pa} \cdot \text{s}$	1524	4534	3633
MFR：无	n	0.630	0.472	0.496
TUR		Tecoflex EG-72D；Thermedics		
242.3℃	$K'/\text{Pa} \cdot \text{s}$	9	14	98
MFR：无	n	0.984	0.922	0.710
TPE-S		PTS-Thermoflex 65.1A1R；PTS Plastic		
200℃	$K'/\text{Pa} \cdot \text{s}$	3692	6910	8768
MFR：5g/10min	n	0.432	0.341	0.315
TPE-S+10%滑石粉		Thermolast K TP7LDZ；KRAIBURG TPE CmbH		
211.7℃	$K'/\text{Pa} \cdot \text{s}$	7212	4568	10650
MFR：15g/10min	n	0.302	0.368	0.276

在注塑制件的设计中，应该将制件型腔和注射模具的浇注系统一起考虑，做流变学和传热学的分析。根据表 3-1 和表 3-2 中各种塑料熔体的 K' 和 n 数据，通过现有的各种流动分析方法，经人工计算，可获知在注射过程中和流程各位置的体积流率、剪切应力与剪切速率、各段流程的压力损失，进而合理设计计算浇注系统各段流道和浇口直径和长度，从而在以下两方面保证注射模塑成功。

1）要保证注射流动时熔体具有合理的剪切速率。塑料熔体在模具的通道间隙中剪切速率应为 $10^2 \sim 10^4 \text{s}^{-1}$。过低的剪切速率会使熔体流动性变差；过高的剪切速率和剪切应力会产生剪切热，影响型腔内非等温流动，最终影响成型注塑制件质量。

2）要保证型腔的充模压力。塑料熔体的压力传递能力较差，流经各流程的流道和浇口后，压力逐渐下降会使注射到制件型腔的熔体压力不足。进入型腔的熔体压力应有 $(250 \sim 500) \times 10^5 \text{Pa}$。为此，一方面浇注系统的流道要有足够的截面尺寸，另一方面制件型腔流程不能太长又薄，否则会使熔体推进压力不足，造成注塑制件密度低、收缩率大，严重时甚至不能注满型腔。因此，必须将浇注系统中熔体输送压力损失限制在 $350 \times 10^5 \text{Pa}$ 以下。

对注射模塑进行计算机模拟，是流动和冷却分析的先进和有效方法。现代的注射成型计算机辅助工程（Computer Aid Engineering，CAE）软件，能辅助注射制品和模具设计。它是决策性的软件，将注塑制件设计、模具设计、注射工艺拟订和试模、注射依次进行数值分析，并可进行反复修改及优化，直观地在计算机屏幕上模拟出实际成型过程，预测注塑制件设计对产品的影响，直接观察到制件上熔合缝和气囊的位置，预见注塑时的剪切速率、温度场和压力场，判断制件密度不足、欠注和凹陷等缺点，为改进注塑制件和模具设计提供科学依据。

但是，计算机模拟的前提是计算机造型，应让计算机获知注塑制件和浇注系统所有形体和尺寸的信息。在应用 CAE 软件辅助设计制件和模具时，对分型面、流道的分布和尺寸、浇口的形式和位置，设计师应该有所考虑。人工设计计算流道和浇口后，通过计算机模拟分析浇注系统和制件型腔的注射流动，可以避免浇注系统造型的修改。

3.1.2　塑料熔体在圆管和狭缝通道中的流动分析

压力作用下聚合物熔体在管道内的流动，称压力流动或泊肃叶流动（Poiscuille Flow）。施加在流体上的外压力产生了速度场。体系的边界是刚性和静止不动的。

注射模具的型腔通道形状和尺寸的变化繁多，但流通截面归纳起来，基本上只有圆管形和狭缝形两种。在热流道和喷嘴的通道流动分析中还有圆锥管道和圆环隙管道两种。

由于聚合物熔体的黏度很高，且服从非牛顿的幂律定律，故在通常情况下为稳态层流。在压力流动分析时，假定聚合物熔体是不可压缩的，在流道壁面上的流动速度为零，且流体的黏度不随时间变化。实际上，聚合物熔体在压力下的流动是非等温的，但在大多数情况下按等温和不可压缩的压力流动处理，其计算结果所引起误差很小，因此在注射模塑工程上是可行的。

1. 圆管中压力流动

圆管流通形状简单，最为常见。在圆管中高聚物的压力流动是一维的剪切流动。图 3-7 所示为单元液柱的力平衡，为了维持流体在圆管中的稳态流动，沿管长必须有一定的压力差。在无限长的圆管中取半径为 r、长度 L、两端压力差为 Δp 的流体单元。

在其受推力 $\pi r^2 \Delta p$ 下流动时，又受到黏滞阻力。该阻力为剪切应力 τ 与液柱表面 $2\pi rL$ 之积。力平衡式为：

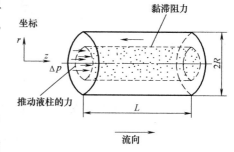

$$\pi r^2 \Delta p = 2\pi rL\tau$$

因此有沿半径方向的剪切应力分布式：

$$\tau = \frac{\Delta pr}{2L} \qquad (3\text{-}10a)$$

在管中心 $r=0$ 处，$\tau=0$。在管壁 $r=R$ 处，得到剪切应力最大值：

图 3-7　单元液柱的力平衡

$$\tau = \frac{\Delta pR}{2L} \qquad (3\text{-}10b)$$

由牛顿黏性定律，在圆管中的牛顿流体的剪切速率为

$$\dot{\gamma} = -\frac{\mathrm{d}v}{\mathrm{d}r} = \frac{\tau}{\mu} = \frac{\Delta pr}{2\mu L} \qquad (3\text{-}11a)$$

式中　v——线速度，它是半径 r 的函数。

管中心的流速最大；随 r 的增大，v 减小。在管中心 $r=0$ 处，$\dot{\gamma}=0$。在管壁 $r=R$ 处，有最大剪切速率：

$$\dot{\gamma} = \frac{\Delta pR}{2\mu L} \qquad (3\text{-}11b)$$

假设在管壁 R 上没有滑动，用 $v=0$ 代入式（3-11a），积分后得管中速度的分布为：

$$v_{(r)} = \frac{\Delta p}{4\mu L}(R^2 - r^2) = \frac{\Delta pR^2}{4\mu L}\left[1 - \left(\frac{r}{R}\right)^2\right] \qquad (3\text{-}12)$$

式（3-12）说明牛顿流体在等截面圆管中流动速度分布为抛物线。牛顿流体在圆管中的速度和剪切应力如图 3-8 所示。

将式（3-12）对 r 运作整个截面 S 积分，可得体积流率 Q：

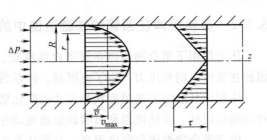

$$Q = \int_0^R v_{(r)}\,\mathrm{d}S = \int_0^R v_{(r)} 2\pi r\,\mathrm{d}r = \frac{\pi\Delta p R^2}{8\mu L}$$

(3-13)

式（3-13）就是哈根-泊肃叶（Hagen-Poiseuille）方程，比较式（3-11b）和式（3-13），可得管壁上剪切速率，即表观剪切速率

图 3-8　牛顿流体在圆管中的速度和剪切应力

$$\dot{\gamma} = \frac{4Q}{\pi R^3}$$

(3-14)

2. 圆管中的非牛顿流体的速度方程

由于绝大多数聚合物熔体都是非牛顿流体，它们在圆形通道中的流动显然不能用前述的牛顿流体流动方程来描述。考虑到非牛顿流体的特性，应引入流动指数 n，用图 3-7 所示的圆管通道的力平衡流动模型推导。

（1）圆管道的力平衡流动模型推导　在图 3-7 中，由式（3-10a）和式（3-4）可得

$$\tau = \frac{\Delta p r}{2L} = -K\dot{\gamma}^n = -K\left(\frac{\mathrm{d}v_z}{\mathrm{d}r}\right)^n$$

经移项后，得

$$\mathrm{d}v_z = -\left(\frac{\Delta p}{2KL}\right)^{\frac{1}{n}} r^{\frac{1}{n}}\,\mathrm{d}r$$

将此式积分，代入边界条件后可得非牛顿流体的速度方程为

$$v_z = \frac{n}{n+1}\left(\frac{\Delta p}{2KL}\right)^{\frac{1}{n}} R^{\frac{n+1}{n}}\left[1 - \left(\frac{r}{R}\right)^{\frac{n+1}{n}}\right]$$

(3-15)

（2）圆管中的非牛顿流体的体积流率方程　对式（3-15）的速度 v_z 方程，得出整个圆管截面积的积分，管内体积流率为

$$Q = \frac{\pi R^3 n}{3n+1}\left(\frac{R\Delta p}{2KL}\right)^{\frac{1}{n}} = \frac{\pi n}{3n+1}\left(\frac{\Delta p}{2KL}\right)^{\frac{1}{n}} R^{\frac{3n+1}{n}}$$

(3-16)

整理后可得圆管通道内流体流动的压力降为

$$\Delta p = 2KL\left(\frac{3n+1}{\pi n}Q\right)^n R^{-(3n+1)}$$

(3-17a)

根据式（3-9），将稠度 K 置换成表观稠度 K'，则压力降为

$$\Delta p = \left(\frac{4}{\pi}\right)^n \frac{2K'LQ^n}{R^{3n+1}}$$

(3-17b)

对于牛顿流体，$n=1$，$K=\mu$，式（3-16）可演变成牛顿流体的流率方程，即

$$Q = \frac{\pi R^4 \Delta p}{8\mu L}$$

(3-18)

又可将式（3-15）可演变成牛顿流体的速度方程，即

$$v_z = \left(\frac{\Delta p R^2}{4\mu L}\right)\left[1 - \left(\frac{r}{R}\right)^2\right]$$

(3-19)

（3）流道直径计算式推导　管壁的剪切速率为

$$\dot{\gamma} = \left(\frac{\Delta p R}{2KL}\right)^{\frac{1}{n}}$$

将此式代入式（3-16），整理得

$$Q = \frac{n\pi}{3n+1}\left(\frac{\Delta p R}{2KL}\right)^{\frac{1}{n}}R^3 = \frac{n\pi}{3n+1}\dot{\gamma}R^3$$

将直径 $d=2R$ 代入，得

$$Q = \frac{\pi}{8}\dot{\gamma}\,\frac{n}{3n+1}d^3$$

由非牛顿流体在圆管道中的流量 $q_i = Q$，得到浇注系统流道浇口直径的流变学计算式为

$$d_i = \sqrt[3]{\frac{8}{\pi\dot{\gamma}}}\sqrt[3]{\frac{q_i(3n+1)}{n}} \tag{3-20}$$

式中　$\sqrt[3]{8/\pi} = 1.366$，可换算成按剪切速率确定流道浇口直径的计算式：

$$d_i = \frac{1.366}{\sqrt[3]{\dot{\gamma}}}\sqrt[3]{\frac{q_i(3n+1)}{n}} \tag{3-21}$$

式中　q_i——塑料熔体的流经流道浇口的体积流量（cm^3/s）；

　　　n——熔体的流动指数，从塑料种类品牌的实验流变曲线上获知，也可参考表 3-1 或表 3-2；

　　　$\dot{\gamma}$——熔体流经流道浇口的合理剪切速率（s^{-1}），常以 $5\times10^2 s^{-1}$ 左右代入。

（4）圆管的非牛顿流体速度分布　将式（3-17）除以 πR^2，得到圆管内非牛顿流体的平均速度，即

$$\bar{v}_z = \frac{Q}{\pi R^2} = \frac{nR}{3n+1}\left(\frac{R\Delta p}{2KL}\right)^{\frac{1}{n}} \tag{3-22}$$

将 $r=0$ 代入式（3-15），可获知圆管中央的最大流速

$$v_{max} = \frac{nR}{n+1}\left(\frac{R\Delta p}{2KL}\right)^{\frac{1}{n}} \tag{3-23}$$

将式（3-15）除以式（3-22），可得到无量纲速度曲线方程

$$\frac{v_z}{\bar{v}_z} = \left(\frac{3n+1}{n+1}\right)\left[1-\left(\frac{r}{R}\right)^{\frac{n+1}{n}}\right] \tag{3-24}$$

非牛顿流体在圆管内的流速分布为柱塞流动，如图 3-9 所示。由式（3-24）可知，牛顿流体在 $n=1$ 时速度分布曲线为抛物线。假塑性的非牛顿流体在 $n<1$ 时，速度分布曲线较抛物线平坦。n 值越小，管中心部分的速度分布越平缓，曲线形状类似于柱塞。

1）柱塞流动中混合作用不良。聚合物熔体在柱塞流动中受到剪切作用较小，均化作用差，对于多组分物料的加工尤为不利。

2）最大剪切应力和最大剪切速率在管壁上。

3）流体在管中的平均流速及其体积流率均随管径和压力增大而增加，随流体黏度和管

长的增加而减少。

4）曾假定在管壁的流速为零，但实际上熔体在管壁上有滑移现象。熔体在较长的圆管内流动过程中还伴随有高聚物相对分子质量效应。相对分子质量较低的分子在流动中逐渐趋于管壁附近，使这一区域流体黏度降低，流速有所增加。因此，熔体的流动速率实际上比计算值大。如果熔体在狭小流道中流动，在管壁上产生冷却固化的皮层，使有效管径变小，则在高压下产生喷泉流动。

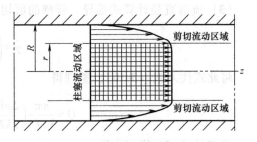

图 3-9　非牛顿流体在圆管内柱塞流动
的速度分布

3. 圆锥管道中的压力流动

圆锥形通道如图 3-10 所示，设其大小端半径分别为 R_1 和 R_2，锥角为 2θ，全长为 L，取其任意位置上的半径为 r，离大端距离为 l。有如下几何关系：

$$r = R_1 - l\tan\theta, \tan\theta = \frac{\mathrm{d}r}{\mathrm{d}l}, \mathrm{d}l = -\cot\theta\mathrm{d}l$$

由式（3-17a），将 Δp 视作 $\mathrm{d}p$，列出 $\mathrm{d}r$ 对应长度 $\mathrm{d}l$ 上压降的微分方程，再对 r 积分后整理得圆锥形通道压力降为

$$\Delta p = \frac{2K\cot\theta}{3n}\left(\frac{3n+1}{\pi n}Q\right)^n\left(R_2^{-3n} - R_1^{-3n}\right)$$

$$\text{(3-25a)}$$

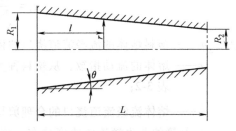

图 3-10　圆锥形通道

若以 $\cot\theta = L/(R_1 - R_2)$ 代入式（3-25a），得另一形式压力降计算式为

$$\Delta p = \frac{2KL}{3n(R_1 - R_2)}\left(\frac{3n+1}{\pi n}Q\right)^n\left(R_2^{-3n} - R_1^{-3n}\right) \quad \text{(3-25b)}$$

若以表观稠度 K' 置换式（3-25a）和式（3-25b）中的流体稠度 K，可得高聚物熔体在圆锥形通道中又一组压降计算式为

$$\Delta p = \frac{2K'\cot\theta}{3n}\left(\frac{4}{\pi}\right)^n Q^n\left(R_2^{-3n} - R_1^{-3n}\right) \quad \text{(3-26a)}$$

$$\Delta p = \frac{2K'L}{3n(R_1 - R_2)}\left(\frac{4}{\pi}\right)^n Q^n\left(R_2^{-3n} - R_1^{-3n}\right) \quad \text{(3-26b)}$$

4. 圆环隙中的轴向压力流动

圆环隙中的轴向压力流动如图 3-11 所示，R_o 为圆环隙的外半径，R_i 为内半径。针阀式喷嘴的管道半径 R_o 和阀针半径 R_i 设计计算，应按照稳定层流的圆环隙轴向压力流动分析的精确解计算。

令 $A = R_i/R_o$，且 $\rho = r/R_o$。设熔体在半径 λR_o 的圆周上，流速 v_{rz} 为最大。此处的剪切应力 $\tau_{rz} = 0$。

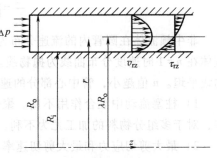

图 3-11　圆环隙中的轴向压力流动

（1）速度分布

1）在里区流动。流体在 $A \leqslant \rho \leqslant \lambda$ 区域的速度分布计算式为

$$v_{z1} = R_o \left(\frac{\Delta p R_o}{2KL} \right)^{\frac{1}{n}} \int_A^\lambda \left(\frac{\lambda^2}{\rho} - \rho \right)^{\frac{1}{n}} \mathrm{d}\rho \tag{3-27a}$$

2）在外区流动。流体在 $\lambda \leqslant \rho \leqslant 1$ 区域的速度分布为

$$v_{z2} = - R_o \left(\frac{\Delta p R_o}{2KL} \right)^{\frac{1}{n}} \int_\lambda^1 \left(\rho - \frac{\lambda^2}{\rho} \right)^{\frac{1}{n}} \mathrm{d}\rho \tag{3-27b}$$

（2）体积流率　当 $v_{z1} = v_{z2}$ 时，联立式（3-27a）和式（3-27b），可得 λ 的解。在 $n=1$ 时，$K = \mu$ 的牛顿流体有位置的解为

$$\lambda^2 = \frac{1 - A^2}{2\ln \left(\frac{1}{A} \right)} \tag{3-28}$$

1）圆环隙中的轴向压力流动时牛顿流体的体积流率计算式为

$$q = \frac{\pi \Delta p R_o^4}{8 \mu L} \left[(1 - A^4) - \frac{(1 - A^2)^2}{\ln \left(\frac{1}{A} \right)} \right] \tag{3-29}$$

2）圆环隙中的轴向压力流动时非牛顿流体的体积流率计算式为

$$q = \frac{\pi n R_o^3}{2n+1} (1 - A)^{\frac{2n+1}{n}} \left(\frac{R_o \Delta p}{2KL} \right)^{\frac{1}{n}} F(n, A) \tag{3-30}$$

式中　　q——圆环隙的流道输出体积流率（$\mathrm{cm^3/s}$ 或 $\mathrm{mm^3/s}$）；

R_o——圆环隙的流道孔的半径（cm 或 mm）；

R_i——圆环隙的流道轴芯的半径（cm 或 mm）；

A——圆环隙的轴孔半径比，$A = R_i / R_o$；

L——圆环隙的流道孔的长度（cm 或 mm）；

K——塑料熔体的稠度（$10^2 \mathrm{N \cdot s/cm^2}$ 或 $\mathrm{MPa \cdot s}$）；

Δp——塑料熔体在圆环隙的流道的压力损失，$10^2 \mathrm{N/cm^2}$（MPa）；

n——塑料熔体的流动指数；

$F(n, A)$——仅与 n 和 A 有关的流率函数。函数 $F(n,A)$ 与 n 和 A 的关系如图 3-12 所示。

与式（3-30）相对应，可以得到圆环隙的通道的压力损失计算式为

$$\Delta p = 2KL \left(\frac{\pi n}{2n+1} \frac{F(n, A)}{q} \right)^{-n} (1 - A)^{-(2n+1)} R_o^{-(3n+1)} \tag{3-31}$$

5. 狭缝通道中压力流动

在聚合物流变学的流动分析方程中，狭缝通道是矩形通道的特例。图 3-13 所示为截面宽度 W 与厚度 h 之比 $W/h > (10 \sim 20)$，可以作等截面狭缝通道处理，$W/h < 12$ 或 6 时应考虑作矩形通道处理。狭缝通道忽略了两侧面方向上的黏性阻力，假定熔体在无限宽的两平板之间做压力流动。注射制件壳板的成型板厚间隙 h 相对于板面宽度 W 要小得多，是典型的狭缝通道。注射模具的矩形分流道和侧面浇口等属矩形通道，但矩形通道的流动方程很复杂，倘若用狭缝通道计算式，会有一定的误差，且 W/h 越接近 1，误差越大。

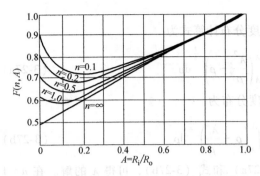

图 3-12 函数 $F(n, A)$ 与 n 和 A 的关系

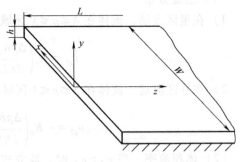

图 3-13 等截面狭缝通道 $W/h>(10\sim20)$

两平行板间非牛顿流体的压力流体的速度分布计算式为

$$v_z = \frac{n}{n+1}\left(\frac{\Delta p}{KL}\right)^{\frac{1}{n}}\left[\left(\frac{h}{2}\right)^{\frac{n+1}{n}}-y^{\frac{n+1}{n}}\right]$$ （3-32）

熔体经图 3-13 所示通道时，不计入两侧壁对流量的影响，将式（3-32）积分便可得到聚合物熔体在等截面狭缝通道中的体积流量，即

$$Q = \frac{2n}{2n+1}\left(\frac{\Delta p}{KL}\right)^{\frac{1}{n}}W\left(\frac{h}{2}\right)^{\frac{2n+1}{n}}$$ （3-33）

非牛顿流体在狭缝矩形通道中流动的剪切速率和剪切应力计算式为

$$\dot{\gamma} = \frac{4n+2}{n}\frac{Q}{Wh^2}$$ （3-34a）

$$\tau = \frac{h\Delta p}{2L}$$ （3-34b）

对流程长 L 的压力损失计算式为

$$\Delta p = \left(\frac{4n+2}{n}\right)Q^n\frac{2KL}{Wh^{2n+1}}$$ （3-35）

在 $n=1$ 时，牛顿流体在狭缝矩形通道中流动的流量和压降计算式为

$$Q = \frac{\Delta p Wh^3}{12KL}$$ （3-36）

$$\Delta p = \frac{12KLQ}{Wh^3}$$ （3-37）

此时稠度 K 等于牛顿黏度 μ。其牛顿流体在狭缝通道流动的剪切速率和剪切应力计算式为

$$\dot{\gamma} = \frac{6Q}{Wh^2}$$ （3-38a）

$$\tau = \frac{h\Delta p}{2L}$$ （3-38b）

此外，对于厚度 h 方向有线性变化的窄楔形流道、宽度 W 方向有线性变化的宽楔形流道或两个方向均有线性变化的鱼尾形流道，它们各自的流量和压降计算式可参见有关专业著作。

3.2　影响黏性流动的因素

绝大多数聚合物熔体属于假塑性的非牛顿流体。在注射流动中，熔体黏度是受各种因素影响的变量。它不但取决于物理条件，受剪切速率、温度和压力的影响，还与聚合物的分子参数和添加剂有关。塑料熔体不但有黏性还有弹性。不稳定的熔体流动和熔体破裂会影响注塑制件的质量。以下在讨论主要影响因素时，其他因素假设不变。

3.2.1　注射流动物理状态和分子参数对黏度的影响

注射流动的塑料熔体黏度受物理状态的影响很大，不但是温度和压力条件的函数，而且还与剪切速率有关。聚合物的分子参数中，相对分子质量对熔体黏度影响明显，而相对分子质量分布、分子链的支化程度和添加剂对熔体的流动性影响也不可忽视。

1. 剪切速率的影响

聚合物熔体的显著特征是具有非牛顿行为，其黏度随剪切速率的增加而下降。提高剪切速率对取向和黏度的影响如图 3-14 所示。高剪切速率下熔体黏度比低剪切速率下的黏度小几个数量级，原因是高剪切速率下有取向分子链的纠缠减少，使得分子链之间相互容易滑动。

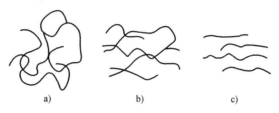

图 3-14　提高剪切速率对取向和黏度的影响

a）低的剪切速率　b）一般剪切速率　c）高的剪切速率

不同聚合物熔体在流动过程中随剪切速率增加，表观黏度下降，二者间的关系如图 3-15 所示。

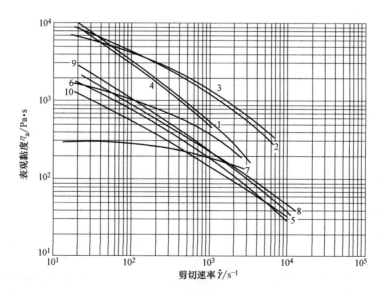

图 3-15　几种聚合物的表观黏度与剪切速率的关系

1—ABS（210℃）　2—聚砜（310℃）　3—聚碳酸酯（270℃）　4—聚甲基丙烯酸甲酯（200℃）

5—软聚氯乙烯（170℃）　6—聚酰胺1010（230℃）　7—聚对苯二甲酸乙二醇酯（270℃）

8—聚丙烯（180℃，MFR=2.61）　9—聚苯乙烯（190℃）　10—低密度聚乙烯（150℃，MFR=6.58）

黏度对剪切速率的依赖性在不同聚合物中有明显区别。几种聚合物熔体在 $10^3 \sim 10^4 \mathrm{s}^{-1}$ 的剪切速率的流动指数 n 见表 3-3。表中指数 n 越小,非牛顿性越明显。根据 n 的大小,敏感性较明显的有 LDPE、PP、PS、HIPS、ABS、PMMA 和 POM。它们的黏度会有大于 10 倍的变化;HDPE、PA1010 和 PBT 的敏感性一般;PC、PA6 和 PA66 在剪切速率范围内,黏度只有少量变化。

表 3-3　几种聚合物熔体在 $10^3 \sim 10^4 \mathrm{s}^{-1}$ 剪切速率时的流动指数 n

聚合物	温度/℃								
	160	180	200	220	240	260	280	300	320
LDPE	0.32	0.35	0.37						
PP				0.26	0.26	0.26			
PS			0.28	0.30	0.31				
HIPS			0.24	0.26	0.27				
ABS				0.27	0.31	0.33			
PMMA				0.20	0.25	0.30			
POM		0.36	0.37	0.38					
HDPE				0.43	0.44	0.47			
PA1010					0.42	0.51	0.62		
PBT					0.44	0.57	0.68		
PA6					0.50	0.59	0.64		
PA66							0.61	0.68	0.79
PC							0.77 290℃	0.79 310℃	0.70 330℃

对剪切速率敏感的塑料熔体,应采用针点浇口和较小浇口直径。熔料以 $10^4 \mathrm{s}^{-1}$ 左右的高剪切速率及低黏度注入型腔。相反,对剪切速率不敏感的塑料不能发挥点浇口改善流动性的优势。

流道截面的直径偏大,在输送塑料熔体时剪切速率过小,流动熔料黏度增大,都不利于压力传递。因此,必须以合理的剪切速率设计计算流道的直径,对热敏性的物料,即使温度得到控制,热流道通道的占有体积越大,聚合物和一些添加剂也会因加热时间过长而分解变质。

了解聚合物熔体黏度对剪切速率的依赖性,对掌控注射加工有重大意义。现代的低温高压高速注射成型薄壁注塑制件,就是充分发挥塑料熔体的剪切变稀的性能。

2. 温度的影响

控制注射温度是调节塑料熔体流动性的重要手段。随着温度升高,聚合物分子间的相互作用力减弱,黏度下降。但是,各种聚合物熔体对温度的敏感性有所不同。

活化能是高分子链流动时用于克服分子间作用力,以便更换位置所需的能量,也就是每个运动单元流动时所需要的能量,故活化能越大,黏度对温度越敏感。温度越高,黏度下降越明显。对于活化能较小的聚合物,如 PE 和 POM 等,用升高温度来提高成型时的流动性效果有限,而升高温度来提高 PMMA 和 PC 等活化能较高物料的流动性是可行的。

　　如图 3-16 所示，ABS、PC 和 PA6 各有两种温度的黏度变化曲线。在注射流动剪切速率为 $10^2 \sim 10^4 \mathrm{s}^{-1}$ 时，PC 和 ABS 在温度升高时流动熔体的黏度下降明显。但是，PA6 熔体在注射流动时升高温度，黏度下降较少。图 3-17 所示为在剪切速率 $1000\mathrm{s}^{-1}$ 时，8 种塑料黏度与温度的关系曲线。各种塑料黏度对温度作用敏感性是不同的。由图 3-17 可知，对 PE 和 PP，用升高温度来提高注射成型时流动性的效果有限，而增高温度来提高 PMMA 和 PC 等的流动性是可行的。无定形塑料的熔融温度范围较宽，有升高温度降低黏度的可能。对于热敏感性 PVC 等塑料、快结晶的结晶型塑料和含有阻燃剂的塑料，熔融温度要避免接近热分解温度。

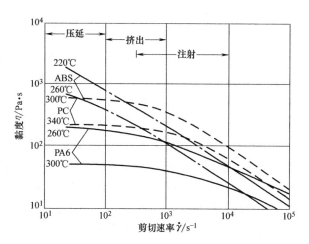

图 3-16　ABS、PC 和 PA6 塑料熔体的流动曲线

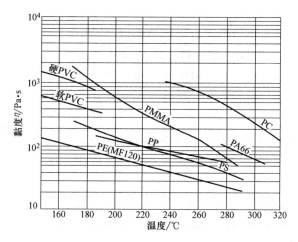

图 3-17　剪切速率 $1000\mathrm{s}^{-1}$ 时，8 种塑料黏度与温度的关系曲线

　　温度和剪切速率对应的 ABS 塑料熔体黏度见表 3-4。由表 3-4 可知，ABS 熔体在 $220 \sim 280℃$ 下，剪切速率为 $100 \sim 10000\mathrm{s}^{-1}$ 时，最高黏度为 $659.98 \mathrm{Pa \cdot s}$，最低黏度为 $27.42 \mathrm{Pa \cdot s}$，二者相差二十多倍。

表 3-4　温度和剪切速率对应的 ABS 塑料熔体黏度

温度/℃	剪切速率 $\dot{\gamma}/\mathrm{s}^{-1}$	黏度 $\eta/\mathrm{Pa \cdot s}$
220	1000	229.73
220	10000	47.69
240	100	659.98
240	1000	161.89
240	10000	38.7
260	100	449.3

（续）

温度/℃	剪切速率 $\dot\gamma/s^{-1}$	黏度 $\eta/Pa\cdot s$
260	1000	118.53
260	10000	27.42
280	100	360.5
280	1000	101.4

温度和剪切速率升高，塑料熔体的黏度降低。熔融状态分子链主要由碳原子组合而成，这些碳原子由很强的共价键或化学键结合在一起。各聚合物的分子链，依靠很弱的范德瓦尔斯力依次黏合在一起。在注射温度下，热量使次级键变弱，运动自由度提高，分子链延伸。如果进行超高温加热，分子间只有很小的内聚力，分子链断裂，使聚合物降解。

在热量作用下分子链之间有近似平行的间隙。聚合物分子链间的空间增大，相互作用减弱。熔体流动阻力减少，黏度下降。在此状态下，内能和外力导致聚合物分子链容易产生运动。图 3-18 所示为剪切速率的对数和温度对非牛顿聚合物熔体黏度对数的影响。

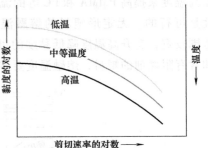

图 3-18　剪切速率的对数和温度对非牛顿聚合物熔体黏度对数的影响
注：箭头所指是温度、剪切速率的
对数和黏度的对数的提高方向。

3. 压力的影响

注射流动期间，喷嘴头的最高压力超过 200MPa，熔体流动前沿压力很低。高压下的塑料熔体受到压缩，流动阻力增加，熔体黏度提高。熔体温度和剪切速率与注射压力相互作用，增加了聚合物熔体行为的复杂性。

（1）注射压力对黏度影响　聚合物熔体是可压缩的流体。聚合物熔体在压力为 1~10MPa 下成型，其体积压缩量小于 1%。注射加工时，螺杆推进压力可达 200MPa，常见的模具型腔中熔体压力为 30~50MPa，而热流道中常见的熔体压力为 50~100MPa，也可能达到 100~200MPa，此时有明显的体积压缩，分子间距缩小，导致熔体的黏度增加，流动性降低。

随着压力的提高，黏度以指数关系下降。静压力 p 的影响系数定义为

$$\Gamma = \frac{d\ln\eta}{dp} \qquad (3-39)$$

对于热塑性聚合物熔体，压力对黏度的影响系统平均值 Γ 等于 $0.033 \times 10^{-5} Pa^{-1}$（$0.33 MPa^{-1}$）。相应的计算式为

$$\eta = \eta_{rp} e^{\Gamma} \qquad (3-40)$$

式中　η_{rp}——常压下物料的黏度。

若 $p = 100 \times 10^5 Pa$，则有 $\eta/\eta_{rp} = 1.39$，聚合物熔体的静压力 p 与黏度的关系见表 3-5。

表 3-5　聚合物熔体的静压力 p 与黏度的关系

$p/10^5 Pa$	30	100	300	500	1000	3000
η/η_{rp}	1.11	1.39	2.70	5.29	27.9	22.026

在测定恒定压力下黏度随温度的变化和恒温下黏度随着压力的变化后，得知压力 Δp 增加与温度下降 ΔT 对黏度的影响是等效的。在塑料加工过程中，以此来考虑静压力对黏度的影响。

在聚合物熔体成型时，通常会遇到黏度的压力效应和温度效应同时起作用。压力和温度对黏度影响的等效关系可用换算因子 $(\Delta p/\Delta T)_{\eta}$ 来处理。换算因子可以确定：与产生黏度变化所施加的压力增量相当的温度下降量。几种聚合物熔体的换算因子见表3-6。

表 3-6   几种聚合物熔体的换算因子 $(\Delta p/\Delta T)_{\eta}$

聚合物	$(\Delta p/\Delta T)_{\eta}/(℃/MPa)$	聚合物	$(\Delta p/\Delta T)_{\eta}/(℃/MPa)$
聚氯乙烯	0.31	高密度聚乙烯	0.42
聚酰胺66	0.32	共聚甲醛	0.51
聚甲基丙烯酸甲酯	0.33	低密度聚乙烯	0.53
聚苯乙烯	0.40	聚丙烯	0.86

例如，高密度聚乙烯在常压和167℃下的黏度，要在100MPa压力下维持不变，由表3-5中换算因子0.42℃/MPa，知温度升高为

$$\Delta T = 0.42 \times (100 - 0.1) \approx 42℃$$

换言之，此熔体在220℃和100MPa时的流动行为与在178℃和0.1MPa时的流动行为相同。在注射成型的高压下，黏度的提高相当于温度下降了几十度，并且还存在剪切速率对黏度的影响。

在计算机对注射成型的流动分析时，为了描述熔体黏度与剪切速率、压力和温度的函数关系，须建立起这三个参量的材料黏度方程。

（2）剪切速率、温度和压力三个参量的材料黏度方程　基于式（3-5）的幂函数定律方程，可对流道输送和型腔充填的塑料熔体进行流动分析。

$$\eta_a = K\dot{\gamma}^{n-1}, \tau = \eta_a\dot{\gamma}$$

排除毛细管流变仪的修正因素，假塑性非牛顿流体的黏度 η 方程为

$$\eta = K\dot{\gamma}^{n-1} \tag{3-41a}$$

$$\tau = \eta\dot{\gamma} \tag{3-41b}$$

式（3-41a）说明了剪切速率与黏度的函数关系。基于实测各品种塑料熔体的流变曲线，流体稠度 K 是曲线上某点到坐标原点的距离，指数 n 是该点邻近段圆弧的曲率半径。

现今工业应用的有限元流动分析程序的输出，能说明熔体在某个通道截面某时刻的多个流动参数，有限元流动分析流道半径方向的剪切速率如图3-19所示。其中，图3-19a所示为线速度曲线，表示从中央0线到流道壁面，可将流动材料细分成层流的微分单元，横截面上有每层速度组成的曲线。图3-19b所示为剪切速率曲线，是对速度曲线微分求导的结果。流动通道和型腔间隙中央位置的剪切速率是零。最大剪切速率在通道壁面附近的熔体流动层上。聚合物熔体的流层间有相对运动。剪切力导致熔体正交的剪切应变。聚合物分子链有方向性运动时相互之间的吸引力较弱，允许各自相对自由运动，因此降低了流动材料的黏度。

图3-19还给出了熔体在通道截面的温度和黏度输出，也呈现对流道中央流动分析对称性。流道横截面位于 y 轴线，从中央到流道壁面。图3-19c的横向轴线为熔体温度，图3-19d的横向轴线为熔体黏度。在图3-19b所示高剪切区域内造成的摩擦热，导致图

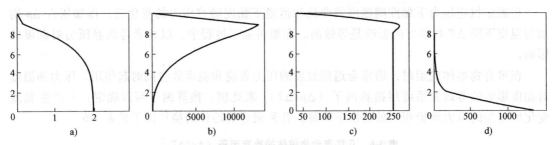

图 3-19 有限元流动分析流道半径方向的剪切速率

a) 相对流动线速度   b) 剪切速率 s^{-1} c) 熔体温度℃   d) 熔体黏度 Pa·s

3-19c 不规则的温度曲线。料流在通过高剪切的流道和浇口时升温现象很明显。

修正的截面上黏度方程模式改造了幂函数定律，不仅能描述黏度与剪切速率函数关系，还能描述熔体温度和压力的依赖关系。该方程式对高剪切速率的函数关系描述较为合理，又是多元的黏度模式，目前应用在塑料加工工业及注射模塑流动分析的程序中。修正的截面上黏度方程为

$$\eta = \frac{\eta_0}{1 + \left(\dfrac{\eta_0 \dot{\gamma}}{\tau^*}\right)^{(1-n)}} \tag{3-42}$$

其中

$$\eta_0 = D_1 e^{\left[\frac{-A_1(T - T^*)}{A_2(T - T^*)}\right]}$$

式中 $T^* = D_2 + D_3 p$；

　　　p——压力；

　　　η_0——零剪切速率下的黏度；

　　　η——黏度；

　　　$\dot{\gamma}$——剪切速率；

　　　T——绝对温度。

D_1、D_2、D_3、A_1、A_2、τ^*、n 为已知量。

许多注射流动熔体黏度方程的形式各有其优缺点。某些材料的黏度特性，最好用专门的形式表述。理想状态是对各种黏度方程经优化选用，并对注射机和模具上各种温度、压力和流量等参量测试得到原始数据，代入对应的黏度方程，确定适用模式。

（3）高压下熔体的摩擦热 塑料熔体在注射模的浇注通道和型腔间隙内流动充填，产生流层间的剪切热，又有与金属模壁的摩擦热。在数秒钟的注射时间内，这些热量尚不能与冷模具热交换。

熔体过大的摩擦热使分子链断裂，影响注塑制件的力学、电学和热性能。在热流道和喷嘴内的摩擦热使 LDPE、HDPE、PP、PS 或 PU 熔体升温不会超过5℃，但对 PVC、PMMA、POM 或及高黏度熔料的升温容易超过15℃，足以引起降解。在流道转向、间隙急速变窄时，会产生附加摩擦热。塑料熔体流经浇口时流动速度和剪切应力急剧增加，会有瞬时的温度提升。

流道较长而直径较小时，塑料熔体将会有过大的剪切速率和剪切应力。这时，聚合物或

添加剂的结构有分解，也会使聚合物的混合物分离或使矿物质填料与颜料脱粘。高黏度的PC、PSU、PPS、PVC、CA、CAB 和 POM 在流动中内外摩擦及剪切阻抗较大。

4. 分子参数的影响

在聚合物的注射加工中，相对分子质量对熔体黏度有重要意义。相对分子质量分布、分子链的支化程度和添加剂对熔体的流动性影响不可忽视。

（1）相对分子质量 聚合物熔体的黏性流动主要是分子链之间发生的相对位移。因此相对分子质量越大，流动性越差，黏度越高。反之，黏度较低。

聚合物熔体的流动是分子重心沿流动方向的位移。相对分子质量越大，分子链越长且包含的链段数目越多，流动位移就越困难。因此，黏度随着相对分子质量的升高而增加。高分子链之间形成大量缠结区，大幅度地增加了黏度。此时缠结区域的缠结点数目主要与重均相对分子质量大小有关。

从成型加工考虑，降低物料的相对分子质量可以改善流动性，但会影响制件的力学性能。通常，注射成型用的聚合物的相对分子质量较低。PE 和 PP 等注塑级品种比挤出级品种的熔体黏度低，大多是由相对分子质量决定的。挤出成型用的聚合物的相对分子质量较高，吹塑成型容器用的聚合物的相对分子质量介于两者之间。天然橡胶的相对分子质量要求控制在 20 万左右，合成纤维的相对分子质量一般较低，在 2 万~10 万。注射成型塑料的相对分子质量控制在纤维和天然橡胶之间。

（2）相对分子质量分布 在相同的平均相对分子质量条件下，相对分子质量分布宽的聚合物熔体中，一些分子链的缠结点在剪切速率增大时缠结的破坏作用明显，黏度下降较分布窄的多些。

另外，分布宽的聚合物熔体中低分子质量部分含量较多。在剪切流动中低分子质量部分起到润滑增塑作用。在剪切速率提高时，黏度下降更为明显。因此，分子量分布宽的聚合物熔体，更便于注射模塑。但是过宽的分子量分布，低分子量的含量过多，会给制件的力学性能带来不良影响。

（3）支化 当相对分子质量相同时，分子链是直链型还是支链型及其支化的程度对黏度都有影响。在零剪切速率下，低密度聚乙烯的黏度低于高密度聚乙烯。在注射流动的剪切速率为 $10^2 \sim 10^4 \mathrm{s}^{-1}$ 时，支链型低密度聚乙烯的黏度比直链型的高密度聚乙烯低。

对于低密度聚乙烯，因为支链短，使分子链之间距离增大，故缠结点减少。在较高的剪切速率下，其黏度小于高密度聚乙烯，但是对于长支链，主链和长支链都能形成缠结点，故会使其黏度增大。

3.2.2 塑料熔体在注射模塑的管道和间隙中流动状态

尽管塑料熔体在注射流动中保持层流状态，但在流道、浇口和型腔间隙里还是存在众多不稳定流动的因素。下面讨论塑料熔体注射流动中的各种状态以及在高温和过高剪切速率下，促使塑料材料降解的因素。

1. 层流和湍流

（1）层流 注射生产塑料制件的聚合物有相当高的黏度，所以产生层流是必然的。即使熔体通过直径很小的针点式浇口时也是层流流动。塑料熔体的层流特性使双色共注射工艺成为可能。

图 3-20 所示为共注射时辅料 B 包围在主料 A 的表层中。型腔被主料 A 部分充填后，辅料 B 射入模具。辅料 B 在低温的外皮层中央推进输送，并将尚存的主料前沿推进到模具壁面。主料的计量很重要，要保证足够的塑料量，还要保证辅料在皮层推进时不会冒出主料的前沿而暴露在模壁上。

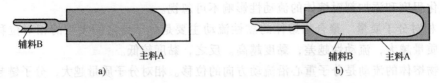

图 3-20　共注射时辅料 B 包围在主料 A 的表层中

a) 部分充填主料 A 后，辅料 B 射入　b) 推进的辅料 B 挤压主料 A 至壁面

（2）雷诺数　雷诺数是无量纲参数。圆管中雷诺数 Re 的计算式为

$$Re = \frac{\rho v d}{\mu} \geqslant 2300 \tag{3-43}$$

式中　v——管中的最低流速（m/s）；

μ——流体的动力黏度（Pa·s 或 N/m² · s）；

ρ——流体的密度（kg/m³）；

d——管径（m）。

[例1]　有四个型腔的模具，点浇口直径为 1mm；每个型腔体积 8cm³；ABS 塑料熔体在 1s 内充满型腔，注射进入模具的流量为 32cm³/s；每个浇口流动速率为 8cm³/s。求通过点浇口时流体的雷诺数。

解： 点浇口截面积为

$$S = \pi r^2 = 3.1416 \times (0.005\text{mm})^2 = 0.783\text{mm}^2 = 7.83 \times 10^{-7}\text{m}^2$$

通过浇口速率为

$$v = \frac{Q}{s} = \frac{8.0 \times 10^{-6}\text{m}^3/\text{s}}{7.83 \times 10^{-7}\text{m}^2} = 10.22\text{m/s}$$

流过浇口的剪切速率为

$$\dot{\gamma} = \frac{32Q}{\pi d^3} = \frac{32 \times 8\text{cm}^3/\text{s}}{3.14 \times (0.1\text{cm})^3} = 81528\text{s}^{-1}$$

由求出的剪切速率，可在图 3-6 的 ABS 流变曲线上查得动力黏度为

$$\mu = 8\text{Pa} \cdot \text{s} = 8\text{N/m}^2 \cdot \text{s}$$

又根据表 2-5 查得 ABS 熔体的密度为

$$\rho = 0.955\text{g/cm}^3 = 9.55 \times 10^2\text{kg/m}^3$$

得到通过点浇口时熔体的雷诺数为

$$Re = \frac{\rho v d}{\mu} = \frac{9.55 \times 10^2 \times 10.22 \times 0.1^3}{8} = 1.22$$

（3）湍流　湍流通常发生在雷诺数 2300 以上。大多数聚合物熔体在注射模塑时有很高的剪切速率，通过点浇口熔体计算得到雷诺数小于 10，在注射模塑中一般呈现层流状态，这是因为聚合物熔体黏度高。在注射温度下，ABS 黏度为 660～360Pa·s，剪切速率一般在

$10^2 \sim 10^4 \mathrm{s}^{-1}$ 之间。

2. 流动类型

在注射模中的，聚合物熔体除层流外，还有对时间 t、温度 T 和空间位置（x、y、z）的多种流动类型。

（1）稳定流动和不稳定流动　凡在输送通道中流动，流体在任何部位的流动状态保持恒定，不随时间而变化。一切影响流体流动的因素都不随时间而改变的流动称为稳定流动。作为稳定流动，并非流体在各部位的速度以及物理状态都相同，而是指在任何部位，它们均不随时间而变化。例如，正常操作的挤出机中，塑料熔体沿螺杆螺槽向前流动属于稳定流动，其流量、压力和温度等参数均不随时间而变动。

凡流体在输送通道中影响流动的各种因素，有随时间而变动的情况，那么此流动属于不稳定流动。注射机的螺杆注射推进和螺杆旋转后退时，塑料熔体流动参数随时间变动很大，属于不稳定流动。注射流动过程中，在模具的浇注通道和型腔内的流动速率、温度和压力等各种影响因素均随时间变化。通常把熔体的注射流动视为典型的不稳定流动。

（2）等温流动和非等温流动　等温流动是指流体各处温度保持不变时的流动。在等温流动情况下，流体与外界可以进行热量传递，但传入和输出热量应保持相等。

在注射成型的实际条件下，聚合物熔体流动一般均呈现非等温状态。一方面成型工艺有要求将流程各区域控制不同温度；另一方面是在黏性流动过程中有剪切热和热效应。这些都使流体在通道的径向和轴向存在一定的温度差。注射模塑时，熔体进入低温模具后就开始冷却降温。热流道注射模中的熔体注入制件型腔后才开始冷却固化。但将熔体在注射阶段当作等温流动处理并不会有过大误差，却可以使注射流动过程的流变分析大为简化。

（3）一维流动、二维流动和三维流动　当流体在流道内流动时外力作用方式和流道几何形状不同，流体内质点的速度分布具有不同的特征。

在一维流动中，流体内质点的速度仅在一个方向上变化。在流道截面上任何一点的速度只需用一个垂直于流动方向的坐标表示。聚合物熔体在等截面圆管内的层状流动，速度分布仅是半径函数。

在二维流动中，流道截面上各点的速度需要两个垂直流动方向的坐标表示。流体在矩形截面通道中流动时，其流速在高度和宽度两个方向均发生变化，是典型的二维流动。

流体在截面变化的通道中流动时，其质点速度不仅沿通道截面的纵横两个方向变化，而且还沿着流动主方向变化。流体的流速要用三个相互垂直的坐标表示，因而称为三维流动。

3. 熔体的热平衡和冻结皮层

（1）喷泉流动　各种流道系统里塑料熔体表现特有的喷泉流动如图 3-21 所示。最初进入模具的材料附着在型腔壁上，后续的料流滞留外层。喷泉流动时连续的外层伸展起到拖曳作用，促使中央层流加速，导致层流前沿有抛物面的流速。新材料在圆周通道前沿中央连续推进，推到壁面外层的材料经受很小剪切。塑料材料外表层的剪切速率接近零。在冷流道系统中的塑料熔体滞留

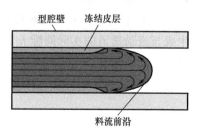

图 3-21　喷泉流动

在流道壁面上，冻结皮层会变厚。在大多数的热流道系统，滞后的皮层并不发展，喷泉流动依然存在。

（2）熔体的热平衡　从注射机递送的塑料熔体和注射速率决定了熔体注入模具的最初黏度。高温低黏度的注射熔体，在流道系统输送时应该以合理的剪切速率推进。加热的塑料熔体进入制件型腔后材料直接贴近冷的模壁，几乎立刻被冻结。冻结皮层厚度取决于热传导的损失与获得的剪切热两者之间的热平衡。如果塑料熔体的注射速率 Q 太低，在某位置上建立起冻结的厚皮层，材料就不能送到更远的型腔，会成型欠注的制件。另外，在熔体温度过低时，注射速率和剪切速率不适合模塑，也会出现欠注。足够大的注射速率产生的剪切热能克服热传导损失，从而允许材料保持熔融状态充填型腔。以矩形条的型腔充填为例，熔体充填的速率高，型腔内熔体温度比注射温度高，而慢充填时温度变化很小，冻结皮层较厚。

注射模塑期间控制剪切热较困难，大多数制件的几何形体没有理想的注射样式。熔体的流动黏度不是常数。熔体流动前沿的黏度变化导致冻结皮层的发展。图 3-22 所示中央浇口浇注盘形制件采用辐射式流动充填。恒定的注射速率 Q，使得浇口附近的熔体流动前沿的流速较高。熔体扩展推进到型腔后流速连续降低，导致浇口附近有较高的剪切热量。熔体的前沿推进速度缓慢时，损失热量更多。变慢的熔体沿半径方向速度下降，传导给模具的热量比剪切得到的还多。

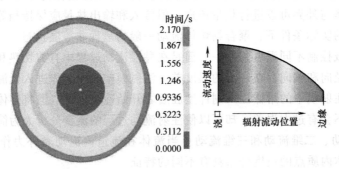

图 3-22　圆盘中央浇注的熔体速度沿半径方向下降

在狭窄型腔中的注射熔体是扩展流动，与图 3-22 的熔体辐射流动类似。矩形浇口侧向浇注长条矩形薄板成型。矩形浇口宽度为 $3 \sim 5 mm$，制件宽度是它的 2 倍。料流注入后较早充满浇口的两翼，浇口附近区域缓慢流动、冷却较快，又有向长度侧壁方向的扩张流动，受到冷却面积作用，皮层面积扩大。长条制件的主体和连续流动的熔体能保持较多热量。

塑料制件的壁厚变化会使流动速率和热平衡结果发生重大改变。薄壁区域的前沿熔体阻力较大，料流在充填下游厚壁区域时流动迟缓导致熔体很快丧失热量，甚至开始冻结。

（3）矩形狭缝中流动速率对充填影响　塑料熔体黏度和狭缝间隙影响型腔充填。皮层的生成与流动通道的实际间隙 h 的关系如图 3-23 所示。模具的温度、流动速率 Q 都会影响皮层的生成。很高的剪切速率下，剪切热会使皮层变薄。皮层减薄能形成较大的通道间隙 h，从而影响流程的压力降。由式（3-37）可知，牛顿流体在狭缝通道的压力降为

$$\Delta p = \frac{12KLQ}{Wh^3}$$

由式（3-41a）的剪切速率计算非牛顿流体黏度，即

$$\eta = K\dot{\gamma}^{n-1}$$

当 $n=1$ 时，得到非牛顿流体在狭缝通道的压力降为

$$\Delta p = \frac{12\eta LQ}{Wh^3} \qquad\qquad (3\text{-}44)$$

（4）模壁上冷却皮层的生成　如图 3-23a 所示，流动速率低，生成冷却皮层较厚，狭缝的流动间隙小。反之，流动速率高，流动间隙 h 大些（图 3-23b），熔体流动的压力降小些。

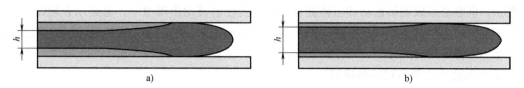

图 3-23　皮层的生成与流动通道的实际间隙 h 的关系

a）慢充皮层厚，通道较小　b）快充皮层薄，通道较大

影响皮层厚度的因素有：

1）热塑性塑料的热性能，如热导率、比热容、不流动温度和冻结温度。

2）熔体和模具温度。

3）模具材料的热性能。

4）局部时的流动速率。

5）熔体与模具壁面经历的接触时间。

因此，预测皮层厚度是很困难的。热流道的流道壁面上可避免皮层生成。

图 3-24 所示沿熔体流动方向冷皮层的发展。狭缝里双皮层中熔体前沿是喷泉流动。浇口附近的皮层很薄，这是因为流过浇口的塑料熔体是定量的，剪切速率很高。浇口区域与熔料流动前沿之间的皮层厚度最大。因为熔体接触冷模具壁的时间有限，所以流动前沿生成的皮层较薄。

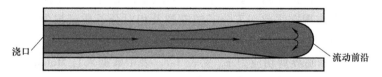

浇口　　　　　　　　　　　　　　　　　流动前沿

图 3-24　沿熔体流动方向冷皮层的发展

4. 喷射

聚合物熔体在高压剪切流动中不但消耗能量，同时也储存弹性能。一旦边界约束条件去除，材料的弹性会产生变形回复。

图 3-25 所示为小的浇口射入大型腔的喷射料流。图 3-25 中蛇形熔体堆叠在型腔的底部。在高的剪切应力或速率下，流体的弹性恢复的扰动难以抑制，支离和断裂会引起熔体破裂，最终导致冷却固化的成型制件表面粗糙，布满裂纹和裂缝，内在质量也受到破坏。

对于熔体破裂的产生原因有两种看法。一种认为熔体中贮存的弹性剪切应变能转变成表面自

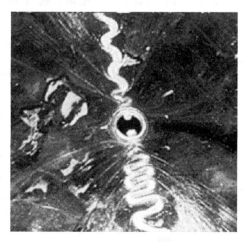

图 3-25　小的浇口射入大型腔的喷射料流

由能破坏了喷射物。另一种看法认为，浇口及其上游的通道内，由于熔体各处受应力作用不尽相同，因而离开浇口后所出现的弹性恢复就不可能一致。如果弹性恢复力超出熔体强度所能承受的范围，就会引起熔体破裂。

熔体破裂现象是聚合物熔体所产生弹性应变和弹性恢复的综合现象。熔体从小浇口射入大型腔，很容易形成蛇形流动和熔体破裂。想避免注射流动出现喷射，就必须合理设计塑料制件，型腔都应为薄壁结构，型腔间隙多为 1~3mm。射入的熔体在模具壁面间的窄缝中流动，阻力消耗了熔料的能量，弹性恢复受到约束，从而让熔体层流推进。

5. 注射流动中塑料材料的降解

聚合物材料降解是指相对分子质量的降低、聚合物与添加剂的分离以及发生化学反应。在高剪切速率流动中，热塑性弹性体会发生聚合物链段与橡胶嵌段分离的现象。温度和时间引起的过热会使硬聚氯乙烯发生化学反应。盐酸会腐蚀螺杆、料筒和模具。在注射过程中塑料熔体温度过高或经历超高的剪切速率都会使材料降解。

（1）过高的温度 塑料材料的耐热性较弱，加热时有温度和时间限制。聚氯乙烯、聚甲醛、聚氨酯和聚苯乙烯等，经受过高温或处于高温时间过长会发生降解。聚合物降解是温度和剪切速率相结合的作用，从而导致分子链断裂和相对分子质量下降。

聚酰胺、聚碳酸酯和聚氨酯等，在干燥设备经受温度过高或加热时间太长会导致水解降解，影响材料的加工性能和力学性能。

（2）超高的剪切速率 硬聚氯乙烯、聚甲醛和聚氨酯对剪切流动的敏感性比其他塑料高。热塑性弹性体也有高度剪切敏感性。超高的剪切速率能使分子链断裂分离，熔体破裂。

经大量测试得到温度横坐标上的剪切速率限制曲线，但是影响材料降解因素太多，对注射加工的制约并不可靠。有实验得到 PP 在某熔体温度下临界剪切速率为 $100000s^{-1}$，PS 的临界剪切速率为 $40000s^{-1}$，按此临界剪切速率注射成型，对制件的力学性能影响很小。超高的剪切速率的影响主要表现在强剪切下分子链断裂及相对分子质量损失。由此可以推断出，超高的剪切速率只影响流动通道中邻近周边的很少材料，对所有材料而言比例很小。注射流动的临界剪切速率 $\dot{\gamma}_{cr}$ 和临界剪切应力 τ_{cr} 见表3-7。表中数据来自 Moldflow 软件，可用于流动分析过程中限制流动剪切速率。约束型的浇口在熔体注射时会产生高的剪切速率。韧性的无定形聚合物和低黏度结晶型聚合物（如 ABS、PA6 和 PP 等）具有较高的临界剪切速率，在注射模塑中经常采用针点浇口和潜伏浇口。

表 3-7 注射流动的临界剪切速率 $\dot{\gamma}_{cr}$ 和临界剪切应力 τ_{cr}

材料	临界剪切速率 $\dot{\gamma}_{cr}/s^{-1}$	临界剪切应力 τ_{cr}/MPa
ABS	50000	0.30
PS	40000	0.25
HIPS	40000	0.30
LDPE	40000	0.10
HDPE	40000	0.20
PA6	60000	0.50
PA66	60000	0.50
PBT	50000	0.40

（续）

材料	临界剪切速率 $\dot{\gamma}_{cr}/s^{-1}$	临界剪切应力 τ_{cr}/MPa
PC	40000	0.50
PET	—	0.50
PMMA	40000	0.40
PP	100000	0.25
PVC	20000	0.15
RPVC	20000	0.20
SAN	40000	0.30
PSU	50000	0.50

第4章

冷却收缩和制件翘曲变形

4.1 注射模塑的冷却收缩

塑料熔体以高压不稳定流动注射充填到低温模具的型腔，又经历不均匀保压补偿，相对于铸铁，塑料的冷却收缩量要大得多。而且凝固成型的收缩过程也不均衡。

4.1.1 注射成型收缩率

模塑成型时，要以塑料制件的线收缩率设计计算模具成型零件的尺寸。熟知注射成型收缩率是掌握塑料模塑技术的基础。了解影响制件线性收缩的因素，才能掌控尺寸的线收缩率。

1. 塑料的注射成型收缩率

注塑生产中，成型收缩率的计算式为

$$S = \frac{L_m - L}{L_m} \times 100\% \tag{4-1}$$

换算后得

$$L_m = \frac{L}{1-S}$$

式中 S——计算的成型收缩率；

L_m——模具成型零件在室温下的实际尺寸（mm）；

L——模塑制件在室温下的实际尺寸（mm）。

目前国内实际应用的成型收缩率的计算式为

$$S = \frac{L - L_m}{L} \times 100\%$$

换算后得

$$L_m = L(1+S) \tag{4-2}$$

式（4-1）中 S 说明了收缩率是绝对收缩量与收缩前的尺寸之比。式（4-2）对模具成型零件尺寸 L_m 计算较为方便。将式（4-2）按二项式定理展开，有

$$L_m = \frac{L}{1-S} = L(1+S+S^2+S^3+\cdots) \approx L(1+S) \tag{4-3}$$

由于收缩率在 $10^{-3} \sim 10^{-2}$ 之间，故后面的 $S^2 + S^3 + \cdots$ 可以略去。

注射成型收缩率是通过测量塑料矩形板条的自由收缩而得出的。常用塑料的成型收缩率见表 4-1。

注射成型收缩率的测试有行业标准，也有规定形状和尺寸的试样。表 4-1 所列的常用塑料成型收缩率范围最大值在长度方向测得的，其数值为制件长度与型腔长度之差除以制件长度。成型收缩率测试都是用矩形截面的薄板条，从长板条的一头注入高压熔体，直到填满型腔。流动的聚合物分子链沿着长度方向排列。在冷却时板条自由收缩，其长度方向的收缩率比宽度方向的收缩率要大些。

表 4-1　常用塑料的成型收缩率　　　（单位：mm/mm）

塑料	成型收缩率	塑料	成型收缩率
注射用酚醛塑料	0.008 ~ 0.011	聚甲醛	0.020 ~ 0.025
聚苯乙烯	0.002 ~ 0.006	聚甲醛,玻璃纤维增强	0.013 ~ 0.018
高抗冲聚苯乙烯	0.002 ~ 0.006	高密度聚乙烯	0.020 ~ 0.050
ABS	0.005 ~ 0.007	低密度聚乙烯	0.015 ~ 0.050
AS	0.002 ~ 0.007	聚酰胺 6	0.007 ~ 0.014
聚甲基丙烯酸甲酯	0.002 ~ 0.008	聚酰胺 6,玻璃纤维增强	0.004 ~ 0.008
聚碳酸酯	0.005 ~ 0.007	聚酰胺 66	0.015 ~ 0.022
聚碳酸酯,玻璃纤维增强	0.001 ~ 0.003	聚酰胺 66,玻璃纤维增强	0.007 ~ 0.010
硬聚氯乙烯	0.002 ~ 0.005	聚酰胺 610	0.010 ~ 0.020
醋酸纤维素	0.003 ~ 0.008	聚酰胺 610,玻璃纤维增强	0.003 ~ 0.014
聚苯醚	0.007 ~ 0.010	聚酰胺 1010	0.010 ~ 0.025
经聚苯乙烯改性聚苯醚	0.005 ~ 0.007	聚酰胺 1010,玻璃纤维增强	0.003 ~ 0.014
聚砜	0.005 ~ 0.007	聚对苯二甲酸乙二醇酯	0.012 ~ 0.020
聚丙烯	0.010 ~ 0.025	聚对苯二甲酸乙二醇酯,玻璃纤维增强	0.003 ~ 0.006
聚丙烯,玻璃纤维增强	0.004 ~ 0.008	聚对苯二甲酸丁二醇酯	0.014 ~ 0.027
CaCO$_3$ 充填聚丙烯	0.005 ~ 0.015	聚对苯二甲酸丁二醇酯,玻璃纤维增强	0.004 ~ 0.013
聚苯硫醚	0.001 ~ 0.005	聚芳砜	约 0.008
聚苯硫醚,玻璃纤维增强	0.001 ~ 0.002	聚醚砜	0.004 ~ 0.008
ABS/聚碳酸酯共混	0.005 ~ 0.009	聚醚酰亚胺	0.0055 ~ 0.0085

GB/T 14486—2008《塑料模塑件尺寸公差》，规定了如下术语。

（1）模塑收缩率（Molding Shrinkage）　在（23±2）℃时，模腔尺寸 L_m 和模塑件相应尺寸 L_p 之差与模腔尺寸 L_m 的比值称为模塑收缩率，以百分数表示，即

$$S_M = \left[(L_m - L_p)/L_m \right] \times 100\% \tag{4-4}$$

式中　S_M——模塑收缩率，%；

L_p——模塑成型后在标准环境下放置 24h 后的模塑件尺寸（mm）；

L_m——模具的相应尺寸（mm）。

（2）流向收缩率（Molding Shrinkage in Flow Direction）　成型时沿料流方向的模塑收缩率称为流向收缩率，符号为 S_{Mp}。

（3）横向收缩率（Molding Shrinkage in Transverse Direction） 成型时垂直于流动方向的模塑收缩率称为横向收缩率，符号为 S_{Mn}。

模具设计时，按材料供应商提供注射成型收缩率计算模具零件的成型尺寸，即

$$L_m = L(1 + S_{cp}) \qquad (4-5)$$

注射模塑的塑料常在高温高压的熔融状态下流动充模，常见各种熔体温度为 170～300℃，之后进行冷却固化，通常脱模温度在 20~100℃。塑料材料有比金属大 2～10 倍的线胀系数。不同塑料有不同的成型收缩率。无定形塑料和热固性塑料的成型收缩率较小，在1%以下。结晶型塑料大都在 2%左右。用无机填料充填或用玻璃纤维增强的塑料有较低的成型收缩率。成型收缩率越大，其收缩率的波动范围也越大。注射工艺参数（如熔体温度、模具温度、注射速率和压力）的不同会使收缩率波动。因此，对尺寸精度要求高的注塑制件，经常在试模后修整模具零件的尺寸。

20 世纪时，在塑料注射模塑工程领域都是用成型收缩率来设计计算模具成型尺寸、研究测试加工艺条件与制件成型质量的关系。从 21 世纪初才开始用计算机对模塑成型的收缩和翘曲数值进行分析，本质上是用塑料的 p-V-T 物理状态曲线计算体积收缩。

2. 影响成型制件冷却收缩的因素

影响成型制件冷却收缩的因素众多。下面解析塑料材料、制件厚度、保压压力与时间以及熔体和模具温度这四方面因素。

（1）塑料材料 成型模塑收缩的大小、方向及波动都会影响注塑制件的精度。图 4-1 所示为注射模塑的收缩试验曲线。L_T 为被监测的注塑制件尺寸，S 为成型模塑 16h 后的收缩量。在监测的 16h 内，无定形塑料的收缩率较小。结晶型塑料在冻结收缩过程中有序地排列结晶，因此其收缩率较大。模具温度对结晶型塑料的收缩率也有影响。高的模具温度下，制件较缓慢冷却，使结晶良好、收缩率较大。S_W 是注塑制件成型模塑 500h 后的监测收缩量。结晶型塑料的后期收缩大于无定形塑料。

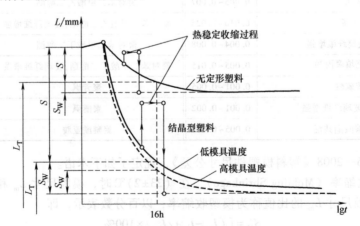

图 4-1 注射模塑的收缩试验曲线

L_T—注射制件上监测尺寸　S—16h 的收缩量　S_W—500h 后的收缩量

影响收缩的首要因素是注射材料。无定形塑料有较小的注射成型收缩率。相同的塑料制件，用聚合物的分子量分布宽度较大的品级注射，其收缩率比分子量分布宽度较小的原料要大些。各种结晶型塑料的收缩率都较大。相同质量的注塑制件中，结晶度高的制件收缩率要

大些。塑料原料的批次不同，成型收缩率也会有差异。

注塑制件的形位和尺寸精度是制件质量的首要问题。较小的制件收缩率，特别是制件收缩率的稳定性是精密注射模塑的关键。原料的粒度大小相差悬殊、塑化物料的温度不均，都会导致制件的收缩率波动较大。注射加工中收缩率的波动也会影响注塑制件的精度。

（2）制件厚度　制件壁厚厚度与成型收缩率的关系如图 4-2 所示。注塑制件的壁厚越大，其收缩率也越大。注射成型厚壁制件，浇口冻结时固化皮层在制件厚度中所占比例较薄壁低。壁厚中央有相当多的聚合物继续收缩。制件表面易出现凹陷的缺陷，而在厚壁的中央容易出现真空泡。同一制件上壁厚不一致导致收缩率不同，将会引起制件翘曲变形。

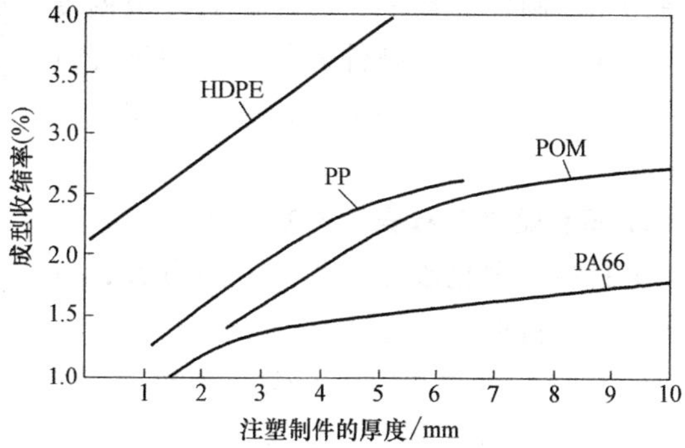

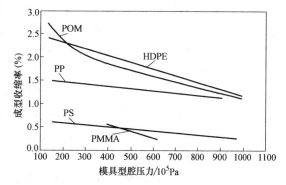

图 4-2　制件壁厚厚度与成型收缩率的关系

（3）保压压力与时间　在注射生产时，螺杆头提供的注射压力和保压压力经过注射机的料筒与喷嘴，以及注射模的主流道、分流道和浇口后已损失了 1/3～1/2。而且，给予制件型腔的封口压力沿流程继续降低。

浇口冻结时型腔的压力也称为"封口压力"。该压力越高，制品收缩率越小。反之，该压力越低，则收缩率越大。封口压力，包括注射压力、保压压力和保压时间能被稳定可靠控制，则注塑制件的收缩率一致性好。图 4-3 所示为浇口冻结时型腔压力与成型收缩率的关系。

保压时间越长，能充填的物料就多。注塑制件的平均密度越高，则收缩率越小。而且，流动性较好的 PP 和 PA 等聚合物熔体，其保压压力和保压时间对收缩的影响较为明显。近几年推行科学注塑。以生产的注射模，实验测试浇口封闭的时刻。合理设置保压时间，对掌控成型收缩率有重大意义。注射速率对制件收缩率的影响不大。它的作用被其他工艺参量所掩盖。

图 4-3　浇口冻结时型腔压力与成型收缩率的关系

（4）熔体温度和模具温度　注射流动时物料温度提高，并不因为注塑制件冷却温度范围大而影响收缩率。相反，物料熔体温度高有利于注射压力和保压压力的传递，使注塑制件的收缩率降低。这对熔体黏度较低的 PE、PP、PA 和 POM 等塑料较为明显。

模具温度与成型收缩率的关系如图 4-4 所示。在注射过程中，塑料熔体首先在模具壁面上冷却成皮层，低的模具温度有利于皮层增厚和凝固。皮层的保温作用也有利于保压补偿。因此，在开放式的大截面浇口中，材料冻结前的模具温度较低，注塑制件的收缩率较小。模具冷却系统的优化设计，对保证模具温度稳定、提高注塑制件收缩率一致性有重要作用。

4.1.2　成型制件的冷却收缩过程

塑料熔体注入模具后在型腔里冷却收缩。从塑料熔体注射流动开始，到注塑制件脱模为止。制件脱离模具后冷却到环境温度也会收缩。了解塑料制件固化收缩的物理过程，才能合理设计浇注系统，并优化注射工艺参量。

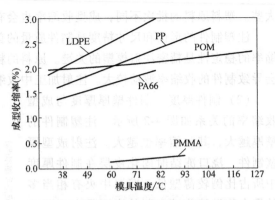

图 4-4　模具温度与成型收缩率的关系

1. 塑料熔体在模具内冷却收缩

塑料制件固化收缩的物理状态方程，解析型腔内塑料形态转化过程。

（1）注射流动和保压补偿　注射流动塑料熔体很快就能充满型腔，并达到数百大气压的高压。塑料材料可通过保压压实过程得到补偿。此阶段塑料熔体的收缩主要取决于模具型腔内塑料熔体压力传递。不断压实型腔内塑料制件使质量增加，直到浇口中塑料凝固为止。

在注射流动和保压补偿时要保证注塑制件有足够的密度，并保证密度分布均匀。密度不足会使成型制件的收缩过大；密度分布不均匀会使制件上各方向各个位置的收缩率有较大差异，最终影响注塑制件的形状位置和尺寸精度。

浇口内塑料冻结封闭后没有熔体进入制件的型腔。直到开模为止，注塑制件质量不变。浇口冻结时型腔中的压力大小和压力分布，对注塑制件的收缩起决定性作用。在密闭的模具型腔里，低温的钢模具使塑料制件冷却凝固。浇口冻结时型腔里压力 p 下降，塑料材料的收缩致使制件的密度 ρ（g/cm^3）增加、容积 V（cm^3/g）减小。

在注射成型周期中，型腔内熔体压力 p 与温度 T 的关系，如图 1-4 所示。模具型腔内压力变化的时间 t_0、t_1、t_2、t_3、t_4，用型腔内熔体温度 T_0、T_1、T_2、T_3、T_4 替代。T_0 对应 t_0 为螺杆开始推压熔体的时刻。T_2 对应 t_2 为浇口冻结的时刻。$t_0 \sim t_2$ 为注射流动和保压补偿，$t_0 \sim t_1$ 为注射流动前期，喷嘴口和流道中熔体压力急剧上升，梯度很大。$t_1 \sim t_2$ 为保压补偿，有少量材料补充进制件型腔。

图 4-5 中，熔体温度 $T_0 \sim T_1$ 期间，注射压力 A 上升至 C 点。在 $t_1 \sim t_3$ 的保压期间，塑料熔体在保压压力下补充给模具的制件型腔。T_3 为螺杆后撤时刻，流道中熔体压力自 C 点迅速下落至 E 点。在此期间，流道中熔体压力和温度下降很快，而制件型腔内的熔体压力较高。如果浇口有足够大的流通截面，塑料熔体会倒流至流道中。在 E 点，浇口冻结后制件的型腔被

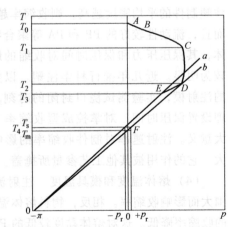

图 4-5　型腔内熔体压力与温度的关系

封闭，型腔内压力与温度沿着直线 a 变化。螺杆后撤前浇口中的材料已冻结封闭，型腔内的压力与温度沿直线 b 变化。浇口冻结点 D 开始，型腔内的塑料质量不再改变。显然，注射加工操作中应避免倒流，让 D 和 E 点重合。

由图 4-5 可知，型腔里材料压力与温度关系，可以合理确定模具打开的温度和压力条件。首先，成型制件应该凝固到具有足够的刚度和硬度。开模时的制件温度应低于塑料的热变形温度。如果制件脱模时温度 T_s 太高，制件收缩和变形后会有较大形状和尺寸误差。通常，脱模温度 T_s 高于模具工作温度 T_m 5~10℃。如果制件在脱模时受到损伤，应降低模具温度 T_m，调整制件开模时温度。其次，开模时型腔内的制件材料残余压力不能高于某个正压 $+p_r$ 值，否则会引起制件和凹模表面间过大的黏附力，使开模力增大。残余压力也不能小于某个负压值 $-p_r$，否则制件收缩率过大，表面易出现缩孔和凹陷，导致紧包型芯柱体表面，致使脱模困难。上述的两组温度与压力限制条件为拟定开模的合理区域。

（2）比容体积收缩的物理状态　早在 1950 年 Spencer 对理想气体的 p-V-T 方程进行修正，以使方程适合描述聚合物熔体密度变化的物理状态。图 4-5 中直线 b 于 D 点压力下，浇口封闭后型腔内压力与温度的关系用修正的状态方程描述。聚合物材料的容积 V 是温度和压力的函数。根据范德瓦尔斯状态方程，有

$$(p+\pi)(V-\omega) = R'T \tag{4-6a}$$

聚合物熔体密度 ρ 是温度和压力的函数，有

$$\rho = \frac{1}{V} = \frac{p+\pi}{R'T+\omega(p+\pi)} \tag{4-6b}$$

式中　p——型腔壁受到的压力（N/cm^2）；

　　　π——各种塑料压力常数（N/cm^2）；

　　　V——塑料的比容（cm^3/g）；

　　　T——熔体的绝对温度（K）；

　　　ω——绝对温度为零时材料的比容（cm^3/g）；

　　　R'——修正的摩尔气体常数（N·cm^3 或 cm^2·g·K）。

式（4-6b）中，π、ω、R' 皆为常数，以聚苯乙烯为例，$\pi = 19010$N/cm^2；$\omega = 0.882$cm^3/g；$R' = 8.16$N·cm^3/(cm^2·g·K)。注塑制件的一种状态（p_1-V_1-T_1）转变为另一种状态（p_2-V_2-T_2）时，可以预测体积收缩率。但是，修正的状态方程计算值与生产中的实际收缩率有偏差。注射模塑的体积效应没有考虑注射模塑时型腔内压力变化的影响。

该方程是以比容 V 为斜率的直线方程。浇口冻结后，型腔内塑料的压力与温度沿着一条等容线或等密度线变化。冻结点不同，型腔内的塑料量不同，等容线的斜率不同。但所有等容线都通过 p-T 图的原点，即 $p = -\pi$，热力学温度 T 为零。

（3）比容体积与成型收缩率的关系　成型收缩是指制件尺寸对于模具型腔尺寸的绝对减小量或相对减小量。成型收缩率 S（%或 mm/mm）的定义，见式（4-1）。

修正的状态方程中，三维的容积收缩率是比容体积的相对变化率。在注射过程中，基于温度场和压力场的任一点的密度和收缩都是时间和位置的函数。在注射模塑成型的计算机辅助工程 CAE 中，基于有限元的网格单元划分，需要预测注塑制件上单元体和时间段的密度分布和收缩率，从而分析体积收缩。预测比容收缩率 S_V 用下式计算：

$$S_V = \frac{V_i - V_r}{V_r} \tag{4-7}$$

式中　V_i——注塑制件上某位置某时间塑料的容积；

　　　V_r——对应位置在室温时的容积。它与成型收缩率 S 的关系为

$$S = (1+S_V)^{\frac{1}{3}} - 1 \tag{4-8}$$

显然，式（4-8）没有考虑注射成型塑料制件的各向异性，聚合物材料在平行取向方向的收缩率大于垂直方向。且没有考虑型芯柱和嵌件等模具结构的约束对收缩率的影响。

$$S_V = \frac{\overline{V_i} - V_r}{\overline{V_i}} \tag{4-9}$$

式中　$\overline{V_i}$——初始的熔体容积的平均值；

　　　V_r——室温下塑料制件的容积。

在注射模塑期间，初始的熔体体积 $\overline{V_i}$ 并不对应均衡的温度和压力。随着时间的延续，计算变化着 $\overline{V_i}$，最终输出注塑制件上比容收缩率 S_V 的信息。聚合物在注射模塑中形态从熔融态转变到固态，有很大的压力和温度变化范围，这种单域的状态方程及其曲线并不适用于固态聚合物。

在模具内的注塑制件收缩时，各个一维尺寸的收缩率可分为约束收缩和自由收缩两种状况。型芯柱的直径决定了塑料套筒孔径。因钢制型芯的刚性约束作用，内孔直径的收缩率较小。套筒的轴向长度方向是无约束收缩，长度的收缩率大于内孔直径。

（4）注射充填和保压期间的压力分布　矩形扁条充模和保压期间的型腔压力分布如图 4-6 所示。流动充填期间沿着制件的流程，从浇口的压力最大值降到熔体流动前沿的自由表面压力极低，如图 4-6a 所示。一旦型腔被充满，材料还有部分流体状态，如图 4-6b 所示，压力分布更加均匀。保压压力下的补偿流动期间，浇口附近的熔体保持最高压力向远处逐步降低。图 4-6c 所示为保压 3s 后熔体的压力分布，此时浇口附近压力依然饱满，材料连续冷却冻结，制件的另一头的压力也已经降低。

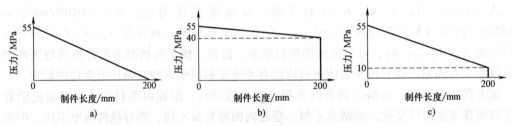

图 4-6　矩形扁条充模和保压期间的型腔压力分布
a）注射充模 1.5s　b）保压 0.1s　c）保压 3s

（5）浇口冻结　要保证制件质量，必须在合适保压下使浇口适时冻结。保压时间不足的制件会有外观缺陷、凹陷和真空泡，并有无约束的收缩和翘曲。确定浇口冻结时刻的方法比较简单：去除流道和浇口凝料后，对各个制件称重，当制件重量停止增加即为浇口冻结之时。在注射工艺有差异时，冻结时刻可能稍有变动。

浇口冻结时间主要取决于浇口形状和尺寸。高压注射熔体给浇口区域加热，浇口嵌件的热传导增减也能影响冻结。在保压补偿期间，较低的流动速率会使浇口很快冻结。保压压力有更大影响，提高保压压力能改善保压效果，但过高的保压压力强迫材料补偿到制件型腔，使制件密度很不均匀、取向严重。

在保压期间浇口冻结过早将失去对制件冷却收缩补偿。浇口冻结过迟将会导致制件保压超时，造成冷浇口或热流道喷嘴浇口附近区域的质量问题。如果浇口凝固前压力降低，倒流的材料通过开放的浇口，会使浇口附近的材料即刻剧烈收缩。

浇口的截面积的大小会影响制件收缩。在保压压力和时间充分的条件下，浇口的截面积越大，注塑制件的收缩率越小。大截面的浇口保持熔融状态的时间长。塑料充分补偿型腔，注塑制件的平均密度高。针点式的小截面的浇口，浇口过早冻结使注塑制件的收缩率增大。还有浇口的位置也会影响制件收缩，离开浇口越远的部位，其收缩率会大些。

2. 脱离模具后制件收缩处理

塑料制件脱模后，收缩还会持续。为让制件尺寸稳定，尺寸精度满足制品的使用要求。注塑生产有尺寸收缩量测试、脱模后尺寸收缩测试、制件退火的测试和处理。

（1）尺寸收缩量 注塑制件脱模后只发生自由收缩。这时制件体积的缩小和尺寸的收缩主要取决于注塑制件的脱模温度与环境介质温度之差。脱模温度只略高于模具温度，常用模具温度 T_m 计算。在注塑工程中此阶段尺寸收缩量为

$$\Delta L = L_{30}\alpha(T_m - T_0) \tag{4-10}$$

式中　α——塑料的线胀系数（1/℃）；

　　　T_m——模具温度（℃）；

　　　T_0——室温（℃）；

　　　L_{30}——注塑制件脱模30分钟后的尺寸（mm）；

　　　ΔL——注塑制件从脱模到30分钟后的尺寸收缩量（mm）。

此阶段的收缩有时间效应。注塑制件的收缩是由一个状态转变成另一种状态的结果。温度和压力下降，比容就相应提高成另一值。不过，比容的变化并不与温度和压力的变化同步，而是有滞后。滞后的时间往往很长，有时长达几个月。如 PS 制件自离开模具 3 个月时线收缩率为 0.0005mm/mm。无定形塑料件收缩滞后的原因是聚合物的高分子链，自一种平衡状态转变为另一种平衡状态，必须经过排列过程。期间分子链要进行扩散或移动，对大分子来说是比较费时的，不像低分子材料那样能瞬时完成。

结晶型塑料也存在后期收缩。在结晶过程中往往需要很长时间进行少量的剩余结晶。PP 制件后期结晶和收缩需要一些时间，而且在室温下的松弛也需要很长时间。如 POM 制件在六个月后测出 0.001mm/mm 的收缩增加。将注塑制件加热退火处理，就是提高了聚合物的松弛与结晶的速度和程度。因此，退火制件有新的收缩。

（2）脱模后制件尺寸收缩测试 模塑制件脱模顶出时尚有余温。如果此时高于塑料玻璃化转变温度，高分子就有足够能量运动，造成制件收缩进而尺寸变化。如果环境温度高于玻璃化转变温度，这种现象还会持续。热塑性弹性体具有较低的玻璃化转变温度，有较高的脱模后收缩。脱模后收缩速率与制件温度成正比，并随时间呈指数递减。制件刚从模具中顶出时有剧烈的收缩。随着制件逐渐冷却，收缩速率下降。有的制件尺寸在几天后才稳定下来。

典型的脱模后制件的尺寸收缩如图 4-7 所示。在注塑生产工艺稳定，尤其是模具温度稳定时，收集脱模制件至少三件。记录从模具中顶出时间，依次为 15min、30min、45min、1h、2h、4h、8h、24h、…，直到收缩尺寸趋于稳定。绘制检测尺寸与脱模后时间的关系图，显示了达到制件尺寸稳定的时间。图 4-7 上脱模后制件尺寸稳定时间约为 36h。

大多数注塑制件脱模后都会用于装配。一些用于孔与轴、盒与盖的配合，一些用于超声

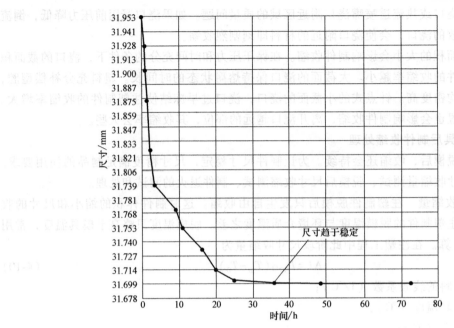

图 4-7　脱模后制件的尺寸收缩

波焊接的制件，等待尺寸稳定后才能装配。过早装配的制件会产生内应力，容易损坏。

（3）脱模后影响制件尺寸收缩的因素　大致有五个因素影响制件的尺寸收缩：

1）玻璃化转变温度。玻璃化转变温度越低，脱模后收缩量越大。玻璃化转变温度高于室温的塑料，脱模后收缩量较小。具有较高玻璃化转变温度的 PEEK 脱模后几乎没有收缩。

2）无机填充剂。矿物质和玻璃纤维填料可以防止收缩。含量越高，塑料制件脱模后收缩量越小。

3）制件厚度。塑料制件的结构设计对脱模后收缩量有重大影响。制件壁厚大的区域积聚的热量较多、冷却固化慢，会产生较大脱模后收缩。制件壁厚不均匀，厚壁区域的材料受到薄壁区域的拉拽，制件因此产生翘曲变形。

4）模具温度。模塑成型结晶型塑料制件，应有足够高的模具温度。否则，制件在较高的环境温度下再结晶，会导致后期收缩，同时也会引起一定程度的翘曲变形。

5）注射工艺条件。保压压力和时间不足，会使成型制件的材料密度较低，导致脱模后收缩量大些。过度保压补偿，会使制件产生过大的残余应力，脱模后引起翘曲变形。

（4）塑料制件的退火处理　塑料制件退火处理可视为强制性的脱模后收缩。退火过程中材料的高分子链得到一定程度松弛，制件有尺寸收缩。无定形聚合物和结晶型聚合物制件的退火处理效果有所不同。

无定形聚合物的取向有两种形态。聚合物熔体在玻璃化转变温度 T_g 以上流动，有较强的剪切应力作用，会使整个分子链作取向排列。将注塑制件加热后缓冷，进行退火而解取向。高分子链取向后，外加拉力由共价键承受。而垂直分子链排列方向是较弱的范德瓦尔斯力起作用，致使力学性能有方向性。聚合物材料中的弱点和疵点在取向过程中，转变成平行取向方向的闭合状态。相反，在垂直取向方向，会产生应力集中的破坏性结构。

结晶型聚合物从熔点 T_m 始的冷却结晶过程中，由流动剪切应力作用生成按取向方向排列的变形的球晶或柱晶，它们中的片晶按取向方向折叠。因此，取向晶体的晶轴和共价键有方向性。在较低的退火温度下，晶体之间的无定形部分，在取向力作用下随着晶体的变形，分子链也按取向方向松弛。结晶型塑料的注塑制件在加热退火时有再结晶的解取向过程，但效果是有限的。

4.2 模塑制件的翘曲变形

在注射模塑过程中，塑料材料从熔融态到固态的冷却过程中比容体积减小35%以上。在注射成型周期里，熔体高速流动充填，又在低温模具中迅速冷却。塑料熔体在流动中诱导分子链取向，在制件里留下残余的流动应力和热应力。制件形体的壁厚和长度，板面扩展和收敛等变化，使其经受各种各样有差异的收缩。残余应力分布不均衡，导致制件形体复杂的翘曲变形，最终影响制件的尺寸和形状。

倘若需要详细了解注塑制件，有关收缩和翘曲的实验测试方法和结果，研究有关解析方程。请阅参考文献 [11]《塑料注射成型与模具设计指南》。

4.2.1 模塑制件的残余应力

1. 矩形薄板条的翘曲变形

在高压和骤冷条件下成型的矩形薄板条内，密度分布是不均匀的。从注塑制件上剖切的小试样，可实测得到注塑制件的材料密度分布。用去层法实验测得翘曲制件上应变，可以获知制件内残余应力分布。对透明塑料的制件进行双折射率测试，可以获知制件内残余应力分布。收缩的方向和残余应力分布影响着制件材料的各向异性和翘曲变形。

（1）注塑矩形薄板条在长度方向的密度分布 注塑矩形薄板条上密度的不均匀性主要表现在流程和壁厚两个方面。图4-8所示为不同的熔体温度下PS试样厚度上的平均密度在长度方向的分布，说明熔体流动在流程上密度的不均匀分布。

图4-8中有四条不同熔体温度和保压压力下成型制件的密度分布线。将制件长度方向的6个位置沿宽度切出小片条，可测出该位置的平均密度。

图4-8也说明了作用型腔的保压压力作用。注射螺杆施加保压压力大，会有较多物料继续进入型腔，促使浇口一端塑件密度高于末端。反之，小的保压压力，不会或轻微影响密度。因此存在一个临界保压压力。倘若保压压力终止时间为浇口冻结之时或稍后，临界压力之上的保压压力对密度分布影响重大。这个临界压力取决于浇口尺寸、熔体温度和流动速率。

图4-8中有四条注塑板条在长度 L 方向

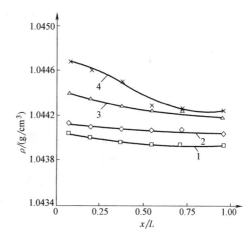

图4-8 不同的熔体温度下PS试样厚度上的平均密度在长度方向的分布（模具温度 $T_m = 30℃$，体积流率 $Q = 36cm^3/s$，型腔保压压力 $70×10^5 Pa$）

1—熔体温度 $T_e = 180℃$　　2—$T_e = 200℃$

3—$T_e = 220℃$　　4—$T_e = 240℃$

的密度分布曲线。在其他工艺条件固定的情况下，物料分别加热到180℃、200℃、220℃和240℃。在前三种较低模具温度下固化制件，在长度方向上密度几乎没有变化。熔体温度较低时浇口冻结早，不存在物料补充。高温240℃的熔体注射，浇口附近密度比注塑板条末端要高。在型腔末端，已降温的熔体较早冷却固化。浇口附近，较高的熔体温度下经保压压力作用，有少量物料补充。

由此说明注射工艺条件影响中，注射熔体温度和保压压力对凝固后密度分布影响最大。

（2）制件壁厚方向残余应力分布　注射熔体在模具型腔间隙中，经低温模具的冷却作用逐步地凝固。塑料材料的热传导性能很差，在十几秒到几十秒的冷却周期里，壁厚方向皮层与中性层材料温度相差上百摄氏度。在冷却收缩过程中，表层聚合物领先凝固，在收缩中牵拉芯部材料。表层材料密度较大，固化后有残余压缩应力。芯部材料密度较低，固化后有残余拉伸应力。注射模塑制件在壁厚方向，骤冷中产生的应力简称残余热应力，俗称残余温差应力。

PMMA 和 PS 骤冷试样条在厚度方向的残余热应力如图4-9所示。PMMA 和 PS 物料注射型腔的尺寸为 $W \times 2b \times L = 76 \times 2b \times 456mm$，壁厚 $2b = 3mm$ 或 2.6mm。用去层法获得在壁厚 y 方向的残余应力。$y/b = 0$ 是中性层，$y/b = 1$ 是制件的外表面。曲线4的 PS 熔体温度150℃，高于曲线5的130℃，说明了塑料熔体温度对残余应力的影响。图4-9是用去层法测量得到厚度方向的残余应力分布。高温度熔体注射的制件，在厚度方向的残余应力以抛物线分布。芯部为拉应力，表层为压应力。

壁厚厚度超过3mm的制件称为厚壁塑料制件。制件的表层的密度有突变，芯部的密度变化小，不超过0.5%。

与小于3mm薄壁制件相比，较厚试条表层的压缩应力比薄试条上要大些。说明试样越厚，残余热应力的影响越强，残余流动应力的影响较小。厚壁制件的收缩率大，制件表面易出现凹陷的缺陷，而在厚壁的中央容易出现真空泡。

（3）注射模塑数值分析制件收缩和翘曲　塑料材料的收缩率和取向见表4-2。对浇口在一头的矩形截面的扁平长板条，进行注射和冷却过程的计算机模拟，有薄壁和厚壁两种成型制件。用 Moldflow 的数据库获得各种材料熔融态的密度和黏度等数据，还有 $p\text{-}V\text{-}T$ 形态物理变化数据。矩形板条网格化后，数千单元和节点上应力和位移的数值分析，经体积收缩运算，以大量复杂计算得到表4-2中所列的平均的线性收缩率。

制件形体齐整对称，冷却收缩转化到材料流动方向取向。添加颗粒填料或玻璃纤维后的塑料比基体聚合物收缩要小。玻璃纤维增强 PA 和 PET 塑料，因熔体中玻璃纤维长度沿流动方向取向，玻璃纤维刚性部分抵消了聚合物的收缩。壁厚方向线性收缩率明显大于流动方向

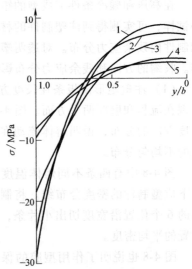

图 4-9　PMMA 和 PS 骤冷试样条在厚度方向的残余热应力

1—PMMA，$2b = 3mm$，$T_i = 170℃$，$T_\infty = 0℃$　2—PMMA，$2b = 3mm$，$T_i = 130℃$，$T_\infty = 0℃$　3—PMMA，$2b = 3mm$，$T_i = 170℃$，$T_\infty = 22℃$　4—PS，$2b = 2.6mm$，$T_i = 150℃$，$T_\infty = 23℃$　5—PS，$2b = 2.6mm$，$T_i = 130℃$，$T_\infty = 23℃$

线性收缩率。有实验测试玻璃纤维增强塑料，流动方向收缩率仅为壁厚方向的 20%。熔料在高剪切速率流动下，流动方向收缩仅为壁厚方向 6% 以下。

用扇形浇口浇注矩形扁条，试样厚度分为大于 3mm 的厚壁和小于 3mm 的薄壁。观察厚薄试样的流动方向的收缩和取向。

表 4-2 中厚壁和薄壁的收缩和取向由实验测得①~⑥各自特征。

① 平行流动方向收缩为低的取向程度。
② 平行流动方向收缩为中等取向程度。
③ 平行流动方向收缩为高的取向程度。
④ 垂直流动方向收缩为低的取向程度。
⑤ 垂直流动方向收缩为中等取向程度。
⑥ 垂直流动方向收缩为高的取向程度。

塑料制件是薄板构成的形体，大多数制件的壁厚小于 3mm。表 4-2 中的数据表明，壁厚方向线性收缩率均不同程度大于流动方向收缩。结晶型聚合物相比无定形材料，壁厚方向线性收缩率明显大于流动方向收缩。大于 3mm 的厚壁制件、大多数无定形聚合物和结晶型 PP 和 POM，在厚度方向线性收缩率不受流动方向收缩影响。

表 4-2 中，ABS、PC 和 PS 三种纯无定形塑料，2mm 壁厚的流动方向有更大收缩。PC 和 PS 的薄壁制件在高剪切注射充填时，会有更大的各向异性的收缩，但 ABS 不会。PVC 塑料在壁厚方向呈现收缩的优势。PA 的收缩转化到流动方向。但是，玻璃纤维填料在流动方向不随分子链一起收缩。收缩的优势转化到垂直于流动方向。

表 4-2　塑料材料的收缩率和取向

材料	厚薄壁厚影响线性收缩率		平均的线性收缩率
	壁厚>3mm	壁厚<3mm	
材料类别			
纯无定形聚合物	各向收缩相同	①	0.0045
纯结晶型聚合物	①	②	0.0182
填料充填的塑料材料	⑤	⑥	0.0062
塑料品种			
ABS	各向收缩相同	①	0.0043
PC	各向收缩相同	①	0.0057
PS	②	②	0.0035
PVC	④	④	0.0044
HDPE	①	②	0.0234
PP	各向收缩相同	①	0.0133
POM	各向收缩相同	不确定	0.0200
PET	④	⑤	0.0149
PA6	④	②	0.0109
PA66	④	②	0.0162
玻璃纤维充填 PET	④	⑤	0.0053
30%~35%玻璃纤维 PA66	④	⑥	0.0070

2. 各种形体制件的翘曲变形

注射加工使成型的注塑制件内的密度分布不均匀，各个方向上的力学性能有差异。翘曲变形的原因是注塑制件上各方向的收缩和各处的残余应力不均匀。制件的变形大小取决于聚合物材料的刚性。刚强的塑料具有较好的抵抗变形的能力，但由于注塑制件结构的复杂性，如壁厚不一致、形体不对称，导致在制件中残余应力作用不对称，不能平衡。在注塑制件的刚性不足时会出现对原模具型腔形体偏移。

（1）矩形长板条的弯曲变形　注射模具的成型零件壁面构成的型腔，温度有高有低。塑料熔体在注射流动后，各个模具壁面间冷却速率不均衡。塑料制件的壁厚上产生残余热应力分布对于弯曲的中性层或轴线不对称，脱模后必将产生翘曲变形。图 4-10 所示为非对称的残余热应力分布导致注塑板条的翘曲。型腔的上下壁面温度有差异，壁厚方向的压力大于拉力，产生在 y 方向的弯曲变形。

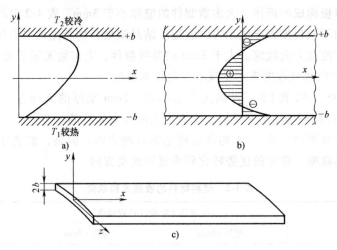

图 4-10　非对称的残余热应力分布导致注塑板条的翘曲

a）注塑板条在壁厚方向的温度分布　b）残余热应力分布　c）引起矩形板条在 y 方向的弯曲变形

（2）矩形壳体的翘曲变形　矩形柱体型芯的四角散热慢，温度较高，难以冷却的塑料壳体的内拐角。制件外表面及转角处的冷却速率快，导致制件四个侧面出现翘曲变形，如图 4-11 所示。

（3）扩展平板的残余应力　图 4-12 所示为热塑性塑料的四分之一圆片的取向实测试样。用偏振光学仪的光束穿过透明的 PC 试样，可以看到干涉条纹。条纹等倾线按取向增加程度

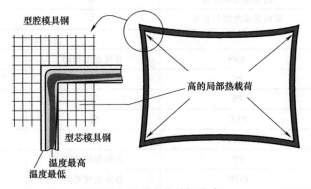

图 4-11　矩形壳体的翘曲变形

等值排列，取向程度朝着浇口方向增加，最小的取向是塑料熔体在模具型腔里最后填充的区域。导致注塑制件壁厚方向的各向异性的原因是塑料熔体在型腔间隙中的喷泉流动，如图 4-12b 所示。喷泉流动在型腔壁上首先形成取向的冻结皮层，迫使中央的聚合物分子链在变

窄的通道中沿层流方向流向前端。前沿喷射到壁面上，有 V 型的内拉，接着黏附到新的壁面上。然后中央的熔料在缓慢冷却中沿流动方向固化，这里的聚合物分子链有一定的松弛，而皮层在冷模具的作用下骤冷。如图 4-12c 所示，厚度方向表面层的取向程度最高，次表层次之，芯部的取向程度最低。

透明塑料制件已广泛采用双折射的光学技术来测量取向。双折射偏振光学仪是无接触的光学测量方法，光束集中在很小的光轴上瞬时完成，测得各向异性，再经光弹性方程获知内应力，经一定数量的切片试样测定，可测出注塑制件的应力分布。对于固态聚合物的应力分析常用光弹性方程

$$\Delta n = c\Delta \sigma \tag{4-11}$$

测得双折射率 $\Delta n = n_{11} - n_{22}$，可获知制件在某位置特定方向上的应力差 $\Delta\sigma$。常数 c 是应力光学系数。c 值取决于聚合物材料的化学结构和构象，对给定的聚合物取决于相对分子质量和相对分子质量分布。对于 PS 料，应力光学系数 c 为 $4.8\times10^{-5}\ \mathrm{cm^2/N}$。

图 4-12a 是四分之一圆片上的干涉条纹和分子取向。圆板型腔与矩形条的型腔不同，浇口注入的塑料熔体存在半圆周向的扩展流动，因此存在双轴取向的特征。图 4-12c 所示为四分之一 PC 圆片的取向试样的测试。曲线 1 为浇口附近位置。曲线 2 所示远离浇口的大半径 r 位置双折射率下降。

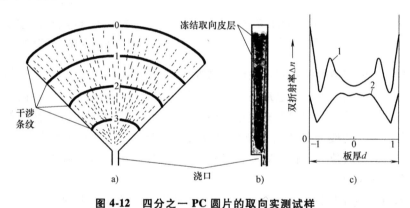

图 4-12　四分之一 PC 圆片的取向实测试样

a）干涉条纹和取向　b）壁厚间隙中喷泉流动　c）塑件壁厚方向双折射率分布

1—浇口附近位置　2—大半径的远处位置

（4）收敛平板的玻璃纤维取向　玻璃纤维增强热塑性塑料注射模塑，基体有 PP、PA 和 ABS 等各种聚合物。常用的玻璃纤维直径 $6\sim13\mu m$，长径比在 25 左右。玻纤的体积组分常为 $10\%\sim33\%$。短玻璃纤维增强制件的强度和刚度等力学性能有明显提高。在注射模塑中的成型收缩率比聚合物注塑制件低。短玻璃纤维增强的注塑制件的取向分布与聚合物制件取向基本相似，但以下两个特征必须关注：

1）由于短玻璃纤维的取向与聚合物基体的注射流动方向一致，而玻璃纤维的热收缩率比聚合物低，遵照填料和基体的混合规律，玻璃纤维增强塑料的长度试样，其注射流动方向的成型收缩率小于垂直取向方向的横向收缩率。

2）黏流态的短玻璃纤维增强塑料，在注射模的流道、浇口和制件型腔中剪切流动时，一方面，在壁厚的小间隙中作喷泉流动并取向；另一方面，在扩展或收敛平面上受到流程的几何形状和尺寸直接影响，在三维空间中短纤维有旋转后取向现象。图 4-13a 所示是注塑板

件的表面层中短纤维沿着模具壁面的流动方向排列。图 4-13b 所示为注塑板件的中央层在型腔收敛中纤维的转向运动过程。

（5）圆盘的翘曲变形　图 4-14 所示中央浇口的圆盘，熔体射出浇口就向制件边缘径向流动。同时，熔体的前沿又在扩展流动。当熔体浇注从中央向圆盘形腔推进，聚合物又受到圆周方向拉伸。扩展流动使聚合物分子链和不对称的添加剂，在圆盘的圆周方向取向。

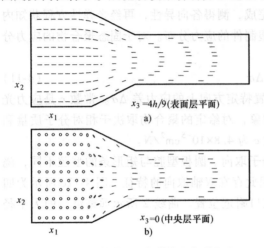

图 4-13　在收敛的注塑板件中短纤维取向
a）板的表面层　b）板的中央层

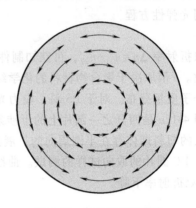

图 4-14　中央浇口的圆盘
上残余应力的取向

熔体在圆盘形腔间隙中的扩展流动诱导制件的剪切残余应力。浇口附近熔体流动速率和剪切速率最高，流动的剪切应力也最高。因此，浇口附近区域流动取向也最高。制件的浇口附近的残余剪切应力最高。在注射充填过程中，沿圆盘径向的流动速率逐渐降低，流动剪切应力下降。圆盘边缘的残余剪切应力减少到最低值，造成中央浇口的塑料圆盘产生翘曲变形。圆盘的应力分析数值可运行 CAE 软件得到，通过预测可知薄的圆盘壁厚和高黏度材料有更大的残余剪切应力。

（6）圆盘壁厚变化导致的翘曲变形　注射模塑制件在没有约束的情况下会发生自由收缩。在压力作用下，塑料冷却的体积收缩很大。必须预防熔体凝固时出现与材料收缩相关的许多质量问题。任何聚合物的体积收缩都会改变制件的壁厚。同样，在整个注射周期里聚合物经受压力历程也会改变制件的壁厚。体积收缩行为决定制件设计和注射加工的成败。

保压补充的材料必须传送到制件型腔。注射机要保持高压，也要求所有途径的收缩区域开放，保证补偿充分。在保压阶段，浇口的位置必须让熔体连续流动，直至流动充填末端的材料冷却凝固。

在塑料制件设计时壁厚有变化，浇口置于厚壁位置。厚壁区域会出现较大自由收缩，会导致制件表面凹陷，在厚壁区域里产生真空泡，并可能产生翘曲。图 4-15 所示为圆盘壁厚变化导致翘曲变形。注射模的计算机保压数值分析能预测到制件的体积收缩引起翘

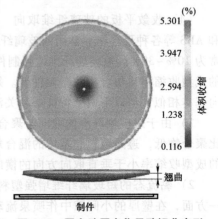

图 4-15　圆盘壁厚变化导致翘曲变形

曲变形。圆盘中央大面积薄片厚 1mm 时体积收缩约 2.5%。圆盘外缘厚度为 2mm 时体积收缩大于 5%。外缘过度收缩会产生碗状的翘曲。

（7）壳类制件脱模引起制件翘曲变形 注射模开模后，圆筒或矩形盒制件包紧在型芯上，脱模机构将高于室温的制件推出。制件里侧与型芯柱表面间有很大的法向摩擦力。制件脱离型芯时会产生残余拉伸应力。将圆筒底或矩形盒底板从型芯上用顶杆推出时，会造成制件的应力发白和裂纹等缺陷，也有可能引发薄壳体的翘曲变形。

4.2.2 改善制件翘曲变形的途径

凡是能减少注塑制件取向、收缩和残余应力的注射工艺的举措，都能减小制件的翘曲变形。下面从注塑制件设计、注射模具设计两方面，介绍减小翘曲变形的途径和方法。

1. 注塑制件设计

注塑制件的结构合理性是保证精度和质量的前提。制件是壁厚均匀薄板组合的形体，壁厚是制件结构的最基本要素。注塑制件壁厚先以形体结构的刚性设计拟定，然后用计算机的塑料熔体注射流动的数值分析确定。

注塑制件不能单纯增大壁厚来提高刚性，而应该用加强肋、曲面、翻卷和台柱等结构设计方法。其他的形体和尺寸如加强肋和圆角等，都是以壁厚为参照。

如果壁厚不均匀，会使塑料熔体的注射速率不稳定和制件冷却收缩不均匀。由此产生许多质量问题，如凹陷、真空泡、翘曲变形甚至开裂，产生较大的尺寸误差。壁厚均匀一致是设计注塑制件的重大原则。注塑制件壁厚均匀一致，形体对称，可使塑料制件收缩均衡。提高制件结构的刚性。合理设置加强肋，采用金属嵌件等能减小注塑制件的翘曲变形。

为减少翘曲变形，注塑制件设计应遵循以下三条原则。

1）注塑制件形体按照一致壁厚的板件组合构成，应该有均匀的壁厚。

2）制件形体结构要对称。

3）制件壁厚的转角处应有较大圆角。

2. 注射模设计

（1）浇口的位置和浇口的数目 从厚壁处设置浇口便于塑料熔体传递压力。反之，从薄壁开始浇注，最后充填厚壁间隙，必须提高注射和保压压力才能压实，使得制件上残余应力增大。离浇口位置越远的部位，其收缩率会大些。浇口开始的流程比不宜太大。对大型制品必须采用多个浇口。各浇口充填的流程比应该大致相等。

（2）浇口的截面积 在保压压力和时间充分的条件下，浇口的截面积越大，注塑制件的收缩率越小。大截面的浇口保持熔融状态的时间长。塑料充分补偿型腔，制件的平均密度高。针点式的小截面的浇口，浇口会过早冻结使制件的收缩率增大。

（3）冷却系统的设计和效果 注射模具型腔壁面温度不均匀，一方面会造成注塑制件各部位冷却速率差异。贴近低温壁面的熔料冷却快，会使塑料板件在壁厚方向的残余应力分布对中央面不对称，形成薄板制件翘曲变形。另一方面，浇口开始的流程中，浇口附近保压充分，取向明显，物料致密，而流程的末端熔体的温度下降，压力传递差。因此，该位置的密度低、收缩率大，也会造成制品翘曲变形。传统的冷却系统设计，采用局部位置加强冷却，局部位置避免冷却的方法来布置冷却管道，但设计困难，且效果不够好。

（4）模具温度和注射速率 模具温度和注射速率对 PS 等无定形注塑制件的残余热应力

的程度和分布影响不大。但是，改性 PPO 等高黏度无定形塑料，提高模具温度可显著降低残余应力。

模具温度对结晶型聚合物制件的残余应力影响很大。PA6 注塑制件的残余应力，在厚度方向以表层压缩和中芯部材料的拉伸而呈抛物线分布。在模具温度 25℃ 时，最大压缩应力达 6.5MPa；最大拉伸应力为 3.5MPa。若提高模具温度至 100℃，压缩与拉伸应力分别为 1.2MPa 和 0.8MPa。残余应力大小与模具温度成反比。

4.3　翘曲变形的数值分析

计算机数值分析可以预测注塑制件的收缩和翘曲，这是现代注射模塑技术重大进步。工程技术人员理应运行分析软件优化注射工艺、减小翘曲变形。更应该从塑料材料和注塑制件设计、注射模设计、注射工艺条件各方面，掌控收缩和翘曲变形。

4.3.1　体积收缩和聚合物的 *p-V-T* 的关系

考察聚合物 *p-V-T* 关系就是在密闭型腔中材料的压力 p、比容 V 和温度 T 的变化规律。计算机辅助注射模塑软件的数据库，能提供聚合物材料的基本性能数据。现代的计算机辅助工程 CAE 的注射模塑分析软件，已经实现了注塑制件的收缩和翘曲数值分析。

骤冷的注塑制件的体积收缩复杂得很。多阶段、多参量的注射过程，使收缩率的理论计算相当困难。体积收缩理论分析最终获得结果是注塑制件各位置的容积收缩率。这里的容积 V 为单位质量的体积，全称比容体积。

1. Tait 双域的 *p-V-T* 状态曲线和方程

现代 *p-V-T* 状态曲线的体积收缩已经替代范德瓦尔斯 *p-V-T* 关系修正状态方程。计算机辅助注射模塑的数值模拟时，需要精确描述聚合物 *p-V-T* 物理状态关系。随着聚合物 *p-V-T* 测试技术的开发，双域的 Tait 状态方程已应用在计算机数值分析。

（1）聚合物的 *p-V-T* 状态曲线　　PP 塑料的 *p-V-T* 状态曲线如图 4-16 所示，能较好描述在注射模塑过程中塑料熔体经历注射、保压和冷却固化。在很大的温度和压力变化范围内，

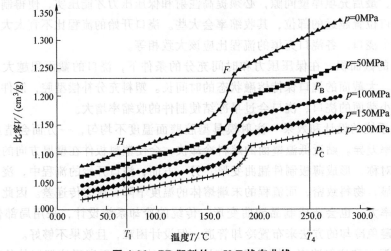

图 4-16　PP 塑料的 *p-V-T* 状态曲线

较准确地反映容积的变化。

结晶型塑料的结晶过程复杂，有比无定形塑料大很多的收缩率，而且该聚合物的结晶度越高，收缩率越大。在此阶段决定性因素是模具温度。模具温度越高，制件冷却速率较慢，则结晶度较高，收缩率较大。其 p-V-T 关系依照上述修正状态方程，结晶型塑料依照修正的状态方程 p-T 图是条直线，不符合比容 V 变化过程。聚合物熔体结晶时，有比容突变过程。

图 4-16 中 PP 塑料的 p-V-T 状态曲线取自 Moldflow 分析软件。纵坐标所示容积（cm^3/g）为密度（g/cm^3）倒数，横坐标为温度，T_4 为浇口冻结时的材料温度，T_1 是开模时刻制件温度。P_B 表示浇口冻结时，模具型腔内某位置（x，y，z）某时刻（t）材料质点在压力 $p =$ 50MPa 时的比容 $V = 1.235cm^3/g$。P_C 示明了制件在开模，压力 $p = 0$MPa 时，制件的比容 $V = 1.105cm^3/g$。

计算机辅助注射模塑的数值模拟时，需要精确描述聚合物 p-V-T 关系。随着聚合物 p-V-T 测试技术的开发，双域的 Tait 状态方程已应用在计算机数值分析。图 4-17 所示为注射模塑过程的 p-V-T 变化曲线，描述了注射模塑过程中塑料熔体经历注射、保压和冷却固化的过程，较准确地反映了容积的变化。

CAE 软件，用各种塑料的 p-V-T 状态曲线对模塑成型的收缩和翘曲的数值分析，能预测模塑制件形体和尺寸的收缩变化和翘曲变形。

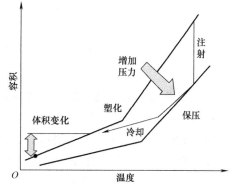

图 4-17　注射模塑过程的 p-V-T 变化曲线

（2）Tait 双域的 p-V-T 状态方程

对于温度 T 和压力 p 下的容积为

$$V(T,p) = V_0(T)\left\{1 - C\ln\left[1 + \frac{p}{B(T)}\right]\right\} + V_t(T,p) \tag{4-12}$$

式中　C——无量纲常数，$C = 0.0894$。$B(T)$ 为温度的函数，与压力 p 量纲相同。

其中　　当 $T > T_i(p)$　　　　$V_0 = b_{1,L} + b_{2,L}(T - b_5)$

当 $T < T_i(p)$　　　　$V_0 = b_{1,S} + b_{2,S}(T - b_5)$ （4-12a）

又　　当 $T > T_i(p)$　　　　$B(T) = b_{3,L}\exp[-b_{4,L}(T - b_5)]$

当 $T < T_i(p)$　　　　$B(T) = b_{3,S}\exp[-b_{4,S}(T - b_5)]$ （4-12b）

及　　当 $T > T_i(p)$　　　　$V_t(T,p) = 0$

当 $T < T_i(p)$　　　　$V_t(T,p) = b_7\exp[b_8(T - b_5) - b_9 p]$ （4-12c）

式中　T_i——转变温度，对于结晶型聚合物是结晶温度 T_m；对于无定形聚合物为玻璃化转变温度 T_g。$T_i(p)$ 为压力的线性函数，有

$$T_i(p) = b_5 + b_6 p \tag{4-12d}$$

以上各式中，$b_1 \sim b_9$ 为各种聚合物材料的无量纲常数。下角 $_L$ 代表液态，$_S$ 代表固态。

图 4-18 所示为二类聚合物在压力下的 p-V-T 曲线变化示意图，在一定的压力下结晶型聚合物与无定形聚合物的容积，随温度变化有区别。图 4-18b 中，结晶型聚合物在熔点 T_m 附近密度发生突变，体积有很大收缩。Tait 双域的状态方程中，$V_t(T, p)$ 反映了在 T_i 为转变温度时的密度突变。式（4-12c）中，对无定形聚合物，代入 $b_7 = 0$，让 $V_t(T, p) = 0$。

Tail 双域的状态方程比起单域的范德瓦尔斯状态方程更能准确地描述聚合物材料的密度变化。Tail 状态方程考虑了结晶型聚合物在熔点附近的密度突变，能描述注射模塑全过程的容积变化，是个普适方程。但是在玻璃态下，与实验结果存在差距，还在完善改进中。

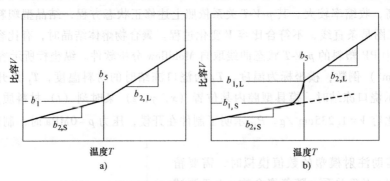

图 4-18　二类聚合物在压力下 p-V-T 曲线变化示意图
a）无定形聚合物　b）结晶型聚合物

2. 最大和最小容积收缩率的工艺路线

应用 p-V-T 状态曲线确定工艺参数已经是现代注射模塑工艺重要方法。图 4-19 所示为 p-V-T 状态曲线上的注射工艺路线。由图 4-19 可预测注塑制件的容积收缩率，计算式为：

$$S = \frac{\sqrt[3]{V_2} - \sqrt[3]{V_1}}{\sqrt[3]{V_2}} \qquad (4\text{-}13)$$

式中　V_2——浇口冻结时的容积；

　　　V_1——常压室温下的容积。

控制注射工艺路线可减小制件的收缩率，并保证收缩率的稳定性。在图 4-19 所示的 p-V-T 状态曲线上，温度 T_4 的塑料熔体自 A 点开始注射，型腔内压力 p 不断升高，到达 B 点时充满型腔，有型腔的压力 P_B 和容积 V_B。其后有两条工艺路线：

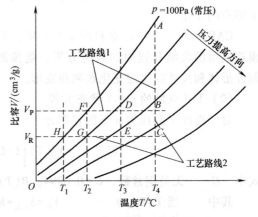

图 4-19　p-V-T 状态曲线上的注射工艺路线

（1）第 1 条工艺路线（A-B-D-F-H）的容积收缩率

1）在 D 点熔体温度下降至 T_3，浇口冻结，压力降低至 P_D，容积 $V_D = V_B$。

2）在 F 点温度下降至 T_2，此时压力降至 P_F，容积 $V_F = V_D$，型腔内质量不变。

3）在 H 点温度下降至 T_1，此时压力降至 P_H = 常压，容积下降至 V_H。

因此，第 1 条工艺路线有最大的容积收缩率

$$S_1 = \frac{\sqrt[3]{V_D} - \sqrt[3]{V_H}}{\sqrt[3]{V_D}} = \frac{\sqrt[3]{V_F} - \sqrt[3]{V_H}}{\sqrt[3]{V_F}} \qquad (4\text{-}14a)$$

（2）第 2 条工艺路线（A-B-C-E-G-H）的容积收缩率

1）在 E 点熔体温度下降至 T_3，浇口冻结，有压力 P_E，容积 $V_E = V_C$。

2）经过 G 点，到达 H 点。温度下降至 T_1，此时压力降至 P_H = 常压，容积 $V_H = V_G = V_E = V_C$。

因此，第 2 条工艺路线有最小的容积收缩率。

$$S_2 = \frac{\sqrt[3]{V_E} - \sqrt[3]{V_H}}{\sqrt[3]{V_E}} = 0 \tag{4-14b}$$

在注射生产时工艺路线在第 1 条工艺路线和第 2 条工艺路线之间设计。同一种物料，选取接近第 1 条工艺路线，则注塑制件有较大的收缩率。浇口冻结（D 点）前，保压补偿不充分，封口压力 P_D 较低。此种工艺路线称为低压注射工艺。

同种物料，选取类同第 2 条工艺路线，则注塑制件收缩率较小。浇口冻结 E 点前，高温熔体又在高压下注射压实充分，封口压力 P_E 较高。此种工艺路线称为高压注射工艺。能保证塑料制件致密均匀，有较高的形位和尺寸精度。需要注射机具有足够大的注射压力和锁模力。由此，推出了高速高压注射成型新工艺，也促进了精密成型注射机的开发。

根据图 4-16 所示的 p-V-T 曲线图，用上述两种工艺路线分析容积收缩率。对照图 4-16 上标号，选取第 1 条工艺路线，注射温度 $T_4 = 250℃$，型腔内压力 $P_B = 50MPa$，容积 $V_D = V_F = 1.235g/cm^3$，开模温度 $T_1 = 70℃$，常压下容积 $V_H = 1.105g/cm^3$，代入式（4-14a）可得最大的容积收缩率

$$S_1 = \frac{\sqrt[3]{V_D} - \sqrt[3]{V_H}}{\sqrt[3]{V_D}} = \frac{\sqrt[3]{V_F} - \sqrt[3]{V_H}}{\sqrt[3]{V_F}} = \frac{\sqrt[3]{1.235} - \sqrt[3]{1.105}}{\sqrt[3]{1.235}} = 0.0364$$

如果按照第 2 条工艺路线，型腔内压力到达 $P_C = 250MPa$ 才有最小的容积收缩率 $S_2 = 0$，这需要有超高压的注射机，技术上很难实现。

图 4-20 所示为短玻璃纤维增强 PP 的 p-V-T 状态曲线，也用上述的两种工艺路线分析容积收缩率。选取第 1 条工艺路线，注射温度 $T_4 = 250℃$，型腔内压力 $P_B = 50MPa$，型腔容积 $V_D = V_F = 0.978g/cm^3$，开模温度 $T_1 = 70℃$，常压下容积 $V_H = 0.912g/cm^3$，代入式（4-14a）可得最大的容积收缩率

$$S_1 = \frac{\sqrt[3]{V_F} - \sqrt[3]{V_H}}{\sqrt[3]{V_F}} = \frac{\sqrt[3]{0.978} - \sqrt[3]{0.912}}{\sqrt[3]{0.978}} = 0.0230$$

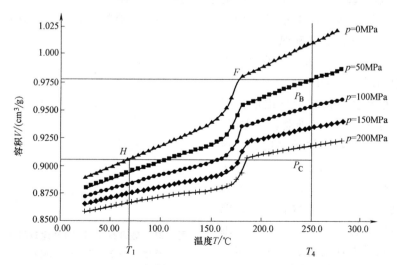

图 4-20　短玻璃纤维增强 PP 的 p-V-T 状态曲线

状态曲线的应用方面，p-V-T 的控制技术是精密注射的一条途径。在 p-V-T 曲线图上，预先设计能保证制件精度的最佳工艺路线。同时，注射机和注射模的 p-V-T 等参数在生产运行中被检测。反馈的信息经自动调节，能控制注射与保压的切换、浇口冻结点和开模等转换点，以及温度、压力、速度和计量等参数。

3. 塑料的 p-V-T 状态测试

注射模塑 CAE 软件中，每种牌号的塑料进行收缩和翘曲数据分析，都要有 p-V-T 关系数据支持。软件中已建立起数千种塑料的 p-V-T 关系的数据库。

聚合物 p-V-T 测试仪的压力范围为 20~250MPa，温度范围为常温~290℃或常温~420℃，冷却速度在 1~35（℃/min）且可控制。聚合物样品室有良好的密封性。有直接加压，也有用水银间接传压；有加热冷却系统、加压动力系统；有传感器及数据采集控制系统。终端连接电子计算机，有专门的软件运行和输出实测结果。

塑料的 p-V-T 状态曲线和流变曲线是注射模塑数值分析的两项重要的材料性能。从事塑料注射加工的工程技术人员应该在应用计算机 CAE 分析软件时，明白它们的作用，更应该按照这两类数据分析，优化制件设计、注射工艺和注射模设计。

注塑制件是薄壁板条的组合结构，需要将薄壁壳体分解成多种几何模型，除矩形板条的几何模型外，还有圆盘板、壁厚转角和加强肋等几何模型。在计算机上建立浇注系统、制件型腔和冷却管道的几何模型后，要实现收缩和翘曲分析，还需完成下述前置数值运算。

（1）对模具和注塑制件进行温度场分析　计算模具型腔表面和制件壁厚上下表面的温度及温度差。注塑制件的温度场计算通过热传导方程的有限差分运算。

（2）对注射成型的注射流动过程进行数值分析　计算熔体的温度、型腔的压力、流动流速、剪切速率与剪切应力及分子取向。

（3）对注射成型的保压补偿过程进行数值分析　计算型腔内的压力和温度的分布，以及注塑制件的密度分布和容积收缩变化。

4.3.2　翘曲分析实例

本实例用短玻璃纤维增强 PP 注射成型建筑模板分析翘曲变形。按建筑工地浇灌混凝土需要，有大小各种模板。注射模模板面积 300×600mm。塑料模板质量 1510g，面板壁厚 4mm，侧板厚 4.2mm，横向和纵向隔板厚 2.5~3.2mm，边角肋 2.5~3mm。玻璃纤维增强 PP 建筑模板如图 4-21 所示。

要注射成型数公斤的玻璃纤维增强塑料模板，存在两方面的技术难题。一方面，短玻璃纤维充填的塑料熔体的黏度高，注射困难。用较成熟的热流道技术，让浇注流道中塑料熔体保持熔融状态，便于压力传递。只要流道直径和喷嘴数目合理，能够流动充满型腔。另一方面，短玻璃纤维增强的成型模板常有明显翘曲变形。塑料分子链和短玻璃纤维在流动中形成的取向，

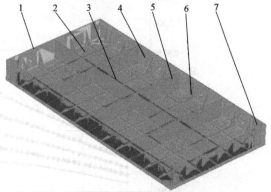

图 4-21　玻璃纤维增强 PP 建筑模板（反面）
1—短侧壁　2—模板面　3—纵向隔板　4—长侧壁
5—横向隔板　6—侧加强肋　7—三角加强肋

使模板各部位和各方向收缩不均匀。脱模后冷却固化的模板有翘曲变形。因此，必须优化注射过程，限制翘曲量。本案例用 CAE 分析软件，从喷嘴浇口数目、喷嘴位置、制件设计和塑料材料四方面分析翘曲变形，保证玻璃纤维增强塑料制件注射成型成功。

运行注射模塑 CAE 分析软件时，有些材料供应商不能提供流变曲线和 p-V-T 状态曲线等性能数据。只能在软件的材料数据库中，选用性能相近的国外企业生产的材料牌号，各种聚丙烯注射材料见表 4-3。调用数据库中，（Hostacom G3 No1：GF Hoechst）PP 的 p-V-T 状态曲线列示在图 4-16。30%玻璃纤维增强 PP 塑料（Hostalen PPN 1032：SF Hoechst）的 p-V-T 状态曲线在图 4-20。

表 4-3　各种聚丙烯注射材料

性能	国内材料的供应商	Hostacom G3 No1：GF Hoechst	Hostalen PPN 1032：SF Hoechst	Hostacom M2 No1：SF Hoechst
密度/(g/cm^3)	1.13	1.1324	0.929	0.929
熔体流动速率/(g/10min)	3.2	4.9	12	8.7
充填含量(%)	短玻璃纤维 30	短玻璃纤维 30	无	滑石粉 20
弯曲弹性模量/MPa	4800	5212	1340	1530

1. 增加喷嘴浇口数目减小翘曲

运行 CAE 分析软件可解决热流道的喷嘴数目，保证熔体顺利流动充模。30%玻璃纤维增强 PP 塑料熔体，用双喷嘴注射面积 300×600mm 模板。玻璃纤维增强 PP 模板用双喷嘴时熔合缝区的取向如图 4-22 所示。进行熔体取向分析，两股熔体流动的前沿在模板中央形成熔合缝，短纤维排列方向一致。由于模板采用纵横正方形隔板结构，塑料熔体在隔板间隙中被引流。在模板的中央，塑料分子链和玻璃纤维被横向取向。熔合缝的材料强度只有无缝区的 60%~70%。模板翘曲变形时中央的弯曲挠度最大。因此造成模板长边中央沿隔板的断裂。

为防止模板中央开裂，改善熔合缝强度，此模板用三喷嘴注射。

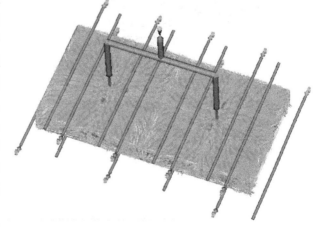

图 4-22　玻璃纤维增强 PP 模板用双喷嘴时熔合缝区的取向

玻璃纤维增强 PP 正向注射模板的平均纤维取向（剖切）如图 4-23 所示，注射模板的平均纤维取向有所改善。增加的中央喷嘴缩短了每个喷嘴注射流程。保证模板四角和侧壁的熔体充填，改变了熔合缝分布。熔合缝位置偏移，模板翘曲明显减小。

模板注射成型后放在机床的工作台上，实际测量的平面弯曲变形量 2.5mm。对此模式用分析软件进行流动-翘曲分析，翘曲模拟的最大变形挠度为 3.23mm。翘曲分析没有冷却分析过程和数据，变形量的误差较大；再进行冷却-流动-翘曲分析，考虑冷却对翘曲的影响，改善模拟注射的工艺条件。玻璃纤维增强 PP 正向注射模板的翘曲变形量如图 4-24 所示，平

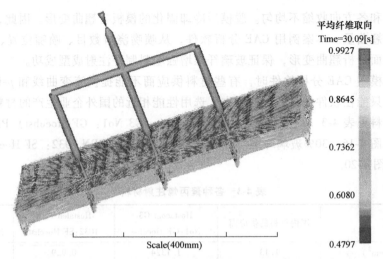

图 4-23 玻璃纤维增强 PP 正向注射模板的平均纤维取向（剖切）

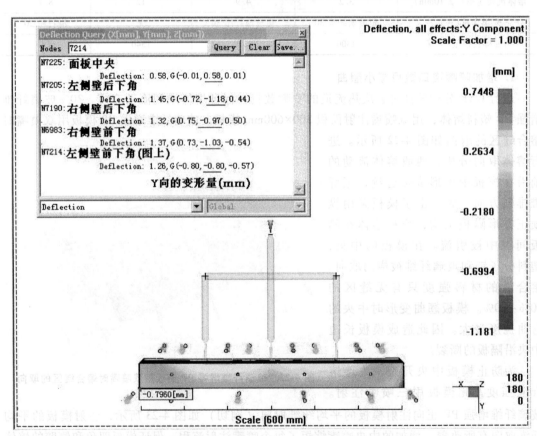

图 4-24 玻璃纤维增强 PP 正向注射模板的翘曲变形量

面弯曲变形量，即 Y 方向面板中央翘曲量为 0.58mm，底面下角变形量-1.18mm，平面弯曲变形量达到 1.76mm。由此说明翘曲分析时，冷却分析对数据影响很大。

2. 改进喷嘴浇口的位置减小翘曲

同样模板 300×600mm，翻转在注射模中的位置。三喷嘴布置在模板的反面，纵向隔板与横向隔板的十字交叉处。五种状态注射模板的计算机模拟的 Y 向翘曲量见表 4-4，进行计算机模拟冷却-流动-翘曲分析，玻璃纤维增强建筑模板翘曲量减小 10%，仅为 1.57mm。这是由于利用隔板和加强筋作熔体流动的通道，物流较为畅通，取向有所改善。另外，将模板在模具中反置，在模板的表平面上就没有三个喷嘴浇口的料头。

表 4-4　五种状态注射模板的计算机模拟的 Y 向翘曲量　　　　（单位：mm）

模拟注射模式	面板中央	面板长侧壁中央	翘曲最大的底角	翘曲最小的底角	总量
玻璃纤维增强 PP 模板正向注射	0.58	0.29	−1.18	−0.80	1.76
PP 模板正向注射	0.19	0.13	−0.57	−0.20	0.76
滑石充填 PP 模板正向注射	0.26	0.09	−0.56	−0.20	0.82
玻璃纤维增强 PP 模板反向注射	0.59	0.23	−0.98	−0.78	1.57
改进增强 PP 模板反向注射	0.28	−0.07	−0.36	−0.07	0.64

3. 改善结构设计减小翘曲

此类模板结构设计不合理是造成模板弯曲翘曲的主要原因。对于模板侧向的中央平面，上下材料的分布很不对称。对于短玻璃纤维增强塑料注射成型的矩形板材，沿纤维排列的纵向收缩率小于垂直纤维的横向收缩率，如注射成型的实验试条，纵向收缩率为 0.3%，横向收缩率为 0.6%。由于塑料熔体流动决定纤维的取向，又由于对纵横中央平面，材料收缩不平衡，造成双向弯曲变形。

改进设计的建筑模板增加了底板与面板，模板外形尺寸和总高不变。注射模采用纵横两个方向侧向抽芯。提高了长边的弯曲刚度和整块模板的刚性。采用前三喷嘴热流道系统反向注射模板。见表 4-4 所列的最下一行，以同样短玻璃纤维增强材料和注射工艺，计算机预测 Y 向模板工作平面翘曲总量 0.64mm。模板工作平面四个底角基本一致，中间凹陷 0.6mm 左右。可获得尺寸精度和稳定性良好的塑料模板。如果增加纵横向隔板和引流肋条，还有减小翘曲量的可能。但是，注塑制件质量增大，注射模的结构复杂。

4. 塑料材料对翘曲的影响

为了探索减小玻璃纤维增强建筑模板翘曲量的方法，对 300×600mm 模板用聚丙烯塑料注射。热流道三喷嘴正向浇注不变，计算机模拟的翘曲的总变形量仅为 0.57mm+0.19mm = 0.76mm，详见表 4-4 所列。翘曲的总变形量，用面板中央和最大的底角翘曲量之和相叠加。PP 注射模板翘曲的总变形量比玻璃纤维增强模板要小得多。如果用充填 20% 滑石粉的 PP 注射，模拟的翘曲总变形量 0.82mm，比 PP 注射模板的翘曲量略大些。说明短玻璃纤维增强的注塑制件的取向和各向异性最为明显。各方向的收缩率和各处的残余应力不均匀决定了翘曲变形量。

第5章

冷流道和浇口

冷流道浇注系统一般均由主流道、分流道、浇口和冷料井所组成，引导塑料熔体从注射机喷嘴到模具型腔为止的一种完整的输送通道。它具有传质、施压和传热的功能，对注塑制件质量具有决定性影响。相对热流道而言，不加热的流道称为冷流道。其中的冷却凝料在每次开模时必须取走。比起热流道浇注系统，冷流道系统的制造成本低，且运行稳定。无须加热器、热电偶和温度控制及其他热流道元件的支撑。无须处理许多潜在问题，例如浇口的流延和拉丝、流道板周边的漏料、聚合物的降解。

5.1 流道的熔体传输

首先要认识浇注系统熔体传输的压力、压力分布、温度和材料黏度的特性。塑料熔体的传输自注射机的螺杆头经喷嘴射入模具，流经主流道、分流道和浇口充填到制件型腔。在模塑成型过程中，每个传输单元和区域都影响加工工艺，决定制件的质量。

5.1.1 浇注系统概述

在分析浇注系统熔体输送前，对注射机的塑化装置、主流道、喷嘴、分流道和浇口作一些深入讨论。

1. 注射机的塑化装置

塑化装置是输送塑料熔体的源头。下面介绍塑化装置结构的缺陷，及操作失误对制件质量的影响。

注射机上的螺杆与挤出螺杆的工作过程和结构有相当大的区别。挤出螺杆对固态物料的塑化过程是连续的，对物料的压力是持续均衡的。注射机螺杆长径比20∶1，低于挤出螺杆。它的塑化过程是间歇的。要对一定量熔体施以强大注射和保压压力，螺杆的旋转后退和分阶段推进需要精确控制。在注射生产中影响制件质量的状况有以下几种。

1）料斗里固态物料下落到螺槽的部位称为颈喉。颗粒大小不均匀、料斗温度控制不当等，会造成固态物料断续供给，进一步影响螺杆塑化效率和质量。

2）常规的注射螺杆的压缩段会出现固体床的破碎。混在熔料中未充分熔化的微粒被输送到注射模中。大多数的注射模塑生产中，常规螺杆塑化输出为密度、温度和添加剂不均匀的熔体。

3）色料和纤维等添加剂需要强力剪切才能与聚合物均匀混合。早期曾在螺杆前头加装混料段改善混料。混料段上螺槽的结构具有强化剪切作用。现在多利用挤出机螺杆强剪切的混料功能，高效制成塑料粒子供注射机塑化成熔体。

4）防止污染物混进模具的制件型腔可避免制件的许多质量问题。冷流道可利用冷料井贮存一些污染物，避免杂物堵塞小浇口，这对热流道系统尤为重要，目前已经很少采用。热流道系统采用针阀式喷嘴，强力作用下的阀针开闭浇口不会发生堵塞。现代注射模塑生产的准备阶段对塑料粒子有严格的防污染保管措施，能在料斗等粒子传输过程中滤去杂物，并用电磁力吸取金属屑。

5）密切关注料筒、螺杆和止回阀的磨耗和破损。螺杆的螺纹凸棱先被磨损，然后是螺槽曲面被磨蚀。料筒长度前端的孔径磨损，导致料筒与螺杆外圆之间的间隙增大。注射时回流增加，还有局部的滞留和剪切过热，止回阀的磨损和碎裂，在高压注射时造成回流，都会使压力保持困难，影响计量。回流熔体的过热是材料降解的原因。

2. 主流道

模具的主流道与注射机的喷嘴在同一轴线上。冷流道系统的主流道传输塑料熔体到分流道、浇口后，推进到制件的型腔，也可直接输送熔体浇注型腔，起到大直径的浇口作用，常用于浇注厚壁深腔的筒和箱体。冷的主流道是有锥度的，以便在每个注射周期中从定模板中脱出。热流道系统的主流道喷嘴需加热保温，将熔体输送给下游的各种流道和浇口，再浇注进制件型腔。不存在主流道中凝料的脱模问题。

3. 注射机喷嘴

注射机的喷嘴按照浇口分类，有开放式和阀式两种。开放式浇口依靠热力闭合，材料冻结不可靠，有流延发生。注射机的阀式喷嘴需要阀芯驱动，结构复杂、控制麻烦，所以注射模塑生产多用开放式喷嘴，并有加热器和独立的温度控制。注射生产改革过程中，曾经将注射机的喷嘴延伸到模具中，但因注射操作不方便和模具结构设计困难，很少采纳。现今常用单点注射的主流道单喷嘴单独加热和温度控制，并由热流道公司制造供应。单喷嘴的浇口将熔体注射到冷流道或者制件型腔。单喷嘴有采用热力作用的开放式浇口，开放式的直接浇口冻结缓慢。

4. 分流道

从主流道输出端到进入浇口点之间的熔料通道称为分流道。主流道末端输出有两种类型。一种是多个辐射布排分流道，接通多个浇口，例如电视机的面框的浇注系统。另一种是连接主干流道，也称第一分流道，可有各种分岔，第二分流道接通多个浇口。

分流道的布排和尺寸设计影响制件形状和尺寸精度以及制件的力学性能。在多型腔的模具里，流道的主要功能是将同样熔体条件的物料输送到每个型腔。在同样的压力条件下，保证各型腔的成型制件精度和质量的一致性。

5. 浇口

浇口是熔体输送的最后的组成部分，是在分流道末端与型腔入口之间狭窄且短小的一段通道。它的节流作用使熔体以高剪切速率注入型腔。浇口冻结之前给制件型腔足够的材料和压力补偿。

浇口种类、结构尺寸、浇口位置和数目对制件成型质量是敏感的，会影响制件的力学性能和表面质量，还会影响注射模的分型面和脱模机构等的设计。

长期以来，浇口的设计全凭经验，所设计浇口以小为好，经注射试模逐步扩大，直到型腔有合适材料补缩。对于多个型腔的注射模，可调整各浇口大小来确保各个型腔成型制件的一致性。但操作很困难，会导致模具制造周期延误。因此，必须进行浇口尺寸的计算机注射流动模拟。在浇注系统的计算造型时，浇口尺寸进行初步设计计算很有必要。

5.1.2 流道熔体传输原理

1. 液压力与型腔压力

推进塑料熔体从注射料筒注入模具中，动力源自螺杆后部的液压力。液压力作用在液压缸的活塞，经一定直径的螺杆给出的注射压力有增压。注射机的增压比通常从 8:1 到 15:1。注射机里机械液压传动产生的熔体注射压力如图 5-1 所示。注射机的最大液压力 p_1 = 140MPa，如果增压比 10:1，则有注射压力 p_2 = 1400MPa。螺杆头的推力 F_1 = $p_2 A_2$ = 1400×90N = 126000N。

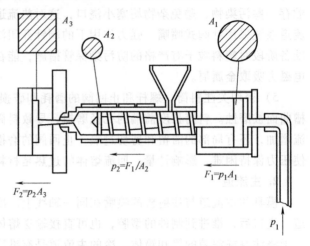

图 5-1　注射机里机械液压传动产生的熔体注射压力

F_1—螺杆的推力　p_1—液压力　p_2—注射压力　p_3—型腔压力　F_2—锁模力　A_1—活塞的面积，900mm²　A_2—螺杆的截面积，90mm²　A_3—型腔的投影面积，93000mm²

熔体的注射压力用螺杆推力除以螺杆截面积计算，即

$$p = \frac{F}{A} \tag{5-1}$$

式中　p——熔体注射压力（MPa 或 N/mm²）；

F——驱动螺杆的推力（N）；

A——注射机螺杆或料筒截面积（mm²）。

图 5-1 所示熔体输送从螺杆头始到模具的型腔，全程存在压力损失。按照常规推测，螺杆头前熔体压力 p_2 损失了 25%。因此闭合模具的锁模力为

$$F_2 = 0.75 p_2 A_3 = 0.75 \times 1400 \text{N/mm}^2 \times 93000 \text{mm}^2 = 97650000 \text{N}。$$

2. 熔体温度对黏度的影响

塑料熔体流动过程中的非牛顿性使熔体温度对材料的黏度起决定性影响。图 5-2 所示为 PMMA 和 PP 熔体的黏度对剪切速率的流变曲线。剪切速率 $\dot{\gamma}$ = 500s⁻¹ 时，PMMA 材料于 240~288℃ 和 PP 于 200~240℃ 温度变化中，PMMA 的黏度有 8000~1000Pa·s 变化，而 PP 只有 4000~5000Pa·s 变化，说明 PMMA 熔体对温度敏感性比 PP 材料强。

根据各聚合物的流变曲线分析，常见材料的黏度对温度的敏感性见表 5-1。强敏感性的 PMMA 黏度温度变化程度为 PP 的 3.8 倍。注射模塑生产时在熔体的加热温度范围内，对温度敏感材料提高温度能有效降低黏度。对 PP 和 HDPE 等材料，通过调节温度来影响黏度效果有限，可提高注射体积流率和剪切速率，降低黏度改善熔体的流动性。

表 5-1　常见材料的黏度对温度的敏感性

敏感性	25	20	14	13.5	12.8	12.8	11.6	11	7.5	7	5.3	3.3
聚合物	PVC	PMMA	SAN	ABS	PS	PC	HIPS	PA66	PA6	PA12	PP	HDPE

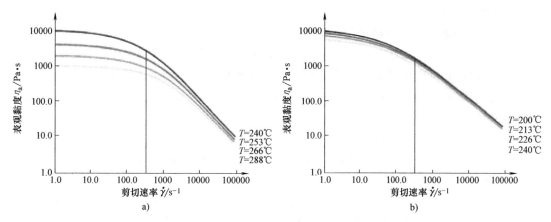

图 5-2 PMMA 和 PP 熔体的黏度对剪切速率的流变曲线
a) PMMA b) PP

冷流道系统的模具温度对流动熔体温度的影响较为复杂。流道中注射熔体的剪切速率较高时，在流道分岔和转向的部位有剪切热生成，使熔体温度不均匀，会影响熔体输送流动的平衡。到了保压阶段，流道中没有喷泉流动，流道壁上冷皮层增厚。如果模具温度过低，浇口过早冻结会使制件的保压补偿物料和压力不充分。

热流道中熔体沿着流道壁面不会冻结，不必担心流道物料需要过长的冷却时间，无须考虑流道凝料的脱模。热流道可以比冷流道有略大些直径，但过大直径使注射流动的剪切速率降低，提升聚合物黏度，也会增加物料在加热温度的驻留时间，导致热敏性聚合物有降解的可能。

3. 流道热效应和注射周期关系

热流道需要加热和温度控制，冷流道中物料需要时间冷却凝固。

1）冷流道和主流道的粗细影响冷却时间和注射周期的确定。冷流道所需的冷却时间取决于材料的热性能和流道直径，并不要求流道中塑料在径向完全冻结，流道凝料有足够的刚性就能脱模。许多 2mm 以下薄壁制件的注射成型，主流道根部相当粗，流道也不细，常会迫使延长注射周期。可采用热流道的浇注系统，或者用加热并控制温度的主流道单喷嘴。

2）对于高速注射成型的薄壁制件，热流道比冷流道有明显优势，没有流道中物料的冷却问题，又与流道物料在模板上投影面积无关，从而降低了所需的锁模力，省去了流道凝料的脱模机构和顶出时间，也省去了对流道的冷却管道布置。在熔体输送过程中压力损耗较少，把热量直接传递到浇口区域。物料注入制件型腔才有温度下降。

5.1.3　熔体传输的压力降

注射机的液压力必须克服塑料熔体传输沿途阻力。其压力损失有以下几个部分：

1）螺杆头前料筒内熔体。

2）注射机喷嘴内传输熔体。

3）模具主流道内熔体。

4）分流道传输熔体。

5）浇口传输熔体。

6）制件型腔中传输熔体。

1. 注射机喷嘴和料筒内熔体压力降预测

螺杆前物料的压力降是变量。注射启动后 1s 到数秒时间内，熔料射出几十克至数千克，筒内传输物料体积量变化很大。计算过程需要有注射机的型号相关的喷嘴和料筒的结构尺寸，以及注射物料计量。计算机流动分析软件不考虑这项计算预测。这是重大失误，可能会错判制件型腔压力。

在注射模塑操作中，注射机的液压力的设置只能是额定压力的 70%~80%。给计算机或人工计算压力降的结果添加安全系数。防止过高注射压力破坏液压系统的密封。

2. 圆管道里压力降计算

圆管道里塑料熔体的压力损失与流程长度成正比，与半径的 4 次方成反比，见式（5-2）。这是牛顿流体的圆管的压力损失计算式，可用式（3-18）导出。分流道分岔，各级分流道的体积流量是不同的。

$$\Delta P = \frac{8Q\eta L}{\pi R^4} = \frac{Q\eta L}{2\pi D^4} \tag{5-2}$$

式中　Q——流动速率或体积流量（cm^3/s）；

L——流程长度（cm）；

R——圆管流道半径（cm）；

D——圆管流道直径（cm）；

η——流体黏度（$N \cdot s/cm^2$）$1N \cdot s/cm^2 = 10^4 Pa \cdot s$。

流体黏度可从黏度-剪切速率的流变曲线上找到，用式（3-14）计算流体的剪切速率，即

$$\dot{\gamma} = \frac{4Q}{\pi R^3}$$

注射模的分流道中塑料熔体剪切速率在 $5 \times 10^2 s^{-1}$ 左右。这是经长期实验检测，各国技术资料推荐的合理的剪切速率。按 $5 \times 10^2 s^{-1}$ 剪切速率，在流变曲线上得到流体黏度，再用剪切速率计算相应的流道半径，经式（5-2）运算得到圆流道里熔体输送的压力降。这种人工计算过程可用于分流道的设计，不需要制件型腔的造型，不需要做流动、冷却、收缩和翘曲的完整的数值分析。因此，掌握人工流道设计技术很有实用价值。

计算机流动分析的软件中具有大量流变曲线的数据库。计算机数据分析时，以熔体温度和流体剪切速率调用各位置和此时的熔体黏度，应保证浇口输出位置达到一定的型腔压力。有多个制件型腔时，要确保各型腔的压力相同，就要逐次变更流道系统造型，改变流道直径，还要变更各级分流道的流程。

3. 矩形流道的压力降计算

图 5-3 所示为环形流道和等价的矩形流道的截面。矩形流道的压力降可用式（3-37）导出即

$$\Delta P = \frac{12Q\eta L}{Wh^3} \tag{5-3}$$

式中　Q——流动速率或体积流量（cm^3/s）；

L——流程长度（cm）；

W——矩形流道宽度（cm）；

h——矩形流道高度（cm）；

η——流体黏度（N·s/cm^2）。

4. 圆环管道的压力降计算

根据图 5-3 得出圆环流道里熔体输送压力降计算式为

$$\Delta P = \dfrac{8Q\eta L}{\pi R_o^4\left[1-\left(\dfrac{R_i}{R_o}\right)^4-\dfrac{\left(1-\left(\dfrac{R_i}{R_o}\right)^2\right)^2}{\ln\left(\dfrac{1}{\dfrac{R_i}{R_o}}\right)}\right]} \tag{5-4}$$

式中　Q——流动速率或体积流量（cm^3/s）；

L——流程长度（cm）；

R_i——圆环流道内半径（cm）；

R_o——圆环流道外半径（cm）；

η——流体黏度（N·s/cm^2）。

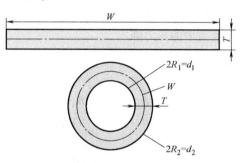

图 5-3　环形流道和等价的矩形流道的截面

式（5-4）用于内热式流道熔体输送的压力降的预测。内半径 R_1 对应为电热棒直径，外半径 R_2 对应流道孔直径，也可用来计算针阀式喷嘴中熔体输送的压力降，内半径 R_1 对应为阀针直径。冷流道输送熔体时，环形流道的流通状态可视为薄矩形板条的包卷，比全圆通道流通量减少很多。

[**例 2**]　对照图 5-3，有直径 12.6mm 的全圆热流道与内热棒加热的热流道，有等量的留驻熔体的材料量和压力降。

1）求全圆流道的截面积。

$$A=\frac{\pi d^2}{4}=\frac{\pi 12.6^2}{4}\,\text{mm}^2=126\,\text{mm}^2$$

2）求与全圆直径 12.6mm 等价流通量的环形通道。已知此环形通道的加热棒直径 16mm，求外径 d_2。

$$A=\left(\frac{\pi d_2^2}{4}-\frac{\pi 16^2}{4}\right)\text{mm}^2=126\,\text{mm}^2$$

求得 $d_2=20.4$mm、$r_2=10.2$mm 和 $d_1=16$mm、$r_1=8$mm 的圆环，等价 $d=12.6$mm 的全圆通道。

3）根据图 5-3，计算流体的厚度 h，得到流道宽度 W。此矩形流道高度 T 是半径与之差，宽度 W 是平均半径的圆周值，则

流体厚度为

$$h=T=r_2-r_1=10.2\text{mm}-8\text{mm}=2.2\text{mm}$$

中央平面的对应半径为

$$r_3 = \frac{r_1 + r_2}{2} = \frac{8mm + 10.2mm}{2} = 9.1mm$$

流道宽度为

$$W = \pi(2\,r_3) = \pi(2 \times 9.1mm) = 57.2mm$$

该矩形流道与前圆环流道，还有直径 12.6mm 全圆流道有相同的材料输送量。

4) 两个有同样流动速率的全圆和圆环的流道，比较它们的压力降。

已知体积流率 $Q = 32cm^3/s$；流程长度 $L = 25cm$；全圆的半径 $r = 0.63cm$；流体黏度 $\eta = 0.021N \cdot s/cm^2$。

解得全圆流道中压力降

$$\Delta P_r = \frac{8Q\eta L}{\pi r^4} = \frac{8 \times 32 \times 0.021 \times 25}{\pi(0.63)^4}N/cm^2 = 272N/cm^2$$

根据式（5-4），已知 $R_i = r_1 = 8mm = 0.8cm$，$R_o = R_2 = r_2 = 10.2mm = 1.02cm$。又解得等价圆环流道中的压力降

$$\Delta P_f = \frac{8Q\eta L}{\pi R_o^4\left[1 - \left(\frac{R_i}{R_o}\right)^4 - \frac{\left(1 - \left(\frac{R_i}{R_o}\right)^2\right)^2}{\ln\left(\frac{1}{\frac{R_i}{R_o}}\right)}\right]}N/cm^2 = \frac{8 \times 32 \times 0.021 \times 25}{\pi(1.02)^4\left[1 - \left(\frac{0.8}{1.02}\right)^4 - \frac{\left(1 - \left(\frac{0.8}{1.02}\right)^2\right)^2}{\ln\left(\frac{1}{\frac{0.8}{1.02}}\right)}\right]}N/cm^2$$

$$= 3307N/cm^2$$

用式（5-3）解得矩形流道中熔体输送压力降

$$\Delta P_f = \frac{12Q\eta L}{Wh^3} = \frac{12 \times 32 \times 0.021 \times 25}{5.72 \times 0.22^3}N/cm^2 = 3310N/cm^2$$

输送同样体积流率和流程长度，环形流通面积等于全圆流道，环形通道的压力降是全圆流道 12 倍。本例的计算过程将塑料熔体视为牛顿流体。

5. 剪切热影响流道流动平衡

注射模塑高剪切的热敏性材料时，用较小流道直径、转角尖锐，分岔时圆角半径很小，材料的剪切热有可能促使聚合物降解。如 RPVC 在流道中，熔体剪切速率超过 $10^4 s^{-1}$ 时就有材料降解。分流道的分岔位置有熔体分流的慢速层流和三个滞留区域，如图 5-4 所示。聚合物熔体在分岔的慢速滞留，流动剪切应力增大。剪切热的生成，会使料流在流道长度方向上产生温度差异，这种内在效应导致了注射流动的不平衡。多型腔的等流程流道布局也会出现流动不平衡。

在弯道和分岔的拐角应该是光滑的圆弧。聚合物用金属粉充填时，流经 90° 尖角时会聚集在拐角上。聚合物用长玻璃纤维充填时，流经尖角会折损长纤维。这种

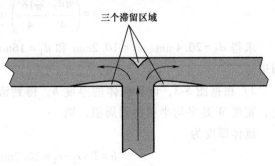

图 5-4 分流道的岔道上的熔体滞留

流道的内在效应有可能使材料降解。冷流道在分型面上加工敞开的流道拐角，金属切削成6mm的圆角半径曲面是可行的。热流道的拐角比冷流道多，分布在封闭的流道板中，90°的拐角很难加工成圆弧。

5.2 主流道设计

5.2.1 主流道的结构

主流道是注射机喷嘴出口起到分流道入口止的一段流道。它是塑料熔体首先经过的通道，且与注射机喷嘴在同一轴线。主流道设计有以下原则：

1）主流道内塑料材料在其他熔体在注射和保压之前，应能有效传递压力和传输物料，不能冻结固化。

2）在开模时保证主流道的凝料有足够的强度，从定模板上的圆锥孔中顺利拉出。

3）主流道末端应有设计合理的冷料井，并有脱模机构将主流道冷凝料从动模上推出。

1. 主流道杯的结构

圆锥形的直流道被整体构建在主流道杯里。它可以是标准系列的模具零件。如图 5-5a 所示，小型模具可将主流道杯 3 固定在定模固定板 4 上。如图 5-5b 所示，主流道杯 3 入口端面承受注射机喷嘴的冲撞和强力挤压。两者的接触面上不允许变形和漏料。主流道里熔体传输有最高的压力和最大的流动速率。主流道杯的里侧端面承受熔体高压。因此需要有足够硬度和可靠紧固。主流道杯用 T8 或 T10 经淬火 50~55HRC，并由定位环 1 压紧。定位环外圆与注射机的定模板上定位孔应为动配合。

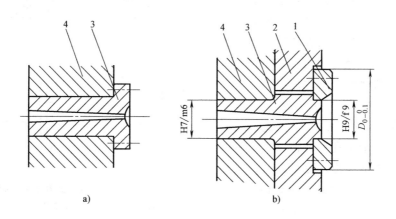

图 5-5 主流道杯与定位环

a）整体的主流道杯   b）主流道杯与定位环

1—定位环   2—定模固定板   3—主流道杯   4—定模固定板

主流道参数如图 5-6 所示，确定方法如下：

1）主流道入口直径 d 需要小于 2.5mm，直径 d 比制件的壁厚至少要大 1.5mm，这样保证主流道塑料冻结在制件之后。过粗的主流道塑料，对顺利开模不利。

2）主流道入口直径 d，应大于注射机喷嘴直径 1mm 左右，这样便于两者同轴对准，也使得主流道凝料能顺利脱出。

3）主流道入口的凹坑球面半径 R，应该大于注射机喷嘴球头半径约 $2\sim3$mm。反之，两者不能很好贴合，会让塑料熔体反喷、漏料，使脱模困难。

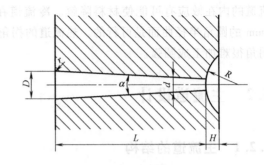

图 5-6　主流道参数

注：d=喷嘴孔径+1mm　　R=喷嘴球面半径+$(2\sim3)$mm
　　$\alpha=2°\sim4°$　　$r\approx0.125D$　　$H=(0.3\sim0.4)R$

4）主流道的锥角 $\alpha=2°\sim4°$。过大的锥角会产生湍流或涡流，卷入空气。过小锥角使凝料脱模困难。结晶型聚合物具有较大收缩率，锥角可小于 2°。

5）主流道的长度 L，一般按模板厚度确定，但为了减小传输压力降和减少物料损耗，以短为好，小模具 L 应控制在 50mm 之内。出现过长主流道时，加上锥度使分流道的交汇位置有 10mm 左右直径。开模时塑料没有充分冻结会被拉杆拉断破碎。

6）主流道的出口端应该有较大圆角，$r=1\sim2$mm 或 $r\approx0.125D$。

7）主流道杯上应设置冷却管道，还应设有定位销限制转动，确保对准分流道。

2. 主流道中心线与注射机喷嘴中心必须对准

图 5-7 所示为注射机喷嘴与主流道杯的结构关系，有四种情况。

1）如图 5-7a 所示，两者错位会产生反喷和漏料，甚至断流。

2）如图 5-7b 所示，如果喷嘴头球半径大于主流道入口凹坑球半径，形成月牙空间会产生反喷漏料。两者的球半径要大些，而且凹坑球半径必须大于球半径。这样能辅助注射机喷嘴对准主流道口径，保证接触面的密封性。

3）如图 5-7c 所示，如果主流道孔径小于喷嘴孔径，加上孔径错位，主流道的凝料在脱模时不能拉出。冷料井上设有倒锥台，在开模时拉出主流道的凝料。如果在开模时塑料固化不足，会拉断主流道的凝料，故主流道杯的周边应设置管道强化冷却。

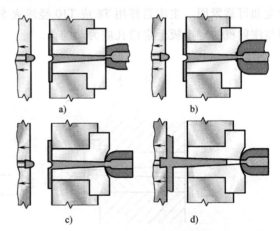

图 5-7　注射机喷嘴与主流道杯的结构关系
a）错位断流　b）反喷漏料　c）主流
道中凝料拉不出　d）正确

4）图 5-7d 中，有正确的喷嘴头和主流道杯凹坑的球半径；正确的喷嘴和主流道孔径。两者中心线对准才能保证正常注射并适合脱模。

5）图 5-8 所示的主流道与分流道交汇处的错位，只要有 0.02mm 的偏差，就会造成对多个型腔注射流动的不平衡，会影响各个型腔制件的质量和精度的一致性。主流道杯必须设有定位销，防止在定模板上转动。

5.2.2 主流道设计计算

1. 计算式和数据

（1）体积流率 体积流率 Q（cm^3/s）是被充填的流道和型腔的总体积 V（cm^3），与注射机充填时间 t（s）之比求得，有

$$Q = \frac{V}{t}$$

（2）以合理的剪切速率计算流道直径 用式（3-21），以流体的合理剪切速率 $\dot{\gamma}$（s^{-1}），求得主流道的平均直径 d_i（cm），有

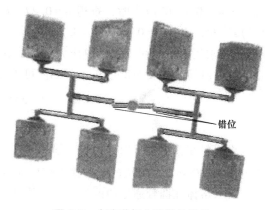

图 5-8 主流道与分流道的错位造成注射流动的不平衡

错位

$$d_i = \frac{1.366}{\sqrt[3]{\dot{\gamma}}}\sqrt[3]{\frac{q_i(3n+1)}{n}}$$

使用此式时，以 $q_i = Q$ 代入。流变数据 K' 和 n，可查表 3-1 或表 3-2 中 $\dot{\gamma} = (10^3 \sim 10^4)\ s^{-1}$ 所列数值。以主流道内合理的剪切速率 $\dot{\gamma} = (1 \sim 5) \times 10^3 s^{-1}$ 代入计算后，得平均直径 d_i。d_i 经主流道的大小半径 R_1 与 R_2 及管道长度 L 计算斜角 $\theta < 2°$。

（3）压力降预测 由式（3-6b）可知，Δp 是管道两端的压力差（N/cm^2）；R 为管半径（cm）；L 为管道长度（cm），τ 为剪切应力（N/cm^2）。塑料熔体在圆管流道中流动的压力损失为

$$\Delta p = \frac{2\tau L}{R}$$

用式（3-7）计算管壁上剪切速率 $\dot{\gamma}$（s^{-1}），有

$$\dot{\gamma} = \frac{4Q}{\pi R^3}$$

再用式（3-8）计算剪切应力

$$\tau = K'\dot{\gamma}^n$$

也可以用圆锥管道中材料流动的压力降式（3-26）计算，其中 θ（°）为斜角，R_1（cm）为大端半径，R_2（cm）为小端的半径。

$$\Delta p = \frac{2K'\cot\theta}{3n}\left(\frac{4}{\pi}\right)^n Q^n(R_2^{-3n} - R_1^{-3n})$$

$$\Delta p = \frac{2K'L}{3n(R_1 - R_2)}\left(\frac{4}{\pi}\right)^n Q^n(R_2^{-3n} - R_1^{-3n})$$

[**例3**] 用 ABS 塑料在国产 $1000cm^3$ 注射机上，生产体积 $V = 427cm^3$ 的机壳。有如图 5-9 所示的 ABS 机壳注射模的浇注系统，位于机壳中框用两个浇口注射壳体的型腔。若熔体温度 $T_m = 220℃$，注射压力 $p_o = 80MPa$。流动熔体经注射机和模具流道后有沿程的压力损失。试计算壳体型腔的最大充模压力和所需锁模力。

模具分流道中熔体流动的剪切速率在 $\dot{\gamma} = (10^2 \sim 10^3)\ s^{-1}$ 范围内。查表 3-1 可知，某厂生产 IMT-100 的 ABS，在 $T_m = 220℃$ 时，$n = 0.34$，$K' = 19500Pa \cdot s = 1.95N \cdot s/cm^2$；模具的主

流道 $\dot{\gamma} = (10^3 \sim 10^4)\,\mathrm{s}^{-1}$ 时，查得 $n = 0.27$，$K' = 3.17\mathrm{N \cdot s/cm^2}$；模具的矩形浇口 $\dot{\gamma} = (10^4 \sim 10^5)\,\mathrm{s}^{-1}$ 时，查得 $n = 0.18$，$K' = 7.27\mathrm{N \cdot s/cm^2}$。

1）求注射机喷嘴在注射中压力损失。在常态的注射速度下，充填熔体 $427\mathrm{cm^3}$ 的注射量的注射时间，查表 5-2 可知 $t = 2.4\mathrm{s}$。可得体积流率

$$Q = \frac{V}{t} = \frac{427\mathrm{cm^3}}{2.4\mathrm{s}} = 178\mathrm{cm^3/s}$$

求熔料在注射机喷射中的压力损失 Δp_1 和 Δp_2。已知此注射机的喷嘴半径 $R_2 = 0.275\mathrm{cm}$，长度 $L_2 = 2.0\mathrm{cm}$。注射机的喷嘴输出熔体 $n = 0.27$，$K' = 6.17\mathrm{N \cdot s/cm^2}$。

代入熔体在圆管通道中的压力降计算式（3-17b），注射机喷嘴中的压力降为

$$\Delta p_1 = \left(\frac{4}{\pi}\right)^n \frac{2K'LQ^n}{R^{3n+1}} = \left(\frac{4}{\pi}\right)^{0.27} \frac{2 \times 6.17 \times 2 \times 178^{0.27}}{0.275^{3 \times 0.27+1}}\mathrm{MPa} = 5.67\mathrm{MPa}$$

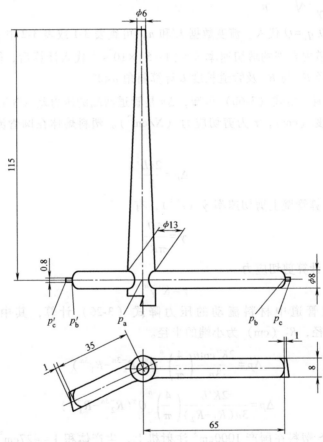

图 5-9　ABS 机壳注射模的浇注系统

2）求熔体在模具浇注系统的压力损失。

① 用式（3-26b）计算模具圆锥形主流道中熔体流动的压力降。如图 5-9 所示，主流道的小端半径 $R_2 = 0.3\mathrm{cm}$；大端 $R_1 = 0.65\mathrm{cm}$；长度 $L = 11.5\mathrm{cm}$。主流道中熔体流动的压力降为

$$\Delta p_2 = \frac{2K'L}{3n(R_1-R_2)}\left(\frac{4}{\pi}\right)^n Q^n (R_2^{-3n}-R_1^{-3n})$$

$$= \left[\frac{2\times3.17\times11.5}{3\times0.27\times(0.65-0.3)}\left(\frac{4}{\pi}\right)^{0.31}\times178^{0.31}\times(0.3^{-3\times0.31}-0.65^{-3\times0.31})\right]MPa = 17.58MPa$$

② 熔体进入右侧的圆管分流道，有 $L_S=6.5cm$，$R_S=0.4cm$，用式（3-17b）计算压力降。由于流道分叉，各分流道流量 $Q_S=Q/2=178/2=89cm^3/s$，右侧流道中熔体流动的压力降为

$$\Delta p_3 = \left(\frac{4}{\pi}\right)^n \frac{2K'LQ^n}{R^{3n+1}} = \left[\left(\frac{4}{\pi}\right)^{0.34}\frac{2\times1.95\times6.5\times89^{0.34}}{0.4^{3\times0.34+1}}\right]MPa = 8.06MPa$$

③ 熔体进入左侧的圆管分流道，有 $L_S=3.5cm$，$R_S=0.4cm$。其压力降比右侧小，有

$$\Delta p_4 = \left(\frac{4}{\pi}\right)^n \frac{2K'LQ^n}{R^{3n+1}} = \left[\left(\frac{4}{\pi}\right)^{0.34}\frac{2\times1.95\times3.5\times89^{0.34}}{0.4^{3\times0.34+1}}\right]MPa = 4.36MPa$$

3）熔体流经矩形浇口，浇口的宽 $W=0.8cm$，高 $h=0.08cm$，长 $L=0.1cm$。在浇口中具有较高的剪切速率，用式（3-9）求得 $n=0.18$，表观稠度 $K'=7.27N\cdot s/cm^2$，换算成

$$K=K'\left(\frac{4n}{3n+1}\right)^n = 7.27N\cdot s/cm^2\times\left(\frac{4\times0.18}{3\times0.18+1}\right)^{0.18} = 6.34N\cdot s/cm^2$$

用熔体在狭缝通道中的压降式（3-35），近似计算矩形浇口中压力损失

$$\Delta p_5 = \left(\frac{4n+2}{n}\right)Q^n\frac{2KL}{Wh^{2n+1}} = \left[\left(\frac{4\times0.18+2}{0.18}\right)\times89^{0.18}\times\frac{2\times6.34\times0.1}{0.8\times0.08^{2\times0.18+1}}\right]MPa = 1.50MPa$$

4）从注射压力 $p_o=80MPa$ 始，由以上各段的压力降逐次递减可得浇口的出口在分型面上的熔体压力。

右侧浇口熔体注入型腔的压力为
$$p_c = p_o-\Delta p_1-\Delta p_2-\Delta p_3-\Delta p_5 = (80-5.67-17.6-8.06-1.50)MPa = 47.2MPa$$
左侧浇口熔体注入型腔的压力为
$$p_c' = p_o-\Delta p_1-\Delta p_2-\Delta p_4-\Delta p_5 = (80-5.67-17.6-4.36-1.50)MPa = 50.9MPa$$

本例中浇注系统的压力传递解析，人工校核计算结果和计算机 Moldfiow 数值分析接近。因为两者都是以流变理论和材料的黏度为依据。

5.2.3　主流道的冷料井和拉杆

冷料井用于捕捉和贮存熔料前沿的冷料，通常设置在主流道和分流道转弯处的末端。冷料井也经常起拉勾浇注系统凝料的作用。冷料井有两种，一种是单纯为"捕捉"或贮存冷料之用，另一种还兼有拉脱或顶出浇道凝料功用。

（1）冷料井　冷料井可设置在主流道末端，也可设置在各分流道转向位置，即应设置在熔料流动方向的转折位置，并迎着上游的熔流。主流道长度通常为浇道直径 d 的 0.75~1.25 倍。冷料井的直径即为拉料杆直径 d。常用拉料杆 $d=6\sim10mm$。

（2）顶出杆"拉顶"冷料井　图 5-10 所示为三种成型的冷料井，埋扣在动模板中。由

图可知，三种顶出杆的杆脚，固定在顶出两板里，开模时将主流道凝料从定模板中拉出，在其后的脱模过程中，再将凝料从动模中顶出。图 5-10a 为 Z 形头顶出杆冷料井，虽有"拉顶"动作可靠的优点，但单方向性的 Z 形面需手工定向取出凝料。受到长型芯或螺杆的限制时，会无法取出凝料。图 5-10b、c 所示为倒锥和环槽的冷料井，在实现先拉后顶的动作后，凝料都处于自由状态，但尺寸设计需凭经验。倘若物料塑性差，沟槽过深，脱模顶出时会发生剪切分离。一般取单向沟槽深 0.5～1mm。对韧性物料如 ABS、POM 和 PE，可取较大值，但对脆性物料 PC、PMMA 和 PP 等应取较小值，并割成圆环沟槽，沟槽部位表面粗糙度值应在 $Ra0.8\mu m \sim Ra3.2\mu m$。

（3）外伸拉杆　主流道根部直径较大，采用图 5-11 所示的外伸拉杆设计。四种主流道拉杆的杆脚固定在动模顶出的两板里。外伸拉杆常用于双分型面的三板模上。在第一分型面开模时，圆环槽或倒锥头将主流道的凝料拉到动模上。第二次分型时将主流道凝料从型腔板中拉出。在其后的脱模过程中，再将凝料从型腔板中顶出。

如图 5-11a 所示，在主流道拐弯到分流道的位置，熔体传输通道不能太窄。该位置上通道有足够大截面，才能保证在注射和保压阶段熔体的输送。图中倒锥头的另一侧是贮料的冷料井。图 5-11b 设计了足够大的流通通道。图 5-11c 进一步将外伸拉杆偏置，扩大了通道。合理设计外伸拉杆有利于主流道根部的冷却固化。图 5-11d 是另一种成功设计。它用于多型腔的注射模，不会对各个型腔注射流动有负面效应。

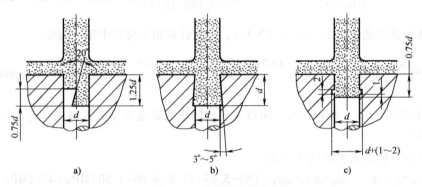

图 5-10　成型的冷料井
a）Z 形　b）倒锥　c）环槽

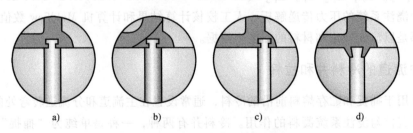

图 5-11　主流道的外伸拉杆设计
a）通道太窄　b）通道加大　c）拉杆偏置　d）拉杆头下沉

（4）拉料杆成型的冷料井　图 5-12 所示为拉料杆成型的冷料井。拉料杆的杆脚固定在动模中。开模时将主流道凝料从定模板中拉出。其后在脱模过程中，由推杆板将它从拉杆成型头中推出。拉料头有多种结构，一类是球头（图 5-12a），另一类是圆锥头，利用塑料冷

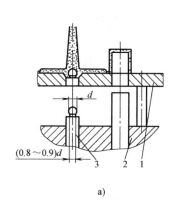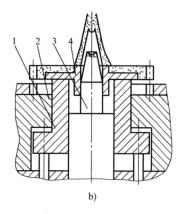

图 5-12 拉料杆成型的冷料井

a）球头 b）圆锥头

1—推件板 2—动模板 3—拉料杆 4—金属嵌件

却对成型头的包紧力达到拉料的目的，如图 5-12b 所示。常用在单腔成型齿轮等有中心孔的盘类塑件上。孔与外圆有较好的同心度。如果成型制件较大时，在圆锥顶面上挖出球坑作为冷料井。

（5）凹坑拉料冷料井 图 5-13 所示为凹坑拉料冷料井，是在定模板的分流道末端开有斜孔冷料井，开模时会先拉断点浇口，然后在拉出主流道凝料的同时，将分流道与冷料头一起拉出，最后再将凝料从动模中顶出，并自动坠落。

5.2.4 流道凝料的坠落

流道凝料的自动坠落，有专门的脱模机构。双分型面三板模中流道凝料的坠落前，凝料必须从定模板和型腔板上脱离。这类脱模机构动作多，零件结构复杂。

1. 单分型面二板模中流道凝料的坠落

（1）主流道与制件在分型空间一起坠落（图 5-14） 如图 5-14a 所示，主流道输送熔体直接到模具中央，成型筒或盒体多件。凝料被拉杆从主流道圆锥孔拉出，流道和制件留在

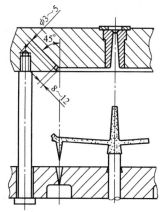

图 5-13 凹坑拉料冷料井

动模上，在开模后期由脱模机构顶出，流道凝料与制件一起坠落。如果在筒或盒体中央有通孔像图 5-14b 那样，主流道将熔体送到若干条分流道，经浇口到达制件孔内侧。开模时主流道拉杆将凝料从圆锥孔中拉出，留在动模，在开模后期由脱模机构将制件和流道凝料一起顶出。

（2）直浇口连接单个制件在分型空间一起坠落 图 5-15a 所示为单型腔单分型面模具。开模时，凝料被拉杆从主流道圆锥孔拉出，和制件一起留在动模上。在开模后期由脱模机构顶出，浇口凝料与制件一起坠落。采用主流道型中央浇口有诸多优点。注射时以等流程充模、浇注系统流程短、压力损失和热量损失小，有利于保压补偿和排气。因此，注塑制件外表无可见的熔合缝，而且浇注系统凝料少。缺点是制件上残留痕迹较大，切除困难。所以它

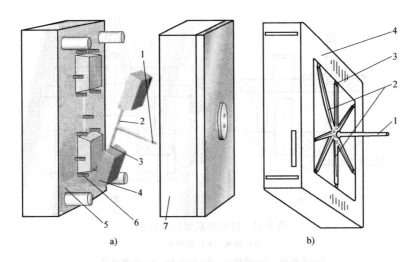

图 5-14　主流道与制件在分型空间一起坠落

a）2 型腔的冷流道单分型面模具　b）制件中央通孔设置主流道和分流道

1—主流道　2—分流道　3—浇口　4—制件　5—动模板　6—推杆　7—定模

常被用来注射大型厚壁长流程制件。如图 5-15b 所示，直浇口的设计可参考前节有关主流道内容。如图 5-15c 所示，可将直浇口设计在制件的里侧，但会使制件留在定模板上，故需设置倒装脱模机构。

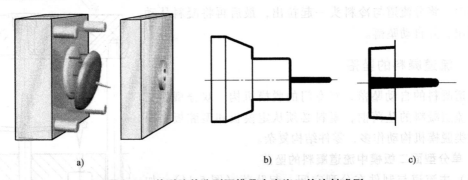

图 5-15　单型腔单分型面模具中直浇口的注射成型

a）单型腔单分型面模具　b）直浇口浇注深腔壳体　c）注射倒装壳体

2. 双分型面三板模中流道凝料的坠落

　　双分型面模具中制件和流道凝料的坠落过程如图 5-16 所示。双分型面的三板模中采用针点浇口，在圆筒的底部注入熔体。分流道布置了多个型腔。图 5-16b 中的双分型面模具，在主分型面 A 开模中已经将各点浇口拉断。多个拉杆 13 将分型面定距。继而第二分型面 B 打开（图 5-16c），拉销 3 可靠地将流道凝料粘贴在定模推板 6 上。弹簧拉杆 5 定距拉开分型面 B，让流道凝料有脱离空间。图 5-16d 所示为开模后期，动模上拉杆 13 经拉销 3 将定模推板 6 拉动。流道凝料与多个拉销 3 完全脱开。弹簧拉杆 5 的作用，定模推板 6 将流道凝料从主流道圆锥孔拉出后，平整的流道凝料有空间脱离，并稳定可靠自动坠落。同时，脱模机构的顶杆 14 经动模推板 9，将多个制件在型芯 15 上推出坠落。

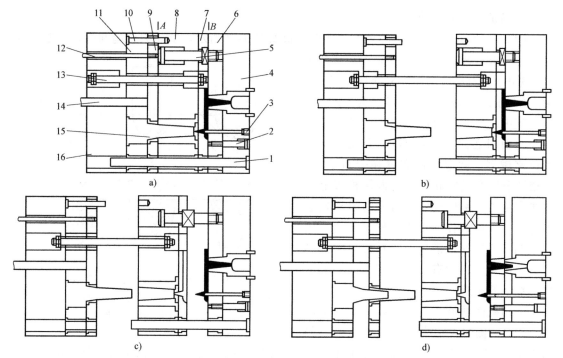

图 5-16 双分型面模具中制件和流道凝料的坠落过程

a）模具闭合　b）主分型面 A 打开　c）第二分型面 B 打开　d）流道凝料和制件被推出后坠落

1—定模导柱　2—止动销　3—拉销　4—定模固定板　5—弹簧拉杆　6—定模推板

7—流道板　8—型腔板　9—动模推板　10—动模导柱　11—动模板　12—顶杆

13—拉杆　14—顶杆　15—型芯　16—动模垫板

5.3　分流道设计

分流道是主流道的末端到浇口的整个通道。分流道有使熔体分流和转向的功能。单个型腔模具中，分流道是为了缩短流程。多型腔的注射模中，分流道是为了分配物料，通常由一级分流道和二级分流道，甚至多级分流道组成。

分流道系统的作用是将塑料熔体顺利地充满到制件型腔深处，以获得外形轮廓清晰，内在质量优良的塑料制件。设计分流道时应满足以下要求：

1）分流道在分型面上，有流量、压降和温度分布的均衡布置，保证对型腔的注射和保压过程流畅和充分。在多个型腔的模具里，对所有型腔要提供相同压力和物理条件的熔体。

2）尽量缩短流程，以降低压力损失。

3）尽量减少浇注系统的用料量。

4）流道浇注凝料脱出坠落方便可靠。

5）要配以冷料井和排气槽，并排气充分。

6）分流道系统应达到所需的尺寸精度和粗糙度值。

5.3.1　分流道截面和布置

本节陈述流道截面设计和流道系统的布置。

1. 分流道截面设计

（1）截面形状　分流道的种类及截面形状如图 5-17 所示。从压力传递和熔体传输角度考虑，要求有较大的流道截面积。从减少散热考虑，应有小的比表面 S，圆形截面 $S = 4/d$ 为最小，半圆截面 $S = 4.63/d$ 为最大。

其中，圆形截面最理想，有最优良的周长与面积之比 S，在冷流道系统中，应用越来越多。圆形截面布置在分型面上，势必要分别在动模和定模的两块模板上加工半圆流道，两模板闭合后容易出现轮廓的错位。采用数控加工中心铣削流道，确保全圆和流道在合模后有高精度对接。热流道系统对物料没有脱模要求，大都采用圆形截面的流道。

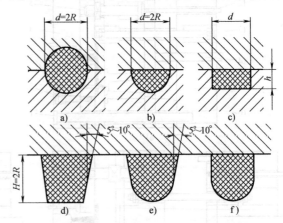

图 5-17　分流道的种类及截面形状
a）圆形截面　b）半圆截面　c）宽四边形截面　d）梯形截面　e）斜切圆截面　f）无斜角 U 形截面

非圆截面的流道应将全圆流道作基准圆，设计两侧切线或斜边是脱模的需要。侧边斜度 5°～10° 为宜。10° 斜度容易顶出，用于低收缩率材料，而 5° 斜度用于高收缩率塑料。

（2）分流道的压力降　各流道截面的压力降与全圆流道比较如图 5-18 所示。实验以半

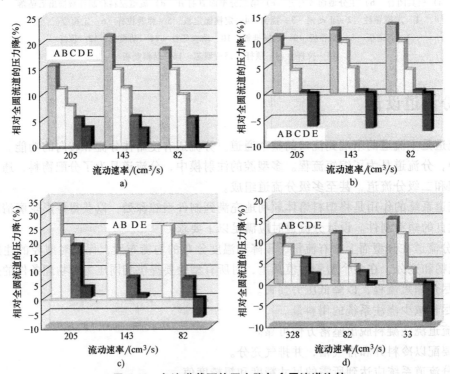

图 5-18　各流道截面的压力降与全圆流道比较
a）PMMA 熔体在各种流动速率下全圆流道比较　b）PP 熔体在各种流动速率下全圆流道比较
c）ABS 熔体在各种流动速率下全圆流道比较　d）PBT 熔体在各种流动速率下全圆流道比较
A—宽四边形截面　B—半圆截面　C—梯形截面　D—斜切圆截面　E—无斜角 U 形截面

圆截面、宽四边形截面、梯形截面、斜切圆截面和无斜角 U 形截面五种非全圆截面的流道，与全圆流道比较压力降。用四种聚合物 PMMA、PP、ABS 和 PBT 相互比较压力降变化，又以多种流动速率比较各非圆截面的压力降。

实验研究结果说明：

1）相同截面的流道，若增大周长，会提高压力降。

2）PMMA 聚合物在全圆流道以 $205\text{cm}^3/\text{s}^1$ 输送熔体时，对比各种非圆截面的压力降均有不同程度（3%~15%）提高。

3）PP 聚合物在全圆流道以三种体积流率（82~205）cm^3/s^1 输送熔体时，对比无斜角 U 形截面的压力降有降低（6%~7%）。说明聚合物随着体积流率和剪切速率变化，熔体黏度变化影响着压力降。

（3）流道机械加工和精度　冷流道加工表面粗糙度值常取 $Ra=0.63~1.6\mu\text{m}$，以增大外层流动阻力，避免熔体表面滑移，使中心层具有较高剪切速率。

以往为加工方便，注射模中常采用梯形截面或斜切圆截面的流道。在模板上用铣刀铣削，要贮备大小尺寸系列的成型铣刀。切削斜边圆截面的成型铣刀成本较高，因此采用较少。

采用全圆流道，两模板上加工圆流道壁面。圆直径公称尺寸达到 0.1mm。多型腔模用调节流道直径实现平衡浇注，要备有 0.1mm 级差的系列的大量刀具。

全圆直径和两半圆的长度方向都应该有 0.05mm 之内的公差要求。主流道杯上的流道应防止转动并以同样公差保证流道对齐，机械切削加工精度提高。

有实验证实，直径 3.2mm 的分岔流道，对合两半时有偏差 0.25mm，流动速率减小59%。偏置 1mm 时流动速率减少 83%。进而测试两半流道的偏置后引起压力降的增大。偏置 0.25mm，压力降增大 3%~7%。偏置 0.76mm，压力降会增大 10%~23%。

（4）非圆截面流道折算成圆截面　浇注系统的流道非圆截面，形状是多种多样的，可近似地简化成圆截面。主流道是圆锥形时，可用长度中间的圆截面直径，作为当量圆管道近似计算。梯形截面和斜切圆截面等分流道，所替代的圆形流道的当量半径为

$$R_\text{n}=\sqrt[3]{\frac{2F^2}{\pi C}} \tag{5-5}$$

式中　R_n——假想的圆形流道的当量半径（cm）；

F——实际流道的截面面积（cm^2）；

C——实际流道截面的周边长度（cm）。

（5）冷流道的截面尺寸　长期以来，流道尺寸都凭经验估量，还要用圆整到系列尺寸的刀具加工。在注射试模后，由小到大修正。近年来推行浇注系统理论设计计算，可配合计算机流动分析进行优化。

对冷流道的截面尺寸应考虑三个因素：

1）流道必须大到能足以注射充满制件。

2）流道还必须大到能保证保压阶段补偿制件收缩的需要。

3）流道不能过大。要考虑到流道材料的冷却时间过长，以及流道凝料过多的负面效应。

曾经有过这样的经验规则，浇口起始的分流道直径约为制件壁厚的 1.5 倍，并对此规则

做过实验。流道附上约束型的针点浇口或矩形浇口，用多种聚合物注射成型，测试注射和保压效果，只能作为流道的最小直径，在试模时酌情加大尺寸。

另一种方法能以合理的剪切速率计算流道直径。可根据式（3-21），有

$$d_i = \frac{1.366}{\sqrt[3]{\dot{\gamma}}} \sqrt[3]{\frac{q_i(3n+1)}{n}}$$

使用此式时，以 $q_i = Q$ 代入。此 Q 为注入制件型腔熔体的体积流率。注射时间 t 通过表 5-2 查得。材料流变参数 n 可查表 3-1 或表 3-2。以流道中合理的剪切速率 $\dot{\gamma} = (3.0 \sim 7.0) \times 10^2 s^{-1}$ 代入，计算后得出直径。这种方法考虑了各种聚合物熔体在流道输送的流动性。

在流道长度的尺寸确定过程中，要注意以下几点：

1）分流道截面大小和流道的布置长度，受到浇注系统压力损失和注射机注射能力的制约。较小的流道截面能减少浇注系统用料，但会增加流道中的压力损失。注射型腔的熔体压力过低将影响制件质量，甚至不能充满型腔。对流道系统，主流道、分流道和浇口通道的压力损失限制在 35MPa 以下。

2）在多型腔的注射模中，为保证各个型腔注射和保压压力一致性，需调节各流程流道的截面尺寸。

3）各流道输送熔体应有合理剪切速率，才能具有合适的流动性。塑料熔体在分流道内的流动剪切速率 $\dot{\gamma}$ 一般在 $10^2 \sim 10^3 s^{-1}$ 范围内。

一般分流道直径在 $3 \sim 12$mm，大流量和高黏度物料充模时直径可为 $13 \sim 16$mm。

2. 浇注系统布置

在多腔模中，分流道的布置有等流程和流程不等两类，一般以等流程布置为宜。因此，有多个型腔的等流程流道的布排，也有单个型腔或多个型腔的多种流程不等的流道布局。

（1）等流程的流道布局 浇注系统等流程流道的平衡式布置如图 5-19 所示。又称几何平衡式布置。从主流道末端到各型腔的分流，其长度、断面形状和尺寸都对应相等。适合单分型的二板模注射成型。多用矩形截面的浇口充填制件型腔。这种布置可使塑料熔体均衡地充满各个型腔。模塑的各制件质量和尺寸精度的一致性较好。在多型腔的分型面上分流道和

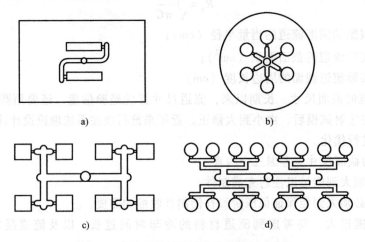

图 5-19　浇注系统等流程流道的平衡式布置

a)、b) 圆周排列　c)、d) H 形排列

型腔，以主流道轴线为中心对称分布。但分流道较长，熔体流动阻力大，浇注系统凝料多。图 5-19a、b 中流道圆周均布，较适宜圆形注塑件。图 5-19c、d 所示为 H 形排列，可有 2^n 的 4、8、16、32 和 64 等型腔数，并有粗直的主干分流道。

　　常用的"H"或"X"形的等流程布局如图 5-20 所示。流道布局对称，又有对各个型腔的流道分岔，使得到各个型腔浇注的流程长度相等。等流程流道也因此被称为几何平衡流道或自然平衡流道。然而，这种等流程的流道布局所模塑的各个型腔制件的重量并不一致。注射熔体条件和性能有差异，各型腔有不同的成型过程，最终影响到同批次制件的尺寸精度和力学性能。图 5-20 中深色的型腔在流动充填时有高剪切速率，会诱发各型腔的熔体条件差异和不平衡流动充模。在模具中央高温区，与主流道邻近的制件型腔与模具外围型腔有不同的流动充模，这种流动不平衡是层流熔体被分岔后促成。图 5-21 所示为 4 型腔的 H 布局和辐射布局，有较好的平衡流动充模，但这种模具的制造成本高。

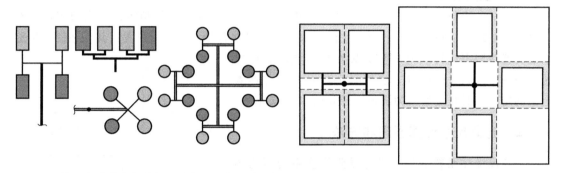

图 5-20　等流程流道布置的各型腔有不平衡流动充模　　　图 5-21　4 型腔的 H 布局和辐射布局

　　（2）流道流程不等的布局　浇注系统流道流程不等的非平衡式布置如图 5-22 所示。由于从主流道末端到各个型腔的分流道长度各不相等。为达到均衡充模，可将流道截面尺寸按流程远近进行修正。此种布置的流道流程虽短，但制件质量一致性很难保证。

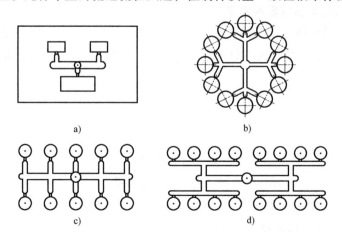

a)　　　　　　　　　　b)

c)　　　　　　　　　　d)

图 5-22　浇注系统流道流程不等的非平衡式布置

a) 注射不同制件　b) 星形不平衡布置　c) 一字布排　d) H 形不平衡布置

　　浇注系统无论是等流程或流程不等布置，制件型腔均应与模板中心对称。型腔和流道的投影中心与注射机锁模力的中心重合，避免注射时产生附加的倾侧力矩。

3. 分流道直径变化

流道分岔按塑料熔体在各级流道中剪切速率不变的流变学理论推导，各级流道直径间关系计算式为

$$d_{i+1} = \frac{d_i}{N^{\frac{1}{3}}} \qquad (5\text{-}6)$$

式中　N——流道分叉数；

　　　d_i——上游流道直径（cm）；

　　　d_{i+1}——下游流道直径（cm）。

由式（5-6）可知，分为二岔道的下游流道直径 $d_2 = 0.79d_1$；分为三岔道的下游流道直径 $d_2 = 0.69d_1$；分为四岔道的下游流道直径 $d_2 = 0.63d_1$。

4. 分流道的冷料井

分流道的冷料井为"捕捉"或贮存冷料之用。冷料进入模具的型腔，固化的制件存在斑痕等质量缺陷。根据需要，可在主流道末端，也可在各分流道转向位置，甚至在制件型腔末端设置冷料井。冷料井应该设置在熔料流动方向的转折位置，冷料井的设置方法如图 5-23 所示，并迎着上游的熔流，其长度通常为浇道直径 d 的 1.5~2 倍。

5.3.2　流道尺寸计算原理和方法

注塑模浇注系统的尺寸设计受到浇注系统压力损失和注射机的注射能力的制约。较小的流道截面能减少浇注系统用料，但会增加流道中的压力损失。流道尺寸的理论计算能获得到流道的最小尺寸，又保证熔体输送有合理的剪切速率和恰当的压力损失。

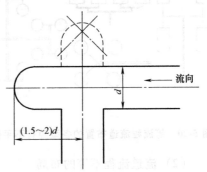

图 5-23　冷料井的设置方法

1. 各级分流道的输送流量的确定

（1）各段注射的熔体体积流量决定　下式中流量 q_i 为流道注入下游分流道和制件型腔的熔体体积流量。可由该段分流道射出注量量（cm³）和注射时间计算，即

$$q_i = \frac{V_i}{t} \qquad (5\text{-}7a)$$

$$V_i = \frac{V}{N} \qquad (5\text{-}7b)$$

式中　q_i——第 i 段分流道的熔体体积流量（cm³/s）；

　　　t——注射机对模具的注射时间（s），参考表 5-2；

　　　V_i——第 i 段分流道的注射量（cm³）；

　　　V——注射模型腔的总体积（cm³）；

　　　N——流道分岔数。

如果已知型腔和下游流道的固态材料体积（cm³）或者是重量（g），应该用聚合物将熔体密度换算体积。

在初次设计计算流道直径时，可用制件型腔对应的熔体体积获得体积流量 q_i（cm³/s）。

先设计浇口前的分流道直径。按流道截面尺寸的要求修正，再用式（5-6）向上推算出各级分流道的直径。

流道系统的压力分布的校核测算，应该把各级流道中塑料熔体的体积计入体积流量，以便调整各级分流道的直径，甚至调节它们的长度。

（2）注射时间决定 在浇注系统的圆管流道中，各截面的熔体注射时间 t 视作定值。在分流道直径的计算过程中，模具型腔的总体积 V 通过以下注射量和时间的关系，确定注射时间。该注射时间 t 是根据注射机螺杆的常规推进速率。即注射机具有中等注射速率时，相对应的注射充模时间。表 5-2 是注射机常规注射速率下，注射时间和公称注射量对应关系。大量工程计算证明，此方法能确定浇注系统流道中熔体流动输送流量；能适应各种型号注射机注塑生产操作；还能够调节充模速率。

表 5-2 注射体积量 V 与注射时间 t 的关系

注射体积量 V /cm³	注射时间 t /s	注射体积量 V /cm³	注射时间 t /s	注射体积量 V /cm³	注射时间 t /s
20	0.60	300	2.10	2400	4.24
30	0.86	350	2.20	2700	4.42
45	0.93	450	2.40	3000	4.60
60	1.00	500	2.50	3400	4.76
80	1.19	650	2.68	3700	4.88
100	1.37	800	2.85	4000	5.00
125	1.60	1000	3.10	4500	5.18
150	1.68	1400	3.50	5500	5.53
200	1.84	1800	3.90	6000	5.70
250	2.00	2000	4.00	8000	6.40

将表 5-2 的数据经多项式拟合，得出注射量 $30 \leqslant V$（cm³）< 2500 时的注射时间

$$t = 0.8998 + 0.37902 \times 10^{-2} V - 0.17210 \times 10^{-5} V^2 + 0.28900 \times 10^{-9} V^3 \qquad (5\text{-}8)$$

式中 V——注射量（cm³）；

t——注射时间（s）。

在计算机的流动分析运行中，经过注射模塑全过程优化来确定注射时间 t。流动分析操作起步时，进行流道系统造型，要进行流道的布置设计和预测的流道尺寸计算。先用程序设置的默认注射时间值运行，然后在优化操作中修正。在人工的工程设计中，注射时间是必须确定的参数。

在浇注系统的圆管流道中，假定各截面的熔体注射时间 t 是相同的。因此，以流道或浇口截面输出塑料体积量 V（cm³），直接查表 5-2 或式（5-8）确定注射时间 t。

对多个型腔注射模，浇注系统的塑料用量与制件用量比较接近时，查表 5-3 选择合适的剪切速率 $\dot{\gamma}$ 计算注射时间 t。用流道和型腔的总熔体体积 V_1 和注射制件的熔体体积 V_2，对于初定半径 R，代入下式计算得到主流道的 t_1 和流经浇口的注射时间 t_2，即

$$Q = \frac{\pi}{4} R^3 \dot{\gamma}, \quad t = \frac{V}{Q}$$

然后用 $t = \dfrac{1}{3}t_1 + \dfrac{2}{3}t_2$ 求出 t。最后用表 5-2 或式（5-8），对照计算 t 对于现行注射机是否可行。

2. 合理的剪切速率初步计算流道直径

人工设计计算流道是对初步设计的浇注系统进行反复校核的过程，烦劳费时。在此过程中遵循以下几项原则和方法，简洁方便。

（1）合理的剪切速率　在此浇注系统内塑料熔体可视为等温流动。分流道直径尺寸，以第 i 段分流道的熔体体积流量 q_i（cm^3/s），塑料熔体的流动指数 n 和合理的剪切速率 $\dot{\gamma}$，用式（3-21）计算各级分流道直径

$$d_i = \frac{1.366}{\sqrt[3]{\dot{\gamma}}} \sqrt[3]{\frac{q_i(3n+1)}{n}}$$

式中　n——塑料熔体的流动指数，参见第 3 章表 3-1 或表 3-2；

　　　$\dot{\gamma}$——塑料熔体流经分流道的合理剪切速率（s^{-1}），见表 5-3 中（$3.0 \sim 7.0$）$\times 10^2 s^{-1}$ 代入；

　　　q_i——第 i 段分流道的熔体体积流量（cm^3/s）。

表 5-3　浇注系统各通道合理的剪切速率

浇注系统各通道	合理的剪切速率 $\dot{\gamma}/s^{-1}$
主流道	$(1.0 \sim 5.0) \times 10^3$
分流道	$(3.0 \sim 7.0) \times 10^2$
中等截面浇口（矩形浇口等）	$(1.0 \sim 5.0) \times 10^3$
约束型浇口（针点浇口等）	$(7.0 \sim 50) \times 10^4$

式（3-21）是由非牛顿流体在圆管道中的流量 q_i 计算式。表 5-3 不但能估算分流道直径，也能以熔体流动合理的剪切速率估算主流道、矩形截面浇口和针点浇口的直径。对各流道和浇口中的剪切速率，圆管道用 $\dot{\gamma} = \dfrac{4Q}{\pi R^3}$ 计算，对于非圆截面可用当量半径 R_n 代入；对于矩形浇口用 $\dot{\gamma} = \dfrac{6Q}{Wh^2}$ 计算。其中体积流率 Q（cm^3/s），可用 $Q = \dfrac{V}{t}$ 计算。需注意 V 为该段流道，流过起始截面的熔体体积。Q 就是 i 段分流道的熔体体积流量 q_i，与式（5-7）一致。

（2）$\dot{\gamma}\text{-}Q\text{-}R_n$ 关系曲线可估算流道直径　图 5-24 所示为常用的 $\dot{\gamma}\text{-}Q\text{-}R_n$ 关系曲线图。曲线 Q 为塑料熔体流过各段流道或浇口的体积流率（cm^3/s）。可由适当的剪切速熔 $\dot{\gamma}$，与体积流率 Q 求得当量半径 R_n，也可由 Q 和 R_n，查得实际 $\dot{\gamma}$。流道尺寸初步计算时查图 5-24，剪切速率 $\dot{\gamma}$ 应在 $10^2 \sim 10^3 s^{-1}$ 范围内。主流道剪切速率应在 $10^3 \sim 10^4 s^{-1}$ 范围内。浇口剪切速率应在 $10^4 \sim 10^5 s^{-1}$ 范围内。图 5-24 所示的 $\dot{\gamma}\text{-}Q\text{-}R_n$ 关系曲线图是按牛顿流体力学理论绘制。

有分岔的多级分流道通常由下游向上游逐段推算直径。若 Q_u 为上游流道流量，Q_i 为下游支流流道流率，N 是下游流道分叉数，每条分流道具有相同的体积流率，即 $Q_u = NQ_i$。由式（5-6）推导得截面尺寸关系式

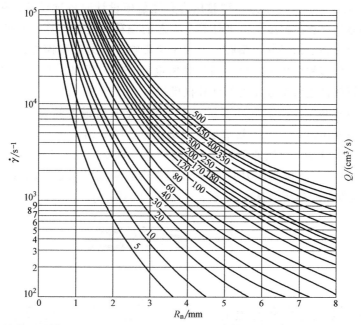

图 5-24　$\dot{\gamma}$-Q-R_n 关系曲线图

$$R_u = \sqrt[3]{N}\, R_i \qquad (5\text{-}9)$$

式中　R_u——上游流道当量半径（cm）；

　　　R_i——下游流道当量半径（cm）；

　　　N——下游流道分叉数。

如上游流道分成两个支道，则有 $R_u = \sqrt[3]{2}\, R_i = 1.26 R_i$ 的关系。

3. 校核浇注系统压力降的分布

浇注系统压力降校核目的，是保证注入制件型腔有足够的熔体压力。

（1）保证恰当的型腔压力降　整个浇注系统恰当的压力降 $[\Delta p_r]$ 应由下式核算

$$[\Delta p_r] = p_o - \Delta p_e - \Delta p_c \qquad (5\text{-}10)$$

式中　p_o——调用的注射压力；

　　　Δp_e——注射压力在注射装置中的损耗压降；

　　　Δp_c——平均型腔压力降，参考表 5-4 确定；

　　　$[\Delta p_r]$——浇注系统恰当的压力降应为（35~40）MPa。

表 5-4　常选用的平均型腔压力降 Δp_c（$1\text{MPa} = 10^2 \text{N/cm}^2$）

塑　件	压力
易于成型的 PE、PP 和 PS 等厚壁塑件	25MPa
薄壁普通塑件	30MPa
ABS、PMMA、POM 等中等黏度物料，且制品有精度要求的塑件	35MPa
高黏度 PC、PSU 物料，或制品有高精度要求的塑件	40MPa
高黏度物料、流程比大、形状复杂，并有高精度要求的塑件	45MPa

（2）流道系统传送的型腔压力　型腔压力是注射模设计时各项计算的依据。在浇注系统设计、型腔壁厚和垫板的强度与刚度计算、型芯的偏移和变形计算、锁模力校核运算中，要将平均型腔压力作为已知条件。型腔压力大小会影响开模力和脱模力，也决定制件质量。型腔压力与温度的分布和变化决定固化后制件密度和分布。所以，要借助注射模 CAE 的流动分析有限元分析软件进行型腔压力的计算机模拟。

注射压力分布链的位置如图 5-25 所示。主流道末端具有最大的分型面上压力 p_a，浇口处具有制件型腔最大压力 p_b，这两处常是压力测定点。喷嘴出口处的压力 p_z 是模具浇注系统压力的源头。在双分型注射模的型腔板上，浇注系统较复杂且流程长。从 p_z 至 p_b 有较大浇注系统压力降 Δp_r。熔流末端压力 p_c 倘若过低则会影响制件质量。故熔体末端压力 $p_c \geqslant$（10~25）MPa。制件型腔的压力从 p_z 降至 p_c 为型腔压力降 Δp_c。

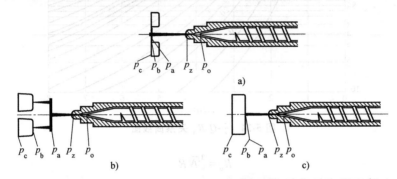

图 5-25　注射压力分布链的位置

a）单分型面多个型腔注射模　b）双分型面多个型腔注射模　c）单分型面单个型腔注射模

广义的型腔压力是模内塑料熔体流经位置和时间的函数。将模腔压力变化对注射成型时间进程作图，就得到型腔压力周期图。图 5-26 所示为对应图 5-25b 的注射成型型腔压力的周期图。

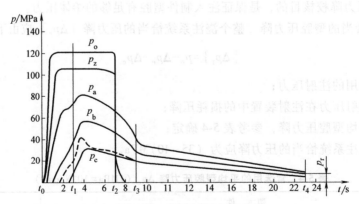

图 5-26　注射成型型腔压力的周期图

（3）注射机料筒和喷嘴内熔体注射压力降　型腔压力的源头是注射压力 p_o，它可由每台注射机的压力表上读出的最大值 p_i 换算得到

$$p_o = p_i \left(\frac{D}{d_s}\right)^2 = p_i \left(\frac{p_{\max}}{p'}\right) \tag{5-11}$$

式中　p_o——调用的注射压力（MPa）；

$\quad\quad D$——注射液压缸活塞直径（mm）；

$\quad\quad d_s$——注射螺杆直径（mm）；

$\quad p_{max}$——注射机的最大注射压力（MPa）；

$\quad\quad p'$——注射机液压泵的额定油压（MPa）；

$\quad\quad p_i$——注射过程中压力表上的最大值，即表压（MPa）。

由图 5-26 可知，螺杆头处至喷嘴间存在压力降 ΔP_e。喷嘴为圆柱孔道，其非牛顿流变学的压力降计算式（3-17b）改写为

$$\Delta p_z = \left(\frac{4}{\pi}\right)^n \frac{2K'Q^n L_z}{R_z^{3n+1}}$$

式中　Δp_z——塑料熔体流经注射机喷嘴的压力降（N/cm^2）；

$\quad\quad n$——塑料熔体非牛顿指数（$n<1$）；

$\quad\quad K'$——熔体剪切黏度系数（N·s/cm^2）；

$\quad\quad Q$——熔体流经喷嘴的体积流量（cm^3/s）；

$\quad\quad L_z$——喷嘴长度（cm）；

$\quad\quad R_z$——喷嘴半径（cm）。

螺杆式注射装置中的压力降为

$$\Delta p_e = p_o - p_z = (2.0 \sim 2.5)\Delta p_z \tag{5-12}$$

压力降 Δp_e 系指螺杆等运动件的摩擦阻抗，喷嘴中及螺杆头前剩余熔体段的压力降。经预测计算，有 ABS 材料流过喷嘴的压力降 $\Delta p_z = 4.95\text{MPa}$，有螺杆头前圆锥通道中压力降 4.29MPa，又有 PP 熔体流过喷嘴的压力降 $\Delta p_z = 2.94\text{MPa}$。获知注射装置中的压力降 Δp_e 大约是 2 倍 Δp_z。

通常螺杆式注射装置中的压力降 $\Delta p_e = 10\text{MPa}$ 左右。注射量大的注射机也是如此。注射高黏度熔体，采用小孔喷嘴或高阻抗的阀式喷嘴时，Δp_e 会更大，需作计算预测或专门的测量。注射装置中的压力降 Δp_e 超过 20MPa 的注射机，失去注射成型生产的使用价值，整个浇注系统恰当的压力降为 $[\Delta p_r] = 35\text{MPa}$。此外，在型腔压力估算时，所使用的注射压力 p_o 必须小于注射机的最大注射压力 p_{max}，为注射车间现场留有充分调节注射压力的余地。

4. 流道系统压力降计算方法

浇注系统压力降计算有两种方法。工程计算法就是人工计算方法，运算过程比较简捷。应用流变参数计算压力降，运算过程比较烦琐，用计算机程序运算为好。两种计算方法过程和结果比较，用注射机喷嘴中熔体输送压力降计算实例演示。

（1）工程计算法　若将非牛顿塑料熔体，视为短时间恒温状态，在各流程段中剪切速率处于稳定状态。则可用牛顿流体计算式计算压力降。对于圆管道有

$$\tau = K'\dot{\gamma}^n$$

且按定义 $\dot{\gamma} = \dfrac{4Q}{\pi R^3}$，有

$$\Delta p = \frac{2L\tau}{R}$$

式中　L——圆管长（cm）；

式中 τ——剪切应力（N/cm^2）；

R——圆管半径（cm）；

Δp——圆管两端压力降（N/cm^2）。

若将流经的各种截面视为当量半径 R_n 的圆形通道，则用前述 $\Delta p = \dfrac{2L\tau}{R_n}$ 计算压降。式中剪切应力 τ，由该段流道中输送熔体的 $\dot{\gamma}$ 合理剪功速率（$10^2 \sim 10^3$）s^{-1} 值，从表3-1和表3-2，非牛顿指数 n 和剪切黏度系数 K'，再由 $\tau = K'\dot{\gamma}^n$ 计算。此方法对非圆流道的处理，及对流道改向和分岔的忽略，会有一定的误差。必要时，可用表5-5的当量长度 L_s 校正。

（2）流变参数计算压力降　熔体流经圆截面流道及其分支与转向所产生的压力降

$$\Delta p = \left(\frac{4Q}{\pi}\right)^n \frac{2K'(L+L_s)}{R^{3n+1}} \qquad (5\text{-}13)$$

圆锥形主流道并考虑转向所产生的压力降

$$\Delta p = \left(\frac{4Q}{\pi}\right)^n \frac{2K'(L+L_s)}{3n(R_1-R_2)}(R_2^{-3n}-R_1^{-3n}) \qquad (5\text{-}14)$$

圆锥形主流道或直浇口的压力降

$$\Delta p = \left(\frac{4Q}{\pi}\right)^n \frac{2K'L(R_2^{-3n}-R_1^{-3n})}{3n(R_1-R_2)} \qquad (5\text{-}15)$$

圆截面流道或点浇口的压力降

$$\Delta p = \left(\frac{4Q}{\pi}\right)^n \frac{2K'L}{R^{3n+1}} \qquad (5\text{-}16)$$

矩形截面流道或浇口的压力降

$$\Delta p = \frac{2(6Q)^n K''L}{W^n h^{2n+1}} \qquad (5\text{-}17)$$

式（5-13）~式（5-17）中　Δp——各计算段的压力降（N/cm^2），$1N/cm^2 = 10^{-2}MPa$；

$K'(K'')$——熔体剪切黏度系数（$N \cdot s/cm^2$），可查表3-1或表3-2；

n——塑料熔体非牛顿指数，可查表3-1或表3-2；

Q——流经计算段的体积流量（cm^3/s）；

L——计算段的流道长度（cm）；

L_s——流道分支及改向的当量长度（cm），见表5-5；

R——流道半径（cm）；

R_1——流道大端半径（cm）；

R_2——流道小端半径（cm）；

W——矩形流道或浇口宽度（cm）；

h——矩形流道或浇口深度（cm）。

表 5-5　流道分支及改向的当量长度 L_s

当量长度	两分支+90°改向	90°改向	双分支<45°	四分支+90°改向
L_s	$6R_n$	$4R_n$	$2R_n$	$10R_n$

注：R_n 为流道当量半径。

（3）浇注系统压降计算有两种方法比较实例

[例4]　PP 熔体的温度 $T_m = 240℃$，注射时计量容积 $V = 427cm^3$，注射时间 $t = 2.4s$。经注射机喷嘴的剪切速率 $\dot{\gamma} = 10^4 \sim 10^5 s^{-1}$。喷嘴内半径 $R_z = 0.275cm$，长 $L_z = 2.0cm$。计算 PP 熔体流过喷嘴的压力降 Δp。

解：流经喷嘴的熔体体积流量

$$Q = \frac{V}{t}$$

代入已知条件计算得 $Q = 178cm^3/s$。

1）按流变参数计算压力降。由表 3-1，流经注射机喷嘴的剪切速率 $\dot{\gamma} = 10^4 \sim 10^5 s^{-1}$，查得 J340 PP 的 $n = 0.13$，$K' = 6.04N \cdot s/cm^2$。代入式（3-17b）得熔体流经喷嘴的压力降

$$\Delta p = \left(\frac{4}{\pi}\right)^n \frac{2K'LQ^n}{R^{3n+1}} = \left(\frac{4}{\pi}\right)^{0.13} \frac{2 \times 6.04 \times 2 \times 178^{0.13}}{0.275^{3 \times 0.13+1}} N/cm^3 = 294N/cm^2 = 2.94MPa$$

2）按工程计算法。由式（3-7）计算该段流程中剪切速率 $\dot{\gamma}$，可得

$$\dot{\gamma} = \frac{4Q}{\pi R^3} = \frac{4 \times 178}{0.275^3 \pi} s^{-1} = 10900s^{-1}$$

经注射机喷嘴的剪切速率 $\dot{\gamma} = 10^4 \sim 10^5 s^{-1}$，同上 PP 的 $n = 0.13$，$K' = 6.04N \cdot s/cm^2$。再用式（3-8）求得剪切应力

$$\tau = K'\dot{\gamma}^n = 6.04N \cdot s/cm^2 \times 1.0900^{0.13} s^{-1} = 20.2N/cm^2$$

用式（3-6b）得熔体流经喷嘴的压力降为

$$\Delta p = \frac{2L\tau}{R} = \frac{2 \times 2 \times 20.2}{0.275} N/cm^2 = 294N/cm^2 = 2.94MPa$$

上例中 1）和 2）的计算结果相同。按流变参数计算压力降，可从在 PP 塑料流变曲线的 $\tau - \dot{\gamma}$ 图上，直接查到对应的剪切应力 τ，计算结果与②有很小偏差。在一定剪切速率 $\dot{\gamma}$ 范围内的流动指数 n 和表观稠度 K' 的获取方法，在第 3 章已有陈述，也可查表 3-1 和表 3-2。

5.3.3　等流程流道设计步骤及实例

多个型腔注射模浇注系统的工程设计方法，已得到广泛应用。

1. 设计计算步骤

1）确定制件型腔数目、浇口形式，拟定流道的截面形状和浇口位置。两个型腔之间的距离尽可能近些。设计成平衡布置的浇注系统，用 2^n 的型腔数，即 2、4、8、32、…。在拟定了流道的长度和截面尺寸之后，用图 5-27 所示的等流程流道布置线图表述。

2）求出各型腔和各段流道的体积。而后计算各段流道注射流动的熔体体积。确定注射时间后，即可求得各段流道的熔体体积流率与剪切速率。

3）由各级流道和浇口的剪切速率，在流动曲线上或查表得 K' 和 n 后获知剪切应力。然

后计算各段流道及其浇口的熔体流动的压力降。也可用 $\dot{\gamma}$-Q-R_n 曲线（图5-24），确定各级流道和浇口的剪切速率和截面尺寸，查表得 K' 和 n 后，用流变参数求压力降。

4）经反复计算，修正流道尺寸，在注射时间和剪切速率适宜的条件下，使各型腔的注射压力达到预定要求。

2. 校核8型腔等流程布置的压力降

如图5-27所示8型腔等流程布置的浇注系统。每个型腔体积15cm³。最终计算结果见表5-7。

（1）计算各级流道流过熔体的体积 各级流道流过熔体的体积见表5-6。

流经主流道的熔体体积 $V_0 = 1.56\text{cm}^3 + 13.07\text{cm}^3 + 8.48\text{cm}^3 + 3.93\text{cm}^3 + 8 \times 15\text{cm}^3 = 147.04\text{cm}^3$

流过第一流道 $V_1 = (147.04 - 1.56)\text{cm}^3 \times 0.5 = 72.75\text{cm}^3$

流过第二流道 $V_2 = (8.48 + 3.93)\text{cm}^3 \times 0.25 + 2 \times 15\text{cm}^3 = 33.10\text{cm}^3$

流过第三流道 $V_3 = (3.93\text{cm}^3 \times 0.125) + 15\text{cm}^3 = 15.49\text{cm}^3$

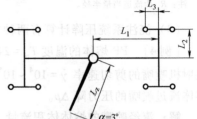

图 5-27 型腔体积 15cm³ 的 8 型腔的等流程流道布置线图

表 5-6 各级流道流过熔体的体积

参数及计算式	流道长 L_i/cm	流道半径 R_i/cm	各段总长 nL_i/cm	各段体积 $\pi R_i^2(nL_i)$/cm³	各段流过体积 V/cm³
主流道	5	0.315(0.25～0.38)	5	1.56	147.04
第一流道	13	0.4	26	13.07	72.75
第二流道	7.5	0.3	30	8.48	33.10
第三流道	2.5	0.25	20	3.93	15.49
浇口	0.12	0.04	不计	不计	15

（2）确定注射时间 经主流道熔体的适当剪切速率 $\dot{\gamma} = 3 \times 10^3 \text{s}^{-1}$，

$$Q_o = \frac{\pi}{4}R_o^3\dot{\gamma} = \frac{\pi}{4} \times 0.315^3 \times 3 \times 10^3 \text{cm}^3/\text{s} = 73.7\text{cm}^3/\text{s}$$

$$t_o = \frac{V_o}{Q_o} = \frac{147.04}{73.7}\text{s} = 2.00\text{s}$$

将点浇口的适当 $\dot{\gamma} = 10^5 \text{s}^{-1}$ 代入，得

$$Q_g = \frac{\pi}{4}R_g^3\dot{\gamma} = \frac{\pi}{4} \times 0.04^3 \times 10^5 \text{cm}^3/\text{s} = 5.03\text{cm}^3/\text{s}$$

$$t_g = \frac{V_g}{Q_g} = \frac{15}{5.03}\text{s} = 3.0\text{s}$$

故初定注射时间，即

$$t = \frac{1}{3}t_o + \frac{2}{3}t_g = \frac{1}{3} \times 2.00\text{s} + \frac{2}{3} \times 3.0\text{s} = 2.67\text{s}$$

查表5-2，总注射量 $V = 147\text{cm}^3$ 时，以注射机螺杆的常规推进速度是1.8s，综合考虑注射时间2.2s。

（3）计算注塑装置和主流道的压力损失 主流道的体积流率为

$$Q = \frac{V}{t} = \frac{147}{2.2}\,\mathrm{cm^3/s} = 66.8\,\mathrm{cm^3/s}$$

获悉注射机喷嘴口径 4mm，设计主流道入口半径 2.5mm，大端半径 3.8mm，主流道长度 $L = 50\mathrm{mm}$，平均半径 $R = 3.15\mathrm{mm}$。

查表 3-1，PA1010 材料，熔体温度 260℃，在喷嘴中 $\dot{\gamma} = 10^3 \sim 10^4\,\mathrm{s^{-1}}$，所列流变数据 $K' = 0.29\,\mathrm{N \cdot s/cm^2}$ 和 $n = 0.51$。计算得主流道的压力降为

$$\dot{\gamma} = \frac{4Q}{\pi R^3} = \frac{4 \times 66.8}{\pi 0.315^3}\,\mathrm{s^{-1}} = 2721\,\mathrm{s^{-1}}$$

$$\tau = K'\dot{\gamma}^n = 0.29 \times 2721^{0.51}\,\mathrm{N/cm^2} = 16.4\,\mathrm{N/cm^2}$$

$$\Delta p = \frac{2\tau L}{R} = \frac{2 \times 16.4 \times 5}{0.315}\,\mathrm{N/cm^2} = 521\,\mathrm{N/cm^2}$$

选用容积为 250cm³ 注射机，喷嘴孔半径 $R_z = 0.2\mathrm{cm}$，长度 $L_z = 2\mathrm{cm}$，流经喷嘴的体积流率

$$Q = \frac{V}{t} = \frac{147.04}{2.2}\,\mathrm{cm^3/s} = 66.84\,\mathrm{cm^3/s}$$

熔体剪切速率为

$$\dot{\gamma} = \frac{4Q}{\pi R_z^3} = \frac{4 \times 66.84}{\pi 0.2^3}\,\mathrm{s^{-1}} = 1.06 \times 10^4\,\mathrm{s^{-1}}$$

查表 3-1，PA1010 熔体温度 260℃，在喷嘴中 $\dot{\gamma} = 10^4 \sim 10^5\,\mathrm{s^{-1}}$，查得 $n = 0.28$，$K' = 2.43\,\mathrm{N \cdot s/cm^2}$，则剪切应力为

$$\tau = K'\dot{\gamma}^n = 2.43 \times (1.06 \times 10^4)^{0.28}\,\mathrm{N/cm^2} = 32.6\,\mathrm{N/cm^2}$$

流经喷嘴熔体压力降为

$$\Delta p_z = \frac{2L\tau}{R_z} = \frac{2 \times 2 \times 32.6}{0.2}\,\mathrm{N/cm^2} = 652\,\mathrm{N/cm^2} = 6.52\,\mathrm{MPa}$$

由式（5-12），计算注塑装置中压力损失为

$$\Delta p_e = 2.25\Delta p_z = 2.25 \times 6.52\,\mathrm{MPa} = 14.7\,\mathrm{MPa}$$

（4）压力损失校核结论。该注射机最大注射压力 $P_{max} = 120\mathrm{MPa}$，可调用最大注射压力为

$$p_o = 0.7p_{max} = 0.7 \times 120\,\mathrm{MPa} = 84\,\mathrm{MPa}$$

由表 5-4 可知，型腔所需压力 $\Delta p_c = 30\mathrm{MPa}$，用式（5-10）计算浇注系统恰当的压力降为

$$[\Delta p_r] = p_o - \Delta p_e - \Delta p_c = (84 - 14.7 - 30)\,\mathrm{MPa} = 39.3\,\mathrm{MPa}$$

各级流道的压力损失计算表见表 5-7。由表 5-7 可知，模具浇注系统总压力损失为 19.4MPa<$[\Delta p_r]$，以上各项数据符合设计要求。

5.3.4 流程不等的流道尺寸计算

多个型腔的注射模中，流程不等的流道的非平衡布置，其流道的总长度较短。但是各浇口射出的熔体压力不同，会影响成型制件的质量。可以通过各流道尺寸的调节，实现浇注系统各输出点的压力相等。浇注系统的平衡处理，在注射模的设计和注射生产中具有实用意义。

表 5-7 各级流道的压力损失计算表（$1N/cm^2 = 10^{-2}MPa$）

参数及计算式	各段流率 $Q = \dfrac{V}{t}/(cm^3/s)$	各段速率 $\dot{\gamma} = \dfrac{4Q}{\pi R^3}/s^{-1}$	幂参数		剪切应力 $\tau = K'\dot{\gamma}^n/(N/cm^2)$	各段压力降 $\Delta P = \dfrac{2L\tau}{R}/(N/cm^2)$
			n	K' $/(N \cdot s/cm^2)$		
主流道	66.8	2721	0.51	0.29	16.4	521
第一流道	33.1	659	0.72	0.07	7.5	488
第二流道	15.1	712	0.72	0.07	7.9	395
第三流道	7.04	574	0.72	0.07	6.8	136
浇口	6.82	1.36×10^5	0.28	2.43	66.5	399

流程不等的流道尺寸计算的原理和步骤与相等流程的流道平衡布置相同，其区别和难度在于流道尺寸的初步拟定。

1. 流道尺寸比率计算的原理

图 5-28 所示为分流道非平衡布置线图。为使熔体在分流道输送中就达到平衡流动，熔体必须以相同压力降同时到达各分流道末端。

如图 5-28a 所示，具有公共上游半径 R_u 的两个任意分支分流道半径 R_r 和 R_s，R_r 和 R_s 又分别为下游各分支的半径。其中 R_r 流道以下有 m 级分流道；R_s 流道以下又有 n 级分流道。熔体能同时到达这两条路径末端，两分岔的熔体流动的压力降应相等，有

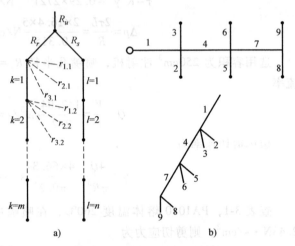

图 5-28 分流道非平衡布置线图

a）流道系统非平衡布置线图 b）6 腔模具流道流程不等的非平衡布置

$$\frac{\pi R_r^2 L_r}{Q_r} + \sum_{k=1}^{m} \frac{\pi R_k^2 L_k}{Q_k} = \frac{\pi R_s^2 L_s}{Q_s} + \sum_{l=1}^{n} \frac{\pi R_l^2 L_l}{Q_l} \qquad (5-18)$$

式中　m、n——分别为 R_r 和 R_s 再分支的流道数；

R_r、Q_r、L_r 和 R_s、Q_s、L_s——分别为两分支流道的半径、流量和长度；

R_k、Q_k、L_k 和 R_l、Q_l、L_l——分别为两分支的再分支流道的半径、流量和长度，$k = 1, 2, \cdots, m, l = 1, 2, \cdots, n$。

根据熔体在分流道中剪切速率相同原则，有

$$\frac{Q_r}{Q_s} = \frac{R_r^3}{R_s^3}$$

代入式（5-18），化简后得两流道间的半径比

$$\frac{R_r}{R_s} = \frac{L_r + \sum\limits_{k=1}^{m} \dfrac{Q_r}{Q_k}\left(\dfrac{R_k}{R_r}\right)^2 L_k}{L_s + \sum\limits_{l=1}^{n} \dfrac{Q_s}{Q_l}\left(\dfrac{R_l}{R_s}\right)^2 L_l} \qquad (5-19)$$

同理，在熔体流动前沿更新时，各分支流通道内的剪切速率仍应相等。若令 u、d 分别

表示上游和下游分流道，则有

$$\frac{Q_u}{Q_d} = \frac{R_u^3}{R_d^3} = \frac{\sum\limits_{i=1}^{d} R_i^3}{R_d^3} = 1 + \sum\limits_{i=1}^{d-1} \gamma_i \qquad (5\text{-}20)$$

式中　$\gamma_i = \dfrac{R_i^3}{R_d^3}$，$i = 1, 2, \cdots, d-1$。

若将 $\dfrac{R_d^2}{R_u^2}$ 用下游分流道半径比表示，有

$$\frac{R_d^2}{R_u^2} = \left(\frac{R_d^3}{\sum\limits_{i=1}^{d} R_i^3} \right)^{\frac{2}{3}} = \left(1 + \sum\limits_{i=1}^{d-1} \gamma_i \right)^{-\frac{2}{3}} \qquad (5\text{-}21\text{a})$$

将式（5-21a）与式（5-20）相乘，有

$$\frac{Q_u R_d^2}{Q_d R_u^2} = \left(1 + \sum\limits_{i=1}^{d-1} \gamma_i \right)^{\frac{1}{3}} \qquad (5\text{-}21\text{b})$$

将式（5-21b）代入式（5-19），得非平衡布置流道的几何关系，即

$$\frac{R_r}{R_s} = \frac{L_r + \sum\limits_{k=1}^{m} \left(\prod\limits_{j=1}^{k} \left(1 + \sum\limits_{i=1}^{d_j-1} \gamma_{i,j} \right)^{\frac{1}{3}} \right) L_k}{L_s + \sum\limits_{l=1}^{n} \left(\prod\limits_{j=1}^{k} \left(1 + \sum\limits_{i=1}^{d_j-1} \gamma_{i,j} \right)^{\frac{1}{3}} \right) L_l} \qquad (5\text{-}22)$$

式中　j——对于 r 和 s 两支路上的节点编号，含义同 k 或 l。因此 d_j 是对于第"j"节点下游的分流道数目。即

$$\gamma_{i,j} = \frac{R_i^3}{R_{d_j}^3}, \quad i = 1, 2 \cdots, d_j-1$$

显然，L_k 与 L_i 应为与 R_{j2} 对应的长度。

式（5-21a、b）和式（5-22）在分流道各段长度已知时，可限定分流道的总体积，来计算各分流道半径。但是，此两式与塑料材料的流变性质无关。计算结果是否可行，还需与注射工艺和参数结合，进行注射速率和压力降的多次校核修改。先确定主流道的半径，再计算其他分流道半径和流道体积，也可先确定连通浇口流道的半径，逐次计算其他分流道半径和流道体积。

6 腔的流道布置如图 5-29b 所示。主干分流道长度 $L_1 = L_4 = L_7 = 2\mathrm{cm}$；下级分流道长 $L_2 = L_3 = L_5 = L_6 = L_8 = L_9 = 1\mathrm{cm}$。根据制件型腔的流动速率，$R_5 = R_6 = 0.25\mathrm{cm}$，可求出分流道半径及流道系统总体积。

根据已知条件，下游无分岔，有

$$\frac{R_r}{R_s} = \frac{L_r}{L_s} = \frac{R_2}{R_3} = \frac{R_5}{R_6} = \frac{R_8}{R_9} = 1$$

代入式（5-22），得

$$\frac{R_7}{R_5}=\frac{L_7+\left(1+\dfrac{R_8^3}{R_9^3}\right)^{\frac{1}{3}}L_9}{L_5}=\frac{2+(1+1)^{\frac{1}{3}}\times 1}{1}=3.26$$

$$\frac{R_4}{R_2}=\frac{L_4+\left(1+\dfrac{R_6^3}{R_5^3}+\dfrac{R_7^3}{R_5^3}\right)^{\frac{1}{3}}L_5}{L_2}=\frac{2+(1+1+3.26^3)^{\frac{1}{3}}\times 1}{1}=5.32$$

由上下游流道半径关系式 $R_u^3=\sum_{i=1}^{n}R_i^3$，有

$$R_7^3=R_8^3+R_9^3=2R_8^3，得\ R_7=1.26R_8$$

$$R_4^3=R_5^3+R_6^3+R_7^3=(1+1+3.26^3)R_5^3=36.65R_5^3，得\ R_4=3.32R_5$$

$$R_1^3=R_2^3+R_3^3+R_4^3=(1+1+5.32^3)R_2^3=152.57R_2^3，得\ R_1=5.34R_2$$

将 $R_5=R_6=0.25\text{cm}$ 代入式（5-22）可确定 $R=0.3\text{cm}$，可解得下列所有流道尺寸。

流道号	1	2	3	4	5	6	7	8	9
长度/cm	2	1	1	2	1	1	2	1	1
半径/cm	0.833	0.156	0.156	0.830	0.250	0.250	0.815	0.647	0.647

流道总体积 $V=\pi\sum_{i=1}^{9}R_i^2 L_i=16.04\text{cm}^3$。

2. 流程不等的流道尺寸计算示例

现有非平衡布置的 6 腔流程不等布置线图，如图 5-29 所示，浇口间距离 $L_1=6\text{cm}$，$L_2=L_3=L_5=L_6=L_8=L_9=3\text{cm}$，$L_4=2\text{cm}$，$L_7=7\text{cm}$，6 个型腔容积均为 10cm^3；采用圆形流道，矩形浇口长 $L=0.1\text{cm}$，截面边长 $Wh=0.15\times 0.07\text{cm}$；用 PC 物料注射，在流道中熔体温度 300℃。

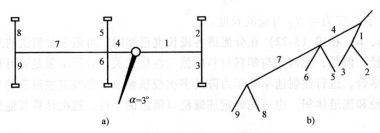

图 5-29　6 腔流程不等布置线图

a）流道布置　b）布置线图

（1）以熔体同时到达各分流道末端，作流道尺寸的初步拟定　由式（5-22），作图 5-29b 的布置线图，得

$$\frac{R_2}{R_3}=\frac{R_5}{R_6}=\frac{R_8}{R_9}=1$$

$$\frac{R_7}{R_5} = \frac{L_7 + \left[1 + \left(\frac{R_8}{R_9}\right)^3\right]^{\frac{1}{3}} L_9}{L_5} = \frac{8 + (1 + 1^3)^{\frac{1}{3}} \times 3}{3} = 3.927$$

$$\frac{R_4}{R_1} = \frac{L_4 + \left[1 + \left(\frac{R_7}{R_5}\right)^3 + \left(\frac{R_6}{R_5}\right)^3\right]^{\frac{1}{3}} L_5}{L_1 + \left[1 + \left(\frac{R_2}{R_3}\right)^3\right]^{\frac{1}{3}} L_3} = \frac{2 + (1 + 3.927^3 + 1)^{\frac{1}{3}} \times 3}{6 + (1 + 1)^{\frac{1}{3}} \times 3} = 1.422$$

$R_1^3 = R_2^3 + R_3^3 = 2R_2^3$，得 $R_1 = 1.260R_2$

$R_4^3 = R_5^3 + R_6^3 + R_7^3 = (1 + 1 + 3.927^3)R_5^3$，得 $R_4 = 3.970R_5$

$R_7^3 = R_8^3 + R_9^3 = 2R_8^3$，得 $R_7 = 1.260R_8$

再用式（5-22）可确定 $R_2 = 0.3\mathrm{cm}$，由此解出所有流道半径，并将直径圆整到 $0.1\mathrm{mm}$。

流道号	1	2	3	4	5	6	7	8	9
长度/cm	6	3	3	2	3	3	8	3	3
计算半径/cm	0.378	0.30	0.30	0.538	0.136	0.136	0.532	0.422	0.422
圆整半径/cm	0.4	0.3	0.3	0.55	0.15	0.15	0.55	0.4	0.4

（2）以熔体的流动速率和压力损失校核流道尺寸 塑料熔体的非牛顿性，对上述结果进行修正校核的最终结果见表5-8。

表 5-8 各段流道流过熔体的体积计算及修正校核的最终结果

参数及计算式	流道长 L_i/cm	流道半径 R_i/cm	各段体积 $\pi R_i^2 L_i$/cm³	流过体积 V/cm³
主流道	5	0.43（0.30~0.56）	2.904	81.39
2 或 3 流道	3	0.3	0.848	10.85
1 流道	6	0.45（经修正）	3.817	25.51
5 或 6 流道	3	0.25（经修正）	0.589	10.59
4 流道	2	0.55	1.901	52.98
8 或 9 流道	3	0.35（经修正）	1.155	11.16
7 流道	8	0.55	7.603	29.90
浇口	0.1	0.15×0.07	1.05×10^{-2}（不计）	10.00

由主流道熔体输送的剪切速率求出注射时间为

$$Q_o = \frac{\pi}{4} R^3 \dot{\gamma} = \frac{\pi}{4} \times 0.43^3 \times 2.5 \times 10^3 \, \mathrm{cm^3/s} = 156.11 \, \mathrm{cm^3/s}$$

$$t_o = \frac{V_o}{Q_o} = \frac{81.39}{156.11} \mathrm{s} = 0.52\mathrm{s}$$

由矩形浇口熔体输出的剪切速率求出注射时间为

$$\dot{\gamma} = \frac{6Q_g}{Wh^2} = 5 \times 10^4 \, \mathrm{s^{-1}}$$

$$Q_g = \frac{1}{6} Wh^2 \dot{\gamma} = \frac{1}{6} \times 0.15 \times 0.07^2 \times 5 \times 10^4 \, \mathrm{cm^3/s} = 6.13 \, \mathrm{cm^3/s}$$

$$t_g = \frac{V_g}{Q_g} = \frac{10}{6.13}s = 1.63s$$

注射时间 $\quad t = \frac{1}{3}t_o + \frac{2}{3}t_g = \frac{1}{3} \times 0.52s + \frac{2}{3} \times 1.63s = 1.3s$

查表 3-1 得重庆长风 GF20 的聚碳酸酯在 300℃下的 n 和 K'。各段流道的压力损失计算见表 5-9。

表 5-9 各段流道的压力损失计算

参数及计算式	体积流率 $Q = \dfrac{V}{t}$ /(cm³/s)	剪切速率 $\dot{\gamma} = \dfrac{4Q}{\pi R^3}$/s⁻¹	幂参数 n	K' /(N·sⁿ/cm²)	剪切应力 $\tau = K'\dot{\gamma}^n$ /(N/cm²)	各段压力降 $\Delta P = \dfrac{2L\tau}{R_n}$ /(N/cm²)
主流道	62.6	1002	0.49	1.25	36.93	859
2 或 3 流道	8.4	396	0.59	0.63	21.48	430
1 流道	19.6	274	0.59	0.63	17.28	461
5 或 6 流道	8.2	668	0.59	0.63	29.26	702
4 流道	40.8	312	0.59	0.63	18.66	136
8 或 9 流道	8.6	255	0.59	0.63	16.57	284
7 流道	23.0	176	0.59	0.63	13.31	387
浇口	7.7	6.29×10^4	0.40	3.07	255.03	729

矩形浇口的剪切速率为

$$\dot{\gamma} = \frac{6Q}{Wh^2} = \frac{6 \times 7.7}{0.15 \times 0.07^2}s^{-1} = 6.29 \times 10^4 s^{-1}$$

查得 $n = 0.40$，$K' = 3.07N \cdot s^n/cm^2$，得

$$\tau = K'\dot{\gamma}^n = 3.07 \times (6.29 \times 10^4)^{0.4} N/cm^2 = 255.03N/cm^2$$

熔体流过矩形浇口的压力降用前式（5-17）求得

$$\Delta p = \frac{2(6Q)^n K'' L}{W^n h^{2n+1}} = \frac{2 \times (6 \times 7.7)^{0.4} \times 3.07 \times 0.1}{0.15^{0.4} \times 0.07^{2 \times 0.4+1}} N/cm^2 = 729N/cm^2 = 7.29MPa$$

熔体在流道和浇口的压力降，各注射点的输出压力基本相等。

经流道 2 或 3 流程：$(8.6 + 4.6 + 4.3 + 7.3)MPa = 24.8MPa$。

经流道 5 或 6 流程：$(8.6 + 1.4 + 7.0 + 7.3)MPa = 24.3MPa$。

经流道 8 或 9 流程：$(8.6 + 1.4 + 3.9 + 2.8 + 7.3)MPa = 24.0MPa$。

3. 直排式流程不等流道的布排改造

这里介绍冷流道系统的直排式流程不等流道的平衡浇注。

（1）减小流程比能改善浇注条件 图 5-30 所示为 12 腔的直排式流程不等流道的注射成型，图中主流道为轴对称布置，主流道上 A 点起始是第一次分岔。图 5-30 中，三个流程长度为流程 1 为 30mm；流程 2 为 60mm + 30mm = 90mm；流程 3 为 60mm + 60mm + 30mm = 150mm。

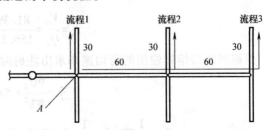

图 5-30 12 腔的直排式流程不等流道的注射成型

流程平衡比（Flow Balance Ratio，FBR）。对于流程 2 为 90∶30＝3∶1；对于流程 3 为 150∶30＝5∶1。

从主流道侧上的 A 点起到各型腔的流程长度不同，各相邻型腔的浇注流动速率和熔体条件，还有注射和保压压力有明显差异。因此，12 个型腔的成型制件的收缩、翘曲、重量和力学性能呈现不一致。

直排式流程不等流道的流程比越小，各相邻型腔的浇注流动速率和熔体条件越接近。图 5-31 所示为流程平衡比的改造方案。布排 A 方案的流程平衡比为 5∶1。布排 B 方案延长分流道的长度，流程平衡比 FBR 为 3∶1。布排 C 方案用辐射分岔，中央分流道与旁侧分流道的 FBR 为 1.3∶1，进一步改正邻近型腔之间的注射成型的差别。布排 D 方案为 8 型腔，FBR 为 1∶1，是等流程的平衡浇注。

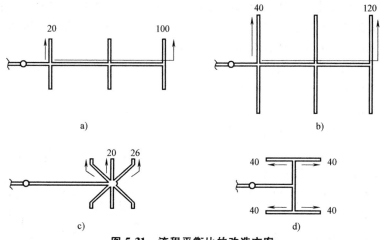

图 5-31　流程平衡比的改造方案
a) A 方案　b) B 方案　c) C 方案　d) D 方案

由图 5-31 可知，从 A 方案改造成 B 方案或 C 方案，各制件型腔的注入压力并不相同。大的流程平衡比 FBR 会有过量的流道体积和流道凝料。

流动分析 12 腔的直排流程不等流道系统时，主干流道直径从中央起逐级扩张。分流道要有足够长度，直径细小且向远处逐级变大。在冷流道模具里，当射入熔体到达第一浇口和型腔时会产生滞留。如果滞留时间过长，主干流道过细，熔体会降温冻结。如果主干流道直径过大，需要较长冷却时间，会增加注射周期。调试 12 个浇口输出的注射压力并使其相等很困难。

（2）浇注平衡中减小流道体积　冷流道模具的浇注平衡要点是减小流道体积，以更短途径注射和保压每个型腔。太小的流道，熔体不能充满型腔。因为制件需要补偿材料时，流道中物料冻结太早使浇注过程受阻。

图 5-32 所示为两种 8 腔的直排的流道布置方案。型腔的长为 25mm，宽为 25mm，壁厚为 2.5mm。A 方案是流道流程相等的平衡布置。B 方案是直排的流程不等流道的布置。

B 方案与 A 方案的主流道长度相同，为 76.2mm。B 方案上，分流道长度 x 有 6.35、12.7、19.1 和 25.4mm，分流道长度 x 与流程 FG1 和 FG2，依次有不同流程平衡比 FBR，如下：

x	6.35	12.7	19.1	25.4
FBR	9∶1	5∶1	3.7∶1	3∶1

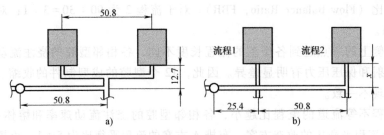

图 5-32　两种 8 腔的直排的流道布置方案

a) A 方案　b) B 方案

　　为了保证流程 FG1 型腔的保压压力，该分流道的直径为 3.8mm，取制件壁厚的 1.5 倍。使用计算机注射模塑流动分析软件能同时充满流程 FG1 和流程 FG2 的两个型腔，确定主流道和 FG2 分流道直径。FG2 分流道直径必定大于 3.8mm。如果以两流程熔体注射型腔的压力相等为目标，可以人工设计计算 FBR 为 1：1 的平衡浇注。

　　图 5-33 所示为直排式流程不等流道，进行浇注平衡的研究。由图 5-32 可知，流程 FG1 的分流道直径 3.8mm 固定不变。由平衡浇注的四种流程平衡比 FBR，改变分流道长度 x，调节 FG2 的分流道直径和主流道直径。

　　由图 5-33 可知，揭开了浇注平衡方法：

　　1) 流程平衡比 FBR 越小的浇注平衡，所需的分流道越长。

　　2) 主流道长度不变时，流程平衡比 FBR 越小的浇注平衡，所需的主流道直径越小。

　　3) 基于流程 FG1 的分流道是最细直径，流程平衡比 FBR 越小的浇注平衡，所需流程 FG2 的分流道直径会越小。这样可避免流道过粗而消耗材料和增加冷却时间。

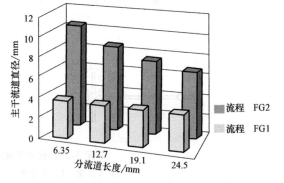

图 5-33　四种 FBR 平衡浇注主干流道（深色）和 FG2 分流道（浅色）的直径

　　图 5-34 所示为直排式流程不等流道平衡浇注的体积研究。由图 5-32 可知，A 方案的流程相等的流道直径有 3.81mm 和 6.35mm 两种。由图 5-34 可知，流程 FG2 流道总体积为 16cm³ 和 12cm³。图 5-32 中，不等流程的 B 方案的制件型腔大小和型腔位置，与 A 方案相同。图 5-34 中 x 的长度为 6.35mm、12.7mm、19.05mm 和 25.4mm。四种流程平衡比 FBR 状态的平衡浇注时，流程 FG1 分流道直径 3.81mm 保持不变。流道总体积随流程平衡比 FBR 降低而减小。

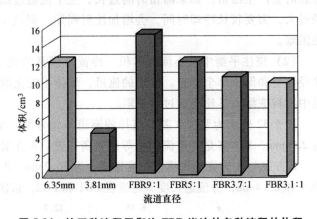

图 5-34　按四种流程平衡比 FBR 浇注的各种流程的体积

由图 5-34 可知，在 FBR 为 9：1 时，流程 FG2 的分流道和主流道达到 10.4mm，流道体积有 15cm³。FG2 的流程长度上熔体流动压力损失（等于 FG1 直径 6.8mm，长 12.7mm 流道输送的压力降）可使两个相邻的型腔被同时注满。依次操作，在 FBR 为 3：1，流程 FG2 的流道达到 6.8mm，流道体积有 10cm³。在 FBR 趋于 1：1，平衡浇注时可以有较小的流道体积。8 腔的直排式流程不等流道的设计计算结果如图 5-35 所示。

由图 5-35 可知，FG2 的主干流道长度为 76.2mm。FG2 的主流道和分流道的直径为 6.4mm，保持不变。分流道长度 x 分别为 6.35mm、12.7mm、19.1mm、24.5mm。调整 FG2 和 FG1 的分流道长度，同时保持两者直径相同。以 FG1 的分流道直径 1.9mm 起，通过计算机的流动分析模拟能达到熔体同时充满两个相邻的型腔。之后逐次增加 FG1 的分流道直径直至 3.8mm，且保证熔体同时充满两个相邻的型腔。

4. 多制件注射模的平衡浇注

遇到制件体积较小时，采用多制件的注射模成型能达到更好的经济效果。同样制件的多个型腔模具，流道系统的平衡浇注要求不同。多制件模具对不同成型制件的质量和精度要求已经不重要。多制件模具要求不同制件型腔能同时充满。否则首先充满的型腔承受高压注射和过保压，制件会有亮斑等缺陷；后充满的型腔，成型了低压注射又保压补偿不足的制件，甚至会有欠注。图 5-36 所示为两制件的流道系统平衡浇注。应用计算机的流动分析模拟，调整各段分流道的长度和直径，熔体能同时推抵至两个型腔的末端。

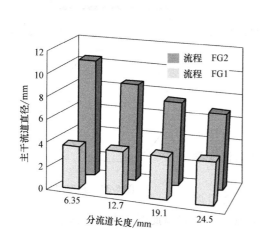

图 5-35 8 腔的直排式流程不等
流道的设计计算结果

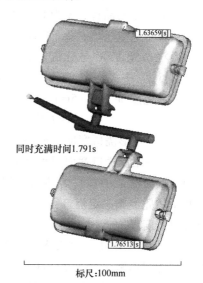

图 5-36 两制件的流道系统平衡浇注

5.4 浇口设计

浇口是塑料熔体进入型腔的阀门，对制件质量有重大影响。浇口的类型与尺寸便成为浇注系统设计中的关键。按照浇口截面可分成为大浇口、中等截面浇口和小浇口三类。

5.4.1 中等截面浇口

中等截面浇口也称限制性浇口或内浇口，包括矩形浇口、重叠浇口、扇形浇口、平缝浇口、圆环浇口、盘形浇口和轮辐浇口。热流道系统的针阀式喷嘴的浇口类同中等截面的浇口。

1. 矩形浇口

（1）应用　矩形浇口也称边缘浇口或侧浇口（Edge Gate），如图 5-37 所示。各种中等截面浇口都从矩形浇口演变而来，所以也称标准浇口。由于它开设在主分型面上，因此截面形状易于加工和调整修正。多个型腔模具采用浇矩形口，可设计成单分型面两板模。它适用于各种塑料物料，易切除且对制件外观质量影响小。

（2）尺寸参数　浇口的三个尺寸中，以深度 h 最为重要。h 控制浇口畅通开放时间和保压补偿作用。浇口宽度 W 的大小控制了熔体流量。浇口长度 L，在结构强度允许的情况下以短为好，一般选用 $L=0.5\sim1.5\text{mm}$。浇口深度 h，有考虑制件壁厚和材料黏度的经验公式，为

$$h = Ns \tag{5-23a}$$

式中　h——矩形浇口深度（mm）；

　　　s——制件壁厚（mm）；

　　　N——塑料材料系数。

对众多的塑料品种，N 为 $0.4\sim0.7$。高黏度塑料的材料系数 N 取大值。如 PVC 取 0.7；低黏度塑料熔体取小值，如 PE 取 0.4。

矩形浇口宽度 W 与分流道直径 d 有关，通常 $W \leqslant 0.8d$。图 5-37 中，浇口截面（W、h）小于流道截面（d_i）。常见宽度 W 为 $3\sim5\text{mm}$。

$$A = hW \tag{5-23b}$$

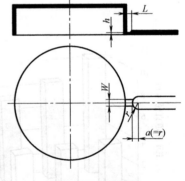

图 5-37　矩形浇口

式中　W——矩形浇口宽度（mm）；

　　　A——矩形浇口截面面积（mm^2）。

矩形截面流道中塑料熔体为二维流动，流变学计算较为复杂。凭经验决定浇口长度 L 和深度 h，还需流变学计算浇口宽度 W 的尺寸。

（3）流变学计算　由表 5-3 可知，流经矩形浇口熔体的合理剪切速率 $\dot{\gamma}=(3.0\sim7.0)\times10^4\text{s}^{-1}$。熔体在矩形浇口以此范围内剪切速率射出，剪切变稀能顺利充模。可以牛顿流体设计截面尺寸。

$$\dot{\gamma} = \frac{6Q}{Wh^2} \tag{5-24}$$

式中　Q——流经矩形截面浇口的熔体体积流量（cm^3/s）；

　　　W、h——矩形截面的宽度和深度（cm）。

根据注塑制件的壁厚 s，先决定矩形浇口深度 h。$\dot{\gamma}$ 常以 $5\times10^4\text{s}^{-1}$ 左右代入式（5-24），可计算确定矩形浇口宽度 W。当 $W>5\text{mm}$ 时可考虑用两个或更多矩形浇口进料。为防止制件生成熔合缝，可改用扇形浇口或平缝形浇口。

必要时，用式（5-3）计算矩形浇口沿长度方向压力降，即

$$\Delta P = \frac{12Q\eta L}{Wh^3}$$

式中 η ——熔体黏度。

（4）矩形浇口的设计实例 有 PS 矩形盒，底平面 150mm×130mm，高 50mm，壁厚 s = 1.4mm。试设计矩形浇口。

现取浇口长 L = 0.5mm。PS 熔体黏度中等，取 N = 0.6，故 h = Ns = 0.6×1.4mm = 0.84mm。制件盒固态材料体积为 65.0cm^3。PS 的密度修正系数为 0.95，得到熔体体积 V = 68.4cm^3。参考表 5-2，决定注射时间为 1.1s，得

$$Q = \frac{V}{t} = \frac{68.4\text{cm}^3}{1.1\text{s}} = 62.2\text{cm}^3/\text{s}$$

查表 5-3，流经矩形浇口熔体的合理剪切速率 $\dot{\gamma}$ = $5\times10^3\text{s}^{-1}$，代入式（5-24），得

$$W = \frac{6Q}{\dot{\gamma}h^2} = \frac{6\times62.2}{5\times10^3\times0.084^2}\text{cm} = 10.6\text{cm}$$

故得矩形浇口截面，$W\times h$ = 106mm×0.84mm，或用两个浇口，单个尺寸为 53mm×0.84mm。

（5）矩形浇口的结构设计。图 5-38 所示为矩形浇口截面的推荐设计，介绍了矩形截面浇口尺寸与制件的壁厚 s 和分流道 d 的关系。分流道与矩形浇口应以曲面收拢连接，让熔体流线平缓。

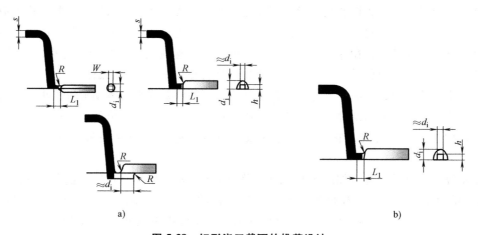

a)   b)

图 5-38 矩形浇口截面的推荐设计

a）壁厚 $s\leqslant4$mm，流道直径 d_i = 1.5s+0~3mm；h = 0.8s，W = 0.8d；L = 0.5~2.0mm；$R\geqslant0.8$mm

b）壁厚 $s>4$mm，流道直径 d_i = s+1~2mm；h = 0.8s，W = 0.8d；L = 0.5~2.0mm；$R\geqslant1.0$mm

（6）矩形浇口改造。图 5-39 所示为切边浇口（Notched Edge Gate）与制件，该浇口能在脱模过程中切边弯曲，与制件折断分离，适合脆性的聚合物材料，需要设置二级脱模机构。当制件黏附在动模的型腔里时，一级推杆作用在流道和浇口，切口以角度弯曲折断。然后，二级脱模零件将制件从动模里推出制件。

重叠式浇口、扇形浇口和平缝浇口都是矩形浇口截面

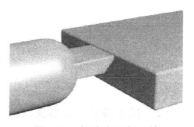

图 5-39 切边浇口与制件

的改造结果。它们都有较大的浇口宽度。浇口与制件的切离较麻烦，但浇口中熔体慢速均匀流动，有利于改善制件质量。

2. 重叠浇口（Lapped Edge Gate）

如图 5-40 所示，矩形浇口开设在制件端面的边缘，称为重叠浇口。高压的熔体从矩形浇口射出后面对大型腔会产生喷射流动。熔体经重叠浇口后定向冲击壁面，流动阻力抑止喷射。浇口连着流道又搭接着制件，人工切离较麻烦，切削加工要保证制件表面质量。重叠浇口适用于低黏度物料，使熔体有序推进。浇口深度 h、宽度 W 及长度 L_1 可按前侧浇口的确定方法计算。一般选用 $L_1 = 0.5 \sim 1.5\mathrm{mm}$。$L_2$ 计算式为

$$L_2 = h + \frac{W}{2} \qquad (5\text{-}25)$$

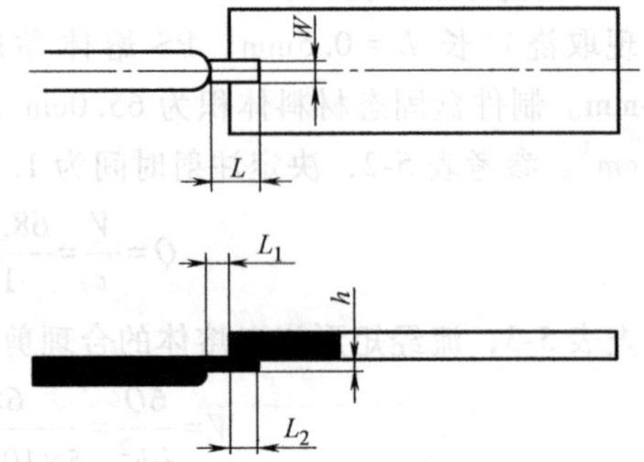

式中　L_2——重叠长度（mm）；

　　　　h——浇口深度（mm）；

　　　　W——浇口宽度（mm）。

图 5-40　重叠浇口

3. 扇形浇口（Fan Gate）

（1）应用　扇形浇口是矩形浇口的一种改进型，在分型面上连接制件，需要人工去除。扇形浇口从流道起向型腔扩展呈扇形，深度逐步由深至浅。浇口的引导部分截面积 S 应视为常数。塑料熔体可在较宽范围注入制件型腔，所以这种浇口适用于大面积薄壁制件。熔体在扇形浇口宽度方向扩展，在深度方向较薄。熔体均匀慢速流动和较低剪切速率向型腔推进。注射着色塑料时，外观色泽一致。除黏度较高的物料外，一般塑料均适用。

扇形浇口注入熔体在制件的宽度方向流动均匀，使注射成型时流动痕迹很小。减小浇口区域的残余应力，成型的制件的翘曲变形很小，尺寸稳定性好。扇形浇口可以替代多个矩形浇口，制件中没有熔合缝。它的缺点是在较大宽度上剪断时需要夹具、剪切刀具和动力设备。

扇形浇口和改进型浇口如图 5-41 所示。图 5-41a 所示为扇形浇口的宽度等于制件宽。图 5-41b 所示为添加分流道，有两条分流道传输充裕的熔体，可以设计较长的浇口宽度。图 5-41c 所示为调节浇口深度，浇口的引导部分深度在宽度中央浅些，而两侧略有加深。保证熔体在制件的宽度方向流动均匀顺畅。

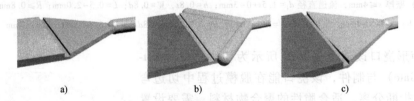

a)　　　　　　　　　　b)　　　　　　　　　　c)

图 5-41　扇形浇口和改进型浇口

a）与制件宽相等　b）添加分流道　c）调节浇口深度

（2）尺寸参数　扇形浇口的尺寸参数确定有难度。

1）扇形浇口如图 5-42 所示，浇口在型腔端的宽度 W 要首先确定。如果 W 小于制件的

宽度，浇口熔体推出在型腔时，有横向的扩展流动。在扇形浇口附近和型腔转角区域有熔体滞留，这会对成型制件的质量产生负面效应。理想设计是浇口宽度 W 等于制件的宽度。

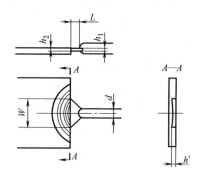

图 5-42　扇形浇口

2）浇口的深度 h 应该是制件壁厚 s 的 0.5 倍左右。过大的浇口深度，使熔体的流动剪切速率低，在大面积的扇形浇口里的流动阻力大。过小的浇口深度会使熔体过早冻结。计算时应该以制件材料的熔体体积流率 Q 代入。上游流道直径 d

用 $d = \dfrac{1.366}{\sqrt[3]{\dot{\gamma}}} \sqrt[3]{\dfrac{Q(3n+1)}{n}}$ 计算，式中 $\dot{\gamma}$ 应在

$(3\sim7)\times10^2\mathrm{s}^{-1}$ 范围内，n 为流变幂律指数。

3）由图 5-42 可知，浇口的引导部分长度大约为浇口宽度 W 的一半，扇形浇口的扩展角在 45°左右。过大扩展角会造成熔体流动不稳定，对熔体条件有负面作用。

4）由图 5-42 可知，浇口的宽度 W 小于型腔宽度。流道直径 d 是浇口的起始宽度。由扇形浇口的平均深度 h 计算浇口的截面积 S，有

$$S = hW \tag{5-26}$$

（3）扇形浇口的设计实例　一块尺寸为 200mm×50mm×3mm 的 PS 平板，设计其扇形浇口。

1）参量计算。

初拟的浇口深度　　　$h = 0.5s = 0.5\times3\mathrm{mm} = 1.5\mathrm{mm}$

制件体积　　　　$V = 20\mathrm{cm}\times5\mathrm{cm}\times0.3\mathrm{cm} = 30\mathrm{cm}^3$

熔体体积　　　　PS 无定形材料/0.95，有 $V = 31.6\mathrm{cm}^3$

2）参考表 5-2，确定注射时间 $t = 0.87\mathrm{s}$。

体积流量　　　　$Q = \dfrac{V}{t} = \dfrac{31.6\mathrm{cm}^3}{0.87\mathrm{s}} = 36.3\mathrm{cm}^3/\mathrm{s}$

3）参考表 5-3，以合适的剪切速率（$\dot{\gamma} = (1.0\sim5.0)\times10^3\mathrm{s}^{-1}$）计算浇口宽度

$$W = \dfrac{6Q}{\dot{\gamma}h^2} = \dfrac{6\times36.3}{3000\times0.15^2}\mathrm{cm} = 3.2\mathrm{cm}$$

向上取整后确定浇口的宽度 $W = 40\mathrm{mm}$，深度 $h = 1.5\mathrm{mm}$。浇口长度 L 以短为好，选用 $L = 2.5\mathrm{mm}$。

4）再次校核浇口熔体流动剪切速率

$$\dot{\gamma} = \dfrac{6Q}{Wh^2} = \dfrac{6\times36.3}{4\times0.13^2}\mathrm{s}^{-1} = 3213\mathrm{s}^{-1}$$

设计计算流道直径，由表 3-1 查得 $n = 0.3$，从表 5-3 中选择合适剪切速率 $\dot{\gamma} = 500\mathrm{s}^{-1}$，得

$$d = \dfrac{1.366}{\sqrt[3]{\dot{\gamma}}} \sqrt[3]{\dfrac{Q(3n+1)}{n}} = \dfrac{1.366}{\sqrt[3]{500}} \sqrt[3]{\dfrac{36.3(3\times0.3+1)}{0.3}}\mathrm{cm} = 1.05\mathrm{cm}$$

5）确定流道直径 $d=11\mathrm{mm}$，扇形浇口截面积 $S=Wh=40\times1.3\mathrm{mm}^2=52\mathrm{mm}^2$。浇口引导部分的截面积与圆流道截面积 S 略小些，进行几何运算后，确定流道上的起始截面尺寸为 $8\mathrm{mm}\times11\mathrm{mm}$。

4. 平缝浇口（Film Gate）

（1）应用　平缝浇口又称薄膜浇口，由扇形浇口演变而来，其注射流动更为均衡。对有透明度和平直度要求、表面不允许有流痕的片状制件尤为适宜。与扇形浇口相比较，平缝浇口的优点在于节省空间和材料。制件、浇口和分流道沿着模板平面连接。比起扇形浇口，通过平缝浇口的流动速率较低，进入浇口和输入型腔的位置有滞留熔体。因此，高黏度聚合物不能用平缝浇口浇注。

（2）尺寸参数　平缝浇口宽度 W 等于型腔宽度，如图 5-43 所示。分流道加长贮存冷料，耗料较多。浇口长度 $L\geqslant1.3\mathrm{mm}$，以便于割除。浇口深度 h，即使对于低黏度熔体也不能小于 $0.25\mathrm{mm}$，深度 h 经验公式为

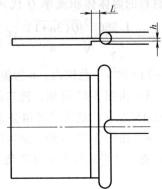

$$h=(0.5\sim0.7)s \tag{5-27}$$

式中　s——制件壁厚。

主干流道直径 d_1 要用合适的剪切速率 $\dot{\gamma}$、体积流量 Q 和熔体指数 n 计算。分流道直径 $d_2=0.79d_1$。需关注分流道侧向的熔体传输，并在分流道的两端设置冷料井。

图 5-44 所示为壁厚 s 小于 4mm 的平缝浇口的推荐设计。对于宽度 $W>50\mathrm{mm}$ 的平缝浇口，应采用人字形流道。浇口长

图 5-43　平缝浇口

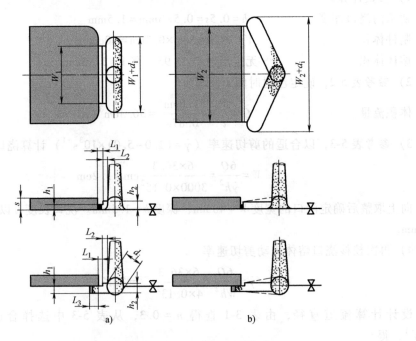

a)　　　　　　　　　b)

图 5-44　壁厚 s 小于 4mm 的平缝浇口的推荐设计

a) 平行流道的窄缝浇口　b) 人字流道的宽缝浇口

注：流道直径 $d=1.5s+0\sim3\mathrm{mm}$；$L_1=1.3\sim2.0\mathrm{mm}$；$L_2=1.3\sim3.0\mathrm{mm}$；$h=(0.5\sim0.7)s$。

度上有两个深度 h（h_1）和 h_2，$h_2 = 0.4 \sim 0.6\mathrm{mm}+h$，$h$ 取决于壁厚 s。

（3）平缝浇口的改进　平缝浇口和扇形浇口的宽度大，冷却面积很大，比常见的限制型的浇口冷却快，浇口里材料冻结早，制件缺失保压补偿，对制件质量的负面影响明显。图 5-45 所示的改善保压的平缝浇口设计可改善保压。

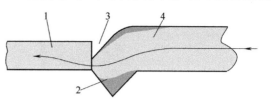

图 5-45　改善保压的平缝浇口设计
1—注塑制件　2—缺口使冷传导变差
3—贮留塑料的绝热沟　4—平缝浇口

5. 圆环浇口（Ring Gate）

（1）应用　圆环浇口是环绕圆管型腔的平缝浇口，如图 5-46 所示。通常用于单分型的冷流道模具，主要用于注塑圆管制件。圆环浇口置于外侧或置于制件的端面上，分流道成圆环布置。从底部进料可减少细长型芯的变形。圆环平缝浇注有均匀流动，避免产生熔合缝。圆环浇口截面为圆形或矩形。这种浇口进料均匀、排气容易、制件质量好。但是浇口切除需用冲裁模冲切。圆环流道和平缝浇口中，熔体流动剪切速率变化大、流动不稳定。

图 5-46a 所示为外圆环浇口，适用于孔径较小的管筒形塑件。细长型芯可有两端支承，保证制件壁厚均匀，在环形分流道的末端也应设置冷料井。这种浇口适用于多个型腔的注射模具。图 5-46b 为轴向缝隙环形浇口，采用梯形流道。它与外环浇口相似，熔体压力冲击长型芯的很小，更适于细长的需两端支承的型芯。浇口长度 $L = 0.8\mathrm{mm}$，浇口深度 h 不宜过小。

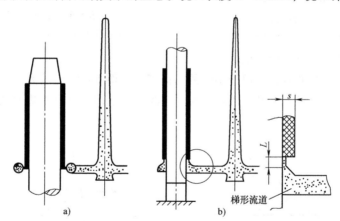

图 5-46　圆环浇口
a）外圆环浇口　b）轴向缝隙环形浇口

（2）尺寸参数　圆环浇口深度 h 可参照平缝浇口，$h = (0.5 \sim 0.7)s$。浇口长度 $L = 0.75 \sim 1.0\mathrm{mm}$。$h$ 过小和 L 过长时，塑料熔体会产生较大的压力降。

（3）圆环浇口的改进　图 5-47 所示为圆环浇口的改进。圆环浇口还包括边缘式点浇口，流道的末端设有冷料井，浇口去除方便，型腔的注射流动不平衡，制件上有熔合缝，能在模具里自动切断点浇口，并脱出引导圆锥头。从制件的顶部外圆注入熔体，会有细长型芯偏移和弯曲变形。

6. 盘形浇口（Diaphragm Gate，Disk Gate）

（1）应用　图 5-48 所示为盘形浇口。常用在单分型面的二板模中，浇口置于孔的内侧，

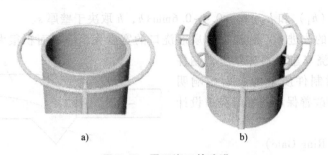

图 5-47　圆环浇口的改进

a）外环三点浇口　b）外环四点浇口

或置于制件顶部的端面上。较大型芯悬臂固定在动模，变形的可能性小。有理想的流动模式，制件中无熔合缝，翘曲变形小。这种浇口进料均匀、排气容易、制件质量好。但是浇口切除需用冲裁模冲剪。浇口也可交叠在端面上。

（2）尺寸参数　盘形浇口的设计如图 5-49 所示。图 5-49a 中圆锥盘形流道和平缝浇口高出制件端面。平缝浇口深度 $h = (0.5 \sim 0.7)s$。浇口长度 $L = 1.0 \sim 2.5\text{mm}$。上级流道直径 d_i 由浇注系统的体积流量决定。圆锥盘形膜片浇口具有

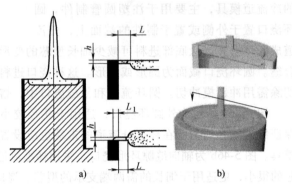

图 5-48　盘形浇口

a）尺寸标注　b）轴侧剖视图

锥角 $\alpha = 90°$ 的圆锥头的型芯，适用于小型的圆筒塑件。图 5-49b 所示为内置的盘形浇口，浇口和盘形流道在一个平面上。置于圆筒里的盘形浇口，适用于具有翻边的圆筒注塑制件。

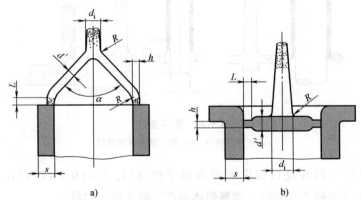

图 5-49　盘形浇口的设计

a）圆锥盘形膜片浇口　b）内置的盘形浇口

注：壁厚 $s \leqslant 4\text{mm}$，流道直径 $d' = (0.8 \sim 0.9)s$；壁厚 $s > 4\text{mm}$，流道直径 $d' = 1.5(0.8 \sim 0.9)s + 1 \sim 3\text{mm}$；
$L = 1 \sim 2.5\text{mm}$；$h = (0.5 \sim 0.7)s$；$d' = (0.8 \sim 0.9)s$；$\alpha \leqslant 90°$；$R \leqslant 0.5\text{mm}$。

7. 轮辐浇口（Spoke Gate，Spider Gate）

（1）应用　轮辐浇口的适用范围类同盘形浇口。它把整个圆盘改成了几段分流道进料，

如图 5-50 所示。这样不但浇口去除方便，凝料减少，而且型芯上顶部的分流道和浇口被定位支撑，增加型芯稳定性。缺点是制件上带有若干条熔合缝，影响力学性能。图 5-51 所示为轮辐式布排潜伏浇口，潜伏浇口去除容易，但制件中有熔合缝。

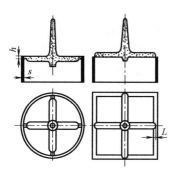

图 5-50　轮辐式布置浇口

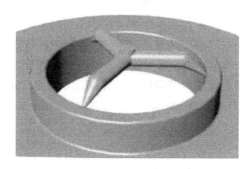

图 5-51　轮辐式布排潜伏浇口

（2）尺寸参数　在图 5-50 中，浇口长度 $L=1.0\sim3.0\text{mm}$，浇口深度 $h=(0.5\sim0.7)s$。浇口宽度 $W=1.6\sim5.0\text{mm}$，小于分流道截面尺寸。分流道可以是梯形截面。主流道直径和分流道截面尺寸，要用合适的剪切速率 $\dot{\gamma}$、体积流量 Q 和熔体指数 n 计算。

5.4.2　小浇口

小浇口包括点浇口、潜伏浇口、弯勾浇口、跳跃浇口和分爪浇口，属于约束型浇口。

1. 点浇口（Ping Gate）

（1）应用　点浇口全称针点式浇口，俗称小水口，优点如下：

1）可提高塑料熔体剪切速率，表观黏度降低明显，以致容易充模。这对 PE、PP、PS 和 ABS 等对剪切速率敏感，即非牛顿指数小的熔体更加有效。

2）熔体经过点浇口时摩擦生热，熔体温度升高，黏度再次下降，使流动性再次提高。

3）能控制补料时间，且不发生倒流。有利于降低注塑制件，特别是浇口附近的残余应力，提高了制件质量。

4）能缩短成型周期，提高生产效率。

5）有利浇口与制件的自动分离，便于实现塑件生产过程的自动化。

6）浇口痕迹小，容易修整。

7）在多个型腔模具中，容易实现各个型腔均衡进料，改善了制件质量。

8）能较自由地选择浇口位置。

点浇口的缺点如下：

1）必须采用双分型面的模具结构。

2）不适合高黏度和对剪切速率不敏感的塑料熔体。

3）不适合厚壁制件成型。

4）要求施加较高的注射压力。

（2）结构设计　按照使用位置，点浇口可分成两种。一种是直接接通主流道，整个点浇口如图 5-52a 所示，称为棱形浇口或橄榄浇口。由于熔体由注射机喷嘴很快就进入型腔，只能用于对温度稳定的物料，如 HDPE 和 PS 等。图 5-52b 所示为多点进料注射一个型腔，经分流道的多点进料的点浇口，使用较多。冷流道系统的点浇口在使用时，必须采用双分型面的三板式注射模。浇注系统凝料和制件在不同分型面坠落。与单分型模具相比，定模增加了一块可往复移动的型腔板。此板也称为型腔中间板或流道板。热流道注射模无需取出浇注系统的凝料，避免采用双分型面的模具结构。

点浇口注塑量小于 500cm³，流量小于 300cm³/s，一般用于壁厚小于 3mm 的注塑制件。常见点浇口的孔径 d 为 0.5～1.8mm。注射点注射量越大，浇口的直径应越大。圆孔长 L = 0.5～0.75mm。它可使熔体流经剪切速率 $\dot{\gamma} > 10^4 s^{-1}$。由于塑料熔体的剪切变稀的性能，大多数塑料流经点浇口时，熔体黏度下降至 10Pa·s 左右。

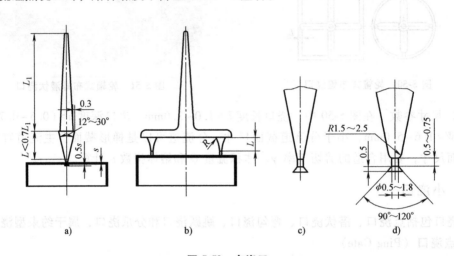

图 5-52　点浇口

a）单个型腔单个棱形浇口　b）多点进料注射一个型腔　c）直圆锥孔引导，
与制件表面连接处带有倒锥　d）带球形底的圆锥孔，有倒锥

点浇口的引导圆锥孔有两种形式。由图 5-52a 可知，点浇口附近区域流动剪切速率高，固化后残余应力大，为防止薄壁塑件开裂，可将浇口对面的壁厚局部适当增加。点浇口的引导部分长度一般为 15～25mm，锥角 12°～30°，与分流道间用圆弧相连。图 5-52c 所示为直圆锥孔引导，流动阻力小且有倒锥，适合于含玻璃纤维的塑料熔体。图 5-52d 所示为带球形底的圆锥孔，能延长浇口冻结时间，有利于保压补偿收缩。点浇口与制件表面连接处带有 90°～120°锥度，高 0.5mm 的倒锥使点浇口在拉断时不损伤制件。

（3）直径计算

1）单个点浇口的型腔，可用牛顿流体的圆管道的剪切速率计算式。以 $\dot{\gamma} = (1.0～3.0) \times 10^5 s^{-1}$ 代入后，估算点浇口直径，则有

$$d = \sqrt[3]{\frac{32Q}{\pi\dot{\gamma}}} = (0.0237～0.0467)\sqrt[3]{Q} \approx 0.04\sqrt[3]{Q} \tag{5-28}$$

式中　$Q = \dfrac{V}{t}$，Q——流经点浇口的熔体体积流量（cm³/s）；

　　　　V——单点的单型腔熔体注射量（cm³）；

　　　　t——注射机对模具的注射时间（s），查表 5-2。

以牛顿流体估算点浇口直径见表 5-10，由式（5-28）估算。

表 5-10　以牛顿流体估算点浇口直径

熔体体积 V/cm^3	注射时间 t/s	熔体体积流量 $Q/(cm^3/s)$	点浇口直径 d/mm
100	1.4	71.4	1.9
50	0.8	62.5	1.5
10	0.3	33	0.9
5	0.2	25	0.7
2	0.1	20	0.2

2）注射的浇注系统多个点浇口成型相同制件，要用非牛顿流体的圆管道的剪切速率计算式。并考虑聚合物材料的黏度和剪切速率的敏感性，计入聚合物材料系数 N。以 $\dot{\gamma} = (1.0 \sim 3.0) \times 10^5 s^{-1}$ 代入后，计算点浇口直径 d，则有

$$d = \frac{1.366}{\sqrt[3]{\dot{\gamma}}}\sqrt[3]{\frac{q_i(3n+1)}{n}} = \frac{1.366}{\sqrt[3]{\dot{\gamma}}}N\sqrt[3]{q_i} = (0.0204 \sim 0.0294)N\sqrt[3]{q_i} \approx 0.025N\sqrt[3]{q_i} \quad (5\text{-}29)$$

式中　$N = \sqrt[3]{\dfrac{3n+1}{n}}$，$q_i = \dfrac{V}{t}$，

q_i——每个点浇口的熔体体积流量（cm^3/s）；

N——聚合物材料系数；

n——熔体流变曲线上，在 $\dot{\gamma} \approx 10^4 s^{-1}$ 时的流动指数，可查表 3-1 和表 3-2。

非牛顿流体的点浇口直径见表 5-11。

表 5-11　非牛顿流体的点浇口直径

制件型腔熔体体积 V	体积流量 q_i	注射时间 t	聚合物	流动指数 n	系数 N	浇口直径 d
$100cm^3$	$71.4cm^3/s$	1.4s	PS	0.29	1.86	1.9mm
			PP	0.13	2.20	2.3mm
$80cm^3$	$66.7cm^3/s$	1.2s	ABS	0.20	2.00	2.0mm
			PC	0.40	0.95	1.0mm
$50cm^3$	$62.5cm^3/s$	0.8s	ABS	0.20	0.20	2.0mm
			HDPE	0.30	0.83	0.8mm
$5cm^3$	$25.0cm^3/s$	0.2s	ABS	0.20	2.00	1.5mm
			POM	0.18	2.04	1.5mm
$2cm^3$	$2.5cm^3/s$	0.1s	ABS	0.20	2.00	0.7mm
			PMMA	0.24	1.93	0.7mm

（4）改进设计　图 5-53 所示为注塑制件壁厚 s 小于 3mm 时点浇口的改进设计。考虑浇口倒锥，制件有凹坑和局部加厚。以使点浇口在制件表面上痕迹最小，保证浇口附近区域材料成型质量。

2. 潜伏浇口（Tunnel Gate）

潜伏浇口也称隧道浇口或剪切浇口，它具备点浇口的一切优点。潜伏浇口潜入分型面一侧，沿斜向进入型腔，这样在开模时，不仅能自动剪断浇口，而且其位置可设在制件侧面、端面和背面等各隐蔽处，制件外表面上无凸起痕迹。采用潜伏浇口的模具，可将三板式模具

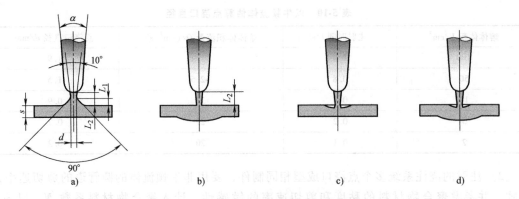

图 5-53　壁厚 s 小于 3mm 时点浇口的改进设计

a）加设浇口倒锥　b）壁厚加厚 $0.5s$　c）壁厚 $s=2\sim3$mm 时，凹坑中设点浇口

d）壁厚 $s<2$mm 时，沉坑中设点浇口，壁厚加厚 $0.5s$

注：浇口直径 $d=(0.5\sim0.8)s$，或 $d=0.8\sim2.0$mm；倒锥长 $L_1=0.2\sim0.5$mm；浇口长 $L_2=0.5\sim1.0$mm；$\alpha>5°$。

简化成两板式模具。它的浇口直径可参照点浇口的计算方法确定。

（1）结构尺寸　图 5-54 所示为带引导圆锥的潜伏浇口。设计潜伏浇口时，以制件壁厚 s 决定浇口位置和尺寸。图 5-54a 所示浇口，注入截面为椭圆形，容易与制件剪切分离，浇口痕迹小。引导圆锥在定模板中拔出，流道在分型面上可以是梯形截面或斜切圆截面。图 5-54b 中浇口注入截面为梯形，浇口的引导圆锥有较大强度，避免在圆锥孔中被拉断，浇口遗留痕迹大。

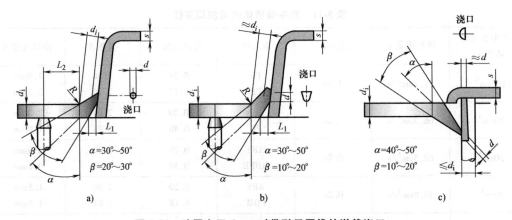

图 5-54　壁厚小于 4mm 时带引导圆锥的潜伏浇口

a）椭圆浇口头　b）D 浇口头　c）跳跃浇口的 D 浇口头

注：流道直径 $d_i=1.5s+0\sim3$mm；浇口直径 $d=(0.3\sim0.7)s$，或 $d=0.8\sim2.0$mm；

$L_1\geqslant1.0$mm；$L_2=10\sim20$mm；$R\geqslant3$mm。

图 5-54 所示的引导斜角 β 较大时，粗大的引导圆锥体的芯部保持高温，在开模时具有较好弹性，并承受较大弯曲力。对硬质脆性塑料取较大 β 角。引导斜面角 α 越大，浇口内凝料容易拔出。但是，较难剪断浇口。对硬质脆性材料 $\alpha=30°$。弹塑性好的塑料 $\alpha=45°$。

（2）浇口切离和引导圆锥的拔出　从模具中切离浇口的两种方式如图 5-55 所示。图 5-55a 所示浇口切离源于引导圆锥从动模中拔出。定模板已经开模脱离，引导圆锥和流道粘在动模上，直到脱模推杆完全顶出流道。流道和引导圆锥在弯曲和拉伸中拔出，切离浇口。图 5-55b 所示为在定模板开模的后期，推杆顶出流道和引导圆锥的凝料，引导圆锥从定模板中拉出，切离浇口。

浇口直径取决于注射熔体体积流量 q_i。潜伏浇口直径 d 应该用式（5-28）或式（5-29）计算。浇口直径太小，会使冻结提前，妨碍对型腔里制件保压。浇口直径过大会危及浇口切离，并留下过大的痕迹。注射材料不能太脆弱，在引导圆锥拖出时要有足够的收缩和柔度。图 5-54 中所示方位角 α、锥角 β 和距离 L，浇口和引导锥的温度都影响切离过程。

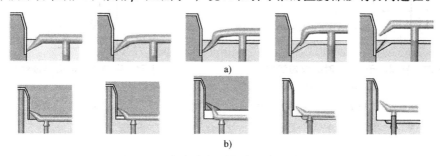

图 5-55 从模具中切离浇口的两种方式

a）动模中拔出引导圆锥 b）定模板中拔出引导圆锥

（3）浇口尖 图 5-56 所示为浇口进入截面的改进设计。图 5-56a 所示的椭圆截面最常见，是斜向点浇口与制件表面相交的结果。图 5-56b 所示的浇口是 D 形截面。浇口里熔体推进时，在根部有滞留区域。浇口有保温作用，可改善保压补缩。D 形截面的浇口痕迹较小。但是，D 形截面的浇口的制造精度差。在多型腔的模具里很难保证多个浇口尺寸的一致性。浇口截面处的边角有很大磨损，多个浇口的尺寸差异更大。

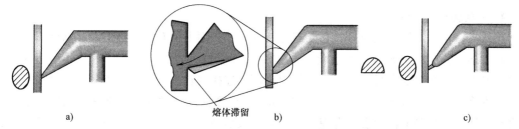

熔体滞留

图 5-56 浇口进入截面的改进设计

a）、c）椭圆截面 b）D 形截面

3. 弯勾浇口（Cashew Gat）

弯勾浇口是弯曲圆弧引导的潜伏浇口，仅适用于黏弹性好的塑料。凡潜伏浇口不能浇到的制件上，就用图 5-57 所示的壁厚小于 4mm 时的弯勾浇口。对扁平注塑制件，它从内侧进料。在推杆顶出时，弯勾被拖出。浇口截面起连续扩张到流道。弯勾在拉伸和弯曲变形中，切离浇口。无定形聚合物有较宽的热变形温度范围，较适用这种浇口。

浇口和弯曲的引导勾是复杂的几何体，加工较困难。弯勾浇口的模具嵌件组合如图 5-58 所示。浇口与推杆之间，要有足够距离 L（至少 15mm）。距离 L 要对应一定的顶出行程，嵌件组合弯勾浇口与推杆距离 L 和顶出行程见表 5-12。浇口的注射流率越大，距离 L 和顶出行程相应增大。

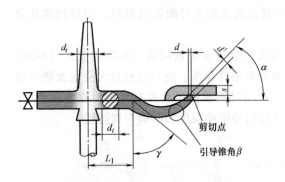

图 5-57 壁厚小于 4mm 时的弯勾浇口

注：流道直径 $d_i = 1.5s + 0 \sim 3\text{mm}$；浇口直径 $d = (0.3 \sim 0.7)s$，

或 $d = 0.8 \sim 2.0\text{mm}$；末端直径 $d' \geqslant d + 0.5\text{mm}$；$L_1 \geqslant 30\text{mm}$；

$\beta = 5° \sim 8°$；$\gamma = 30° \sim 50°$；$\alpha = 30° \sim 50°$。

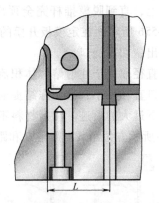

图 5-58 弯勾浇口的模具嵌件组合

表 5-12 嵌件组合弯勾浇口与推杆距离 L 和顶出行程 （单位：mm）

塑料材料	顶出行程		
	10	12	14
聚烯烃和聚酰胺，PE、PP、PA 等	$L = 20 \sim 25$	$L = 22 \sim 27$	$L = 24 \sim 30$
聚苯乙烯共聚物，ABS、ASA 等	$L = 25 \sim 27$	$L = 27 \sim 32$	$L = 30 \sim 35$
热塑性弹性体，TPE、TPU 等	$L = 15 \sim 25$	$L = 17 \sim 27$	$L = 20 \sim 30$
POM	$L = 30 \sim 35$	$L = 32 \sim 37$	$L = 35 \sim 40$

4. 跳跃浇口（Jump Gate）

跳跃浇口又称二级潜伏浇口，它能避免制件的外表面上留有浇口痕迹。跳跃浇口的二级浇注和牙条的弹出如图 5-59 所示，浇注点被引入到塑料盖的内壁面上。在单分型面的二板模里，要求二段浇口能自行切离，与制件内表面，连接嵌在推杆里的牙条，在制件脱模后方便人工去除。跳跃浇口与推杆距离至少 20mm。要求推杆脱模过程中，制件与流道的引导圆锥没有干涉。推杆侧的沟槽设计合理，牙条能够灵活弹出，且不能在槽内破碎、残留。有关

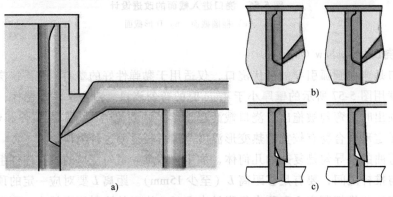

图 5-59 跳跃浇口的二级浇注和牙条的弹出

a）浇口和流道在动模中　b）牙条和浇口圆锥在动模中　c）推杆顶出制件后牙条的弹出

设计跳跃浇口的尺寸可参考图5-54c。

5. 分爪浇口（Claw Gate）

分爪浇口是轮辐式浇口和点浇口的一种变异形式。分爪浇口如图5-60所示，其分流道和浇口不在一个平面内。它适用于内孔较小的管状制品及同心度要求高的塑件。型芯伸入定模板，起到定位和支承作用，避免偏移和弯曲。它既可设计成矩形浇口，也可设计成点浇口。

5.4.3 点浇口的精度和测量

多个型腔的注射模中，等行程的几何平衡的流道布排，点浇口直径差异会引起各个型腔注射压力和流动不平衡，使成型制件的质量不一致，精度降低。有高精度要求的生产中必须解决这个问题。

1）点浇口直径差异对注射压力和流动的影响。图5-61所示为浇口直径差异的注射流动不平衡。扁平板制件体积为2.419cm^3，设置注射时间1s，圆流道直径3.175mm。8型腔作等行程的几何平衡的流道布排。流程1和流程2的浇口直径有差别。浇口直径差异引起型腔注射压力的变化率见表5-13。浇口名义直径0.508mm。流程2浇口有大的实际直径，为名义直径加上偏差0.508mm+0.00508mm＝0.51308mm。流程1浇口有小的实际直径，为名义直径加下偏差0.508mm−0.00508mm＝0.50292mm，其他浇口的实际直径依此类推。

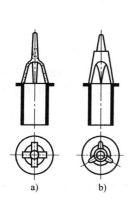

图5-60 分爪浇口
a）矩形浇口 b）点浇口

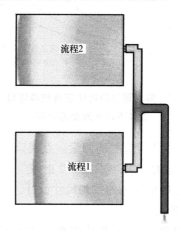

图5-61 浇口直径差异的注射流动不平衡

表5-13 浇口直径差异引起型腔注射压力的变化率　　　　（单位：mm）

浇口名义直径	浇口直径偏差			
	±0.00508	±0.0127	±0.0254	±0.0508
0.508	8%	22%	49%	123%
1.106	4%	11%	22%	49%
1.524	3%	7%	14%	31%
2.032	2%	5%	11%	22%
2.540	2%	4%	8%	17%

浇口直径差异引起型腔注射压力的变化，见式（5-2）。浇口段的压力降，与浇口直径的 4 次方成反比。图 5-62 所示为聚酰胺熔体在有差异浇口直径下注射流动不平衡。图 5-63 所示为 ABS 和聚酰胺在有差异浇口直径下注射流动不平衡率的比较。

由机算机的注射模的流动分析结果，总结两条关于设计浇口的准则。

① 多个型腔注射成型能提高生产效率，但是会降低制件的精度。原因之一是浇口直径差异造成各个型腔注射压力变化和流动的不平衡。提高多个浇口直径的尺寸精度是精密注射成型的途径。

② 为了把压力变化率和流动不平衡率控制在 10% 之内，浇口直径应尽量减小，浇口直径越小，各浇口直径之间差异也应越小。直径 0.5~0.8mm 的浇口，建议浇口直径偏差 ±0.01mm；直径 0.8~1.1mm 的浇口，浇口直径偏差为 ±0.02mm；直径 1.1~2.0mm 的浇口，浇口直径偏差为 ±0.04mm。

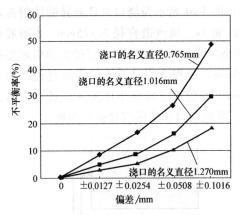

图 5-62　聚酰胺熔体在有差异浇口
直径下注射流动不平衡

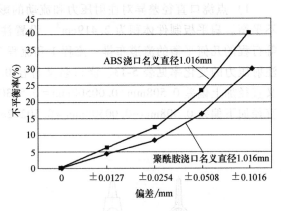

图 5-63　ABS 和聚酰胺在有差异浇口
直径下注射流动不平衡率的比较

2）点浇口直径的测量。点浇口直径常用针尖塞规（Pin Gauge），按照浇口名义直径的公差制造的"通规"和"止规"测量。浇口的名义直径按 0.5mm、0.6mm、0.7mm、0.8mm、0.9mm…的系列尺寸设计。直径越小，公差带越窄。保证多个型腔注射模中浇口直径的精度。

潜伏浇口相接制件的椭圆形截面如图 5-64 所示。潜伏浇口与制件相接浇口通道是椭圆形截面，用针尖塞规只能测出圆的尺寸。有注射模塑的实验证实，各个型腔成型制件质量差异与浇口截面积的大小有关。

因此，潜伏浇口椭圆形截面要用投影仪，测量椭圆周边上 8 点。控制多型腔的各浇口截面积在公差范围内，才能消除浇口尺寸误差造成的浇注不平衡。

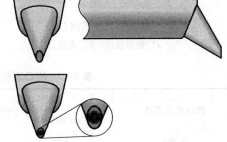

图 5-64　潜伏浇口相接制件的椭圆形截面

第6章

冷流道浇注系统设计

冷流道系统设计应能确保塑料熔体在制件型腔有良好流动和充分保压。本章分析冷流道浇注系统的浇口数目和位置。讨论避免注射流痕、滞流和喷射，保证塑料铰链的强度。陈述减少熔合缝，提高熔合缝强度的途径。

6.1　浇口位置与流动状态

浇口位置决定注射制件的质量，还影响注射工艺，确定浇口位置也是模具设计的重要环节。

1. 浇口位置确定的准则

1）从流道系统和模具结构的角度确定浇口的位置。单分型面二板模的冷流道系统，浇口位置在制件的侧面。采用各种限制型的矩形浇口。潜伏浇口、弯勾浇口和跳跃浇口也可用二板模的结构，浇口与推杆间距至少 20mm，才能稳妥抽出潜伏浇口的引导锥体。冷流道系统的双分型面的三板模，点浇口在模具里自行拉断，将圆筒或矩形盒倒置在动模的型芯上，型腔板上流道输送熔体，点浇口注入型腔中央。

2）考虑模具结构和注射材料决定浇口种类和位置。采用潜伏浇口、弯勾浇口和跳跃浇口时，一般选用韧性的无定形聚合物，在浇口温热状态时，材料与制件切离。圆环浇口改成边缘式点浇口、盘形浇口改成轮辐浇口和分爪浇口，可方便去除浇口里的凝料。

3）注塑制件的壁厚考虑。如果制件壁厚是变化的，浇口应置于最厚的截面。倘若浇口置于薄壁截面，会使厚壁位置得不到足够的保压补偿。厚壁区域收缩过大，会出现凹陷、真空泡和翘曲变形。

4）关注并改善制件上浇口浇注区域外观和质量。点浇口痕迹和附近区域的残余应力应设法减小。直浇口切割后会留下孔泡和流痕，影响外观和制件质量。平缝浇口、圆环浇口和盘形浇口等，浇口切除要有夹具，需用冲裁模冲切。

5）对于结构不对称和壁厚变化的制件，浇口位置应有利于良好的注射流动、排气和保压补偿。避免熔体从小浇口射入大型腔产生熔体喷射。避免型芯柱根部的一侧浇注，造成气囊和流痕。避免过长流程，造成在流动方向密度和收缩不均匀。

6）浇口位置和浇口种类影响注射流动，良好的流动模式能降低制件的翘曲变形。长的矩形薄条，一端的扇形浇口射入均匀的层流，使制件的残余应力和翘曲变形是最小。完整对称的圆板制件设置中央浇口，会有线性辐射模式的流动有碗形的翘曲变形。这类制件不宜用一端的侧向浇注。三维的盒、碗和杯形体，浇口通常置于杯底中心的轴线上。中央浇口起始的辐射流动和推进均匀，流动取向与制件的结构刚性一致，又有均匀的冷却收缩。因此，残余应力和翘曲变形最小。

7）塑料铰链的强度取决于注射流动的取向，浇口位置和数目直接影响流经窄小间隙的流动状态。

8）浇口数目和位置影响流道长度，流道流程过大和压力损耗越大，会降低型腔的注射压力并使注射流动失去平衡，最终增大锁模力。

9）在细长型芯的一侧浇口的注射会产生不平衡流动，导致制件壁厚不同或弯曲变形。

10）浇口数目和位置直接影响熔合缝的生成，并决定熔合缝数量、方向和强度。要关注熔体温度和模具温度对熔合缝强度的影响。脆性无定聚合物和玻璃纤维增强聚合物的熔合缝强度比无缝区低许多。

11）浇口位置对玻璃纤维增强聚合物的流动状态有明显的影响。流动会诱导玻璃纤维的取向，使制件上流动方向的成型收缩率小于横截面。

2. 流道最小体积和熔体条件

在冷流道浇注系统的设计和注射过程中，争取流道体积最小，保证输送熔体良好条件，同时控制好熔体和模具温度，避免过高的流动剪切速率。

（1）冷流道的最小流道体积　应该在保证制件质量的前提下，考虑最小的流道体积。在注射过程中，不只是让熔体注满制件的型腔，还必须在保压阶段补偿制件材料。在保压时间内，浇口的材料不能冻结太早。浇口凝固前能输送补充材料到达型腔。流道直径应为制件壁厚的 1.5 倍，或再加 0~3mm。

（2）熔体温度和模具温度的有效控制　塑料材料的冷却速率影响无定形和结晶型聚合物的形态。熔体温度和模具温度影响成型制件收缩率，导致制件产生残余应力和翘曲变形。熔体和模具温度还会影响制件中熔合缝的强度。

模具中央的温度高于四周，中央浇注聚合物薄板会有翘曲变形。注塑矩形盒制件时，型芯柱体的温度高于型腔，里角和外侧角的温度有高低差异，引起制件四角的内侧收缩大，侧壁被拉动变形。如果四角没有大半径曲面，矩形盒边没有翻卷等刚性设计，矩形盒的翘曲变形很难克服。

熔体温度直接影响注射熔体的黏度。摩擦热和剪切热会改变熔体的温度条件，引起型腔注射流动不平衡，造成制件上各区域收缩不平衡，导致翘曲变形。高温会使热敏性的 PVC 等聚合物降解，直接影响制件质量。

（3）避免过高流动剪切速率　熔体输送经过流道和浇口时的剪切速率为

通过圆流道或浇口

$$\dot{\gamma} = \frac{32Q}{\pi d^3}$$

通过矩形流道或浇口

$$\dot{\gamma} = \frac{6Q}{Wh^2}$$

式中　$\dot{\gamma}$——剪切速率（s^{-1}）；

Q——熔体流动速率（cm^3/s）；

d——圆截面直径（cm）；

W——矩形截面宽度（cm）；

h——矩形截面高度（cm）。

在过高剪切速率下聚合物分子链被撕裂和分离，产生降解。浇口和转角部位摩擦热和剪切热加剧了材料的恶化。热敏性PVC材料在沿着流道长度方向降解和分解，会生成黑色流痕。在计算机流动分析时，流道和浇口中输送熔体接近和超出临界剪切速率$\dot{\gamma}_{cr}$，应设法降低剪切速率，改进流道和浇口设计。表3-7中，有部分聚合物熔体的临界剪切速率$\dot{\gamma}_{cr}$数据。

在计算机流动分析中，注射流动的剪切应力也应该检测。也可查表3-7，有部分聚合物熔体的临界剪切应力τ_{cr}数据。过高的剪切速率和剪切应力可能引起材料降解。熔体剪切应力和流动速率，与黏度有直接的函数关系。剪切应力发展将在聚合物冷却过程中，决定分子链取向方向和程度。剪切应力在制件型腔里是局部发展的，需定时检测。注射流动的剪切应力只是作用在分子链上标记。如果快速冷却，会产生更高的残余应力，更大的翘曲变形，甚至开裂；如果慢冷，分子链有松弛机会。

3. 良好的流动状态

保证模塑制件质量前提是确保壁厚均匀。制件壁厚均匀，结构设计合理，制件型腔才有合适的注射流动状态。还应避免喷射、流痕和滞流，防止制件产生缺陷。

（1）确保模塑制件壁厚均匀

1）注塑制件是壁厚均匀的薄板组合的形体。如果壁厚不均匀，会使塑料熔体的注射速率和冷却收缩不均匀。由此产生许多质量问题，如凹陷、真空泡、翘曲，甚至开裂。壁厚均匀一致是制件设计的重要原则。遇有壁厚不均匀的结构，在保持注塑制件的功能和主要尺寸不变前提下做必要改进。当制件的结构要求壁厚进行适当地变化时，相邻两壁厚不应相差太大。对于热塑性塑料，两壁厚比例应限制在1:2以下，而且要有平滑过渡，不能有突变。

2）注塑制件上筋、突台、边缘、曲面和支承面的设计既是刚性结构，也与注射工艺有关。加强筋的形状要正确设置，尺寸要与壁厚成一定比例。

3）注塑制件上的角落，即内外表面的转折处，加强筋的根部等处应设计成圆角。制件的圆角半径一般不小于0.5mm。对于脆性的聚苯乙烯、聚甲基丙烯酸甲酯等材料，圆角半径一般不小于1.0~1.5mm。动载荷作用下，制件对缺口和尖角较为敏感。制件上采用圆角不仅能降低应力集中系数，提高抗冲击、抗疲劳能力，而且能改善塑料熔体的注射流动性能，减少流动阻力，从而降低局部的残余应力，防止开裂和翘曲，使制件外形流畅美观。成型模具型腔也有了对应的圆角，提高了成型零件的强度。

（2）制件示例解析

1）图6-1所示为盖板的注塑质量分析。盖板的中央薄板的壁厚为1mm，周边边缘壁厚为2mm。从中央辐射布置的8条肋有较大厚度。8个点浇口安置在肋条上。单个盖板型腔有双分型面的三板模注射成型。

图6-1a所示的周边的厚板条比中央薄板有更大的收缩率。在侧视图上可以看到周边厚壁部分的翘曲变

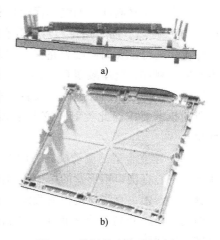

a)

b)

图6-1 盖板的注塑质量分析

a）壁厚变化使制件变形

b）中央区域多股料流形成气囊

形。不均匀的壁厚扰乱了注射流动模式。薄板中有高速辐射、扩展流动和缓流，造成了一些不规则的翘曲。

图 6-1b 所示为中央区域多股料流形成气囊，中央肋条的急流熔体，扩展到大面积的薄板时流动缓慢，而且冷却快温度低。在注射压力和剪切速率低下状态成型，薄板会开裂，周边厚壁部分会欠注。然后，周边的熔体急速注入厚壁的柱台，在薄板的周围留下流动痕迹。周边的厚壁有相当高的温度，不稳定的流动和非均衡的收缩，会留下真空泡、气囊和凹陷。

2) 图 6-2 所示为不同的收缩引起沿圆柱条的薄板产生翘曲变形。矩形薄板上有个圆柱条，不管如何浇注圆柱条的收缩都比薄板大得多。原因是薄板区域先行冻结，粗壮的圆柱还在继续向中心收缩。薄板材料被拉动，诱发翘曲变形。

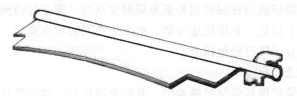

图 6-2 不同的收缩引起沿圆柱条的薄板产生翘曲变形

（3）避免薄壁至厚壁的流动　图 6-3 所示为厚壁与薄壁区域冻结过程的差别。限制性浇口让熔体从薄壁流向厚壁。在注射流动时薄壁流程有较大压力降，厚壁区域流动趋缓。在保压时，薄壁的先行冷却阻碍厚壁区域的材料的补偿。厚壁部位冷却缓慢有很大的收缩，可能会产生真空泡和凹陷。薄壁和厚壁区域的冻结差异，产生的残余应力会导致注射制件翘曲变形。因此在布置浇口时理应让熔体从厚壁流向薄壁。在注射制件设计时壁厚只能有很小差异。

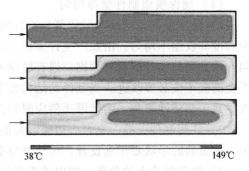

38℃　　　　　　　　　　149℃

图 6-3 厚壁与薄壁区域冻结过程的差别

大中型注塑制件，如汽车保险杠和装卸平台等，有数公斤重。壁厚为 2~3mm，平均壁厚为 2mm 左右，肋、边缘和台柱等有近 3mm 厚度。这类注射制件也必须经过流动分析，对制件设计进行必要的修改和完善。制件的平均壁厚要进行 0.1mm 差别的优化试验。大批量生产的大制件，壁厚减薄 0.1mm，熔体注射压力要增加几十至几百个大气压（10^5Pa）才能注满型腔。对注塑制件上筋、突台、边缘、曲面和支承面等的设计，按注塑制件的设计指导手册的技术要求。此类制件必须有流动、冷却、收缩和翘曲数值分析，还要有注射工艺优化。

（4）建立合适的流动模式　图 6-4 所示为具有中心直浇口对矩形盒的注射过程，图 6-5 所示为中心直浇口矩形盒的熔体流前沿等时线图，展示了熔体流动前沿分布，双点画线为熔合缝位置。中央直浇口使得流程缩短，熔体流动前沿在分型面上，排气容易。将壁厚均等制件的几个面展开到一个平面上，浇口开始料流，以同心圆扩展，每段流程 L，压力降 Δp，对应时间间隔 Δt。

浇口的位置和数量与选择制件翘曲变形密切相关。需要综合考虑以下几点：

1) 对称的盒盖类壳体、圆筒形塑件，采用中央直浇口、圆环浇口、轮辐浇口或分爪浇

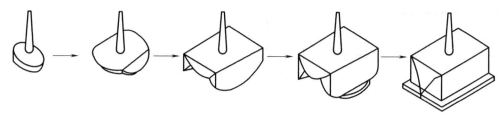

图 6-4　中心直浇口对矩形盒的注射过程

口较为适宜。

2）对于较大圆盘壳体若采用多点浇口，以塑件重心为中心取等边三角形顶点，设置三个点浇口，如图 6-6a 所示。

3）对于较大矩形盒体制件，取对角线位置上的四个点浇口翘曲变形最小，如图 6-6b所示。

4）对于矩形薄片制件，采用平缝浇口为好。对于圆形薄片塑件，采用扇形浇口较有效。

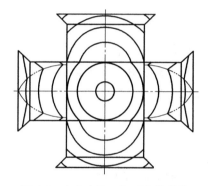

图 6-5　中心直浇口矩形盒的熔体
流前沿等时线图

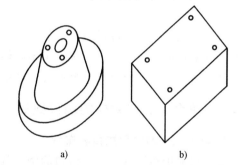

图 6-6　中型圆盘和盒体与点浇口的
位置和数目关系
a）圆盘壳体的三个点浇口　b）矩形盒体的四个点浇口

4. 良好的注射流动状态

保证塑料熔体具有良好的注射流动状态，能避免喷射和蛇形流动，消除流痕和滞流。浇口位置的选择对注射流动状态具有决定性影响。

（1）避免喷射和蛇形流动，防止制件产生内部缺陷　如图 6-7a 所示，小浇口直射大型腔，熔体会产生喷射和蛇形蠕动。熔体先喷射到型腔底部，折叠堆积后再填满型腔，致使制件上留有蛇形或波纹状的流痕和接缝等缺陷。改善的方法有两种，一是增大浇口截面，降低剪切速率。二是利用熔体与模具型腔壁面，或冲撞型芯来消耗能量，以形成扩展推进，如图 6-7b 所示。

（2）避免滞流　图 6-8 所示为导线挽夹具的平衡浇注。导线挽夹具上，有三条可扣压导线的铰链连接的薄卷条。A 标记的三个浇口和注入位置，熔体面对薄又窄的卷条有很大阻抗，会产生局部的滞流。可能会模塑出残缺卷条，卷条铰链连接的质量差。B 标记的两个浇口和注入位置，在注射初期，料流在高压状态能顺畅注入薄卷条。如果在注塑生产中发现有熔体滞流，加快注射速率是最好的克服途径。

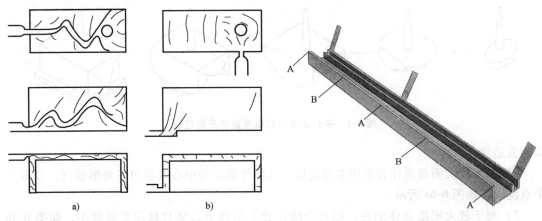

图 6-7　改变浇口位置避免喷射充模
a）熔体喷射和蠕动　b）改善后扩展流动

图 6-8　导线挽夹具的平衡浇注
A—不平衡浇注的浇口位置　B—适宜的浇注位置

6.2　冷流道浇注的浇口数目

冷流道浇注系统的浇口数目和位置直接决定了注射熔体在型腔有良好的流动状态。制件型腔的注射点的数目和位置，决定了塑料熔体注射的供料方式。在单分型面的二板模中，冷流道浇注系统中的注射点在分型面上，注射点数目就是浇口数目。

6.2.1　单个型腔注射模的浇口数目

1. 单个型腔的浇口数目和布置

在注射大中型制件时，冷流道的浇口数目主要由三方面的因素决定。

（1）塑料熔体注射流程比，决定浇口数目　每种塑料熔体，用阿基米德螺旋的扁槽模具，得到一定注射压力下的最大流程比（查图 2-7 和表 2-6）。从主流道开始，各段流程长度与厚度之比的累加为 FLR。经测算的流程比应小于塑料熔体在 $80\sim90$ MPa 压力下的试验值。反之，则应增加塑料制件的壁厚。对于大型注塑制件应增加浇口的数目。流道系统许用流程比 $[B]$ 大致小于 $(0.3\sim0.5)$FLR$_{max}$。注射熔体全流程的流程比 FLR 校核式为

$$\text{FLR} = \frac{L_1}{t_1} + \frac{L_2}{t_2} + \cdots + \frac{L_i}{t_i} < \text{FLR}_{max} \tag{6-1a}$$

浇注系统流程比校核式为

$$B = \frac{L_1}{t_1} + \frac{L_2}{t_2} + \cdots + \frac{L_i}{t_i} \leqslant [B] \tag{6-1b}$$

其中

$$[B] \leqslant (0.3\sim0.5)\text{FLR}_{max}$$

式中　L_i——各段流程长度（mm）；

t_i——各段流程厚度（mm）；

$[B]$——流道系统许用流程比；

FLR$_{max}$——塑料熔体在 $80\sim90$ MPa 压力下的最大流程比，见表 2-6。

（2）浇口数目应使熔体有良好的流动状态 浇口数目决定了熔体流动的条数。型腔有多个浇口，应让各浇口都有足够的注射压力，使各条料流同时充填到达型腔末端。图6-9所示为PP添加20%滑石粉充填成型的盖板。制件型腔体积190cm³，重155g。L型的长臂为488mm，宽为75mm；短臂长为300mm，宽为50mm。四个矩形浇口利用型腔壁或型芯阻挡熔料，能降低熔体流动的剪切应力，使熔体扩展后推进流动，还有利于用分型面排气。加热的主流道1长度为22mm，入口直径为6mm，扩孔至10mm。热流道板中流道2的直径为12mm，一侧长为172mm，另一侧长为45mm。两个直接浇口的分喷嘴4的长度为177mm和149mm，有流道直径12mm。其直接浇口的直径由2mm扩至5mm。下游冷流道5的直径12mm，体积22cm³，重18g。该注塑制件壁厚1~6mm，变化大。型腔弯折多，型芯多。如果用两个矩形浇口，流程比过大，型腔内注射和保压压力不足，很难实现流动充模平衡。流动分析表明，若用四个矩形浇口注塑，在注射压力为45MPa和锁模力为111t时，就有良好的充模流动状态。

（3）浇口数目增多，会增加熔合缝的条数 熔合缝的条数 M，主要由浇口数目 N 和型芯数 C 决定。有 $M = N-1+C$ 的算式。图6-9所示的盖板，四个矩形浇口会生成三条熔合缝。在制品和模具设计时，应避免在注塑制件上强度与刚度最薄弱位置出现熔合缝，同时增加浇口可缩短流程，避免低温熔体的不良熔合。

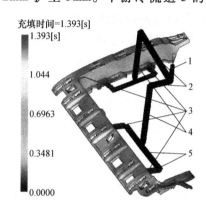

充填时间=1.393[s]

图6-9 PP添加20%滑石粉充填成型的盖板

1—主流道 2—热流道 3—冷流道的矩形浇口
4—直接浇口的多喷嘴 5—冷流道

2. 矩形板条的浇口设置

图6-10所示为在矩形板条上的六种浇口位置，其中，最佳浇注A方案，在一侧用扇形浇口充填。但是，熔体流动的末端部位，注射压力和熔体的温度较低，保压补偿材料难以达到，材料密度相对较低。如果此矩形板条的流程长，聚合物熔体的黏度高。流道系统流程比达到全流程的二分之一左右时，单侧浇口就很难保证长条制件的质量。

图6-10中的B方案是布置四个针点式浇口，线条所示的熔合缝有三条。每个浇口的熔体流程短些。C方案有两个针点式浇口，熔合缝区域的力学性能很差。制件的中央位置会有裂纹甚至开裂。D方案有两个针点式浇口，为等距合理布置。熔体在较高的注射压力和温度下熔合强度较好。

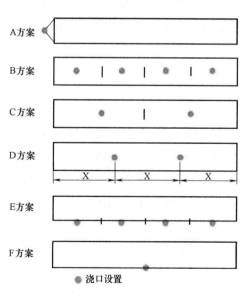

图6-10 在矩形板条上六种浇口位置

● 浇口设置

图6-10中的E方案改成四个矩形浇口。一般用于两条矩形板条的并列对称布置。流道

系统在两板条之间，熔体能以短流程的平衡流动到达各浇口。缺点是制件中熔合缝的质量不好。图 6-10 中的 F 方案，只有一个矩形浇口。可用单分型二板模注射成型，并无熔合缝生成。由于流程过长和不平衡的流动，制件的翘曲变形较大。

6.2.2　多个型腔注射模的型腔数

冷流道系统的最佳型腔数也称为经济型腔数。型腔数目的确定通常采用估算预测方法，一些参数要凭经验来假定。在模具设计完成后，可根据这个方法再细化，进行生产总成本和每个注塑制件生产成本的核算。

1. 影响型腔数目的因素

影响型腔数目 n_w 的因素有技术参数和经济指标两方面。技术参数有锁模力、最小和最大注射量、塑化能力和模板尺寸等。这里只考虑注射机锁模力和注射量两个主要参数。技术经济指标是制件尺寸精度和经济效果考虑。对制件型腔的整体嵌入式的注射模，影响型腔数目的重要因素有如下四个。

（1）注射机锁模力

$$n_1 = \frac{(F/p_c) - B}{A} \tag{6-2}$$

式中　n_1——由锁模力决定的型腔数；

　　　F——注射机的锁模力（N）；

　　　p_c——型腔内塑料熔体的压力（MPa）；

　　　B——流道和浇口在模具分型面上的投影面积（mm^2）；

　　　A——每个制件在分型面上的投影面积（mm^2）。

型腔内塑料熔体的压力 p_c 主要有注射压力等决定，在 $25 \sim 40MPa$，易成型制件取低值，高黏度物料，制件精度高时取大值。实际所需锁模力应小于该台注射机的名义锁模力。完全的热流道浇注系统中，$B = 0$。

（2）注射机的注射量

$$n_2 = \frac{V_G - V_C}{V} \tag{6-3}$$

式中　n_2——由注射量决定的型腔数；

　　　V_G——注射机的公称注射量（cm^3）；

　　　V_C——流道和浇口的总体积（cm^3）；

　　　V——每个成型制件的体积（cm^3）。

注塑生产中每次实际注射量应为公称注射量 V_G 的 $0.45 \sim 0.75$ 倍。当物料黏度高时，制件越小，型腔数目越多，浇注系统的体积越大。完全的热流道浇注系统中，$V_C = 0$。

（3）注塑件精度　根据经验，模具每增加一个型腔，塑件的尺寸精度要降低 4%，有

$$n_3 = \left[(M - d\%L_Z)/(d\%L_Z 4\%) \right] + 1 \tag{6-4}$$

将式（6-4）简化，得

$$n_3 = 2500 \frac{M}{dL_Z} - 24 \tag{6-5}$$

式中　n_3——由注射制件精度决定的型腔数；

　　　L_Z——注塑件上决定制件精度的一个典型的公称尺寸（mm）；

　　　M——该 L_Z 尺寸的公差值的二分之一（mm）；

　　　d——单个型腔的模具，模塑制件能达到的公差系数。

L_Z 为塑料制件图上精度等级最高的公称尺寸。公差系数 d 主要取决于制件材料的模塑收缩率，它能反映收缩率波动可控范围，大致是成型收缩率的十分之一。结晶型聚合物如 PA、POM 等，可取 $d=0.2\sim0.3$。无定形聚合物 PS、ABS、PC 等，可取 $d=0.05\sim0.07$。

（4）经济效果的限制　注射成型全部订货的总成本为

$$K = N\left(\frac{U\theta}{3600n_4}\right) + K_F + K_G + n_4 K_{M1} \tag{6-6}$$

式中　K——全部成型塑件的成本费（元）；

　　　N——塑料制件订货总数；

　　　n_4——由经济效果决定的型腔数，$n_4 = \sqrt{\dfrac{NU\theta}{3600K_{M1}}}$；

　　　U——注射机每小时的加工费，包括设备折旧、人工费、耗能等（元/h）；

　　　θ——注射成型周期（s）；

　　　K_F——加工制件总订货量所消耗的塑料物料，包括浇注系统凝料的总共材料费（元）；

　　　K_G——与型腔数目无关的模具制造成本（元）；

　　　K_{M1}——制造一个模具型腔嵌件所需成本，$K_M = K_G + n_4 K_{M1}$。

对于同样型号规格的注射机，由于生产厂不同、新旧不同，每小时的加工费 U 应有差异。注射周期 θ 根据注射加工工艺而定。模具的 K_G 成本大致上是参照标准模架价格而定。模具成本 K_M 也可由 K_G 乘以加工难度的扩大系数估算。模架寿命、型腔嵌件寿命、型腔嵌件置换备件、试模和修模等众多成本问题都可以根据式（6-6）细化。

须对现有的各种型号注射机进行运算。将每台注射机的各种型腔数目进行比较，存在一个可行的型腔数。只有对所有注射机上的花费总成本进行比较，才可获得最小的也就是最佳的型腔数目 n_w。注射模具生产企业可编制小程序，辅助模具设计。

按现有注射机台数编号设为变量 I，建立注射机参数的数组。编制计算机程序，应用 CAD 运算。先输入制件订货总数 N、各台注射机的锁模力 $F(I)$、制造一个模具型腔嵌件的成本 K_{M1}、与型腔数目无关的模具制造成本 $K_G(I)$ 等。再循环计算每台注射机的 $n_1(I)$、$n_2(I)$、$n_4(I)$、$n_3(I)$，取它们的最小值为可行的型腔数目 $n(I)$，计算对应的总成本 $K(I)$。比较各台注射机生产的总成本，其对应注射机上的型腔数 $n(I)$，即为最经济的型腔数目 n_w。

注射成型中各项成本与型腔数目的关系曲线如图 6-11 所示。塑料材料费 K_F 不受型腔数目 n_w 的影响，除非热流道浇注系统有特殊的考虑。模具成本 K_M 随着型腔数目增加而增大。注射费用 K_U 随着型腔数目的增加反而减小。对于某台注射机存在最经济的型腔

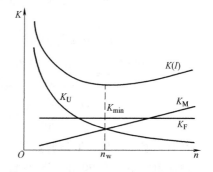

图 6-11　注射成型中各项成本与型腔数目的关系曲线

数目 n_w，可获知最低生产成本 K_{min}，并不是型腔数目越多经济效益越好。根据实践，按上述理论得到最经济的型腔数目所对应的模具设计方案，比靠经验推断型腔数的总成本降低 $10\% \sim 20\%$。

2. 数学计算方法和步骤

先综合考虑 n_1、n_2 和 n_4，初步拟订经济型腔数，再经精度、模板尺寸等校核后确定，然后可计算注塑制件的生产总成本。有型腔数

$$n = \frac{Q}{q} \tag{6-7}$$

式中 Q——注射机的技术参数；

q——与 Q 对应的注塑制件的技术参数。

将 Q/q 替代式（6-6）中的型腔数目 n_4，得

$$K = N\frac{U\theta q}{3600Q} + K_F + K_G + \frac{Q}{q}K_{M1} \tag{6-8}$$

当 $dK/dQ = 0$ 时，注塑制件的成本最低，即

$$-\frac{NU\theta q}{3600Q^2} + \frac{K_{M1}}{q} = 0$$

得

$$\frac{U}{Q^2} = \frac{3600K_{M1}}{Nq^2\theta} \tag{6-9}$$

由此，可安排计算步骤如下：

1）由已知 N、q、θ 和 K_{M1} 计算得式（6-9）右侧数值。

2）将现有的各台注射机 U 和 Q 按式（6-9）计算数值，列成表格存放，供查阅。

3）用计算的数值对照表格数值，选定数值最相近的那台注射机。

4）计算 $n = Q/q$，得初拟的型腔数。

5）其余的技术参数（如制件精度、模板尺寸等）加以校核，确定经济的型腔数目 $n_w \le n$。

[例5] 总订货量 $N = 3 \times 10^6$ 件注塑制件。每个型腔所需锁模力 $q = 180\text{kN}$，注射机锁模力 $Q = 3000\text{kN}$。注射机每小时运行成本 $U = 28.5$ 元。每个型腔嵌件成本 $K_{M1} = 2530$ 元。拟订的注射周期 $\theta = 30\text{s}$。试确定经济的型腔数。

解：计算现有的各台注射机的特征参数，其中有一台锁模力 $Q = 3000\text{kN}$ 的注射机，有

$$\frac{U}{Q^2} = \frac{28.5 \text{ 元/h}}{3000^2(\text{kN})^2} = 0.0317 \times 10^{-4} \text{ 元/[h} \cdot (\text{kN})^2]$$

$$\frac{3600K_{M1}}{Nq^2\theta} = \frac{3600 \times 2530}{3 \times 10^6 \times 180^2 \times 30} \text{元/[h} \cdot (\text{kN})^2] = 3.14 \times 10^{-6} \text{ 元/[h} \cdot (\text{kN})^2]$$

$$n = \frac{Q}{q} = \frac{3000\text{kN}}{180\text{kN}} = 16.6$$

经其余参数校核，取型腔数目 $n_w = 14$。

冷流道注射模有 96 和 128 型腔数。图 6-12 所示为 128 型腔数目的流变平衡的流道设计。图 6-12a 中四个塑件的分流道经流变平衡，图 6-12b 中每组的流道又经再次流变平衡。这些超多型腔的注射模塑有如下四个特征：

1）注塑制件有特大的生产批量。

2）制件在分型面上的投影面积很小。

3）制件的精度等级低。

4）流道系统用流变平衡设计，能有效减小流道长度，减少流道凝料。

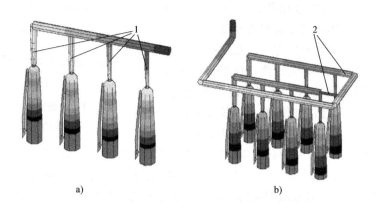

图6-12　128型腔数目的流变平衡的流道设计

a）四个塑件的流道　b）两组塑件的流道

1—四个塑件分流道的平衡　2—两组塑件分流道的平衡

6.3　冷流道浇注的浇口位置

确定浇口数目后，需慎重确定浇口浇注模具型腔的位置，它将决定注塑制件的质量。浇口位置不当，造成熔体流程过长，会使流动前沿压力不足和温度过低，从而导致制件密度低，收缩率偏大，甚至不能充满型腔。改善措施有：改变浇口的位置；增加浇口的数目；改善浇注系统甚至制件设计。

1. 浇口注射位置有利于流动、排气和补缩

对于壁厚不均匀和结构不对称的制件，可将浇口安置在壁厚较大部位，这样有利于流动充模、排气和补缩。浇口位置对流动、排气和补偿的影响如图6-13所示。图6-13a所示制件

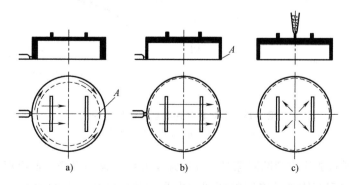

图6-13　浇口位置对流动、排气和补偿的影响

a）周边厚度大，顶部有气囊　b）流程长，收缩不均　c）顶部中心进料

A—熔合缝位置

周边厚度较大，侧向浇口会使周壁迅速注满，在顶部形成气囊，并留下明显的熔合缝或焦痕。图 6-13b 已将顶部改为厚壁，单侧浇口注射最后将充填到对边的分型面处，但由于流程长、补偿不良，致使制件密度分布和收缩不均。图 6-13c 改由顶部中心进料，有利于流动和补缩，排气畅通。

图 6-14 所示为玻璃纤维增强的半圆长筒体的弯曲变形，半圆长筒体的底座长框为厚壁。制件为玻璃纤维增强塑料，熔体流动方向的收缩率小，而垂直纤维取向的材料收缩率大。浇口位于长筒圆顶中央，浇口熔体射入型腔后，以周向的扩展推进，诱导纤维取向。熔体进到底框厚壁再沿长度方向推进，底部的玻璃纤维沿长度取向。玻璃纤维增强材

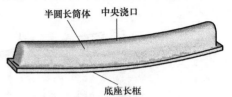

图 6-14　玻璃纤维增强的半圆长筒体的弯曲变形

料在流动方向的收缩率低。长筒体底座边缘收缩率低，而半圆筒顶部沿长度方向收缩大，导致长筒体两头向筒顶中央的弯曲变形。在注塑生产现场，用夹具整形并退火处理，可减小变形量。这类玻璃纤维增强塑料在成型结构不对称和壁厚不均匀的制件时，要做计算机流动分析。对圆筒体长度要有限制，对底座边缘厚度要慎重考虑，还要避免圆筒上部两顶角产生气泡。

2. 不对称型腔的浇口位置

不对称制件的型腔内压力变化如图 6-15 所示。圆板的一侧有较长的附加片，在圆板中央设置浇口。早期注射充填圆板的径向等压线均匀渐变，压力梯度较小。图 6-15a 所示为料流进入附加片的型腔间隙，等压线间距显示熔体前沿压力急剧增大。图 6-15b 所示为注射和保压期间型腔的压力的变化。在压力升高的拐点，型腔的压力由 23MPa 升到 57MPa，期间补偿 12% 材料，保压补缩后胀模力剧增，在冷却收缩中所需锁模力下降。

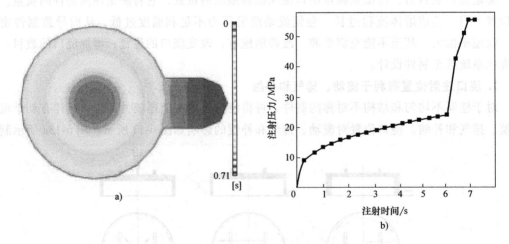

图 6-15　不对称制件的型腔内压力变化

a) 注射压力分布　b) 注射压力变化

当熔体推进到附加片的型腔间隙时，注射速率和剪切速率提高。前沿熔体的温度突然升高了 18℃。中央浇口与附加片之间的剪切应力高于其他区域，有剧烈的流动改向。图 6-16 所示为不对称制件注射流动的流线分布，浇口附近和附加片的外围的流线有明显的反向。

不对称制件型腔里，注射流动有明显的不平衡，熔体流动的剪切速率和剪切应力复杂多

变。材料的保压补偿不良，制件密度分布不均匀。在制件的厚度截面上存在收缩和残余应力差异，引起制件的翘曲变形，且变形比对中央浇注圆板片的变形要大许多。浇口在附加片的两侧面，注射流动对称于中轴线，有了较均衡的流动途径。剪切速率和剪切应力分布较为均衡，限制复杂流动，虽然在路径的宽度方向尚有扩展流动的突变，但避免了严重的翘曲变形。

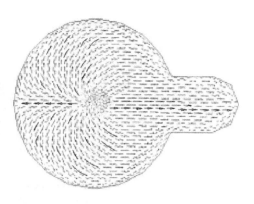

图 6-16　不对称制件注射流动的流线分布

3. 减小圆筒、矩形板和圆板的翘曲变形

浇口与圆筒注塑制件的变形如图 6-17 所示，一个圆筒形塑料制件采用不同浇口时，其端面具有不圆特征。图 6-17a 为单侧浇口；图 6-17b 为端面上布置三个点浇口；图 6-17c 为内孔有四点的轮辐浇口。用图 6-17d 所示盘形浇口浇注圆筒制件，圆度误差最小。

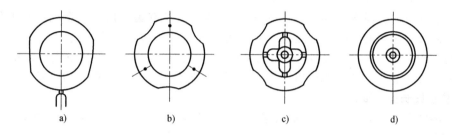

图 6-17　浇口与圆筒注塑制件的变形

a）单侧浇口　b）三个点浇口　c）轮辐浇口　d）盘形浇口

图 6-18 所示为常见的矩形板件的变形和尺寸误差。用平缝浇口（图 6-18a）可减小翘曲变形。注塑制件距离浇口越近，密度和取向程度越高。如图 6-18b 所示，随着流程增大，密度和取向随之减小、厚度减薄。如图 6-18c 所示，两侧矩形浇口浇注行程长，中央的厚度减薄。如图 6-18d 所示，中央点浇口浇注矩形板的四角翘起。

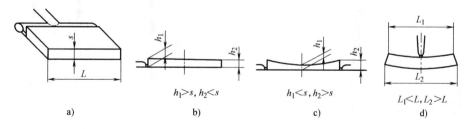

图 6-18　常见的矩形板件的变形和尺寸误差

a）平缝浇口　b）单侧浇口　c）双侧浇口　d）中央点浇口

图 6-19 所示为浇口与塑料圆薄片的变形和收缩。采用中心浇口 PP 圆薄片，厚度为 1.5mm、直径为 100mm，图 6-19a 所示为注塑后产生翘曲变形的情况。变形后薄片在熔体流动方向收缩至 49mm，收缩率为 2%。周向方向收缩后为 49.4mm，收缩率为 1.2%，致使圆心角从 60° 增至 60°32′，薄片产生变形。图 6-19b 为改用扇形浇口，可大大减轻这种变形。

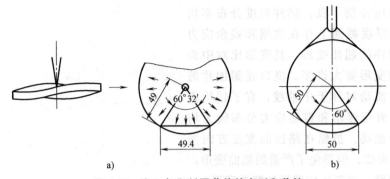

图 6-19 浇口与塑料圆薄片的变形和收缩

a）中心点浇口的圆片变形 b）扇形浇口的圆片

4. 利用浇口位置控制取向方向提高注塑制件性能

取向方向的力学性能和收缩率大于均质材料，而垂直取向方向的力学性能和收缩低于均质材料。平行和垂直取向的收缩率之比反映两者的力学性能差异程度。

控制取向方向提高嵌件连接强度如图 6-20 所示。具有紧固内螺纹金属嵌件的信号灯，为使塑料制件与嵌件的连接牢度提高，采用底部 B 处侧向浇口。嵌件周围塑料具有圆周方向的取向。较大收缩应力使塑料与嵌件有较高的连接强度，也避免制件发生应力开裂。倘若浇口设在顶部 A 处，由于是轴线方向取向，不能与嵌件有效黏合，两者的包紧连接强度差。

5. 防止细长型芯变形

高压熔体会使细长型芯变形和偏移，浇口位置对型芯变形的影响如图 6-21 所示。如图 6-21a 所示，浇口对两型芯间隔料时，熔体会对两个型芯产生向外的侧推力。偏斜的型芯会使制件脱模困难，并使制件的中间隔板变厚、两侧壁变薄。改成如图 6-21b 所示的点浇口后，能使三路熔料均匀充模，防止细长型芯变形。

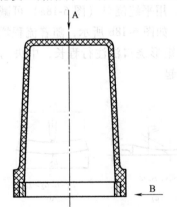

图 6-20 控制取向方向提高嵌件连接强度

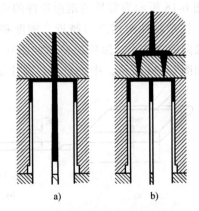

图 6-21 浇口位置对型芯变形的影响

a）型芯变形 b）平衡进料的位置

6.4 铰链制件的浇注

不用机械铰链，用柔软的塑料将数个塑料零件连接在一起，并绕着装配轴线相对转动，就能有效地减少装配零件的数目。活动的塑料铰链现已普遍使用，如塑料筒与盖、盒箱与盒盖、可开合的支架等。并非所有的塑料品种都能制成活动铰链，最常用的材料是聚丙烯，它有很好的抗弯曲疲劳能力，在弯折失效前有百万次的弯曲能力。

1. 注射模塑铰链

模塑铰链制件时，必须了解聚合物熔体在注射流动时取向的原理。

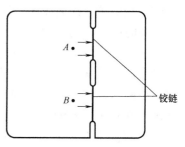

图6-22 保证塑料铰链疲劳强度

A，*B*—浇口位置

1）当塑料熔体通过窄小的铰链通道时，剪切速率增大使聚合物有明显的流动取向排列。铰链中间部位厚度为0.25～0.38mm，其长度约为0.5mm。薄铰链长度越长，熔体流经时的压力损失越大，另一侧型腔将得不到足够的保压补偿。图6-22所示为保证塑料铰链疲劳强度。浇口应设在铰链附近，熔体沿铰链弯曲轴线方向流动。

2）浇口必须安排在铰链的一侧，使熔体沿铰链的纵向流动，让聚合物分子链在弯折方向取向排列。铰链处不能有流动缺陷和熔合缝。

3）由于塑料铰链的厚度很薄，所以要防止熔体流经铰链间隙时，剪切应力和剪切速率过高产生分子链的降解和断裂，还要避免在铰链处产生过大的残余应力。因此在铰链的出入端设置必需的圆角或过渡段。在注塑时应有相应的合理注射工艺，要避免熔体在铰链处受阻而产生过大的型腔压力的峰值。

4）带铰链塑件从模具中取出后，趁热立即若干次将铰链弯折。弯折角度在90°～180°。这将使铰链在长度方向延伸200%～300%，使铰链厚度从0.25～0.38mm拉薄到0.13mm左右。铰链处的聚合物分子进一步得到拉伸取向，能提高疲劳强度和拉伸强度。

2. 铰链浇注的实例

（1）两块相等矩形板的铰链浇注 铰链浇注应有理想的注射流动模式。同一时刻在铰链的长度上要有等宽的熔料前沿流过铰链的狭窄的间隙，再充填到制件型腔的所有末端。两块相等矩形薄板铰链的浇口位置如图6-23所示，浇口位置会影响到铰链的工作寿命。

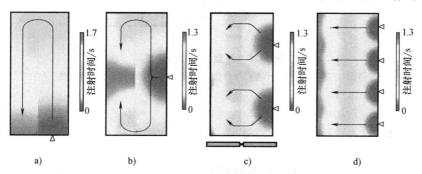

图6-23 两块相等矩形薄板铰链的浇口位置

a）铰链的侧边浇口 b）矩形板外侧边浇口 c）两个浇口 d）四个浇口

图6-23a中，浇口在铰链条的侧边注入熔体，先充填右侧的矩形板，然后缓慢流过狭窄的铰链间隙。在慢速进入左侧的矩形板后，又沿铰链长度方向推进，遇到穿过铰链间隙的熔体形成熔合缝。在铰链上的熔合缝会严重影响弯折的强度。图6-23b中，一个浇口在右矩形板外侧边注入熔体，先充填右侧的矩形板。要流过长铰链的压力不足，只有铰链条的两端的

部分熔体推进到左矩形板。两股熔流在左矩形板的中央汇合，形成熔合缝。图 6-23c 所示为用两个浇口在右矩形板外侧边注入熔体，这样可改善进入铰链间隙的流动平衡。在铰链间隙截面有快速流动。图 6-23d 中，四个浇口在右矩形板外侧边注入熔体。流过长铰链的压力足够，熔体流动剪切速率高。聚合物分子链取向好，可获得最高的铰链强度。

（2）浅的盖盒铰链浇注　图 6-24 所示为较浅盖盒铰链的两个侧向浇口浇注。要求盖合面对齐平整。在盒的侧向用两个浇口浇注，浇口位置能均衡浇注铰链对面的盖，这种铰链盒强度高。如果用一个侧向浇口，在注入铰链间隙时，不平衡流动缓慢地推进，导致成型铰链的强度差。

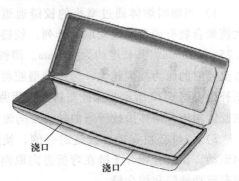

浇口

浇口

图 6-24　较浅盖盒铰链的两个侧向浇口浇注

（3）深盒盖的铰链浇注　图 6-25a 所示为深盒盖铰链的连接不合适的侧面浇口，不可将浇口的位置设置在盒的侧边。浇口置于盒的侧边，在盒的周边充填后在底部生成气泡。盒的深度会破坏熔体流动前沿的平衡，流动熔体会绕过中央包抄到盖的两侧，形成熔合缝。因此，铰链强度很差。图 6-25b 所示将浇口置于盒底部中央轴线上，又稍偏离铰链，可加速注入铰链狭缝的流率，限制铰链条两端的缓慢流动，使流过铰链的熔体早些充满盖。

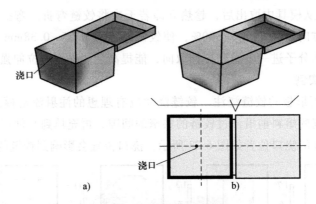

浇口

浇口

a)　　　　　　　　　　b)

图 6-25　深盒盖的铰链浇注

a）不合适的侧面浇口　b）浇口位于盒底部中央轴线上又稍偏离铰链

6.5　熔合缝

熔合缝（Knit-Line or Weld-Line）是塑料制件中的一个区域。它是彼此分离的塑料熔体相遇后熔合固化而形成的。熔合缝的区域形态和结构有别于塑料制件的其他部分，力学性能特殊。绝大多数熔合缝的力学性能低于制件其他区域的力学性能。熔合缝的存在，比注塑制件上任何缺陷更为重要。它是材料性能与制件性能存在差距的主要表现。

1. 熔合缝的生成

了解熔合缝的生成原因，将有助于理解熔合机理和分析熔合缝的力学性能。

（1）生成原因　模塑制件的几何构形复杂，由于塑料制件的结构需要，型腔内须设置型芯，有的还要安放各种嵌件。型腔内的塑料熔体分离成多股流动是不可避免的。有些模具的浇注系统需设计成多个浇口。两个浇口并列或相对注射会形成熔合缝，制件壁厚变化和模具型腔的曲折也会形成熔合缝。

对于较大的复杂型腔，为减小注射熔体的流程比或其他原因，模具的浇注系统设计成多个浇口。从多个浇口射出熔体所产生的熔合缝可归结为两种形式，如图 6-26 所示。图 6-26a 所示相对的熔体对接汇合，熔合缝的生成速度很快。图 6-26b 所示为并列两个浇口射出两股料流，两股熔体流前沿是圆弧形，相遇时夹角为前沿角 α，生成了并合的熔合缝。随着两股熔体流推进，前沿角扩大。对于 PS 熔料，在 $\alpha = 140° \sim 150°$ 时两股流体合而为一，熔合缝也随之消失。

要成型制件上的孔，在模具中必须设置型芯。型腔中有时需安放金属嵌件，待固化后与注塑制件联结成一体。熔体行进冲击型芯或嵌件后被分离成两股。绕道后重新相遇汇合成熔合缝。图 6-27 所示为型芯和嵌件上生成的熔合缝。仪表板上有三个型芯和五个嵌件，会生成 8 条熔合缝，它们有不同方向和长度。

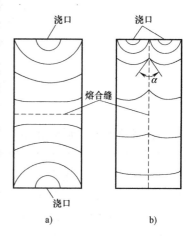

图 6-26　注射矩形型腔的双浇口的两种类型的熔合缝

a) 相对对接熔合缝　b) 并列合并熔合缝

尽管塑料制件设计要求厚度均匀一致，但实际上很难实现。制件壁厚变化会使熔体分离，汇合后生成熔合缝，如图 6-28 所示。矩形板上周边壁厚是中央两倍。熔体在厚截面的型腔中流速加快。因此有部分熔体返回，导致了熔合缝的生成，并又包裹空气于薄截面上。此外，模具型腔间隙空间的曲折，也会使熔体分离后又汇合在侧壁生成熔合缝。

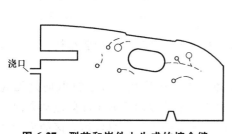

图 6-27　型芯和嵌件上生成的熔合缝

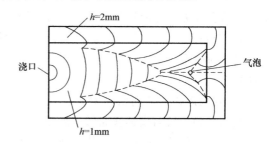

图 6-28　型腔间隙 h 变化时熔合缝生成

注：虚线为熔合缝，末端为所包裹空气。

小的浇口面对大型腔，高剪切速率和低黏度会造成熔体喷射。浇口喷射的蛇形熔体到达型腔的末端后折叠，冷却固化后产生波纹状的熔合缝，如图 6-29 所示。它会形成表面疵点等缺陷，力学性能很差，应通过改善注射条件和改进模具设计来避免。

熔合缝可分为热合对接缝和冷合流线缝。在多浇口注射时，模内的多股熔体各行其道后相遇。熔体前沿没有遇到过障碍物，熔合时温度较高，称为热合对接缝。单股熔流在遇到低温型芯、嵌件或型腔壁面后，熔体前沿经冲撞分离成若干股，然后重新汇聚熔合，称为冷合流线缝。对 PS 料，热合对接缝强度约为无熔合缝制件的 70%。

（2）熔合机理　注射过程中塑料熔体以高压高速射入低温的模具型腔。熔体注射流动

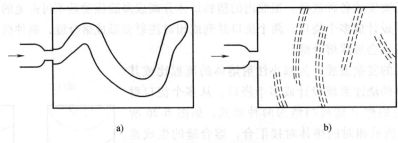

图 6-29　熔体喷射造成的熔合缝

a）喷射　b）熔合缝生成

中首先接触冷壁面，形成冻结皮层。后续熔体推进在皮层中做喷泉流动，熔体前沿不断地将芯部熔体向四周扩展，形成新的皮层。熔合缝的形成过程如图 6-30 所示，两股对冲的塑料熔体的前沿，在流动中温度降低、黏度增高。经过定时的保压补偿和冷却，形成熔合缝。

图 6-30a、b 所示两股源流的前沿之间，存在不断被压缩的气体。在它们相遇瞬间，前沿成火山口形状。如图 6-30c、d 所示，喷泉运动的熔体迅速向四周扩展流动，由中央向壁面推移熔体，受阻后冷却收缩，在固化的塑料制件表面形成 V 形缺口。固化后的熔合缝实际上是个三维空间熔合区。熔合缝由表及里分为 V 形缺口、弱熔合区和强熔合区。

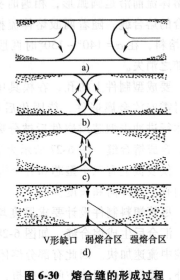

V形缺口　弱熔合区　强熔合区
d）

图 6-30　熔合缝的形成过程

a）两股源流前沿　b）相遇时的火山口形状
c）熔合扩展流动　d）冷却固化

由此可知，熔合缝的塑料形态结构与无缝区域差别很大。熔合缝力学性能较差有以下四方面原因：

1）塑料件外表层的 V 形缺口底部通常潜伏着裂纹，在承受载荷时会产生应力集中。该缺口产生及其形态取决于物料品种、型腔结构、排气程度和注射工艺条件。

2）两股熔体流动前沿在对流中受到喷泉扩展和被压气体作用，分子链取向是无规则的。它们在相遇后向模具壁面做扩展流动，熔合缝中长分子链取向垂直于注射流动方向。有添加剂塑料制件的熔合缝中，片状或纤维状的填料也是该取向方向，导致熔合区的力学性能有别于无缝区域。

3）熔合区域不完善的熔合使得熔合缝力学性能较差。两股流动交汇时的熔合连接程度，取决于分子链扩散和纠缠所需能量，也取决于加工条件所提供的能量。完善熔合与熔体温度和熔合时间有关。常规的注射工艺条件要求模具低温冷却，固化速率快。熔体前沿在注射流动中温度下降明显，导致熔体在厚度方向上存在温度梯度。交汇界面上的空气和杂质，都使两熔体接触后重新扩散和纠缠存在困难。因此，两股熔体界面很难完全消除。

4）无定形的热塑性塑料的分子链取向决定熔合区域材料的形态和力学特性，而结晶型的热塑性塑料，是由晶粒大小、结晶度及其分布决定熔合缝的取向。注塑生产中，结晶型塑料的加工条件比无定形塑料更为重要。

2. 熔合缝的力学性能

熔合缝的力学性能与熔体流动汇合的过程有关。熔合区的温度、压力和时间等工艺条件对熔合质量也有明显影响。众多材料注射的有缝与无缝试样的对比分析表明，注塑材料是熔合缝强度系数 α_{kl} 的决定性指标。

对各种试样进行单向拉伸的实验，可直接进行材料应力应变曲线的测试，着重研究熔合缝的屈服特性。用熔合缝强度与无熔合缝性能对比性表达方法。通常采用实验方法确定熔合缝系数 α_{kl}，其计算式为

$$\alpha_{kl} = \frac{\sigma_w}{\sigma_n} = \frac{A_o - A}{A_o} \tag{6-10}$$

式中　σ_w——有熔合缝试样的力学性能；

　　　　σ_n——无熔合缝试样，对应 σ_w 的力学性能；

　　　　A_o——熔合缝的截面面积；

　　　　A——分子链非联结的截面积。

一些塑料的熔合缝系数见表 6-1。

表 6-1　一些塑料的熔合缝系数

材料	拉伸强度熔合缝系数	断裂伸长率熔合缝系数	冲击强度熔合缝系数
PS	0.45~0.65	0.30~0.55	0.25~0.65
SAN	0.50~0.64	0.40~0.52	0.20~0.48
PC	1.0	0.42~0.44	—
ABS	0.90~0.98	0.80~0.90	0.50~0.80
PP	0.85~0.96	1.08~1.13	—
POM	0.85~1.02	1.0	0.86~1.08
PBT	0.96~1.02	0.75~1.08	—
PET	0.98	1.0	—
HIPS	0.85~0.89	0.30~0.50	—
PS+20%GF	0.45~0.49	0.49~0.50	—
PC+10%GF	0.85~0.87	—	—
PC+20%GF	0.55~0.58	—	—
PC+30%GF	0.47~0.51	—	—
PP+20%滑石粉	0.34	—	—
PP+20%云母	0.55	—	—
PP+40%云母	0.40	—	—
PP+20%GF	0.73~0.86	0.60~0.79	—
PBT+30%GF	0.50~0.53	0.54~0.62	—
PET+35%GF	0.24~0.49	0.27~0.44	—
PPS+40%GF	0.24~0.28	0.33~0.40	—

按熔合缝性能的特征，注射物料大致可分为以下 6 类：

（1）脆性的无定形聚合物　脆性聚合物有 PS、SAN 和 PMMA 等，即使在最佳工艺条件下成型，熔合缝系数 α_{kl} 也在 0.6~0.7。如 PS 和 SAN 有缝试样在拉伸试验中没有屈服点，

断裂表面粗糙，其 α_{kl} 值低于 0.6。脆性聚合物的熔合缝有较深的 V 形缺口，由于裂缝的扩展呈脆性断裂。有熔合缝试样的屈服点明显低于无缝试样。冲击下的脆性材料的熔合缝系数 α_{kl} 低于 0.3，这是由于熔合缝的缺口底部的应力集中，引发了试样破坏。

（2）韧性的无定形聚合物　韧性聚合物如 POM、PP、PC 和 ABS 等，其拉伸 α_{kl} 值在 0.7~0.8。但有缝试样的断裂伸长率只有无缝试样的一半，冲击下的 α_{kl} 在 0.6 以上。PC 和 ABS 的拉伸 α_{kl} 值接近 1。PC 熔合缝上 V 形缺口极细微。尽管试样在不同熔体温度下注塑，但对应力-应变曲线并无影响。有缝与无缝试样的弹性模量相等。

（3）结晶型的聚合物　如 PP、POM、PBT 和 PET 的拉伸 α_{kl} 值大于 0.8，熔合区域的结晶形态、结晶度、晶粒粗细和取向等决定了熔合缝的性能。其中 POM 冲击强度 α_{kl} 接近 1。这是由于这些韧性材料有高伸长率和颈缩现象，使熔合缝缺口底部的应力集中得到减弱。

（4）橡胶增韧的聚合物　抗冲聚苯乙烯和增韧丙烯的熔合缝拉伸强度较高，α_{kl} 值为 0.85 ~ 0.89。断裂伸长率的 α_{kl} 值为 0.30 ~ 0.50。熔合区的塑性很差，熔合缝的性能与橡胶粒子的分布和形态有关。橡胶粒子增韧聚合物（如抗冲聚苯乙烯）的熔合区域内，橡胶粒子的含量较少并存在橡胶粒子被排挤后的空穴，有的橡胶粒子变成扁平状，导致有缝试件的塑性变差。这种材料产生的熔合缝的抗拉强度较好，$\alpha_{kl} = 0.85~0.89$，但断裂伸长率之比为 $\alpha_{kl} = 0.30~0.50$。另外，抗冲聚苯乙烯的熔合缝强度对模具温度和注射、保压压力也很敏感。测试证实，注射压力 60MPa 时，拉伸强度的 α_{kl} 约为 0.5；注射压力提高至 80MPa 时，拉伸强度的 α_{kl} 上升至 0.95。

（5）颗粒填料充填的聚合物　颗粒填料使熔合缝的强度较差。熔合缝的性能与填料用量和偶合处理等因素有关。

（6）短玻璃纤维增强的聚合物　玻璃纤维在熔合区域分布密度低，又有垂直流动方向的取向，致使熔合强度差。玻璃纤维增强热塑性塑料制品中的熔合缝，由于熔合缝中纤维取向垂直于流动方向，导致塑料制件增强效果不好。由实验数据可知，玻璃纤维含量越高，α_{kl} 值越低。

提高保压压力可增加熔合缝的强度。由于注射熔体的前沿中玻璃纤维含量低于后续源流中的含量，提高保压压力可增加熔合区域截面上的玻璃纤维含量，但是增大保压压力，熔合缝强度仅提高 4%，增强效果并不理想。关键在于改变熔合缝中纤维取向。两股熔体流动相遇瞬间，两前沿间存在足够的压力差，由高压一方熔体夹带纤维楔入低压一方，使熔合缝处纤维呈交叉分布，可提高 40% 熔合缝强度。已有实验证实，20% 玻璃纤维增强 PC 的熔合缝系数 α_{kl} 可达 0.76。

3. 注射加工工艺影响

在注射工艺条件中，熔体和模具温度对熔合缝力学性能影响最大。熔合缝系数 α_{kl} 不但与聚合物品种有关，还与聚合物改性和共混的配方有关。

（1）熔体温度对熔合缝性能影响　提高熔体温度能使熔合缝的力学性能提高，对熔合缝冲击强度的提高也较明显。在较高的加工温度下，一方面熔合缝的汇合熔融程度好，冲击强度提高。另一方面，试样无缝区取向程度降低，综合影响冲击 α_{kl} 的降低。

（2）模具温度的影响。结晶聚合物（如 POM、PA6 等）的熔合缝性能研究结果表明，模具温度比熔体温度的影响更为重要。如 PA6 的熔合缝在 130℃ 模温下，保压和结晶充分，在显微镜观察下没有缺口和沟槽。相反，模具温度在 30℃ 时会产生沟槽。沟槽和真空泡是在制件冷却收缩阶段形成的。较低的模具温度形成较深的沟槽，并使真空泡的位置分布在塑料件外表层。其次，在较高模具温度下，高的保压压力和较长的保压时间可有效提高上述菱形区的发育程度，也增加了熔合缝的平均密度，从而提高了熔合缝强度。但结晶聚合物在熔合区域的结晶过程和形态较复杂，还需进一步研究。如对 PP 物料来说，较高模具温度并不能提高熔合缝强度，而加入成核剂后熔合缝强度提高较为明显。

实验证明，提高注射速率对熔合缝强度的影响并不明显。在众多影响因素中，值得注意的是塑料制件厚度。一般而言，增加熔合缝处的厚度，有利于提高熔合缝强度。较薄塑料件的熔合缝强度较差，即使提高加工温度，由于松弛不充分，也不能改善强度。

4. 熔合缝的控制和强度改善

（1）熔合缝的控制　模具设计者应有控制熔合缝的能力。计算机流动分析软件能辅助设计者预测熔合缝位置。用计算机辅助设计模具的浇注系统和冷却系统，优化浇口的型式、数目和位置；控制熔合缝的生成、位置、方向和性能。在制件和模具设计时，应避免在制件上强度与刚度最薄弱位置出现熔合缝。增加浇口数目可缩短流程避免低温熔体的不良熔合，但要避免在熔合缝位置安排设置低温的管道冷却。

浇口的位置和数目能改进熔合缝强度。注塑板件的熔合缝强度改善如图 6-31 所示。如图 6-31a 所示，A 位置设置浇口，熔合缝的位置和方向使此塑料板强度优于 B 位置浇口。图 6-31b 中，在 A 位置浇口浇注会使孔的外侧熔合缝会破坏边缘的强度，增设 B 位置浇口可获得改善。

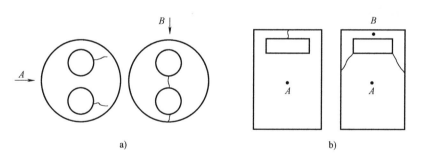

图 6-31　注塑板件的熔合缝强度改善

a）改变浇口位置　b）增加浇口

合理利用流程差可使并合的流线缝偏移和楔入，利用熔合缝形貌来提高强度。流程压差产生偏移楔入并列的流线缝如图 6-32 所示，两个浇口会使熔体同时到达 t_1 线。由于其中一股熔体继续推进，浇口之间流线缝在侧向压力下偏移。提高短玻璃纤维增强塑料件上熔合缝强度的方法是改变熔合缝中的纤维取向，可使一方熔体以高压携带纤维楔入低压的另一方熔体中。具体实现方法是在制件或模具设

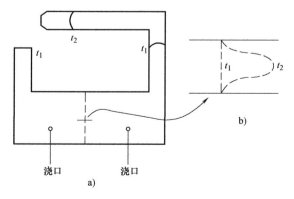

图 6-32　流程压差产生偏移楔入并列的流线缝

a）t_1 瞬时，熔体前沿位置　b）并列的流线缝截面 t_2 时形貌

计中，使两股熔流有不同的流程，让熔合缝在不同压力下对接熔合。

（2）聚合物改性和注射料流控制　对于颗粒或纤维改性的塑料件上的熔合缝，其填料含量、长径比及偶联剂处理也是很重要的因素。

在材料的多相组合时，两股熔体前沿中组合成分产生熔合缝的形态结构的控制，应成为配方优化的目标。各种最佳配比的添加剂被用来促使分散相粒子细化、减少粒子变形。促使分散相分布均匀和多相界面的黏结能有效提高熔合缝强度系数。不合适的混合和添加剂会损失熔合缝性能。

ABS 品种很多，其熔合缝力学性能也备受关注。为促使 ABS 熔合缝中橡胶粒子与 ABS 基体的黏合，减小其在熔合区域的变形，可加入适量的添加剂，提高有缝试样作高速拉伸时的熔合缝强度。但是，阻燃 ABS 拉伸强度的 α_{kl} 比纯 ABS 的 α_{kl} 下降约 30%。所以聚合物的改性，必须对熔合缝的力学性能做比较测试，保证有熔合缝注塑制件的质量。

热流道注射采用多点针阀式喷嘴可以控制注塑制件上熔合缝的位置。在多点针阀式喷嘴与注射机控制系统之间串入多点的时间继电器。时间继电器控制各喷嘴阀针的驱动气缸活塞。各喷嘴开启进料的时间差可以调节熔合缝的位置。近年来，这种热流道喷嘴的时间继电器已经商品化，通过该设备可在注射生产现场调整熔合缝的位置，避免在板件的可见侧边出现熔合缝。

熔合缝注塑制件经退火处理后，对结晶型聚合物有一定的强度改善作用。对于高黏度 PP 熔合缝，注射模塑料熔体的 MFR 为 5g/10min，其强度可提高 10%；对较低黏度 PP 的品级，强度仅提高 3%。

第7章

熔体转动技术调控注射流动不平衡

多个型腔注射成型制件的精度不高，至今还是注射模塑的难题。本章揭示和分析多个型腔塑料成型时，熔体注射流动不平衡的起因和对制件质量的影响；介绍国外对此难题的试验和研究，探讨改善熔体流动不平衡的途径和方法。用熔体转动技术调整控制注射流动不平衡，可改善注塑制件翘曲变形，提高各个型腔成型制件的一致性。

7.1 注射不平衡流动起因和加工工艺

多型腔的注射模因无法控制熔体物理条件，导致各个型腔成型制件重量有差异，降低了制件尺寸精度。图 7-1a 所示的 16 腔为直排的不等流程的流道布置。图 7-1b 所示同样为 16 腔，但是是等流程的流道布置，称为"几何平衡"或"自然平衡"的布排。几何平衡的型腔布置下，熔体输送过程中产生的剪切热致使熔体条件变化，产生注射流动的不平衡，进而影响各个型腔制件的收缩和翘曲变形。型腔数目越多，制件的精度越低。

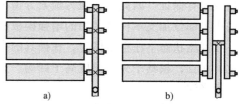

图 7-1 16 腔的直排流道布置

a）不等流程的流道布置 b）等流程的流道布置

7.1.1 熔体注射流动不平衡的原因

流道系统的分岔位置、弯道的拐角，有聚合物熔体慢速滞流。剪切应力增大产生剪切热，使熔体在流道截面上有温度差异，导致在型腔注射流动的不平衡。实验证实，35MPa 静压力下的 ABS 熔体有 2℃ 的温度升高。在注射阶段，ABS 熔体在流道中输送时，施加 35MPa 压力，平均温度会升高 15℃，圆截面中高剪切层流的温度也会更高。

流道熔体注射流动的不平衡的其他原因有：

1. 模具成型零件结构不合理和粗制滥造

流道系统和冷却管道设计不合理，各浇口对熔体的约束不一样，都会造成流道和浇口里的熔体变化不定，导致成型制件上有缺陷。制件型腔的间隙均匀、结构对称、浇口位置合理，并且确保各个型腔的制造精度，才能提高多个型腔成型制件的精度。要求针尖点浇口直径为 0.8~1.1mm，各浇口的极限偏差为 ±0.02mm。圆截面流道在分型面上，轮廓必须闭合严密对准，长度方向公差在 0.05mm 之内。

2. 所有制件冷却不均衡

在多个型腔的注射模具中，各个型腔的钢嵌件都应得到直接的均衡冷却。冷却管道布置对每个制件应有高效的热交换。在注射流动时有正常的熔体体积流率。但在保压阶段，必须做到每个型腔的制件有充分一致的材料补偿。如果冷却系统设计有缺点，模具冷却控制不正常，会影响各个型腔成型制件的重量差异和形状位置精度。

对各个型腔直接冷却，要求管道冷却液有同样高速湍流，且具有大于10000的雷诺数。要以足够的水压和流量布排管道。出水温度和进水温度相差越大，说明模具内温度越不均匀。两者的温度差应限制在5℃内。

多个型腔的冷流道模具的温度会影响到主流道附近最先被熔体充填的制件型腔。主流道和主干流道中的熔体将热量传导给模具的中央部位，模具中央的温度比周边区域高些。注射流动熔体较容易充填到温热的里侧型腔。在冷却系统应强化模具中央区域的冷却，将低温的进水管道布置在主流道周围。

模具温度不均匀通常不影响注射流动速率。模具温度影响多个型腔模具的注射流动不平衡和保压补偿的效果，以及各个型腔成型制件重量和尺寸精度的一致性。

3. 模板有过大的弹性变形

在注射周期中，流道和制件型腔会承受100MPa的熔体压力。分型面上熔体面积产生的胀模力作用在定模板和动模垫板上。当注射机施加的锁模力不足时，制件的分型面上有塑料溢边。锁模力足够大时，动模垫板的垫脚中央会有下垂的弹性变形。模具设计时，应该将下垂的弹性变形量限制在0.05mm以内。保压阶段结束后模板恢复常态，冷却收缩后制件的尺寸精度才有保证。因此，在强力锁紧分型面时，模板只能有微小的弹性变形量。在动模垫板下的中央部位加支承柱是常用的增强模板刚性方法。

在高压状态下注射熔体时，在模具的中央部位布置的流道、浇口和制件型腔的温度都有变化。而且，模具中央的温度高于四周。这就产生图7-2所示的8腔等流程流道布局的注射不平衡浇注。

模板的弹性变形由各种因素决定。按目前注射模的设计和制造水平，增强模板刚性不难实现。即使限制模板变形到极小，图7-3所示的4型腔几何平衡布置的流道系统仍然有注射流动的不平衡。加热保温主喷嘴射出熔体，经冷流道的二次分岔的分流传输。剪切诱导的高温熔体首先注入外侧的两个型腔。在分型面上敞开流道的高压熔体作用下，尽管模具中央有颇大些的变形，里侧的两个型腔后续仍能被充填。

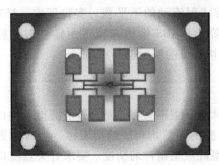

图7-2　8腔等流程流道布局的注射不平衡浇注

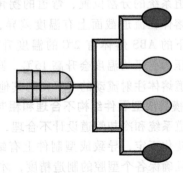

图7-3　分型面上4型腔注射流动的进展
（深色的2型腔被首先充满）

4. 注射机塑化的塑料熔体的不均匀

不均匀熔体分流于两个型腔之间的流道中，会导致非常态的流动模式。在制件型腔中的注射流动不稳定，影响成型制件质量。

大多数注射机的塑化过程使用常规螺杆。不同聚合物有不同的塑化过程，故应选择合适的专门螺杆，施加合理的塑化工艺，才能保证熔体的均化。无定形塑料、结晶型塑料和高黏度塑料各有专用螺杆。已长期使用的螺杆等零部件，磨损和腐蚀后会影响塑化熔体的质量。

5. 型腔的排气不良

塑料熔体注入型腔的同时，必须置换出型腔里的空气。滞留气体将会增大熔体注射流动的阻力，降低流动速率，导致不平衡流动。残留的高温高压气体危害材料和制件，会使聚合物降解变色，烧焦炭化，导致成型制件上出现棱线和拐角残缺。

注射流动的末端有排气的设置，设计和保养很不容易。分型面上可开设排气槽，它的尺寸要设计合理；也可在顶杆或滑块的滑动面上开槽排气；也有用球状合金颗粒的烧结块，渗导排气。

6. 熔体中有冷料（Cold Slugs）

冷流道模具中，从主流道流出的熔体前沿是冷料。在流道分岔时，冷料头影响熔体流动。进入型腔的冷料结块，会降低制件质量。因此在冷流道模具中，可在主流道末端设置冷料井，也可在流道的分岔位置开设冷料井，以留住冷料。

在热流道模具中，喷嘴的开放式浇口与成型制件的界面上也会有冷料，会约束或阻塞一个或多个浇口。这常见于结晶型聚合物的注射成型生产中。

7. 热流道系统的温度控制不均衡

热流道注射的流道板和喷嘴有热电偶测温，经电子调节器进行加热器控制。注射生产在大多数情况下，温度测量的失真、加热失效或操作失误，都会使流道板和喷嘴的温度有波动，在注射启动阶段和后续生产中引起熔体条件变化和浇注的不平衡。精确的温度控制能使流动平衡，并使制件收缩、翘曲变形和力学性能稳定一致。

7.1.2　加工工艺改善注射流动的不平衡

不平衡浇注多个型腔注射模塑成型会影响制件质量和生产率。为提高注射成型生产率，已经研发出一次注射成型上百制件的注射模。在确定经济型腔的数目时，除了考察注射机的注射量和锁模力，首要考虑的是注塑制件的精度。多分岔流道里，剪切热会扰乱熔体的平衡浇注。

图7-4所示为常见4腔和8腔的三种流道和型腔布置。图7-4a、b为几何平衡流道布置，图7-4c为直排的流程不等的流道布置。各种流道布置都有剪切热引起的不平衡浇注，导致各个型腔成型制件差异。长期以来，通过在生产现场调整注射速率、熔体温度、保压时间和保压压力来改善注射流动的不平衡。各个加工工艺参量的改变都会导致模塑制件的变化，影响到制件的精度。

下面就几何平衡流道布置和直排的流程不等

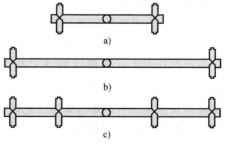

图7-4　4腔和8腔的三种流道和型腔布置

a)、b) 几何平衡的流道布置

c) 直排流程不等的流道布置

的流道布置，讨论加工工艺对注射流动的不平衡的影响。

1. 几何平衡流道布置

对同样的聚合物材料和注射机，为了生产质量一致的制件，应调整好注射速率、熔体温度、保压时间和保压压力，从而改善注射流动的熔体条件。图 7-4b 所示方案的主干流道长，调整保压时间和保压压力改善制件质量的一致性的效果不及图 7-4a 所示方案。对于图 7-4c 所示方案，为了生产质量一致的制件，注射加工工艺调节是高难度挑战，要调整的工艺参数的范围很小。

2. 直排的流程不等的流道布置

图 7-5 所示 4 腔的直排流道中，流程组 1（Flow 1）的两个接近主流道的型腔已浇满时，模板上远程流程组 2（Flow 2）的两个型腔尚在充填。倘若减缓注射速率或/和采用约束型针尖浇口，这种浇注不平衡会有所改善。在一定的螺杆推进速度下，输送至流程组 1 的型腔，比流程组 2 的流动速率快。但是，流程组 1 的型腔充满后，流程组 2 的注射速率成倍增大。

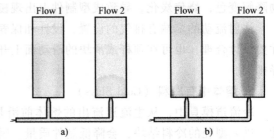

用计算机注射模流动分析，预测注射阶段熔体温度变化和分布。图 7-5a 所示为低缓的注射速率下，两流程组的相邻型腔内熔体温度接近。图 7-5b 所示为较高注射速率

图 7-5　注射速率影响相邻型腔浇注不平衡和熔体的温度

a）低注射速率相邻型腔内熔体温度接近

b）高注射速率相邻型腔内熔体温度相差大

下注射阶段刚结束时，流程组 1 的型腔被充满后，流程组 2 中型腔的注射速率、剪切速率和熔体的温度有较大提高。两流程组的相邻型腔内熔体温度相差大，不利于各个型腔成型制件的一致性。

图 7-6 所示为 4 腔直排流程不等的流道布置，在保压阶段的两流程组的相邻型腔内熔体压力分布。当流程组 1（Flow1）的型腔被充满瞬间成为闭合容器，整个模具型腔内熔体压力骤然增大。此刻，流程组 2（Flow2）的两个型腔的注射速率成倍加快，型腔内的熔体压力成倍增大。流程组 1 的型腔内压力达到 66MPa 时，流程组 2 的型腔内压力只有 36MPa，这必将影响保压期间聚合物材料的补偿量以及各个型腔成型制件的一致性。为了降低保压补偿的不平衡，势必就要有较高熔体温度，延长保压时间，但会增加制件的残余应力。

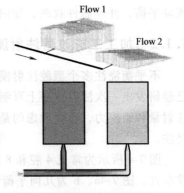

图 7-6　保压阶段相邻型腔内熔体压力分布

上述两种方法（降低注射速率和延长保压时间）都会延长注射周期，又不利于成型制件的一致性。对于流程不等的流道布置多型腔，很难用加工工艺改善浇注的不平衡。第 5 章的 5.3.4 小节中，有改善浇注不平衡的流道设计的方法。

7.1.3　五步法预测注射流动的不平衡

五步法（5 Step Process）注射适用几何平衡的型腔模具，测试剪切热诱导的注射流动的

不平衡程度。在注射加工现场，应分离和量化剪切诱导熔体条件的变化，搞清楚产生注射流动不平衡的原因，然后设置和优化加工工艺，改善各个型腔成型制件重量和质量的一致性。

1. 8 腔的几何平衡的流道布置

图 7-7 所示为 8 腔的几何平衡的流道布置。主流道对主干流道分岔，继而对第一流道，还对第二流道再次分岔。熔体输送的剪切热，诱使先行注射充满流程组 1 的 4 个型腔，而流程组 2 的 4 个型腔尚在注射充填中。熔体条件差异会造成两个流程组所成型制件重量和质量的不一致。五步法预测熔体注射时，应把保压压力和时间设置为最低，将模板的弹性变形和模具温度对成型制件影响排除。

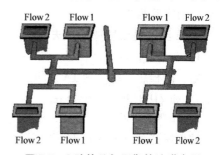

图 7-7　8 腔的几何平衡的流道布置

在每个注射周期，各个型腔经受到各不同程度的冷却，会影响到制件的表面质量、收缩、翘曲和凹陷。五步法测试熔体注射时，保压阶段的模具温度变化的影响很小。在五步法短射聚合物材料时，两个流程组的模具型腔的物理条件变化，所产生的成型制件重量差异可以测得。模具型腔的物理条件变化是指模板的弹性变形、流道和浇口的结构和尺寸、型腔的结构和各个型腔的差异、浇口堵塞和排气的不畅等因素，它们与剪切流动无关。

图 7-8 所示为实验测得剪切诱导和模板变形引起的注射流动不平衡。用五步法注射加工后，对 8 个成型制件称重比较，见表 7-1。用式（7-1）计算 4 对制件的重量变化率。获知流程组 1 因模具物理变化引起的制件重量的变化率 a 为 7.6%，也得到流程组 2 因模具物理变化引起的制件重量的变化率 b 为 3.2%，计算剪切诱导的两个流程组制件的平均重量的变化率 c 为 17.1%。剪切诱导制件重量变化率是物理条件促使的变化率的 2 倍。

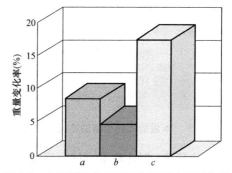

图 7-8　实验测得剪切诱导和模板变形引起的注射流动不平衡

a—流程组 1 因模具物理变化引起的制件重量的变化率
b—流程组 2 因模具物理变化引起的制件重量的变化率
c—剪切诱导的两个流程组制件的平均重量的变化率

表 7-1　几何平衡布置 8 个型腔制件的重量（g）比较

图 7-11 中的型腔编号	图 7-12 中的流程组编号	图 7-12 中的流程组编号（图 7-11 中的型腔编号）	重量/g
Cav1	Cav2A	Cav2A（1）	4.21
Cav2	Cav1A	Cav1A（2）	5.19
Cav3	Cav1B	Cav1B（3）	5.33
Cav4	Cav2B	Cav2B（4）	4.29
Cav5	Cav2C	Cav2C（5）	4.30
Cav6	Cav1C	Cav1C（6）	4.62
Cav7	Cav1D	Cav1D（7）	5.26
Cav8	Cav2D	Cav2D（8）	4.11

图 7-9 所示为 16 腔的几何平衡的冷流道布置。剪切诱导注射流动的不平衡在 4 个流程组中发展。要有合理编码，才能获知制件重量差异。目前尚未有五步法测试这 16 个制件重量变化的实验报告。

2. 五步法的注射加工方法

1）步骤 1，定义流程组。图 7-10 所示为 8 腔的几何平衡流道布置，8 个型腔被塑料熔体短射。流程组 1 编号为 1A、1B、1C 和 1D 的 4 个型腔，最多充满 80%。流程组 2 有 2A、2B、2C 和 2D 的外围 4 个型腔。

2）步骤 2，设置注射加工的保压时间和保压压力为最小值。对一些注射机并不推荐为零。减少螺杆的材料计量为充满型腔的 80%，能在注射期间减少影响注射流动不平衡的因素。注射时，注射速率应保持常数，注射机所有参量变化最小且注射成型至少 5 次。

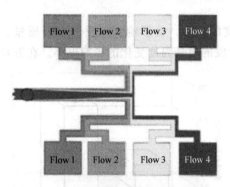

图 7-9 16 腔的几何平衡的冷流道布置

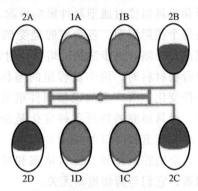

图 7-10 8 腔的几何平衡流道布置

3）步骤 3，制件称重。每个型腔制件应有标记，采用每次短射的所有制件，立即称出各制件重量。将每个型腔 5 次注塑制件重量的平均值作为数据统计和质量分析的依据。

4）步骤 4，确定模具的弹性变形等引起的注射流动不平衡的程度。以流程组 1 与流程组 2 的制件重量差异的数据，得到模具本身的物理状态下引起注射不平衡的影响程度。经统计计算，得到各流程组的物理状态下制件重量差异的比率。模具的物理状态指模板的弹性变形、排气障碍、冷料阻挡和模具温度分布不均匀等因素。

5）步骤 5，确定剪切诱导的不平衡的程度。根据流程组 1 与流程组 2 的制件重量的平均值，能得到该种流道布局的最大剪切诱导不平衡的百分比，还能获得里侧与外侧流程的剪切诱导不平衡的比率。剪切诱导的不平衡是聚合物熔体输送过程中、剪切作用下材料性能的变化。它独立于模具温度和模板变形等物理状态变化引起的注射流动不平衡。

3. 五步法注射数据的统计分析示例

1）步骤 1，定义流程组和各个型腔加上标签。

2）步骤 2，短射试样 80% 充填。注射成型至少 5 次。

3）步骤 3，制件称重。每个型腔制件应有标记并称出各制件的重量，得到每个型腔 5 个制件重量的平均值，编码列于表 7-1 中；并对各个型腔编号，进行重量比较，如图 7-11 所示。

4）步骤 4，确定模具的物理状态下引起注射不平衡的影响程度。图 7-12 所示为用五步法注射成型流程组 1 与流程组 2 的制件重量差异的数据，用 Cav1C 与 Cav1B 制件重量比较，得到模具本身的物理状态下，引起最大不平衡。

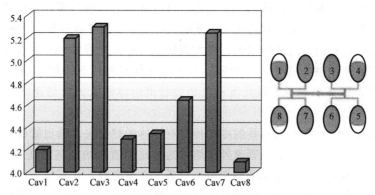

图7-11 几何平衡布置8个型腔的制件重量的比较

$$\left(1-\frac{\text{Weight Cav1C}}{\text{Weight Cav1B}}\right)\times100\%=\left(1-\frac{4.62\text{g}}{5.33\text{g}}\right)\times100\%=13.3\% \tag{7-1}$$

还有一种方法，是用图7-12中流程组2，将Cav2D（8）= 4.11g和Cav2C（5）= 4.30g，代入式（7-1），计算得到模具的物理状态变化引起制件重量最大不平衡仅为0.42%。

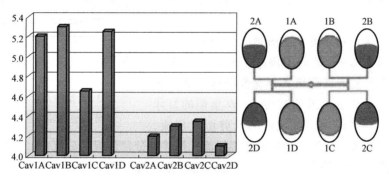

图7-12 五步法注射的两种流程比的制件重量的差异

5）步骤5，确定剪切诱导的不平衡。流程组1的4个制件的Cav1A（2）、Cav1B（3）、Cav1C（6）和Cav1D（7），平均重量是5.10g。流程组2的4制件Cav2A（1）、Cav2B（4）、Cav2C（5）和Cav2D（8），重量的平均值为4.23g。根据式（7-2）可计算得到该流道布局的最大剪切诱导不平衡的百分比，即

$$\left(1-\frac{\text{avg Weight Flow1}}{\text{avg Weight Flow2}}\right)\times100\%=\left(1-\frac{4.23\text{g}}{5.10\text{g}}\right)\times100\%=17.1\% \tag{7-2}$$

还有一种方法，是用图7-12上两种流程组，如果用Cav2D（8）= 4.11g和Cav1B（3）= 5.33g代入式（7-2）计算得到22.9%。

7.1.4 多个型腔几何平衡流道中剪切诱导注射流动不平衡

几何平衡的流道布置的多个型腔注射模，输送的熔体剪切应力有变化，致使各个型腔成型的制件重量不一致。熔体在流道系统传输过程中剪切热和热历程结合，使得流动不稳定。

1. 剪切诱导流道中熔体的变化

几何平衡流道布置的多个型腔注射模，在圆截面和流动方向上剪切诱导输送熔体的变

化，其根本原因是流道截面中熔体层流的变化。这要从注射流动的聚合物熔体在圆管道截面上的剪切速率分布说起。如第 3 章的图 3-9 所示，对于非牛顿流体在圆管内柱塞流动，其速度在径向的变化率在管壁邻近区域最大，最大剪切应力和最大剪切速率在管壁上。因为塑料熔体的非牛顿特性和摩擦热的作用，管壁附近区域熔体黏度降低，熔体温度高于流道的中央。第 3 章的图 3-19 还展示了有限元流动分析圆管道熔体输送的剪切速率分布，以及熔体黏度降低和温度的分布。

在冷流道模具中，尽管低温模具的冷却传导有熔体的热损失，流道管壁邻近区域熔体温度较高是常态。在热流道模具中，管道外层熔体通常比流道板的加热温度高 100℃ 左右。聚合物熔体在圆截面中央，剪切速率和剪切应力最低，在中心线上是零。

在冷流道模具中，熔体温度在流道长度方向上连续下降。在流道的分岔位置，高温的外层圆环分成单侧的月牙层流，剪切流动的熔体温度和黏度不断变化。在流经浇口和注塑制件型腔的过程中，熔体的温度和压力条件有复杂的变化。

图 7-13 所示的 8 型腔几何平衡布置，剪切诱导流道中熔体变化已经是普遍共识。在图 7-13 所示的流道分岔位置有熔体层流的分离，促使各个型腔注射流动不平衡。

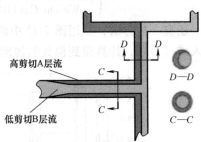

图 7-13　8 型腔几何平衡布置流道中剪切诱导输送熔体的发展

热流道中的聚合物熔体从主流道末端分岔输入到主干流道。主流道 C—C 截面的周边生成高剪切 A 层流。熔体在分岔位置有高剪切 A 层流和低剪切 B 层流进入主干流道。分离成流道的截面 D—D 里侧的月牙形高剪切层流。主流道中温度较低的低剪切 B 层流，在主干流道的截面 D—D 外侧产生低剪切层流。熔体在分岔位置的分流中，高剪切 A 层流进入里侧的第二分流道，注入里侧型腔的是高温熔体。低剪切 B 层流入外侧的第二分流道，并注入外侧型腔。不同的熔体条件层流分别注入两个相邻型腔。这两个相邻型腔注射流动不平衡、流动充填过程不同且制件重量有差异。

图 7-14 所示为三维流动分析软件模拟的高剪切熔体，在分流道圆截面里生成高温高剪切月牙形层流分布。它与低剪切低温熔体一起输送到分岔位置后分离，高低温熔体会分别输入浇注进两个相邻型腔。

热流道的叠式注射模如图 7-15 所示，流道板在模具中央，几何平衡浇注 4 个制件。主流道的筒体延伸到流道板，主干流道分岔生成高剪切层流。此类高剪切材料反向，朝着注射机注射装置方向，注入分型面 B 上的两制件型腔浇注，与分型面 A 两型腔的熔体条件有差异。在主流道喷嘴 3 中有滑阀，在注射保压阶段熔体接通侧向通道。

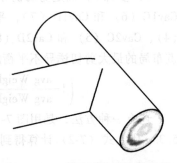

图 7-14　三维流动分析软件模拟显示流道圆截面熔体温度的分布

2. 剪切诱导各流程组的流动充填发展

图 7-16 所示为两种 8 型腔几何平衡布置，在注射阶段，流程组 1 的 4 个型腔被高温熔体首先充满，而流程组 2 的外侧 4 个型腔充填迟缓。图 7-16a 所示的流道系统有约束型的针尖浇口。型腔里熔体在分型面上投影面积大，有较大的模板胀开力。图 7-16b 所示用限制型

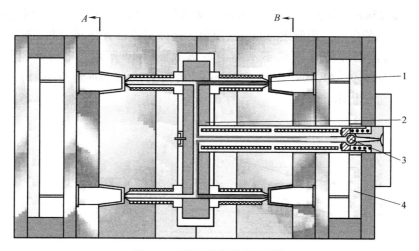

图 7-15　热流道的叠式注射模

1—分喷嘴　2—流道板　3—主流道喷嘴　4—脱模板

图 7-16　两种 8 型腔几何平衡布置

a）针尖浇口和面成型　b）矩形浇口和垂直成型

的矩形浇口，筒形制件在开模方向布置。分型面上熔体投影面积较小。尽管有这些差别，剪切诱导两流程组的注射流动不平衡大致相似。

8 型腔几何平衡流道布置产生剪切诱导的注射流动不平衡，转入保压补偿阶段后，如果保压压力和时间不足，流程 1 里侧的 4 个制件重量大于流程 2 的 4 个。如果保压压力和时间充分，保压时获得足够补偿材料，流程 2 外侧的 4 个制件重量会接近流程 1 的 4 个。图 7-16b 采用矩形浇口，保压补偿作用明显优于针尖浇口。

因此，多型腔的几何平衡流道布置注射模，应该进行注射工艺的优化操作。调整注射速率、熔体温度、保压压力和时间，可以使各型腔的制件重量趋于一致，从而提高制件的精度。

3. 注射速率和材料对注射流动不平衡的影响

几何平衡流道布置的多个型腔注射模，注射速率对浇注流动的不平衡有重大影响。注射速率很高或很低都会导致严重的注射流动不平衡。低缓的注射速率能使剪切诱导各个型腔浇注流动的差异减少，但成型制件上会有热斑和黏糊块等缺陷。逐次提高注射速率能降低初始的流动不平衡，会有个注射速率参数可获得浇注流动接近平衡，呈现可接受的制件表面质量。

用 8 型腔几何平衡流道布置注射模，研究注射速率对浇注流动的不平衡影响。成型的制件为矩形条，宽 25mm，长 50mm，厚 2.5mm。又以 PPS、PBT、POM 和 PA 四种聚合物测试对注射流动不平衡的影响。用前述的五步法短射，再以最小的保压压力和时间冷却成型。8 个型腔几何平衡流道布置注射模不平衡的发展如图 7-17 所示。对四次调整注射速率 $13.7cm^3/s$、$27.5cm^3/s$、$41.1cm^3/s$ 和 $57.0cm^3/s$ 的短射成型制件进行编号，并称重和统计，计算制件重量变化率。

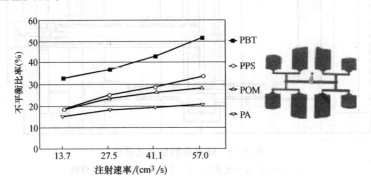

图 7-17　8 个型腔几何平衡流道布置注射模不平衡的发展

图 7-17 所示四种聚合物的剪切诱导的注射流动不平衡比率在 15% ~ 50%。其中 PA、POM 和 PBT 在注射速率 $13.7cm^3/s$ 下有 15% ~ 20% 的不平衡比率。PA 聚合物在后续注射速率提高时，不平衡比率变化较小。

至于常见的直排流程不等的流道的多型注射模，既要调整注射速率改善注射流动不平衡状况，又要改善各个型腔保压补偿材料均匀充填。因此应优化注射加工工艺，提高制件精度。

4. 流道直径对注射流动不平衡的影响

多个型腔注射模的流道系统产生注射流动不平衡，原因是流道的几何布置、聚合物材料和注射加工工艺。通常扩张流道直径，可降低熔体注射流动和制件保压的不平衡，但会对冷流道和热流道注射成型带来一系列的负面影响。

对冷流道模具会增加流道凝料的冷却时间，增多流道凝料。回收料的粉碎、混合和储存要花费处理成本。热流道模具允许有较大一些的流道直径，但受到设计规则制约。增大直径通道，提升了聚合物熔融状态的驻留时间，又降低了熔体输送的流动速率。热流道中熔体输送产生的剪切热和摩擦热，导致流道截面周边的熔体温度较高，会加剧注射流动不平衡。

7.2　注射流动不平衡对制件型腔浇注的影响

对于多个型腔几何平衡的流道系统，高剪切层流引起的注射流动不平衡，会导致各个型腔成型制件重量不一致。熔体输送在流道分岔位置，产生高剪切材料不对称分流，还会影响成型制件的翘曲变形。

7.2.1　剪切诱导的注射流动不平衡在制件型腔的发展

1. 成型制件型腔的结构影响

图 7-18 所示的 8 型腔几何平衡布置流道，与图 7-17 制件的板厚相同，但图 7-18 中型腔

的结构是 U 形分岔。8 型腔的各流程组注射流动的不平衡
和 U 形两支脚注射流动的不平衡，造成制件的不一致。

图 7-19 所示为熔体输送注入 2 型腔促成不同的熔体条
件。熔体流动输送在主流道形成高剪切的环流，分流到主
干流道，形成偏于一侧的高剪切层流。当熔体注入型腔时，
高剪切材料充填到制件的一侧，而低剪切下熔体偏于制件的
另一侧。如图 7-19 所示，左侧型腔内，高剪切材料充填到制
件的长臂；右侧型腔内，低剪切熔体充填到制件的长臂。不
同温度熔体充填两制件的同一部位，在成型收缩过程中，两
制件有不平衡进展，对制件的精度和质量有负面影响。

图 7-18　8 型腔几何平衡布置流道

2. 型腔内注射流动不平衡引起制件翘曲变形

即使注塑制件的壁厚均匀并结构对称，熔体在流道输送产生的高剪切层流还是会引起型
腔内浇注流动不平衡。

图 7-20 所示为高与低温熔体注入型腔引发不同的翘曲变形。输送的熔体经流道分岔后，
高剪切层流偏于分流道截面的一边，造成高与低剪切材料不同的分布。在冷却过程中收缩不
同，生产的同一批板条有不同方向的弯曲变形。

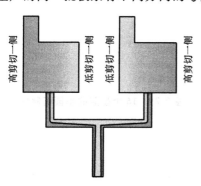

图 7-19　熔体输送注入 2 型腔促成
不同的熔体条件

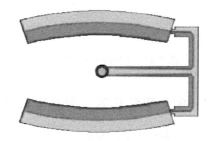

图 7-20　高与低温熔体注入型腔
引发不同的翘曲变形

图 7-21 所示为高剪切熔体引起圆盘制件的不平衡浇注。单个型腔浇注平板，壁厚均匀
为 2mm，直径为 100mm，矩形浇口置于制件的一侧。输送熔体在主流道中会形成圆周分布
的高剪切层流。在流道中拐弯后，高剪切层流分布在周边。在注入圆板型腔后，高剪切熔体
领先在型腔的周边推进，形成图 7-21a 的充填样式。图 7-21b 所示为计量不足的短射成型的
制件。图 7-21c 中所示困气，生成在圆周"跑道"流动熔体前沿汇合位置。高剪切材料浇注

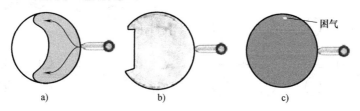

a)　　　　　　　　b)　　　　　　　　c)

图 7-21　高剪切熔体引起圆盘制件的不平衡浇注

a）周向绕流　b）短射制件　c）制件困气

引起不平衡流动，圆板制件脱模后会发生碗状变形。这种圆板即使采用中央浇注，也会产生翘曲变形。

3. 注射流动不平衡导致型芯柱偏移和变形

型芯柱成型筒类制件时，浇口位置应位于顶面中央，以避免高压熔体侧向进料，迫使型芯柱弯曲变形和偏移。但是，图7-22所示的4型腔的圆筒制件，还是产生了型芯柱的变形和偏移，致使四个筒体内侧有斜口缺料或侧壁厚度的差异。这种4型腔几何平衡辐射布置的冷流道或热流道，在注射浇注过程中，高剪切的层流快速注入4个筒体的外侧。在注射和保压阶段高剪切材料，推压型芯柱向里侧倾斜，还在筒口边缘汇合时形成气囊。

图7-23所示为采用热流道，喷嘴中央浇注的16个型腔的小圆筒制件。高剪切熔体层流对型芯柱的侧向浇注，制件筒口边缘有流痕和气囊。

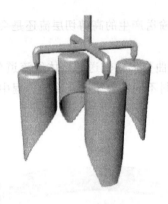

图7-22 4型腔的圆筒制件

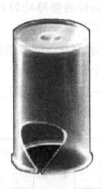

图7-23 16个型腔的小圆筒制件

7.2.2 多个型腔几何平衡流道布置

各种多腔几何平衡布置流道，高剪切层流诱导注射充填不平衡。在设计浇注系统时，应该预测注射流动的不平衡，掌控熔体条件的变化，合理布置流道系统。

1. 多个型腔几何平衡的冷流道布置

图7-24所示为各种多腔几何平衡布置冷流道的剪切诱导的注射充填状态。自主流道开始就有高剪切的层流经流道分岔，造成各流程组以不同的熔体条件注入型腔。各流程组所成

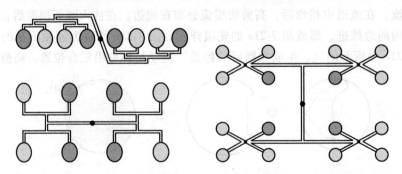

图7-24 各种多腔几何平衡布置冷流道的剪切诱导的注射充填状态

注：深色为高剪切材料。

型的制件有差异，图 7-24 中，深色流程组 1 的制件，被高剪切材料注射充满型腔，因此该制件与其他制件有明显的质量和精度差别。

2. 8 腔几何平衡的热流道和冷流道布置

图 7-25、图 7-26 和图 7-27 所示均为 8 型腔的几何平衡布置。图 7-25a、图 7-26a、图 7-27a 所示为热流道系统，主喷嘴和流道均有加热和温度控制。图 7-25b、图 7-26b、图 7-27b 所示为冷流道系统，高剪切层流在主流道中已生成，并分流到主干流道。主干流道输出的熔体经二次分岔，高剪切材料注射充填里侧的、靠近主流道的 4 个型腔。相对于冷流道系统，热流道剪切诱导的注射熔体变化程度较低。

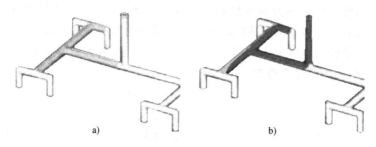

a)　　　　　　　　　　　　　b)

图 7-25　常见的 8 型腔流道的高剪切材料的分布

a）热流道系统　b）冷流道系统

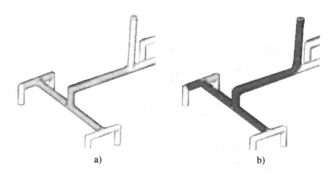

a)　　　　　　　　　　　　　b)

图 7-26　改进的 8 型腔流道的高剪切材料的分布

a）热流道系统　b）冷流道系统

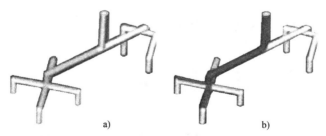

a)　　　　　　　　　　　　　b)

图 7-27　改进的 8 型腔流道 X 型布局时高剪切材料的分布

a）热流道系统　b）冷流道系统

图 7-26 所示流道布局与图 7-25 不同。图 7-26a 所示的热流道系统，主喷嘴分岔主干流道拐向垂直方向后与第二分流道连接并分流。高剪切层流分布在主干流道的一侧，并在第二分流道中对称分流，到第三分岔分流后还有高剪切材料对称分流，外侧同一流程组 4 个型腔

被高剪切材料充填。在主干流道分岔时，熔体的翻转和分流使多个型腔注射流动呈现平衡。图 7-26b 所示的冷流道系统，从主流道中开始生成高剪切层流，分流到主干流道的一侧。直到第三分岔分流后，有高低剪切材料不对称分流，导致多个型腔呈现注射流动不平衡。敏感的聚合物熔体和不合理的注射速率，会导致高低剪切材料不对称分流。图 7-26 的流道设计相比于图 7-25 流道布置，能改善注射流动不平衡状态和充填结果。热流道系统的熔体输送能改善注射流动。因为热流道系统的主流道熔体处于加热保温状态，流道板和下垂的多喷嘴的流道熔体输送中的分流和翻转，可改善各支喷嘴流道的熔体流动条件。

图 7-27 所示的 8 腔的流道布置，主干流道拐向后是 X 型布局。从主干流道到分岔后的第二分流道中，高剪切材料的分布大致相同。与图 7-26 上 H 型布局有相似效果。图 7-27a 的热流道系统，高剪切材料分流对称性较好，但流道板的厚度增加。图 7-27b 冷流道系统在合理剪切速率下，高剪切材料分流对称性有改善，但模具型腔板厚度增大，流道加工困难。

3. 24 型腔几何平衡的冷流道布置

图 7-28 所示的冷流道布置，对 24 个型腔的注射熔体输送，流道的长度和直径是相同的。然而，对两个流程组的流动速率是不同的。流程组 1 的型腔，熔体输送经过 3 个分岔分流。流程组 2 的型腔，输送熔体经过 4 个分岔。这两种注入型腔的熔体流动条件有差异。流动充填成型的制件，有两批不同的质量和精度。图 7-29 所示的 24 型腔几何平衡的冷流道两个流程组的注射压力差异，表明流程组 1 的型腔注射压力高，所以先充满，流程组 2 的型腔后充填。

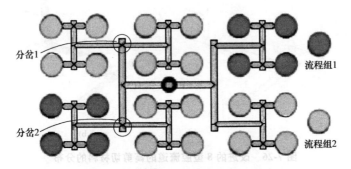

图 7-28　24 型腔几何平衡的冷流道布置

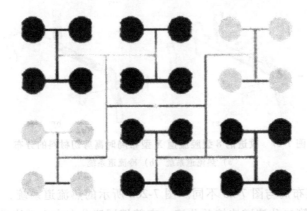

图 7-29　24 型腔几何平衡的冷流道两个流程组的注射压力差异
注：深色为流程组 1，浅色为流程组 2。

7.3 熔体转动技术

多个型腔注射成型的熔体转动技术，是流道系统掌握和控制高剪切层流的方法。正确应用熔体转动技术能有效改善多个型腔成型制件的一致性。熔体转动技术发展二十多年来，已有众多应用。

7.3.1 熔体单轴转动技术

1. 圆管道熔体输送的高剪切层流

图 3-9 中，圆管道的熔体输送的假塑性非牛顿流体流速分布为柱塞曲线。在圆周壁面邻近存在高剪切流动区域，圆周邻近熔体的高剪切层流的剪切速率和温度最高。在三维的注射流动数值分析过程中，圆柱熔体网格划分要有立体多面体单元，并应用各种聚合物材料的黏度方程和各种材料的注射流动的能量方程。近年来，已经有了流道系统中注射熔体的压力、流动速度、剪切速率、剪切应力和温度分布数值分析，并有屏幕数据显示。

在 3.1.2 节里，推导出聚合物熔体的速度分布方程，即式（3-15）。

将式（3-8），即 $\tau = K'\dot{\gamma}^n$，改写成圆管壁邻近高剪切层流的剪切速率 $\dot{\gamma}_R$ 和剪切应力 τ_R 计算式 $\tau_R = K'\dot{\gamma}_R^n$，得

$$\dot{\gamma}_R = \left(\frac{\tau_R}{K'}\right)^{\frac{1}{n}} \tag{7-3}$$

表观稠度 K' 是聚合物熔体用流变仪实验测得在某温度和一定剪切速率 $\dot{\gamma}$ 下的稠度。它与稠度 K 有如下换算关系：

$$K' = K\left(\frac{3n+1}{4n}\right)^n$$

代入式（7-4）有：

$$\dot{\gamma}_R = \left(\frac{\tau_R}{K'}\right)^{\frac{1}{n}} = \left(\frac{\tau_R}{K}\right)^{\frac{1}{n}}\left(\frac{4n}{3n+1}\right) \tag{7-4}$$

根据式（3-7）管壁上表观剪切速率计算公式，即

$$\dot{\gamma}_R = \frac{4Q}{\pi R^3} \tag{7-5}$$

将式（7-4）、式（7-5）联立，得聚合物的注射流动熔体在圆管壁邻近的最大剪切速率计算式：

$$\dot{\gamma}_R = \left(\frac{\tau_R}{K}\right)^{\frac{1}{n}} = \left(\frac{4Q}{\pi R^3}\right)\left(\frac{3n+1}{4n}\right) \tag{7-6}$$

流道里的聚合物熔体在压力输送过程中，圆管壁邻近有圆周分布高剪切层流。高剪切层流具有最大的剪切速率和剪切应力，又有最高的熔体温度。假塑性非牛顿流体在圆管道里流动指数 $n<1$ 时，速度分布抛物线趋于平坦。n 值越小，管中心区域的速度分布平缓。管中央熔体呈现柱塞流动状态，为低剪切低温的层流。

在冷流道的注射流动输送聚合物熔体过程中，生成剪切热会使材料的平均温度上升大约

40℃，这取决于聚合物品种和注射流动速率。低剪切的中央层流接近注入模具的熔体温度。高剪切熔体层流环绕着低温的中心层，比中心层温度高约25℃。

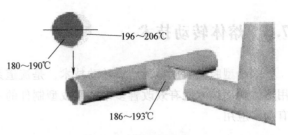

图7-30　热流道模具1

2. 流道分岔位置高剪切层流翻转和分流

（1）热流道模具高剪切层流单轴翻转和分流　图7-30所示的热流道模具1中，主流道输送熔体分流到主干流道，高剪切层流分流到第二分流道，分离成单侧高剪切月牙形的层流。

图7-31所示的热流道模具2中，主流道和流道中充满高温熔体。高温熔体分流到主干流道后，引成圆周分布高剪切的圆环层流。如图7-31a所示，在第二分流道分流成左右对称月牙形的层流。如图7-31b所示，高剪切环流经90°翻转后分流，在第二分流道上侧形成月牙状的层流。在注射流动中高剪切材料增多，月牙形的层流会扩展。在第三个分岔位置，分离的两股熔体具有相等的高剪切材料。

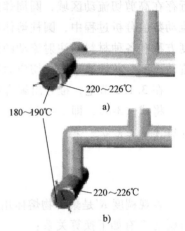

a)

b)

图7-31　热流道模具2

a) 对称分流　b) 翻转后分流

多型腔的热流道注射模应用流道熔体单轴拐弯并分流，单层的流道布置在流道板上。流道板有良好的加热效果和温度控制，各型腔的分喷嘴的温度可测试和调节。对于几何平衡的流道系统，各位置的熔体条件较为均衡。对于几何平衡流道布置的多个型腔注射模，单轴转动流道熔体能有效实现注射流动平衡，提高成型制件的质量和精度。

（2）热流道模具高剪切层流双轴翻转和分流　图7-26a所示两层流道布置的流道板，适合热流道模具8个型腔的几何平衡布置。流道板两层布局时熔体拐进分喷嘴，可以有二次熔体单轴翻转。双轴翻转和分流能实现高低剪切材料对称性良好的熔体分流。如图7-27a所示，第二层的流道板的分岔位置，设计四分叉的分流，第二分流道之间有90°夹角。流道的直角弯道和分岔转角要求圆滑，尖角会破损熔体的表层。黏弹性聚合物熔体流动的连续性良好，圆角的半径大小对层流转向没有影响。

多型腔的热流道模具为得到理想的注射流动平衡，加工工艺的调整窗口较小，过高熔体温度时容易泄漏。流道板与其连接的主喷嘴和分喷嘴加热温度低，会失去热膨胀产生的压紧力，也会造成熔体泄漏。分喷嘴的加热温度和模具冷却温度低，会影响浇口冻结时间。熔体温度过低，浇口过早冻结，致使保压不足又不稳定。热流道注射采用单轴或双轴熔体翻转和分流，可使注射流动平衡的调试时间缩短。

（3）冷流道模具高剪切层流单轴翻转和分流　图7-25b和图7-26b展现了在管道中单轴翻转再分流的全过程。8个型腔几何平衡布置的冷流道模具，有高低剪切材料不对称分流。多个型腔呈现注射流动不平衡，各个型腔成型制件质量不一致。在两块模板上加工两半圆，闭合成流道输送熔体，开模时流道系统凝料被脱模顶出，在分型开模的空间中坠落。注射熔体在直角弯管中输送结构很难实现。因此，冷流道模具采用图7-32b所示在分型面上单轴翻转和分流的流道设计，便于切削加工和流道凝料顶出坠落。

　　冷流道系统高剪切层流的形成、形态和进展与热流道系统不同。注射机喷射的熔体以高流动速率在圆锥主流道中推进，形成高温圆形层流。在分岔位置高温熔体对半分流，在分流到主干流道后，流动速率明显下降。在主干流道，熔体在管壁邻近区域形成高剪切的半环形的层流，如图7-33所示。主干流道注射熔体推进到第二分流道的分岔位置，分流后高剪切的半环形层流分布在第二分流道的里侧。

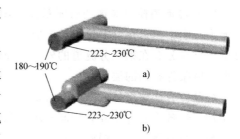

图7-32　冷流道的主干流道与第二
分流道的分岔位置

a）分流　b）翻转和分流

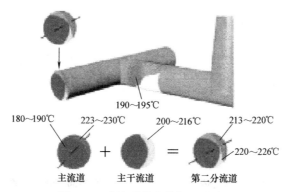

图7-33　冷流道的高剪切层流进展

　　8型腔的冷流道几何平衡布置的不平衡熔体浇注如图7-34所示。在第二分流道的分岔位置，第三分流道将高剪切材料浇注到里侧的4个型腔并先行充满。由图7-34a可知，里侧型腔的注射温度高。低剪切材料注入外侧4个型腔并后充填。多个型腔注射流动的不平衡，最终导致各个型腔成型制件的重量和质量的差异。图7-34中的成型制件有U形的分叉。注射流动不平衡浇注时，对制件质量有更多的负面影响。

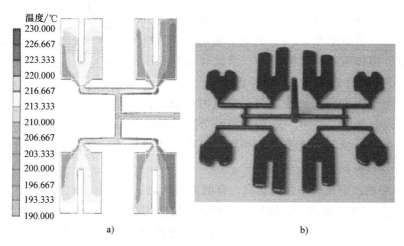

图7-34　8型腔的冷流道几何平衡布置的不平衡熔体浇注

a）不平衡的熔体温度分布　b）不平衡的成型

（4）冷流道模具高剪切层流双轴翻转和分流　图 7-35 所示为 8 个型腔几何平衡布置的冷流道，主干流道在分岔位置的高剪切层流翻转和分流的仿真模拟。经约 90°翻转的大部分高剪切材料分布在第二分流道的外环。在第三个流道分岔位置，在第二分流道中经分流成为两股熔体条件相同的层流。

分岔位置注射熔体的翻转和分流在分型面上结构设计如图 7-36 所示。熔体注射流动平衡浇注，让各个制件型腔有相同充填，从而保证所有制件的重量和质量的一致性，并保证流道凝料能被整体顶出，脱模后自行坠落。该结构采用对合的钢嵌件分别紧固在定模板和型腔板上。

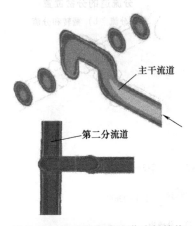

图 7-35　分岔位置冷流道注射熔体
的翻转和分流

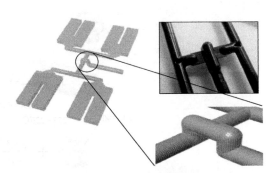

图 7-36　分岔位置注射熔体的翻转和
分流在分型面上结构设计

3. 冷流道模具的注射流动平衡的加工测试

8 型腔几何平衡的冷流道布置有一次熔体翻转和分流后，可以用五步法测试剪切热诱导的注射流动的不平衡程度。测得各个型腔成型制件的质量的差异比率，与无熔体转动设计流道系统做比较，可分析各种材料和注射速率对不平衡比率的影响。

图 7-37 所示为 8 型腔几何平衡布置的冷流道、浇口和型腔。制件型腔采用厚度为 2.5mm 的矩形板。浇口为扇形扩张的宽狭缝，熔体流动的阻力较小，因此有良好保压压力和材料补偿，对各个型腔有均匀的净保压。

分型面上主干流道分岔到第二分流道有两种设计，熔体可以无翻转或有翻转。由图 7-37 的有两种分流道的注射成型测试的结果，可说明冷流道翻转和注射速率对浇注不平衡影响，如图 7-38 所示。

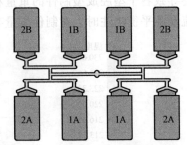

图 7-37　8 型腔几何平衡布置的
冷流道、浇口和型腔

对图 7-38 中的注射流动不平衡比率，有两方面认识。

1）熔体无翻转的流道设计，四种聚合物材料的剪切诱导注射流动不平衡比率在 15%~50%（见图 7-38 中曲线 1~4）。高剪切材料先注射充满里侧、近主流道的 4 个型腔。各种聚合物熔体对剪切诱导注射流动不平衡敏感性有高低，并受到加工注射速率不同程度影响。一定的注射速率下，各级流道中熔体传输的剪切速率关系到高剪切层流的生成和分布。高剪切

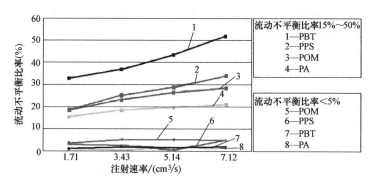

图7-38 冷流道翻转和注射速率对浇注不平衡影响

材料不对称分流，引起不平衡的注射浇注，造成各个型腔成型制件差异。

2）流道系统添加熔体翻转设计，四种聚合物材料的剪切诱导注射流动不平衡比率在5%以下（见图7-38中曲线5~8）。这说明熔体翻转有利于改善注射流动不平衡。塑料材料品种和注射速率几乎对注射流动不平衡没有影响。各个型腔成型制件差异极小，大批量生产制件精度提高，注射试模时工艺调整方便，无须检测大量制件。

7.3.2 熔体转动应对型腔内的不平衡浇注

1. 熔体单轴转动和分流调控型腔内不平衡浇注

1）8个型腔几何平衡流道没有熔体翻转时注射成型矩形板条。如图7-39a所示，高剪切层流经分岔后，先行注入里侧4个型腔。高剪切材料不对称分流，引起不平衡的注射浇注，造成各个型腔成型制件差异。

2）8个型腔几何平衡流道没有熔体翻转时注射成型U形分岔板条。图7-39b所示为同样几何平衡的冷流道布置。在第三分流道高剪切材料不对称分流，引起两个流程组制件型腔不平衡的注射浇注，又有对各制件型腔内的不平衡的注射浇注，导致批量生产的制件质量差、精度低。

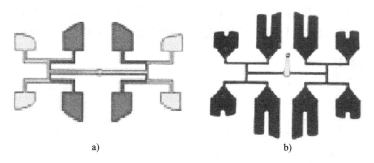

a)   b)

图7-39 几何平衡的冷流道布置

a）注射成型矩形板条   b）注射成型U形分岔板条

3）8个型腔几何平衡流道有熔体单轴转动和分流时注射成型矩形板条。如图7-40a所示，在主干流道的分岔位置设计翻卷弯道。熔体在第二流道分流后，在第三个分流位置高剪切层流分流，各个型腔注射流动大致平衡。高剪切材料在板条型腔内温度分布不均匀。

4）8个型腔几何平衡流道有熔体单轴转动和分流时注射成型U形分岔板条。如图7-40b

所示，熔体单轴转动和分流使各个型腔注射流动大致平衡，但是对 U 形制件的两支脚注射流动不平衡。一次翻转熔体的注射平衡浇注效果并不理想。

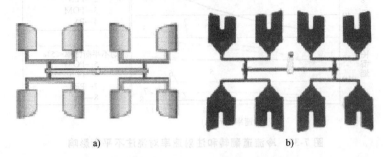

a)   b)

图 7-40　单轴转动的几何平衡的冷流道布置

a）注射成型矩形板条　b）注射成型 U 形分岔板条

5）8 个型腔几何平衡流道有熔体单轴转动和分流时，各个制件的成型温度有差异且分布不均匀。熔体单轴转动和分流浇注 8 个型腔，成型制件的温度分布如图 7-41 所示。在第三流道中，两分流的熔体的温度条件有差异。各型腔内注射熔体温度不均匀。制件型腔有 U 形分叉，高温层流在两支脚的注射流动有差异，左右两支脚的温度分布并不相同。注射流动的温度不平衡会影响制件的质量。冷流道中高剪切层流单轴转动和分流的效果差，成型制件的质量一致较差。因此应采用二次翻转和分流的设计。

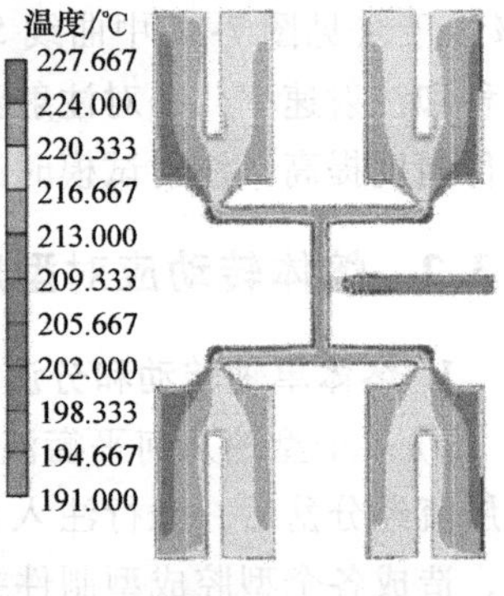

温度/℃
227.667
224.000
220.333
216.667
213.000
209.333
205.667
202.000
198.333
194.667
191.000

图 7-41　单轴转动的冷流道几何平衡布置的型腔内温度分布

2. 冷流道高剪切层流二次翻转和分流的双轴转动

冷流道几何平衡布置的双轴转动的平衡浇注如图 7-42 所示。在主干流道输出熔体翻转和分流后，在第二分流道和第三分流道的分岔位置再经过熔体翻转和分流。在第三道分流的熔体物理条件等同，同步推进的层流浇注所有型腔。如图 7-43 所示，熔体在各型腔中温度分布均匀一致。在加工工艺窗口适当调整注射速率等参量，取得各型腔内的充填平衡。最终得到各个型腔成型一致的制件，提高了成型制件的精度。

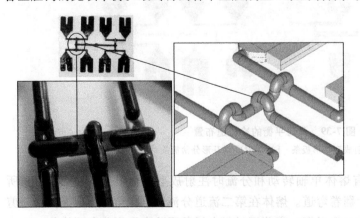

图 7-42　冷流道几何平衡布置的双轴转动的平衡浇注

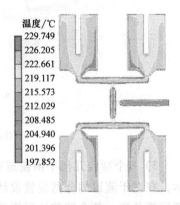

温度/℃
229.749
226.205
222.661
219.117
215.573
212.029
208.485
204.940
201.396
197.852

图 7-43　冷流道双轴转动的平衡浇注时型腔中熔体温度分布

如图 7-44a 所示，8 个型腔几何平衡流道有熔体二次翻转和分流，各个型腔注射成型矩形板条的一致性强，成批生产制件的精度更高。图 7-44b 所示为 8 个型腔成型 U 形分岔板件，熔体短射的结果表明，型腔内注射流动平衡。冷流道二次翻转和分流能提高 U 形分岔板件批量生产的质量和精度。

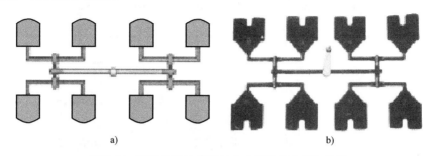

a)　　　　　　　　　　　　　　　　b)

图 7-44　双轴转动流道浇注各个型腔都有平衡浇注

a）成型矩形板条　b）成型 U 形分岔板件

3. A 形转动流道的熔体二次翻转

A 形的熔体转动冷流道结构如图 7-45 所示。开放式的宽四边形、梯形截面、斜切圆和无斜角 U 形截面的流道，都可以组成熔体翻转和分流的 A 形转动流道。将 A 形流道分解成两组成部分，在两块模板上进行切削加工。模具闭合时构成熔体分流、翻转和汇合的通道。熔体分流后在另一块模板上汇合翻转，再返回原来模板注入型腔。

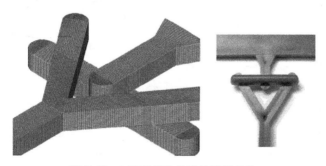

图 7-45　A 形的熔体转动冷流道结构

图 7-46a 中，未经翻转的低剪切环形层流，注入框架制件。图 7-47a 中，低温熔体在制件横梁位置，聚合物的分子链没能充分纠缠融合。熔合缝的强度低下，制件横梁在强力作用下，易开裂折断。图 7-46b 所示为输入 A 形转动流道的高剪切熔体，注入框架制件。又如图 7-47b 所示，注入型腔是双环的高剪切的层流。高温熔体在制件横梁位置，高剪切熔体分流后又汇合在横梁上。聚合物分子链有良好纠缠，对接熔体充分融合，从而提高了制件横梁的熔合缝强度。

如图 7-21 所示，单个圆盘制件的型腔中，高剪切熔体领先在周边推进，以致成型的圆盘有碗状的翘曲变形。图 7-48a 所示为高温层流在型腔周边推进。图 7-48b 中，输送注射熔体的途中设置 A 形转动流道，熔体翻转和分流产生剪切热，提升了熔体温度。高温层流的平行推进，剪切速率和剪切应力均匀分布，将改善成型圆盘的变形。

4. 冷流道的熔体二次转动实例

流道的几何平衡布置的多个型腔模具，熔体翻转动和分流解决了对各个型腔的注射平

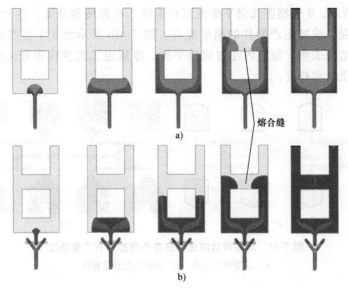

图 7-46 A 形转动流道的熔体流动能提高熔合缝强度

a）没有熔体翻转 b）设置 A 形转动流道

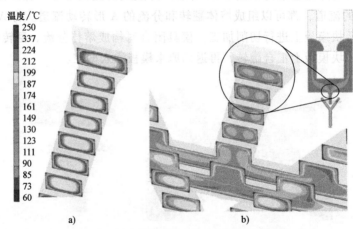

图 7-47 A 形转动流道熔体翻转的过程和温度分布

a）流道的输出熔体 b）A 形流道的输出熔体

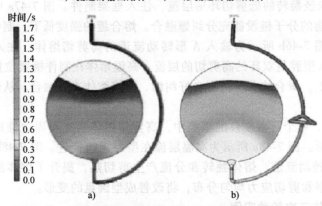

图 7-48 A 形转动流道的熔体调控单个型腔的流动不平衡

a）高温层流在型腔周边推进 b）A 形流道的高温熔体平行推进

衡，但还要面对型腔内浇注的平衡。图 7-49 所示的电子接线框有金属的圆环和接钱嵌件，在开模期间放置嵌件。注射成型后开模时，在分型面上顶出流道凝料和制件。只能以冷流道注塑，4个型腔的单分型面的二板模上，以几何平衡的流道布置注射成型。制件的 A 区域，插座孔有精度要求。

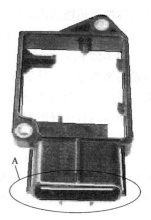

　　采用第一副注射模，进行短射成型的制件，在 4 个制件型腔内有浇注的不平衡，如图 7-50 所示。型腔 1 和型腔 3 的制件相同，与型腔 2 和型腔 4 的制件有差异，制件达不到精度要求。在注射现场，改变工艺条件、调整模具冷却温度都无济于事。诊断原因是熔体进入型腔时，高剪切层流被不对等分流。在图 7-50 中的制件型腔里，低温低压熔体充填在制件型腔的左边，有不良的熔料前沿，而熔体条件较好的层流充填在制件型腔右侧。在插

图 7-49　电子接线框

座孔的位置，两股不等同的熔体汇合时，分子链纠缠熔融不充分。插座孔尺寸误差为 0.20mm，达不到精度要求。

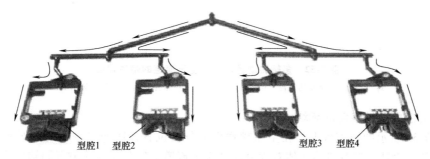

图 7-50　4 型腔几何平衡的冷流道布置和短射成型的制件

　　应用熔体二次转动的流道设计，短射后的 4 个制件形态趋于相同，4 型腔内的平衡浇注如图 7-51 所示。在图中 B 所指主干流道分岔到第二流道的位置，设置二次翻转和分流嵌件。如图 7-42 所示，冷流道分型面上嵌件，将熔体层流二次翻转并分流。下游第二流道分流的两股熔体，物理条件良好又对等。插座孔尺寸误差由 0.20mm 减少到 0.05mm，达到了精度要求。

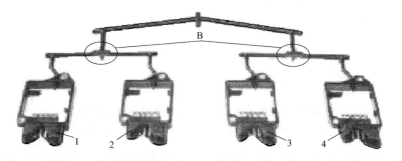

图 7-51　熔体二次转动的流道设计呈现 4 型腔内的平衡浇注

7.3.3　熔体多轴转动技术

　　熔体单轴转动技术不能调控下游分岔流道两边流动。多轴转动圆环流道能调控分流熔体

的对称性，还能输出高温高剪切增强的层流。

1. 多轴转动圆环流道调控输出熔体

图 7-52 所示的三种多轴转动的流道早已应用到冷流道或热流道模具。图 7-52a 所示多轴转动的圆环流道，设置在主流道末端的分岔位置，来自主流道，圆周分布的高剪切层流经分流、转动、再分流和混合，在输出流道中形成稳定的高剪切圆周层流。多轴转动圆环流道分流的熔体具有很好的对称性。图 7-52b 所示多轴转动的圆环流道，主流道的高剪切圆周层流分流成月牙形高剪切层流，在主干流道中反向混合，成为高剪切双圆周层流包裹低剪切材料。输出的熔体不但有良好的对称性，又有高剪切层流的增强。图 7-52c 中，多轴圆环流道的中央横流道，对主流道轴线转动一定角度 β，增加了熔体流动的阻力，摩擦热增强了双圆周高剪切层流。输出熔体的温度高，流动性好。

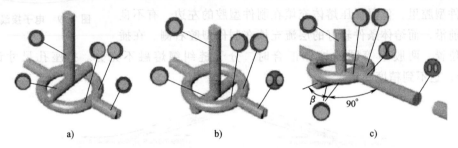

图 7-52　多轴转动圆环调控主干流道的熔体输出

a）对称的圆周剪切层流　b）双剪切层流　c）摩擦热增强双圆周剪切层流

2. 热流道的多轴转动圆环块

在图 7-53 所示的流道板上，在主喷嘴输出的分岔位置，镶嵌多轴转动的圆环块，有很好的加热保温效果。高剪切的熔体对称分流到主干流道，经分喷嘴注射有同轴度要求的齿轮或筒体。

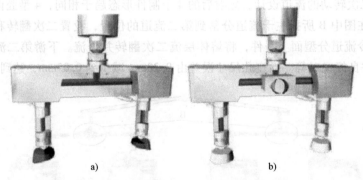

图 7-53　2 型腔的热流道模具中设置多轴转动圆环块

a）流道板上主流道的分岔　b）多轴转动圆环块的设置

在 8 型腔的热流道注射模中，流道板中有几何平衡的流道。单层的流道布置如图 7-54a 所示。高剪切层流途经各级分流道在圆截面上分布，在第三分流中左右高剪切层流很不对称。注射不平衡导致里外侧两个流程组成型制件质量和精度的差异，而图 7-54b 所示为主喷嘴分岔位置有多轴转动圆环流道。分流后左右高剪切层流对称相同，双圆环高温高剪切的熔体注入 8 个型腔。

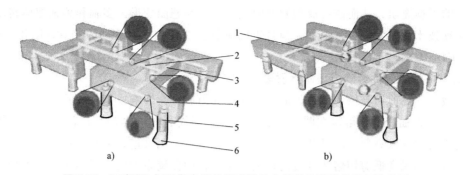

图7-54　8型腔几何平衡布置热流道熔体多轴转动后高剪切层流扩展

a）单层的流道布置　b）主喷嘴分岔位置有多轴转动圆环流道

1—多轴转动圆环块　2—主干流道　3—第二分流道　4—第三分流道　5—分喷嘴　6—制件

3. 冷流道多轴转动圆环块

8型腔的几何平衡的冷流道布置，在主流道的分岔位置，设置多轴转动的圆环流道，可获得良好注射平衡浇注。图7-55所示为几何平衡布置冷流道设置熔体多轴转动圆环块。

熔体多轴转动和单转动的功能比较如下：

1）没有熔体翻转的冷流道注射，如图7-39所示的8型腔几何平衡布置，注射流动不平衡明显。里侧的4个型腔被首先浇注，注射流动不平衡比率为30%左右。而且，对U形等

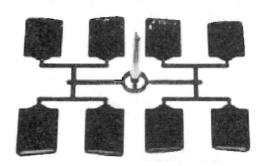

**图7-55　几何平衡布置冷流道设置
熔体多轴转动圆环块**

不对称制件，还有型腔内浇注不平衡，会引起成型制件翘曲变形，生产的制件质量差、精度低。

2）单轴转动的流道系统，如图7-40所示的单轴转动的8型腔几何平衡布置，改善了注射流动不平衡。但还会有型腔内的浇注不平衡。批量生产制件存在质量问题，精度尚差。

3）熔体二次翻转并分流的冷流道系统如图7-44所示，流道和型腔内的两种浇注的不平衡都能得到改善。A形转动流道嵌件用于冷流道系统，能输出双环的高剪切的熔体，可用于专门制件型腔的平衡浇注，如图7-46和图7-48所示。图7-54b所示的热流道和图7-55所示的冷流道，多轴转动圆环块能分流输出对称且又为高温高剪切增强的层流，可更好达到两种浇注平衡的效果，都能达到批量生产制件的高质量和高精度要求。

4）冷流道模具的二次熔体翻转，要设计制造转动流道嵌件，都要有流道凝料顶出和坠落的设计。流道截面必须是开放式的，在分型面上有轮廓闭合的加工精度。热流道模具的多轴转动圆环块，镶嵌在流道板中有稳定的热量供应，是熔体混合和均化器。相比之下，热流道多轴转动圆环块的平衡浇注效果更好，与输入和输出流道匹配连接，有系列化和标准化的开发前景。还应注意到，多轴熔体转动要增加浇注系统的注射压力消耗。

7.3.4　多轴和单轴的熔体转动调控

流道截面上高剪切层流引起的多个型腔里浇注的不平衡，是导致成型制件产生翘曲变形的重要因素。熔体在流道中的高剪切层流，应用多轴转动技术可以调整到理想状态，实现制

件型腔里的平衡充填，从而改善成型制件的残余应力和翘曲变形。多轴和单轴熔体转动调控是熔体转动技术的重大进步，也称为模具里的调整流变控制（In Mold Adjustable Rheological Control，IMARC）。

1. 流道中熔体条件影响成型制件质量

流道截面中高剪切与低剪切层流的分布状态和组成，会影响成型制件的质量。

（1）影响翘曲变形 熔体在圆截面流道中产生圆周分布的高剪切层流。在流道的分岔位置，分流后改变成高剪切的月牙状层流，而且在流道一侧推进，又有大量的低剪切材料在另一侧伴行。如果高低剪切熔体经过浇口注入型腔，即便壁厚均匀、形体对称，也会存在温度差异。充填后两个矩形板条温度差异的区域如图 7-56 所示。在板条一侧为高温熔体，而另一侧是低温熔体。高剪切和低剪切层流在板条型腔里的充填过程如图 7-57 所示，如果浇口在板平面中央，高低剪切熔体在充填后，高剪切材料在底侧，低剪切材料在上方，使得制件成型过程中熔体温度不对称。其原因是在流道截面上高低剪切材料不对称。这两个成型板条高低温区域，有不同的冷却收缩率，从而引起制件的翘曲变形。

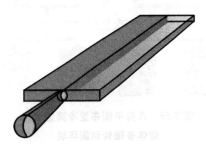

图 7-56 充填后两个矩形板条
温度差异的区域

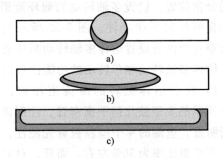

图 7-57 高剪切和低剪切层流在
板条型腔里的充填过程

a）端面浇口注入 b）高低剪切层流在
板条型腔充填 c）成型板条

流道截面高低剪切层流分布影响制件翘曲变形如图 7-58 所示。两种高剪切月牙形层流的分布状态都有不对称的熔体条件，在各自的成型板条中形成温度差异的区域。高温区域冷却慢，收缩率大；低温区域固化早，收缩率小，在板条的厚度方向存在温差残余应力，脱模后制件向着高温区域翘曲变形。

（2）影响熔合缝强度 图 7-59a 所示框架型腔中，浇注熔体遇到型芯柱后分流，又绕到后侧，汇合成熔合缝。在图 7-59b 中，注入圆环形的高剪切

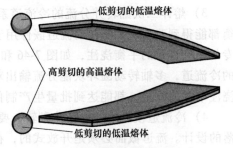

图 7-58 流道截面高低剪切层流
分布影响制件翘曲变形

层流，分流后汇合成熔合缝。如图 7-59c 所示，注入流道截面是双圆周高剪切的高温层流，遇到型芯柱后分流成熔体条件对称的层流，然后汇合成高强度的熔合缝。将图 7-59b 和图 7-59c 中的两个制件的熔合缝的区域进行拉伸性能测试，图 7-59c 中所示制件的屈服强度比图 7-59b 中制件提高 50%，拉伸强度增加一倍。

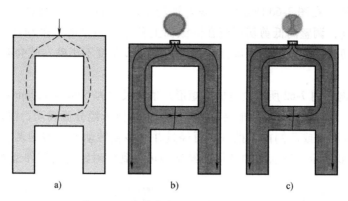

图 7-59　流道中高剪切层流与熔合缝

a) 熔合缝的形成　b) 注入圆环形的高剪切层流　c) 注入对称的高剪切层流

2. 冷流道的并联多轴转动调控器

（1）工作原理　图 7-60 所示为两个并联在一起的熔体多轴转动调控器，各有旋转调整用的圆柱芯 4。圆柱芯的端面上有开放式流道，在模具的分型面上滑转，用于冷流道注射的单分型注射模。流道座 1 固定在动模板上，分型面上有两套开放式多轴转动流道。两孔框架 3 镶嵌在定模板上。输入熔体在流道截面为圆环形的高剪切层流，熔体经受并联的多轴转动调控器的翻转和分流，汇合后输出双圆周高剪切的高温层流。

图 7-61 所示为并联多轴转动调控器中流道截面上高低剪切对称分布层流的发展过程。首先，圆环形的高剪切层流分离，分流成月牙形高剪切层流；然后是月牙形高剪切层流翻转 180°；最后，月牙形高剪切层流沿输出流道中心线汇合，发展成双圆周高低剪切分布的层流。熔体在多轴转动调控器中分离、翻转和汇合，经剪切和摩擦加热发展成高温的聚合物层流，能浇注成型质量良好制件。这种多轴转动熔体也可用于约束型的针点浇口或潜伏浇口。

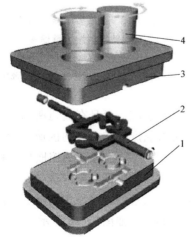

图 7-60　并联的熔体多轴转动调控器

1—流道座　2—流道凝料
3—两孔框架　4—圆柱芯

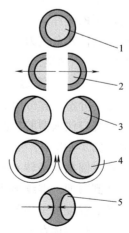

**图 7-61　流道截面上高低剪切对称
分布层流的发展过程**

1—高剪切圆周层流　2—分流　3—月牙形高剪切层流
4—翻转　5—汇合成双圆周高温层流

（2）调整过程 在图 7-60 所示的并联多轴转动调控器中，旋动圆柱芯，可改变中央的搭桥横流道的角度，调整高低剪切层流在圆截面上分布。如果两个多轴转动调整角度良好，就会输出高低剪切对称分布的高温层流；如果两者调节角度不正确，就会有圆截面高低剪切材料分布偏移。

（3）调整示例 图 7-62 所示注射成型矩形片条的尺寸为 50mm×120mm×2.5mm。图 7-62a 所注射的流道熔体为高剪切圆环分布层流。这种流道熔体未经分流转动，注入对称的型腔后，高剪切材料会沿着周边或两侧前沿推进。而经过并联多轴转动调控器的调整，得到图 7-62b、图 7-62c 和图 7-62d 所示熔体前沿的特征，经试验可得到应对特定的制件型腔的平衡浇注。

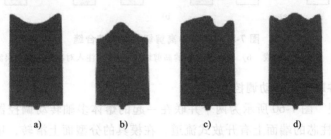

a)   b)   c)   d)

图 7-62 并联多轴转动调控器调整得到三种注射充填样式
a）流道系统注射低温低压熔体 b）、c）、d）三种经调整的熔体前沿

图 7-63a 所示方框对称注射制件与图 7-59 相同。经并联多轴转动调控器调整，注射熔体在型腔内分流为对称分布的层流，熔合缝分布在对称轴上。经并联多轴转动调控器调整，注射熔体在型腔内分流为不对称的层流，浇注的熔合缝在偏移的位置上，如图 7-63b 所示。

3. 冷流道的单轴熔体转动调控嵌件

2 腔或 4 腔的几何平衡流道布置的冷流道模具可用单轴熔体转动调控嵌件，调整高剪切月牙形的层流位置，掌控成型制件残余应力分布，改善翘曲变形。

（1）2 腔的几何平衡流道布置注射制件的残余应力改善 图 7-64a 中，主流道圆周分布的高剪切层

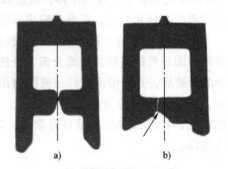

a)   b)

图 7-63 并联多轴转动调控器调整得到熔合缝偏移
a）高低剪切对称分布的层流浇注
b）高低剪切不对称分布的层流浇注

流，在主干流道的分岔位置分流后，改变成高剪切的月牙状层流，而且在流道两侧推进。高低剪切熔体经过浇口注入型腔，两个矩形板条充填后，都有温度分布差异的区域，因此产生较大残余应力。图 7-64b 中，主干流道的分岔位置，用一对熔体单轴转动调控嵌件，将高剪切的月牙状层流在圆截面翻转一定角度，改变充填制件的材料的高低温差异和分布，但是制件的质量还未达到预期。继续熔体单轴转动调控，达到理想状态的两制件中高低剪切层流分布。两制件型腔的温度趋于均匀，得到翘曲变形较小的两制件，如图 7-64c 所示。图 7-65 所示为高剪切与低剪切熔体在流道里的位置改变。

（2）单轴熔体转动注射成型板条的翘曲变形测试 试验用冷流道注射模，对结晶型聚丙烯 PP 和无定形 ABS 两种材料注射成型。在各种高低保压条件下，测试试样翘曲变形量的平均值。实验说明，制件翘曲变形方向与注入熔体的月牙形高剪切层流分布有关。

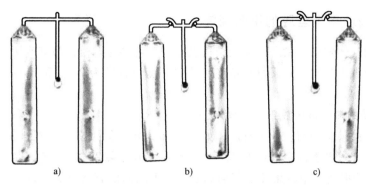

图 7-64 单轴转动调控使充填制件温差减小并改善残余应力
a）无熔体翻转 b）调控熔体翻转 c）完成调控的熔体翻转

1）两种材料在保压压力和时间增加的条件下，其翘曲变形量有下降趋势。

2）结晶型聚合物在适宜的保压条件下，比无定形材料的翘曲变形量小。

3）单轴转动的月牙形高剪切层流注入制件型腔，在板条制件两个区域会形成高低温度的材料分布。如图 7-58 所示的聚合物板条，朝着高剪切材料的区域方向弯曲变形。

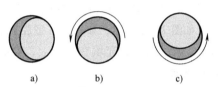

图 7-65 高剪切与低剪切熔体在流道里的位置改变
a）分流后高剪切月牙流的侧面分布
b）、c）单轴熔体翻转

4. 熔体转动技术概述

注射机的螺杆和料筒塑化，局限于一维线性控制塑料熔体条件。熔体离开注射机喷嘴注入模具，具有超大压力和很高的流动速率，以保证熔体在流道中传输。流道系统里材料性能的变化，熔体的密度、压力和温度条件改变，对制件的翘曲变形和尺寸精度有决定性影响。

添加熔体翻转的流道传输系统，对聚合物材料的模塑成型有重大改进。高剪切层流在流道截面上单轴或多轴转动，可控制型腔里的流动充填。在不能改变制件的几何形体或浇口位置情况下，流道系统中熔体翻转和分流后，再配合调整注射速率、保压压力和时间等工艺参数，多个型腔模具成批生产制件的质量和精度能得到改善。

冷流道系统的聚合物熔体在主流道，发展着圆周分布的高剪切层流。熔体在流道的分岔位置翻转并分流，分流后发展成月牙形的高剪切层流。单轴转动可控制月牙形高剪切层流在圆截面上分布。多轴转动流道可得到圆截面上对称分布的高低剪切层流。冷流道系统的熔体多轴或单轴转动流道嵌件，还能调整高低剪切层流在圆截面上翻转的角度。

转动流道嵌件用于多个型腔几何平衡布置的冷流道注射模。为获得最佳的批量生产制件的精度和质量，应精心设计单轴转动流道嵌件、双轴转动流道嵌件、A 形转动流道嵌件、环形转动流道嵌件和并联多轴转动调控器等。经注射模塑试验，确定对应的注射工艺。对于冷流道注射模，必须考虑流道凝料的脱模和坠落。

在多个型腔的热流道模具上，多层流道的流道板组成多轴转动的流道系统，能对各个型腔输送高温高压的对称分布注射熔体。单层的流道板要安装多轴转动圆环块，保证输入型腔的熔体有良好的物理条件。

7.3.5　气体辅助多个型腔的平衡浇注

多个型腔的气体辅助、微孔发泡、结构发泡和双色共注射模，都有剪切诱导的浇注不平衡。为了提高成批生产制件的质量和精度，几何平衡布置常为 2、4 和 8 型腔数，应该采用熔体转动技术。

1. 气体辅助的多个型腔注射的平衡浇注

气体辅助注射模塑期间有 4 个阶段，如图 7-66 所示。第 1 阶段为塑料欠注，如图 7-66a 所示，塑料熔体充填型腔的空间约 60%。图 7-66b 所示为第 2 阶段，氮气从气嘴压入至熔体中央，气体定量短射注入塑料熔体厚截面的芯部，型腔内已有熔体被推进一定行程。第 3 阶段，建立气体压力，能控制熔体面对型腔末端的表面。最后，压缩气体迫使熔体推进至模具整个型腔壁面，在维持气体压力过程中让制件固化成型。在塑料制件冷却期间，应防止制件表面出现凹陷等缺陷。制件冷却凝固后开模顶出。因此，注射到每个型腔的塑料材料量必须正确。

如图 7-67a 所示，如果模具型腔充填塑料量过少，压缩气体会吹破熔体的前沿。如图 7-67b 所示，超量的塑料充填在厚壁上，会有过重的制件和过长的冷却时间。厚壁塑料会诱导不均匀的收缩。

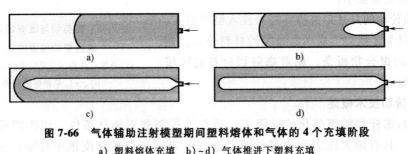

图 7-66　气体辅助注射模塑期间塑料熔体和气体的 4 个充填阶段

a）塑料熔体充填　b）~d）气体推进下塑料充填

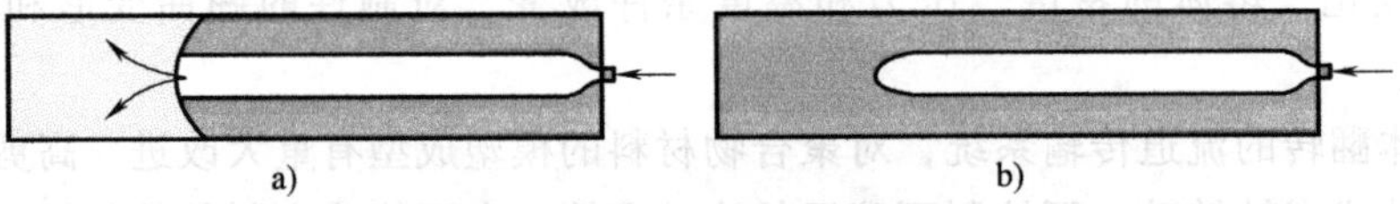

图 7-67　气体辅助注射的塑料量

a）塑料量不足　b）塑料量过多

图 7-68 所示为 8 型腔几何平衡布置的气体辅助注射的不平衡。注射充填的第 1 阶段，塑料熔体对各型腔的浇注不平衡。主流道附近的流程组 1 的里侧 4 个型腔，有较多的材料注入。喷嘴的压缩气体推进的气道短，成型制件较重。剪切诱导的不平衡浇注，使外侧 4 型腔的注入材料少。气体推进的气道长，成型制件较轻。

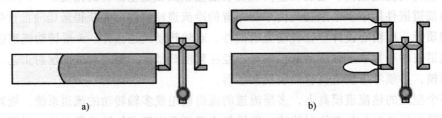

图 7-68　8 型腔几何平衡布置的气体辅助注射的不平衡

a）塑料熔体量的差异　b）气道长短不同

U 形制件有两条长腿，使得制件型腔内的浇注不平衡。如图 7-69 所示，2 型腔几何平衡布置，制件长度为 75mm，厚度为 10mm，每条腿的宽度为 20mm。在主干流道的分岔位置，圆环形高剪切层流分离成偏置的月牙形高剪切层流。流道分流后熔体条件不对称，引起型腔注射不平衡。图 7-69 所示两条腿长短有差异，为短射的样式。气体喷嘴装在浇口附近，型腔里侧为高剪切层流，流动性好，充填较早。外侧那条腿为低温材料注射，充填慢。材料充满里侧的长腿，气道较短；外侧那条腿被充满时，气道较长。

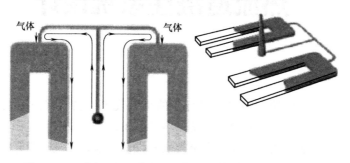

图 7-69　2 型腔几何平衡布置的气体辅助注射型腔的不平衡

气体辅助的多个型腔几何平衡布置注射，合理型腔数目应为 2 或 4 个，要用熔体转动技术设计流道，还得用熔体单轴转动调整嵌件进行调试。确保在第 1 阶段注射时每个型腔里塑料量一致。过多的型腔数目很难实现浇注平衡。

2. 4 型腔的气体辅助模塑的平衡浇注

图 7-70 所示为 4 型腔的几何平衡流道布置的气体辅助模塑成型，制件是中空的香蕉形把手。在主干流道分岔位置熔体翻转后，熔体分流成侧向的高剪切月牙形层流。分流后高剪切层流在圆截面上分布有差异，会造成里外制件型腔注射塑料量不同。为达到注射量一致，在第二流道分岔位置再设置单轴熔体转动流道。在冷流道

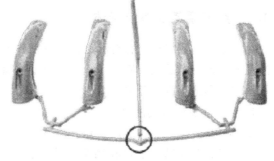

图 7-70　4 型腔的几何平衡流道布置的气体辅助模塑成型

注射模中，注入 4 个型腔的塑料熔体条件相同时，压入气体，可得到壁厚均匀、重量一致且质量良好的塑料把手。

第8章

热流道浇注系统设计

热流道技术的发展和应用是塑料注射行业的重大改革。热流道浇注系统的科学周密设计，关系到注射模塑生产制件的质量和精度。本章陈述热流道技术的优势，介绍热流道模具注射生产的成本分析；解析热流道浇注系统类别和设计过程；并进一步介绍热流道浇注系统的计算机辅助工程，模具流动分析软件的应用。

8.1 热流道技术

8.1.1 热流道浇注系统概述

热流道浇注系统按照有否流道板的设置分类：一类是有流道板和分喷嘴，完全的热流道浇注系统；另一类是没有流道板，主流道单喷嘴的浇注系统。另外，还有按流道板和分喷嘴的加热方式和绝热设置分类。

1. 完全的热流道浇注系统

图 1-8 所示为典型的热流道结构，主要由主流道喷嘴、流道板、分喷嘴、加热和测温元件、安装和紧固零件所组成。图 8-1 所示为具有外加热的流道板和外加热的喷嘴浇注系统，为完全的热流道浇注系统。

图 8-1 所示的主流道喷嘴 3，功能与冷流道浇注系统的主流道喷嘴相同，但它有电加热线圈和热电偶测温。中心定位环 2 的外径，与注射机上固定板的定位孔相配。

流道板具有良好的加热和绝热设施，保证电加热效率和温度控制有效。图 8-1 所示流道板 5 上，在两平面上嵌装了金属管状电热弯管，并安装了测温热电偶。流道板通常是分区加热的。每个弯管加热器，对应一个测温热电偶。流道板悬置于定模板与垫板构成的模框中，利用空气绝热。

根据浇口数目和位置，热流道板为一字矩形、H 和 X 等各种外形的厚板。它要承受流道高压熔体作用力和各喷嘴的热膨胀。流道板用压力与分喷嘴 7 的连接，可

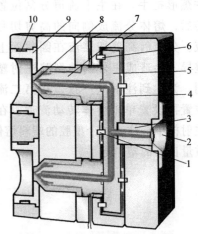

图 8-1 完全的热流道浇注系统
（具有外加热的流道板和外加热的喷嘴）

1—中心定位销和支承垫　2—中心定位环
3—具有外加热器主流道喷嘴　4—承压圈
5—流道板　6—止转销　7—分喷嘴
8—针尖式浇口　9—凹模　10—冷却管道

防止塑料熔体泄漏。

如图8-1所示，针尖式浇口8将浇口套做在喷嘴上，也有把浇口套装嵌在定模板上的。针尖式浇口属于开放式浇口，在注射周期中浇口中塑料有冻结和解冻开放过程。喷嘴上浇口设计和制造是热流道注射成功的关键。喷嘴里较多用线圈加热器。不但要求加热器能等温均衡地加热熔体，而且在喷嘴与冷模具之间要绝热。每个喷嘴单独加热并有温度调节系统。热电偶布置在浇口附近，该处的温度对于浇口中熔体冻结和解冻非常重要。

热流道喷嘴系统和注射模的安装过程，可见图8-2所示的分解图。图8-2所示的注射模中，由于定模固定板2较薄，主流道较短，采用不加热的主流道杯4。主流道的温度维持，依靠固定加料的注射机喷嘴和热流道板两者供热。流道板有一分二的流道，装有两个开放式的喷嘴。

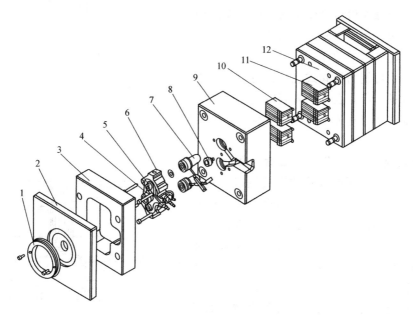

图8-2　两型腔的热流道注射模

1—定位环　2—定模固定板　3—垫板框　4—主流道杯　5—承压圈　6—流道板　7—开放式分喷嘴
8—支承垫　9—定模板　10—注塑制件　11—型芯　12—动模

图8-1和图8-2所示流道板都是外加热的板式结构。图8-2所示流道板6悬架在模板框中，上有定模固定板2，下有定模板9。流道板是电加热的高温部件，四周是由冷却系统维持的低温模板。流道板的上下平面和四周，与定模板之间都有空气间隙。

这种流道板和喷嘴外加热的热流道注射模应用最为广泛。它适合加工热敏性和高黏度的聚合物。熔体温度可由流道周边材料加热达到。流道截面和流程方向的温度变化很小。良好的温度控制，可使熔体温度均衡分布。与内部加热的流道板和喷嘴相比较，没有冻结皮层，能确保流道截面的输送通道不变，而且换色比较容易。

外加热流道系统有三方面的缺点：

1）流道板与分喷嘴之间，还有流道板与主流道喷嘴之间的配合面上，会有塑料熔体泄漏。逐次泄漏的熔体将流道板四周的空隙填满，淹埋了热电偶和导线，甚至灌注到接线盒里。热流道系统流道板和喷嘴设计和装配必须考虑到热膨胀，有一定的技术难度。

2）外加热的流道板和喷嘴与定模板和动模板的隔热，要有足够空隙绝热。但用钛合金等阻热材料制成的承压圈、用塑料做喷嘴浇口的隔热帽会限制热传导，另外，热流道系统的结构复杂，模具体积增大。

3）在喷嘴的浇口区与制件型腔之间要建立可靠的热屏障，如图8-3所示。要掌控针尖浇口的热传导温度和冻结时间，还要强化模板上浇口区的冷却。要保证喷嘴的开放式浇口能稳定和可靠地闭合，不能有拉丝和流延。面对浇口区局促的空间，设计和制造相当困难。

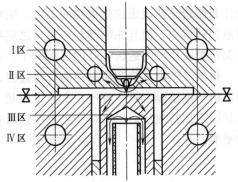

图8-3 喷嘴浇口区的模具温度调节
Ⅰ区—定模的冷却　Ⅱ区—浇口区的冷却
Ⅲ区—浇口对面的型腔冷却　Ⅳ区—动模板的冷却

2. 主流道单喷嘴的浇注系统

主流道单喷嘴注射传输属于简单的热流道浇注，没有流道板。单个主流道喷嘴替代原主流道杯的定位和传输熔体的功能。主流道喷嘴可以是开放式浇口，也可使用针阀式浇口，可直接注射浇注成型制件的型腔，也有输入到冷流道浇注系统的。这种浇注系统称为主流道单喷嘴。如图8-4和图8-5所示注射模中，只有一个热流道的喷嘴。

（1）直接浇口的主流道单喷嘴　如图8-4所示，热流道单喷嘴采用开放式的直接浇口，允许有较长较粗的塑料熔体通道。但在塑料件上留有较大直径的料柄，须切割加工。直接式浇口有锥度，便于脱出又长又粗的料柄。它能注射大型厚壁深腔的壳体，如桶、箱等。主流道喷嘴通道中，熔体传输的压力损失较小，又没有分流道。允许注射流动时有较长的流程比，可注射较长流程的壳体。而且此种单个中央的正面浇口，成型的壳体取向良好，且无熔合缝。

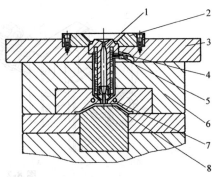

图8-4 直接浇口的主流道单喷嘴
1—单喷嘴　2—定位圈　3—定模固定板
4—热电偶　5—加热器　6—定模板
7—冷却水孔　8—注塑制件

如图8-4所示，定位圈2将单喷嘴1压紧在定模上，螺纹连接要强有力。单喷嘴1头上入射凹坑，要与注射机的喷嘴球头有很好贴合。入射凹坑半径要略大于注射机的喷嘴球头的半径。单喷嘴的凹坑表面要有足够的硬度，以抵御注射机的喷嘴的挤压。单喷嘴的加热器5和热电偶4的引出线，要从定模固定板3的长槽中引出。单喷嘴在注射成型时热量聚集，温度较高，要特别注重与定模板的隔热，并重视单喷嘴浇口区的温度调节。

（2）针尖式浇口的主流道单喷嘴　热流道单喷嘴的注射模是从单个型腔的针尖浇口的冷流道注射模演变而来的。原来是双分型的三板模，必须分型取出两头细中间粗的橄榄形的浇道凝料。改为热流道后，主流道演化成主流道单喷嘴，针点式浇口被改造成针尖式的喷嘴浇口，并简化为单分型的二板模，如图8-5所示。采用该喷嘴，在注塑制件上留下的浇口痕迹细小。

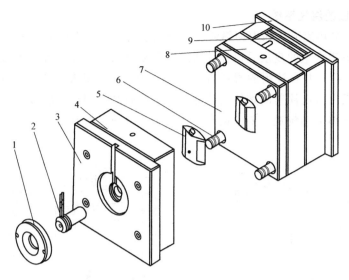

图 8-5 针尖式浇口的主流道单喷嘴

1—定位环 2—主流道单喷嘴 3—定模固定板 4—定模板 5—注塑制件
6—导柱 7—动模板 8—动模垫板 9—脱模机构 10—动模固定板

如果在双分型面的三板模中应用主流道单喷嘴，就可演变成有冷流道的多点注射成型的三板模。采用自动剪断的针点浇口或潜伏式浇口，制件和流道凝料分别在两个开模空间坠落。这种热流道和冷流道混合的浇注系统，因为热流道装备简单、成本低，而有过广泛应用，如今还有少量应用。在主流道的长度上省去流道凝料，还降低了压力传递的消耗。

3. 内热式流道板和喷嘴浇注系统

内加热流道板和内加热喷嘴组合的流道系统解决了熔体泄漏问题，而且又有很好的绝热效果。如图 8-6 所示，电加热器在熔体通道的中央，不存在流道板与分喷嘴之间的装配密封问题，不需要模具与流道板和喷嘴之间的绝热间隙。塑料熔体在流道周边被冻结固化的皮层就是隔热界面。与外加热的流道系统相比较，不必担心熔体泄漏；而且流道板周边没有空隙，模具的体积可以较小。

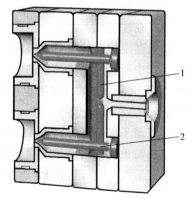

**图 8-6 内热式流道板和喷嘴
浇注系统**

1—流道板的内热式金属棒
2—喷嘴的内热式金属针尖棒

在流道中相贯排列内加热的金属棒，环形的流通截面的流道里有许多拐角和角落。流道通道里有许多熔体滞留区域，会使驻留聚合物降解，着色材料变色。这些降解和变色材料，会在光亮的制件表面出现条纹和斑点。因此该系统不推荐浇注热敏性的注射材料。以同样流通截面积，环形通道比圆形截面流动熔体的压力降要高很多。倘若增加环形通道的流动面积，会引起熔体逗留时间延长，并降低注射流动速率。

内热式喷嘴在流道中央加热和测温。热量能直接传导到浇口针尖，又有塑料皮层的绝热。只要设计合理，能有效控制浇口冻结，避免流延。

内热式浇注系统可以换色，无须清洗冻结皮层。用第二种着色材料快速循环注射，熔化和降低以往着色材料皮层的厚度。在第二种着色材料注射加工过程中，原着色材料的皮层被淹没。

4. 绝热流道板的浇注系统

图 8-7 所示为绝热流道板和内加热喷嘴的浇注系统。当熔体流动通过流道时，没有热量传导给冷模具。流道内壁的皮层足以保证流道板和喷嘴内熔体处于流动状态。为此，注射周期应很短（20~30s），并有较粗的流道直径（20~30mm）。粗大的流道传递压力的损失低，热传导的损耗也低。首次注射时熔体沿着冷流道壁面冻结，塑料皮层形成隔热管道。注射循环生产中新材料熔体流动畅通。要保证在熔体尚未冻结前，熔融材料能连续替代流道中央的驻留材料。

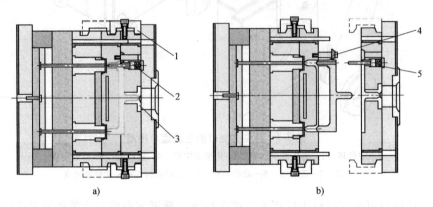

a)   b)

图 8-7　绝热流道板和内加热喷嘴的浇注系统

a）闭模注射　b）打开流道分型面

1—夹紧板　2—加热针尖棒　3—主流道杯　4—挡圈　5—板弹簧

比起加热并温度控制的流道板，绝热流道板的成本更低。沿着熔体的流动通道设置分型面。模具在注射机上打开分型面，将流道的凝料取出。着色材料的更换操作，方便快捷。

缺乏温度控制的喷嘴浇口区域容易完全冻结。因注射工艺条件的干扰，熔体条件变化使注射生产中断。绝热流道板的浇注系统常用内加热的喷嘴，实现对针尖浇口的温度控制。如图 8-7a 所示，下垂的分喷嘴里用内加热并测温的加热针尖棒 2。由板弹簧 5 的辅助，可微动的加热针尖棒 2 引导熔体进入浇口。如图 8-7b 所示，在注射机上的模具分型面被夹紧板 1闭合。流道平面打开，挡圈 4 拉脱加热针尖棒 2 周边物料，流道中被冻结凝料可清除。

绝热流道板和内加热喷嘴的浇注系统，只能注射成型低精度的薄壁制件，要有较短的冷却时间，适用 PE、PP 和 PS 等通用塑料。需要注意，一般的注射模塑的 CAE 软件没有可访问的绝热流道的数值分析。

8.1.2　热流道技术优势和发展

热流道技术的应用越来越广泛，累积起来的技术成果与日俱增。热流道注射模已发展成为塑料加工的重要工具。掌握这门先进技术，应正确认识热流道技术的优势和难度，并了解这项技术的发展过程和应用条件。

1. 技术优势

1）没有流道凝料，整个注射过程可实现高效的自动化，可以长时期连续生产。流道中塑料保持熔融状态，能减少了所需的注射和保压时间。冷流道改用热流道后，增大了对型腔的充模压力和注射速率，因此可以减小注塑制件的壁厚。多个型腔的小制件的注射，由于流道体积的份额较大，改成热流道后可减少注射时间和塑化时间。分型面上没有流道熔体传输，减少了所需锁模力。不需要凝料脱模，缩短了注射操作循环中的开模行程，去除了取出流道凝料所用时间。应用热流道注射模的大批量生产，通过缩短注射周期和强化自动化操作，可提高产量。

2）注入模具的塑料熔体直接浇注到制件的型腔，流道中高温熔融的物料有利于压力传递，流道中的压力损失较小。这使得长流程流道成为可能，成功实现了大尺寸制件的成型。对多个型腔的注射模，保证了生产制件密度和收缩的一致性，提高了注塑制件的精度。热流道注射可让保压时间更长且有效，从而减小塑料制件的收缩率，改善批量生产制件的质量。

3）减少或消除主流道和分流道废料，降低了材料成本。不但节约了原材料，还减少了废料的回收、分类、粉碎、干燥和贮存工作。这样就能减少粉碎机的数量，节省劳动力，降低能量消耗，节约所需的生产场地。不用回收料也能避免制件材料质量损失。对于多个型腔注射小型制件，浇注系统的体积越发达，原材料节约越明显。

与冷流道系统相比较，应用热流道浇注系统明显的优点，是原材料损耗减少和改善了注射工艺，提高了生产率。某些大型薄壁制件的注射，没有热流道系统的注射生产是困难的，或者是不可能的。应用热流道注射模具，才能实现低成本的大批量生产。

2. 技术的难度

1）主喷嘴、流道板和分喷嘴等零部件装配成热流道浇注系统，注射熔体压力超过200MPa。电加热的零部件的热变形很难预测。高压熔体在开放的缝隙中，其泄漏不易控制。

2）热流道零部件与模具零件要有足够的刚度和精度。热膨胀力和模具锁模力产生的偏移和误差必须有效控制，各方向的热膨胀必须考虑。热流道零件与冷模具有超过200℃的温差。在注射周期里又有加热和冷却的变化，热和冷零件之间应有合适的热补偿，并且在热流道装备的工作期间保持稳定。

3）热流道系统的零部件与周边的模板，与下游的冷流道和制件型腔之间应有良好隔热措施，不允许两者之间有反向的热冲击。

4）多个制件型腔的热流道注射模塑中，为实现各个型腔成型制件的一致性，提高批量生产制件的质量和精度，热流道浇注系统应实现各个型腔注射和保压压力的平衡，以克服剪切诱导的熔体注射流动的不平衡。

热流道注射成型是综合性强、难度较高的技术。要实现长期稳定的注塑生产，涉及模具设计和制造水平、注射工艺优化和热工仪表的自动控制等多方面因素，不仅对热流道技术装备，而且对从业人员的素质和水平有较高的要求。

热流道装备中流道板、喷嘴和温度调节器等的质量要求高，设计和制造困难，如今都由专门的供应商提供，不再由模具制造企业自行制造。这就要求热流道装备生产和供应商，向使用者提供喷嘴和温度调节器等使用、装配和维护的详细说明，还应负责热流道系统的设计或选择喷嘴等元器件，并做好售后服务。

3. 注塑模具采用热流道系统的条件

生产注塑制件的可行性是经营和制造热流道装备的首要问题。评估是否安装热流道装备时，有必要了解有关热流道的使用局限性。

1）热流道的使用对塑料品种有选择和限制。对于不同的塑料品种，必须使用不同的喷嘴。新的塑料品种必须设计制造新的喷嘴，并经过试验后再用于生产。注射生产中着色塑料的更换是困难和费时的，所应用的流道板和喷嘴应有专门的设计。

2）热敏性塑料有更大的烧损风险。在注射料筒中塑化后，还必须防止在热流道中过热。熔体在热流道中停留时间过长，尤其是在较长注射周期的情况下，会给热敏性塑料带来热损害。一些热流道系统里的"死点"使物料停滞，并有分解风险。在考虑加工 PVC 和 POM、高温塑料和添加阻燃剂的塑料时，应该多权衡使用热流道的利弊。

3）原材料的机械杂质会使系统脆弱，造成浇口堵塞。为防止堵塞，对原材料有高纯净的要求。曾经采用在主流道喷嘴或主流道杯里装上过滤网的方法，但该方法消耗注射压力较多。

4）热流道系统使用结果是模具高度增加，注意它会超过所使用注射机的安装模具尺寸。

5）热流道系统需要有个最佳的温度控制系统。要有"软启动"的加热系统，并对流道板的区域温度和喷嘴温度进行控制。

6）充分发挥热流道系统生产优势，先决条件是注射机和模具的自动化连续操作。直到维修或长假才中断生产，进行所需的热流道的清理。

7）如果模具操作者缺少培训，会出现一些生产故障和制件质量问题。塑料熔体的泄漏、不良的浇口痕迹，以及其附近区域的材料质量问题等是热流注射生产常见的难题。操作者需要一定操作经验和专业知识。同样的，修理和维护应该由熟练的员工执行，拙劣的检修会导致模具的损伤并造成各种损失。

没有一种热流道系统能适用所有塑料和所有种类的注射制件。专用的热流道系统能对某种热塑性塑料是适合的，并不能适用另一种塑料。热流道系统的操作还取决于众多因素，如注射量和注射速率、流程长度、模具型腔形状和塑料的着色。

热流道注射模生产塑料制件，需要昂贵的费用和高难度的技术。模具生产企业在启动设计制造前必须进行可行性研究。对某个塑料制件是否采用热流道技术的分析判断，不仅需要测算经济成本，权衡生产管理水平，还要考虑制件生产的质量、模具和注射机等技术条件，以及注射点、加热方式、流道板、喷嘴和浇口的选择确定。可行性研究的步骤如图 8-8 所示，经济条件和技术条件的分析，两者相辅相成不可分割。

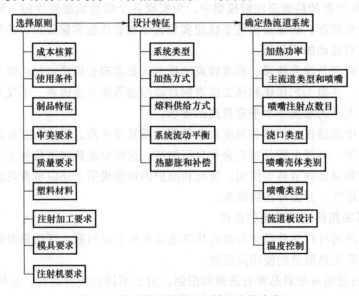

图 8-8　热流道注射模可行性研究的步骤

8.1.3　热流道注射模塑的成本测算

热流道模具注射生产的成本测算，是热流道系统使用合理与否的一个方面。成本分析是从降低塑料材料消耗、提高产量和发挥注射机效能三方面进行测评的，要从塑料注射成型工程的整个产业链做全面解析。

在现代塑料加工生产条件下，生产者面临着使用热流道模具还是传统的冷流道模具的选择。大批量生产的中小注塑制件的成本分析，将会使这个选择有更大利润。而对于大型的单个制件型腔模具，热流道技术使用目的是减小塑料熔体注射流动的流程比，保证大型制件的质量。经验数据表明，一副热流道注射模的价格中热流道装备费用占 20%～40%。

对于不同类型浇注的成本比较，有如下的描述参量。

A——原材料价格（元/kg）；

B——年产量（件/年）；

C——模具的生产年限，即折旧年限（年）；

D——模塑制件的重量（kg）；

n——型腔的数目；

F——注塑成本（元/h），包括注射机的折旧费，冷却水及电能的运行成本；

G——人工成本（元/h），包括薪金和社会保险成本；

H——模具价格（元）；

θ——注射周期（s）；

J——流道凝料重量（kg），无流道凝料 $J=0$；

K——回收料价格（元/kg），回收料成本约为原材料价格 30%；

L——模具维修成本（%/年），大约为模具成本的 5%；

M——模具售价的税费和利息（%/年），现约 20%。

（1）塑料成本 K_m（元/千件）

流道凝料的塑料成本：

$$K_m = 1000AD + \frac{1000(A-K)J}{n}$$

流道凝料循环利用的塑料成本：

$$K_m = 1000AD + \frac{1000KJ}{n}$$

回收料的成本较低，但循环使用使制件质量上有累积性的降低。对制件有质量要求时，不允许用回收料，如食品和药品的包装，医用制品（如注射器和渗析器等）。有回收料的生产过程，原材料节约比无流道凝料的热流道生产，对于塑料成本影响并不明显。

（2）制造成本 K_w（元/千件）

$$K_w = \frac{1000(F+G)\theta}{3600n}$$

（3）模具成本 K_f（元/千件）

$$K_f = 1000\frac{H}{B}\left(\frac{1}{C} + \frac{L+M}{100}\right)$$

由以上三项得注塑件的总成本 K_p（元/千件）

$$K_p = K_m + K_w + K_f$$

（4）实例 下面讨论图 8-9 所示的 8 型腔模具的熔体传输方案。

如图 8-9a 所示，该单分型面的模具结构具有冷流道和边缘式浇口。如图 8-9b 所示，采用开放式的主流道单喷嘴，消除了主流道的凝料。此方案可使主流道和流道废料减少约 40%，注射周期减小约 10%。图 8-9c 所示方案应用了流道板和两个开放式喷嘴，与图 8-9a 所示方案相比较，主流道和流道凝料减少 60%~70%。如图 8-9d 所示，每个型腔都用热流道分喷嘴供料，去除了冷流道；允许降低注射温度，并进一步缩短注射循环周期；制件在中央顶端被浇注，能让壁厚减薄；不再需要回收废料，这方面的费用可添补到设备上去；但模具成本相对较高，制件超过一定批量，才能获得盈利。

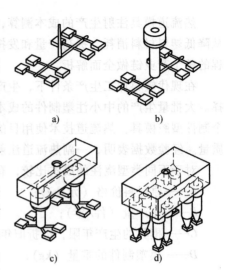

图 8-9 8 型腔模具的熔体传输方案
a）冷流道 b）、c）热流道与冷流道组合
d）热流道

现将图 8-9 所示，8 型腔注射模的熔体传输方案，进行塑料制品的成本分析。四个传输方案如前所述，考虑三种批量的计划：三年内生产 150 万件；三年内生产 300 万件；三年内生产 600 万件。计算过程有如下假设。

1）由于易于自动化，使用热流道模具生产的单件成本是较低的，生产成本不会提高。

2）热流道控制装置的折旧计入设备的成本中。

3）废料循环的材料成本，不计入此例中。

8 型腔注射模的四种传输方案的测算成本比较见表 8-1。

表 8-1 8 型腔注射模的四种传输方案的测算成本比较

代号	项目	单位	总产量	图 8-9a 所示方案	图 8-9b 所示方案	图 8-9c 所示方案	图 8-9d 所示方案
A	原材料价格	元/kg		2.5			
B	年产量	件/年	150 万件	50 万			
			300 万件	100 万			
			600 万件	200 万			
C	模具的折旧期	年		3			
D	制件的重量	kg		0.005			
E	型腔数目			8			
F	注塑成本	元/h		8.3			
G	人工成本	元/h		4.2	3.8	3.3	1.7
H	模具价格	元		16400	18000	23300	34200
θ	注射周期	s		20	18	17	16

（续）

代号	项目	单位	总产量	图 8-9a 所示方案	图 8-9b 所示方案	图 8-9c 所示方案	图 8-9d 所示方案
J	流道凝料重量	kg		0.009	0.0075	0.002	0
K	回收料价格	元/kg			0.8		
L	模具维修成本	%/年			5		
T	模具价格利息	%/年			20		
K_m	材料成本	元/千件		14.4	14.1	12.9	12.5
K_w	制造成本	元/千件		8.7	7.6	6.8	5.6
K_f	模具成本	元/千件	150 万件	19.0	20.9	27.0	39.7
			300 万件	9.5	10.4	13.5	19.9
			600 万件	4.8	5.2	6.8	9.9
K_p	制品成本	元/千件	150 万件	42.1	42.6	46.7	57.8
			300 万件	32.6	32.1	33.2	38.0
			600 万件	27.9	26.9	26.5	28.0
	成本降低	%	150 万件	—	—	—	—
			300 万件	—	1.5	—	—
			600 万件	—	3.6	5.0	—

由表 8-1 计算结果，讨论各方案的测算成本：

1）150 万件批量，使用热流道并不合理。

2）300 万件批量，与图 8-9a 所示方案比较，使用图 8-9b 所示方案模具，可降低 1.5%成本。

3）600 万件批量，使用图 8-9b 所示方案模具可降低 3.6%成本；使用图 8-9c 所示方案模具，可降低 5%的成本。采用 8 个分喷嘴的完全热流道系统，图 8-9d 所示方案模具，生产成本提高了 0.35%。还应该从制件质量和加工的技术优势，评估图 8-9d 所示方案的使用。

以上是成熟的热流道注射生产条件下的成本测算。初次起步采用热流道费用，包括直接花费和间接的生产投资成本，以下的费用必须计入：

1）购买热流道系统的设备，包括热流道的温度控制器、热流道的时间程序控制器等。

2）购买所需的机械设备，大多数情况下指购买注射机、模具温度控制箱等。

3）提高自动化操作效率的设备。例如快速钳取的机械手、下落制件的传输装置等。

4）强化热流道系统操作的各种数字化监控仪表等。

5）维修费用，替换损坏的加热器和密封件等。

6）员工培训费用。

8.2 热流道浇注系统的类别

热流道浇注系统的设计优劣，将决定塑料制件的质量和生产成本。面对各行各业多种多样的注塑制件，首先要合理确定热流道浇注系统的类型，然后选好喷嘴和流道板等热流道器件的品种和规格。

如图 8-10 所示，热流道浇注系统大致分成主流道单喷嘴的浇注系统、热流道和冷流道组合的浇注系统和完全热流道浇注系统三种类型。

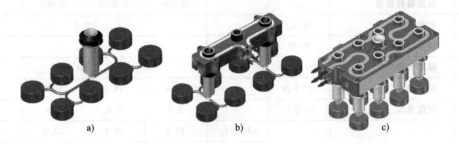

a)   b)   c)

图 8-10 热流道浇注系统三种类型

a) 主流道单喷嘴的浇注系统 b) 热流道和冷流道的组合 c) 完全热流道浇注系统

8.2.1 主流道单喷嘴的浇注系统

主流道单喷嘴的浇注系统最主要特征是不设置热流道板。用电加热和温度控制的主流道单喷嘴，替代冷流道模具的主流道。注射成型圆筒或箱体等中型制件时，模具的成本低。但单型腔模塑的生产率低。主流道单喷嘴的浇注系统注射成型小型制件时，要用多个型腔的冷流道，存在流道凝料的脱模问题，只能是部分发挥热流道注射的优势。曾经普遍将冷流道注射模改成主流道单喷嘴浇注，实际上就是将注塑机的喷嘴延伸到注射模的中央。

1. 主流道单喷嘴的单型腔浇注系统

主流道单喷嘴的单型腔浇注如图 8-11 所示，又分为从注射制件底面浇注和注射制件倒置浇注。图 8-11a 所示的主流道单喷嘴的注射点在注塑制件的底部。图 8-11b 所示为单喷嘴从制件的里侧浇注。

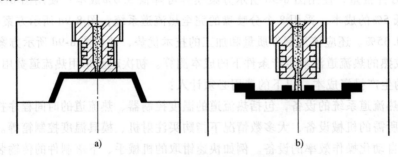

a)   b)

图 8-11 主流道单喷嘴的单型腔浇注

a) 从注射制件底面浇注 b) 注射制件倒置浇注

（1）主流道单喷嘴的单个壳体底面的浇注 图 8-12 所示为针阀式单喷嘴的箱体注射。图中 ABS 箱体重 677g，其尺寸为 $240\text{mm} \times 297\text{mm} \times 172\text{mm}$，箱底壁厚为 3mm，侧壁厚为 1.8mm。ABS 熔体的密度为 0.93g/cm^3，熔体注射量 $V = 728\text{cm}^3$，注射时间 $t = 2.77\text{s}$，注塑体积速率 $Q = 263\text{cm}^3/\text{s}$。

采用气动针阀式单喷嘴圆锥浇口，浇口痕迹浅。浇口在定模板 2 上，隔热帽 5 保温喷嘴头，换色维修方便。气缸活塞直径为 95mm，外径为 120mm。喷嘴流道直径为 16mm，浇口的小端直径为 3.5mm，是壁厚的 1.16 倍。这种喷嘴的浇口流量较大而痕迹小。ABS 熔料流经浇口的剪切速率 $\dot{\gamma}=62500s^{-1}$。阀针直径为 8mm，长度为 163mm。阀针的行程为 11mm，它的导套长度为 26mm。

注射模总高为 771mm，面积为 750mm×700mm。箱体四周外形有四套双斜导柱侧滑块 6 成型。斜导柱直径为 25mm，长度为 188mm。

气动针阀式单喷嘴不适用高温塑料熔体的注射成型。采用于中等的注射量的输送。此种单喷嘴浇口直径为 2~4.5mm。

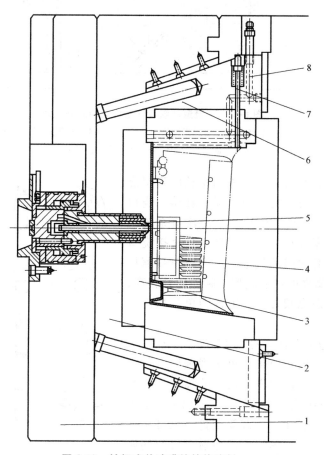

图 8-12　针阀式单喷嘴的箱体注射
1—定模固定板　2—定模板　3—定模型腔块　4—ABS 箱体
5—气动针阀式单喷嘴圆锥浇口在定模上隔热帽
6—双斜导柱侧滑块机构　7—弹簧（外径 20mm）侧向抽芯机构　8—侧滑块冷却管道

（2）主流道单喷嘴的倒置单个制件型腔浇注　如图 8-13 所示，注射模塑的深腔厚壁壳体倒置在模具中，直浇口料柄被机械切割，能保证制件外表面没有浇口痕迹。在定模上设置脱模机构使主流道很长。为避免在冷流道的浇注系统有过大的压力损失，大都采用单喷嘴 4 热流道浇注。在定模上用液压缸 3 驱动脱模是常用的简便方法。定模型腔块 2 在闭模注射时，液压给力将它锁紧在动模型腔板 1 上。单喷嘴在模具上占据空间少，使顶杆 5 布排方便。

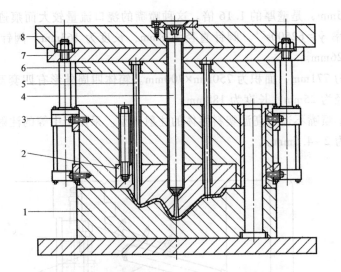

图 8-13　主流道单喷嘴注射倒置的厚壁壳体

1—动模型腔板　2—定模型腔块　3—液压缸　4—单喷嘴　5—顶杆

6—顶出固定板　7—定模顶板　8—定模固定板

在图 8-13 中，热流道单喷嘴的粗长的直接浇口在定模上传输压力，更有利于保压补偿。浇口区温度低，浇口料头能较快凝固。冷流道系统主流道的塑料凝固需较长的注射周期，且直接浇口的根部的塑料会有凹陷和气泡。主流道单喷嘴用于中型厚壁深腔制件的注射成型。制件质量较高，熔合缝的分布状态也较好。注射模为单分型面脱模，结构简单。

（3）主流道多针尖浇口的单喷嘴浇注　图 8-14a 所示为三针尖浇口的单喷嘴，可实现圆筒制件三点注射，也可用多个针尖浇口的单喷嘴浇注三个细小圆筒。图 8-14b 所示为四针尖浇口的单喷嘴上有四个注射点，可浇注一个圆筒制件，也可浇注四个细小圆筒，但这种单喷嘴的注射点之间间距较小。多个针尖浇口的单喷嘴的直径粗大，有多个加热线圈和输送流道并列，没有流道板，通常设计成单喷嘴多注射点的单分型面二板模。

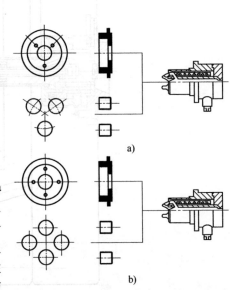

图 8-14　主流道多针尖浇口的单喷嘴浇注

a）三针尖浇口的单喷嘴　b）四针尖浇口的单喷嘴

2. 主流道单喷嘴与冷流道组合的浇注

（1）主流道单喷嘴的多点浇注制件型腔　主流道单喷嘴与冷流道组合的多点注射的边缘式浇口，能将塑料熔体传输给几个型腔。图 8-15 所示的单喷嘴浇注系统，一次成型四个塑料螺母。螺母材料是 PA66+35% 玻璃纤维，注射温度为 300℃。螺母外径为 28mm，高度为 32mm，有 M25 内螺纹，每个螺母重量为 14g。单喷嘴流道直径为 12mm，总长达 285mm，有 9g 熔料，故有三段加热线圈。导流梭的针尖浇口直径为 2.0mm。定模板镶块 2，直径为 12mm，高度为 9mm。直接浇口的圆锥孔高度为 6mm，大端直径为 4mm。PA66 是快结晶塑料熔体，直接浇口锥孔短小，能促使快冷凝固，热针尖能防止拉丝。

此单喷嘴注射模有复杂的螺纹脱模机构；潜伏式浇口在螺母上剪断；单喷嘴用冷流道分流；又设置脱模机构，让冷流道浇注系统在开模时坠落。

（2）主流道单喷嘴浇注单个型腔　塑料制件的注射量较大，需要多注射点的冷流道浇注系统。图 8-16 所示为单个注塑制件的多注射点的热流道浇注系统。聚碳酸酯 PC 注塑制件的重量为 14g，长度为 274mm，圆筒壁厚为 1mm，不规则椭圆的直径为 20~21mm。

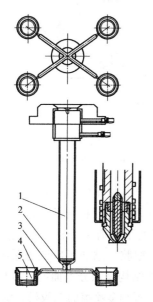

图 8-15　单喷嘴浇注系统

1—单喷嘴　2—直接浇口的镶块
3—冷流道　4—潜伏式浇口　5—螺母

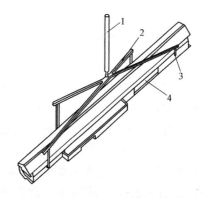

图 8-16　单个注塑制件的多注射点的热流道浇注系统

1—针尖式浇口的单喷嘴　2—冷流道浇注系统
3—潜伏式浇口　4—长圆筒制件

图 8-17 所示注射模采用单喷嘴，没有流道板。长圆筒制件的四周有足够的空间设置四个侧向分型抽芯机构。单喷嘴的四周，在拉模板 5、定模板 6 和滑块中设置冷却管道。单喷嘴与制件之间有良好的热屏障，以保证制件质量。

长圆筒制件外形有平台和凹槽，在四个方向有斜导柱侧向分型抽芯机构 13。斜导柱安装在定模板上，滑块在动模上滑动。圆筒制件的内侧也有凹槽和小孔需要成型，在四个方向都有斜顶杆机构。在主分型面 C 开模后，制件留在动模型芯上。脱模机构运动时，将制件顶出。

图 8-17 所示的注射模中，安装有导流侧孔针尖的直浇口单喷嘴。该单喷嘴的流道直径为 8mm。浇口套内是筒式侧孔针尖，口径为 2.5mm。它是整体式单喷嘴，浇口套直径为 13mm，高度为 16mm。PC 的注射温度为 280~300℃，高大的浇口套能保温，热针尖能防止拉丝。浇口套嵌入主干流道 11 的成型面 1mm。

图 8-17 所示的单喷嘴注射模闭合高度为 440mm，模具面积为 350mm×500mm。开模后摆钩拉板 1 拉动拉模板 5。A 分型 10mm 间距，足以使冷流道浇注的主流道凝料从喷嘴口拉断。同时，四个注射点的拉杆将潜伏浇口的凝料剪断。在塑胶管拉紧器 8 的牵引下，定模板

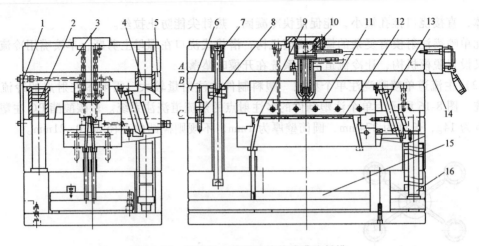

图 8-17　多注射点单型腔的单喷嘴注射模

1—摆钩拉板　2—四导柱导套　3—定模固定板　4—四导柱定距拉杆　5—拉模板　6—定模板

7—定距小拉杆　8—塑胶管紧器　9—内侧斜顶杆机构　10—热流道单喷嘴　11—主干流道　12—圆筒制件

13—斜导柱侧向分型抽芯机构　14—电气接线盒　15—脱模机构　16—弹簧回程杆

6 与动模闭合一起移动。拉模板 5 在定距小拉杆 7 的作用下止停，B 面分型。开模空间足以让冷流道浇注的凝料坠落。拉模板 5 和定模板 6 的重量由四导柱定距拉杆 4 承受。

（3）单喷嘴的冷流道系统　在此注射模中，主流道喷嘴的下游有多个注射型腔，需要分流塑料熔体。如图 8-18a 所示，直接浇口的单喷嘴注射多个型腔，添加了冷流道系统，采用针点式浇口。为了将浇注系统凝料脱模取出，注射模的基本结构是双分型面的三板模。有活动的中间板，此板也称为冷流道板。此方案适合改成有热流道板和多喷嘴的二板模。图 8-18b 所示的注塑制件有个中央大孔。塑料熔体从主流道喷嘴的直接浇口射出，再经冷流道和边缘式浇口，从里侧注入圆筒型腔。冷流道凝料与制件从分型面脱模坠落。

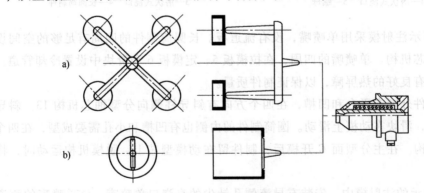

图 8-18　直接浇口单喷嘴的多点注射

a）针点式浇口冷流道的三板模　b）内侧浇口的冷流道的二板模

多点注射的主流道单喷嘴与冷流道浇注系统组合的特征如下：

1）可以设计理想的浇口数目和位置，注射流动状态和熔合缝的分布状态良好，保证制件质量。

2）通常用来一次成型 1~4 腔的制件。型腔数再多，冷流道系统过分发达，应考虑热流道板和多喷嘴。

3）用来一次成型 2 腔的成组制件。两个制件的注射量有差异，便于用流道流变平衡方法，实现平衡浇注，保证两个制件质量。

4）多点注射的边缘式浇口，能将塑料熔体传输给几个型腔，但它的应用受到制件形状的限制。潜伏式浇口也有应用，须考虑浇口剪断和流道凝料的脱模顶出和坠落。

5）如果是针点式浇口注射，必须是双分型的三板模，要设置冷流道板，有冷流道凝料要脱模，模具高度大。

8.2.2 热流道板的浇注系统

有流道板的浇注系统，必然有多个下垂的分喷嘴，至少有一个喷嘴。常见的主流道喷嘴都是加热和测温的，也有不加热的短主流道，依靠热流道板和注射机的喷嘴传热保温。流道板的浇注系统有热流道和冷流道的组合系统和完全热流道系统两大类。在热流道浇注系统的最初设计阶段，应充分发挥热流道技术优势。

1. 热流道和冷流道的组合系统

在型腔的注射体积或形状不能采用主流道单喷嘴时，应用热流道与冷流道组合方式，这扩大了热流道的应用范围。组合系统的特征是要设置流道板，流道板将塑料熔体长距离输送，又可以有较多的分喷嘴注射点。这种组合方式，与热喷嘴直接浇注制件相比，冷浇口附近的制件材料质量较好些。热流道与冷流道系统混合应用，除经济上降低热流道器件的成本外，可简化热流道喷嘴的浇口区域的温度控制，还能够捕获并贮存料流前沿的冷料。

图 8-19a 所示是单型腔模具中的热流道和冷流道的组合应用，一般用于大型塑料制件的注射成型。塑料熔体经流道板和分喷嘴引流，在型腔的侧面再经冷流道，采用边缘式浇口或潜伏式浇口注射。这降低了浇口附近的应力集中，减小了流动痕和制件的翘曲。用潜伏式的点浇口注射，可自动剪断后脱模，并可采用简单的二板模结构。

图 8-19b 所示是多个型腔的热流道注射模具。流道板将塑料熔体长距离输送，有多个分喷嘴注入冷流道，再经冷流道的分流，具有多个浇口的熔体浇注方式。让一个热流道分喷嘴传输几个型腔，特别适用于小型制件成型。

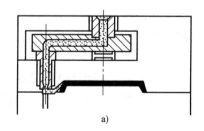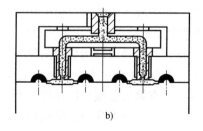

a) b)

图 8-19 热流道和冷流道组合的浇注系统

a）单型腔模具中制件的侧面引入冷流道浇注 b）组合浇注更多小制件的型腔

如图 8-20 所示的汽车后保险杠的热流道浇注系统，浇注材料为 PP+EPDM+20%滑石粉，注射压力为 66MPa，锁模力为 20380kN。浇注系统有 5 个针阀式喷嘴和 7 个注射点。流道板的流道长度为 1070mm，直径为 22mm。中央的针阀式喷嘴 G2，浇口直径为 6mm。它的浇口痕迹遗留在保险杠的被遮盖部位。其余四个针阀式喷嘴的下游都有冷流道和冷浇口。其中

G1 和 G3 位于后尾灯的窗口位置，喷嘴的环隙流道的孔径为 22mm，阀针直径为 10mm。用冷流道分叉，分流道直径为 12mm。侧向扇形浇口的入口尺寸为 10mm×2mm，射出口尺寸为 20mm×1.5mm。G4 和 G5 位于保险杠的外侧，有冷流道（长度为 12mm），和侧向矩形浇口尺寸为 10mm×1.5mm。这些冷流道和浇口都在分型面上。开模时流道凝料与后保险杠一起脱模取出。

5 个针阀式喷嘴由时间程序器控制。G4 与 G5 喷嘴和 G1 与 G3 喷嘴应依次延迟开启，中央的喷嘴 G2 要提前关闭，防止过保压。注射流动的时间等值线分布均匀。熔合缝分布较好，不影响外观。整体收缩也均匀，有限变形量在允许的范围内。

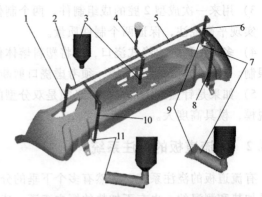

图 8-20　汽车后保险杠的热流道浇注系统
1—针阀式喷嘴 G1　2—热流道距主流道 585mm
3—针阀式喷嘴 G2　4—主流道喷嘴
5—热流道距主流道 476mm　6—针阀式喷嘴 G3
7—冷流道直径 12mm　8—针阀式喷嘴 G4
9—扇形侧浇口　10—针阀式喷嘴 G5　11—侧浇口注射

有些注塑制件有很高的尺寸精度要求，热流道技术会受到种种限制。主要是浇口痕迹不能满足要求，而且有冷料注入制件。如图 8-21 所示为 8 型腔热流道和冷流道点浇口组合的注射模，可避免喷嘴直接浇注制件。该方形柱体四周有 4 个凸台，用 4 个点浇口在底板上对称位置浇注。热流道注射模有 8 型腔。定模板上的顺序脱模机构设置有定模脱料板 13 和浇口卸套 14。开模时注塑制件在分型面 C 空间脱落。点浇口凝料在定模流道板 8 与定模脱料板 13 之间落下。为确保拉断点浇口并从分喷嘴的直浇口中拉下凝料，在分喷嘴上设置浇口卸套 14，分型面 B 打开时被定模脱料板 13 推出。

影响热流道浇注系统类型，除经济因素外，还有以下技术因素：

1）应用热冷流道组合系统能将热喷嘴与制件的成型表面距离拉开。热喷嘴熔料经冷流道和浇口射入型腔，制件的浇口区域的内在质量有保障，也能简化模具的冷却系统设计。

2）应用热冷组合系统，能在制品的侧面进胶。对于平板制件，有利于在缝隙中平推熔料和排气顺畅。多个较大矩形浇口也有利保压补偿，保证制件质量。

3）冷流道的矩形浇口设置在主分型面上。冷流道凝料与注塑制件一起脱模顶出。冷流道应尽可能短些，注射模的结构较为简单。

4）热冷流道组合系统中不采用制件顶面浇注的针点浇口。针点浇口的冷流道系统需要增加冷流道板，要有第二分型面取出流道凝料。圆筒形塑件需用多个针点浇口浇注，如果它们的间距很小，建议采用多注射点的喷嘴。

5）采用潜伏式点浇口能让浇口的痕迹更为隐蔽。冷流道凝料要与制件一起脱模，还必须确保点浇口的凝料能被自动剪断。

6）多个型腔注射模塑瓶盖类的径向尺寸小的制件，不应用热流道和冷流道组合系统。

2. 完全热流道浇注系统

只要制件表面允许残留各种喷嘴的浇口痕迹，注射点都采用喷嘴，这就是完全热流道浇注系统。一些电子产品的结构件都可以设计为完全热流道浇注系统，小型瓶盖类制件的多个型腔注射模塑也采用完全热流道浇注系统。

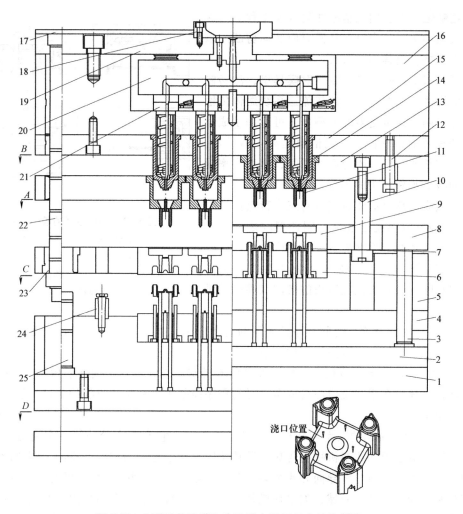

图 8-21 8 型腔热流道和冷流道点浇口组合的注射模

1—动模座板 2—动模推板 3—回程杆 4—推杆固定板 5—动模板 6—动模型腔块
7—注塑制件 8—定模流道板 9—定模板 10—拉杆 11—冷流道凝料 12—定距螺钉
13—定模脱料板 14—浇口卸套 15—定模板 16—定模框板 17—绝热板 18—定位圈
19—定模固定板 20—热流道板 21—分喷嘴 22—定距导柱 23—导套 24—拉模销 25—导柱

热流道板的喷嘴浇注如图 8-22 所示。塑料熔体由主流道喷嘴流经流道板下的分喷嘴，有四种传输方式。可简称为热流道板下垂喷嘴成型。主流道喷嘴成为热流道通道的上游部分，已经没有浇口的注射功能。但在注射机上仍有定位，并有与注射机喷嘴匹配的功能。

如图 8-22a 所示，热流道板有多个喷嘴注射浇注单个型腔。大型注塑制件的流程与壁厚之比很大。为了减小注射期间沿程的压力损失，也为了在保压阶段有更好的压力传递，此种热流道系统的模具可简化成二板模。

如图 8-22b 所示，多个型腔顶端浇注的热流道板和喷嘴传输，在制件正面布置针尖式或针阀式浇口。需中央顶端注射浇注的中小型制件，可应用这种塑料熔体的传输方式。因它避免了冷流道系统所需的双分型面，故其应用越来越多，首先被系列化和标准化。

图 8-22c 所示为单个型腔模具的侧面浇注。热流道和冷流道组合的注射模，能克服喷嘴

浇口痕迹缺陷，可应用在精密注射成型工程。为保证制件表面的美观，浇口在开模时应侧向剪断。该技术要求严格，模具相对昂贵。

如图 8-22d 所示，在叠层注射模具里，注塑制件被正面浇注。该图显示了该热流道系统熔体传输方式。它有两个甚至更多的分型面，可应用于成型大批量的浅薄的小制件。它成倍地提高了型腔数，虽然需要较长的开模和闭合模的时间，但生产率提高了约 80%，而锁模力只增加 15%。

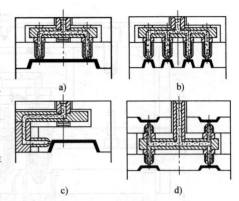

图 8-22　热流道板的喷嘴浇注
a）单型腔模具中多点正面浇注
b）多个型腔模具中的正面浇注
c）单型腔模具的侧面浇注
d）叠层模具的正面浇注

该类型完全热流道注射模具有三个特点：

1）要设计好热流道系统与制件型腔之间的热屏障，能有效地调节喷嘴浇口区域温度。

2）高温流道板和喷嘴的热膨胀产生的热应力影响必须消除，必须实施流道板的横向和喷嘴的轴向热补偿。

3）多个针阀式喷嘴与时间程序控制器的协调应用，能更好控制注射时的流动状态、熔合缝分布状态，提高大中型注射制件的质量。

（1）大中型制件的热流道注射模　大中型塑料制件必须用热流道注射模塑，300℃ 以上的高温塑料熔体也在用热流道注射成型。时间程序控制多个针阀式喷嘴的浇口，能提高大中型制件的质量。

图 8-23 所示是早期的大型周转箱的热流道注射模。它有 6 个分喷嘴。主流道较短，没有加热，依赖流道板和注塑机喷嘴传热。周转箱四侧面上有大面积漏空窗洞，四侧滑块很笨重。四侧滑块由 8 根斜导柱导向和 4 个斜置液压缸驱动。侧滑块 15 将动模与定模双向锁紧。

塑料制件应用在各个领域，如电视机外壳、大型周转箱、汽车后保险杠和仪表板等，大型制件重 2kg 以上，结构复杂，注射流程长。目前，国内外通常把锁模力大于 6300kN，注射量大于 3000cm³ 的注射机上所使用的注射模，或把重量大于 2t 的模具称大型注射模。

大型注塑制件必须用热流道系统才能充满小间隙长流程型腔，才能让压力有效传递，保证制件质量。大型注射模的热流道浇注系统设计有以下要点：

1）大量的塑料熔体要平衡浇注。经过计算机流动分析，科学确定注射点的数目和位置。

2）大型流道板必须有足够的刚度和强度。流道直径经流变学设计计算。熔体流动输送时有合理剪切速率，整个浇注系统的压力损失不超过 35MPa。流道直径达到 22～24mm。由于尺寸大，流道板和喷嘴的热膨胀补偿量大，必须仔细考虑。

3）多分区的加热和测温，保证热流道系统温度分布均衡，用热流道的温度控制台，在 ±0.5% 之内温控精度。

4）采用针阀式喷嘴，并进行时间程序控制。

（2）小型制件的热流道注射模　小型制件的热流道注射模用于重量几克到十几克的塑件，多个型腔的注射加工。如聚酯饮料瓶半成品和小瓶口的瓶盖，生产批量很大，注射点之间距离很小，小于喷嘴的安装直径，常用热流道微小型针尖式喷嘴。还有薄壁管件，如文

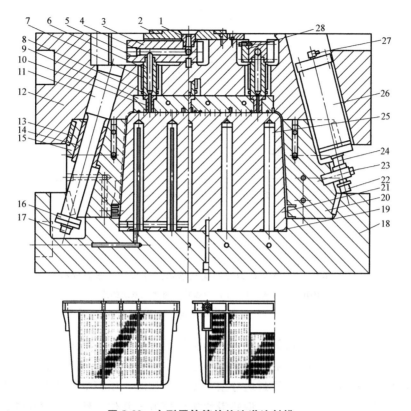

图8-23 大型周转箱的热流道注射模

1—主流道套 2—定位圈 3—热流道板 4—堵塞 5—螺塞 6—分喷嘴 7—加热圈 8—热电偶
9—成型板 10—分喷嘴的浇口套 11—斜导柱 12—定模板 13—锁紧垫块 14—导套
15—侧滑块 16—垫圈 17、22—螺钉 18—动模板 19—密封圈 20—短滑块 21—型芯
23—连接板 24—液压缸轴 25—隔水片 26—液压缸组件 27—油管接头 28—加热板

具笔套管、医用滴管和注射管等，型腔数目很多，流道系统的熔体体积接近，甚至超过注塑制件的总体积。

如图8-24a所示，高密度聚乙烯HDPE瓶盖的重量为2g，体积为2.1cm³，密度为0.95g/cm³，外径为32mm，制件高度为18mm，最厚处2mm，内有一圈半的内螺纹2，瓶盖外圆有直纹滚花3。要求瓶盖顶面上的浇口痕迹最小，不显眼。瓶盖下沿的保险扣圈4与瓶盖本体之间有8个45°的斜搭片5。新瓶盖能旋进饮料瓶口。在第一次旋开瓶盖时，剪断斜搭片，保险扣圈留在瓶口上。瓶盖顶部有密封圈1，旋紧时与瓶口端面扣压防漏。保险扣圈与瓶盖间的斜搭片的尺寸为0.65mm×0.65mm，最小壁厚为0.37mm，瓶盖型腔的流动阻力较大。

32腔的HDPE瓶盖热流道浇注系统的体积是178cm³，为瓶盖型腔总体积的2.65倍。型腔流道板设计时，必须注意塑料熔体在分流道中的停留时间。流道系统对32腔的塑料熔料采用几何平衡传输，保证各型腔充模压力和温度的一致性。由于瓶盖热流道的32个分喷嘴用针尖式浇口，针尖与浇口孔之间存在误差，流经压力降有高低。注意，大批量生产塑料瓶盖必须对瓶口有旋合互换性要求。流道分叉设计成4×2×4，如图8-24b所示。整个瓶盖热流道系统的压力损耗大致为113×10⁵Pa。

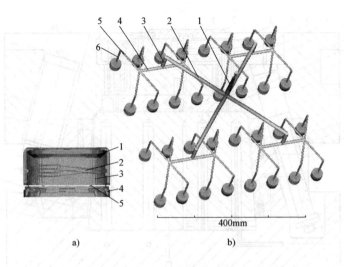

图 8-24   32 腔的 HDPE 瓶盖热流道浇注系统的压力分布

a）HDPE 瓶盖的结构   b）瓶盖热流道浇注系统的压力分布

1—密封圈   2—内螺纹   3—直纹滚花   4—保险扣圈   5—斜搭片

　　如此多的螺纹型芯，倘若用旋转脱模，则机构过于庞大，故用多排侧向分型机构和强制脱模机构。两片分型侧滑块在注射机顶柱推顶过程中，并合成推板。在瓶盖的搭边槽中，将它强行脱出。两片分型侧滑块必须延迟分型。侧向分型时，压缩空气从型芯中央吹动瓶盖落下。回程由专门液压缸驱动，两片分型侧滑块按闭模方向复位，然后合拢并锁紧，以保证两滑块成型面与型芯柱的密闭。

　　国内瓶盖类制件注射模塑目前流行的是 32 腔，也有更多型腔的模塑成型，注射周期仅几秒，生产率和自动化程度很高。多个型腔注射模的热流道浇注系统的流道和喷嘴，采用针尖式喷嘴时很难实现许多个注射点的流动和压力平衡。为此，针阀式的喷嘴替代热力闭合的开放式浇口。如图 8-25 所示的 32 腔的瓶盖制件的热流道浇注系统，32 个注射点启闭时间一致，成型的物理条件控制精度提高，注射周期缩

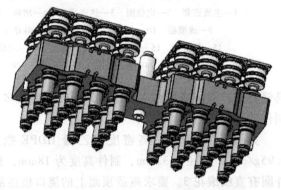

图 8-25   32 腔的瓶盖制件的热流道浇注系统

短。阀针浇口的口径为 1~1.5mm，有 32 个气缸驱动它们。这些气缸有较大径向尺寸，还应布置冷却管道，定模固定板上的布局局促。

　　将图 8-25 所示瓶盖制件的 32 个针阀式喷嘴浇注，改造成两个推板机构驱动成组的阀针。用两个气缸或液压缸驱动 16 个阀针组，这是新型的热流道浇注系统，如图 8-26 所示。成组的阀针 5 都装夹在推板 6 和推板固定板 7 之间，阀针推板机构采用滚珠导柱导套。定模固定板 2 上还是要布置冷却管道。在热流道板 4 与阀针推板机构之间，增设冷却管道 10 隔热。注射点有 2×2×2×4 的平衡布置，热流道板上为双层流道时注射点之间间距需较大。也有采用 2×2×8 的流变平衡布置，热流道板上为双层流道，流道的长度小，板面积也较小。

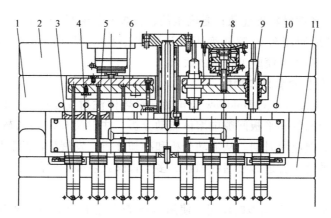

图 8-26　成组阀针的推板启闭机构

1—定模空腔板　2—定模固定板　3—32 个针阀式喷嘴　4—热流道板　5—32 个阀针　6—推板
7—推板固定板　8—液压缸活塞（4 个）　9—滚珠导柱导套（8 套）　10—冷却管道　11—定模板

分析了 32 型腔瓶盖类小制件的注射模塑后，热流道浇注系统设计经验归纳总结如下：

1）用针尖式浇口的分喷嘴顶射成型，在型腔个数较多、流道板较大时，浇口温度控制较难，众多热力闭合的小浇口喷射不一致，有改用针阀式喷嘴趋势。

2）针阀式喷嘴注射瓶盖类小制件，所用阀针的圆柱头直径为 0.8~1.5mm，浇口痕迹细小又稳定。

3）4~8 个阀针用 1~2 个气缸或液压缸经推板机构驱动，如图 8-26 所示，能解决大批气缸工作带来的能耗、冷却和维修问题。

4）几克或小于 1g 的小制件，型腔间距小于 15~20mm 时，应考虑选用多浇口喷嘴或边缘式喷嘴。

5）型腔数不少于 8 个时，流道布置和直径用流变平衡方法设计，可缩短流道长度，缩减流道板的体积。

8.3　热流道浇注系统流动分析

塑料注射模的模流分析（Moldflow）是热流道浇注系统设计的计算机辅助工具，现今已被热流道系统设计师和注射模具设计师普遍应用。模流分析能预测各种热流道系统设计质量。

8.3.1　热流道注射模流动分析的应用

生产不断发展，传统的反复试模的方法已不适应现代的高效塑料模塑加工。随着模塑工业迅速发展，面对尺寸变化很大的各种塑料注塑制件，要满足以下三方面要求：

1）模具生产周期要缩短。

2）塑料制件整体质量要提高。

3）模具设计要优化。

生产时为实现上述目标，注射模 CAD/CAM 是首选途经。注射模 CAD/CAM 可大大提高模具设计质量，并缩短设计和制造周期。塑料注射模效能的优化设计中，单独应用注射模

CAD/CAM 技术时，考虑材料性能数据是困难的，很难确保制件的合理设计，不能模拟熔体注射流动，也不能预测制件的翘曲变形。计算机辅助工程（computer aided engineering，CAE）技术能填补塑料注射模塑工程中的缺口。

1. 注射模流动分析的意义和功能

早在 1987 年，澳大利亚的 Moldflow 公司的塑料熔体注射充填模具型腔的流动分析软件已经问世，用于二维圆管和平板间隙中熔体流动分析。注射模 CAE 分析软件，自 20 世纪 90 年代至今已经进入成熟应用时期。从流动分析和冷却分析，发展到注塑制件的收缩和翘曲变形的分析。热流道系统中流道和喷嘴的加热、多个针阀式喷嘴的时间程序控制，也能进行流动分析。

（1）流动分析辅助注射模塑的作用　使用 CAE 软件能帮助设计者解决注射模塑预测和检验，正确和优化模具设计。CAE 软件在塑料制件设计者、模具设计与制造者和注射模塑工程师之间起桥梁作用。注射模 CAE 技术能用来完成下述的五方面任务：

1）注射模塑制件设计。在制件设计中，必须考虑制件的结构和几何尺寸设计的优化。塑料制件的设计者在结构和几何参数拟定时，会遇到制件模塑成型的可行性问题。在制件设计方面，应用 CAE 提供对制件结构和几何参数的修改，才能保证模塑成功。在塑料熔体流动分析方面，应用 CAE 也能揭示制件是否有良好的注射模塑条件。

2）注射模具设计。CAE 的辅助处理，能帮助确定模具布局、浇口数目和位置，并帮助确定在单个型腔、多型腔或成组型腔模具中的流道系统。CAE 能帮助模具设计者和制造者分析塑料制件的设计质量，预测塑料制件的质量信息，并得到解决问题的适当方法。CAE 也可帮助设计模具的冷却系统。

3）模塑工艺的拟定。CAE 可提供夹紧力吨位、注射计量、注射速率和塑料熔体的流动性能。CAE 能合理决定工艺参量，保证模塑制件有良好质量。

4）保证模塑制件质量。在注射生产中，有效控制模塑工艺能防止一些常见的制件质量缺陷，如熔合缝、气囊和流动痕等。这些缺陷是由于制件和模具设计的差错造成，能够限制和避免。应用 CAE 能展现制件在收缩和翘曲变形的质量问题，并获知改进的建议与措施。

5）热流道浇注系统设计。热流道系统喷嘴和浇口的数目和位置，影响到熔体流动平衡浇注，也影响注塑制件的质量。CAE 可帮助优化设计流道的布置和尺寸，确定喷嘴和浇口的参数，从而保证成功注射和花费合理成本。

（2）流动分析辅助注射模塑的功能　实现 CAE 的 Moldflow 软件主要功能有如下四方面：

1）注射流动浇注过程模拟分析。它包括浇注系统分析和型腔充填分析。浇注系统分析目的是确定合理的流道布置和尺寸，确定浇口的数目和位置。型腔充填分析是为了得到注射件的合理形状和尺寸，确定塑料制件的壁厚，把熔合缝和气囊置于结构和外观上允许的位置上，得到最佳的注射压力，注射速度等工艺参数。流程模拟可帮助估算注塑成型周期、注射压力和锁模力等。

2）注射模冷却系统模拟分析。冷却系统分析可确定合理的冷却管道的位置和尺寸，以及冷却液的参量，从而保证有效冷却和模具温度的均匀性，获得能保证制件质量的最短冷却时间。在冷却分析前要对冷却管道造型，分析中对管道造型进行修改。

3）注塑制件的成型收缩分析。根据塑料材料的收缩性能的数据，又由流动和冷却分析结果，预测模腔中注塑制件的冷却收缩量，从而确定模具的成型零件尺寸，保证获得高精度形状和尺寸的制件。

4）注塑制件的翘曲分析。预测注塑制件的翘曲变形，并找出产生原因，从而优化塑料材料的选用、制件设计、流动和冷却条件和注射工艺，减小翘曲变形，保证制品的质量。

近年来，还增加了制件纤维取向分析功能，提高了流动分析、收缩分析和翘曲分析的正确性。纤维取向为塑料熔体流动所促成，对注塑制件力学性能和结构具有显著影响。塑料材料中纤维取向也对注塑制件的最终翘曲程度起着重要作用。纤维取向的预测能用于估测注塑制件的质量和力学性能，并揭示翘曲的根本原因。

近年来，还添加了气体辅助注射分析，热固性塑料的流动和凝固模拟分析，双色注塑成型、微发泡注射成型分析等功能。

（3）热流道浇注系统流动分析和优化　热流道浇注系统设计要经过流动分析模拟，已经成为注塑模和热流道的制造行业的共识。

1）确定模具布局。一旦制件设计被接受，就要开始模具设计的实际工作。在模具布局设计的第一阶段，应确定分型面上型腔数目、制件的方向和在模板上的布局。模具的型腔数目基本上根据制件生产批量确定。还要进一步考虑注射机选择、注射生产成本和制件的精度等情况。最佳型腔个数要用专门计算机程序进行分析后科学决策。在模具结构设计时，应考虑两个型腔之间距离，并确定型腔的壁厚和底板厚度。要用注射模强度和刚度设计和校核的计算机程序计算。在初拟方案过程完成后，进行注射速率、塑料熔体温度和压力分析。模具布局设计应该在浇注系统流动模拟中完成。

2）浇注系统设计和优化。注塑制件要达到良好的表观和内在质量要求，浇注系统不能再是单纯的经验设计。过去，流道系统设计是试模和纠错的过程。流道系统在多次上注射机试模中进行调整，直到获得良好效果。其流道和浇口参数被逐次扩大。浇注系统的流道、喷嘴和浇口的设计，对注塑制件质量、模塑生产率和生产成本方面有重大的影响。模具设计者经合理选择 CAE 的流动分析，按客户给定塑料材料品种和制件质量要求，达到多个型腔的平衡浇注，合理喷嘴种类和型号，正确拟定浇口种类和结构尺寸。

热流道浇注系统流动分析有以下四个特征：

1）Moldflow 分析工具支持浇口设计，可用来分析并优化浇口数目、位置和几何尺寸参数。浇口数目应根据充满型腔的压力和型腔内流程比确定。软件已有自动寻觅"阻力最小的浇口位置"功能可利用。模具中浇口位置对注塑制件的质量有很大影响。浇口位置影响模具的排气、翘曲、收缩、溢流和欠注，因此浇口位置应该在注射流动平衡原则下决定。

2）Moldflow 分析工具支持流道分级、流道板的流道布局、流道长度和截面尺寸的优化设计。在允许的压力损失范围内，并在合理的流动剪切速率下，可实现流动平衡或流变平衡的稳定流动输送。软件有"流道流变平衡"功能，也能辅助热流道浇注系统设计。但是，多个型腔塑料成型时，剪切诱导熔体注射流动不平衡和对制件质量的影响，只有个别的专门三维分析软件才能胜任。而且，热流道浇注系统设计时，有关注塑制件几何造型造成不稳定流动，如注塑制件有壁厚不均匀和形体不对称，对剪切热引起流道系统浇注不平衡，设计者应具有高水平的应对能力。

3）Moldflow 分析是迭代过程。浇注系统设计方案修改优化时，浇口数目和位置、分流道和喷嘴流道几何尺寸参数要几经改动，都要进行流动充模、保压和翘曲的分析。制件的形体比较复杂，有限元单元数以万计，计算机分析运行一次相当费时。修改浇注系统几何参量的迭代次数不能过多。这要求分析操作员具有塑料流变学的知识和注塑模具的设计经验。

4）热流道浇注系统的流动分析时，模具的冷却系统和脱模机构等设计尚未完成。冷却系统分析将引导模具早期设计。在选择决定注塑加工主要参量时，如图 8-27 所示，浇注系统的流动分析时温度、压力、时间和速度大都采取默认值，如注射时间、熔体温度和模具表面温度等，并给工艺优化留下调整余地。注射模塑工艺是热流道浇注系统设计的依据，是指标性的约束条件。

热流道公司最常用的分析序列是"充填""充填+保压"和"充填+保压+翘曲"三种。冷却系统分析和收缩分析往往在热流道公司的分析中被忽视。如果不考虑冷却系统和温度分布的影响，翘曲变形的分析结果会存在误差。

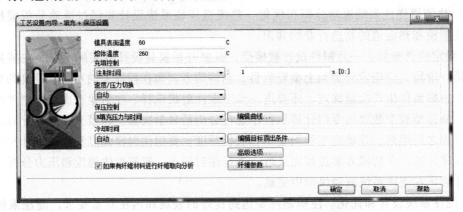

图 8-27 热流道浇注系统流动分析的工艺设置

2. 物理量含义

注射模流动分析时，明确物理量和混合变量的含义，才能理解数值分析结果。

（1）压力 在 CAE 分析中，塑料熔体压力是作用在单位面积上的法向力，形成可变的区域场。模塑期间的压力是随时间和位置变化的函数。充填塑料熔体刚开始时压力是 1atm（101.325kPa）。塑料熔体的前沿延伸，注射压力连续地在熔料中递减。在流动分析时压力是节点的变量。有限元的单元里的压力值，运用单元的节点上变量内插。

在模塑时所涉及一些压力变量概念与流动有关，压力梯度是重要变量。就像水或其他液体，塑料熔体流动总是从高压向低压的方向流动。在模塑成型中，瞬时压力梯度定律指出，沿着流动路程的压力梯度越大，流动充填越有效。一些流动现象与压力梯度有密切关系，不稳定的压力梯度会造成欠注、溢流和滞流等问题。

1）注射压力。流动分析要求注射压力应在 60~80MPa，保证充填型腔的压力应为 25~50MPa，除非客户拥有 150MPa 或 200MPa 额定压力的注塑机。为此，流道浇注系统沿流程的压力损失限制在 35~40MPa 范围内。以此来决定浇注系统类型，优化浇口的数目和位置，调整流道和喷嘴的几何尺寸。

2）锁模力。锁模力为分型面上承受的压力，可用流道和型腔的投影面积推算。它是注射阶段流动和保压的变量，又为不同时间的函数。注射结束时，锁模力达到峰值。精确地计算夹紧力是困难的，估算的锁模力可用来选择注射机，并决定制件型腔数目。

3）保压压力和保压时间。在充填+保压分析时，可关注保压压力和保压时间，给注射工艺优化提出建议。保压时间关系到浇口中材料冻结封闭，要在生产试模的试验中测定。

（2）温度　塑料熔体的温度是节点的变量，单元体的值是用此单元的节点温度插值计算，它是冷却分析的直接输出。在成型过程中，热流道和喷嘴的温度保持恒定。冷流道和制件型腔塑料熔体的温度随时间和位置变化。温度分析中获知的平均温度和体积温度，在模塑过程分析和质量控制中是很重要的。

在注射成型中，不均匀温度分布对制件质量起重要作用。不均匀温度会导致产生热点。热点温度过高造成焦化，进而在冷却成型中，促使造成不同程度的收缩和翘曲。

在热流道浇注系统的流动分析时，设定的熔体温度是塑料熔融温度范围的中间值。模具温度是该塑料品种冷却成型综合条件的推荐值，型芯和型腔的温度是相同的。

（3）剪切速率　塑料熔体的剪切速率也是节点变量，单元体的值也能利用节点剪切速率插值确定。剪切速率定义为流速在厚度方向的微分。在流动通道里，塑料熔体中央层的剪切速率等于零，在塑料熔体与流动通道的界面上达到峰值。

剪切速率为塑料熔体的流动或变形速率。聚合物熔体剪切速率与其黏度密切相关。聚合物熔体随着剪切速率增加，各种物料黏度有不同程度的下降。熔体流动的剪切速率的分布影响到模塑过程中塑料熔体的流动性。因此，设计者需要了解剪切速率分布。

热塑性塑料熔体在注射流动时，在主流道中剪切速率应为 $5\times10^3\,\mathrm{s}^{-1}$ 左右，分流道和喷嘴流道中剪切速率应为 $5\times10^2\,\mathrm{s}^{-1}$ 左右。浇口按截面大小剪切速率应在 $1\times10^4\,\mathrm{s}^{-1}$ 以上。

（4）剪切应力　塑料熔体的剪切应力是单位面积上的剪切力。它也是节点上的变量，单元体上的剪切应力是由节点的值决定的。与剪切速率相似，剪切应力的流道中心线或中央层的剪切应力等于零。在流道壁和塑料注射模具的界面上有它的最大值。

剪切应力影响聚合物分子链的取向。剪切应力越高，取向越严重。由于剪切应力的最大值在塑料熔体与模具型腔的界面上，最高的取向在型腔表面附近。剪切应力的值应该控制在材料临界值之下。过大的剪切应力会使得熔体破碎，也会降低注塑制件的机械强度，从而降低制件的工作寿命。剪切应力较低，在模塑成型时可避免产生裂纹，减小模塑制件翘曲变形。

（5）流动速度　Moldflow 流动分析的流动速度一种是熔料前沿推进线速度。塑料熔体的流动速度为节点变量，它表述模塑流动中瞬间运动方向和该点的速度。有限元单元的速度用它的节点值决定。平均速度通常用来定义单元体的速度。要求图形显示的物料推进的等时线步距均匀为好。

在注射流动中，体积流量是塑料熔体体积与充填时间之比，单位为 cm^3/s。用时间进度的熔体流动的动画表述，也在日志中用时间点对充满型腔的百分比表述。速度与成型流动模式密切相关，它直接关系到流动的现象，如熔合、流动痕、滞流和湍流等。单向流动的原则是指聚合物熔体在一个方向流动，流体前沿应以平推线流动贯穿整个阶段。聚合物熔体流动速度决定了流动形态，并进而帮助设计师有效设计浇注系统，取得能平衡浇注的流道和浇口设计。

3. 混合变量

在注塑成型中，有些现象不能用单一物理变量描述，只能用上述变量的组合来解释。这些组合的变量也称为混合变量（Hybrid Variable），有熔体前沿的推进、芯部和皮层的取向、收缩和翘曲变形。注塑成型的缺陷预测，也是 CAE 分析的混合变量。输出预测的一些缺陷，有熔合缝、流动痕迹和气囊等。

(1) 熔体前沿的推进　熔体前沿推进过程是塑料熔体前沿的运动，为熔体前沿推进至各节点到达时刻。熔体前沿推进作为节点的变量，单元内的值是用节点值来决定的。它揭示模具内重要的流动平衡现象。要求所有模具内流动途径都得到平衡，以均衡压力在相等时间里充模。如果模塑成型过程不平衡，有的区域过早充满，会产生溢料，而较迟充填区域会产生欠注。动画演示熔体前沿推进是否存在不均衡流动，能帮助判定制件的一些缺陷，如熔合缝、流动痕和气囊等。详细设计方案应该修改熔体前沿推进，重新定位浇口位置，修正流道和浇口截面。调整注塑制件结构参数，以取得型腔内均匀和平衡的流动。

(2) 芯部和皮层的取向　聚合物熔体芯部和皮层的取向是单元体的变量。每个单元的芯部取向是在注射流动结束时速度的横切方向。单元体面积上的取向，通常是沿着单元的速度方向，这将会是注塑制件外表层最可能的纤维取向。

揭示芯部和皮层的分子链排列取向，对预测注塑制件的力学性能起关键作用，可确定导致力学性能（如冲击强度和拉伸强度）增强的皮层取向。在此基础上，模具设计者能定位合适的浇口位置，设计塑料熔体的流动模式，以保证注塑制件在一定方向上有良好的力学性能。

(3) 收缩　模具中的聚合物从熔体温度下降到模塑温度时，由于熔体冷却时密度变化而造成收缩。聚合物分子链的收缩，对于高度结晶的聚合物，在形成致密的晶体结构过程中，有更大的收缩。对于较厚截面的注塑制件，塑料熔体冷却缓慢，制件上各区域收缩率差异，一些区域会有凹陷出现。收缩的变化在制件中诱发残余应力。如果残余应力超过了制件强度极限，就会产生翘曲或开裂。通常，越高的熔体温度和模具温度，有更大的分子的缠绕能力，使塑料熔体有更大的收缩。

CAE 收缩分析能揭示分子链排列取向，并指出最大收缩的方向，给出预测的收缩率。它也能告知制件的不均匀的温度分布和不平衡的冷却，将会产生收缩的差异。为预测和限制收缩率，应将模具的冷却模拟与注射压力和热传递的分析结合在一起。

(4) 翘曲变形　注塑制件分子链的取向会产生形体的翘曲变形。在塑料模塑成型中，塑料熔体沿着很小的型腔间隙通道流动。分子链沿着流动方向变形延伸。快速冷却使变形延伸的分子链不能松弛到原始的缠绕状态，大部分处于非卷绕状。模塑凝固后分子链试图恢复缠绕，结果造成了注塑制件翘曲。另一方面，翘曲被认为是收缩率差异所致。模塑成型中聚合物分子链排列取向、材料温度的变化、注射和保压力变化，都会使收缩率有差异。

CAE 翘曲分析模拟是基于预测注射流动、取向、冷却模拟和保压分析的结果。应在制件结构分析基础上，分析翘曲原因。这些分析可以检测翘曲位置和程度，拟定减少和限制翘曲的适当措施。模塑中通过改善流动和冷却均匀性，减少收缩率变化，可改善翘曲程度。

(5) 熔合缝和流动痕迹　两股塑料熔体绕过障碍分离后，在另一侧汇合成熔合缝。在模塑加工期间生成的熔合缝，是注射流动模式不规则而生成的制件缺陷之一。

流动痕迹也是模塑加工中的流动缺陷，它是在两股流动前沿在相同方向上相持而形成的。流动痕迹也是不规则的流动模式造成的。注塑制件上熔合缝和流动痕迹，降低所在区域的力学性能。如果它们不能消除，就应该转移到载荷不敏感的区域。

(6) 气囊　气囊是在注塑制件里的气体积聚。模塑期间的塑料熔体在流动过程中，内含气体跟随运动。当气体不能有效排除时，它积累在注塑制件中形成压缩空气泡，称为气囊。

CAE 流动模拟能分析气囊的形成过程和位置。如果气囊在制件的表层，就很容易排出。

气囊在注塑制件的里层，进入塑料熔体内占据了空间。这些气囊在过热的位置，会使注塑制件上出现热斑。应当适度改善流动均匀性，通过改变制件结构、浇口位置和尺寸，来避免和减少气囊产生的敏感区域。

8.3.2 热流道浇注系统流动分析创建过程

注塑流动分析首先要创建制件 CAD 模型，描述所有的形体结构和尺寸。在塑料制件开发中，模型可直接输入 CAE 分析系统。或者以数据交换技术将注塑制件 CAD 模型，转换成标准的数据格式 IGES 和 STEP。之后，CAE 分析工具建立制件网格化数学模型。同时，创建冷流道和热流道浇注系统，用节点将浇注系统与注塑制件连通。根据用户需求选择塑料品种。设置注射工艺，建立起注射过程的塑料熔体的物理实体，提供流动分析的模式。

1. 创建浇注系统

（1）流道系统创建

1）单击任务栏窗口"设置注射位置"按钮，在制件网格模型上单击注射点的节点。

2）选择菜单"建模"，再选"流道系统向导"命令，弹出图 8-28 所示的"布置"对话框。

3）共有 3 页，相对于注塑制件位置，以绝对坐标输入流道和浇口节点位置。

4）挑选"使用热流道系统"。热流道系统的流道和浇口以红色（软件设置颜色）显示。冷流道系统的流道和浇口以黄色（软件设置颜色）显示。

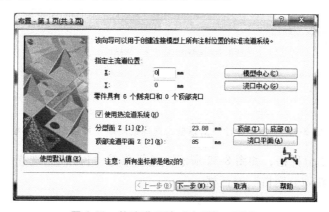

图 8-28 热流道系统"布置"对话框

（2）浇口创建 手动创建浇口有两种方法。使用直线创建命令，用于各种圆孔或矩形截面浇口、直线方向的圆柱或圆锥浇口。采用曲线创建命令，如弧形的潜伏式浇口。

1）冷浇口属性设置对话框中"截面形状"的下拉框中"圆形"和"矩形"最为常用。

2）为了能预测浇口的冷却时间、剪切速率和剪切应力等变量，浇口应至少划分三段，即至少三个单元。

第一步：创建节点，"平移"对话框如图 8-29 所示。选择菜单"建模"，选择"移动/复制"和"平移"命令，在工具栏显示"平移"对话框。选择注塑制件上浇口节点序码，输入移动矢量后，选择"复制"，单击"应用"按钮，图形上会出现新节点，然后单击"关闭"按钮。

第二步：创建柱体单元，如图 8-30 所示。选择菜单"几何"，选择"创建柱体单元"命令，在工具栏显示"创建柱体单元"对话框。输入"开始坐标"和"终止坐标"。单击

"选择选项"栏右侧的"…"按钮，会弹出"指定属性"和"冷浇口"对话框。图 8-31 所示为"指定属性"对话框，选择或新建"冷浇口"对话框。

图 8-29 "平移"对话框

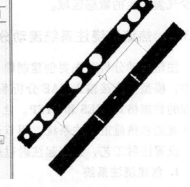

图 8-30 "创建柱体单元"对话框

图 8-31 "指定属性"对话框，选择或新建"冷浇口"对话框

第三步：重新划分网格，如图 8-32 所示。选择菜单"网格"，选择"网格工具"命令，在工具栏显示"重新划分网格"对话框。

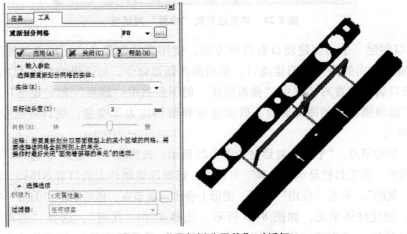

图 8-32 "重新划分网格"对话框

（3）创建主流道和分流道

1）先定义冷主流道的属性。主流道的形状是圆锥体，要编辑起始和终止横截面的尺寸。

2）再定义冷流道的属性。流道的形状是"非锥体"，要编辑横截面直径尺寸，如图8-33所示。

3）每个相同分流道被定义同一名称，对于选调"应用到共享该属性的所有实体"，可一次编辑同名分流道的横截面尺寸。反之，每条分流道都要逐个编辑尺寸。

图8-33　"冷流道"和"横截面尺寸"对话框

（4）连通性诊断　连通性诊断指诊断浇注系统，与制件模型之间是否连通成为一个整体。如图8-34所示，选择菜单"网格"，选择"网格工具"命令，在工具栏显示"连通性诊断"对话框。单击制件或浇注系统上任意单元或节点。单击"显示"按钮，浇注系统与制件均为蓝色（软件设置颜色）表示全部连通。通常，不连通是浇口节点不是制件上的节点，这就要合并节点。

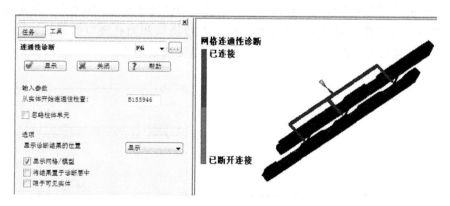

图8-34　"连通性诊断"对话框和诊断结果

2. 创建热流道浇注系统

热主流道喷嘴、热流道、喷嘴流道和热浇口的创建过程与冷流道系统相同，但在编辑形体尺寸前要明确它们的热属性，也可以将所选冷属性的单元改成热属性。

（1）创建热流道、喷嘴流道和浇口　单击图形流道或浇口时，弹出快捷菜单中选点"属性"，会出现图8-35所示"编辑锥体截面"对话框。选择"编辑整个锥体截面的属性"，可一次编辑同名单元的横截面尺寸。选择"仅编辑所选单元的属性"，便于建立或修改单个单元。

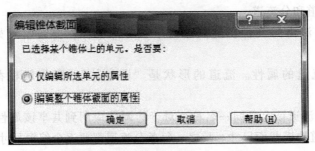

图 8-35 "编辑锥体截面"对话框

单击热流道系统图形上的主流道或流道单元，然后选定快捷菜单的"属性"，出现图 8-36 所示"热流道"和"横截面尺寸"对话框。编辑主流道喷嘴，分流道和喷嘴流道的形状和尺寸。环形截面流道是编辑具有阀针的针阀式喷嘴的流道。

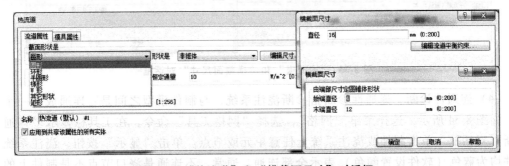

图 8-36 "热流道"和"横截面尺寸"对话框

单击热流道系统图形上的浇口柱体单元，然后选择快捷菜单的"属性"，出现图 8-37 所示的"热浇口"和"横截面尺寸"对话框。编辑直接浇口和圆孔浇口的形状和尺寸。对于结构复杂的导流梭的针尖浇口和有侧孔的针尖浇口是无法创建的。

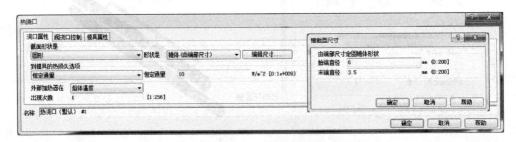

图 8-37 "热浇口"和"横截面尺寸"对话框

（2）创建针阀式喷嘴热流道 针阀式喷嘴的流道用图 8-38 所示的"热流道"对话框编辑形状和尺寸。

如图 8-39 所示，在"阀浇口控制"选项卡，编辑针阀式喷嘴的浇口的形状和尺寸。阀针头即为浇口，可以是圆锥头也可以是圆柱头。然后，在图 8-40 所示的"阀浇口控制器"对话框中，控制阀针头启闭浇口，可用"流动前沿""压力""%体积"和"螺杆位置"控制阀针头开启。如果选调"时间"控制，会弹出"阀浇口时间控制器"对话框，编辑初始状态，设置打开时间和关闭时间。

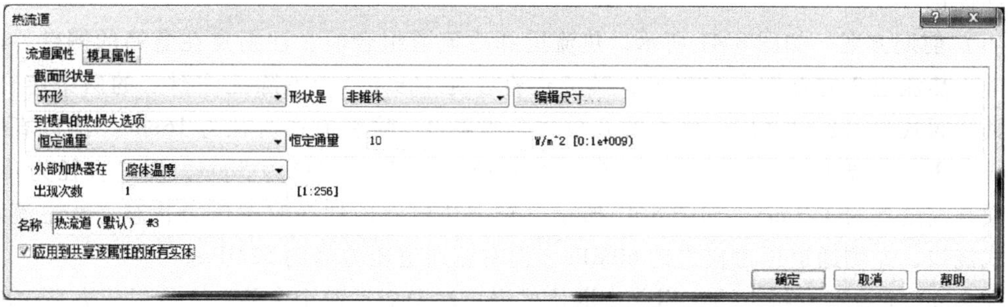

图 8-38 "热流道"对话框中选择"环形"

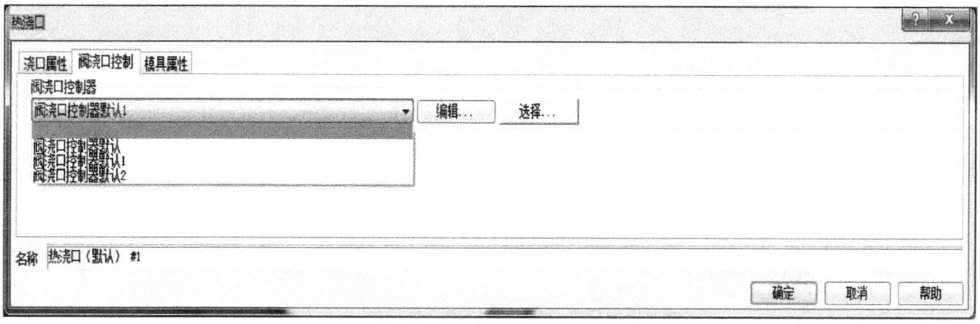

图 8-39 "阀浇口控制"选项卡

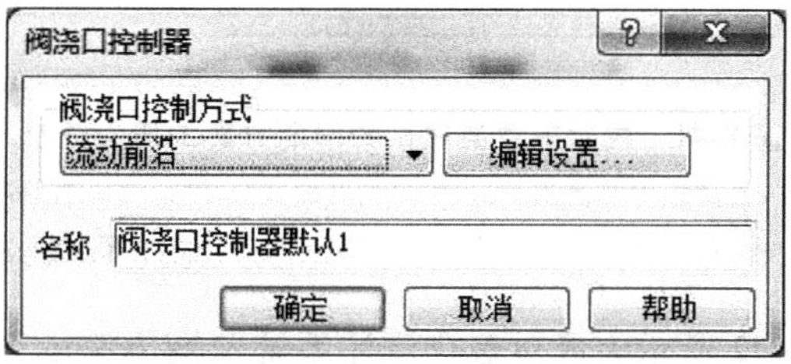

图 8-40 "阀浇口控制器"对话框

8.3.3 浇口数目和位置优化

本节通过两个实例,介绍流动分析软件在热流道浇注系统设计的应用。

1. 成对盖盒的热流道与冷流道流动分析

成对盖盒浇注系统前期方案的压力分析如图 8-41 所示。成对盖盒用 ABS 充填 10% 玻璃纤维塑料注射成型。对配的长箱体的塑件壁厚为 2~6mm,主壳体厚为 4mm。长度为 980mm,宽度为 84mm,高度为 52mm,要充填的塑料型腔体积为 $1081cm^3$。并列的两制件间距为 120mm,浇注系统置于其间。成对注塑制件置于同一模具成型,注射工艺和成型收缩率有较好一致性。

同一模具这两个制件的结构和注射量的差异不小,流动平衡很难实现。以下介绍的两个方案之前,已经否定了三个方案。这里的修正方案,还有进一步优化的必要。Moldflow 流动分析只是热流道浇注系统的辅助工具,具有数值分析的图形和动画模拟功能,尚不具有智能的自动优化。

(1) 前期方案　如图 8-41 所示，热流道和冷流道组合时，注射点在盒箱的侧壁。确定流道板中热流道 2 的总长为 580mm，其流道直径为 16mm。为消除三注射点的两条熔合缝，左右两针阀式喷嘴延时开启。中央的开放式分喷嘴 3，喷嘴流道直径为 16mm，浇口直径为 3.6mm。两个针阀式喷嘴 5 和 7 的流道直径为 12mm，阀针直径为 5mm，浇口直径为 4mm。三个喷嘴高度均为 112mm。如图 8-41 所示，查询注射保压切换时的压力状态。从主流道到潜伏式浇口，左侧通道压力损失约 60MPa，而右侧通道压力降约 52MPa。

在 260℃下流动分析表明，用六个潜伏式浇口注塑成型两个盒箱，在注射压力 93MPa 下才有良好的注射流动状态。投影面积 1390cm² 需锁模力 8300kN。制件与冷流道共充填 1068g，保压后 1129g。由于具有冷流道和点浇口，需要的注射和保压压力过高，保压时间过长。

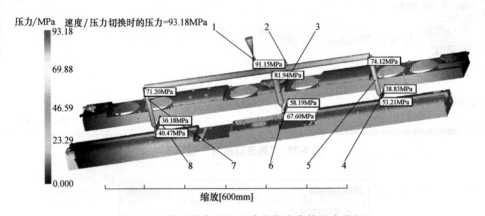

图 8-41　成对盖盒浇注系统前期方案的压力分析

1—主流道热喷嘴　2—流道板中热流道　3—中央的开放式分喷嘴　4—右侧冷流道和潜伏式浇口
5—右侧针阀式喷嘴　6—中央的冷流道和潜伏式浇口　7—左侧针阀式喷嘴　8—左侧冷流道和潜伏式浇口

(2) 修正方案　图 8-42 所示为成对盖合浇注系统前期方案的剪切速率分布。左侧通道剪切速率是右侧通道的 5 倍。按照三个通道的体积流率比例，有必要放大左侧通道，也可去除一个潜伏式浇口。图 8-43 所示的修正方案的浇注系统，降低了压力损失约 13MPa。修正的热流道、针阀式喷嘴、冷流道和浇口见表 8-2。左右针阀式喷嘴是不同的个性化设计。

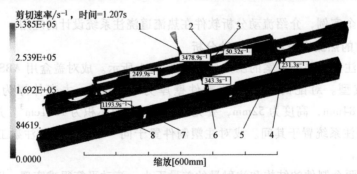

图 8-42　成对盖盒浇注系统前期方案的剪切速率分布

1—主流道热喷嘴　2—流道板中热流道　3—中央的开放式喷嘴　4—右侧冷流道和潜伏式浇口
5—右侧针阀式喷嘴　6—中央的冷流道和潜伏式浇口　7—左侧针阀式喷嘴　8—左侧冷流道和潜伏式浇口

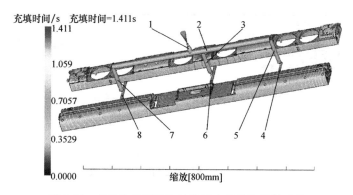

图 8-43　成对盖盒浇注系统修正方案的充填等时线

1—主流道热喷嘴　2—流道板中热流道　3—中央的开放式喷嘴　4—右侧冷流道和潜伏式浇道口
5—右侧针阀式喷嘴　6—中央的冷流道和潜伏式浇口　7—左侧针阀式喷嘴　8—左侧冷流道和潜伏式浇口

表 8-2　注射成对盖盒的热流道系统两方案

浇注系统		前期方案	修正方案
直径/mm	主流道热喷嘴	$\phi6 \sim \phi12$	第 1 段 $\phi6 \sim \phi16$, 第 2 段 $\phi16$
	流道板中热流道	$\phi16$	$\phi18$
	中央的开放式喷嘴/浇口	$\phi16/\phi3.6$	$\phi16/\phi3.6$
	左侧的针阀式喷嘴/浇口	$\phi5 \sim \phi12/\phi4$	$\phi7 \sim \phi16/\phi5$
	右侧的针阀式喷嘴/浇口	$\phi5 \sim \phi12/\phi4$	$\phi6 \sim \phi14/\phi4$
	中央的冷流道	$\phi8$	$\phi10$
	左侧冷流道	$\phi8$	$\phi10$
	右侧冷流道	$\phi8$	$\phi8$
	潜伏式浇口	6 个 $\phi2$	5 个 $\phi2$
注射压力/MPa		93	80
锁模力/kN		8300	6600

　　用潜伏式点浇口，盒箱的侧壁面光滑，有较小且稳定的浇口痕迹。注塑模具要能剪断浇口凝料，并有脱卸冷流道凝料的机构。

2. 铰链盒热流道浇注的浇口数目和位置

　　聚丙烯（PP）塑料在 240℃ 浇注对合的铰链文具盒，盒制件体积为 284cm³，盒体壁厚为 1.75mm，有把手扁孔，用三段弯折铰链对合，然后锁紧弹性卡夹。文具盒左右盖的铰链连接是制件浇注质量关键。塑料熔体流动方向直穿铰链，聚合物分子链的取向方向就是弯折的开合方向。充分利用聚丙烯分子链排列方向的弯曲疲劳强度，保证铰链盒有足够的弯折的开合次数。为此，先确定浇口数目，再优化浇口位置。

　　（1）确定浇口数目和位置　采用 Moldflow 分析功能序列的"浇口位置选择"，分两次各输入 2 和 4 个浇口数目，运行时的操作步骤如下：

　　1）双击"任务视窗"中的"充填"按钮，系统弹出"选择分析序列"对话框。如图 8-44 所示，在该系列中选择"浇口位置"，单击"确定"按钮。

　　2）完成"热塑性塑料"中的材料品种牌号的选择。

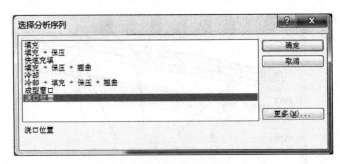

图 8-44 分析系列中选取"浇口位置"

3）双击任务栏中"工艺设置"，系统弹出"工艺设置向导-浇口位置设置"对话框，如图 8-45 所示。对注塑机、模具表面温度和材料熔体温度均可默认。"浇口数目"栏输入 1~8 范围内的某个浇口数目。选择"高级浇口定位器"，输入"最小厚度比""最大设计注射压力""最大设计锁模力"。

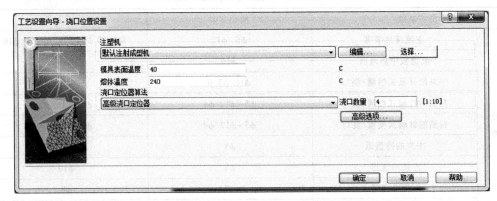

图 8-45 "工艺设置向导-浇口位置设置"对话框中浇口数目的设置

4）在图 8-46 所示的分析任务视图上，单击"开始分析"，单击分析日志，监视分析进程。

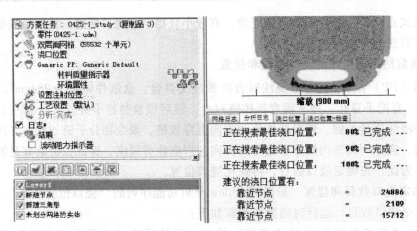

图 8-46 4 个浇口位置分析任务视图

5）用"结果"的"信息查询"功能，单击显示流动阻力高低或匹配好坏数值，如图 8-47

所示。图 8-46 所示的分析日志中可获知最佳浇口位置的节点。

如图 8-47a 所示，图标 0.0085 和图标 0.0248 的位置是流动阻力最小的点，即为理想的 2 个浇口位置。如图 8-47b 所示，有 4 个浇口图标 0.0756、0.1003、0.0316 和 0.0507，需要实施注射流动充填，分析熔合缝分布。

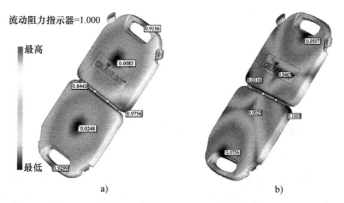

图 8-47 流动阻力最小的注射点位置

a) 设置 2 个注射点　b) 设置 4 个注射点

6）如图 8-48 所示，用接触角分析熔合缝质量，采用 Moldflow 分析的结果界面的"图形"对话框。在"加亮"选项卡中单击"数据设置"右侧的"…"键，在"选择结果"对话框中选择"熔接线"。

图 8-48 加亮熔合缝并查询接触角

图 8-49a 所示的 2 点注射，一条较长熔合缝接近铰链，接触角从 0.3770° 到 118.7°，需要改进。图 8-49b 所示的 4 点注射，盖板中央在两个浇口之间有较长熔合缝，接触角为 77.06°，又有接近铰链的两条熔合缝，接触角为 58.58°，对于半透明聚丙烯是不良的可见槽痕。为此，改为两个浇口并列但有偏置。

塑料熔体前沿是放射性的曲线。首先汇合点的接触角为 0°。两股流动熔体前沿曲线的切线的夹角为接触角。接触角越大的位置，物料汇合滞后，熔合材料的强度较差。熔合缝区域的材料力学性能还与流动熔体汇合位置的温度有关。

（2）熔合缝分布的改善　应该否决四个浇口的注塑浇注铰链文具盒方案。为了确保铰

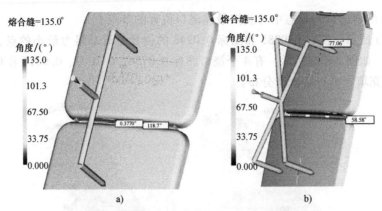

图 8-49　注射点对称布置时塑料铰链区域的熔合缝

a）2 点注射的熔合缝　　b）4 点注射的熔合缝

链位置的取向，改善熔合缝的分布，将一个浇口偏离对称位置 20mm。如图 8-50a 所示，两个浇口对称位置浇注，在 1.281s 时两股料流前沿开始汇合，汇合的接触角较大，熔合缝较长。如图 8-50b 所示，两个浇口非对称位置浇注，熔料前沿全线推进铰链的窄缝隙中。在 1.303s 时两料流前沿开始汇合，型腔中气体向外侧挤排。熔合缝较短，已离开铰链有颇多距离。

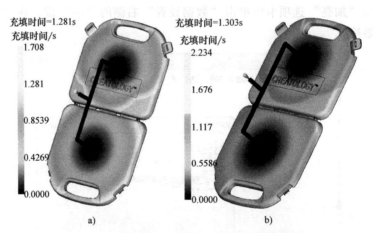

图 8-50　塑料熔体流动前沿在铰链区域汇合状态

a）注射点对称布置　b）注射点偏置 20mm

（3）流动前沿温度审视熔合缝的质量　如图 8-51 所示，用流动前沿的温度查询熔合缝质量，采用 Moldflow 分析的结果界面的"图形"对话框。在"加亮"选项卡中单击"数据设置"右侧的"…"键，在"选择结果"对话框中选择"流动前沿温度"。

审视熔合缝流动前沿温度，如图 8-52b 所示，料流前沿汇合时的温度为 225℃ 左右。与图 8-52a 所示对称布置的两个浇口浇注熔合缝的汇合时温度 227℃ 差异很小。不对称布置的两个浇口浇注的熔合缝要短很多。鉴于熔合缝的长度和位置，接触角和汇合温度的评定，文具盒用图 8-52b 所示的不对称布置的两个浇口浇注为好。

注射点对称布置时，分流道总长为 240mm，流道直径为 12mm。两个针尖式喷嘴的流道直径为 12mm，长度为 120mm，浇口直径为 3mm。最终采用图 8-52b 注射点偏置 20mm 的方

图 8-51 加亮熔合缝并查询流动前沿的温度

案，两喷嘴型号和直径不变，熔合缝分布得到改善。注射压力为 48MPa，锁模力为 3200kN，比前者略有下降。已注射成型的本色 PP 文具盒上熔合缝，无槽痕又不显眼。着色的文具盒上无可见熔合痕迹。

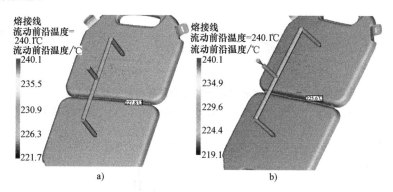

图 8-52 塑料铰链区域的熔合缝的温度

a) 注射点对称布置 b) 注射点偏置 20mm

8.3.4 热流道流变平衡浇注系统

本节通过两个注塑实例，介绍应用 Moldflow 分析软件辅助设计热流道浇注系统。

1. 前保险杠热流道的平衡浇注

轿车前保险杠采用 PP＋EPDM＋20% 滑石粉浇注。五喷嘴和三喷嘴前保险杠如图 8-53 所示。熔体温度为 210℃，模具温度为 50℃。这类大型注塑制件的流动分析报告应该有两方案对比。

（1）报告项目和要求

1）注射流动等时线如图 8-54 所示。要求间隔均匀，浇注平衡。

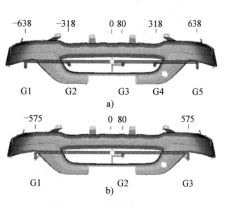

图 8-53 五喷嘴和三喷嘴前保险杠

a) 五喷嘴 b) 三喷嘴

G—指针阀式喷嘴，数据是毫米坐标

2）速率/压力切换时的压力分布。要求切换压力适中。

3）最大注射压力如图 8-55 所示。70~80MPa 较高，60~70MPa 适中。

4）流动前沿温度。要求接近熔体温度，高于最低熔融温度。

5）最大锁模力如图 8-56 所示。在某时刻锁模力小于注射机提供的锁紧夹紧力。

6）气囊。标明气囊位置，告知注射模设计师在该位置采取排气措施。

7）熔合缝。要求外观面基本没有熔合痕。标明熔合缝的温度和接触角，评估熔合质量。

8）顶出时的体积收缩率。要求各位置体积收缩率均匀。

9）缩痕指数。主要表面没有缩痕，百分率指数趋于零。

10）翘曲变形。揭示和比较四种"综合"、x、y 和 z 方向变形量。

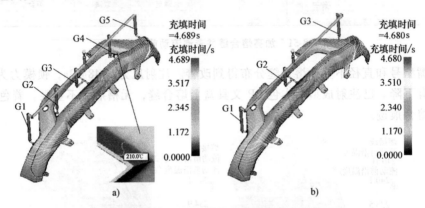

图 8-54　五喷嘴和三喷嘴前保险杠的注射流动等时线

a）五喷嘴有六个浇口，熔合缝在里侧且在 210℃ 下融合　b）三喷嘴有四个浇口

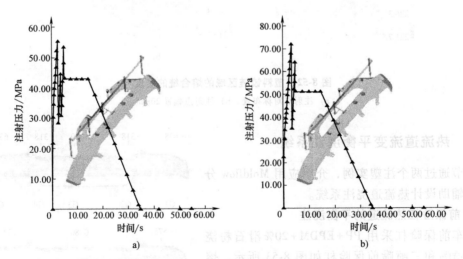

图 8-55　五喷嘴和三喷嘴前保险杠的注射压力

a）五喷嘴注射压力 56MPa　b）三喷嘴注射压力 72MPa

（2）结果分析结论　两种方案充填流动相对平衡，总体压力 3 点方案 72MPa 较大，5 点方案 56MPa 适中。锁模力 3 点方案比 5 点方案相对较大。两种方案前沿温度相对均匀，表面不会有明显困气，外观面基本没有熔接痕，孔位置熔接缝温度较高质量较好，整体收缩

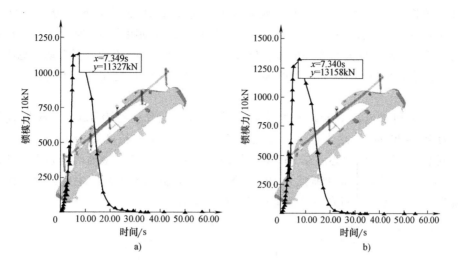

图 8-56 五喷嘴和三喷嘴前保险杠的锁模力

a）五喷嘴锁模力 11327kN   b）三喷嘴锁模力 13158kN

较均匀。3 点方案整体变形较小，但保压对变形结果影响较大，故选择 5 点方案更好。

2. 成对泵壳的流变平衡浇注

（1）平衡浇注成对泵壳　液泵壳的一对左右合拢盖，用 PC+PBT 的共混塑料注射成型。泵壳的壁厚为 3.5mm，最大直径达 380mm，平置时最大高度为 254mm。两个合成的壳体要充填的型腔体积为 918cm^3，总重量为 1017g。成对制件并列置于同一模具成型，总投影面积达到 1885cm^2，注射工艺和成型收缩率应一致，以保证两件泵壳能密合在一起。

图 8-57 所示是流动分析最终结果，有良好的流动和压力平衡。它经过以下四个过程：

1）两个壳体浇口位置的流动分析。

2）两制件的初步流动分析。

3）流道平衡分析。

4）调整热流道浇注系统后的流动分析。

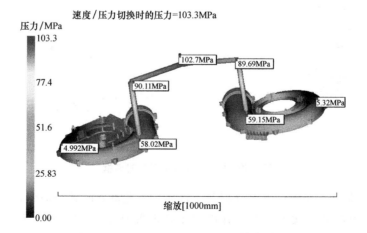

图 8-57 成型一对泵壳的流动分析最终结果

（2）流动分析自动寻觅浇口位置　泵盖单点注射，最佳注射位置用分析软件寻觅（图 8-58）。如图 8-58a 所示，制件周边都有最高的流程比，流动阻力最小区域就是注射点的位置。使制件的压力和温度分布最好的注射位置，就是浇口所在。流动分析自动寻觅浇口位置操作过程，参见图 8-44～图 8-46。如图 8-58b 所示，单个浇口匹配性趋于 1 处，就是最佳注射点位置。

然后进行一次初步流动分析。有两个针阀式喷嘴，流道直径为 12mm，阀针直径为 8mm，高度为 195～204mm。热流道板上流道直径为 12mm，单向长度为 185mm，两个型腔间距用夹角调节并保证锁模中心。在 265℃下流动分析表明，注塑成型的两个泵壳在注射压力 150MPa、保压压力 120MPa 和锁模力 19240kN 下，注射流动不平衡。主要原因是两个泵体的注射量为 4∶5。为此，对左右分流道进行流变平衡分析。

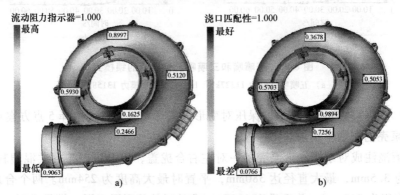

图 8-58　寻觅最佳注射位置

a）流动阻力均匀　b）浇口位置匹配压力分布

（3）流道的平衡分析

1）选择分析类型。双击"任务视窗"中的"充填"按钮，系统弹出"选择分析序列"对话框，如图 8-59 所示。选择"流道平衡"，如果找不到"流道平衡"选项，可单击"更多"按钮。

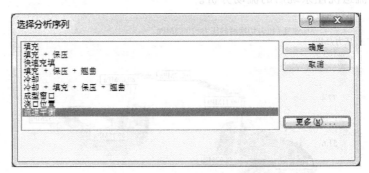

图 8-59　"选择分析序列"对话框

2）设置工艺条件。在菜单中"分析"中选择"工艺设置向导"命令，或者在任务视窗中单击"工艺设置默认"按钮，系统弹出"工艺设置向导-充填设置"对话框第 1 页，如图 8-60 所示。对模具表面温度和熔体的温度，采用注射塑料材料品种的默认值。充填控制和速度/压力切换以自动为宜。

图 8-60　"工艺设置向导-充填设置"对话框第 1 页

3）目标压力设置。常用注射压力为 80MPa。目标压力过小会导致分析失败。大型薄壁制件的目标压力为 120MPa。目标压力越大，得到的平衡流道的直径较大些。流道平衡的高级选项，常用默认值。"工艺设置向导-流道平衡设置"对话框第 2 页如图 8-61 所示。

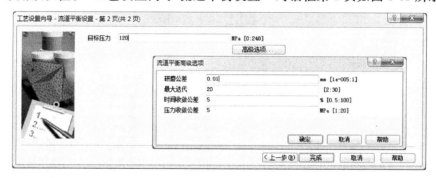

图 8-61　"工艺设置向导-流道平衡设置"对话框第 2 页

4）被平衡的流道要设置成不受约束。单击要平衡的分流道，用快捷键打开流道"属性"，弹出图 8-62 所示"流道属性"选项卡。设置分流道直径，单击"编辑流道平衡约束..."按钮。对平衡的流道，设置直径为"不受约束"，如图 8-63 所示。本实例中左右分流道不受约束，但两针阀式喷嘴的内外直径是固定不变的。

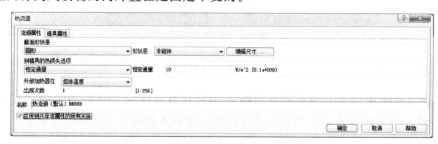

图 8-62　"流道属性"选项卡

图 8-63　"横截面尺寸"和"流道平衡约束"对话框

5）流道平衡过程。图 8-64 所示为迭代计算过程，图中的任务栏，有按原分流道直径的流动分析结果。在分析结果的最后一项，跳出"优化"文件夹，有"体积更改"复选按钮，勾选后给出图 8-64 所示的流道体积更改百分比。需指出，左右分流道通过的注射体积量是不同的。在任务栏中，出现新建"流道平衡"的项目，流道平衡后的分析结果要打开这个新的工程项目。

由图 8-64 右下角的分析日志可知，流道平衡是对"时间不平衡""压力不平衡""截面不平衡"的三个参量逐次迭代分析运算，有 20 次。计算机每次迭代耗费时间，等同项目充填分析时间。有限元单位数越多，运算时间越长。经第 21 次运算，才给出流道平衡的分析结果。

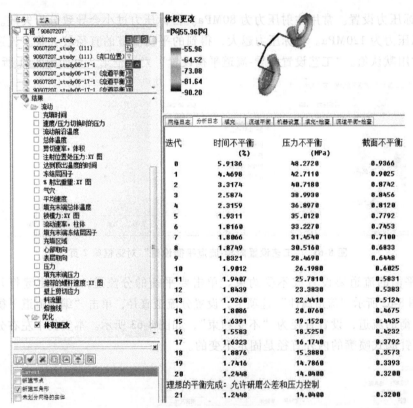

图 8-64　迭代计算过程

6）解读流道平衡结果。流道平衡分析在迭代计算完成后，会自动生成"流道平衡工程"。图 8-64 中的分析日志是该项目迭代过程中，体积更改时的不平衡浇注状态。两个分流道的直径被缩到 $d_1 = 5.14\text{mm}$ 和 $d_2 = 5.01\text{mm}$。注射时间为 2.234s，注射压力为 65.96MPa 时左右两分流道压力对称。但是，注射流动前沿只到达泵体的一半。要充满型腔，注射压力应在 80MPa 以上，最大锁模力应在 3000kN 以上。左分流道剪切速率为 9107s^{-1}，左针阀式喷嘴剪切速率为 4517s^{-1}。右分流道剪切速率为 5167s^{-1}，右针阀式喷嘴剪切速率为 2537s^{-1}，远高于分流道的合理剪切速率（$10^2 \sim 10^3 \text{s}^{-1}$）。Moldflow 流道平衡分析结果提供了流道直径比 d_1/d_2 为 1.02597。为充满两制件型腔，必须调整热流道浇注系统。图 8-65 所示为流道平衡分析的结果。

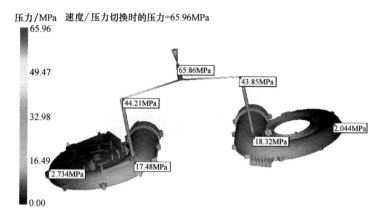

图 8-65 流道平衡分析的结果

（4）调整到热流道浇注系统

1）将注射时间 2.234s 逐次压缩到 1.2s。

2）提高体积流率，让左右分流道的剪切速率在 $10^2 \sim 10^3 \mathrm{s}^{-1}$ 范围内。逐次把左侧分流道直径从 12mm 扩大到 20mm。

3）按流道平衡的直径比 $d_1/d_2 = 1.026$，把右分流道扩孔到 18.8mm。

4）两通道的体积流率增加，应该增加针阀式喷嘴的环隙。左喷嘴流道直径为 20mm，阀针直径为 10mm。右喷嘴流道直径为 18mm，阀针直径为 8mm。圆环通道的单向间隙都是 5mm，保证左右通道流动平衡。

5）原默认的塑料熔体温度为 265℃，升高到 270℃加热流道。

（5）结果报告分析

1）流动动画显示，充填两个泵壳的熔体流动前沿同时到达型腔终点。

2）速度压力切换时，左右注射通道的压力降接近，差值在 2MPa 之内。

3）左侧分流道内剪切速率为 $344\mathrm{s}^{-1}$，左喷嘴流道内剪切速率为 $912\mathrm{s}^{-1}$。右分流道内剪切速率为 $265\mathrm{s}^{-1}$，右喷嘴流道内剪切速率为 $664\mathrm{s}^{-1}$。都在合理范围内。

4）热流道浇注系统的压力损失过高（45MPa），建议缩短分流道长度，减少针阀式喷嘴的高度。

5）注射时间为 1.183s 时充填的注射压力为 110MPa，保压压力为 80MPa，保压时间为 11s，锁模力为 15000kN。必须用高速高压的注射机模塑成型。

6）Moldflow 分析软件的流道平衡要考虑三参量，迭代运算很费时。流道平衡的结果必须人为调整。如果掌握左右泵壳充填的体积流量 q_1 和 q_2，用下式就可推算出左右直径比：

$$\frac{d_1}{d_2} = \frac{\sqrt[3]{q_1}}{\sqrt[3]{q_2}}$$

第9章

开放式喷嘴

热流道系统按塑料熔体输送流动过程，分为四个功能区，分别是主流道喷嘴、流道板、喷嘴和浇口。在热流道系统里，主流道被改造成主流道喷嘴。流道板中分流的熔体经喷嘴射进模具的型腔，或经附加的冷流道射入型腔。塑料熔体进入型腔时需调节和控制浇口。

热流道喷嘴虽然种类繁多，但以浇口闭合方式分类，可分成热力闭合和阀针闭合两大类。热力闭合浇口也称为开放式浇口。注射机螺杆推进中止时，这种浇口中的熔体失去注射压力，冷却凝固。浇口封闭后，上游热流道中熔体保持熔融状态。

9.1 喷嘴和浇口的种类

热流道喷嘴有线圈加热和热电偶测定温度，末端的浇口调节注射的流量。大多数热流道系统有流道板，并有多个注射点。这些注射点的喷嘴称为多喷嘴或分喷嘴，北美地区称为下垂喷嘴（Drops Nozzles）。热流道分喷嘴的作用是将熔体从流道板引向各个浇口。

9.1.1 喷嘴的分类

喷嘴是热流道系统中的复杂部件，好比"万花筒"，其种类和新品种繁多。热流道喷嘴分类条目如图 9-1 所示，主要是按功能和浇口分类。

1. 按喷嘴功能和浇口分类

（1）加热类型　喷嘴有外部或内部加热，或者两者都使用的混合加热。较短的多喷嘴也有用流道板加热的。主流道喷嘴还可利用注射机的喷嘴加热。

喷嘴外壳与模板安装孔之间，大部分面积用空气隙绝热。为防止喷嘴的浇口区对模具的热扩散，用塑料皮层做隔热帽。在喷嘴与模具的接触部位，用不锈钢、钛合金或陶瓷材料绝热。这些支承和隔热零件在满足强度和刚度的前提下，应使接触面积最小。

（2）功能分类　简单的热流道系统没有流道板。主流道喷嘴直接注射塑料制件型腔或注射冷流道，这种喷嘴被称为主流道单喷嘴，简称单喷嘴。它有各种输出的浇口。单喷嘴有四种常用浇口的型式。图 9-2a 所示为直接浇口的单喷嘴，直接浇口的单喷嘴允许塑料熔体有较长较粗的塑料熔体的通道，会在塑料制件上留有较大直径的料柄。图 9-2b 和图 9-2c 所示为导流梭针尖单喷嘴。其中图 9-2b 所示的浇口孔在定模板上，而图 9-2c 所示的浇口套在喷嘴上。图 9-2d 中，喷嘴管道底有 1~3 个侧孔，让熔体汇流到针尖浇口。

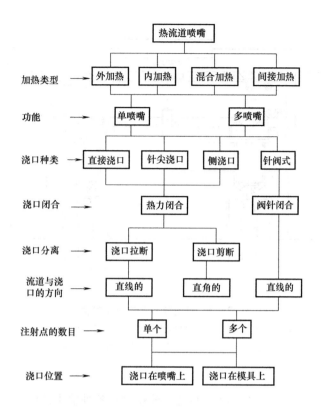

图 9-1 热流道喷嘴分类条目

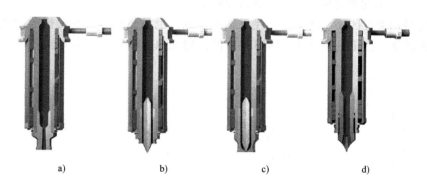

图 9-2 各种浇口型式的单喷嘴

a) 直接浇口的单喷嘴　b) 导流梭针尖单喷嘴　c) 导流梭针尖整体单喷嘴　d) 管道侧孔针尖单喷嘴

图 8-12 表明，针阀式单喷嘴注射模倒置成型箱体。针阀式单喷嘴的结构参见第 10 章。主流道单喷嘴和直接浇口的结构和设计参见 9.3 节。

主流道喷嘴与注射机的喷嘴直接作用，并与流道板的流道相通，也称为中央喷嘴或注射喷嘴。流道板下游的注射点称为分喷嘴。

图 9-3 所示为两个型腔的热流道注射模。由于定模固定板 2 较薄，主流道较短。可以采用不加热的主流道喷嘴 3。它与注射机的喷嘴直接作用，并与流道板 4 的流道相通。主流道的温度维持是靠固定加料的注射机的喷嘴和热流道板。流道板有一分二的流道，装有两个开

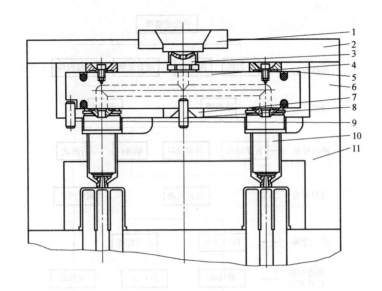

图 9-3　两型腔的热流道注射模

1—定位环　2—定模固定板　3—不加热的主流道喷嘴　4—流道板　5—承压圈　6—支承垫板框

7—支承垫　8—中心定位销　9—止转定位销　10—直接浇口的分喷嘴　11—定模板

放式的直接浇口分喷嘴 10。

　　图 9-3 所示这类完整的热流道浇注系统，分喷嘴有各种输出的浇口。图 9-4a 所示为直接浇口分喷嘴。其余三种为针尖式点浇口分喷嘴，图 9-4b 和图 9-4c 所示为导流梭针尖浇口分喷嘴，图 9-4d 所示为管道侧孔针尖的浇口分喷嘴。

　　（3）浇口的类型区分　浇口是浇注系统的终点，也是热流道系统关键的功能区，还是喷嘴的组成部分，它能调节塑料熔体对型腔的注射充填流动，控制着对型腔内塑料的保压时间。

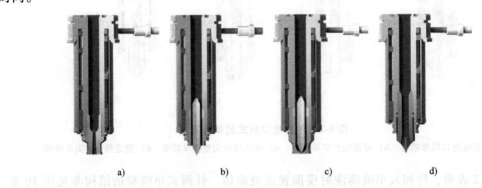

a)　　　　　　　　b)　　　　　　　　c)　　　　　　　　d)

图 9-4　各种浇口型式的分喷嘴

a）直接浇口分喷嘴　b）导流梭针尖浇口分喷嘴　c）导流梭针尖整体分喷嘴　d）管道侧孔针尖浇口分喷嘴

　　热流道行业常以浇口的类型来命名喷嘴。有直接浇口喷嘴、导流梭针尖喷嘴、管道侧孔针尖喷嘴。它们在温度和压力下降过程中冷却凝固，封闭了热流道中熔料的淌出，称为热力闭合。直接浇口的流通截面大，有利于保压补偿，但浇口冻结过程的时间长。图 9-2 和图 9-4 中的后三种针尖式浇口里的塑料冻结快，但浇口通道小，不利于对制件补偿。

1）开放式浇口喷嘴。一类是直接浇口，另一类是针尖式浇口。图 9-5a 所示为直接浇口，浇口拉断后为倒锥柱的大料柄，必须用工具切除。图 9-5b 所示为针尖式浇口，使用时浇口的断裂处仅留下短小痕迹。习惯上将口径在 2.5mm 以下的浇口称为针尖式浇口或小浇口。

2）针尖式浇口喷嘴。如图 9-5b 所示，针尖浇口所留下痕迹可以很隐蔽。常见的针尖式浇口中央有导热和导流的针尖。

3）边缘式浇口喷嘴。图 9-5c 所示为注塑制件侧面位置的小浇口，也称侧浇口。它属于开放式浇口，类似冷流道系统的隧道式潜伏浇口，经剪断后留下较小痕迹。

4）针阀式浇口喷嘴。针阀式喷嘴利用气缸或液压缸驱动阀针，机械开闭浇口通道。浇口的启闭可靠，很少受熔体温度、压力以及模具温度的影响。

（4）浇口的闭合和分离　直接浇口和针尖浇口凝料是拉断分开的，在直接浇口会留下短柱料头，如图 9-5a 所示。针尖浇口留下很小的圆环痕迹，如图 9-5b 所示。图 9-5c 所示的侧浇口凝料是剪切分离，仅留下很小的痕迹。针阀式浇口在半固化状态下割离后，留下的痕迹如图 9-5d 所示。

（5）喷嘴通道与浇口的方向　大多数喷嘴流道轴线与浇口射出方向相同。但侧浇口喷嘴的流道方向与浇口垂直。

（6）注射点的数目　流道板上有两

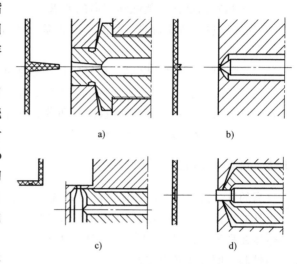

图 9-5　各种喷嘴和浇口的在制件上痕迹
a）直接浇口　b）针尖式浇口
c）边缘式浇口　d）针阀式浇口

个甚至更多喷嘴。喷嘴的数目增多和流道板的扩展会使热流道系统的成本上升。双浇口的边缘喷嘴的应用可方便安置多个型腔的小型塑件的浇注。多个浇口的喷嘴称为多点喷嘴。

（7）浇口布置和喷嘴的壳体　浇口可与喷嘴做成一个整体，作为购置部件供应给注射模制造企业。图 9-4c 中的喷嘴，主要用于结晶型塑料注射成型，喷嘴上有完整浇口将物料浇注到模具的型腔，喷嘴的注射端面是型腔的组成部分，这种有浇口套的喷嘴称为整体式喷嘴。如图 9-4b 和图 9-4d 所示，浇口孔被加工在模具定模板的成型面上。购置的注射点的喷嘴没有浇口套，由模具制造者将浇口孔加工在定模板。不带浇口套的喷嘴称为部分式喷嘴，主要用于无定形塑料。

2. 对开放式浇口和喷嘴要求

（1）比起冷流道的浇口，热流道的开放式浇口是热喷嘴的注射口　热流道的开放式浇口伸入到冷模板中，对针尖和直接浇口的设计有两方面要求。

1）注射熔体在输送管道时应有良好的温度控制，有最小的压力损失，最少的滞流和驻留。不允许有熔体的泄漏。熔体在高压高速注入型腔前，不能有冻结的物料。熔体不能过热，防止降解变质损伤物料。

2）要稳定控制浇口物料的热力闭合。浇口闭合前，能及时推进补充型腔内物料。在制件脱模时，能防止拉丝和流延，浇口物料与制件分离清晰，在制件上留下痕迹最小。针尖的传热和喷嘴口的隔热，要有恰当的处置，确保浇口区的温度控制合理。

（2）对喷嘴加热、绝热方面和注射工作的基本要求

1）喷嘴轴线方向的加热温度分布特性应该接近直线，避免产生峰值。浇口区的温度要合理控制。浇口中熔体的热力闭合稳定。

2）热喷嘴与冷模具之间有良好的热绝缘。

3）熔体在喷嘴通道中层流推进时，压力损失应尽量小，而且无死点，无滞留降解，换色容易。

（3）对喷嘴的结构、装配和寿命的要求

1）喷嘴制造材料应耐热、耐蚀、耐磨损。喷嘴加工精良，有与注射模注射加工相同的工作寿命限期。

2）喷嘴壳体有足够的壁厚，良好的热疲劳强度。

3）在喷嘴与流道板之间应保持可靠连接，喷嘴与流道板间无塑胶泄漏。

4）喷嘴壳体与浇口套之间螺纹连接可靠，无熔胶泄漏。导流梭和浇口套能调换。

5）清洗、拆卸和调换损坏零件等操作容易。

9.1.2　针尖式浇口

喷嘴的针尖式浇口是由冷流道浇注系统的针点式浇口演化而来的。但是，浇口在热喷嘴与冷模具的界面上，必须用针尖可靠控制热力闭合。针尖式浇口的口径常用 0.4～2.5mm。塑料熔体在高压下，以 $5\times10^4 s^{-1}$ 的剪切速率射出，熔体黏度很低。经模具冷却后，中央针尖与圆锥洞口间形成环形皮塞。

1. 浇口的热力闭合与塑料材料

图 9-6 所示为针尖浇口的热闭合，浇口热针尖用来提高浇口区熔体的温度，防止梗塞性的冻结。图 9-6a 所示为无定形塑料停止注射后，热针尖上有高弹性的不完整热皮层，属于松弛的热闭合。在注射压力下，皮塞容易被涌出和熔融。在正常生产中，不会出现浇口堵塞。当浇口区温度过高时，浇口闭合不良，会出现拉丝或尖刺。图 9-6b 所示为结晶型塑料的节流热闭合。停止注射后浇口壁上的皮层和热针尖之间存在缝隙，会滞留黏度较高的熔体。

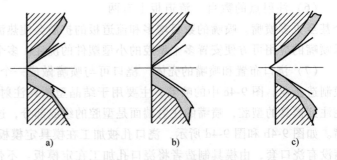

图 9-6　针尖浇口的热闭合
a）无定形塑料的松弛热闭合　b）结晶型塑料的节流热闭合
c）突出的针尖防止拉丝

结晶型塑料需要针尖提供恒定的热流，阻止冻结和梗塞。图 9-6c 所示的针尖是敏捷的加热零件，它能降低熔体黏度，调节针尖的位置，能较有效防止拉丝。

2. 浇口里针尖的位置

图 9-7a 所示为浇口里针尖的轴向位置。该位置与热力闭合的关系密切。注射生产喷嘴，要求针尖在浇口套的成型面上有较高的精度。图 9-7b 所示的针尖退缩到浇口里，针尖的节

流和传热作用减弱，闭合容易。但是，注射压力下冲开塑料皮膜难，容易出现拉丝，还使得浇口遗留料头升高。图9-7c针尖伸入成型面 L，圆环间隙 S 变小。浇口中输送熔体被节流，剪切应力增大，间隙过小时塑料熔体会出现分解，还会使保压补偿无效。为了获得针尖与浇口间的正确位置，室温下的装配位置应该计入针尖伸长的热补偿。在热流道多个喷嘴注射时，如果许多个浇口里针尖的轴向位置误差很大，会导致浇注失败。

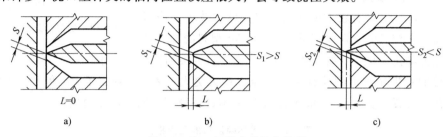

图9-7 浇口里针尖的轴向位置

a）正确位置 b）针尖退缩 c）针尖延伸

图9-8所示为针尖与浇口的结构。图9-8a说明浇口应以圆锥孔为好。因为圆锥孔的浇口能较方便地调节斜度，有利于扩大圆环通道。如果是圆柱孔的浇口，加工扩大后，圆环的面积增加不多，浇口高度增加。图9-8b说明要注意针尖与浇口孔的同轴度，错位会影响圆环截面上熔体的均匀流动，产生单向的节流，增加浇口的实际高度。

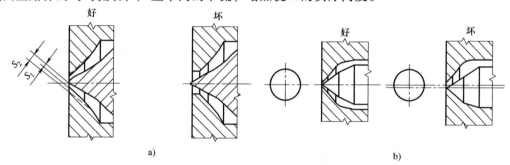

图9-8 针尖与浇口的结构

a）浇口截面的调节 b）浇口与针尖的同轴度

S_1、S_2—调节前、后环隙的间隙

3. 浇口与注塑制件

针尖浇口位置如果在制品的斜面上，会使浇口冻结不稳定，又会形成较大的浇口痕迹。应按图9-9b、c所示进行修正。理想状态是针尖浇口的轴线应垂直于制件表面以及注射模分型面斜置的分喷嘴和流道板。

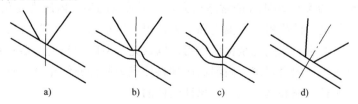

图9-9 针尖式浇口与注塑制件表面的关系

a）位置不能倾斜 b）修正斜面1 c）修正斜面2 d）理想关系

针尖浇口浇注在注塑制件的大平面上，浇口周围塑料冷却不均匀，常有斑纹和银纹出现。浇口凸起的应用示例如图 9-10 所示，能延缓塑料的冷却，改善固化质量。制件平面上的凹坑，在制件表平面下容纳浇口残留物。

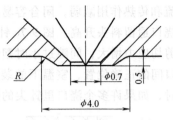

图 9-10　浇口凸起的应用示例

4. 浇口的压力损失

针尖式的环隙浇口有较大的压力损失。针尖减小了浇口的流道截面，在相同的浇口面积下，对于 PA6 塑料浇注，针尖浇口的压力降比直接浇口要大 40%～50%。而且针尖与浇口位置也影响了环隙浇口的压力降。导流梭的针尖比管道侧孔针尖浇口压力损失更大。表 9-1 列出了 PE 和 PC 两种物料，在两种顶针尖位置，在直径 1.0mm 和 1.8mm 圆锥环隙浇口的里的压力损失。

表 9-1　圆锥环隙浇口的压力损失

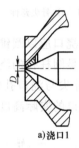 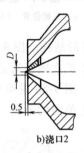

a)浇口1　　　　b)浇口2

塑料	浇口直径 D/mm	压力损失/MPa	
		浇口 1	浇口 2
PC	1.0	18.3	32.6
	1.8	6.3	8.7
PE	1.0	2.6	4.1
	1.8	1.3	1.7

5. 浇口与保压

由图 9-11 所示的注射压力曲线可分析开放式浇口的热力闭合对制件质量的影响。图 9-11a 所示为冷流道喷嘴的侧浇口，虚线展示注射螺杆推进熔体的注射压力随注射时间的变化，实线展现浇口附近的制件型腔内压力变化。图 9-11b 所示为热流道喷嘴的直接浇口，有两条压力随注射时间变化曲线。

在图 9-11a、b 中的 A 点，螺杆的注射速度切换为保压压力推进。此次实测的保压压力为 40MPa，型腔的末端保有 20MPa 的常态压力。保压阶段的型腔内压力变化不同。图 9-11a 表明冷流道系统中侧浇口的物料，在温度和压力作用下早冻结。型腔内压力下降很快。工艺设置的保压时间，并不能起到完全保压作用，以致充填型腔的材料补偿不足。图 9-11b 表明热流道喷嘴的直接浇口闭合迟缓，高温高压物料使成型制件补偿充分。而且，型腔内压力缓慢下降，可改善制件收缩和残余应力，保证制件的质量。

快结晶和慢结晶塑料，浇口里的物料冻结依赖于温度控制。科学注塑要预测浇口闭合，使之与保压时间精准对接。

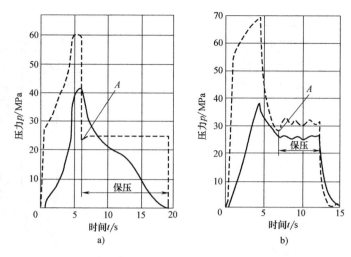

图 9-11　冷流道和热流道开放式浇口的注射压力曲线

a）冷流道喷嘴的侧浇口　b）热流道喷嘴的直接浇口

9.2　喷嘴的针尖式浇口

针尖式浇口在热喷嘴与冷模具的界面上，必须可靠控制热力闭合。经验和理论都已经应用在针尖浇口的形状和尺寸设计。喷嘴的针尖式浇口有导流梭针尖和侧孔管道针尖两种，用于流道板下游的分喷嘴上。浇口套有与喷嘴一体的，也有浇口孔设在定模板上的。

9.2.1　导流梭针尖浇口分喷嘴的结构和设计

针尖式浇口的分喷嘴支承流道板，能接通输送塑料熔体并传递压力。它精确安装在定模板中。壳体上有加热器，并有测温度的热电偶。合理的结构和设计，才能实现针尖浇口的稳定节流和可靠的热力闭合。

1. 整体式导流梭针尖浇口分喷嘴

图 9-12 和图 9-13 所示为带浇口套的整体式喷嘴的装配图和结构图。喷嘴浇口中央的导流梭 6，通过肋板连接浇口套 7。浇口套和导流梭可以更换。

（1）整体式导流梭针尖浇口分喷嘴特征　此种针尖式喷嘴在制件上残留痕迹很小，而且无定形和结晶型塑料都可应用。它由导流梭将塑料熔体引流到浇口。浇口的温度容易控制，中央的针尖有助于防止熔料拉丝和流延。它有较小的浇口直径（0.8~2.5mm）。对很小的制件，可用约 0.5mm 直径的浇口。

1）浇口的尺寸确定，首先要考虑注射流动的要求，保证制件品质。因此，可用式（3-21）来确定浇口的最小直径。流经针尖浇口的剪切速率 $\dot{\gamma}=5\times10^{4}\,\mathrm{s}^{-1}$，流经分喷嘴流道的剪切速率 $\dot{\gamma}=5\times10^{2}\,\mathrm{s}^{-1}$ 为好。

2）考虑注塑制件表面的审美要求，需要保证浇口的分离区域质量。大多数无定形塑料具有对缺口的敏感性，如无定形的 PC、PMMA 和 PS 塑料。快速结晶塑料也有明显的脆性的浇口断裂，如快结晶的 PA、POM 和 PEEK 及玻璃纤维高含量塑料。因此，可选用较大口

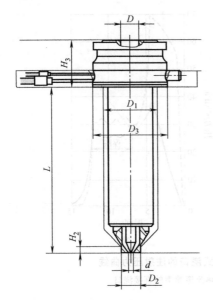

图 9-12　整体式导流梭针尖喷嘴的标准系列装配图

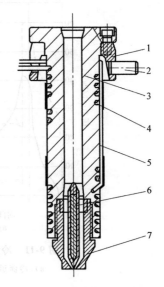

图 9-13　整体式导流梭针尖喷嘴结构图
1—轴座　2—定位销　3—喷嘴壳体　4—嵌入式
加热线圈　5—热电偶　6—导流梭　7—浇口套

径（1.0~2.5mm）的浇口。大多数结晶型塑料和热塑性弹性体是明显的塑性断裂过程。对缺口不敏感的塑料像 PE、PP 及热塑料弹性体 TPE，不会得到齐整的浇口断面。为得到美观的制件外表，浇口直径应尽可能限制在 0.5~1.0mm。

3）针尖式喷嘴不推荐注射对剪切速率敏感的塑料，包括含有阻燃剂、含有机颜料或染料的塑料。浇口里的环形间隙小，有温度升高和物料分解的可能。

使用小直径浇口时有很高的流动剪切速率会促使剪切热的生成。剪切速率和剪切应力超过了临界值，会损害塑料材料，使制件产生各种缺陷，力学和光学性能下降。

（2）导流梭整体式分喷嘴应用　这种分喷嘴用于多个型腔或一腔多点浇注的模具。

1）分喷嘴适宜中小型注射量，热稳定塑料熔体最大注射量为 50cm³/s，添加阻燃剂、有机颜料或染料等热稳定性差的塑料熔体最大注射量为 20cm³/s。

2）适用于绝大部分热塑性塑料的成型。尤其适合低黏度和非牛顿性强的塑料熔体注射。

3）整体式分喷嘴的浇口套与冷模具之间的传热效率较低，浇口区能保持较高温度。高温塑料熔料和结晶型塑料熔体的热力闭合较稳定。

4）整体式分喷嘴的浇口磨损。对于充填矿物填料和短玻璃纤维充填的塑料熔体，导流梭和浇口套等零件必须用耐磨材料制造。对添加阻燃剂、有机颜料或染料等热稳定性差的塑料熔体，导流梭和浇口套等零件必须用耐磨、耐蚀材料制造或进行表面处理。

5）导流梭轴线方向的圆环流动有较大的压力损失。导流梭的固定肋板分割了塑料熔体。

6）浇口剩料清洗困难。喷嘴的维修和更换比较麻烦。

7）针尖浇口痕迹小，浇口套在塑料制件上留有圆坑痕迹。

（3）导流梭针尖分喷嘴结构　图 9-13 所示的整体式喷嘴壳体 3 与轴座 1 用螺钉连接。喷嘴壳体 3 用 H13 钢（美）制造，硬度为 46~48HRC。轴座 1 用耐磨钢。定位销 2 防止喷嘴转动，让布线牢靠。浇口套 7 用 SKH51（日）制造，硬度为 58~62HRC。导流梭 6 和浇口套 7 在壳体孔中以同一台阶定位，针尖和浇口的位置精度得到保证。浇口套和导流梭要求耐磨、耐蚀，洞口和顶尖硬度在 50HRC 以上，常用 H13 钢淬火制造。为应对各种塑料熔体，还采用各种合金钢和表面处理。导流梭的中空部分，嵌入导热铜芯后封上针尖。壳体用嵌入式加热线圈，热导率高，轴线上温度分布均匀。热电偶用不锈钢片包裹在壳体外。

（4）导流梭整体式分喷嘴相关尺寸　表 9-2 对照图 9-12 所示的相关尺寸做如下注释。

1）喷嘴流道直径 D 是标准系列的首要尺寸。多数热流道公司 $D = 6 ~ 16mm$，编排有 5mm、6mm、8mm、10mm、12mm 和 16mm。为平衡流道中熔体输送压力损失，客户可定购非标准流道直径的喷嘴。流道直径小，很难制造细小的导流梭。经导流梭分流后的分喷嘴的流量有限，$D > 16mm$ 的喷嘴很少应用。热流道喷嘴生产批量增大后，直径系列 D 编排会更多。

2）浇口直径 d 是喷嘴的主要参数。对于每种流道直径 D 有一定范围内的浇口 d，$d = 0.8 ~ 2.5mm$。浇口直径经流变学计算应精确到 0.1mm，制造公差为 ±0.025mm。

3）喷嘴长度 L 是轴肩定位面到针尖的轴向尺寸。细小直径 D 的喷嘴的长度 L 受强度限制，也受高温喷嘴的热膨胀影响。

4）孔直径 D_1 是喷嘴在定模板上的安装尺寸。定模板中孔壁与喷嘴之间有空气绝热的单向间隙 1mm 左右。喷嘴直径不但取决于壳体壁厚，还与加热线圈的截面形状尺寸有关。线圈嵌入喷嘴壳体，孔直径 D_1 细小。两喷嘴的最小间距取决于喷嘴直径。孔向浇口收拢的圆弧和锥面角可见各公司的产品手册。

5）浇口套的外径 D_2 和高度 H_2 是与模板的配合尺寸，常用 H7/js6。它们决定了浇口与模具的传热面积。

6）喷嘴的轴座段直径 D_3 和高度 H_3。高度 H_3 决定了流道板与定模板之间的空气间隔。喷嘴顶端面与流道板的接触面是热流道系统最重要的封胶面。所有轴肩应该在同一平面上，由定模板的加工精度保证。轴座段的直径 D_3 有两种情况，有的公司是与孔有大间隙，有的公司是配合尺寸，常用 H7/f6。后者的轴座段直径 D_3 与浇口套外径 D_2 有干涉。轴座段直径 D_3 和浇口套外径 D_2 的配合长度取小为好。

7）允许的分喷嘴体积流量 q_i 是指中等黏度塑料熔体。有阻燃剂和有机颜料或染料的塑料熔体，POM 等热稳定性差的塑料熔体允许流量是表值 0.73 倍，可参考表 9-2 得出。

表 9-2　整体的导流梭针尖式喷嘴的标准系列（符号对应图 9-12）　（单位：mm）

流道直径 D	浇口直径范围 d	孔直径 D_1	喷嘴长度 L	浇口套外径 D_2	浇口套高度 H_2	喷嘴轴座直径 D_3	喷嘴轴座高度 H_3	喷嘴流量 $q_i (cm^3/s)$
5	0.8 ~ 1.2	21	40 ~ 100	6(9)	6(2)	$D_1 + 5$	15	1.0 ~ 5.0
6	1.0 ~ 1.5	29	60 ~ 150	7	7(3)	$D_1 + 5$	15	3.0 ~ 10
8	1.4 ~ 2.0	35	60 ~ 200	7	9(4)	$D_1 + 5$	15	8.0 ~ 26
12	1.8 ~ 2.2	39	70 ~ 200	9	10(5)	$D_1 + 6$	25	18 ~ 32
16	2.0 ~ 2.5	43	70 ~ 250	10(20)	10(6)	$D_1 + 6$	25	26 ~ 50

2. 部分式导流梭针尖喷嘴

图 9-14 和图 9-15 所示为不带浇口套的喷嘴的装配图和结构图，这种部分式喷嘴的浇口在模具定模板上，浇口附近区域冷却充分，温度较低。部分式喷嘴中浇口的孔仓过大，有可能滞留少量滞留皮层，可以拆卸喷嘴后清洗。

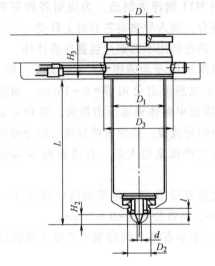

图 9-14　部分式导流梭针尖喷嘴装配图

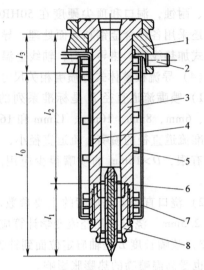

图 9-15　部分式导流梭针尖喷嘴结构图

1—轴座　2—定位销　3—喷嘴壳体　4—热电偶
5—包裹式加热线圈　6—导流梭　7—外套　8—喷嘴头

图 9-15 所示的部分式喷嘴，喷嘴壳体 3 与轴座 1 用压配连接。喷嘴头 8 用 TC4 制造，硬度为 35~38HRC。定位销 2 防止喷嘴转动，让布线牢靠。导流梭 6 的轴向尺寸 l_1 和喷嘴头 8 在壳体孔中以同一台阶定位。喷嘴安装的顶针尖位置 l_0 是两个零件的封闭环，由尺寸链 l_1、l_2 和 l_3 的高精度公差保证。针尖和浇口的位置精度通过定模板的加工精度保证。用包裹式加热线圈 5，热导率较低。热电偶 4 在喷嘴壳体开长槽插入。喷嘴用不锈钢套保护，径向尺寸较大。

导流梭位于喷嘴流道的中央，被喷嘴的壳体和流动熔体加热。熔体从导流梭与圆锥孔的缝隙中流过，有较强的剪切作用。熔体又经圆孔浇口与针尖的圆环隙中射出，与壁面有较强的摩擦作用。热针尖能防止熔料拉丝。

（1）导流梭针尖的部分式分喷嘴应用　浇口孔在定模板上加工，与整体式分喷嘴比较，特点如下：

1）分喷嘴适宜中小型注射量，热稳定塑料熔体最大注射量为 $50\mathrm{cm}^3/\mathrm{s}$。

2）适合低黏度塑料熔体注射和非牛顿性强的塑料熔体。

3）部分式分喷嘴的浇口区温度较低，适合无定形塑料熔体及慢结晶 PP 和 PE 等塑料的成型。

4）定模板上浇口孔的结构和孔径应按热流道专业公司要求加工。保证针尖与浇口对中且平齐。定模板上的浇口很难用优质耐磨材料制造。

5）导流梭轴线方向的圆环流动有较大压力损失。导流梭的固定支架分割了塑料熔体。

6）浇口剩料清洗方便。喷嘴的维修和更换比较容易。

7) 部分式分喷嘴的浇口零件的制造和装配精度难以保证。不适合众多分喷嘴的注射。

8) 针尖浇口痕迹很小，注塑制件外表更美观。

热流道系统的零件受到热胀冷缩的影响，又有零部件加工误差。分喷嘴轴线方向尺寸受到弯曲变形作用。在图 9-14 中，部分式喷嘴头上有封胶轴段长 l 的不稳定，会有漏胶现象。另一方面，浇口孔由模具生产企业在定模板上切削加工，针尖与浇口孔的同轴度和轴向位置精度很难保证，会有浇口物料阻塞。其次，浇口孔所在模板材料为中碳合金调质钢，硬度为 35~40HRC，经受不起矿物填料和短玻璃纤维强力磨损，也经受不起不稳定物料的腐蚀。

(2) 导流梭针尖浇口的部分喷嘴的相关尺寸 表 9-3 所列是目前流行部分式导流梭喷嘴系列的相关尺寸。表 9-3 对照图 9-14，相关尺寸的注释如下。

1) 多数热流道喷嘴流道直径 D = 6~16mm。编排系列有 6mm、8mm、10mm、12mm 和 16mm。流道直径小，很难制造细小的导流梭。

2) 浇口直径 d 是喷嘴的主要参数。对于每种流道直径 D 有一定范围内的浇口 d，一般 d = 1.0~2.5mm。浇口直径经流变学计算应精确到 0.1mm，制造偏差为 ±0.025mm。对于众多分喷嘴，如有 4 个以上喷嘴，浇口直径制造偏差为 ±0.0025mm。浇口之间间距制造偏差为 ±0.02mm。

3) 喷嘴长度 L 是指轴肩定位面到顶针尖的轴向尺寸。常见长度 L = 180~200mm，受高温喷嘴的热膨胀影响。

4) 孔直径 D_1 是喷嘴在定模板上的安装尺寸。定模孔壁与喷嘴之间有空气绝热的单向间隙为 1mm 左右。

5) 封口轴段外径 D_2 和浇口内腔高度 H_2 决定了与模具的传热面积。外径 D_2 常用 H7/js6 紧密配合。模板材料的热导率和冷却管道位置影响浇口区的温度。封胶轴段长 l 决定了密封效果和喷嘴固定支承的刚性。括号内是某些热流道公司的封胶长度 l 和浇口腔高度 H_2 等数据。它的特点是入口腔是锥面。

6) 喷嘴轴座段直径 D_3 和高度 H_3。高度 H_3 决定了流道板与定模板之间的空气间隔，一般为 10~15mm。喷嘴顶端面与流道板的接触面是热流道系统最重要的封胶面。所有轴肩应该在同一平面上，这由定模板的加工精度保证。轴座段直径 D_3 是配合尺寸，常用 H7/f6，直径 D_3 = D_1+(5~6)mm。

7) 允许的分喷嘴体积流量 q_i 是指中等黏度塑料熔体。

表 9-3 部分式导流梭针尖喷嘴的标准系列 （符号对应图 9-14） （单位：mm）

流道直径 D	浇口直径范围 d	孔直径 D_1	喷嘴长度 L	封口外径 D_2	浇口腔高度 H_2	封胶长度 l	喷嘴轴座高度 H_3	喷嘴流量 q_i (cm^3/s)
6	1.0~1.5	24(35)	60~150	10(18)	5(6.5)	1.7(4.0)	15	3.0~10
8	1.4~2.0	34(39)	60~200	14(22)	6(7.5)	2.0(4.5)	15	8.0~26
12	1.8~2.2	39(43)	70~200	16(26)	7.7(8.0)	2.5(6.0)	25	18~32
16	2.0~2.5	48	70~250	20	9.5	3.0	25	26~50

(3) 导流梭结构和压力损失 塑料从喷嘴流道注入窄小导流梭环隙通道，具有很高的剪切速率。因此有颇大的压力损失。图 9-16 所示为喷嘴流道孔径 12mm 的导流梭零件图。

肋板壳 2 将针尖伸入到浇口。肋板壳用热作模具钢 H13（美）制造，装配后淬火硬度为 48~52HRC。内嵌有纯铜导热芯 3，由肋板将热量传导到浇口。堵头 1 用热作模具钢（德）1.2316（德）制造，与肋板壳焊在一起。顶针尖和堵头圆球的同轴度，以及肋板的垂直度的形位精度要求很高。

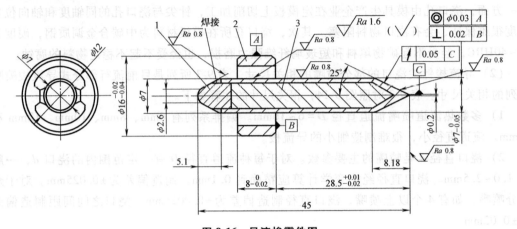

图 9-16 导流梭零件图

1—堵头 2—肋板壳 3—导热芯

导流梭圆柱与喷嘴流道组成的圆环通道，单向间隙在 2~3mm，长度为 25~44mm。用流变学理论可计算，对 PC 熔体有压力损失 $(35.9~281.5)\times10^5$Pa。因此，设计时要考虑圆环通道的内外径的比率，在注射时要限制熔体流量。

3. 针尖式浇口的结构设计和测量

（1）针尖浇口痕迹 比较直接浇口，针尖式浇口的热力闭合容易控制。而且浇口痕迹小，适合于直接注射注塑制件的型腔。如图 9-17 所示的浇口痕迹，与直径 d、高度 h 和针尖位置有关。常见的浇口直径高度 h 为 0.1~0.3mm。高度 $h=0$ 时，锐利浇口边缘可以改善材料脱落，痕迹边缘清晰，但是加工困难，直径的误差大，浇口强度不足。Δh 是针尖和浇口端面之间的位置。图 9-17a、b 所示结构在加工 PP 时，偶尔会出现流延现象。调整针尖的轴向位置使 $\Delta h<0$，可解决流延问题，但痕迹较深。

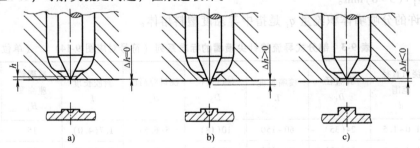

图 9-17 针尖在轴向不同位置时的浇口痕迹

a）标准位置 b）针尖伸出 c）针尖缩进

（2）针尖浇口高度和直径影响浇口痕迹 针尖式浇口直径 d 为常数时，如图 9-18a 所示，痕迹随浇口高度 h 增加而增高。高度 h 为常数时，浇口痕迹（图 9-18b）随直径 d 增加而扩大。

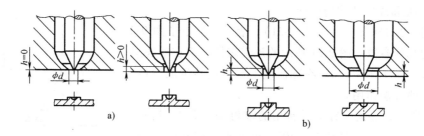

图 9-18　针尖浇口高度和直径影响浇口痕迹

a）浇口直径 d 为常数时，高度 h 增加　b）高度 h 为常数时，直径 d 增加

（3）针尖浇口的阻塞　因为圆锥形头的阻流，浇口通道的流动截面面积有变化。由图 9-19 中所示的几何参量，可以推导熔料在筒口流动的阻塞比

$$\beta_s = \frac{\dfrac{\pi d_r^2}{4}}{\dfrac{\pi d^2}{4}} \times 100\% = \frac{d_r^2}{d^2} \times 100\%$$

令

$$\tan\varphi = \frac{d_r}{2h}$$

可得

$$\beta_s = \left(\frac{2h\tan\varphi}{d}\right)^2 \times 100\% \tag{9-1}$$

根据式（9-1），假定 $2\varphi = 50°$，$h = 0.1\text{mm}$、0.2mm、0.3mm，可得到图 9-20 所示的关系曲线。对于较小的浇口直径 d，有显著的阻塞作用，会减小有效流动截面。阻塞程度取决于针尖伸入到型腔中的距离。当 $h = 0$ 时，阻塞作用很小，但是浇口周边为锐角，浇口的强度差。而且塑料熔体在高剪切速率下会发生热降解。$h = 0.3\text{mm}$ 时，针尖的阻塞作用太大。因此，浇口洞口高度在 $h = 0.1 \sim 0.3\text{mm}$ 中选取。从促进热传导角度，针尖的锥角 2φ 应大些，但会使针尖的阻塞作用加大。

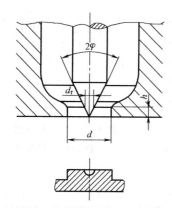

图 9-19　针尖式喷嘴的浇口区的局部阻塞面积

d—浇口直径　h—浇口直径 d 的高度

2φ—针尖的锥角　d_r—阻塞面的直径

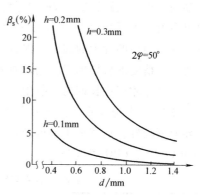

图 9-20　浇口流动的阻塞比 $\boldsymbol{\beta}_s$，浇口直径 $\boldsymbol{d}$ 及高度 $\boldsymbol{h}$ 的关系曲线

（4）针尖和浇口的结构设计

1）长针尖与球底设计（图9-21）。表9-4列出了图9-21所示设计的几何参数。图9-21所示的流道熔体汇流在球底里。引流高度 H 为 $(1.25\sim2)d$。在球面壁上会周期性生成冷料或皮层，有绝热保温作用。

表9-4所列，导流梭针尖最常用的锥角 $2\varphi=50°$。括号内为侧孔管道喷嘴的针尖锥角 $2\varphi=40°$，可便于从侧孔中引导出塑料熔体。锥角 2φ 减小，会影响针尖的传热截面和效率。

针尖的圆头 $2r$ 减小，会影响针尖对浇口的阻塞作用。尖锐的针尖在长期使用后，或腐蚀和磨损后，会缩进浇口里，使浇口痕迹变大。

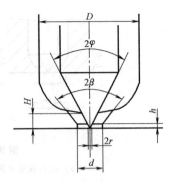

图9-21　长针尖与球底
浇口的形状和尺寸

图9-21中，浇口的球底孔与圆锥针尖的形状使得浇口区传导作用较小。球底壁上能生成不稳定的皮层，针尖与孔壁间的隔热较好，适宜加工温度范围窄的PA、PBT和玻璃纤维增强塑料。

表9-4　长针尖与球底的浇口几何参数（符号对应图9-21）　（单位：mm）

d	h	2φ	2β	H	D	$2r$
0.6~1.0	0.1	50°	90°	$2d$	5	0.1
0.8~1.2	0.1	50°	90°	$2d$	6	0.1
0.8~1.5	0.2	50°	90°	$2d$	8	0.2
1.0~2.0	0.2	50°（40°）	90°	$1.25d$	10	0.3
1.0~2.5	0.2	50°（40°）	90°	$1.25d$	12	0.4
1.2~2.5	0.3	50°（40°）	90°	$1.25d$	16	0.5

2）针尖与锥面底的浇口形状和尺寸（图9-22）。表9-5列出了图9-22这种设计的几何参数。图9-22所示流道熔体引导空间较小些。冷模具的传导面积较大，浇口区温度冷却效果较好些。它有很小的浇口高度 h，避免了针尖对浇口的阻塞的影响。当圆锥底角 2α 趋近针尖角 2φ 时，对熔体的摩擦阻力大，不适宜注射矿物填料和玻璃纤维增强的塑料熔料。它有很小的针尖的圆头，保证浇口的流通截面。此种浇口要求高精度的机械加工，用耐蚀和耐磨材料制造针尖和浇口套，这样才能在长期的注射生产中保持尺寸的稳定不变。

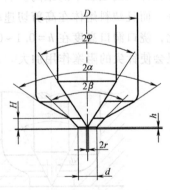

图9-22　针尖与锥面底的
浇口形状和尺寸

图9-22中浇口的锥孔与圆锥针尖的形状，使得浇口区的传导效率较好。适宜加工温度范围较宽的塑料，如PP、PE、PMMA、PS、PPO和ABS。

表9-5　针尖与锥面底的浇口几何参数（符号对应图9-22）　（单位：mm）

d	h	2φ	2β	2α	H	D	$2r$
0.4~1.0	0.05~0.10	40°	80°	110°	0.75	4	0.1
0.8~1.2	0.05~0.10	40°	80°	110°	1.00	5（6）	0.1

（续）

d	h	2φ	2β	2α	H	D	$2r$
0.8~1.5	0.05~0.10	50°	90°	120°	1.15	8	0.1
1.0~2.0	0.10~0.13	50°	90°	120°	1.25	10	0.2
1.0~2.5	0.10~0.13	50°	90°	130°	1.25	12	0.2
1.2~2.5	0.10~0.13	50°	90°	130°	1.50	16	0.2

（5）针尖浇口的直径 热流道的针尖浇口的直径大小按照式（3-21）计算确定。热流道系统的针尖浇口直径 $d = 0.4 \sim 2.5\text{mm}$，作为分喷嘴的体积流量 q_i 应在 $50\text{cm}^3/\text{s}$ 以下。考虑到流经针尖浇口的各种的塑料熔体的高温和高压状态，有两种计算方法：

1）热稳定塑料熔体的浇口直径计算。在 10^4s^{-1} 以上高剪切速率作用下，高分子链沿着剪切方向高度取向排列，熔体的非牛顿流体特性明显，流体黏度达到最小值。PS、PC、ABS 和 PP 的塑料熔体，在剪切速率 $\dot\gamma = 10^4 \sim 10^5\text{s}^{-1}$ 范围内，流动指数 $n = 0.25 \sim 0.35$ 时，取 $n = 0.3$ 代入式（3-21）中。流经针尖浇口的剪切速率 $\dot\gamma = 5 \times 10^4\text{s}^{-1}$。由此得到针尖浇口直径 d（cm）的计算式为

$$d = \frac{1.366}{\sqrt[3]{\dot\gamma}}\sqrt[3]{\frac{3n+1}{n}}\sqrt[3]{q_i} = \frac{1.366}{\sqrt[3]{5 \times 10^4}}\sqrt[3]{\frac{(3 \times 0.3+1)}{0.3}}\sqrt[3]{q_i} = 0.068\sqrt[3]{q_i} \tag{9-2}$$

对于 PC、PP 和 ABS 等塑料熔体的品种，表9-6列出了它们在体积流量 q_i 下的浇口直径 d。

2）热稳定性差的塑料熔体的浇口直径计算。浇口的导流梭针尖或者侧孔管道针尖，环隙中或穿孔时流动有较大的压力损失，又加上针尖的阻塞作用，在高剪切速率和强剪切应力下，塑料熔体有 $5 \sim 10\text{℃}$ 温升。针尖浇口的直径设计必须考虑塑料熔体的热稳定性，同时限制注射流量，防止塑料熔体防止熔体分解、变色和破裂。热稳定性差的聚氯乙烯 PVC 不适合用针尖浇口。POM 等热稳定性差的塑料熔体，有阻燃剂和有机颜料或染料的塑料熔体，针尖浇口直径 $d = 0.8 \sim 2.5\text{mm}$。分喷嘴的体积流量 q_i 应在 $20\text{cm}^3/\text{s}$ 以下。取 $n = 0.3$ 代入式（3-21）中。流经针尖浇口的剪切速率 $\dot\gamma = 2 \times 10^4\text{s}^{-1}$。由此得到针尖式浇口直径 d（cm）的计算式为

$$d = \frac{1.366}{\sqrt[3]{\dot\gamma}}\sqrt[3]{\frac{3n+1}{n}}\sqrt[3]{q_i} = \frac{1.366}{\sqrt[3]{2 \times 10^4}}\sqrt[3]{\frac{(3 \times 0.3+1)}{0.3}}\sqrt[3]{q_i} = 0.093\sqrt[3]{q_i} \tag{9-3}$$

根据式（9-2）和式（9-3）对这两类塑料熔体的针尖浇口直径 d 进行计算，计算结果见表9-6。

至于添加矿物填料和短玻璃纤维的塑料熔体，在高剪切速率范围（$\dot\gamma = 10^4 \sim 10^5\text{s}^{-1}$）内，非牛顿指数 n 与基体塑料熔体相差不大。对针尖浇口直径的设计影响甚微。这些熔料对针尖和浇口孔的摩擦和磨损严重。长期注射生产的浇口，有直径扩大、针尖缩小的趋势。

（6）针尖浇口的测量 喷嘴的浇口精确制造关系到注射成败。特别在众多喷嘴注射时各个喷嘴浇口的结构和尺寸形状不一致，使得塑料熔体射出的物理参数不同，最终会影响注塑制件的质量。因此，必须以高精度等级检测浇口的几何参数。

表 9-6　分喷嘴的针尖式浇口直径

体积流量 $q_i/(\text{cm}^3/\text{s})$	热稳定塑料熔体（PC、PP、ABS 等）d/mm	添加阻燃剂等热稳定性差的塑料熔体 d/mm	体积流量 $q_i/(\text{cm}^3/\text{s})$	热稳定塑料熔体（PC、PP、ABS 等）d/mm	添加阻燃剂等热稳定性差的塑料熔体 d/mm
0.5	0.5	0.7	20	1.9	2.5
1.0	0.8	0.9	22	1.9	—
2	0.9	1.2	26	2.0	—
3	1.0	1.3	30	2.1	—
4	1.1	1.5	32	2.2	—
5	1.2	1.6	36	2.3	—
8	1.4	1.9	40	2.3	—
10	1.5	2.0	42	2.4	—
12	1.6	2.1	46	2.4	—
16	1.7	2.3	50	2.5	—

测量浇口洞口高度 h 有两种方法。图 9-23a 所示为已知浇口直径 D、钢球直径 $2R_c$ 和洞口锥角 2β，测得高度 H，用式（9-4）计算得 h 值。图 9-23b 所示为已知浇口直径 D 和洞口锥角 2β，测得量规锥角头伸出的距离 x，用式（9-5）计算得 h 值。

钢球测量

$$h = H - R_c\left[(1+\sin\beta) + \frac{\cos\beta}{\tan\beta}\right] + \frac{D}{2\tan\beta} \quad (9\text{-}4)$$

锥面测量

$$h = \frac{D}{2\tan\beta} - x \quad (9\text{-}5)$$

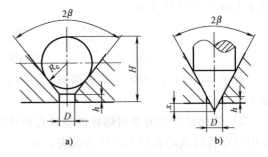

图 9-23　浇口洞口高度 h 的测量方法

a）钢球测量　b）锥面测量

H—测得图示高度　x—测得图示高度

$2R_c$—钢球直径　2β—洞口锥角

9.2.2　针尖式喷嘴的热补偿

热补偿是考虑喷嘴高温工作尺寸的热膨胀，预测室温下制造的补偿量。热流道喷嘴的结构种类繁多，这里分析三种针尖式喷嘴的热补偿。整体式喷嘴带有浇口套时，一种是针尖与喷嘴壳体有相同材料，另一种是它们材料不同，最后一种是部分式喷嘴，浇口设在定模板上。

1. 整体式喷嘴热膨胀的补偿

图 9-24 所示为整体式喷嘴结构，浇口套 3 有直径 d，C 为定位基准。浇口区温度高于定模板的温度。导流梭与喷嘴材料相

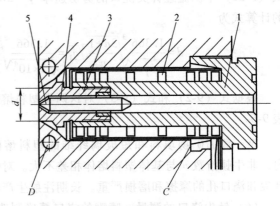

图 9-24　整体式导流梭针尖分喷嘴结构

1—喷嘴套壳　2—加热线圈　3—浇口套　4—导流梭　5—浇口

C—分喷嘴的定位基准　D—冷却水管

同，浇口套热膨胀伸长后，如果浇口套缩在定模的成型面内，制件表面上将会留下凸起的浇口套的痕迹。相反，浇口套伸出成型面，制件上会留有浇口套的凹痕。

室温下的喷嘴的长度为

$$L_t = L_g - \Delta L = L_g [1 - \alpha (T_z - T_m)] \tag{9-6}$$

式中　L_t——考虑热补偿后室温下喷嘴的长度（mm）；

　　　L_g——注射时喷嘴的长度（mm）；

　　　α——喷嘴材料的热胀系数，钢材为（11~13）$\times 10^{-6}$/℃，热流道系统中常见材料的热胀系数见表9-7；

　　　T_m——模具的温度（℃）；

　　　T_z——喷嘴的温度（℃）。

定模板在注射生产时也产生热膨胀，常用定模板温度 T_m 代入式（9-6）计算。由于定模板低温的冷却作用，喷嘴套壳温度 T_z 常略低于塑料熔体温度 T_f。

表9-7　热流道系统中常见材料的热胀系数 α　　　　（单位：$\times 10^{-6}$/℃）

铜	18.5	中碳调质合金钢 40Cr13	11.8　（20~100）℃
CuCoBe	17		12.6　（20~300）℃
CuBe	17	中碳调质合金钢 P20	13.4　（20~300）℃
不锈钢	<10	耐热合金钢 H11	10.5　（20~100）℃
烧结陶瓷	9		11.0　（20~300）℃
铝	2.3	热作合金钢 H13	9.1　（20~100）℃
中碳钢 55	13.4		10.3　（20~200）℃
钛合金 TC4	7.84~8.6		11.5　（20~300）℃
钛锆钼 TZM	5.3		12.2　（20~400）℃

[**例6**]　对某注射聚丙烯 PP 的热流道模具喷嘴进行热补偿计算。取喷嘴温度 $T_z = 240$℃，定模板温度 $T_m = 40$℃。定位基准 C 以下喷嘴套壳和浇口套长 $L_g = 200$mm。中碳合金钢的热胀系数 $\alpha = 12 \times 10^{-6}$/℃。室温下的喷嘴长度为

$$L_t = L_g [1 - \alpha (T_z - T_m)] = 200 \times [1 - 12 \times 10^{-6} \times (240 - 40)] \text{mm} = 199.52 \text{mm}$$

2. 针尖与喷嘴套壳不同材料时的热补偿量

喷嘴与导流梭针尖的热伸长如图9-25所示，整体喷嘴带有浇口套，用铍铜制造的针尖棒导热性较好。钢制的喷嘴套壳和针尖的材质不同，受热后热膨胀量有差异，需要计算喷嘴套壳和针尖两者各自的热补偿量。室温下装配时，针尖制造长度比浇口套较短些，即 $L_{tCu} < L_{gCu}$，如图9-25a所示。室温下喷嘴设计的工作长度 L_g 为喷嘴部分长 L_{gFe} 与针尖鱼雷棒长度 L_{gCu} 之和，即

$$L_g = L_{gFe} + L_{gCu} \tag{9-7}$$

根据喷嘴钢套壳与导流棱铜棒两者工作时热膨胀位置应相同，有

$$L_{tCu} = L_{gCu} \frac{1 + \alpha_{Fe}(T_z - T_r)}{1 + \alpha_{Cu}(T_f - T_r)} \tag{9-8}$$

式中　T_r——室温，20℃；

T_z——喷嘴钢套壳温度（℃）；

T_f——塑料熔料的注射温度，即针尖导流梭的工作温度（℃）；

α_{Cu}——导流梭材料的热胀系数（1/℃），见表9-7；

α_{Fe}——喷嘴套壳材料的热胀系数（1/℃），见表9-7；

L_{tCu}——导流梭针尖考虑热补偿后室温下长度（mm）；

L_{gCu}——喷嘴套壳考虑热补偿后室温下长度（mm）。

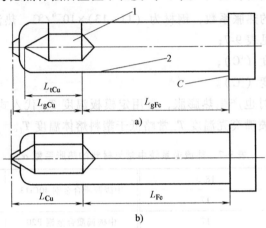

图 9-25　喷嘴与导流梭针尖的热伸长

a）室温或装配温度　b）工作温度

1—导流梭　2—喷嘴套壳　C—定位基准

[**例7**]　已知条件同例6，聚丙烯熔体温度 $T_f = 280$℃，喷嘴套壳温度 $T_z = 240$℃。如图 9-25b，喷嘴壳体工作时长度分成两部分，$L_{Cu} = 40$mm 和 $L_{Fe} = 160$mm。喷嘴套壳热作合金钢制造，查表9-7，取 $\alpha_{Fe} = 12 \times 10^{-6}$（1/℃）。针尖所在的喷嘴套壳，在室温下的长度为

$$L_{gCu} = L_{Cu}[1 - \alpha_{Fe}(T_z - T_m)] = 40 \times [1 - 12 \times 10^{-6} \times (240 - 40)]\text{mm} = 39.904\text{mm}$$

导流梭用铍铜制造，查表9-7，$\alpha_{Cu} = 17 \times 10^{-6}$（1/℃）。求得补偿后导流梭长度为

$$L_{tCu} = L_{gCu} \frac{1 + \alpha_{Fe}(T_z - T_r)}{1 + \alpha_{Cu}(T_f - T_r)} = 39.904 \times \frac{1 + 12 \times 10^{-6} \times (240 - 20)}{1 + 17 \times 10^{-6} \times (280 - 20)}\text{mm} = 39.83\text{mm}$$

铍铜导流梭的补偿量较明显，如不补偿，可能由于导流梭的尖端与浇口孔产生干涉。再计算没有导流梭的喷嘴套壳部分在室温下的长度为

$$L_{gFe} = L_{Fe}[1 - \alpha_{Fe}(T_z - T_m)] = 160 \times [1 - 12 \times 10^{-6} \times (240 - 40)]\text{mm} = 159.616\text{mm}$$

按式（9-7），喷嘴壳体在室温下总长度应为

$$L_g = L_{gFe} + L_{gCu} = 159.616\text{mm} + 39.904\text{mm} = 199.52\text{mm}$$

在室温下装配时，喷嘴套壳的总长度 $L_g = 199.52$mm，比工作温度下的设计长度 200mm 短 0.48mm。若不考虑热补偿，会在制件表面留下浇口套的压痕。此时，铍铜针尖应从浇口套缩进 $L_{gCu} - L_{tCu} = 0.074$mm，并保证加工温度下圆环浇口畅通。

3. 喷嘴的浇口孔在定模板上时针尖的热补偿

如图 9-26 所示的分喷嘴结构中有导流梭，浇口设在定模板上。针尖的温度达到熔体注射温度。如果针尖的热补偿不合适，会出现针尖与定模板上浇口端面不一致，影响浇口流通环隙的大小，改变针尖浇口处的压力损失，也会影响到针尖浇口的热闭合状态。

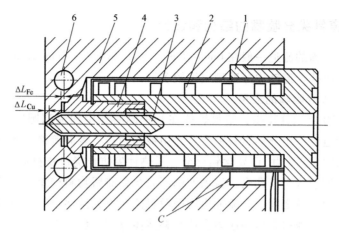

图 9-26   浇口设在定模板上的分喷嘴结构

1—喷嘴套壳 2—加热线圈 3—导流梭 4—针尖螺套 5—定模板 6—冷却水孔

ΔL_{Cu}—针尖的热补偿量 ΔL_{Fe}—喷嘴套壳的热补偿量 C—喷嘴的定位基准面

分别求出喷嘴套壳和顶针的材料不同时的伸长量，有

$$\Delta L = \Delta L_{Cu} + \Delta L_{Fe} \tag{9-9}$$

导流梭长度 L_{Cu} 通常比喷嘴套壳长度 L_{Fe} 短，以减小流动阻力。计算针尖热膨胀量时，温度用熔体温度 T_f 表示。喷嘴套壳用钢制造，导流梭用铍铜制造。分别求出 ΔL_{Fe} 和 ΔL_{Cu} 的热补偿量为

$$\Delta L_{Cu} = L_{Cu} \alpha_{Cu} (T_f - T_m) \tag{9-10}$$

$$\Delta L_{Fe} = L_{Fe} \alpha_{Fe} (T_z - T_m) \tag{9-11}$$

[**例8**]   已知条件同例6。参考图 9-25b 和图 9-26，在注射时，导流梭长 $L_{Cu} = 40\text{mm}$，喷嘴无针尖部分长 $L_{Fe} = 160\text{mm}$。

针尖热补偿量为

$$\Delta L_{Cu} = L_{Cu} \alpha_{Cu} (T_f - T_m) = 40 \times 17 \times 10^{-6} \times (280 - 40)\text{mm} = 0.16\text{mm}$$

喷嘴套壳热补偿量为

$$\Delta L_{Fe} = L_{Fe} \alpha_{Fe} (T_z - T_m) = 160 \times 12 \times 10^{-6} \times (240 - 40)\text{mm} = 0.38\text{mm}$$

总热补偿量为

$$\Delta L = \Delta L_{Cu} + \Delta L_{Fe} = 0.16\text{mm} + 0.38\text{mm} = 0.54\text{mm}$$

在图 9-26 所示喷嘴的浇口处，室温下装配时针尖应从浇口表面上缩进 ΔL 距离。否则，在加热温度下会影响浇口流通环隙，严重时针尖将堵死浇口。

在图 9-26 所示的针尖螺套 4 与定模板 5 之间应留有间隙 ΔL_{Fe}。从 C 面始，距该间隙的长 $L = 190\text{mm}$，经计算得

$$\Delta L_{Fe} = L \alpha_{Fe} (T_z - T_m) = 190 \times 12 \times 10^{-6} \times (240 - 40)\text{mm} = 0.456\text{mm}$$

通常，间隙 $\Delta L_{Fe} \geq 0.456\text{mm}$。若间隙 ΔL_{Fe} 过小，喷嘴壳体热伸长时会产生很大应力。热应力会使喷嘴套壳体弯曲变形，浇口腔中塑料熔料反喷泄漏，甚至会导致加热器受挤压损坏。另外，图 9-26 中的针尖螺套与定模板上的圆柱配合是防止熔体泄漏的密封面，轴向长度应为 3~5mm。

9.2.3 侧孔管道针尖分喷嘴的结构和设计

导流梭针尖分喷嘴的流道一般在 6mm 以下，浇口直径在 0.8mm 以下，很难制造，故在开放式分喷嘴中，侧孔管道针尖分喷嘴应用较多。

1. 侧孔管道针尖分喷嘴的应用

图 9-27~图 9-30 所示分喷嘴，塑料熔体在几个侧斜孔中涌流到圆锥尖顶。侧孔管道直接被传导加热。管道针尖用导热材料铜合金或用铍铜制造，表面镀铬，或用氮化钛进行表面处理。有耐磨、耐蚀要求时用 TZM 含钼合金。温热针尖防止浇口物料提前凝固。

熔体从侧孔管道射入出口孔仓，流动冲刷不完全，滞留物料严重。一般有 2~3 个侧孔，物料停滞在两个孔的出口之间。分流冲出的两股料流有不完全熔合时，浇口附近的制件上会留下流动痕。过大剪切速率和剪切应力会使塑料熔体分解变色，因此，不适合加工热敏性的塑料。加工透明塑料、热塑性弹性体和添加金属或珠光颜料的塑料，可能在制件表面形成流动痕迹或熔合痕。

侧孔管道针尖分喷嘴的成功浇注，取决于浇口的形状位置和尺寸精度、浇口的冷却面积、温度控制和冷却效率以及浇口零件的耐磨性和耐蚀性。

1）图 9-27 和图 9-29 所示为整体管道针尖分喷嘴，适用于大多数塑料材料注射加工。浇口部位在温热的条件下运行，因此适宜加工结晶型塑料。整体式喷嘴的浇口零件的硬度有保证，因此适合充填矿物填料和玻璃纤维充填的塑料。

2）图 9-28 和图 9-30 所示为不带浇口套的喷嘴，浇口在定模板上。隔热腔的皮层尚可清除，故应用较多。浇口区的温度通过针尖的长度，与定模板传导面积进行控制。侧孔管道的短针尖伸出长度为 3~10mm，长针尖的伸出长度为 8~16mm。它属于低温浇口，适合加工无定形塑料。

选用这种部分式针尖喷嘴追求目标是得到短小隐蔽的痕迹。有时用图 9-10 所示凸起浇口，获得制件表面凹坑里的小痕迹。但是，遇到脆性的塑料或浇口直径过大时，还是出现凸起的痕迹。由于浇口在定模板上，常用 P20（美）等中碳合金调质钢制造，硬度有限。通常不适合充填矿物填料和玻璃纤维充填的塑料。

2. 侧孔管道针尖分喷嘴的两种标准系列尺寸

（1）整体侧孔管道针尖分喷嘴 分喷嘴用于多型腔或一腔多点浇注模具。从热流道浇注系统的塑料熔体的输送量，表 9-8 列出的标准系列对照图 9-27 浇口孔的与针尖的关系选用。

1）整体式分喷嘴适宜中小型注射量，热稳定塑料熔体最大注射量为 40cm³/s。添加阻燃剂等热稳定性差的塑料熔体最大注射量为 20cm³/s。整体式分喷嘴的浇口套与冷模具之间的传热效率最低，浇口区能保持较高温度，高温塑料熔料和结晶型塑料熔体的热力闭合稳定。

2）整体式分喷嘴对于充填矿物填料和短玻璃纤维

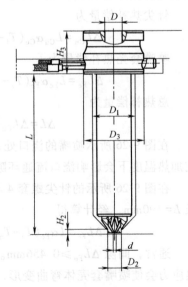

图 9-27 整体式侧孔管道针尖分喷嘴的装配图

充填的塑料熔体，浇口套等零件必须用耐磨材料制造。管道针尖用铍铜制造，做耐蚀的表面处理，表面镀覆质量影响针尖磨损。对添加阻燃剂等热稳定性差的塑料熔体，管道针尖和浇口套等零件，必须用耐蚀材料制造。

3）众多分喷嘴注射时，浇口套在塑料制件上有圆痕迹。整体式分喷嘴相关浇口零件的制造和装配精度要有保证。所有针尖与浇口对中且平齐。

表 9-8 对照图 9-27 的相关尺寸做如下注释：

1）喷嘴流道直径 D 是各种名义系列对应的首要尺寸。多数热流道公司 $D = 5 \sim 12mm$。编排有 5mm、6mm、8mm、10mm 和 12mm。有的热流道公司没有这种整体的侧孔顶针喷嘴产品，熔体经过侧孔分流后，分喷嘴的流量有限，$D>12mm$ 的喷嘴很少应用。

2）浇口直径 d 是喷嘴的主要参数。对于每种流道直径 D 有一定范围内的浇口 d。多数热流道公司 $d = 0.8 \sim 2.5mm$，也有 $d = 1.0 \sim 3.0mm$ 的。浇口直径经流变学计算应精确到 0.1mm，制造偏差为 ±0.025mm。

3）喷嘴长度 L 是指轴肩定位面到针尖的轴向尺寸。细小直径 D 的喷嘴长度受强度限制。长度 L 由客户决定，按 ±0.02mm 制造。喷嘴长度 L 受高温喷嘴的热膨胀影响。

4）喷嘴洞口直径 D_1 是定模板上的安装尺寸。定模孔壁与喷嘴之间有空气绝热的单向间隙 1mm 左右。整体式喷嘴常将线圈嵌入喷嘴壳体，洞口直径 D_1 细小。两喷嘴的最小间距取决于喷嘴直径。洞口向浇口收拢的圆弧和锥面角可参考各公司的产品手册。

5）浇口套外径 D_2 和高度 H_2 是与模板的配合尺寸，常用 H7/js6，它们决定了与模具的传热面积。浇口套材料的热导率影响浇口区的温度。

6）喷嘴轴座段的直径 D_3 和高度 H_3。高度 H_3 决定了流道板与定模板之间的空气间隔，一般为 10~15mm。喷嘴顶端面与流道板的接触面是热流道系统最重要的密封面。有的热流道用 O 型圈辅助密封，大多数依靠压紧力封胶。所有轴肩应该在同一平面上，这由定模板的加工精度保证。轴座段的直径 D_3 有两种情况。有的公司是轴与孔间有较大间隙。有的公司轴座段的直径 D_3 是配合尺寸，常用 H7/f6。它的配合长度为 2.5~5.0mm。D_3 较大时，取较大的配合长度。后者的轴座段的直径 D_3 与浇口套外径 D_2 在同一方向，因为有两个配合尺寸而干涉。应注意，浇口套的高度 H_2 是较小的，$H_2 = 1.5 \sim 2mm$。

7）允许的分喷嘴体积流量 q_i 是指中等黏度塑料熔体。有阻燃剂和有机颜料或染料的塑料熔体，POM 等热稳定性差的塑料熔体允许流量是表 9-8 中数值的 0.73 倍，可参考整体式侧孔管道针尖喷嘴的标准系列（表 9-8）得出。

表 9-8 整体式侧孔管道针尖喷嘴的标准系列（符号对应图 9-27） （单位：mm）

流道直径 D/mm	浇口直径 d/mm	喷嘴洞口直径 D_1/mm	喷嘴长度 L/mm	浇口套外径 D_2/mm	浇口套高度 H_2/mm	喷嘴轴座直径 D_3/mm	喷嘴轴座高度 H_3/mm	喷嘴流量 q_i/(cm³/s)
5	0.8~1.2	21(29)	40~100	6	1.5(3)	D_1+5	15	1~5
6	1.0~1.5	29(35)	60~150	7	1.5(3.5)	D_1+5	15	3~10
8	1.4~2.0	35(39)	60~200	7	2(4)	D_1+5	15	8~26
12	1.8~2.2	39(43)	70~200	9	2(4.5)	D_1+6	25	18~32

（2）部分式侧孔管道针尖分喷嘴　如图 9-28 所示，浇口孔在定模上加工。

1）部分式侧孔管道针尖分喷嘴用于多型腔或一腔多点进浇的模具，适宜中小型注射量，热稳定塑料熔体最大注射量为 $80cm^3/s$。

2）部分式分喷嘴的浇口区由模板冷却，温度较低。适合 PP 和 PE 的聚烯烃塑料和无定形塑料注射成型。对于短针尖和有隔热帽的温热浇口，适合慢结晶 PP 和 PE 等塑料的成型。对于长针尖的较冷浇口，适合熔体温度 300℃ 以下的无定形塑料。

3）定模板上浇口孔的结构和孔径，按热流道专业公司要求加工。保证针尖与浇口对中且平齐。浇口零件的制造和装配精度难以保证，不适合众多的分喷嘴注射。对于充填矿物填料和短玻璃纤维充填的塑料熔体，对添加阻燃剂等热稳定性差的塑料熔体，很难用耐磨材料制造或做耐蚀的表面处理。浇口的耐用寿命较短。

4）针尖浇口痕迹很小，注塑制件外表更美观。管道针尖用铍铜制造，表面镀覆，容易磨损。浇口剩料清洗方便。喷嘴的维修和更换比较容易。

部分式侧孔管道针尖分喷嘴的标准系列装配图如图 9-28 所示。热流道系统的零件受到热胀冷缩的影响，沿轴线有弯曲变形，都会使密封不可靠，会有漏胶现象。其次，浇口孔是模具生产企业在定模板上切削加工。针尖与浇口孔的位置精度不能保证，产生浇口剩料的阻塞。

对照表 9-9 在图 9-28a 中相关尺寸的注释如下：

1）对于每种流道直径 D 有一定范围内的浇口 d。多数热流道公司 $d = 0.8 \sim 3.5mm$。图 9-28b 中浇口高度 $H = (1.25 \sim 2.0)d$，或者 $H = 0.75 \sim 1.5mm$。浇口直径经流变学计算应精确到 $0.1mm$，制造偏差为 $\pm 0.025mm$。对于众多分喷嘴，如有 4 个以上喷嘴，浇口直径制造偏差为 $\pm 0.0025mm$。浇口间距制造偏差为 $\pm 0.02mm$。

2）图 9-28b 中，密封轴段的外径 D_2 和浇口腔高度 H_2 决定浇口的喷嘴头与模具的导热面积。外径 D_2 常用 H7/js6 紧密配合。模板材料的热导率和冷却管道位置影响浇口区的温度。密封轴段长 l 决定了密封效果和喷嘴固定支承的刚性。图 9-28a 所示浇口的入口腔是球底。浇口区冷却效果好，适用于慢结晶和无定形塑料注射。图 9-21 中，浇口的球底与圆锥针尖的形状，使得浇口区的传导效率较高。适合加工温度范围较宽的塑料，如 PP、PE、PMMA、PS、PPO 和 ABS。

3）目前流行部分式的侧孔管道针尖喷嘴，还有经过修改的长针尖与圆锥底的结构如图 9-28b 所示。喷嘴针尖伸入到定模板里，浇口腔高度 $H_2 = 8 \sim 16mm$。它适合

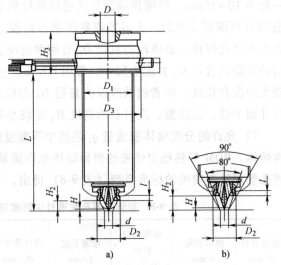

图 9-28　部分式侧孔管道针尖
分喷嘴的标准系列装配图

a）短针尖球底　b）长针尖的圆锥底

小直径筒体或沟槽制件的注射。浇口区的温度受模具温度的影响较大，适合无定形塑料注射。

表 9-9 部分的侧孔管道短针尖喷嘴的标准系列（符号对应图 9-28a）（单位：mm）

流道直径 D/mm	浇口直径 d/mm	喷嘴洞口直径 D_1/mm	喷嘴长度 L/mm	封口外径 D_2/mm	浇口腔高度 H_2/mm	封胶长度 l/mm	喷嘴轴座高度 H_3/mm	喷嘴流量 q_i/(cm³/s)
5	0.8~1.2	29	60~150	12	3	3	15	3.0~7.0
6	1.0~1.5	35	60~150	14	5(5.5)	3(2.5)	15	6.0~10
8	1.4~2.0	39	60~200	18	7(7.5)	3(4)	15	8.0~26
12	1.8~2.5	43	70~200	22	9(8)	3(6)	25	24~50
14	2.2~3.0	49	70~200	26	10	3	25	30~80
16	2.5~3.5	55	70~250	30	11	3	25	50~140

3. 侧孔管道针尖分喷嘴结构

（1）侧孔管道针尖整体式喷嘴结构 图 9-29 中，整体式喷嘴壳体 3 与轴座 1 用螺钉连接。喷嘴壳体 3 用 H13（美）制造，硬度为 46~48HRC。轴座 1 用耐磨钢 1.2316（德）制造。浇口套 7 用 SKH51（日）制造，硬度为 58~62HRC。如果用钼合金 TZM 制造浇口套，可提高浇口温度，能注射加工快结晶的 PA、POM 和 PBT，以及一些高温注射的塑料。

定位销 2 防止喷嘴转动，让布线牢靠。侧孔管道针尖 6 和浇口套 7 在壳体孔中，以同一个台阶定位，针尖和浇口的位置精度得到保证。侧孔管道针尖用铍铜制造，镀氮化钛。浇口套用细牙螺纹与壳体连接。图 9-29 中用嵌入式加热线圈，热导率高，轴线上温度分布均匀。热电偶用不锈钢片包裹在壳体外。

（2）部分式侧孔管道针尖分喷嘴 如图 9-30 所示，部分式喷嘴壳体 3 与轴座 1 用压配连接。喷嘴头 8 用 TC4（Ti6Al4V）制造，硬度为 35~38HRC。定位销 2 防止喷嘴转动，让

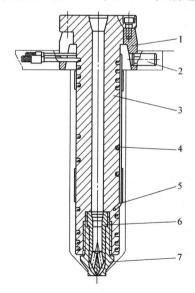

图 9-29 整体式侧孔管道针尖分喷嘴结构
1—轴座 2—定位销 3—喷嘴壳体
4—嵌入式加热线圈 5—热电偶
6—侧孔管道针尖 7—浇口套

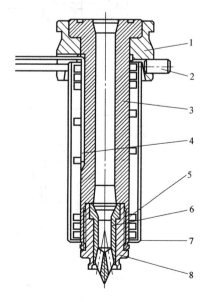

图 9-30 部分式侧孔管道针尖分喷嘴结构
1—轴座 2—定位销 3—喷嘴壳体
4—热电偶 5—包裹式加热线圈
6—侧孔管道针尖 7—不锈钢外套 8—喷嘴头

布线牢靠。侧孔管道针尖 6 的轴向尺寸和喷嘴头 8 在壳体孔中以同一台阶定位。但是，管道针尖和浇口的位置精度要得到定模板的加工精度保证。用包裹式加热线圈 5，热导率较低。热电偶 4 在喷嘴壳体开长槽插入。喷嘴用不锈钢外套 7 保护，径向尺寸大。在喷嘴壳体 3 的端面与流道板配合，有密封防止塑胶泄漏要求。如果不用密封圈，要确保与流道板紧密接触，涉及众多相关零件的尺寸和形状位置的精度。

4. 侧孔管道针尖

要求管道针尖耐热耐磨，导热性好。用铍铜制造，热导率为 200W/（m·K），也可用铍钴铜合金制造，热导率为 225W/（m·K），工作温度可达 280℃。必须镀镍，防止熔体腐蚀，或用碳化硅进行表面处理，提高耐磨性。被覆 3~5μm 的氮化钛，增强磨损阻抗。用烧结钼 TZM 制造针尖，热导率为 115W/（m·K），耐热温度 360℃ 以上。比铍铜耐用耐磨，但有对缺口的脆性。

图 9-31 所示为喷嘴流道 8mm，适用浇口直径 1.5mm 的侧孔管道针尖。轴线上的长度尺寸 $6_{-0.02}^{0}$ 和 $24.8_{-0.02}^{+0.01}$，关系到针尖在浇口孔高度中的位置。各圆柱面和圆锥面对基准 A、B 和 C 的垂直度和同轴度，针尖在浇口孔的对中，都会影响塑料熔体流动的剪切速率和剪切应力，注射流动和浇口痕迹。

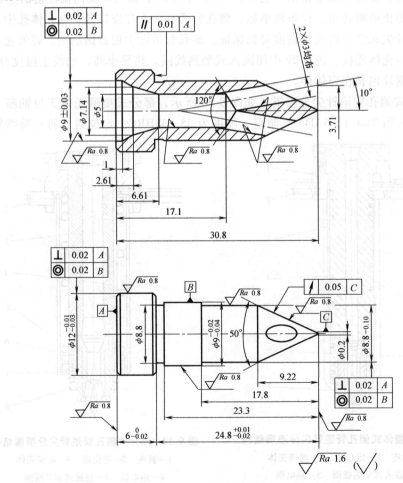

图 9-31　侧孔管道针尖

5. 隔热帽保温

图 9-32 中的侧孔管道针尖喷嘴安装了隔热帽，有较高的工作温度，适用于注射 300℃ 以下的结晶型塑料。隔热帽 4 常用耐热高熔融温度的聚醚酰亚胺 PEI 或聚醚醚酮 PEEK 制造。无定形塑料 PEI 熔化温度为 310~420℃。PEEK 是耐高温阻燃的结晶型塑料，熔融温度为 350~400℃。按照浇口腔的形状和尺寸车削料棒，套压在针尖上，安装在定模板的孔穴里。注塑时能有效阻隔冷模的影响。清理置换方便。钛合金护套 1 也起隔热保温功能。

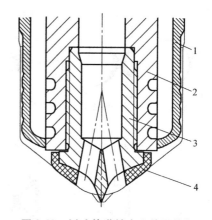

图 9-32 侧孔管道针尖上的隔热帽

1—钛合金护套 2—壳体 3—侧孔管道针尖 4—隔热帽

9.3 喷嘴的直接浇口

第 8 章 8.1.1 节已介绍，直接浇口在热流道浇注系统的主流道单喷嘴和流道板下的分喷嘴，在热流道和冷流道组合时都有应用。本节着重讨论直接浇口的热力闭合及影响因素，介绍直接浇口喷嘴的结构和选用，着重解析直接浇口的设计。

9.3.1 直接浇口的结构

1. 开放式直接浇口的固化闭合

直接浇口的口径、高度及几何结构，塑料的熔体性能，以及浇口区温度，都影响着直接浇口的热力闭合。图 9-33 所示为直接浇口的热力闭合。浇口的凝料头，分离在圆锥形浇口上最窄截面处。在注射循环周期中有效闭合，并在下一次注射时又重新开放。这需要有合适的几何结构与尺寸。对于无定形塑料成型的浇口中的凝料头，只要有足够的韧性，就可从圆锥孔中拉出。

如果浇口区的温度过低，就会出现过厚的冻结层，如图 9-33b 所示。如果有太多的冷料，就会妨碍下次注射。如果浇口区温度过高，保压时间又过长，熔料会涌出浇口。如果浇口区温度低，而且经历时间很长，浇口中的凝料会阻塞堆积。因此建议设置冷料井，捕捉和储存冷料。为避免冷料过多，结晶型塑料浇口的高度不要过大。快速结晶塑料 PPS、PEEK、PA6、PA66 和 POM 等，有较窄的熔体温度范围，更易出现凝料的阻塞。对于快速结晶的塑料闭合，直接浇口区需要较为温热，防止过快结晶固化。

如图 9-33c 所示，对于无定形塑料，拉丝结果会在制件的浇口头上出现尖锥钉；对于结晶型塑料，常会出现旋拉长丝。无定形塑料和慢结晶塑料有较宽的熔体温度范围，容易出现拉丝和流延的材料有 PA、PP、HDPE、PET、PS 和 PC，ABS 有时也会有这种情况。这是直接浇口的主要缺点，很难消除。采用针尖浇口能有效减少这种现象。

如果浇口区冷却效果差，温度过高，浇口中凝料头会在高位断离，如图 9-33d 所示。在与制件一起脱出浇口时，浇口中会有熔料的流延和垂滴。当塑料加热温度过高，黏度过低，且有较大剩余压力时，浇口会有较多熔料的垂滴。

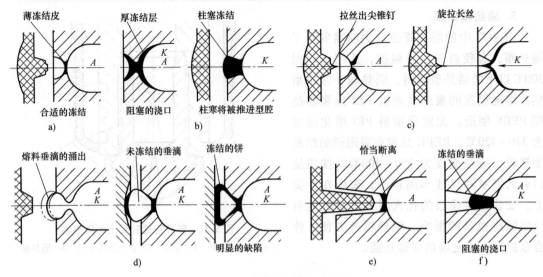

图 9-33　直接浇口的热力闭合

a）熔体冻结合适　b）厚的冻结层阻塞　c）浇口里凝料被拉丝

d）浇口里的垂滴　e）长浇口里凝料断离　f）长浇口里凝料头阻塞

A—无定形塑料　K—结晶型塑料

如图 9-33f 所示，浇口区温度低，长浇口里熔料的垂滴，固化成阻塞块。因此建议，对快速结晶的 PA6 和 POM 等塑料，用较短的浇口，保持较高的浇口温度。而慢结晶的 PE 和 PP 等塑料和无定形塑料，浇口区须加强冷却，并设置较长的浇口。

2. 直接浇口的输出结构

直接式浇口在热流道系统应用最早。它加工简便，但热力闭合控制困难。

（1）标准系列整体式的直浇口喷嘴　如图 9-34 所示，按喷嘴流道直径、浇口直径和浇口套长度选用，再按喷嘴长度定购。浇口套轴线上浇口位置也影响热力闭合。浇口位置向喷嘴内布置，可提高浇口区温度，使直浇口熔体浇注的压力损失变大。浇口套的阻热槽 5 的位置影响浇口区温度。浇口套与模具的接触面积，能调节浇口的冷却速度。热电偶 3 测温接近浇口区，浇口温度控制可靠。浇口套 6 的螺纹连接有圆柱段引导，使得端面密封可靠。

图 9-34、图 9-35 和图 9-36 所示的直接浇口整体式喷嘴，塑料熔体在流道和浇口中并不滞留，适用于热敏性塑料和着色塑料的更换，且容易清洗，但容易出现熔体的拉丝和流延。

（2）特长的直浇口的整体式喷嘴　标准系列浇口套长度一般在 10mm 以内。模具设计者经常有加长的要求，大多数是为了建起有效热屏障，让制件型腔离喷嘴头远些，便于布置冷却管道。有时，为了让浇口套前端能适配制件的斜面，会设置如图 9-35 所示的特长浇口套。

（3）注入冷流道的直浇口的整体式喷嘴　如图 9-36 所示，料流经冷流道输入型腔。在受热的喷嘴表面与动模表面之间的保证间隙 $\Delta L = 0.5\text{mm}$。此间隙在注射时被熔体充满，使喷嘴表面与冷模板绝热。有利于无定形塑料和慢结晶塑料在浇口根部的缓冷。

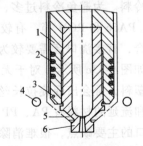

图 9-34　直接浇口的整体式喷嘴

1—喷嘴壳体　2—加热线圈　3—热电偶
4—冷却管道　5—阻热槽　6—浇口套

图 9-36 中所示的 L_p 为喷嘴的浇口套与模具孔的接触配合长度。L_p 的长度决定浇口区的热传导速度。L_p 越长浇口就越容易冻结。对于快速结晶塑料，$L_p = 2 \sim 3mm$ 时已经足够了。为了减小轴向热传导截面面积，在浇口套的上部挖出周向凹槽。对无定形塑料和聚烯烃 PE 和 PP 加工期间，就需要较长的接触长度 L_p。特别是浇口直径在 6mm 以上时，喷嘴头要增大传导面积，加强对直接浇口的冷却。

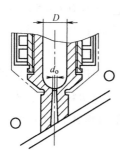

图 9-35　特长浇口套的直接浇口的整体式喷嘴　　　**图 9-36　注入冷流道的直接浇口的整体式喷嘴**

（4）部分式直接浇口喷嘴　图 9-37 所示的部分式直接浇口喷嘴，浇口孔在喷嘴上，圆锥孔在模板上。冷模板对浇口直接冷却，浇口区冷却灵敏，冻结迅速。对于熔融温度范围宽，固化温度低的无定形塑料，模板直接冷却圆锥柱的大端，可以较快地冷却凝固。因此，减小了拉丝和流延的可能，更适合无定形塑料，也可用于慢结晶塑料，如 PP、PE 和热塑性弹性体。

模板的冷却效果好，在很大程度上会使浇口前后有较大的温度差。如果冷却时间长，浇口冷料过多，容易被堵塞。浇口直径不能过大。常用于小流量和小流道的喷嘴。为了保证内孔熔体的温热，防止内孔壁上生成凝固皮层，浇口外设置塑料隔热帽，如图 9-37 所示的 A 位置。

（5）随形冷却直接浇口。浇口区温度降低依靠管道内冷却液交换。喷嘴头四周的有限空间，直线管道布置困难，冷却效果不好。如图 9-38 所示的随形冷却镶套，在喷嘴头周围随形布置管道，热交换面积大，冷却效果更佳。这种冷却方法也可以用于各种浇口的喷嘴。随形冷却镶套用 3D 打印技术加工。

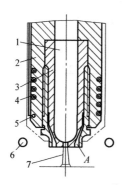

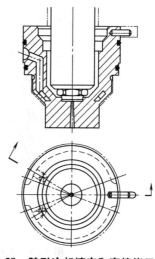

图 9-37　部分式直接浇口喷嘴　　　　　　**图 9-38　随形冷却镶套和直接浇口喷嘴**
1—流道　2—喷嘴壳体　3—浇口套　4—加热线圈
5—热电偶　6—冷却管道　7—直接浇口

9.3.2 直接浇口的分喷嘴设计

直接浇口的设计主要是确定浇口口径、浇口结构及尺寸，它们受到塑料材料、注射量和注塑工艺的影响。

1. 直接浇口的直径设计计算

（1）直接浇口的口径　　直接浇口的口径不大，常见直径为 0.6 ~ 5.0mm，浇口高为 0.5 ~ 1.0mm。对于中等黏度的 ABS 等塑料熔体，可调节输送流量为 10 ~ 750cm³/s。低黏度塑料可通过 900cm³/s 流量。在高精度注射模塑时，输送塑料熔体的流量不超过 100cm³/s。

直接浇口的口径大小由塑料熔体的体积流量 q_i，熔体的流动指数 n 和浇口熔体的剪切速率 $\dot{\gamma}$ 决定，用式（3-21）计算确定。PS、ABS 和 PP 等中等黏度塑料熔体，在剪切速率 $\dot{\gamma} = 10^4 ~ 10^5 \mathrm{s}^{-1}$ 范围内，流动指数 $n = 0.25 ~ 0.35$。中等黏度的塑料熔体，取 $n = 0.3$。浇口的流动剪切速率 $\dot{\gamma} = 5 \times 10^4 \mathrm{s}^{-1}$，得到中等黏度熔体直浇口直径为

$$d_{Ao} = \frac{1.366}{\sqrt[3]{\dot{\gamma}}} \sqrt[3]{\frac{3n+1}{n}} \sqrt[3]{q_i} = \frac{1.366}{\sqrt[3]{5 \times 10^4}} \sqrt[3]{\frac{(3 \times 0.3+1)}{0.3}} \sqrt[3]{q_i} = 0.068 \sqrt[3]{q_i} \tag{9-12a}$$

中等黏度熔体可查图 9-39 所示 q_i-d_o 线图的 A 曲线。

在同样的注射流量下，高黏度塑料熔体应有较低些剪切速率，有较大些的浇口口径。浇口直径是 d_{Ao} 的 1.2 倍。PC 等高黏度熔体直浇口直径计算式为

$$d_{Bo} = 0.082 \sqrt[3]{q_i} \tag{9-12b}$$

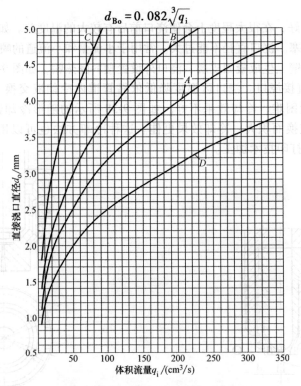

图 9-39　塑料熔体体积流量 q_i 与直接浇口直径 d_o 线图

A—中等黏度塑料熔体　*B*—高黏度塑料熔体

C—添加矿物填料和增强纤维塑料熔体　*D*—低黏度塑料熔体

高黏度熔体的塑料品种，可查图 9-39 所示 q_i-d_o 线图的 B 曲线。

添加矿物填料和增强纤维塑料熔体黏度高，应有较大些的浇口口径。直径是 d_{Ao} 的 1.6 倍，直浇口直径计算式为

$$d_{Co} = 0.109\sqrt[3]{q_i}$$ (9-12c)

添加矿物填料和纤维增强塑料熔体，可查图 9-39 所示 q_i-d_o 线图的 C 曲线。

PA 等低黏度塑料熔体，允许有较高些剪切速率和剪切应力，有较小些的浇口口径。直径是 d_{Ao} 的 80%，直浇口直径计算式为

$$d_{Do} = 0.054\sqrt[3]{q_i}$$ (9-12d)

低黏度塑料熔体，可查图 9-39 所示 q_i-d_o 线图的 D 曲线。

（2）线图和黏度

查询图 9-39 所示曲线时注意以下几点：

1）要用输送塑料熔体的体积流量 q_i，推算直接浇口直径 d_o。

2）由聚合物合成厂提供的材料性能清单，提供熔体流动速率（依据 GB/T 3682 系列标准计算）数据判断。MFR 在 12g/10min 以下属高黏度熔体，在 36g/10min 以上属低黏度熔体。两者之间为中等黏度熔体。

3）直接浇口熔体直接射入注塑制件，必须考虑注塑制件的壁厚。注塑制件的冷却时间是根据壁厚决定的，应避免浇口偏大而凝固慢，迫使延长注射周期。浇口若偏小，过早凝固使成型制件得不到充分补偿。

2. 直接浇口几何结构及尺寸

在熔体温度和模具温度等工艺条件下，开模瞬时直浇口的凝料被拉断并脱出，在注射生产中保持自动脱模顺利。想杜绝料头拉丝和浇口堵塞，开模期间浇口不出现垂滴，就必须根据塑料熔体的热性能，控制直接浇口中材料的凝固进程。

图 9-40 所示为整体式喷嘴的直接浇口尺寸。它的标准系列尺寸见表 9-10。

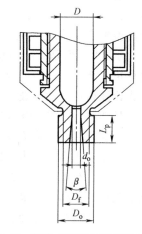

图 9-40 整体式喷嘴的直接浇口尺寸

表 9-10 整体式喷嘴的直接浇口的形状和尺寸（符号对应图 9-40） （单位：mm）

喷嘴流道直径 D	5	8	12	16	18(20)
浇口直径 d_o	0.6←1.0→1.5	1.0←1.8→2.5	1.0←1.8→2.5	1.5←1.8→4.0	1.5←3.0→5.0
浇口套外径 D_o	6.5	8	8	10	20
浇口套槽底径 D_f	≥5.7	≥6.0	≥6.0	≥8.5	≥17
浇口套与定模板的接触长度 L_p					
无定形塑料	≥5.0,β=14°	≥5.0,β=15°	≥6.0,β=15°	≥8.0,β=15°	≤10,β=15°
被充填或增强的无定形塑料	不选用	不选用	选用特长型 4.0,β=15°,加长≤2.0	选用特长型 4.0,β=15°,加长≤3.0	选用特长型

（续）

浇口套与定模板的接触长度 L_p				
结晶型塑料	2.5, 加长 ≤2.1	3.0, 加长 ≤3.0		2.5, 加长 ≤9.5
被充填或增强的 结晶型塑料		3.0,加长 ≤3.0		
被充填或增强的 慢结晶塑料	1.5,$\beta=8°$, 加长 ≤3.1	2.0,$\beta=8°$, 加长 ≤4.0		2.0,$\beta=8°$, 加长 ≤10.0
被充填或增强的 快结晶塑料		2.0, 加长 ≤4.0	2.0, 加长 ≤5.0	

浇口套的热传导的接触面积 $A=\pi D_o L_p$，与热传导能力成正比。浇口套的冷却效率高，浇口物料冻结快。如果在开模拉断前冻结凝料过多，浇口上球坑内的固化皮层，将会堵塞浇口，只能终止注射生产。

由表9-10可知，无定形塑料PS和PC等的熔融态的注射温度范围 ΔT 较宽。在熔融态和玻璃态之间还有高弹态，相变过程慢。高弹态的封口膜较容易被熔化和冲开。需要冷模具高效传导，浇口套有较长的接触长度 L_p（5~10mm）。

结晶型聚合物在固化时高分子链有序排列过程中，需要额外热量，浇口区应有较高"温热"的温度。但是，结晶型聚合物的熔融态的注射温度范围 ΔT 窄。它们的熔点明显，相变过程快。浇口套与冷模板的接触面积大，热导率高，会使熔体结晶快，冷料和固化皮层过多。为让注射压力能冲破封口膜片，浇口套的接触长度 L_p 较长。

慢结晶塑料HDPE、PP和LCP等的熔融温度范围 ΔT 较宽。高熔点的塑料也在快结晶之列，浇口套的接触长度 $L_p \le 4mm$。快结晶塑料PA6、POM和PEEK等留在浇口的封口膜强度高，需要高压高温冲击才能打开。保持浇口区高温状态很重要，更需要阻隔冷模具的传导。因此，浇口套上有比慢结晶物料更小的接触长度 $L_p \le 3mm$。

标准系列的整体式喷嘴的浇口套挖有圆弧槽。如图9-40所示，圆弧槽位置必须在浇口的截面上。它能减少传导面积，在轴线方向建立温度梯度的台阶。

为了保证浇口的强度，浇口 d_o 的长度不小于0.5mm。当 d_o 大于1mm会提高熔体输送的压力损失。常见的洞口的锥角 $\beta=6°~17°$，β 过小，不利于脱模；β 过大会卷吸入空气。

不同浇口套的材料可以改变浇口区域的热传导状况。铍铜和TZM合金等用来增加热传输。不锈钢和钛合金用来降低热导率。常用的材料是调质的H13。

被充填矿物填料和增强玻璃纤维的无定形或结晶型塑料，封口膜强度比纯聚合物高。同时，需要保持浇口区更高温度，还需要阻隔冷模具的传导。因此浇口套上有加长接触长度 L_p，见表9-10。

热喷嘴与定模板之间的热屏障很弱。模具设计师为了保证注塑制件的冷却速度和质量，要求增加浇口与型腔成型面之间距离，也有为了给喷嘴头就近布置冷却管道。都要求浇口套的长度 H 增加。因此标准系列的直浇口喷嘴，有 $H=40mm$ 的特长产品供应。

图9-41所示的特长直接浇口套 H 接触长度被分成两段，之间有凹槽阻拦热传导。浇口套与定模板的每段接触长度 L_p^*，有4.0mm×2段~2.0mm×2段，浇口区的冷却效果与常规浇口套的接触长度 L_p 是相近的。接触长度 L_p 应按表9-10根据各种塑料冷却要求确定。

9.3.3　分喷嘴的流道设计

本节陈述分喷嘴流道直径设计计算方法。介绍直接浇口的热补偿，分喷嘴与流道板装配面的密封防漏。列举开放式浇口的分喷嘴的设计实例。

1. 分喷嘴流道的直径

分喷嘴的流道直径已经被各热流道公司标准系列化。选用喷嘴型号一般从流道直径开始，系列直径越多，越容易选用较合理的喷嘴型号。

分喷嘴流道直径是浇注系统流道的分支，必须保证各注射点有相等的熔体压力。在流道系统各流程不相同时，经计算调节各分流道直径，可实现平衡浇注。常用的多喷嘴流道的直径为 $4.0 \sim 20$ mm。主要有塑料熔体的体积流量 q_i（cm^3/s）和熔体的流变参量 n，用式（3-21）按合理剪切速率确定喷嘴直径。多喷嘴和流道板的流道直径为：

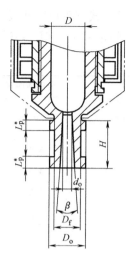

图 9-41　标准系列的整体式喷嘴的特长直接浇口

$$D(d_i) = \frac{1.366}{\sqrt[3]{\dot{\gamma}}}\sqrt[3]{\frac{3n+1}{n}}\sqrt[3]{q_i} = \frac{1.366}{\sqrt[3]{500}}\sqrt[3]{\frac{3n+1}{n}}\sqrt[3]{q_i} = 0.172\sqrt[3]{\frac{3n+1}{n}}\sqrt[3]{q_i} \qquad (9\text{-}13a)$$

分喷嘴的流道直径 D 是最后一级分流道直径 d_i 的延续。参阅表 3-1，各种塑料熔体在剪切速率 $\dot{\gamma} = 10^2 \sim 10^3 s^{-1}$ 范围内流动指数 n 值是不同的。为简化计算过程，在塑料熔体在剪切速率 $\dot{\gamma} = 10^2 \sim 10^3 s^{-1}$ 范围内，则有

1）对于 $n \leqslant 0.25$，设定 $n = 0.20$，有 $\sqrt[3]{\frac{(3n+1)}{n}} = 2.0$。

2）对于 $0.25 < n \leqslant 0.5$，有 ABS、ABS+20%GF、PP、PP+30%GF、PS 和 PS/PMMA 等塑料熔体，取 $n = 0.35$，有 $\sqrt[3]{\frac{(3n+1)}{n}} = 1.8$。

3）对于 $0.5 < n < 1.0$，有 ABS/PC、PC、PC+30%、PA6、PA6+30%GF、POM、POM+30%GF 和 PBT+30%GF 等塑料熔体，$n = 0.70$，取 $\sqrt[3]{\frac{(3n+1)}{n}} = 1.6$。

由此，3 个流动指数 n 区间内

$$n \leqslant 0.25 \qquad D(d_i) = 0.344\sqrt[3]{q_i} \qquad (9\text{-}13b)$$

$$0.25 < n \leqslant 0.5 \qquad D(d_i) = 0.310\sqrt[3]{q_i} \qquad (9\text{-}13c)$$

$$0.5 < n < 1.0 \qquad D(d_i) = 0.275\sqrt[3]{q_i} \qquad (9\text{-}13d)$$

将上述计算结果制成表 9-11，为选用分喷嘴的直径 $D(d_i)$ 提供方便。在选定标准系列直径前，应查表 9-2 的喷嘴直径。用式（9-13）计算和查询表 9-11 时还需关注：

1）分喷嘴直径一般不超过 20mm，不小于 4mm。

2）式（9-13）和表 9-11 中塑料熔体的流道体积流量 q_i（cm^3/s），应该是注射模的输入总流量经分流道分配后流量，就是该分喷嘴的输出流量。

3）式（9-13）和表 9-11 中塑料熔体的流动指数 n，可查阅表 3-1 和表 3-2 中熔体输送的剪切速率 $\dot{\gamma}$ 在 $10^2 \sim 10^3 \mathrm{s}^{-1}$ 范围内的 n 值，或根据该品种塑料材料的流变曲线推算。

表 9-11　分流道和分喷嘴的通道直径

流量 $q_i/$ $(\mathrm{cm}^3/\mathrm{s})$	分喷嘴的直径 D/mm，流道直径 d_i/mm			流量 $q_i/$ $(\mathrm{cm}^3/\mathrm{s})$	分喷嘴的直径 D/mm，流道直径 d_i/mm		
	$n \leqslant 0.25$	$0.25 < n \leqslant 0.5$	$0.5 < n < 1.0$		$n \leqslant 0.25$	$0.25 < n \leqslant 0.5$	$0.5 < n < 1.0$
1	3.4	3.1		100	16.0	14.4	12.8
2	4.3	3.9	3.5	110	16.5	14.9	13.2
3	5.0	4.5	4.0	120	17.0	15.3	13.6
4	5.5	4.9	4.4	130	17.4	15.7	13.9
5	5.9	5.3	4.7	140	17.9	16.1	14.3
6	6.3	5.6	5.0	150	18.3	16.5	14.6
7	6.6	5.9	5.3	160	18.7	16.9	14.9
8	6.9	6.2	5.5	170	19.1	17.2	15.2
9	7.2	6.5	5.7	180	19.4	17.5	15.5
10	7.4	6.7	5.9	190	19.8	17.8	15.8
15	8.5	7.7	6.8	200	20.1	18.1	16.1
20	9.3	8.4	7.5	210	20.5	18.4	16.4
25	10.1	9.1	8.0	220	20.8	18.7	16.6
30	10.7	9.6	8.6	230	21.1	19.0	16.9
40	11.8	10.6	9.4	240	21.4	19.3	17.1
50	12.7	11.4	10.1	250	21.7	19.5	17.3
60	13.5	12.1	10.8	260	22.0	19.8	17.6
70	14.2	12.8	11.3	270		20.0	17.8
80	14.8	13.4	11.9	280		20.3	18.0
90	15.4	13.9	12.3	290		20.5	18.2

注：1. n 为剪切速率 $\dot{\gamma} = 10^2 \sim 10^3 \mathrm{s}^{-1}$ 范围内塑料熔体的流动指数。

　　2. 带有方框的数值较少采用。

2. 直接浇口喷嘴的热补偿

图 9-42a 所示为直浇口整体式喷嘴。其中 D_o 是浇口套的直径，C 是喷嘴安装在定模板的基准面。喷嘴温度与模具温度之差为 ΔT，会导致喷嘴壳体与浇口套在轴线方向热膨胀而伸长。如果浇口套达不到制件的成型表面，注塑制件表面上将会留下凸起的浇口套的痕迹。相反，浇口套伸出成型面，制件上会留有凹痕。

如图 9-42 所示，室温下的喷嘴的长度为

$$L_t = L_g - \Delta L = L_g\left[1 - \alpha(T_z - T_m)\right] \tag{9-14}$$

式中　L_t——考虑热补偿后室温下喷嘴的长度（mm）；

　　　　L_g——注射时喷嘴的长度（mm）；

　　　　α——喷嘴材料的热胀系数，钢材 $(11 \sim 13) \times 10^{-6}/\text{℃}$；

ΔL——喷嘴的热补偿值（mm）；

T_m——模具的温度（℃）；

T_z——喷嘴的温度（℃）。

图 9-42b 所示为直浇口部分式喷嘴。圆锥直浇口在定模板上。浇口套在注射温度下会伸过定模板成型面，在室温下应预留热补偿 ΔL。预留间隙 ΔL 不足，喷嘴热伸长会对定模板作用很大的挤压热应力。反之，预留 ΔL 间隙过大，注射时会生成塑料膜，甚至泄漏塑胶。估测 ΔL 更重要，也更困难。

为预测 ΔL 数据，做了大量实验研究工作。表 9-12 所列是喷嘴材料的热胀系数 α 和温差 ΔT 的依据。喷嘴壳体大都用（美）H13 调质预硬钢制造，即 DIN1.2344 钢，它的线胀系数 α 随温度变化而变化。

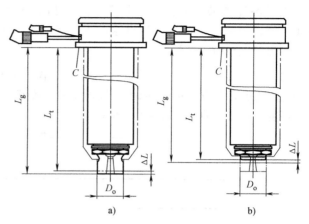

图 9-42 直接浇口喷嘴的轴线方向热补偿

a）整体式喷嘴 b）部分式喷嘴

表 9-12 热流道喷嘴壳体热补偿预测的依据

温度范围/℃	20~100	20~200	20~300	20~400	20~500
H13 钢的热胀系数 $\alpha(10^{-6}/℃)$	10.9	11.9	12.3	12.5	13.0
喷嘴与模具的温差 ΔT/℃	100	150	200	250	300
对应的塑料	POM	TPU	PA	PET	PEI

注：POM—聚甲醛注射温度为 165~175℃；TPU—热塑性聚氨酯弹性体注射温度为 190~240℃；PA—聚酰胺注射温度为 220~265℃；PET—聚对苯二甲酸乙二醇酯注射温度为 270~290℃；PEI—聚醚酰亚胺注射温度为 310~420℃。

将表 9-12 中数据代入式（9-14）计算喷嘴热胀量 ΔL，只有在流道直径 $D=4$mm，喷嘴长度 $L=100~200$mm，计算热胀量 ΔL 才符合实际。大多数计算值比实际需要补偿量要小。喷嘴热胀量 ΔL 确定需要大量的实验和经验数据。

3. 单型腔的直接浇口的分喷嘴设计示例

单型腔的直接浇口喷嘴的热流道浇注系统如图 9-43 所示，聚碳酸酯 PC 与矩形细框架，重 53.16g，壁厚 0.75mm。矩形框长 900mm，宽 512mm，高 5mm。高黏度 PC 熔体充模流程比为 110，对于周边长 2824mm 细条，16 个注射点是必须有的。剪切切断的潜伏式浇口，冷流道凝料的脱模简便。图 9-43 所示流道板的分流道为等流程设计，8 个分喷嘴有相同的注射压力。

第一步，计算主流道输送各流道的体积流量 Q 和直浇口分喷嘴流量 q_i。无定形

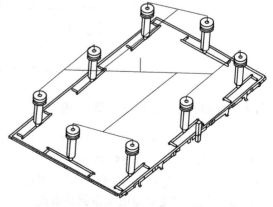

图 9-43 单型腔的直接浇口喷嘴的热流道浇注系统

PC 塑料固体密度为 $1.20 \mathrm{g/cm^3}$，换算成体积为 $44.3 \mathrm{cm^3}$，在 340℃下注塑制件，熔体密度为 $1.03 \mathrm{g/cm^3}$ 折算成熔体体积 $44.6 \mathrm{cm^3}$，冷流道的熔体体积为 $99.2 \mathrm{cm^3}$，输送给制件和冷流道的熔体总体积为 $143.8 \mathrm{cm^3}$。

查表 5-2，根据注射体积量 V 与注射时间 t 的关系，注射 $143.8 \mathrm{cm^3}$ 体积塑料熔体，注射机螺杆推进时间为 1.7s。主流道输送体积流量 $Q = 84.6 \mathrm{cm^3/s}$，8 个直浇口分喷嘴注射量均衡，其流量 $q_i = 10.6 \mathrm{cm^3}$。

第二步，查表 3-2，PC 熔料在流动剪切速率 $\dot{\gamma}$ 在 $10^2 \sim 10^3 \mathrm{s^{-1}}$ 范围内 $n = 0.83$。查表 9-11，分喷嘴的流道直径 $D = 6 \mathrm{mm}$。如图 9-44 所示的热流道注射的分喷嘴，采用导流梭针尖调节直接浇口温度。查图 9-39，高黏度 PC 体积流量 $q_i = 10.6 \mathrm{cm^3}$ 时直接浇口直径 $d_o = 1.8 \mathrm{mm}$。

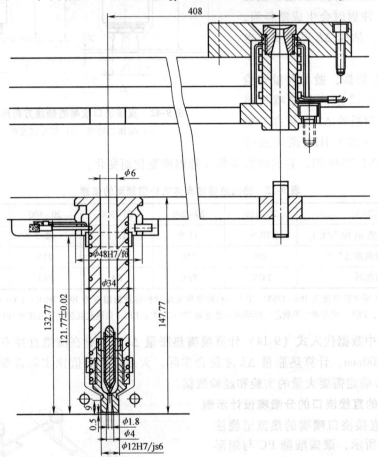

图 9-44　直接浇口 8 个分喷嘴的热流道

9.3.4　直接浇口的主流道喷嘴设计

没有流道板的热流道系统成本较低。主流道单喷嘴可直接成型注射流程比较大制件。在这类注射模中，只有一个注塑制件的型腔和一个直接浇口。单点注射的主流道喷嘴应用在单个型腔的注射模。它有 50~800mm 的喷嘴长度，能适应各种注射模的结构。

1. 直接浇口的主流道喷嘴系列标准规格

直接浇口的主流道单喷嘴如图 9-45 所示，浇口有锥度，便于脱出又长又粗的料柄。它能注射大型深腔的厚壁壳体，如盆和桶。主流道喷嘴通道中，熔体传输的压力损失较小。此种单个中央的正面浇口，成型的壳体取向良好，且无熔合缝。

这种喷嘴有粗大浇口凝料，根部有气泡和凹陷，需要机械切割去除。粗大根部，注射时还需延长冷却时间。在成型平板制件时，易产生扭曲变形。

为了避免塑件表面有颇大的痕迹，往往将壳体倒置，从壳体的里侧注射成型，型芯块和脱模机构在定模一侧，主流道很长，需要使用主流道单喷嘴。叠式热流道注射模，主流道要深入到注射模中央，为避免在主流道中有过大的压力损失，也要用主流道喷嘴。总之，在主流道过长时，应考虑使用主流道喷嘴。有较大流量和较长单喷嘴，应有两个加热器。相反，当主流道较短，它可利用注射机喷嘴和热流道板的热传导加热，做成主流道喷嘴。

图 9-46 所示的直接浇口的主流道单喷嘴，标准系列浇口直径为 $0.6\sim5.0$mm。它的流道直径为 $4.0\sim20$mm。表 9-13 所列的系列标准，按塑料熔体的注射量和黏度，选定浇口口径和流道直径。开放式喷嘴容易清洗，不易堵塞，常用于加工回收料和高黏度熔料，以及高充填填料的塑料。使用此种喷嘴时要控制浇口区温度来防止流延和拉丝。图 9-46 中，较大的喷嘴浇口套的外径 D_1 和较长的喷头 H，有较大的冷却面积，适用于慢结晶的塑料和无定形塑料。在浇口区域利用灌入模具的低温水可加强冷却。反之，较小的浇口套有利于保温和保压，适用于快结晶型的 PA、POM 和 PET 塑料。

主流道喷嘴的入口要准确地安装在模具上。如图 9-46 所示，单喷嘴与定位环以 D_6 直径，高精度定位在注射机的固定板。单喷嘴被定位环与模板可靠压紧在模具上。定位环常用 4 个 M6 螺钉连接固定，以抵御喷嘴浇口端面的高压反力。喷嘴座以 D_3 直径与模板孔定位。圆周凸棱与模板仅以 2mm 密配，减小热传导面积。喷嘴壳体插入模具的 D_2 开孔，建立单向 $1\sim2$mm 的绝热空气隙。配合公差中需考虑膨胀。

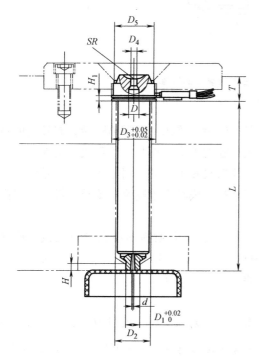

图 9-45　直接浇口的主流道单喷嘴

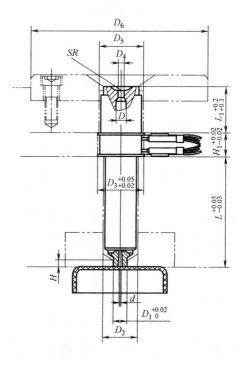

图 9-46　直接浇口的主流道单喷嘴系列标准规格

表 9-13 直接浇口的主流道喷嘴系列标准规格（符号对应图 9-46）（单位：mm）

喷嘴流道	浇口直径	浇口套		喷嘴孔	台肩		压圈直径	喷嘴入口		喷嘴长	
D_6	d	D_1	H	D_2	D_3	H_1	D_5	D_4	SR	L	L_1
7	1.0~2.5	10	3	24	32	17	27.5	4	13~20	40~135	16~60
10	1.0~2.5	12	4	34	40	18	35	5	13~20	40~250	16~60
12	1.5~3.5	14	5	39	46	20	40	6	13~20	50~350	20~80
16	1.5~5.0	20	7.5	48	56	24	48	8	13~20	50~500	20~100
20	2.0~6.0	25	10.5	58	68	27	60	10	13~20	60~600	20~250

2. 主流道单喷嘴与注射机喷嘴的匹配

主流道单喷嘴的入口要与注射机的喷嘴匹配，如图 9-47b 所示。主流道入口直径 D_T 理应等于且对准注射机喷嘴的孔径 D_D。考虑到各种误差存在，为保证两者对准，主流道入口直径 D_T 比喷嘴孔径 D_D，要大 0.5~1.0mm。为保证主流道喷嘴的凹坑球面，与注射机喷嘴球头贴合好，防止熔料反喷泄漏。凹坑球半径 RK_T 必须大于球头半径 RK_D，应有 0.5~5mm 之差。图 9-47a 所示，主流道的入口通道由小到大，锥孔可以有锥角（20°左右），避免通道突变。这样的结构在注射机喷嘴后退时，主流道中的熔料就不容易流延了。

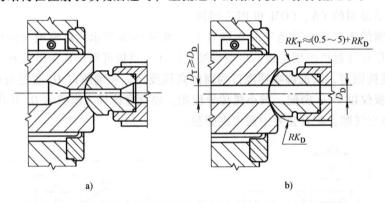

图 9-47 主流道单喷嘴与注射机喷嘴的匹配
a）小直径主流道入口 b）主流道喷嘴入口与注射机喷嘴

注射机喷嘴在注射冷流道模具时，常用小口径的喷嘴。采用主流道喷嘴后，有较大的喷嘴流道和较大的入口口径，此时，注射机要改用大口径的喷嘴。而且，注射机喷嘴在生产加工时，压紧在模具主流道喷嘴上，并不退回，避免注射机喷嘴口的冷料进入热流道系统。

在注射机的强大的液压驱动下，淬硬的喷嘴球头挤压模具上单喷嘴。要求接触零件用高碳合金钢制造，热处理后硬度达到 50HRC 以上。

这种热流道系统的主流道喷嘴里，装有过滤网，防止下游喷嘴的小浇口被机械杂质堵塞，这对使用回收料的注射生产很有必要。这种过滤网圆筒必须有大于 $125mm^2$ 的有效面积。装备过滤网后，主流道中熔体流动压力损失要增加 30% 以上。

3. 单喷嘴流道直径

流道直径是单喷嘴的主要参数。它的直径主要取决于射入的体积流量 Q，还与塑料熔体的流动性能有关。单喷嘴流道内流动熔体应具有剪切速率 $\dot{\gamma} = 1100 \sim 1700s^{-1}$，对应有 4~20mm 的标准系列的直径。由式（3-21）喷嘴内流道直径计算式得

$$D = \frac{1.366}{\sqrt[3]{\dot{\gamma}}} \sqrt[3]{\frac{Q(3n+1)}{n}}$$

式中　Q——塑料熔体的流经单喷嘴流道的体积流量（cm^3/s）；

　　　n——熔体的流动指数，应选取剪切速率 $\dot{\gamma} = 10^3 \sim 10^4 s^{-1}$ 范围内数据，参考表 3-1 或表 3-2；

　　　$\dot{\gamma}$——塑料熔体流经单喷嘴流道的合理剪切速率（s^{-1}），常以 $1400 s^{-1}$ 左右代入，得

$$D = 0.122 N \sqrt[3]{Q} \tag{9-15}$$

又令熔体系数 $N = \sqrt[3]{\frac{(3n+1)}{n}}$，为简化计算过程，对于 $n \leqslant 0.25$，近似取 $n = 0.2$，计算得 $N_a = 2.0$。对于 $0.25 < n \leqslant 0.50$，近似取 $n = 0.35$，计算得 $N_b = 1.8$。对于 $0.5 < n < 1.0$，以 $n = 0.65$，计算得 $N_c = 1.7$。由此三个流动指数 n 区间内可得单喷嘴内流道直径计算式为

$$n \leqslant 0.25 \qquad D_a = 0.244 \sqrt[3]{Q} \tag{9-15a}$$

$$0.25 < n \leqslant 0.5 \qquad D_b = 0.230 \sqrt[3]{Q} \tag{9-15b}$$

$$0.5 < n < 1.0 \qquad D_c = 0.207 \sqrt[3]{Q} \tag{9-15c}$$

将上述计算结果制成表 9-14，为选用单喷嘴的通道直径提供方便。当直径超过 18mm 时，塑料过大的传热厚度让加热器的温度控制不可靠。注射机不能承担所需注射速度和压力。主流道单喷嘴能输出的体积流量不应超过 $300 \sim 1000 cm^3/s$。针尖浇口的单喷嘴的体积流量不应超过 $300 \sim 500 cm^3/s$。大流量的单喷嘴应该用针阀式的浇口。

表 9-14　主流道单喷嘴的通道直径

流量 Q	单喷嘴的直径 D/mm			流量 Q	单喷嘴的直径 D/mm		
cm^3/s	$n \leqslant 0.25$	$0.25 < n \leqslant 0.5$	$0.5 < n < 1.0$	cm^3/s	$n \leqslant 0.25$	$0.25 < n \leqslant 0.5$	$0.5 < n < 1.0$
3	3.5	3.3		100	11.3	10.7	9.6
5	4.2	3.9	3.5	150	13.0	12.2	11.0
8	4.9	4.6	4.1	200	14.3	13.5	12.1
10	5.3	5.0	4.5	250	15.4	14.5	13.0
15	6.0	5.7	5.1	300	16.3	15.4	13.9
20	6.6	6.2	5.6	350	17.2	16.2	14.6
25	7.1	6.7	6.1	400	18.0	17.0	15.3
30	7.6	7.1	6.4	450	18.7	17.6	15.9
35	8.0	7.5	6.8	500	19.5	18.3	16.4
40	8.4	7.9	7.1	550	20.0	18.9	17.0
45	8.7	8.2	7.4	600	20.6	19.4	17.5
50	9.0	8.5	7.6	650	21.1	19.9	17.9
55	9.3	8.8	7.9	700	21.7	20.4	18.4
60	9.6	9.0	8.1	750		20.9	18.8
65	9.8	9.3	8.3	800		21.4	19.2
70	10.1	9.5	8.5	850			19.6
75	10.3	9.7	8.7	900			20.0
80	10.5	9.9	8.9	950			20.4
85	10.7	10.1	9.1	1000			20.7
90	10.9	10.3	9.3	1250			22.3

式（9-15）和表9-14中塑料熔体的体积流量 Q（cm³/s），应该是注射模的型腔体积 V（cm³）除以注射充模时间 t（s）。现代电子计算机三维造型，能很方便地查询到体积 V。可以根据表5-2，以注射体积 V 查找到注射机螺杆推进的充模时间 t。在浇注系统的各位置，注射时间是相同的。因液态塑料密度比固态塑料低，要再用密度修正系数换算。密度修正系数取 $0.95 \sim 0.85$，无定形塑料可取 0.95，结晶型塑料可取 0.85。

[**例9**]　以注射100g的PP料为例。其密度为 $0.9g/cm^3$，体积为 $111cm^3$。在熔融状态下，结晶型的塑料修正体积系数为 0.85。PP塑料熔体的注射量为 $130cm^3$。查表5-2可知充模时间 $t = 1.62s$。计算得体积流量 $Q = 80.3cm^3/s$。查表3-2，PP在剪切速率 $\dot{\gamma} = 10^3 \sim 10^4 s^{-1}$ 范围内，$n = 0.26$。再查表9-14，得主流道单喷嘴的通道直径 $D = 10.5mm$。

4. 单喷嘴的针尖式浇口

图9-2所示的三种针尖式浇口主流道单喷嘴也有广泛应用。由于存在针尖，塑料熔体在环隙截面中射入型腔，浇口温度容易控制。有助于防止浇口上产生拉丝。浇口中央放置导流梭，能保持浇口截面上熔体温度。浇口物料膜的强度较低，在开模瞬间与料头可靠断开。在制件上的浇口残留料头少，痕迹小。标准系列针尖式喷嘴的浇口口径为 $1 \sim 3mm$。

图9-48所示为针尖式的主流道单喷嘴，又称可换色喷嘴。浇口孔在定模板上，由模具生产企业加工并装配。浇口区的温度较低。将浇口口径减小至 $0.3 \sim 1mm$，可减小浇口痕迹，但不适用于对剪切敏感的塑料，以防分解。将浇口口径增大至 $2 \sim 3mm$，可增大注射量。

主流道单喷嘴处于热流道浇注系统的上游，靠近注射机的推进螺杆。塑料熔体的输送压力高，合理的剪切速率在 $1000 \sim 5000s^{-1}$ 范围内，常见的主流道直径在 $20mm$ 以下，常用注射流量在 $600cm^3/s$ 以下。而分喷嘴的流道合理的剪切速率为 $300 \sim 700s^{-1}$，直径一般不超过 $20mm$，不小于 $4mm$。分喷嘴针尖浇口的常用注射流量在 $50cm^3/s$ 以下；分喷嘴直接浇口的常用注射流量在 $200cm^3/s$ 之下。主流道单喷嘴受到流量限制时一般采用针尖浇口，针尖将熔体引入到浇口，浇口温度容易控制。

图9-49所示为有浇口套的整体式喷嘴。在直径为 $1 \sim 2mm$ 时，缺口敏感的无定形塑料PC、PMMA、PS及高玻璃纤维含量塑料，浇口处有清晰的分离断口，但有浇口套的压痕留在制件上。

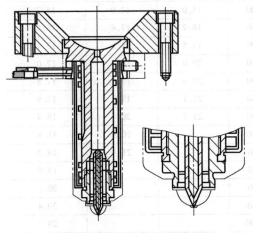 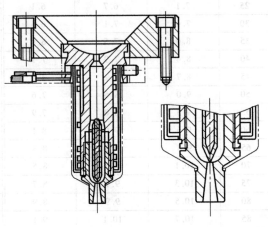

图9-48　针尖式的主流道单喷嘴　　　　　图9-49　有浇口套的整体式喷嘴

9.4 多浇口喷嘴

一个喷嘴有多个浇口可注射间距小的制件型腔。多浇口喷嘴有两类，一类是立式多浇口，另一类是边缘式多浇口。它们的浇口多为开放式小浇口。前者注射方向与喷嘴轴线一致，后者注射方向与喷嘴轴线相互垂直。

9.4.1 立式多浇口喷嘴

立式多浇口喷嘴的浇口套间距可以是 8～10mm，但喷嘴制造困难。

（1）流道输入各浇口的喷嘴 图9-50所示为顶端浇注的立式多浇口喷嘴。喷嘴可以有2、3、4或6个针尖浇口。浇口间距 $D_T = 16～30mm$。喷嘴流道各自输送熔体给浇口。多浇口喷嘴浇口套4可以更换。浇口开设在定模板上，浇口温度较低。因此，浇口套前有保温的塑料隔热腔。这种浇口适用于无定形和慢结晶塑料。

（2）多浇口喷嘴的输入流道各有加热器 图9-51所示的立式多浇口喷嘴，用侧孔管道针尖浇口。喷嘴流道各自输送熔体给浇口，输入流道均有加热器。图9-51中的多针尖的分喷嘴有头部和壳体两段加热，适合流动性差的塑料熔体。浇口间距 $D_T = 25～45mm$，有2、3和4个针尖浇口。

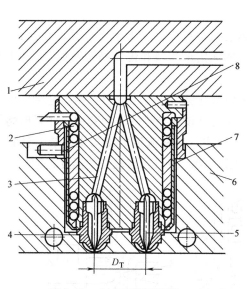

图9-50 立式多浇口喷嘴

1—流道板 2—铸造加热器 3—喷嘴中流道分叉
4—可更换的浇口套 5—导流梭 6—定模板
7—绝热气隙 8—止转销 D_T—浇口间距

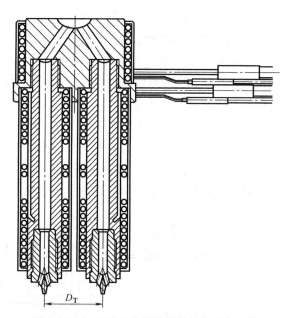

图9-51 2、3和4个侧孔管道针尖的分喷嘴

（3）多针尖浇口的单流道喷嘴 图9-52所示为3针尖的分喷嘴注射成型透明PC医疗注射器。塑料针管长为50mm，管径为3.6mm，管壁厚为2.4mm。针管一头有螺牙，一端有注射孔。三个针尖浇口在前端面上直径6mm的圆周上均布。浇口间距很小，只能采用侧孔

管道多针尖浇注。侧孔管道针尖 4 用铍铜制造。喷嘴壳体 7 用 1.2316（德）制造，嵌入加热器。钢套头 6 用钛合金 TC4 制造，定位紧固在浇口套 8 的孔中。3 个浇口孔在浇口套内，孔径为 $0.5^{+0.02}$ mm。侧孔管道针尖 4 的孔径为 3.6mm，每个针尖头上有 1.5mm 侧孔注射塑料熔体。

9.4.2　边缘式多浇口喷嘴

边缘式喷嘴的浇口在制件型芯柱的侧面平面或圆柱壁面的转角上。开放式浇口直径为 1~2.5mm。浇口不应该在模塑制件的厚壁位置上。针尖浇口用于边缘式喷嘴可以消除喷嘴上浇口里的冷料。这种喷嘴对于针尖的装配必须有专门的结构设计，详见参考文献〔12〕。

边缘式多浇口不但用于主流道喷嘴，也用于流道板下的分喷嘴。而且大都是多个注射点，可以减少喷嘴数目，这使多个型腔的小制件的注射较为经济。边缘式喷嘴常有两种结构。

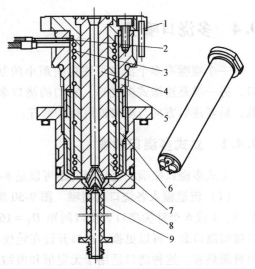

**图 9-52　3 针尖分喷嘴注射成型
透明 PC 医疗注射器**

1—止转销　2—热电偶　3—嵌入加热线圈
4—侧孔管道针尖　5—钢套座　6—钢套头
7—喷嘴壳体　8—浇口套　9—PC 注射器

1. 有隔热仓的开放式浇口

图 9-53 中的几种边缘式喷嘴的周围都有隔热仓的塑料皮层。由于浇口开设在模板上，相对温度较低。这些喷嘴适用注射温度低于 300℃ 的无定形塑料和慢结晶塑料如 PE 和 PP，一般用于注射周期短的包装件。

图 9-53a 所示的喷嘴流道是半圆形，另一半是隔热皮层。作为主流道喷嘴，它会受到很大的注射压力引起的顶出力。图 9-53b 所示喷嘴的流道开设在导热的铍铜套中。注射时熔体冲破 0.2mm 厚的塑料，经过浇口涌入型腔。图 9-53c 中，熔料流道的出口上，装有钛合金的绝热套。隔热小皮层很薄，避免主流道喷嘴受到顶出力。浇口区有较高的温度，适用于加

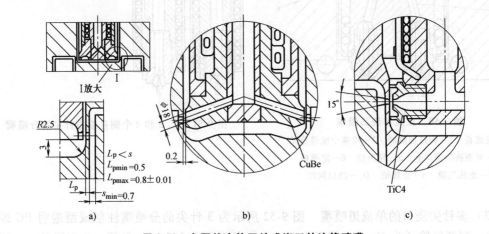

图 9-53　有隔热仓的开放式浇口的边缘喷嘴

a）有隔热仓 1~4 个浇口　b）所有浇口的隔热仓相连　c）各浇口有单独绝热仓

工无定形塑料和结晶型塑料，甚至可加工热敏性的塑料，或者需更换着色的无定形塑料。

2. 开放式接触浇口

图 9-54 所示的喷嘴直接接触模板上的浇口，浇口区有较高的温度。推荐加工结晶型塑料，可以防止浇口过早冻结。喷嘴的底部有隔热皮层，防止喷嘴热膨胀影响密封套与浇口的接触。

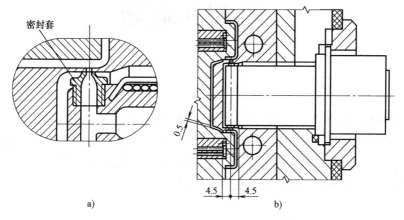

a)   b)

图 9-54　开放式接触浇口的边缘喷嘴

a）局部视图　b）两个型腔模具应用

第10章

针阀式喷嘴

针阀式喷嘴结构复杂，制造和应用成本高。但它的输送量大，保压时间可以控制。只要制件表面允许留下浅圆盘痕迹，就可广泛应用。本章介绍各种针阀式喷嘴的结构和选择应用，针阀喷嘴的设计原理，浇口设计、圆柱和圆锥阀针头及阀针驱动等，以及时间程序控制多个阀针的热流道系统和多角度的针阀式喷嘴注射成型。

10.1 针阀式喷嘴的结构

针阀式喷嘴在热流道系统的应用中有以下四方面的优势：

1）在塑料制件固化前，准确控制阀针闭合的时间。可以确保各个喷嘴在保压后，时间一致的浇口闭合。可使注射循环时间缩短，也使多个型腔注射点的计量一致。

2）它在制件上无废料残留，仅有阀针头留下的圆盘痕迹，能满足许多制件表面质量的需求。浇口不存在流延和拉丝。

3）它可有较大的浇口通道，浇口直径常用 2~7mm。可注射对剪切敏感的塑料。

4）适合大型塑料制件的注射，可以较低保压压力，获得残余应力较大的制件。

结构泡沫制品和微孔塑料制件注射，针阀式喷嘴可使物料在流道输送中不能过早发泡。控制喷嘴开放后，使未发泡的物料迅速充满整个型腔。

针阀式喷嘴在额定温度（300℃）以上，压力超过 160MPa 时，容易泄漏。高温下的聚合物分子降解后，产生的污垢会进入间隙，使阀针卡死，流道烧结。因此，喷嘴损坏时，不能轻易提高温度和增大注射压力，否则会导致泄漏等危害。

针阀式喷嘴的以下因素限制了它们的使用：

1）液压缸或气动缸的使用，需要额外的安装空间，需附加冷却并设置控制系统。

2）过长的阀针和圆环隙的流道，会使喷嘴中的流程压力损失增大。

3）技术难度要求高，价格昂贵，操作和安装维修需要经过专业熟练的人员。

10.1.1 针阀式主流道单喷嘴

先了解针阀式主流道单喷嘴的复杂结构，再讨论这种喷嘴的应用。

1. 针阀式单喷嘴的组成和结构

气动针阀式圆锥头主流道单喷嘴如图 10-1 所示，在主流道芯杯 4 和喷嘴壳体 10 都有加热器和热电偶，能调节输入熔料温度。气缸体 6 中，活塞 7 带动阀针 11 运动，实现浇口的启闭。

（1）塑料熔体的输送管道 如图 10-1 所示，主流道芯杯 4 是体积大结构复杂的主要零件。它固定在气缸体 6 的中央。高压熔体射入后，分流后输送到分流道 16，进入喷嘴流道。中央轴线上的活塞 7，有阀针 11。

与注射机喷嘴贴合的主流道芯杯 4，其凹坑和管径必须与注射机喷嘴球头和孔径匹配。熔体输入后有两个管道分流，输送管道曲折绕过活塞的阀针座，熔体应有 $10^3 \sim 10^4 s^{-1}$ 的流动剪切速率。熔体汇流到阀针后，在圆环管道中流动，在单边 3mm 厚的塑料层有 $10^2 \sim 10^3 s^{-1}$ 的流动剪切速率。该喷嘴段的长度在 200~300mm。整个塑料熔体的输送流程的压力损失较大，要用两段加热的针阀式单喷嘴。

主流道加热可避免依赖注射机喷嘴的热传导。在注射机喷嘴脱离模具时，避免产生冷料。图 10-1 所示的主流道芯杯 4，在圆柱表面上有线槽嵌入直径为 1.8mm，长为 1m 的加热丝，并在端面上插入热电偶。主流道芯杯 4 上开设夹槽，用来安装活塞上的中央横杠，可挂装阀针的圆柱头，让活塞驱动来回运动。

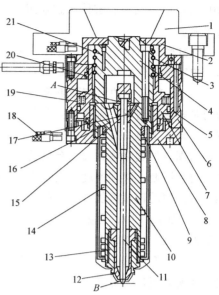

图 10-1 气动针阀式圆锥头主流道单喷嘴

1—定位圈 2—气缸上盖 3—主流道的嵌入加热器 4—主流道芯杯 5—气道 6—气缸体 7—活塞 8—气缸下盖 9—导热圈 10—喷嘴壳体 11—阀针 12—阀针头导热套 13—喷嘴头 14—喷嘴加热器 15—阀针导向套 16—分流道 17—排气孔 18—喷嘴热电偶 19—活塞耐磨密封圈（格莱圈） 20—含氟 O 形橡胶密封圈 21—主流道的热电偶

图 10-1 中，A 位置处，阀针导向套 15 的孔与阀针的间隙会有熔体泄漏。塑料积聚在活塞横杠，使活塞闭合不到位，机械闭合失败。因此导向孔与阀针有高精度配合。直径为 6mm 的阀针，双向间隙应控制在 0.004~0.007mm 范围内。导向孔中有周向细槽，并有排气小孔。阀针导向套 15 用高速钢 SKH51（日）制造，真空热处理硬度为 58~62HRC。阀针也用 SKH51 制造，处理硬度为 58~62HRC，表面氮化钛处理。阀针 11 的圆锥头及附近一段长度，需退火处理至硬度 45HRC。保证阀针与活塞联节部位的韧性。

图 10-1 中，单喷嘴上 B 位置，当阀针 11 闭合不到位时，浇口会有熔料溢出。这需要将活塞 7 的端面修磨，让活塞在闭合极点时与气缸下盖 8 冲撞受阻，而阀针的圆锥头，跟浇口锥孔完全闭合。显然，在 A 位置，活塞中央横杠与喷嘴壳体 10 之间应预留空隙，放置调整填片。阀针的圆锥头闭合的调节和维修是困难的。

图 10-1 所示的单喷嘴上 B 位置，阀针头导热套 12 用铍铜制造。表面镀镍或氮化钛处理，套孔与阀针有 0.1mm 的单向间隙。它引导阀针对准插入浇口孔，同时热传导到浇口洞口。喷嘴头 13 用热作模具钢 H13 制造。它紧固导热套，并有六角扳头形体。喷嘴头伸入定模上洞口，圆锥面外是喷嘴头部的封胶面。

（2）气动驱动装置 气动驱动装置由气缸和阀针组成，阀针有 8~18mm 工作行程，连接在活塞 7 上来回滑动。对气缸或液压缸的制造精度要求高。阀针在 $1500 \times 10^5 Pa$ 熔体压力中克服黏性阻力，需要较大的驱动推拉力。因此，常用 75~95mm 直径活塞，气缸外径达到

120~150mm。活塞、缸体和缸盖用热作模具钢 1.2361 制造。要有很厚的定模固定板容纳安装单喷嘴。

气缸密封有活塞密封、导向环和 O 形圈三种密封方法。有直线移动和静止密封两种状态。单喷嘴的气缸需用耐高温系列的密封圈，价格昂贵。

1）图 10-1 中的活塞耐磨密封圈 19，俗称格莱圈。由内、外两个密封圈同轴组成，主密封是矩形密封环，副密封是弹性 O 形圈。通过径向的过盈配合，连同 O 形圈的预压缩，即使在低压下也具有良好的密封效果。当系统压力升高时，O 形圈通过变形施加更大压力，使密封圈更加紧贴密封面。允许活塞的移动速度为 4~15m/s，压力为 4~40MPa。密封圈由多种材料压制，移动速度、耐压和耐温有差别。耐高温的聚四氟乙烯填料添加 30% 碳纤维，有耐磨的四氟添加青铜。须注意，工作温度升高时，耐压性能下降。

2）图 10-1 中，含氟 O 形橡胶密封圈 20。应有 -30~120℃ 耐温范围。针阀式主流道单喷嘴的气缸，通常没有绝热和循环冷却液的设计。应注意，气缸上的 O 形圈有两种工作状态，移动摩擦和静止密封，两者的预紧和沟槽尺寸公差是不同的。尽管是用于静止密封，也要采用耐高温的 O 形圈。

用 0.6MPa 压缩空气驱动，可得到阀针闭合力约 2kN。单喷嘴注射时塑料熔体有 100MPa 左右的高压，阀针的运动阻力很大。活塞中央的空间位置被流道和阀针占据。虽然活塞直径在 75mm 以上，但受压面积有限。生产中会出现阀针停滞和退针。用 3~6MPa 液压油的液压缸活塞驱动，阀针闭合力提高 10 倍以上。如果用液压缸驱动，液压油压力为 3MPa，可获得阀针闭合力约 10kN。有两种液压缸轴线设计，一种与阀针在同一轴线，另一种偏置液压缸用杠杆传动阀针的单喷嘴。

2. 针阀式单喷嘴应用

针阀式喷嘴应用中，单喷嘴数量所占比例较小。居于中央轴线的驱动活塞使塑胶输送通道分流又曲折。气缸或液压缸的工作条件差，制造、装配和维修困难。这种单喷嘴热流道系统的应用应遵循以下原则。

1）针阀式单喷嘴热流道系统适宜成型 250~1000g 的注塑制件。对于中等黏度塑料熔体，输送体积流量在 12~150cm³/s 为宜，低黏度熔体流量在 20~250cm³/s，高黏度熔体流量在 5~50cm³/s。此种单喷嘴浇口有 2~4.5mm 的口径。采用细阀针有压杆稳定强度制约。流量过大单喷嘴，粗阀针要有大直径的活塞驱动。

2）气动针阀式单喷嘴不适用高温塑料熔体的注射成型。注射熔体温度 300℃ 以上的 PEI、PSU 和 PEEK 等塑料，要有高功率加热线圈和精确的温度控制。高温影响气缸的工作条件，破坏密封圈的性能。玻璃纤维增强和矿物充填的塑料熔料，会加剧喷嘴零件的磨损。还有腐蚀性的塑料熔体，添加阻燃剂和 PVC 等塑料，要慎重考虑是否应用气动针阀式单喷嘴。

3）针阀式单喷嘴的浇口形式。阀针有圆柱头和圆锥头两种。喷嘴有带有浇口和不带有浇口两种，喷嘴不带浇口，浇口在定模板上加工，冷却条件好。在喷嘴头上要装上塑料隔热帽。图 10-1 所示阀针为圆锥头，浇口孔在定模板上。

10.1.2 针阀式分喷嘴

1. 热流道针阀式分喷嘴结构

如图 10-2 所示，气动针阀式分喷嘴的总体结构特征如下：

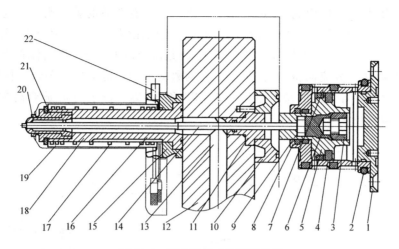

图 10-2 气动针阀式分喷嘴结构

1—缸盖 2—密封橡胶圈 3—并紧螺钉 4—耐磨橡胶圈 5—活塞 6—压紧螺钉 7—缸体 8—缸底盖
9—调整垫片 10—承压圈 11—导滑套 12—流道板 13—分流道 14—阀针 15—喷嘴座 16—热电偶
17—加热器 18—喷嘴体 19—不锈钢外套 20—导热铍铜套 21—喷嘴头 22—止转销

1）驱动气缸位于定模固定板内，有缸盖 1 的螺钉固定在板上。缸体 7 的外圆柱上配有 3 个 O 形橡胶密封圈，将进出气道分隔。气缸外壁的水冷管道布置在定模固定板上。

2）活塞 5 中央挂入阀针柱头，有压紧螺钉 6 和并紧螺钉 3 紧压和防松。活塞中央阀针柱头下有调整垫片 9。垫片厚度确定阀针头的闭合位置。对于图 10-2 所示圆柱头阀针，决定制件表面上圆压痕的深浅。

3）通常，针阀式喷嘴浇口直接注射在制件表面上。浇口孔径主要由体积流量决定。对薄壁注塑制件，浇口孔径 d_g 应为 2 倍制件的壁厚。以有利于保证浇口附近区域的成型质量。如图 10-2 所示，导热铍铜套 20 的表面镀镍，对阀针有导向功能，有单向 0.1mm 环隙。喷嘴头 21 能保证浇口洞口有效封胶，也使导热铍铜套 20 调换较为方便。

4）阀针 14 贯穿流道板 12。熔体从分流道横向注入喷嘴的圆环流道。为防止阀针 14 与导滑套 11 的配合面上熔体泄漏，导滑套与阀针的双向间隙小于 0.01mm。导滑套的内孔上割两条深 0.5mm，宽 1mm 的阻漏槽。导向套用 SKH51（日）制造，真空热处理硬度为 58~62HRC。阀针也用 SKH51（日）制造，处理硬度 58~62HRC，表面氮化钛处理。阀针的挂吊圆柱头及附近长度内，需退火处理至硬度 45HRC。如活塞带动阀针的行程为 9mm，导滑套的轴向长度 20mm。阀针不能设有大于 1mm 的台阶轴段，以防熔体压力迫使退针。

5）用绝热钛合金承压圈 10 紧压流道板，并与导滑套 11，设置有效的封胶端面。流道板 12 底面与多个喷嘴体 18 的端面必须紧密贴合，不能漏胶。

6）喷嘴头 21 紧压在定模板的浇口的封胶洞口上。喷嘴与定模孔之间有单向 1mm 宽的绝热空气隙。

图 10-2 所示喷嘴结构最大缺点是缸体外径大于喷嘴外径，占用空间过大，喷嘴间距受到制约。

2. 针阀式分喷嘴的标准系列

图 10-3 所示为气动针阀式分喷嘴的主要技术尺寸，热流道针阀式分喷嘴的技术参数见

表 10-1。浇口直径 d_g 与体积流量 $\sqrt[3]{q_i}$ 成正比关系。既要有合适的剪切速率，也要考虑浇口痕迹。分喷嘴的流道孔径 D 与阀针最小直径 d 有一定的比例关系。表 10-1 体积流量 q_i 经圆环管道的流变学计算，经压力降 Δp 验证。表中 q_i 是流经该单个分喷嘴的体积流量。它由射入模具的总流量 Q 经分流而得。表 10-1 中 q_i 的数据范围，低黏度的塑料熔体适宜偏大流量；中间值适宜于中等黏度的塑料熔体，如 ABS 和 PS 等；偏小的 q_i 适合高黏度的 PC 物料。常见的浇口直径 $d_g = 1 \sim 5\text{mm}$。

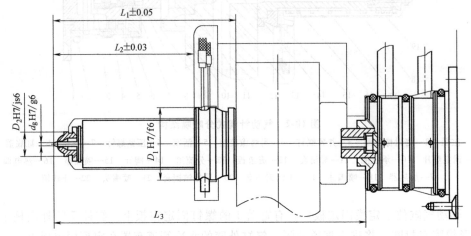

图 10-3 气动针阀式分喷嘴主要技术尺寸

阀针最小直径 $d = 2 \sim 8\text{mm}$，取 2mm、4mm、6mm 和 8mm 系列。阀针最小直径 d 与喷嘴流道孔径 D 之间有单向塑料熔体层厚度 δ，理想厚度 $\delta = 3 \sim 3.5\text{mm}$。$\delta$ 过小，喷嘴圆环流程压力损失过大。

表 10-1 热流道针阀式分喷嘴的技术参数

浇口直径 d_g/mm	$1 \sim 2$	$1.5 \sim 3$	$2 \sim 3.2$	$3.2 \sim 4.5$	$4 \sim 5.2$	$5 \sim 6.8$	$5.2 \sim 7.4$
阀针最小直径 d/mm	2	3	4	5	6	7	8
流道孔径 D/mm	$6 \sim 8$	$8 \sim 10$	$9 \sim 10$	$10 \sim 12$	$12 \sim 14$	$13 \sim 16$	$14 \sim 17$
体积流量 $q_i(\text{cm}^3/\text{s})$	$5 \sim 20$	$20 \sim 50$	$40 \sim 100$	$100 \sim 250$	$200 \sim 450$	$450 \sim 900$	$850 \sim 1200$

针阀式分喷嘴的主要技术参数决定了标准系列：

1）喷嘴长度 L_1 和 L_2 决定注射点轴向位置。长度 L_2 决定加热线圈的长度和功率。长度 L_1 与流道孔径 D 对应。L_1 最长可达 500mm，长度在 300mm 以上时，喷嘴需有两个加热控温区。

2）喷嘴的阀针闭合位置的长度 L_3 需精确到 0.01mm。它需要热流道安装到模具里时进行调整。圆柱头阀针长度 L_3 决定浇口圆坑的深浅。对圆锥头阀针，长度 L_3 决定浇口闭合。

3）阀针行程 7～15mm，粗长的阀针需有较大的行程。阀针直径与喷嘴长度 L_1 相关。

4）喷嘴注射有较大的浇口通道，浇口直径常用 2～6mm。浇口物料的剪切速率较低。因此，适用高黏度和对剪切敏感的塑料熔体，可以控制获得较长时间的保压压力。物料能充分补偿制件，以较低保压压力，获得残余应力较低的制件。瞬时关闭浇口的功能，防止型腔中高压熔料的倒流，适宜注射厚壁的大型塑料制件。

针阀式分喷嘴应用有两方面缺点：

1）驱动气缸或液压缸的使用，要有气源或压力油，既要用电磁阀等复杂的控制系统，还需要额外的安装位置，并需要对其附加冷却。

2）阀针要通过流道板，又通过曲折的圆环流道，会使喷嘴中的流程压力损失增加。

10.2　针阀式喷嘴的设计

针阀式喷嘴是自动控制系统中的执行装置。它在高温和高压的条件下输送和控制塑料熔体。要求阀针启闭浇口可靠、精准和稳定。针阀式喷嘴设计的核心是流变学、传热学、材料力学理论。

10.2.1　阀针头和浇口

1. 阀针与喷嘴头的结构型式

图 10-4 所示为 5 种针阀式喷嘴的浇口部位结构。有部分式和整体式两大类型。前三种浇口孔在定模板上，称为部分式分喷嘴；后两种的浇口套在喷嘴上，称为整体式分喷嘴。

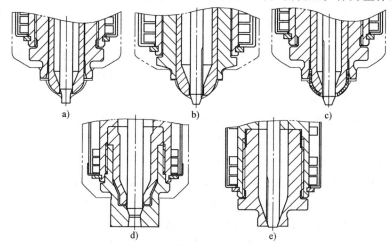

图 10-4　针阀式分喷嘴头的型式

a）圆柱头针阀式喷嘴，浇口在定模　b）圆锥头针阀式喷嘴，浇口在定模　c）有隔热帽的
圆锥头针阀式喷嘴，浇口在定模　d）直接浇口的圆锥头针阀整体式喷嘴
e）整体式圆锥头针阀式喷嘴浇口

塑料熔体在喷嘴的浇口和流道中不能冻结。图 10-4a～图 10-4c 所示的部分式分喷嘴头，浇口开设在模具上。浇口区温度较低，适用于无定形塑料的注射。如果加工快结晶塑料，浇口里会较早地出现冻结皮层，从而妨碍阀针头插入闭合，或将浇口凝料推入到制件的表面。图 10-4 所示后两种整体式的喷嘴，喷嘴壳体上加热器，保证阀针头和浇口区的高温。适用于结晶型塑料的注射。防止浇口中的物料过早冷却，保证阀针头在熔融态插入。尤其是对于快结晶 POM 塑料，高黏度 PC 塑料。浇口套用热传导良好材料制造，维持浇口内高温，防止阀针头黏滞在固化塑料中。如果加工无定形塑料，因为浇口与制件的接触面温度过高，制件表面会起皱，甚至烧伤。

2. 各种针阀式喷嘴的结构和选用

（1）圆柱头针阀式喷嘴的浇口在定模上（图 10-4a）

1）为确保阀针的圆柱头能平稳地插入到圆柱孔中，有两种方法。一种是用导向环 1 定向引导。它设置在靠近浇口区域，如图 10-5 所示。导向环 1 的内孔用三段圆弧接触滑动中的阀针。小间隙配合，防止阀针弯曲变形，能对准浇口顺利插入，但割裂和阻滞了塑料熔体，不利于提高制件成型质量。

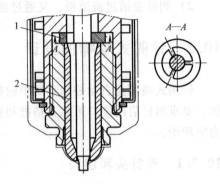

另一种是用图 10-5 中的导热套 2 起导向作用。用铍铜制造导热套，表面镀镍或氮化钛。它与阀针之间有 0.01mm 的单向间隙。阀针接触长度上削去三段圆弧，减小摩擦面。喷嘴头有六角扳手柱段，用细牙螺纹压紧导热套。它用热作模具钢 H13（美）制造，伸出圆柱段以 H7/g6 与定模板上浇口孔配合，是喷嘴头部的封胶面。

图 10-5　阀针导向的分喷嘴头
1—导向环　2—导热套

2）圆柱头阀针在制件表面上留下圆盘直径大小稳定。高低或深浅取决于阀针下死点位置调整。1~2mm 直径阀针头的痕迹细小齐整，无碍观感。大直径的阀针头在制件上凹坑痕迹周边，还会出现流动纹等缺陷。

3）浇口在模板上，多个阀针的圆柱头与浇口孔的微小间隙较难加工。装在定模板上浇口孔镶嵌件，常用预硬钢制造，硬度为 38~40HRC。浇口孔磨损后泄漏熔料，闭合失效。维修时阀针与浇口孔成对更换。

4）浇口区的温度较低，受到浇口附近的模板冷却效率的影响较大。适宜于一般性的无定形和慢结晶型塑料品种，如 ABS、PS、PE、PP 和 TPE 等。

（2）圆锥头针阀式喷嘴的浇口在定模板上（图 10-4b）。

1）圆锥头浇口提供稳定的圆凹痕。注塑制件上浇口附近的成型质量比圆柱头好些。

2）同样的浇口直径，允许有较粗的阀针。适用于较长的喷嘴。

3）圆锥浇口孔受到阀针头冲击，存在疲劳冲击损坏。阀针的闭合位置必须经过仔细调节，能软闭合又不泄漏熔料。维修时延用原阀针并更换浇口镶嵌件。

4）浇口区的温度较低，适宜于无定形（如 ABS、PS 和 PMMA 等塑料）及慢结晶型塑料品种，如 PE 和 PP 等。为防止圆锥孔上的污染影响闭合，不适用于注射矿物填料和玻璃纤维增强的塑料。

（3）有隔热帽的圆锥头针阀式喷嘴，浇口在定模上（图 10-4c）　用耐高温 PEI 或 PEEK 塑料阻隔热传导，能消除减小模具冷却系统的影响，维持喷嘴头温度。另一方面，喷嘴头的维修和换色方便，适合注射高黏度 PC 和剪切敏感的 POM 等工程塑料。

（4）直接浇口的圆锥头针阀整体式喷嘴　如图 10-4d 所示，直接浇口有较大注射量，圆锥头针阀闭合不会产生拉丝和垂滴，能为下游的多注射点冷流道浇注系统输送高压的塑料熔体，适合注射各种塑料，也适合注射热敏性塑料和含有剪切敏感的添加剂塑料。浇口喷嘴头可用耐磨耐蚀合金钢制造。工作寿命长，更换方便。

（5）整体式圆锥头针阀式喷嘴浇口　又称热阀针（Hot Valve），如图 10-4e 所示。浇口喷嘴头可用高强度和硬度 SKD51（日）制造，耐磨且更换方便。喷嘴头留在制件的圆痕迹的凹凸与深浅，与喷嘴的轴线方向热胀量有关。如果喷嘴头加热能维持高温，浇口便于保压补缩，阀针闭合容易。适用于快结晶塑料如 PA、PAEK、PEEK、POM、PPA、PPS 等塑料。

（6）多层隔热圆锥头针阀式喷嘴 如图 10-6 所示，浇口在定模。用钛合金 TC4 隔热套件 5 和 6，对喷嘴壳体 7 隔热。两个螺纹连接钛合金隔热套包裹喷嘴，一端又有螺牙旋在喷嘴座，另一端紧配在喷嘴壳体 7 上。浇口在定模上，阀针是圆锥头也可以是圆柱头。钛合金隔热套上有高 1.5mm 封胶的圆柱面，紧配在定模的安装孔中，有较好的精度和刚性。用大功率镶嵌式加热线圈 4 镶嵌在喷嘴壳体，加热效率高。适用于 PC 和 PA 高温熔融塑料。圆柱头的阀针，适用于 PPS 和 PET 等玻璃纤维充填塑料。

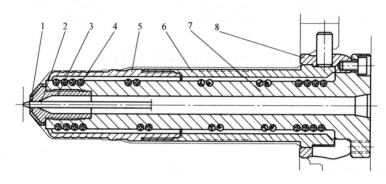

图 10-6 多层隔热圆锥头的针阀式分喷嘴

1—隔热帽 2—阀针 3—喷嘴头 4—镶嵌式加热线圈 5—钛合金 TC4 隔热套 A
6—钛合金 TC4 隔热套 B 7—喷嘴壳体 8—喷嘴座

3. 阀针头和浇口闭合形式

针阀式喷嘴上浇口的机械闭合如图 10-7 所示。图 10-7 中所示喷嘴的阀针头与浇口有两种闭合形式，圆柱头和圆锥头。

（1）圆柱头 图 10-7a 所示阀针头为圆柱体，简称圆柱头。在圆柱头做闭合运动时，将浇口洞口 d_g 中的一段塑料柱体压注到制件中，导致浇口附近塑料被过量压缩。此部位会有过大的残余应力，会出现发白和裂纹。图 10-7a 所示洞口高度 h 过大，柱头会凸现出成型表面。因此，洞口高度 $h=0.5\sim0.7$mm，只要强度容许，应尽量小些。圆柱头必须有精密的滑动配合，并考虑径向的热膨胀的补偿。轴向死点位置调整后，一般在制件表面上有深 $0.05\sim0.2$mm 的圆坑痕。长期工作后，浇口孔与圆柱头之间的间隙会增大，且有熔体泄出。细小的圆柱头，多用于几克的小制件，可得到浅薄痕迹。浇口孔标准公差等级 H7，圆柱头直径标准公差等级 g6。建议更高公差配为 H6/d5。针阀式喷嘴长期使用后，孔径被摩擦磨损。阀针对孔的同轴度误差大，阀针有弯曲变形，磨损更剧烈。浇口残留痕迹会更加明显，也就不适宜精确计量和熔合缝的控制。

（2）圆锥头 图 10-7b 所示浇口和阀针头有 40° 的锥度。驱动力经圆锥头全部压在浇口上，密封可靠。阀针的长度必须精确可靠。闭合时死点位置，必须仔细调节。在常温常压下，阀针闭合时，与锥形孔间应有 0.02mm 间隙。圆锥头不适合注射有矿物质填料的塑料。

图 10-7b 所示圆锥头，在浇口成型面上应伸出 $l_p=0.05$mm。如果浇口洞口和圆锥头都是锐边尖角，在注塑制件上留下圆凹痕。图 10-7c 中所示箭头所指为浇口洞口，如果为圆角，

可能在表面上粘出凸起圆柱痕迹。圆锥头闭合截流可靠，接上多点注射的时间程序控制器，成功地用于薄壁制件上的熔合缝位置的控制。

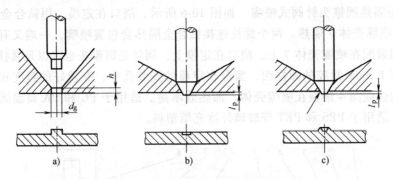

图 10-7　针阀式喷嘴上浇口的机械闭合

a）阀针圆柱头的浇口 h 过大　b）阀针圆锥头　c）浇口边缘（箭头所指）带有圆角

（3）浇口在定模板上的洞口结构　如图 10-8 所示，为浇口直径 $d_g = 2.0 \sim 2.5\text{mm}$ 时的洞口结构尺寸。喷嘴头的封胶圆柱有 H7/js6 配合要求，对定模板上封胶口还有精确的几何公差。洞口上有塑料隔热帽保温。图 10-8a 中，为保证圆锥洞口强度，圆柱浇口高 $h = 0.5\text{mm}$。洞口材料硬度高于 35HRC，洞口附近设置冷却管道。

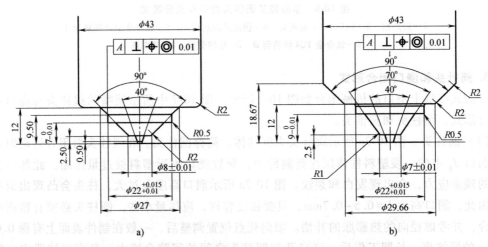

图 10-8　圆锥头的浇口结构尺寸（浇口直径 $d_g = 2.0 \sim 2.5\text{mm}$）

a）平底洞口　b）圆锥洞口

4. 浇口口径设计计算

喷嘴流道直径 D 和浇口直径 d_g 是喷嘴型号的相互对应的两个主要参数，见表 10-1。选用喷嘴型号是从体积流量 q_i 和浇口直径 d_g 开始的。对于 ABS 等中等黏度塑料熔体，针阀式分喷嘴适宜的体积流量 $q_i = 25 \sim 1000\text{cm}^3/\text{s}$，常用浇口直径 $d_g = 1 \sim 7\text{mm}$，也可见到浇口直径 $d_g = 0.8 \sim 8.0\text{mm}$ 的喷嘴产品。

针阀式喷嘴浇口直径 d_g 大小，主要由塑料熔体的体积流量和熔体的流变参量确定。可用第 3 章式（3-21）换算推导成按剪切速率确定浇口直径计算式。有针阀式分喷嘴浇口直径为：

$$d_{\mathrm{g}} = \frac{1.366}{\sqrt[3]{\dot{\gamma}}} \sqrt[3]{\frac{3n+1}{n}} \sqrt[3]{q_{\mathrm{i}}} = \frac{1.366}{\sqrt[3]{60000}} \sqrt[3]{\frac{3n+1}{n}} \sqrt[3]{q_{\mathrm{i}}} = 0.03489 \sqrt[3]{\frac{3n+1}{n}} \sqrt[3]{q_{\mathrm{i}}} \qquad (10\text{-}1)$$

根据注射模流动分析的案例和国内外资料，考虑到针阀式喷嘴浇口结构简单，直径 d_{g} 与体积流量 q_{i} 的函数关系，用剪切速率 $\dot{\gamma} = 6 \times 10^4 \mathrm{s}^{-1}$ 推算最为恰当。

参阅表 3-1 和表 3-2，在塑料熔体在剪切速率 $\dot{\gamma} = 10^4 \sim 10^5 \mathrm{s}^{-1}$ 范围内，取流动指数 $n = 0.75$、0.35 和 0.2。分别按式（10-1）计算的浇口直径 d_{g}，绘制图 10-9 和图 10-10 的针阀式分喷嘴浇口直径的曲线 A、曲线 B 和曲线 C。

曲线 A 取 $n = 0.20$，$\sqrt[3]{\frac{(3n+1)}{n}} = 1.63$，有 $d_{\mathrm{g}} = 0.05687\sqrt[3]{q_{\mathrm{i}}}$（cm）。$B$ 曲线取 $n = 0.35$，得 $d_{\mathrm{g}} = 0.06290\sqrt[3]{q_{\mathrm{i}}}$（cm）。$C$ 曲线取 $n = 0.75$，有 $d_{\mathrm{g}} = 0.06974\sqrt[3]{q_{\mathrm{i}}}$（cm）。

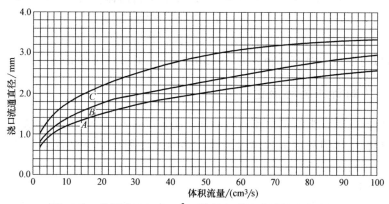

图 10-9　流量小于 $100\mathrm{cm}^3/\mathrm{s}$ 的针阀式分喷嘴的浇口直径

注：曲线 A 的 $n = 0.20$；曲线 B 的 $n = 0.35$；曲线 C 的 $n = 0.75$。（$\dot{\gamma}$ 在 $10^4 \sim 10^5 \mathrm{s}^{-1}$）

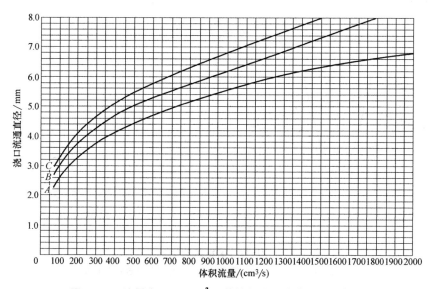

图 10-10　流量大于 $100\mathrm{cm}^3/\mathrm{s}$ 的针阀式分喷嘴的浇口直径

注：曲线 A 的 $n = 0.20$；曲线 B 的 $n = 0.35$；曲线 C 的 $n = 0.75$。（$\dot{\gamma}$ 为 $10^4 \sim 10^5 \mathrm{s}^{-1}$）

查询线图 10-9 和图 10-10 时需注意以下四点：

1）见表 10-1，针阀式分喷嘴中等黏度塑料熔体积流量不超过 $1000\,cm^3/s$；低黏度塑料熔体积流量不超过 $1200\,cm^3/s$；高黏度塑料熔体积流量不超过 $900\,cm^3/s$。常见的浇口直径 $d_g = 1\sim5mm$。

2）式（10-1），图 10-9 和图 10-10 中塑料熔体的体积流量 $q_i(cm^3/s)$，应该是分喷嘴的输出流量。可以根据表 5-2，以注射机喷嘴输出熔体体积 V，查找到注射机螺杆推进的时间 $t(s)$。流量 q_i 等于该分喷嘴输出熔体体积 $V_i(cm^3)$ 除以注射时间。

3）式（10-1），图 10-9 和图 10-10 中塑料熔体的流动指数，是熔体输送的剪切速率 $\dot{\gamma}$ 在 $10^4\sim10^5 s^{-1}$ 范围内 n 值。可查阅表 3-1 或表 3-2，或根据该品种塑料的流变曲线推算。

4）剪切速率 $\dot{\gamma}$ 在 $10^4\sim10^5 s^{-1}$ 范围内，$0.2<n\leq0.35$ 在曲线 C 和曲线 B 之间，有 ABS、ABS+20%GF、PP、PP+30%GF、PS 和 PS/PMMA 等塑料熔体。对于在曲线 B 和曲线 A 之间 $0.35<n<0.75$，有 ABS/PC、PC、PC+30%、PA6、PA6+30%GF、POM、POM+30%GF 和 PBT+30%GF 等塑料熔体。两个流动指数 n 区间内，按 n 的大小插值，查出对应浇口直径。对于 $n<0.2$ 可以对曲线 C 外延插值；对于 $n>0.75$ 可以对曲线 A 少量外延取值。

10.2.2　圆锥头阀针和圆环流道

阀针的强度涉及圆锥头的锥角和轴向锁紧，决定了针阀式喷嘴的圆锥头闭合功能。阀针与流道构成了塑料熔体圆环截面的输送通道。熔料在注射压力下的流量和流程压力损失估算，是圆流道直径设计的依据。

1. 圆锥头阀针

在认识圆锥头的锥角和轴向锁紧机构基础上，设计针阀式喷嘴的阀针直径。

（1）圆锥头的锥角　根据图 10-11a 对圆锥头进行静力分析，可分析锥角 2α 大小。锁紧力 F 作用在圆锥头上，有

$$F = \frac{\pi}{4}D^2 p \tag{10-2a}$$

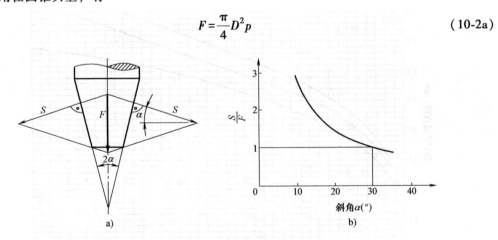

图 10-11　圆锥头的锥角

a）圆锥头的静力分析　b）圆锥面压力 S 与轴向锁紧力 F 的关系

活塞直径 $D=50mm$，由表 10-2 得知气压力 $p=1.0MPa$，可得轴向锁紧力 $F=1964N$。活塞直径 $D=50mm$，从表 10-2 查得液压力 $p=8.0MPa$，得轴向锁紧力 $F=15700N$。由此推导得

圆锥头的压力 S 有如下关系

$$\sin\alpha = \frac{F/2}{S}$$

可得

$$S = \frac{F}{2\sin\alpha} \qquad (10\text{-}2b)$$

气缸锁紧力 $F = 1964$N，锥角 $2\alpha = 40°$，浇口孔承受压力 $S = 2871$N。液压缸锁紧力 $F = 15700$N，$2\alpha = 40°$，浇口孔承受压力 $S = 23000$N。圆锥孔的斜面使压力 $S \approx 1.5F$。斜角应 $\alpha = 20° \sim 30°$，锥角 $2\alpha = 40° \sim 60°$。图 10-11b 展现了压力 S 与锁紧力 F 之比在 $1 \sim 1.5$ 较为合适。

表 10-2　驱动热流道喷嘴阀针的压力 p （单位：MPa）

气压	液压
0.4~1.0	3.0~6.0(8.0)

（2）圆锥头的闭合　圆锥头的闭合密封有效，应用比圆柱头广泛。圆锥头闭合轴向位置需要精细的调节。三种闭合的静力学状态需要明白。

1）如图所示 10-12a 所示，活塞在气压或液压下锁紧力 F 完全作用在圆锥浇口上，圆锥头紧密贴合无间隙，$\delta = 0$。此时，活塞与液压缸盖支承面 A 存在间隙，$s > 0$。

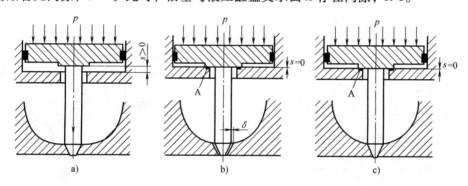

图 10-12　锥销头阀针的锁闭浇口的状态

a）支承面上有间隙 $s > 0$，浇口无间隙 $\delta = 0$　b）支承面上 $s = 0$，$\delta > 0$　c）双重配合 $s = 0$，$\delta = 0$

锁紧力 F 在圆锥浇口孔壁上作用很大的压力 p_g。见前述，活塞直径 $D = 50$mm，液压缸锁紧力 $F = 15700$N，锥角 $2\alpha = 40°$，浇口孔承受压力 $S = 23000$N。如图 10-13 所示，作用在高 H 的圆锥台侧面积 A 为

$$A = \frac{H}{\cos\alpha} \frac{\pi}{2}(d_1 + d_2)$$

压力 S 在作用侧孔壁面 A 上压紧力 $p_g = S/A$，则有

$$p_g = \frac{2S\cos 20}{\pi H(d_1 + d_2)} = \frac{2 \times 23000 \times \cos 20}{3.14 \times 2 \times (2.54 + 4)} \text{MPa} = 1052\text{MPa}$$

浇口承受压紧力 p_g 很大。浇口承受启闭频繁的周期性冲击。浇口孔通常加工在注射模的定模板上，常用调质钢 P20（美）制造，在冲击下会疲劳开裂。在压紧力 p_g 作用下，摩擦磨损严重。另一方面，细长的阀针在锁紧力 F 作用下有可能弯

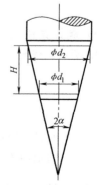

图 10-13　圆锥头与浇口的受压侧面

曲折断。

2）如图所示 10-12b 所示，锁紧力 F 完全作用在液压缸盖 A 位上，活塞与缸盖间隙 $s=0$。圆锥头与浇口锥孔有单向间隙 $\delta>0$。浇口没有闭合，熔料有泄漏。在注射卸压时熔料会有倒流。制件上浇口痕迹凸起粗糙。圆锥浇口部位脱模困难。

3）如图所示 10-12c 所示，锁紧力 F 作用在液压缸盖上或限位件 A 上，活塞与缸盖间没有间隙 $s=0$。圆锥头与浇口锥孔间无间隙，$\delta=0$。圆锥洞口处于静不定状态，双重配合作用面不可能有精确相等的压力。在限位件、阀针和浇口存在局部的弹性变形。浇口区的载荷越小越好，浇口孔的材料要有足够的韧性和强度。双重配合能实现稳定的启闭，留下的痕迹浅平。

要实现双重配合，阀针的轴向位置可调节并锁紧。图 10-14 所示阀针吊挂圆柱头上有外螺纹，还有内六角扳手孔。阀针沿轴线方向可以调节。在注射成型的条件下使浇口受到载荷最小。完成闭合后再用内六角螺母锁定。

图 10-15 所示气缸的活塞里，用螺母给盘簧堆一定预紧力，盘簧压在阀针的轴线上。在活塞带动阀针推挤高压熔体时，盘簧和阀针是刚性一体的。阀针的圆锥头冲压到浇口孔上，盘簧堆被压缩，浇口圆锥孔的压紧力 p_g 减小。这时，活塞压着液压缸盖或限位件，实现双重配合。有效减小阀针对圆锥孔的冲击，盘簧堆有恰当的预紧力和刚度是关键。盘簧的疲劳强度决定了针阀式喷嘴的寿命。

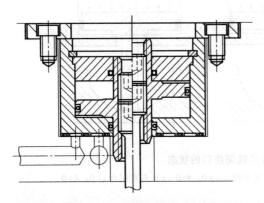 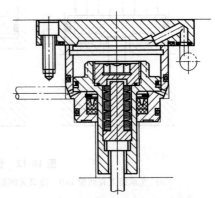

图 10-14　阀针轴向位置螺纹调节（Incoe 设计）　　图 10-15　盘簧阀针的弹性变形调节
双重配合（MoldMaster 设计）

（3）阀针直径设计计算　　在轴向锁紧力 F 的作用下，阀针的细长压杆受力状态如图 10-16 所示，依照压杆稳定的欧拉（Euler）公式

$$F=\frac{\pi^2 EJ}{(\mu l)^2}$$

式中　E——阀针材料的弹性模量（MPa），高速钢在室温下 $E=2.2\times10^5\,\mathrm{MPa}$；在 300℃ 的热喷嘴中 $E=2.0\times10^5\,\mathrm{MPa}$；

　　　　J——轴惯性矩（mm），圆杆 $J=\dfrac{\pi d^4}{64}$；

　　　　μ——支承系数，一端固定一端自由的细长杆，$\mu=0.707$；

l——阀针长度（mm）。

阀针材料的弹性模量 E 应该用 300℃下的实测值。欧拉公式的压杆直径的计算式为

$$d = \sqrt[4]{\frac{64(\mu l)^2 F}{\pi^3 E}} = \sqrt[4]{\frac{64 \times 0.707^2}{3.14^3 \times 2.0 \times 10^5}} \sqrt{l} \sqrt[4]{F} = 0.04766 \sqrt{l} \sqrt[4]{F} \quad (10\text{-}3)$$

气压 $p = 1.0$MPa，针阀式分喷嘴气缸活塞直径 $D = 30$mm、40mm、50mm 和 65mm。气压 $p = 1.0$MPa，针阀式单喷嘴气缸活塞直径 $D = 75$mm、85mm 和 95mm。液压 $p = 8.0$MPa，针阀式分喷嘴液压缸活塞直径 $D = 35$mm 和 45mm。由式（10-2a）求得轴向锁紧力 F 见表10-3，再由式（10-3）求出阀针的长度在 100mm、150mm 和 200mm 时的最小直径 d。阀针长度 l 是从导套到浇口距离，不是阀针总长。

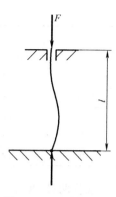

图 10-16 阀针的细长压杆受力状态

表 10-3 针阀式喷嘴的高速钢阀针的最小直径 d （单位：mm）

参数	气缸（气压 $p = 1.0$MPa）							液压缸（液压 $p = 8.0$MPa）	
D	30	40	50	65	75	85	95	35	45
F/N	707	1257	1964	3318	4418	5675	7088	7697	12724
$l = 100$mm	2.5	2.8	3.2	3.6	3.9	4.1	4.4	4.5	5.1
$l = 150$mm	3.0	3.5	3.9	4.4	4.8	5.1	5.4	5.5	6.2
$l = 200$mm	3.5	4.0	4.4	5.1	5.5	5.9	6.2	6.3	7.2

高速钢阀针与导套由专门企业制造。在热流道公司设计的阀针，需考虑以下两点：

1）阀针标准系列的直径不宜间隔过大，2.5mm、3mm、4mm、5mm、6mm、7mm、8mm 较为适宜。过粗的阀针，势必增大喷嘴的外径。如果减小流通圆环间隙，会增大流程的压力损失。

2）6~8mm 的大直径的阀针，高速钢圆锥头有较大的热容量。圆锥头冷却慢，容易粘附塑胶，浇口痕迹大且粗糙。

2. 针阀式喷嘴的流道设计计算

由式（3-31），圆环通道中压力流动的体积流率 q，计算流程长度压力损失。有

$$\Delta p = 2KL\left[\frac{\pi n}{2n+1}\frac{F(n,A)}{q}\right]^{-n}(1-A)^{-(2n+1)}R_o^{-(3n+1)} \quad (10\text{-}4)$$

式中　q——针阀式喷嘴流道输出体积流率（cm³/s）；

　　　Δp——喷嘴圆环流道的压力损失（N/cm²）；

　　　R_o——圆环流道孔的半径（cm）；

　　　A——$A = R_i/R_o$，圆环的轴孔半径比；

　　　L——圆环流道孔的长度（cm）；

　　　K——塑料熔体的稠度（N·s/cm²）；

　　　n——塑料熔体的流动指数；

$F(n,A)$——仅与 n 和 A 有关的流率函数，由表10-4可查到。

表 10-4 函数 $F(n, A)$ 与 n 和 A 关系

n	A						
	0.25	0.30	0.35	0.40	0.45	0.50	0.55
0.10	0.72	0.73	0.76	0.77	0.78	0.79	0.82
0.20	0.68	0.71	0.73	0.75	0.77	0.78	0.81
0.50	0.66	0.68	0.70	0.74	0.76	0.77	0.80
0.75	0.65	0.67	0.69	0.73	0.74	0.76	0.79
1.00	0.64	0.66	0.68	0.72	0.74	0.76	0.79

现将两种 PC 和 ABS 塑料熔体，在 4 个规格单向环隙厚度 δ，针阀式喷嘴的压力损失计算结果，列于表 10-5 和表 10-6。这两种物料的流变性能可查表 3-2。

1）PC 塑料品种为 Apec1805：BayerMaterialScience。343.3℃ 的 PC 熔体，熔体流动速率 MFR 为 10g/10min，在剪切速率 $\dot{\gamma} = 10^2 \sim 10^3 \text{s}^{-1}$ 时，$K = K' = 1947\text{Pa} \cdot \text{s}$，$n = 0.737 \approx 0.74$。

2）ABS 塑料品种为 ABS MP220N：LG Chemical。221.7℃ 的 PC 熔体，MFR 为 20g/10min，在剪切速率 $\dot{\gamma} = 10^2 \sim 10^3 \text{s}^{-1}$ 时，$K = K' = 19714\text{Pa} \cdot \text{s}$，$n = 0.288 \approx 0.29$。

表 10-5 PC 熔体 $q = 80\text{cm}^3/\text{s}$ 在长度 $L = 10\text{cm}$，阀针半径 $R_i = 0.2\text{cm}$ 时喷嘴的压力损失 Δp

单向环隙厚度 δ/mm	2	3	4	4.5
稠度 $K/(\text{N} \cdot \text{s} \cdot \text{cm}^{-2})$	0.1947			
流动指数 n	0.74			
环隙的轴孔半径比 A	0.5	0.4	0.33	0.31
流率函数 $F(n, A)$	0.76	0.73	0.68	0.67
圆环流道孔的半径 R_o/cm	0.4	0.5	0.6	0.65
压力损失 $\Delta p/(\text{N}/\text{cm}^2)$	13668	4367	1946	1313
压力损失 Δp/Pa	1367×10^5	437×10^5	195×10^5	131×10^5

表 10-6 ABS 熔体 $q = 80\text{cm}^3/\text{s}$ 在长度 $L = 10\text{cm}$，阀针半径 $R_i = 0.2\text{cm}$ 时喷嘴的压力损失 Δp

单向环隙厚度 δ/mm	2	3	4	4.5
稠度 $K/(\text{N} \cdot \text{s} \cdot \text{cm}^{-2})$	1.9714			
流动指数 n	0.29			
环隙的轴孔半径比 A	0.5	0.4	0.33	0.31
流率函数 $F(n, A)$	0.76	0.73	0.68	0.67
圆环流道孔的半径 R_o/cm	0.4	0.5	0.6	0.65
压力损失 $\Delta p/(\text{N}/\text{cm}^2)$	2959	1476	891	736
压力损失 Δp/MPa	30	15	89	74
压力损失 Δp/Pa	296×10^5	148×10^5	89×10^5	74×10^5

根据表 10-5 和表 10-6 的计算结果，对针阀式喷嘴设计原则有三方面启示：

1）针阀式喷嘴圆环流道的压力损失 Δp，与圆环流道的长度 L 成正比。热流道浇注系统的总流程压力降限制在 $\Delta p \leq 350 \times 10^5 \text{Pa}$。因此，针阀式分喷嘴的压力损失 Δp 应控制在 $(100 \sim 250) \times 10^5 \text{Pa}$ 为宜。

2）针阀式喷嘴的压力损失 Δp，对塑料熔体的流变性能，稠度 K 和流动指数 n 的依赖性

很强。对比表 10-5 与表 10-6，相同针阀式喷嘴和流率，高黏度 PC 和中等黏度 ABS 的压力损失相差很大。

3）喷嘴环隙的轴孔半径比范围 $A = 0.44 \sim 0.31$。对于低黏度的塑料熔体流动速率 MFR>36g/10min，单向环隙厚度 $\delta = 2.5 \sim 3.5$mm 为宜。中等黏度的塑料熔体，36g/10min $\geqslant$ MFR $\geqslant$ 12g/10min。单向环隙厚度 $\delta = 3.0 \sim 4.0$mm 为宜。高黏度的塑料熔体 MFR<12g/10min，单向环隙厚度 $\delta = 3.5 \sim 4.5$mm 为好。

3. 针阀式喷嘴压力损失计算实例

如图 10-17 所示的热流道两针阀式喷嘴的浇注系统，注射抗冲聚苯乙烯 HIPS 四件薄板。每个针阀式喷嘴注射两件，每件 104g。两喷嘴的阀针直径为 5mm，流道孔径为 12mm。但是一个喷嘴长 310mm，另一喷嘴长 210mm，相差 100mm。以致熔体注射型腔充填有 1s 的时间差。各制件的密度有差异。收缩率不同，尺寸误差偏大。电子时间程序控制的喷嘴少，延时时间短，使用价值不大。若不用时间程序器实现两喷嘴平衡浇注，也就是两喷嘴注射点有相等的注射压力。经修改喷嘴的设计计算，图 10-18 所示的热流道系统结构中，长喷嘴流道孔径 12mm，短喷嘴流道孔径为 10.6mm。

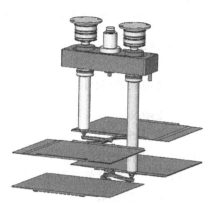

图 10-17　热流道两针阀式
喷嘴的浇注系统

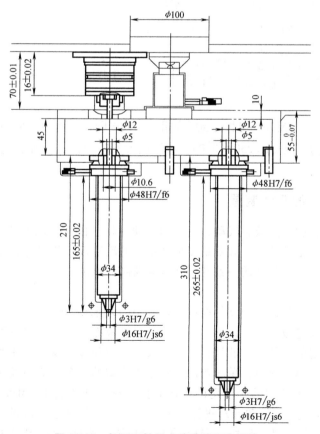

图 10-18　长短两针阀式喷嘴的浇注系统

（1）流变参量确定　查表 3-2，以 MFR $= 15$g/10min 的 HIPS 熔体，在 240℃，剪切速率 $\dot{\gamma} = 10^2 \sim 10^3 \mathrm{s}^{-1}$ 时，$K = K' = 6322\mathrm{Pa} \cdot \mathrm{s}$，$n = 0.39$。

一次注射的制件总重 416g，以熔体密度为 $0.98\mathrm{g/cm}^3$ 计，注射熔料 $430\mathrm{cm}^3$。查表 5-2，注射充填时间 $t = 2.36\mathrm{s}$。得总注射速率 $Q = 182\mathrm{cm}^3/\mathrm{s}$，每个喷嘴的体积流量 $q = 91\mathrm{cm}^3/\mathrm{s}$。

（2）计算长短两个喷嘴的流程的压力降　圆环的轴孔半径比 $A = R_i/R_o = 0.25/0.6 = 0.417$。

由 $A = 0.417$，$n = 0.39$，查表 10-4，插值后得流率函数 $F(n, A) = 0.74$。

由式（10-4）得 $L = 31\mathrm{cm}$ 喷嘴的压力降为

$$\Delta p = 2KL\left[\frac{\pi n}{2n+1}\frac{F(n, A)}{q}\right]^{-n}(1-A)^{-(2n+1)}R_o^{(3n+1)}$$

$$= 2 \times 0.6322 \times 31 \times \left(\frac{3.14 \times 0.39}{2 \times 0.39+1}\right)^{-0.39} \times \left(\frac{0.74}{91}\right)^{-0.39} \times (1-0.417)^{-(2\times0.39+1)} \times (0.6)^{-(3\times0.39+1)} \mathrm{N/cm}^2$$

$$= 2346\mathrm{N/cm}^2$$

即约有 $235 \times 10^5 \mathrm{Pa}$ 压力损失。将上式喷嘴长置换 $L = 21\mathrm{cm}$，可得到短喷嘴有 $159 \times 10^5 \mathrm{Pa}$ 压力损失。两者相差 $63 \times 10^5 \mathrm{Pa}$ 压力降。

（3）减小短喷嘴流道孔径　减小短喷嘴流道孔径，直到短喷嘴压力损失与长喷嘴大致相等。最终计算参数如下：流道半径 $R_o = 0.53\mathrm{cm}$，圆环的轴孔半径比 $A = R_i/R_o = 0.25/0.53 = 0.472$，即单向圆环的厚度 $\delta = 2.8\mathrm{mm}$。由 $A = 0.472$，$n = 0.39$，查表 10-5，得流率函数 $F(n, A) = 0.76$。

由式（10-4）得 $L = 21\mathrm{cm}$ 喷嘴的压力降为

$$\Delta p = 2KL\left[\frac{\pi n}{2n+1}\frac{F(n, A)}{q}\right]^{-n}(1-A)^{-(2n+1)}R_o^{-(3n+1)}$$

$$= 2 \times 0.6322 \times 21 \times \left[\frac{3.14 \times 0.39}{2 \times 0.39+1}\right]^{-0.39} \times \left(\frac{0.76}{91}\right)^{-0.39} \times (1-0.472)^{-(2\times0.39+1)} \times (0.53)^{-(3\times0.39+1)} \mathrm{N/cm}^2$$

$$= 2460\mathrm{N/cm}^2$$

即有 $246 \times 10^5 \mathrm{Pa}$ 压力损失。与长喷嘴压降相差 $14 \times 10^5 \mathrm{Pa}$，流道半径 $R_o = 0.53\mathrm{cm}$ 被认可。

倘若长喷嘴压力损失 $\Delta p > 250 \times 10^5 \mathrm{Pa}$。应该放大长喷嘴流道孔径，使其压力损失接近短喷嘴的 Δp。

10.2.3　喷嘴阀针的驱动装置

针阀式喷嘴的驱动有弹簧、气动、液压和电动四种。由于各段流道的熔体压力不相同，弹簧驱动的阀针启闭很难控制。如果是多个分喷嘴的流道板，各注射点浇口的启闭是不同步的，影响了各个型腔成型制件的一致性。弹簧驱动阀针很少使用。

1. 气缸的驱动

气动针阀式喷嘴的阀针需独立的控制，如图 10-19 所示。缸体设置在定模固定板上，要较大空间来安装。固定板上还开设冷却介质管道，模板冷却防止气缸内密封圈老化。气动阀针适宜用于低压注射的中低黏度的塑料。它有较清洁的环境，没有漏油和油雾。

气缸驱动比液压驱动简单，单喷嘴的气缸是不冷却的。多喷嘴的气缸，如果对高温流道板的隔热有效，也有不冷却的。使用的气压管路的标准压力为 0.6MPa。如图 10-19 所示，分喷嘴气缸壳体外有进出气管和冷却双管套 12，用 3 个 O 形圆阻隔密封。它们与冷却水管交叉避让。阀针 1 装在装针螺杆 5 中，阀针头的闭合位置可微调。然后用锁紧螺钉 6 锁紧。这种阀针轴向位置的螺纹调整机构将替代图 10-2 中的垫圈调节。

2. 液压的驱动

液压通用的驱动缸，如图 10-20 所示。阀针 1 的驱动液压缸设置在流道板上，并有 4 个固定螺钉 8 紧固。驱动缸的钛合金底板 10 与流道板隔热。该底板挖有大面积凹槽，用气隙绝热。在缸体 7 底部位置还有冷却循环水的管道降温。阀针在流道板的流道里直线运动。温度变化会引起阀针偏移和弯曲。驱动缸的温度不能超过 45~55℃，温度过高会损耗密封圈并引起漏油。

图 10-20 所示液压缸用液压油驱动，可用油压为 2~8MPa。热流道系统通常运行油压是 3~5MPa，推动液压缸的常用活塞直径为 35mm 和 50mm 两种规格。运行时需专门液压泵或注射机的液压泵。热流道控制系统联结液压缸的液压电磁阀，油路的换向驱动活塞来回，即阀针的开合。注射机的控制系统的开始注射和保压结束的信息，又与热流道控制系统相连接。

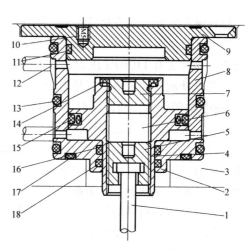

图 10-19 气缸驱动的针阀式喷嘴

1—阀针 2—缸底盖 3—定模固定板 4—活塞
5—装针螺杆 6—锁紧螺钉 7—封盖螺钉
8—缸体 9—缸盖 10—吊盖螺孔 11—缸盖
O 形圈 12—冷却双管套 13—缸体 O 形圈
14—活塞头密封环 15—活塞密封圈（格兰图）
16—导向环 17—缸盖 O 形圈 18—活塞 O 形圈

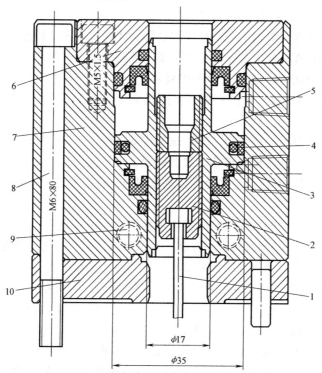

图 10-20 固定在流道板上的液压驱动液压缸

1—阀针 2—装针螺杆 3—活塞 4—活塞密封圈（格莱圈） 5—锁紧螺钉
6—通孔缸盖 7—缸体 8—固定螺钉 9—冷却管道 10—钛合金底板

设计液压缸的活塞直径 35mm，液压油压力 3MPa 时，必须考虑到活塞中央可装吊阀，还有调节螺钉，受油压的有效面积是活塞面积的 75%。直径 5mm 的阀针可以获得 2160N 的闭合力。阀针头有 110MPa 压力，挤进高压的高黏度塑料熔体。

如果设计液压缸的活塞直径为 50mm，液压油压力为 5MPa，直径为 6mm 的阀针可以获得 11800N 的闭合力。阀针头有 104MPa 压力，挤进高压的高黏度塑料熔体，有足够大的闭合锁紧力。液压有比气缸的驱动有较硬的工作特性，但比电动机驱动阀针的工作特性软些。

圆锥浇口的闭合密封有效，阀针闭合轴向位置需要精细的调节。如图 10-20 所示，在阀针 1 闭合时活塞 3 与缸体 7 端面间没有间隙。此时，阀针圆锥头与浇口锥孔间也无间隙。圆锥洞口处于静不定状态，双重配合作用面不可能有相等压力。圆锥浇口区的载荷越小越好。要实现双重配合，阀针的轴向位置应能够调节并锁紧。装针螺杆 2 吊挂阀针圆柱头，阀针 1 位置沿轴线方向可以细微调节，完成闭合后再用锁紧螺钉 5 锁紧。通常，定模固定板上有调节阀针位置的开孔，可以不拆卸模板和缸体进行阀针位置调节。

3. 电动机的驱动

电动阀针的驱动和控制使热流道注射技术达到一个新水平。提高喷嘴阀针启闭的位置和时间精度，并节约阀针的驱动的能量，保证了注射制件质量，也为智能化的热流道注射提供了发展平台。

（1）阀针的电动机驱动是热流道技术的发展趋势

1）热流道技术的发展的过程，从单喷嘴到多喷嘴，从开放式浇口到针阀式浇口。现今，针阀式多喷嘴应用递增。如前所述，气动和液压驱动阀针需要复杂的控制元件。气缸或液压缸、电磁阀、送气和输液管道，占据定模很大空间。

2）许多场合多喷嘴需要电子时间程序控制器，才能实现各注射点的时间控制。

3）单个阀针的行程、位置、速度和加速度不能精确调节和监控。浇口痕迹大，浇口附近制件材料质量差，不能满足高品质注射的要求。

（2）阀针的驱动和控制　阀针的驱动和控制系统主要由步进电动机、解码器和控制监视器组成。

1）电脉冲驱动步进电动机转动。转动螺母传动螺杆，连接阀针做直线运动。

2）与步进电动机相连的位置传感器和解码器，可检测到阀针的位置和速度信息。当阀针对于浇口的闭合位置，不在设定的允许公差范围内，将会报警、报废制件或停产。有高精度的阀针闭合位置。

3）每个阀针的注射时间和保压时间都能单独调整，可以设定延时开启和关闭时间。对热流道系统内所有阀针，实现时间程序控制。保证针阀式喷嘴的注射和保压的时间精度。

4）控制监视器可实时显示各阀针的运动位置和速度。可用触摸屏设置各阀针的运动参数和时间参数。阀针闭合运动速度的减缓能改善浇口附近材料质量。

（3）阀针电动机驱动技术参数　应给阀针 1200~1500N 的闭合力，能挤进 200MPa 高压塑料熔体中。电动针阀式喷嘴之间的间距为 60~120mm。

图 10-21 所示的电动机驱动装备，直接固定在分流板上，安装十分简便，能精确控制多个阀针的位置、速度、加速度和行程。电动机配备热控开关，可独立冷却。控制台的操作界面简单易用，简便的拖拽编辑器以及菜单存储和注塑预览等功能让成型工艺清晰全展览。此外，它还可以实现不同级别的多种控制权限。

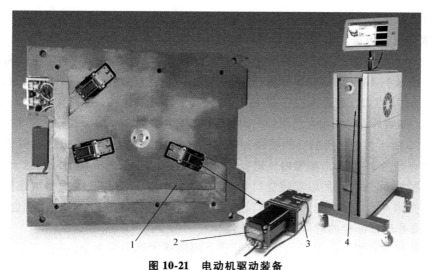

图 10-21 电动机驱动装备

1—阀针固定板 2—电动控制器 3—电动阀针 4—控制台

10.2.4 喷嘴壳体的强度

喷嘴是注射模热流道系统的主要元件。喷嘴薄壁壳体的破裂时有发生。喷嘴与流道板压紧装配时壳体壁厚，本节中设计计算危险截面的最小壁厚。另一种，喷嘴与流道板之间螺纹连接，流道板的横向热膨胀产生弯矩，使壳体破裂。这两种薄壁壳体破裂都位于浇口附近喷嘴头上。螺纹连接的喷嘴壳体的强度校核参见第 12 章。

1. 薄壁喷嘴壳体的断裂

如图 10-22 所示，喷嘴与流道板轴向压紧装配，图 10-22a 所示为整体式针尖浇口的喷嘴，图 10-22b 所示的针阀流道直径和喷嘴外径很大。危险截面 A 在喷嘴壳体内螺纹的退刀槽根部，有应力集中。截面 B 在嵌入电热圈的绕线槽根部，壁厚被削弱。截面 C 在装挡圈的凹槽处，壳体壁厚过薄。注意，图 10-22a、b 上危险截面的壁厚相似。

喷嘴壳体承受注射压力通常为 $80\sim50MPa$。在注射周期中注射螺杆推进和保压阶段的时间只占 $5\%\sim10\%$。喷嘴壳体承受周期性的圆周方向应力。喷嘴壳体破裂多发生在注射生产

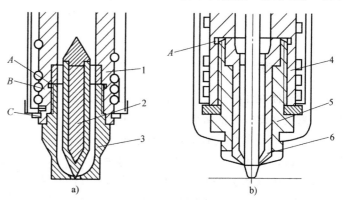

图 10-22 喷嘴与流道板轴向压紧装配时的危险截面

a) 整体式导流梭针尖浇口分喷嘴 b) 圆锥头针阀喷嘴，浇口在定模板
A—内螺纹退刀槽 B—电加热线圈的螺旋槽 C—弹性挡圈的嵌槽
1，4—喷嘴壳体 2—导流梭针尖 3，5—浇口套 6—铍铜套

的较长时期之后。开裂断面属于疲劳破坏，壁厚过薄和应力集中是主要原因。

大多数企业制造的喷嘴壳体用 4Cr5MoSiV1 钢。半精加工后，加热后空冷再回火，得到硬度为 34~44HRC，然后精加工。从技术资料上得知 4Cr5MoSiV1 在高温 540℃下疲劳极限

$\sigma_{-1n}=370\text{MPa}$，作为喷嘴壁厚强度的计算应力。

2. 喷嘴与流道板压紧装配时壳体壁厚的强度校核

图 10-22a 所示为整体式导流梭针尖浇口分喷嘴，它与流道板压紧时传输塑料熔体。喷嘴的流道直径为 4~18mm，加热段为细长薄壁管道，外壁上开螺旋槽，嵌有电加热线圈。在输出段装有导流梭针尖 2，为装入浇口套 3，与喷嘴壳体 1 螺纹连接。浇口套有浇口孔，端面是制件成型面。喷嘴外壳等用弹性挡圈轴向固定。这些危险截面的壁厚，往往只有 1.5~4.5mm。

图 10-22b 所示为圆锥头的针阀喷嘴，浇口在定模板上。它与流道板压紧时传输塑料熔体。阀针的直径为 2~8mm，喷嘴内流道直径为 6~16mm。因此，壳体的外径达 35mm，喷嘴长度方向壁厚为 6~9mm，用以安装浇口套 5 和铍铜套 6。这样在喷嘴头螺纹连接段为薄壁管道，喷嘴壳体 4 的内螺纹退刀槽为危险截面 A。这些危险截面上壁厚，往往也只有 1.5~4.5mm。需要作薄壁圆管的壁厚上强度校核。

喷嘴筒体受到塑料熔体内压，在薄壁圆管上周期性的周向应力 σ_θ 的作用下破裂。有喷嘴壳体的强度校核式为

$$\sigma_\theta = \frac{(D-t)p}{2t} = \frac{R_m p}{t} \leqslant [\sigma_{-1n}] \tag{10-5a}$$

又有壁厚的设计式为

$$t = \frac{R_m p}{[\sigma_{-1n}]} \tag{10-5b}$$

式中　D——薄壁圆管的计算外径（mm）；

　　　t——危险截面的圆管的壁厚（mm）；

　　　p——圆管内流体的压力（MPa 或 N/mm^2）；

　　　R_m——圆管的平均半径（mm）；

$$R_m = \frac{D-t}{2} \tag{10-5c}$$

$[\sigma_{-1n}]$——喷嘴钢材的许用应力（MPa），$[\sigma_{-1n}]=\dfrac{\sigma_{-1n}}{n}$，其中 n 为安全系数。

喷嘴壳体在注射压力下，承受比模具型腔更高的压力。塑料熔体在高压下，才能充满型腔。注射机在螺杆头前熔体的压力经主流道喷嘴和热流道的压力损失后，到达分喷嘴的输出段，壳体内熔体压力大致有 $p=65\text{MPa}$（$650\times10^5\text{Pa}$）左右。又取安全系数 $n=1.5$，所以 $[\sigma_{-1n}]=370/1.5=247\text{MPa}$。因此，喷嘴壁厚的设计式简化成

$$t_{min} = \frac{R_m p}{[\sigma_{-1n}]} = \frac{R_m \times 65}{247} = 0.263R_m \tag{10-5d}$$

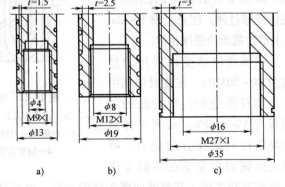

a)　　　b)　　　c)

图 10-23　喷嘴壳体的零件图

a) 流道直径 4mm，外径 13mm

b) 流道直径 8mm　c) 流道直径 16mm

图 10-23 所示为喷嘴壳体的零件图，3 个流道直径为 4mm、8mm 和 16mm。壳体外圆柱面除去电热线圈螺旋槽深，或扣

除装挡圈的槽深。计算孔径是喷嘴内螺纹的外径或退刀槽外径。喷嘴壳体受载荷的实际壁厚如图 10-23 所示，计算结果见表 10-7。

表 10-7　3 个喷嘴壳体危险截面的壁厚校核（图 10-23）　　　（单位：mm）

图例	圆管的平均半径 R_m	实际壁厚 t	式(10-5d)计算的喷嘴最小壁厚 t_{min}	结果
图 10-23a	5.25	1.5	1.37	合格
图 10-23b	7.25	2.5	1.90	合格
图 10-23c	15.0	3.0	3.95	不合格

3. 最小壁厚的讨论

危险截面的平均半径 R_m 是概念参数，必须用式（10-5c）计算。用式（10-5d）计算得喷嘴最小壁厚 t_{min}，列表 10-7。危险截面的圆管的壁厚 t 的强度校核，$t < t_{min}$ 为不合格，必须加厚到 t_{min} 或更厚。经热流道的企业的众多喷嘴壳体危险截面校核，发生喷嘴壳体破裂概率约为 0.5%。喷嘴危险截面壁厚越薄，注射生产时间越长，破裂的概率越大。说明强度校核式（10-5a）的许用应力 $[\sigma_{-1n}]$ 和熔体的压力 p 的数据符合生产实际。

表 10-8 所列 4Cr5MoSiV1 钢（H13）的喷嘴壁厚最小值。适用于流道板与喷嘴用压力连接时，壳体壁厚的设计和校核。壁厚 t 必须大于表 10-8 的最小值 t_{min}。近年来推行的整体式热流道系统中，流道板与喷嘴用螺纹连接时，必须经弯曲强度校核，详见第 12 章。

表 10-8　4Cr5MoSiV1 钢的喷嘴薄壁壳体壁厚最小值 t_{min}　　　（单位：mm）

危险截面的平均半径 R_m	5	6	7	8	9	10	11	12	13	14	15	16	17	18
t_{min}	1.32	1.58	1.84	2.10	2.37	2.63	2.89	3.16	3.42	3.68	3.95	4.21	4.47	4.73

10.2.5　喷嘴的制造材料

热流道喷嘴零件的制造材料，要有较高的力学性能和较好的热导率。在一些场合，无机矿物填料、玻璃纤维增强或有阻燃剂的塑料注射时，喷嘴应有耐磨性和耐蚀性。

1. 中耐热模具钢

（1）美国耐热模具钢 H13　　国标牌号为 4Cr5MoSiV1。H13 相近的钢种为德国 DIN1.2344，对应日本牌号为 SKD61。H13 钢的力学性能见表 10-9。它是从国外引进的钢种之一，并已国产化。H13 钢有较高的热强度和硬度，是通用的中温 ≤600℃ 热作模具钢。在中温下具有高的耐磨性和韧性，且有较好的耐冷热疲劳性能。由于该钢种有良好的综合性能，广泛用于成型模具和热流道喷嘴壳体制造。

表 10-9　H13 钢的力学性能

热处理工艺/℃	抗拉强度/MPa	屈服强度/MPa	延伸率（%）	断面收缩率（%）	冲击韧度/(J·cm⁻²)
1000~1040 油淬，580~600 回火	1600~1800	1400~1500	9~12	45~50	40~50

H13 钢退火工艺为 860~890℃ 加热，保温时间为 3~4h，随炉冷却至 500℃ 以下后室冷，硬度 ≤229HB。在奥氏体温度为 1000~1040℃ 加热淬火后空冷。回火温度为 580~600℃，可

得到硬度为 47~49HRC。

（2）德国 DIN1.2343（X38CrMoV5-1）　DIN 1.2343 属于中耐热模具钢类。国标牌号 4Cr5MoSiV，相当于美国的 H11，日本牌号为 SKD6，热导率约 25W/（m·K）。它是一种空冷硬化的热作模具钢。在中温条件下具有较高的热强度、热疲劳强度、耐磨性和韧性，甚至在淬火状态下也有一定的韧性。德国 DIN1.2343 钢用来制造流道板，也曾经用来制造喷嘴的阀针。H13 或 H11 被覆 3~5μm 的氮化钛，可增强磨损阻抗。

4Cr5MoSiV 淬火，加热温度为 1020~1050℃，油或空气冷却，硬度为 52~54HRC。二次回火温度为 530~560℃，回火硬度为 47~49HRC。4Cr5MoSiV 退火工艺加热温度为 860~890℃，保温时间 2~4h 硬度为 207~229HBW。

2. 高速工具钢

国标牌号 W6Mo5Cr4V2（ISO 钢号 HS6-5-2，德国标准 S6-5-2，日本代码 SKH51）。高速工具钢 W6Mo5Cr4V2 具有碳化物细小均匀、韧性高、热塑性好等优点，其热处理工艺见表 10-10。该钢种的硬度、热硬度、高温硬度与高速工具钢 W18Cr4V 相当，但韧性、耐磨性、热塑性均优于 W18Cr4V。该钢种在加热时易于氧化脱碳，故在加热时应予以注意。它被用来制造针阀式喷嘴的阀针及导套。机械加工磨削后的阀针经化学镀镍，厚度为 15~20μm。但是，镍层的微孔受熔体腐蚀影响。再沉积氮化钛 TiN 厚度为 1~5μm，可提高耐磨性和降低熔体的黏着。

表 10-10　W6Mo5Cr4V2（SKH51）高速工具钢的淬火及回火工艺

淬火			回火		
加热温度/℃	冷却介质	硬度	加热温度/℃	保温时间/h	硬度
1150~1200	油	62~64HRC	550~570	1~2	62~66HRC

3. 钛合金

钛合金 TC4 材料的组成为 Ti6Al4V，属于（α+β）型钛合金，具有良好的综合力学性能。比强度大。钛合金用于制作隔热材料用热流道的垫片、圈与套类零件。支承垫和承压圈，以及喷嘴上的绝热零件有的用不锈钢制造，但承压能力差，现在大多用钛合金制造。Ti6Al4V 的热导率在 7W/（m·K）左右。

TC4 的抗拉强度为 1012MPa，密度为 4.4g/cm³，比强度为 23.5，而合金钢的比强度小于 18。钛合金的热导率低。钛合金的热导率为铁的 1/5，铝的 1/10。TC4 钛合金的热导率为 7.955W/（m·K），热胀系数为 $7.89×10^{-6}℃^{-1}$。钛合金的弹性模量较低，TC4 的弹性模量 E = 110GPa，约为钢的 1/2，故钛合金加工时容易变形。TC4（Ti6Al4V）和 TC7（Ti5Al2.5Sn）钛合金进行表面改性，钛合金经离子注入后，提高了显微硬度，显著地降低了滑动摩擦系数，有效地提高耐磨性。

4. 铜合金和铍铜

铜合金分成黄铜、青铜和白铜。黄铜是以锌为主的铜合金，以字母 H 表示。青铜是以锡、铍、锆、钛为主要合金元素的铜合金，以 Q 表示。白铜是以镍为主的铜合金，以 B 表示。铍铜有良好导热性，又有足够的强度和硬度。可以制造注射模的成型零件。常用来制造型芯和镶嵌件，改善导热性能，提高注射模的冷却效率。铍铜零件表面可以电镀铬，镀层为 10~20mm，提高防腐、耐磨性能。但铍铜合金弹性模量比钢低，热胀系数大。零件在高温高压下易变形，成型尺寸不稳定。铍铜在切削加工时，要避免切削表面过热。温度超过290℃，会产生表面硬脆现象。切削时要确保优质乳化液供应，保证冷却效果。

铍铜（CuBe）的铍含量（质量分数）为 1.9%~2.2%，密度为 8.3g/cm³。它以冷轧和铸造两种方式供应。冷轧 CuBe 坯料需经时效处理。以 370~430℃ 保持温度 3h。加热温度从低到高，获得硬度从高到低为 42~38HRC。如果以 330℃ 加热 3h，得到硬度在 44HRC 以上，会使材料的脆性增大。在最佳的热处理工艺下，CuBe 拉伸弹性模量为 131GPa，抗拉强度为 1275~1480MPa，屈服极限为 1140~1380MPa，热胀系数为 $17.5×10^{-5}℃^{-1}$，热导率为 115~130W/(m·K)。铸造 CuBe 经固溶处理，以较高温度（600~800）℃ 保温 3h，然后再用 10~100℃ 的水淬火，硬度为 38HRC，抗拉强度为 1100~1150MPa。另一种铍钴铜合金 CuCoBe，有较高的钴含量，密度为 8.78g/cm³，热导率高达 210~260W/(m·K)。

针尖式喷嘴的导流梭或侧孔管道，要求耐热耐磨，热传导性能好。有用铍铜制造，热导率为 200W/(m·K)，也有用铍钴铜合金制造，热导率为 225W/(m·K)，工作温度可达 280℃，但温度升高时力学性能下降，所以必须涂镍。再用氮化钛进行表面处理，以提高耐磨性。铜合金热导率超过 350W/(m·K)，铝合金热导率在 130~170W/(m·K)，它们均可用于喷嘴中加热器的套筒或卷绕弯管。

5. 钛锆钼合金

钛锆钼合金（Titnaium-Zirconium-Molybdenum Alloy，TZM 合金），是钼基合金中常用的一种高温合金。往钼中添加微量的钛锆元素形成了微量元素合金化合金。以通过微量元素的固溶强化，清除晶界脆化相，使其反应物（TiC、ZrC）作为弥散相，对合金起到强化作用，达到提高性能的目的。其性能见表 10-11、表 10-12。

表 10-11　TZM 合金（Ti0.5/Zr0.1）的力学性能

延伸率(%)	弹性模量/GPa	屈服极限/MPa	抗拉强度/MPa
<20	320	560~1150	685

表 10-12　TZM 合金（Ti0.5/Zr0.1）的热性能及电性能

热胀系数/K^{-1}(20~100℃)	热导率/(W/m·K)	空气中最高使用温度/℃	电阻率/W·m
$5.3×10^{-6}$	126	400	$(5.3~5.5)×10^{-8}$

TZM 合金还具有良好的焊接性，可以与 H11 钢等材料进行很好焊合。它可用常规方法进行冷加工。在有冷却润滑油的情况下可用硬质合金或高速钢刀具进行机械加工，但刀具磨损较快。

TZM 合金有良好的耐磨和耐蚀性。用烧结钼 TZM 制造针尖式的导流梭或侧孔管道，热导率为 115W/(m·K)，耐热 360℃ 以上。适宜用于热敏性的 PVC 和 POM 塑料，以及含阻燃剂塑料加工，也被用于含矿物填料和玻璃纤维增强塑料注射的热流道零件。比铍铜耐用抗磨，但有对缺口的脆性。

10.3　针阀式多喷嘴的时间程序控制

本节用两个实例描述针阀式多喷嘴系统，说明时间程序控制和无缝注射的技术要点。

1. 针阀式多喷嘴的时间程序控制的应用

多个分喷嘴的热流道系统，电子时间程序控制可准确控制阀针闭合。注射现场控制调节各阀针的闭合时间，可以实现如下注射方法。

（1）用于单个型腔多个注射点

1）通过各个浇口的注射量的调节，调整熔合缝位置和走向。避免可见熔接痕和流动痕迹。避免在局部位置出现明显的熔合缝痕迹，改善制件品质。

2）对单个长条型腔的多点注射，用直线排列的分喷嘴时，在熔料流到浇口后逐个开启阀针，实现无缝注射成型。对薄壁细长制件，提高制件的抗弯强度。

（2）用于多个型腔的各个注射点

1）对多个相同型腔的各注射点，注射保压后各浇口同时闭合，使各型腔的计量一致。

2）控制保压时间，提高厚壁制件的材料密度。保证多个型腔成型制件的一致性。

3）控制各个浇口的开闭时间和顺序，实现平衡浇注。掌控多个大小型腔的注射充填的各个阀针的开启时间，使大小不同的型腔，能同时充满并保压。

2. 时间程序控制器

图 10-24a 所示箱式时间程序控制器，每个面板盒控制一个阀针的启闭动作。面板上可操作设置延迟开启时段 $T1$，设置阀针开启时段 $T2$。面板上有数据显示，并有手控开关。每个时间控制器有 6~8 板盒。图 10-24b 所示为板式时间程序控制器，有 8 个阀针启闭时间设置，显示集成在电子触摸屏上。

时间程序控制器接受注射机的开始注射时间信号 t_0，和注射保压终止信号 t_e。它的载体可以是直流 24V DC、交流电 110V/220V 或开关信号。它的输出可以是直流 24V DC 或交流电 110V/220V，驱动电磁阀实现气体或液压介质的换向。

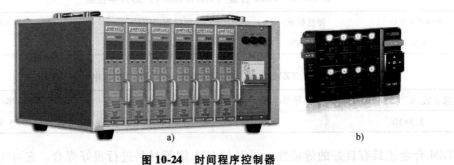

图 10-24　时间程序控制器

a）箱式时间程序控制器　b）板式时间程序控制器

控制器可控时间精度为 0.1s 或 0.01s。每个针阀式喷嘴延迟开启时段 $T1$ 和阀针开启时段 $T2$，有两段和四段定时两种控制模式。控制器设定时间与注射信号 t_0 和终止信号 t_e 的关系，又有 A 和 B 两种控制模式。

（1）两段定时控制模式　在注射机注射时段 t_0—t_e 内，只有 $T1$ 和 $T2$ 时段。A 模式是 $T1+T2$ 时段超出 t_e 时间，由 t_e 时间信息关闭阀针。B 模式是终止时间 $T2$ 关闭阀针，与 t_e 时间信息无关。

（2）四段定时控制模式　在注射机注射时段 t_0—t_e 内，有两次启闭，两个 $T1$ 和 $T2$ 共四个时段。A 模式是 $T1+T2+T1+T2$ 时段超出 t_e 时间，由 t_e 时间信号关闭阀针。B 模式是终

止时间 $T2$ 关闭阀针，与 t_e 时间信号无关。

3. 聚丙烯织物衬里内饰件的热流道注射模塑

（1）制件和低压串接注射 汽车内饰用长条的织物衬里的聚丙烯制件，用低压注射成型模具生产。它采用热流道浇注系统，并用多个针阀式喷嘴串接，依次逐点地自动控制注射。先让织物均匀复贴在动模上，在较低的注射压力下，保证织物与塑料黏结复合。制件上无熔合缝，无明显的翘曲变形。这种在织物衬里上注射方法称为模内复合（In-mould Lamination，IML）。制件用于轿车顶棚，四周有大圆弧，并有里弯翻边，总长 $970 \sim 1007\mathrm{mm}$，宽 $125\mathrm{mm}$，板厚 $2.5\mathrm{mm}$。聚丙烯织物衬里内饰件如图 10-25 所示。

图 10-25 聚丙烯织物衬里内饰件

织物的外表面是斜纹纺织面料，与塑料黏结面是衬绒。注射模开启时，四周放有余量的织物衬布，紧绷在动模的型芯上。PP 熔体在型腔里注射流动时，一侧是光滑模具钢壁面，另一侧是衬绒。从而引起熔体的流动剪切速率，导致间隙中心层分布不对称。冷却固化后制件中有颇大的残余流动应力。另外，动模一侧铺放的织物绒布，使制件两侧的冷却效率相差大。制件中有较大残余温差应力。制件一侧设有翻边，在长度方向有凸起弧和肋条，提高刚性。

五个浇口同时充填的有缝制件如图 10-26 所示。五个浇口同时充填，熔料前沿相向而遇，形成四条横贯宽度的熔合缝。会使织物衬里萎缩起皱，导致制件的强度下降，同时有严重的翘曲变形。实行多个浇口的时间程序开启，可获得无熔合缝制件，也能减小翘曲变形。

（2）热流道浇注系统 针阀喷嘴串接的时间程序控制注射如图 10-27 所示，注射从中央的针阀喷嘴 Z1 开始，临近的喷嘴 Z2 和 Z3，只有当熔料前沿经过它们时才打开。最后打开 Z4 和 Z5 喷嘴，射出熔料。使用电子时间程序控制器，延迟开启 Z2 和 Z3 的阀针。然后，再延迟开启 Z4 和 Z5 的阀针。熔料从型腔的中央起始，充填到制件的两端。将型腔充填后，所有的喷嘴都打开，以实施保压过程。

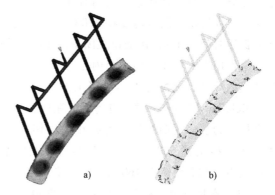

图 10-26 五个浇口同时充填的有缝制件

a）五个浇口同时充填 b）有缝制件

制件在织物衬里的注射量为 $412\mathrm{cm}^3$，而热流道系统中加热塑料时有 $780\mathrm{cm}^3$。设置环境温度为 $25℃$，熔体温度为 $265℃$，模具温度为 $60℃$。用注射时间控制充模，设定时间为 3s，注射流动速率为 $103 \sim 135\mathrm{cm}^3/\mathrm{s}$。经 Moldflow 流动分析调试，制件型腔的充满时间为 3.5s。此时，由速度控制注射转换到压力控制的保压。

在动用 Moldflow 流动分析的热流道系统的过程中，设置塑料熔体的针阀式浇口的启闭时间。在针阀控制器的"浇口"对话框中，输入浇口直径为 $3 \sim 3.9\mathrm{mm}$，长为 5mm。用时间控制的方法，确定各浇口开启时间。在此塑件的模拟过程中，得知熔体从 Z1 浇口，充填型腔体积的45%，到达 Z2 或 Z3 的时间为1.85s；从 Z2 或 Z3 到达 Z4 或 Z5 的时间为0.97s，此时已充满型腔体积的76%。物料流动前沿的控制后，取得如图 10-27b 所示的无长条熔合缝的效果。

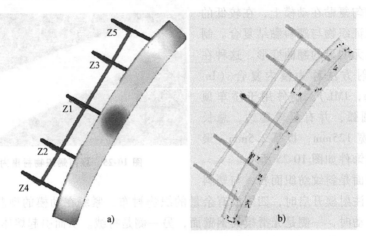

图 10-27　针阀喷嘴串接的时间程序控制注射
a）五个阀针的注射　b）无熔合缝的长条制件

五个喷嘴浇口同时关闭时间经多次测试确定为12s。针阀关闭时间太早，制件的保压补偿不充分，影响制件质量。关闭时间太迟，浇口附近塑料熔体冷却凝固，会影响针阀的关闭动作。要保证浇口附近温度在220℃以上，让制件有最佳体积收缩率。设置的注射机螺杆控制的保压时间为11s，比浇口关闭提前1s，使得两个控制时间都起作用。针阀关闭所起的保压结束作用大，关闭后的型腔内压力和锁模力下降很明显。制件型腔压力降至0，开始了封闭的模内冷却，锁模力从115t降至41t。

Moldflow 流动分析时，自动调节注射速度和注射压力。保压控制经对话框设定，逐步降低保压压力。采用曲线保压能减小保压作用，避免了过保压现象。注入模具的最大注射压力，在1.8s时达 660×10^5Pa。在4s时，制件型腔内压力最高，为 500×10^5Pa。到6s时，型腔内压力大部分已降至 160×10^5Pa，实现了长时间的低压保压。

（3）模具结构　在 IML 模具内，塑料层在定模一边注射，织物放置在动模型腔内。脱模顶出系统和热流道系统必须设置在定模上。制件的多余衬里在专用切割机床上切除。

由于织物的绝热性能使注射制品冷却困难。织物衬里也使注射流动不对称。所以动模上的织物衬里制品必须强化冷却。

IML 注射模的热流道系统模具有五个气动的针阀分喷嘴，如图 10-28 所示。Z1～Z5 喷嘴的阀针直径为7.5mm，流道直径为16mm。从图 10-28 中喷嘴的定位支承座 6 算起，喷嘴长度为482～495mm。由于驱动气缸安装在定模固定板中，分喷嘴相对模具中心偏置106～122mm 安装。

主流道喷嘴长为112mm。下游横流道总长为736mm，直径为16mm。抵达 Z1～Z5 喷嘴的各分流道长为106～122mm，直径为16mm。

流道板长为888mm，宽为196mm，厚为60mm。以平均15mm 的空气间隙，支架在定模的空腔中。流道板上有五个测温加热区。主流道喷嘴单独加热。脱模机构设置在定模，五个分喷嘴很长。对各喷嘴设计两个加热温控区，有效防止了沿喷嘴流道的温度分布不均匀。该热流道系统有十六个加热温度控制区。

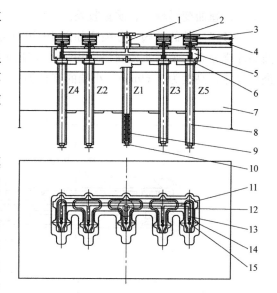

图 10-28　IML 注射模的热流道系统模具

1—主流道单喷嘴　2—定模固定板　3—喷嘴阀针的驱动气缸　4—导气管道　5—热流道扳　6—喷嘴的定位支承座　7—定模板　8—分喷嘴　9—喷嘴阀针　10—浇口套　11—横流道　12—主喷嘴位置　13—分流道　14—加热线圈　15—分喷嘴位置

4. 三个异形制件的针阀式分喷嘴注射

三个异形注塑制件成型时，应同时充填完成并有同样的保压时间。可以调整流道的长度和截面大小。用流程的等压流变平衡，运行计算机流动平衡可以辅助设计。若为两个异形制件的平衡浇注，成型相配的两个制件，有相同的密度和成型收缩率，能保证两制件配合尺寸精度的一致性。但是，两制件相差很大，或者是三个异形制件注塑时，就要用针阀式分喷嘴与电子时间程序控制器结合，实现平衡浇注。

异形三制件的针阀式喷嘴的时间控制注射如图 10-29 所示，聚丙烯充填滑石粉 PP + 20%Ta（滑石粉）注射三个异形制件，分别为 81g、84g 和 92g，壁厚均为 2mm。在同一注射模中成型，为了实现平衡浇注，三个针阀式分喷嘴的气缸连接电子时间程序控制器。

主流道喷嘴 Z0 向下三叉分流道，直径为 12mm。针阀式喷嘴流道直径为 12mm，阀针粗为 5mm。Z1、Z2 和 Z3 注射点都处于三个制件的流动阻力最小区域。三个喷嘴长度为 267～279mm，有些高低错落。

PP+20%Ta 制件熔体密度为 $0.85g/cm^3$，一次注射的熔体总体积 $V = 302cm^3$。实现平衡浇注，注射时间 $t = 2.61s$。图 10-29 所示为注射 1.57s 时刻，料流前沿的位置。喷嘴 Z1 阀针最早开启，阀针 Z2 延迟开启，阀针 Z3 最后开启。喷嘴 Z1 已充满型腔。仔细调整阀针 Z2 和 Z3 的延时时间，直到这两个型腔被同时充满。

如果不用时间程序控制，三个喷嘴的阀针为同时开启，需要注射时间 $t = 1.79s$。三个型腔流程比有差异。喷嘴 Z3 注射的型腔被延后，最后充满。与平衡浇注相比，两者的最大注射压力和锁模力相差不多。不平衡浇注的每个制件，体积收缩率变化

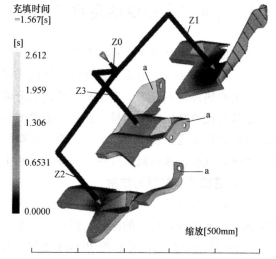

充填时间 =1.567[s]

图 10-29　异形三制件的针阀式喷嘴的时间控制注射
a—未充填的型腔

范围大，翘曲变形较大，质量较差。

异形三制件的针阀式分喷嘴如图 10-30 所示，喷嘴头外设置冷却套，冷却液的冷却管道圆周环绕分布。喷嘴头四周温度均匀，保证浇口能较快冷却。在图 10-30 中，左下角有圆锥浇口尺寸，高度为 1.69mm，小端的直径为 2.5mm，封胶面高度为 2.7mm，直径为 16mm。

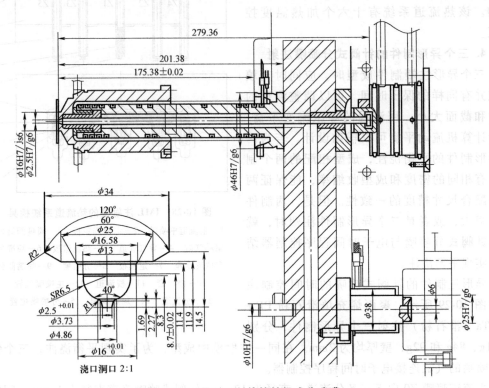

图 10-30　异形三制件的针阀式分喷嘴

10.4　针阀式多喷嘴的角度注射

热流道针阀式喷嘴在塑料注射模塑生产中应用日益广泛。特殊结构注塑制件需要喷嘴斜向注射。为此，必须改造流道板和改革针阀式喷嘴设计。

传统的热流道系统中，流道板与针阀式分喷嘴之间压紧连接。再将流道板用螺钉连接定模，也就是把喷嘴压紧到定模。此时，喷嘴的驱动气缸或液压缸坐落在定模固定板里。近年来，整体式热流道系统中的喷嘴和流道板用螺纹连接。排除了两者的接触面上泄漏塑胶的可能。此时，气缸或液压缸被直接安装在流道板上，实现针阀式分喷嘴斜向注射。

1. 流道板的双层斜向注射

两个制件斜射的针阀式喷嘴如图 10-31 所示，流道平板 2 接受主流道喷嘴的塑料熔体，分配到两块流道侧弯板 4 的流道。斜向 50°的平台上安装针阀式喷嘴 5。

图 10-31 所示的香蕉形状的 PMMA 制件，尺寸为 420mm×30mm×（2~16）mm。客户要求针阀式分喷嘴垂直注射在制件的斜平面上，并且是两个型腔。制件宽底上有深槽，两排型芯柱的脱模方向应与开模方向一致。势必要使成型表面与开模方向成 40°斜角。针阀式两喷嘴

斜射的热流道系统体积紧凑，注射模的模板面积 650mm×380mm。

　　喷嘴头轴线与成型塑料件表面成斜角，会使浇口冻结不稳定。形成较大的浇口凝料，痕迹异常不规则。喷嘴浇口位置与成型件表面成斜角，会导致喷嘴头外的浇口区壁厚不一致，不对称。浇口冷却不均衡。喷嘴头的刚性差，影响到圆柱面的封胶。

　　双层的流道板与斜置的针阀式喷嘴，使热流道系统的结构复杂。如果体积庞大，将会造成系统加热功率消耗多，流道板的热胀量过大。为此，三块流道板设计成三维的交错布置，两喷嘴相向斜置。如图 10-31 所示，喷嘴头在前后两个平面，流道平板曲折布局。

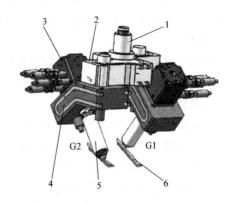

图 10-31　两个制件斜射的针阀式喷嘴

1—主流道喷嘴　2—流道平板　3—液压缸
4—流道侧弯板　5—针阀式喷嘴　6—注塑制件

　　（1）流道板结构　双层流道板结构如图 10-32 所示，流道侧弯板 3 的流道拐弯和衔接采用镶嵌件，有平直流道镶件 5 和直角弯流道镶件 7。弯流道曲面经球头铣刀加工，光滑曲面

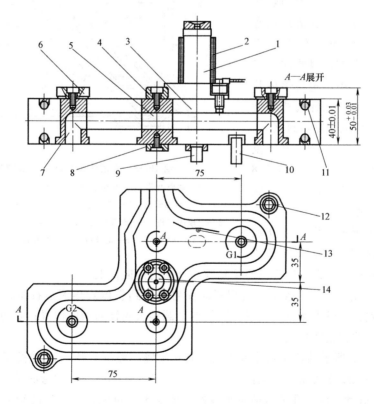

图 10-32　双层流道板结构

1—主流道喷嘴　2—主喷嘴加热器　3—流道侧弯板　4—小隔热块　5—平直流道镶件
6—大隔热块　7—直角弯流道镶件　8—隔热垫　9—中央定位销　10—挡转销
11—流道板加热弯管　12—紧固螺钉　13—热电偶　14—主流道射入圈

降低塑胶的流动阻力。圆柱镶嵌直径对孔有 0.06 ~ 0.08mm 的过盈量。镶件在液态氮中冷却半小时。同时将 4Cr13 流道板加热到 450℃。装配后冷缩紧密，防漏可靠。流道板侧面不用螺塞封堵。

在四个弯道镶嵌件上有四个钛合金隔热块。它们和隔热垫 8 及流道侧弯板一起，利用热膨胀应力将双层的流道板压紧在定模板和定模固定板之间。两层流道板之间气隙隔热。三块流道板是独立的加热区。

在室温下，用两根紧固螺钉 12 把流道板与两块流道侧弯板连接在一起。流道侧弯板 3 上中央定位销 9 固定在定模。再用挡转销 10 对流道侧弯板定位。流道侧弯板 3 的横向热胀量对下层流道侧板影响被减少。

受形状尺寸制约，在流道板两面加热布局困难。为了减少定模固定板的厚度，应强化主流道喷嘴 1 的加热功率。将主流道喷嘴伸出定模外，流道板嵌入到定模固定板里。

（2）流道侧弯板结构 双层流道板和针阀式喷嘴如图 10-33 所示，流道侧弯板 10 与流道平板 9 的两层之间的绝热气隙为 5mm，用钛合金制造间隔的垫块。流道侧弯板用定位销 3 固定在定模板上，由隔热垫 12 的位置延伸到喷嘴，在流道侧弯板的悬臂尺寸为 68mm。注射点浇口在主流道喷嘴下方，因此注射点横向膨胀量影响很小。塑料熔体几经 Z 形弯绕流动，注入针阀式喷嘴的流道。流道的两端用螺塞封堵。

隔热垫 12 的轴线方向，在室温下安装时，隔热块与定模固定板 8 之间留有 0.02 ~ 0.05mm 空隙。流道侧弯板 10 只能在两个侧平面加热，如图 10-33 所示。作为独立加热区有热电偶测温。加热导线和热电偶引线，集束在不锈钢在框管里连接到模具外壁的接插件上。

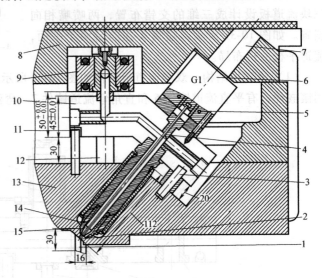

图 10-33 双层流道板和针阀式喷嘴

1—动模型芯 2—注塑制件 3—定位销 4—导滑套
5—冷却管道 6—液压缸 7—调节阀针位置的开孔
8—定模固定板 9—流道平板 10—流道侧弯板 11—止转销
12—隔热垫 13—定模板 14—喷嘴头 15—阀针

（3）针阀式喷嘴设计的改革 实现斜向注射应用到整体式热流道技术，要解决高温流道与定模板温差，造成喷嘴弯曲变形；要能调节圆锥头阀针的轴向位置；要防止流道板的热量传递给缸体上的橡胶密封圈。

1）如图 10-33 所示的整体式热流道的针阀式喷嘴。喷嘴壳体与流道板间的螺纹连接应该可靠。在喷嘴螺纹连接段外，割挖周向凹槽，提高壳体轴线方向的弯曲柔度。

2）圆锥头阀针与浇口孔的载荷越小越好。要实现双重配合，阀针的轴向位置应能够调节并锁紧。

3）图 10-33 中所示的固定在流道板上的液压缸。钛合金底板与流道板隔热，该底板挖大面积凹槽，用气隙绝热。在缸体底部位置还有冷却循环水管道降温。缸的温度为 45 ~ 55℃。

2. 汽车座椅板的斜向喷嘴注射

两只汽车座椅板用聚丙烯 PP 的 30%玻璃纤维增强注射模塑。靠板长为 773mm、宽为 486mm、高为 548mm，平均壁厚为 2.2mm。两只汽车座椅板结构有差别，在同一模具里，用整体式斜向针阀式喷嘴注射成型。

图 10-34 所示为两座椅板的斜向喷嘴注射充模。两制件型腔的注射量为 2670cm^3，熔体温度 260℃，模具温度 65℃。有 6 个阀针圆锥头的喷嘴，按时间程序逐次开启。中央 G1 和 G2 喷嘴首先开启后，G3 和 G4 喷嘴延迟 1.75s 开启，最后 G5 和 G6 喷嘴延迟 2.60s 才开启注射。物料前沿保持有足够温度，避免连续的熔合缝生成。高黏度熔体的长流程流动充模的注射压力为 90MPa，最大锁模力为 3200t。

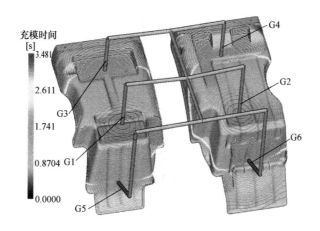

图 10-34　两座椅板的斜向喷嘴注射充模

图 10-35 所示为两座椅板的斜向喷嘴注射的热流道系统。大型流道板 1 有 8 个电加热区。注入主流道喷嘴的塑料熔体经流道板分流。熔体经两个加热的流道筒 2 和两个加热的流道块 4，几经转向。G5 和 G6 喷嘴以不同斜角侧向注入两个椅背。G5 和 G6 喷嘴螺纹连接流道块 4，流道筒 2 螺纹连接流道板 1。两个液压缸 3 坐落在流道块上，有良好的绝热和冷却措施。6 个喷嘴阀针圆锥头的轴向位置可调节。

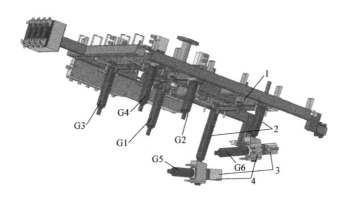

图 10-35　两座椅板的斜向喷嘴注射的热流道系统

1—流道板　2—流道筒　3—液压缸　4—流道块

　　流道筒与流道板的螺纹连接和热补偿如图 10-36 所示，流道板 2 被支承柱 1 和承压垫 3 刚性支承。流道筒 4 是通过螺纹连接到流道板 2。流道板的横向热胀量由流道筒的轴向弯曲变形补偿。流道块 5 被支承垫 7 紧靠，流道筒的另一端紧配在流道块中。流道筒的配合柱面上有密封槽，与流道块间有轴向补偿的间隙。

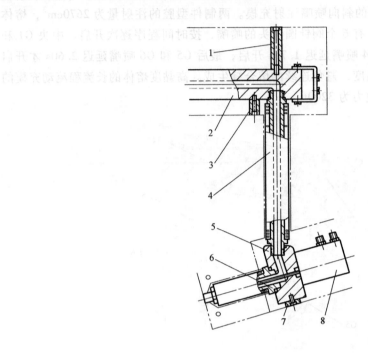

图 10-36　流道筒与流道板的螺纹连接和热补偿
1—支承柱　2—流道板　3—承压垫　4—流道筒　5—流道块　6—针阀式喷嘴　7—支承垫　8—液压缸

第11章

喷嘴和流道板的加热和温度控制

加热和温度控制是热流道注射模的设计必须具备的基本知识。热流道系统的热传递涉及注射模的热平衡分析，是喷嘴和流道板加热设计的重要环节。进行热膨胀和热应力分析计算，热补偿措施正确有效，才能避免塑料熔胶泄漏和热流道零部件的损坏。

11.1 热传递

热流道系统是塑料注射模具中央的"热岛"。注射生产前，加热器将热量传导给流道板和喷嘴中的塑料熔体。注射模塑加工时，喷嘴和流道板传导、对流和辐射热量传递给冷模具。为保持恒定的温度要补充损耗的热量。本节通过喷嘴和热流道板的热平衡分析，解说热传递理论和应用。

11.1.1 热量和比热容

提高固体、液体和气体的温度必须输入热能。所需的热量为

$$Q = mC\Delta T \tag{11-1}$$

工程设计时，计算单位时间内输入物体的热量为

$$P = \frac{mC\Delta T}{t} \tag{11-2}$$

式中　Q——输入热能（kJ）；

　　　P——物体加热功率（kW）；

　　　m——物体的质量（kg）；

　　　C——材料的比热容 $[kJ/(kg \cdot ℃)]$，表 11-1；

　　　t——物体的加热时间（h）；

　　　ΔT——物体温度升高值（℃），$\Delta T = T_1 - T_2$。

一些固体、液体和气体的比热容见表 11-1，比热容代表了物体材料的吸热能力。它表述 1kg 单位质量的物体，温度升高 1℃ 所需的热量。还需注意，比热容与温度有关。

由两种组分材料组成的物体的相当比热容 C_{total} 计算如下

$$C_{total} = \varphi_1 C_1 + \varphi_2 C_2 \tag{11-3}$$

式中　φ_1、φ_2——质量分数，$\varphi_1 + \varphi_2 = 1$，$\varphi_i = \dfrac{m_i}{m_{total}}$；

m_i——单个组分的质量（kg），$i=1$，2；

m_{total}——装配体的总质量（kg）。

表 11-1　一些固体、液体和气体的比热容 C

材料	比热容 $C/[\text{kJ}/(\text{kg}\cdot\text{℃})]$
铝	0.896
铬镍合金钢	0.477
纯铜	0.383
聚丙烯 PP	1.70(20℃)；2.7(120℃)
聚苯乙烯 PS	1.20(20℃)；2.0(120℃)
热油	1.70(50℃)；1.83(100℃)；2.14(200℃)；2.49(300℃)
水	4.18(50℃)；4.22(100℃)；4.50(200℃)；5.76(300℃)
空气	≈1

11.1.2　热传导、热对流和热辐射

热传递有热传导、热对流和热辐射三种方式，都影响热流道系统的热平衡。

1. 热传导

固体内部的热传导，是由于相邻分子在碰撞时传递振动能。金属的导热能力很强，是因为内部自由电子发生转移。如图 11-1 所示的注射模的热流道系统的传导热流，热源为流道板和喷嘴的电加热。还有注射生产中周期性输入熔融塑料携带热量。热量主要从承压圈、喷嘴和连接螺钉等接触面，传导给定模板后耗散。空气的热导率很小，定模框与流道板之间空气隙起到绝热作用。一些物质和材料的热导率 λ 见表 11-2。空气、塑料和陶瓷常作为绝热材料。空气在 200℃ 时热导率为 0.039W/(m·K)，20℃ 时热导率为 0.026W/(m·K)。塑料热导率为 0.15～1.2W/(m·

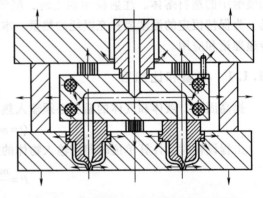

图 11-1　注射模的热流道系统的传导热流

K)，PEI 和 PEEK 等耐高温塑料用作喷嘴浇口的隔热帽。陶瓷的热导率约为 3W/(m·K)，用于制造阻热承压圈。钢材根据不同的化学成分，热导率为 14～40W/(m·K)。热流道系统零部件用各种合金钢制造，用不锈钢和钛合金钢阻热，用铜和铍铜导热。钛合金 TiAl6V4 的热导率为 7W/(m·K)，也用于制造阻热承压圈。在热流道工程计算中，通常不考虑温度梯度随时间变化，只考虑位置温差的热传导。

表 11-2　一些物质和材料的热导率 λ 　　　　　[单位：W/(m·K)]

材料	热导率 λ	物质	热导率 λ
CuCoBe	225	空气(20℃)	0.026
CuBe	209	空气(200℃)	0.039
H13(美)/DIN1.2344 钢	25.2(20℃)～27.0(350℃)	空气(300℃)	0.046

（续）

材料	热导率 λ	物质	热导率 λ
P20（美）/3Cr2Mo	25.2（20℃）~27.0（350℃）	水	0.6
4Cr13	36.0（20℃）~31.4（200℃）	玻璃	0.7
钛合金 TiAl6V4	7	铜	395
烧结 Mo 合金 TZM	115	铜合金	约 350
PMMA	0.19	银	410
PP	0.2	铝	200~300
POM	0.23	铝合金	130~170
LDPE	0.35	烧结陶瓷	<2
PA6,PA66	0.3	导热黏结剂	13
PC,PBT	0.2	绝热层压板	0.2
PS	0.15	石棉板	0.18

根据傅里叶定律，物体存在温度梯度 $\Delta T = T_1 - T_2$，传导热量 Q_c 流过单层的平直模壁。各参数如图 11-2a 所示，传导热量 Q_c 的计算式为

$$Q_c = \frac{\lambda}{\delta} A_c (T_1 - T_2) \tag{11-4}$$

式中　Q_c——物体的传导热量（W）；

　　　　λ——材料的热导率 [W/(m·K)]；

　　　　δ——物体传热方向的厚度（m）；

　　　　A_c——物体传热面积（m²），$A_c = bh$；

　　　　T_1——热源温度（℃）；

　　　　T_2——被测点的温度（℃）。

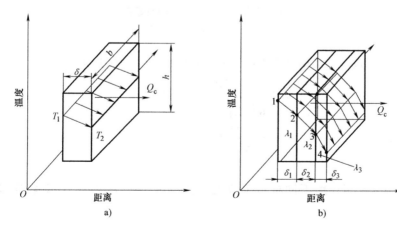

图 11-2　单层和多层的平壁的热量传导

a）单层物体　b）多层物体

常用到多层物体的平壁热传导，图 11-2b 中所列可被描述为

$$Q_c = \frac{1}{\dfrac{\delta_1}{\lambda_1} + \dfrac{\delta_2}{\lambda_2} + \dfrac{\delta_3}{\lambda_3}} A_c (T_1 - T_{i+1}) \tag{11-5}$$

式中 i——物体间壁面的数量。

对喷嘴等圆筒形零部件，传导热量 Q_c 流过单层的圆柱壁。图 11-3a 中所列可被描述为

$$Q_c = \frac{\lambda 2\pi l}{\ln\left(\dfrac{r_o}{r_i}\right)} (T_i - T_o) \tag{11-6}$$

式中 l——圆柱壁面的长度（m）；

　　　$\ln$——自然对数；

　　　T_i——里筒壁温度（℃）；

　　　T_o——外筒壁温度（℃）；

　　　r_o——圆筒外径（m）；

　　　r_i——圆筒内径（m）。

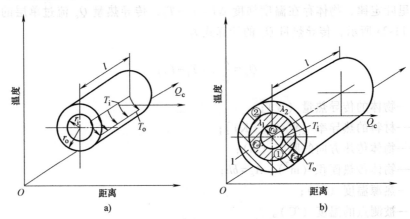

图 11-3　单层和多层的圆筒的热量传导

a) 单层圆筒　b) 多层圆筒

传导热量 Q_c 流过多层的圆柱壁如图 11-3b 中所列，可被描述为

$$Q_c = \frac{2\pi l}{\dfrac{\ln\left(\dfrac{r_{o1}}{r_{i1}}\right)}{\lambda_1} + \dfrac{\ln\left(\dfrac{r_{o2}}{r_{i2}}\right)}{\lambda_2}} (T_i - T_o) \tag{11-7}$$

式中 $r_{i2} = r_{o1}$。

流道板上的承压圈，用不同材料组成的相关零件。图 11-4a 所示串联连接的热导率 λ_s 为

$$\lambda_s = \frac{1}{\dfrac{\varphi_1}{\lambda_1} + \dfrac{\varphi_2}{\lambda_2}} \tag{11-8}$$

图 11-4b 上并联连接时的热导率 λ_p 为

$$\lambda_p = \varphi_1 \lambda_1 + \varphi_2 \lambda_2 \tag{11-9}$$

$$\varphi_i = \frac{V_i}{V}, \varphi_1 + \varphi_2 = 1$$

以上两式中

其中　V_i——单件体积；

　　　V——总体积。

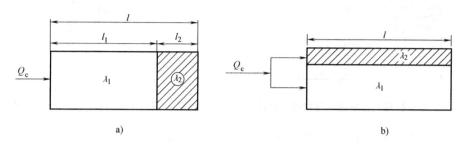

图11-4　不同材料相关零件的热导率

a) 串联连接的 λ_s　　b) 并联连接的 λ_p

筒形的喷嘴在线圈外加热时，为多层圆柱壁串联的热传导。如图11-5所示的串联热导率 λ_r 为

$$\lambda_r = \frac{\ln \dfrac{r_3}{r_1}}{\dfrac{\ln \dfrac{r_2}{r_1}}{\lambda_1} + \dfrac{\ln \dfrac{r_3}{r_2}}{\lambda_2}} \tag{11-10}$$

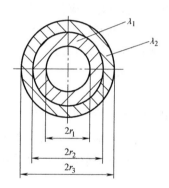

图11-5　多层圆柱壁串联的热导率

2. 热对流

在注塑生产中会遇到流体在流过固体表面时与该表面发生热量交换。从固体壁面到流体介质的热量传递称对流。图11-6所示为注射模热流道系统向空气的热对流。一方面流道板和喷嘴的壁面向周围的空气传递对流热量 Q_f。另一方面，定模板的框架又向环境空气传递对流热量。热流道工程计算中常用对前者的简化算法。加热后的空气向上自然流动。

如图11-7所示，空气与金属表面间存在热对流，这种对流热量计算式为

$$Q_f = \alpha_f A_f (T_w - T_g) \tag{11-11}$$

式中　Q_f——对流热量（W）；

　　　α_f——对流给热系数 $[W/(m^2 \cdot K)]$；空气自然对流 $\alpha_f = 5 \sim 10 W/(m^2 \cdot K)$；

　　　A_f——壁表面面积（m^2）；

　　　T_w——壁面的温度（℃）；

　　　T_g——周边环境空气的温度（℃）。

给热系数 α_f 可以利用传热学理论通过实验测得。强迫周边空气流动时的给热系数 $\alpha_f = 10 \sim 100 W/(m^2 \cdot K)$，空气自然流动时 $\alpha_f = 5 \sim 10 W/(m^2 \cdot K)$。

3. 热辐射

任何物体都会不停地以电磁波形式向外界辐射能量，同时又不断吸收外界其他物体的辐

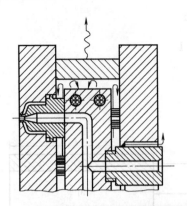

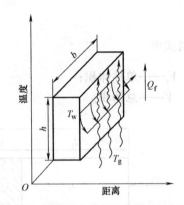

图 11-6 注射模热流道系统向空气的热对流 　　图 11-7 平板壁面与空气的对流热量传递

射能。当辐射能与吸收能不相等时，就产生这种热量传递方式称热辐射。所谓黑体，是指吸收所有的辐射能，并且假定辐射传递热量与通过的气体、液体和固体等介质无关。图 11-8 所示为热流道系统中热量的辐射传递。热流道板和周围的模板之间发生辐射能量的交换。流道板的保温设计，应让辐射能尽量多地反射回去。避免黑体效应，减少周围的模板吸收辐射能。这就要阻隔热流道系统与周围的模板之间辐射能的传递。

　　两物体热量的辐射传递如图 11-9 所示，高温平板表面向外界辐射能量 Q_r，与辐射给热系数 α_r 的关系为

$$Q_r = \alpha_r A_r (T_1 - T_2) \tag{11-12}$$

式中　Q_r——传递的辐射热量（W）；

　　　　A_r——辐射体的表面面积（m^2）；

　　　　α_r——辐射给热系数 [$W/(m^2 \cdot K)$]；

$$\alpha_r = C_o \frac{\left(\dfrac{T_1}{100}\right)^4 - \left(\dfrac{T_2}{100}\right)^4}{\Delta T} \tag{11-13}$$

式中　$\Delta T = T_1 - T_2$；

　　　　T_1——高温壁面的绝对温度（K），$K = 273 + ℃$；

　　　　T_2——低温壁面的绝对温度（K）；

　　　　C_o——热辐射系数 [$W/(m^2 \cdot K^4)$]。

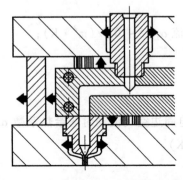

图 11-8 热流道系统中热量的辐射传递

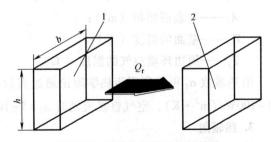

图 11-9 两物体热量的辐射传递

表 11-3 列出了不同表面质量和材料组合下的热辐射系数 C_o。为了使由热辐射引起的热损失最小，C_o 的值要小。为此，热流道板表面涂镍，$C_o = 0.12 W/(m^2 \cdot K^4)$。在流道板表面覆铝箔，$C_o = 0.18 \sim 0.22 W/(m^2 \cdot K^4)$。

表 11-3　不同表面质量和材料组合下的热辐射系数 C_o

材料/材料组合	表面质量	热辐射系数 $C_o/[W/(m^2 \cdot K^4)]$
"黑体"	—	5.77
银/银	抛光	0.09
铜/铜	抛光	0.09
	氧化	3.54
镍/镍	钝化	0.12
	光亮	0.39
钢/钢	锈蚀	2.53~2.62
	抛光	0.40
铝/铝	滚轧光亮	0.12
铝/钢	铝:光亮/钢:光亮	0.18
	铝:光亮/钢:锈蚀	0.22
镍/钢	镍:钝化/钢:锈蚀	0.23

11.1.3　热流道的热膨胀和热应力

热流道系统温度升高时，热流道系统零部件的热膨胀在低温的注射模的约束下，会有严重的热应力。可以利用热应力进行流道板与喷嘴的压力连接。但是，避免产生过大热应力更为重要。定模板上多个注射点间距与热流道板上相应各间距要有热补偿，还有在喷嘴的轴线方向也必须有多种状况下的热补偿。

1. 热膨胀

对于注射模热流道工程，只需要考虑线性热膨胀。物体某个方向在热影响下尺寸的变化，取决于温度梯度 ΔT 和材料的热胀系数 α。有

$$\Delta L = L_1 - L_o = \alpha L_o (T_1 - T_o) \tag{11-14}$$

式中　$\Delta T = T_1 - T_o$；

α——线胀系数（1/K），见表 11-4；

L_o——在参考温度 T_o（=23℃）时长度（m）；

L_1——在测量温度 T_1 时长度（m）。

线胀系数等于物体沿长度方向上的相对伸缩量与温度梯度的比值

$$\alpha = \frac{\Delta L}{L_o \Delta T} \tag{11-15}$$

各种材料的线胀系数随着温度的上升而有所提高。金属和塑料材料的线胀系数较大，而且升温时变化较多。因此在热流道金属物体的热膨胀计算时，在介于环境温度和工作温度之间取线胀系数值。室温下相关材料的线胀系数 α 见表 11-4。

表 11-4　室温下相关材料的线胀系数 α　　　［单位：$(\times 10^{-6}/℃)$］

材料	线胀系数 α	材料	线胀系数 α
石英玻璃	0.5	铍铜 CuCoBe, CuBe	17
陶瓷	约 4	铜合金	18.5
烧结陶瓷	9	中碳钢 45	13.7
PE	240	中碳合金热作模具钢 H11	10.5
POM, PP	110	中碳合金预硬钢 P20	11.2
PMMA	70	中碳合金钢 4Cr13	11.8
PC, PBT	60	钛合金 TiAl6V4	8.6
铝	23	不胀钢 (Vacodil)	2~4

注：不胀钢有 62.7%Fe, 32%Ni, 5%Co, 0.3%Mn。

2. 热应力

受到机械约束的零件，受阻挡的热膨胀会导致热应力，计算式为

$$\sigma = \varepsilon E \tag{11-16}$$

式中　E——材料的弹性模量。应变为

$$\varepsilon = \frac{\Delta L}{L_o} \tag{11-17}$$

由式（11-14）、式（11-15）、式（11-16）和式（11-17），可得到热应力计算式为

$$\sigma = \alpha E(T_1 - T_o) \tag{11-18}$$

被约束的受热钢零件，弹性模量 $E = 2.1 \times 10^5$ MPa，线胀系数 $\alpha = 11 \times 10^{-6}$/K，$\Delta T = 260$K。计算得到很大的热应力 $\sigma = 600$MPa。在热流道板的设计时，必须给出室温下的补偿间隙。以防止破坏相关的零件。

3. 变形协调条件

为了改善热流道板和喷嘴的导热性，常在钢构件中嵌入铍铜。这时的热补偿计算如图 11-10 所示。要将不同材料物体作为静力系统。作用力 F 按比例作用在两个相同长度 L 的零件上。两零件在约束下的变形量 f 相等，也称为变形协调条件，计算式为

$$F = F_1 + F_2$$
$$f = f_1 = f_2 \tag{11-19}$$

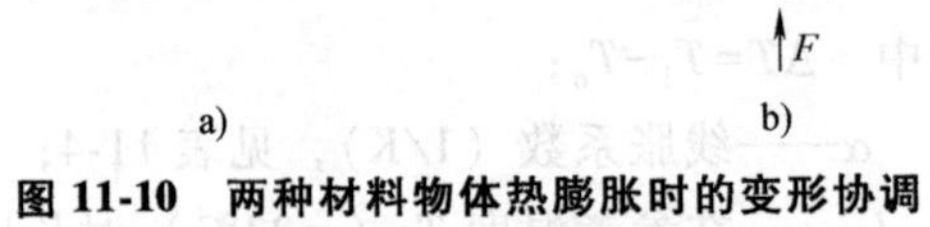

图 11-10　两种材料物体热膨胀时的变形协调
a) 两种材料组合　b) 对热膨胀的约束力 F

如图 11-10a 所示，两种材料物体各有其物理性能 E_1、E_2、α_1、α_2。各有几何参数，其体积 $V_1 = A_1 L$，$V_2 = A_2 L$，A 为物体的截面积。由下式

$$\sigma = \varepsilon E = \frac{\Delta L}{L_o} E = \alpha \Delta T E$$

和

$$f = \Delta L = \frac{F L_o}{E A}$$

定义

$$\varphi_i = \frac{A_i}{A_1 + A_2}$$

可得到两种材料组合结构的线胀系数计算式为

$$\alpha_{\text{total}} = \frac{\alpha_1 E_1 \varphi_1 + \alpha_2 E_2 \varphi_2}{E_1 \varphi_1 + E_2 \varphi_2} \tag{11-20}$$

11.2 喷嘴加热和热传导

11.2.1 喷嘴的加热器及功率

了解外加热喷嘴的加热器的种类和选用，掌握加热功率估算，熟悉各种加热器的性能和技术规范，是热流道喷嘴设计的组成部分。

1. 卷绕式加热器

图 11-11 和图 11-12 所示的卷绕式加热器（Coil Heater）的优点是长度和内径可以控制。能以较小的压力直接套在喷嘴上，工艺简单。在升温和降温时，加热条有膨胀与收缩两个过程，同时喷嘴也要膨胀与冷缩，因而加热圈与喷嘴间会有相对滑动和变形，导致喷嘴温度分布不均，造成局部过热。卷绕式加热圈的功率转化率仅为 50%~70%。

部分热流道的企业购买电阻加热条，在喷嘴外壳上卷绕，也有购买已卷绕的加热螺旋圈条。螺旋线圈需用铜套夹固。通常在卷绕线圈外加装不锈钢罩筒，起防辐射和保护作用，再用弹性卡圈在轴向挡住。

（1）加热卷条 卷绕式加热圈的截面有圆形、方形和矩形。圆管条通常设计成中央单根加热电阻丝。矩形截面设计成两根并排在一起的加热电阻丝的线圈，引入到不锈钢管里，并灌装氧化镁粉。氧化镁传热不导电。

1）圆截面电加热管条。图 11-11a 和图 11-12a 所示的圆截面电加热管条，与喷嘴表面之间是螺旋线接触，发生热传递主要是热辐射。因此，加热表面的热流密度较小，仅有 $0.3 \sim 6 \text{W/cm}^2$。常用圆管条中加热电阻丝直径有 1.8mm、3mm、4mm 和 5mm，还有双条 2×1.8mm。圆管条很少直接卷绕在喷嘴圆柱上，而

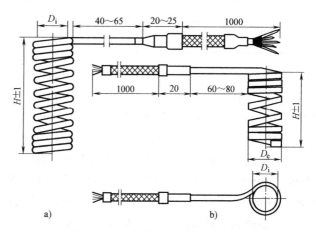

图 11-11 喷嘴上的卷绕式加热器

a）圆截面电加热管条 b）扁矩形截面电加热管条

D_e—外径 D_i—内径 H—线圈的高度

是把螺旋管条，嵌装在铜套管里。在喷嘴壳体圆柱面上，铣削挖出螺旋槽，才能保证热传导接触面积。

2）矩形截面电加热管条。图 11-11b 和图 11-12c 所示的扁矩形截面电加热管条。图 11-12b 为方形截面的电加热管条。它与喷嘴有较大的接触面，有部分的热传导，因此有 $5 \sim 7.5 \text{W/cm}^2$ 的热流密度，是目前采用最多的喷嘴加热器。

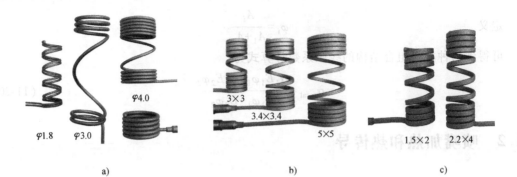

图 11-12 喷嘴上的各种卷绕式加热器

a）圆截面 b）方形 c）扁矩形

（2）加热管条规格 表11-5列出部分已标准化专业生产的矩形截面的喷嘴线圈的有效功率。热流道喷嘴的卷绕式加热线圈有下述技术规格。

表 11-5 矩形截面的喷嘴卷绕式加热线圈的有效功率（电压230V）   （单位：W）

内径 D_i /mm	管条截面 1.5mm×2mm、2.2mm×4mm、3.5mm×3.5mm，线圈高度 H/mm													
	20	30	40	60	80	100	120	140	160	180	200	220	240	260	280
10	—	200	250	300	350	400	450	500	600	600	700	700	700	800	800
13	225	250	300	400	450	500	500	600	700	800	800	900	900	1000	1000
18	300	350	400	450	500	600	700	800	800	900	900	1000	1000	1250	1250
25	350	400	450	500	600	700	800	900	900	1000	1000	1250	1250	1400	1400
32	400	450	500	600	700	800	900	1000	1000	1250	1250	1400	1400	1600	1600
40	450	500	600	700	900	1100	1250	1250	1250	1400	1400	1600	1800	2000	2000

1）方形截面电阻加热管条常见有 3.0mm×3.0mm、3.3mm×3.3mm、3.4mm×3.4mm、3.5mm×3.5mm、4.0mm×4.0mm 和 5.0mm×5.0mm。常见扁状矩形线条截面，厚×宽有 1.2mm×2.6mm、1.5mm×2mm、1.7mm×3.5mm、1.8mm×3.2mm、2.2mm×4.0mm、2.2mm×4.2mm、2.7mm×3.5mm、4.2mm×6.5mm、4.2mm×8mm，还有双条 2×（1.5mm×2.1mm）等。

2）卷绕式加热圈内径 D_i 为 10～50mm。常见系列直径 10mm、12mm、13mm、14mm、15mm、16mm、18mm、19mm、20mm、22mm、24mm、25mm、28mm、30mm、32mm、36mm、40mm、42mm、45mm、48mm、50mm。常用孔径公差 $D_{i-0.3}^{-0.1}$。

3）卷绕式加热线圈的高度 H 常见系列 20mm、40mm、60mm、80mm、100mm、120mm、140mm、160mm、180mm、200mm。常用高度公差 $H\pm1$。

4）卷绕式加热圈的额定电阻压 230V，有发热功率 180（250）～2200W。耐压强度 700V，冷态绝缘电阻 ≥0.5MΩ，253V 下冷态泄漏电流 ≤0.5mA。

5）加热圈的展开长度，发热长度+不发热长度+接头长度+引线长度（标准长1000mm）。

6）热流道喷嘴的引线常用耐温300℃的聚四氟乙烯绕包铜线，或耐温400℃的玻璃纤维硅胶绕包铜线。按需要加装玻璃纤维硅胶套管、不锈钢金属编织套管或不锈钢金属软管。

7）导电线的出线方式有沿喷嘴轴线、线圈的切向或径向三种。喷嘴加热器的出线有五个接头，三根接电源，一根接零线，另一根接地线。

（3）卷绕线圈沿着喷嘴轴线的温度分布　电加热圈的开始端是非加热区，该连接段至少有45mm线长不发热。近邻浇口位置，安装有热电偶。喷嘴头又有一个较小的非加热区。

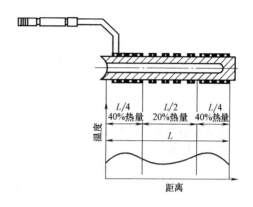

可增加或减少线圈的卷绕节距，形成如图11-13所示的40-20-40的电加热线圈的温度分布曲线。以对数节距卷绕的电加热线圈。在喷嘴与模具接触的浇口部位，在喷嘴与流道板连接部位得到较强的加热。在沿线圈轴线的部分中，两端各提供40%的热量，而在中间部分，以较大的线圈节距，只供给约20%的热量。获得40-20-40的卷绕节距的较均匀的温度分布。为了使整个喷嘴长度达到均衡加热，采用不同节距的"对数卷绕"。因为热膨胀，线圈加热器有从喷嘴体脱落下来的趋势，尤其在线圈的顶部和底部。卷绕的线圈与喷嘴体之间有间隙。因此用不锈钢薄套筒将电热线圈包装起来。

图 11-13　40-20-40 的电加热线圈
的温度分布曲线

2. 卷绕线圈配装喷嘴

（1）不锈钢套筒线圈加热器　完整圆筒里装排有卷绕的电热丝，整体薄筒套在喷嘴壳体上加热。套筒式加热最大特点是解决了卷绕式加热圈在喷嘴表面的滑动和变形。此种套筒电加热器的加热密度达到 $12.5W/cm^2$，适用于高温加热并有良好的耐用性。加热器通常设计成两个并排在一起的加热电阻丝的线圈，嵌入到不锈钢套管里，并灌足氧化镁粉。电热丝在套筒的里侧紧排，在套筒轴向两端密绕，提高热效率。喷嘴上的各种套筒式电加热器图11-14a 所示的整体不锈钢套筒，主要依靠辐射热传递。然而，套筒的里壁用不锈钢制造，导致套筒孔的制造精度低。套筒孔与喷嘴体之间存在气隙，特别是超过150mm 的长套筒。传热效率会很低，电热丝会过热而烧损。套筒式加热器的组成的不同材料，膨胀量不同。加热后套筒里有不稳定内应力，会造成套筒胀坏。不锈钢套筒产品的内孔 $D_i \geq 18mm$，高度 $H \leq 100mm$，功率为 250~400W 较适宜。

（2）嵌入铜套卷绕加热器　为了提高加热管条的传导效率，将矩形的加热管条嵌入在铜套里，再把铜套紧配在喷嘴体上，如图 11-14b 和图 11-14c 所示。铜套有不等螺距的螺旋槽，按对数节距铣削螺旋槽，然后将加热管条压入槽内。这种喷嘴加热器加热效率在套筒式加热器中最好。铜套筒产品的内孔 $D_i = 15 \sim 35mm$，高度 $H = 50 \sim 220mm$，功率为 250～1100W。图 11-14d 所示是微薄型铜套嵌入式加热器，将热电偶插装在铜套上。图 11-14e 所示在铜套嵌入加热管条后，还装上不锈钢外套。铜套已有专业厂生产加工，它与喷嘴外壳的配合精度得到保证。铜套嵌入式加热器的加热温度均匀。

（3）嵌入喷嘴壳体卷绕加热器　如图 11-15 所示，为了提高热流密度，在已有喷嘴圆柱体的外表面上挖出大于半径的螺线槽，将螺旋线圈嵌埋。热量由卷绕盘条直接传递到喷嘴本体。其加热的均匀性不及套筒式电加热，导热效率却比套筒式加热要好。

喷嘴体外圈上螺线槽，要用四坐标联动的数控铣床编程加工。用专用的成形立铣刀，按

图 11-14　喷嘴上的各种套筒式电加热器

a) 电阻线圈加热的不锈钢套筒　b) 铜套嵌入式，管条 2.5mm×4mm　c) 铜套嵌入式，管条 3mm×3mm

d) 铜套嵌入式，管条直径 1.4mm，嵌热电偶　e) 铜套嵌入式，装不锈钢外套

对数节距铣削螺旋槽。然后将卷条嵌套在槽内。加工工艺水平高，成本提高。因为存在热膨胀问题，线圈高度不能过高，加热管条也不能过粗。卷绕式和套筒式电热器损坏后，更换方便。而嵌入式卷绕电加热器更换困难，很难保证螺旋槽面良好接触。

图 11-15　嵌入喷嘴壳体卷绕加热器

3. 喷嘴的加热功率

喷嘴主要有卷绕式和套筒式两种加热类型，最常用的是 230VAC 线圈加热器。一些公司提供低电压加热 5V、24V，可让加热器件最小化。低电压加热器能很平稳加热并允许精确的温度控制。

卷绕加热器用于外径 10～40mm 的喷嘴；套筒加热器用于喷嘴外径大于 32～40mm 的大喷嘴。电加热器应使喷嘴沿轴线方向的温度分布均匀。在喷嘴的两端要密布电热条，中间部分要少布设电热条。还须注意，在喷嘴筒座的一端，要布置引出导线。在喷嘴头的一端，要布置热电偶合金丝，在距离为 5～10mm 时，不能敷设电热条。

卷绕式加热器加热条的截面是矩形的，宽边盘贴在喷嘴外圆柱上，保证热传导接触面积。现常用的加热条截面尺寸有 1.5mm×2mm 和 3.5mm×3.5mm 等，见表 11-5。

用卷绕式加热器，喷嘴功率经验计算式为

$$P = \mu \pi D H \tag{11-21}$$

式中　P——喷嘴的升温加热功率（W）；

　　　D——喷嘴的外径（mm）；

　　　H——喷嘴上装加热器的总长（mm）；

　　　μ——修正调节系数，当 $H \leqslant 100$mm，取大值 0.15；当 $H > 100$mm，取 0.135 较小值。

在喷嘴加热设计过程中，可按式（11-21）估算所需线圈功率。要考虑喷嘴上线圈不等的节距，总长 H 的增加。供应商提供类似表 11-5 的线圈规格，可查得线条截面、线圈内径和高度，确定喷嘴加热的有效功率。

11.2.2　喷嘴的径向热传导分析

本节解析外加热喷嘴的径向热传导，讨论外加热喷嘴的热平衡和空气绝热等问题，也进行实际测算。

1. 喷嘴的径向热平衡方程

外加热喷嘴的径向温度分析简图如图 11-16 所示，喷嘴外卷绕了加热线圈或整体套筒加热圈。它在低温模板的包围中。为此，设置了空气绝热圆筒层。将喷嘴—空气—模板置于圆柱坐标系中，用一维径向的热传递方程可解析加热器的热量损耗，获知径向的温度分布和空气层的厚度。

塑料是热的不良导体，热传递在喷嘴壳体、空气层和模具径向方向上。假定加热线圈的疏密和圈数合理，在喷嘴高度 z 方向受热均匀，温差不大。维持熔体流动的补充热量不多，主要是径向传热，可视为圆筒壁的一维稳态热传导，可由径向热平衡确定加热器的功率及绝热空气层的厚度。

（1）喷嘴径向传热方程为

$$\frac{1}{r}\frac{\mathrm{d}}{\mathrm{d}r}\left(r\frac{\mathrm{d}T}{\mathrm{d}r}\right)=0 \qquad (11-22\mathrm{a})$$

边界条件为

$$r=r_1,\ T=T_e$$
$$r=r_2,\ T=T_w \qquad (11-22\mathrm{b})$$

喷嘴径向温度分布为

$$T=T_e-(T_e-T_w)\frac{\ln(r/r_1)}{\ln(r_2/r_1)} \qquad (11-23)$$

喷嘴壳体外壁径向传热方程为

$$q_H=-\frac{T_e-T_w}{\dfrac{1}{2\pi\lambda}\ln\dfrac{d_2}{d_1}} \qquad (11-24)$$

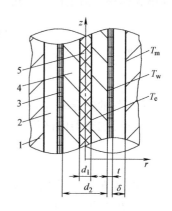

图 11-16 外加热喷嘴的
径向温度分析简图

1—定模型腔板 2—空气绝热层 3—电
热线圈 4—喷嘴壳体 5—塑料熔体
$d_1(r_1)$—喷嘴流道直径（半径） $d_2(r_2)$—喷嘴
壳体外壁直径（半径） δ—空气绝热层厚
t—加热线圈径向厚度或套筒式加热器的筒厚
T_m—定模板温度 T_w—喷嘴壳体外壁面温度
T_e—注射熔体温度，即流道管壁温度（℃）

式中 q_H——单位加热喷嘴高度的热量（W/m），$q_H=\dfrac{Q}{H}$；

$\qquad$ Q——喷嘴上加热线圈或套筒径向热传导热量（W）；

$\qquad$ λ——喷嘴材料的热导率 [W/(m·℃)]。

加热线圈或套筒径向热损失热量 Q，由加热器供给，计算式为

$$Q=q_HH=P\eta \qquad (11-25)$$

式中 P——喷嘴加热器的额定功率（W）；

$\qquad$ η——加热器补给热量部分，一般取 0.5~0.8；

$\qquad$ H——喷嘴上加热线圈或套筒高度（m）。

（2）喷嘴的径向温度分布

从喷嘴壳体外壁向定模板筒内壁传热方程为

$$\frac{1}{r}\frac{\mathrm{d}}{\mathrm{d}r}\left(r\frac{\mathrm{d}T}{\mathrm{d}r}\right)+\frac{q_V}{\lambda}=0 \qquad (11-26\mathrm{a})$$

边界条件为

$$r=r_2+t, \quad T=T_w$$
$$r=r_2+t+\delta, \quad T=T_m \tag{11-26b}$$

从喷嘴壳体外壁向定模板内孔壁的温度分布方程为

$$T=T_w+\frac{q_V(r_2+t)^2-r^2}{4\lambda}+\frac{\ln\dfrac{r}{r_2+t}\left\{(T_w-T_m)-[(r_2+t+\delta)^2-(r_1+t)^2]\dfrac{q_V}{4\lambda}\right\}}{\ln\dfrac{r_2+t}{r_2+t+\delta}} \tag{11-27}$$

式中 λ——空气的热导率 $[W/(m\cdot℃)]$;

   q_V——喷嘴加热器的体积电功率 (W/m^3);

$$q_V=\frac{Q'}{sl}$$

其中 s——电热条/圈的截面积 (m^2);

   l——电热条/圈发热部分的长度 (m);

   Q'——喷嘴损耗热量 (W)。

（3）喷嘴的径向传导热量

对于半径 r 圆柱面上，绝热空气层厚 δ 的径向传导热量方程为

$$Q_{(r,\delta)}=\pi Hq_V\left[r^2+\frac{(r_2+t+\delta)^2-(r_2+t)^2}{2\ln\dfrac{r_2+t}{r_2+t+\delta}}\right]-\frac{2\pi\lambda H(T_w-T_m)}{\ln\dfrac{r_2+t}{r_2+t+\delta}} \tag{11-28}$$

从喷嘴壳体外壁向定模板筒内壁，在定模板开孔壁面 $r=r_2+t+\delta$ 的传导热量为

$$Q'=\pi Hq_V\left[(r_2+t+\delta)^2+\frac{(r_2+t+\delta)^2-(r_2+t)^2}{2\ln\dfrac{r_2+t}{r_2+t+\delta}}\right]-\frac{2\pi\lambda H(T_w-T_m)}{\ln\dfrac{r_2+t}{r_2+t+\delta}} \tag{11-29}$$

喷嘴向外圆柱面上均匀传热，加热器发热和传导损耗平衡，即

$$Q=Q' \tag{11-30}$$

2. 应用实例

喷嘴注射材料 ABS 的熔体注射温度为 200~260℃，流道工作温度为 240℃。模具温度为 40~60℃，模具工作温度为 50℃。喷嘴壳体用 H13（美）制造，其材料热导率为 25.2(20℃)~ 27.0(350℃)W/(m·℃)，计算时取热导率 $\lambda=26.5W/(m\cdot℃)$。如图 11-16 所示，流道直径 $d_1=6mm$，喷嘴壳体直径 $d_2=12mm$，喷嘴加热高度 $H=80mm$。喷嘴卷绕加热器径向厚度 $t=3.3mm$。查阅供应商产品目录，喷嘴卷绕线圈内径 $D_i=13mm$，高度 $H=80mm$，电阻加热条的方截面 3.3mm×3.3mm。展开的发热管条长度 $l=500mm$，额定功率 $P=400W$。

（1）测算喷嘴发热功率 Q 和壳体外壁面温度 T_w

由式（11-25）估量发热功率，加热器补给热量部分 $\eta=0.7$，有

$$Q=P\eta=400W\times0.7=280W$$

由式（11-25）估算单位加热喷嘴高度的热量，得

$$q_H=\frac{Q}{H}=\frac{280W}{80m}=3.5\times10^3W/m$$

由式（11-24）估算喷嘴壳体外壁径向传热方程，已知流道工作温度 $T_e=240℃$，壳体外壁面温度为

$$T_w=q_H\frac{1}{2\pi\lambda}\ln\frac{d_2}{d_1}+T_e=3.5\times10^3\times\frac{1}{2\times3.14\times26.5}\ln\frac{12}{6}+240℃=254.6℃$$

（2）测算喷嘴绝热圆柱空气层 δ 厚度

由热平衡式（11-30），得

$$Q'=Q=280W$$

先求出喷嘴加热器的体积电功率 q_V，已知电热条的截面积 $s=3.3\times3.3mm^2$，则

$$q_V=\frac{Q'}{sl}=\frac{280}{3.3\times3.3\times500\times10^{-9}}kW/m^3=51423kW/m^3$$

传导损耗式（11-29）中，对于 $Q'=280W$ 的空气层 δ 厚度要试算求得。空气的热导率 λ 与温度有关，需查表 11-6 确定。

表 11-6 27~277℃的空气的热导率 λ

温度/℃	27	77	127	177	227	277
热导率 $\lambda/W\cdot(m\cdot℃)^{-1}$	0.02624	0.03003	0.03365	0.03707	0.04038	0.04360

壳体外壁面温度 $T_w=254.6℃$ 和定模板温度 $T_m=50℃$ 插值，得出该绝热空气的热导率

$$\lambda=(\lambda'T_w+\lambda''T_m)/2=\left\{\left[\lambda_{177}+(\lambda_{227}-\lambda_{177})\frac{254.6-177}{227-177}\right]+\left[\lambda_{27}+(\lambda_{77}-\lambda_{27})\frac{50-27}{77-27}\right]\right\}W/(m\cdot℃)\Big/2$$

$$=0.03509W/(m\cdot℃)$$

将 $Q'=280W$ 和 $\lambda=0.03509W/(m\cdot℃)$，代入式（11-29）中得空气层厚度 $\delta=2mm$。

对照许多企业的资料，喷嘴外层空气厚度 $\delta=1.5\sim2.5mm$。喷嘴加热器的额定功率 P 越大，喷嘴上加热线圈或套筒高度 H 越大，喷嘴的几何尺寸越大，T_w-T_m 喷嘴壳体外壁与定模板的温差越大，空气层厚度 δ 应取大。

11.2.3 喷嘴的传导加热

热传导喷嘴的热量传递和温度梯度如图 11-17 所示，流道板 1 中热量经导流梭 3 传递到喷嘴的浇口 5。这种喷嘴不用线圈加热，结构简化。需要预测浇口区的温度，以保证在注射压力和热力下启闭浇口。传热喷嘴是节能的低成本热流道系统。

如图 11-17 所示，热量从流道板传递到导流梭后，传热到浇口。距流道板底的 x 位置的温度分布由下式预测

$$T_x=(T_s-T_m)\frac{e^{u(l-x)}+e^{-u(l-x)}}{e^{ul}+e^{-ul}}+T_m \tag{11-31}$$

式中 T_x——考察位置 x 处的温度（℃）；

T_s——流道板温度（℃）；

T_m——模具温度（℃）；

l——导流梭长度（mm）；

u——喷嘴轴线上热传导计算系数（mm^{-1}）；

$$u = \sqrt{\dfrac{4\lambda_p}{\lambda_t d_t \delta}}$$

其中 λ_p——塑料熔料的热导率〔W/(m·K)〕;

δ——喷嘴圆环流道的单向间隙（mm）;

d_t——导流梭直径（mm）;

λ_t——导流梭材料的热导率〔W/(m·K)〕。

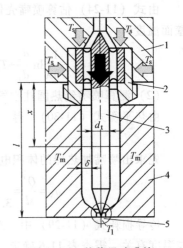

对照图 11-17，导流梭的长 $l = 54\text{mm}$，直径 $d_t = 10\text{mm}$，圆环流道的单向间隙 $\delta = 5\text{mm}$。塑料熔料的热导率 $\lambda_p = 0.31\text{W/(m·K)}$，铍铜的导流梭的热导率 $\lambda_t = 197\text{W/(m·K)}$。求得喷嘴轴线上热传导计算系数为

$$u = \sqrt{\dfrac{4\lambda_p}{\lambda_t d_t \delta}} = \sqrt{\dfrac{4 \times 0.31}{197 \times 10 \times 5}}\ \text{mm}^{-1} = 0.01122\ \text{mm}^{-1}$$

图 11-17 上的流道板温度 $T_s = 210\text{℃}$，模具温度 $T_m = 60\text{℃}$，代入式（11-31）预测浇口区位置 $x = 50\text{mm}$ 的温度，有

图 11-17 热传导喷嘴的
热量传递和温度梯度

1—流道板 2—衬套 3—导流梭
4—定模板 5—浇口

$$T_x = (T_s - T_m)\dfrac{e^{u(l-x)} + e^{-u(l-x)}}{e^{ul} + e^{-ul}} + T_m$$

$$= (210 - 60)\dfrac{e^{0.01122 \cdot (54-50)} + e^{-0.01122 \cdot (54-50)}}{e^{0.01122 \times 54} + e^{-0.01122 \times 54}} + 60\text{℃}$$

$$= 186.3\text{℃}$$

图 11-18 所示为两种模具温度下，铍铜 CuCoBe 导流梭热传导下的温度分布 T_x。由图可知流道板间接加热的喷嘴的设计要点。

1）导流梭的长度 l 应尽可能短些。通过温度的预测计算保证浇口区正常的热力闭合。

2）导流梭的直径 d_t 和塑料熔体宽度 δ 的乘积要尽可能大些。

3）纯铜导流梭的热传导性能比铍铜好。它们的压缩强度差，要用钢衬套承压。

4）铍铜导流梭表面必须涂化学镍或者氮化钛处理。对 PP 和 POM 塑料，更要保护整个导流梭，防止化学反应。

图 11-19 所示为侧孔针尖的热传导喷嘴，四喷嘴的热流道系统，结构简单又节能。塑料熔体从喷嘴中央流道输送。喷嘴的芯管用铍铜制造。喷嘴外壳有空气绝热层，改善了热平衡。式（11-31）预测浇口区在 $x = l$ 时，温度为

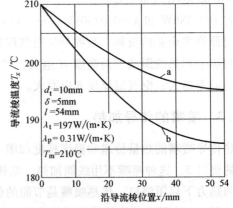

图 11-18 流道板温度 T_s 沿铍铜 CuCoBe
导流梭热传导下的温度分布 T_x

a—模具温度 $T_m = 120\text{℃}$ b—$T_m = 60\text{℃}$

$$T_1 = (T_s - T_m)\dfrac{2}{e^{ul} + e^{-ul}} + T_m \qquad (11\text{-}32)$$

式中 T_s、T_m 和 l 含义同前，其中喷嘴轴线上热传导计算系数对于图 11-19 有新含义，即

$$u = \sqrt{\dfrac{4\lambda_o}{\lambda_t d_t \delta_o}}$$

式中 δ_o——空气隙的厚度（mm）;

λ_o——空气的热导率 $[W/(m \cdot K)]$；

d_t——喷嘴柱芯的直径（mm）；

λ_t——喷嘴并连材料钢套、铍铜管和塑料柱的复合热导率，$W/(m \cdot K)$，$\lambda_t = \lambda_1\varphi_1 + \lambda_2\varphi_2 + \lambda_3\varphi_3$；

λ_1——钢的热导率 $[W/(m \cdot K)]$；

λ_2——铜的热导率，CuBe $\lambda_2 = 113W/(m \cdot K)$，CuCoBe $\lambda_2 = 197W/(m \cdot K)$，纯铜 $\lambda_2 = 397W/(m \cdot K)$；

λ_3——塑料熔体的热导率，POM $\lambda_3 = 0.31W/(m \cdot K)$，PP $\lambda_3 = 0.2W/(m \cdot K)$；

φ_1、φ_2、φ_3——钢套、铍铜管和塑料柱在传热方向的截面积分数。

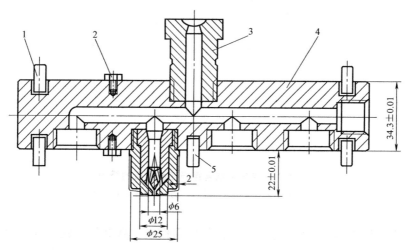

图 11-19　导热喷嘴和流道板

1—止转销　2—承压圈　3—主流道喷嘴　4—流道板　5—中心定位销

[**例10**]　图 11-19 所示热传导喷嘴的各截面直径，可知截面积分数，钢套 $\varphi_1 = 0.7696$、铍铜管 $\varphi_2 = 0.1728$、塑料熔料柱 $\varphi_3 = 0.0576$，可得并连钢套、铍铜管和塑料柱的复合热导率 $\lambda_t = \lambda_1\varphi_1 + \lambda_2\varphi_2 + \lambda_3\varphi_3 = 26 \times 0.7696 + 113 \times 0.1728 + 0.31 \times 0.0576 W/(m \cdot K) = 39.56W/(m \cdot K)$ 由此代入，得喷嘴轴线上热传导计算系数为

$$u = \sqrt{\frac{4\lambda_o}{\lambda_t d_t \delta_o}} = \sqrt{\frac{4 \times 0.04}{39.56 \times 25 \times 2}} mm^{-1} = 0.008994 mm^{-1}$$

流道板温度 $T_s = 210℃$、模具温度 $T_m = 60℃$，喷嘴长 $l = 22mm$，代入式（11-32）可得浇口区温度 $T_1 = 207℃$。以上计算说明喷嘴长 l 应该尽可能短些，喷嘴热传导系数 u 应该尽可能小些。空气 $\lambda_o = 0.04W/(m \cdot K)$，对模具温度绝热作用明显。复合热导率 λ_t 应大些。使用热导率大的材料，传热面积要大。

11.3　流道板的加热和热损失

11.3.1　流道板的加热和绝热

电热棒，也称单头加热筒（Cartridge Heater），热均衡性很差。现今它作为简易的加热器尚有使用。

1. 管状电热软管

电加热软管是一种柔软的电加热管（Flexible Heater），也称盘条，两头有引出线。这种软管的中央是旋绕的合金电热丝。包裹了导热又电绝缘的氧化镁。外层是导热的金属管，盘条容易弯曲成形。在流道板平面上沿流道开槽，将盘条镶嵌在槽内。较好地解决了温度均匀度问题。但由于盘条加热后不能与流道板紧密配合，导致传热效率较低。因此盘条周围还需填充高导热介质封闭。电加热软管镶嵌在流道板的槽内如图 11-20 所示。

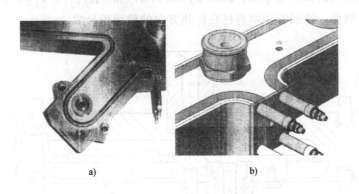

a)   b)

图 11-20   电加热软管镶嵌在流道板的槽内
a）软管镶嵌在流道板的槽内   b）高导热介质填埋

（1）管状电热软管规格和效能   不锈钢等可用作金属软套管。镍铬合金的电热丝，沿管道螺旋伸展，根据设定的电压和功率电阻均匀分布。管内空隙充填高纯度氧化镁管及粉剂。氧化镁有良好绝缘和导热性能。采用缩管挤拉机械连续生产。正常使用时加热密度为 $4.0 \sim 8.0 \mathrm{W/cm}^2$。

管状加热器可以方便弯曲和嵌装，使用极为广泛，现已标准化生产。图 11-21 所示的管状电热管，在金属管内放入镍铬电阻丝线圈。空隙部分紧密地充填了导热绝缘的氧化镁。电阻丝在电热管的两端通过导线与电源相连。它被弯曲成各种形状，镶嵌在流道板的沟槽中。模板介质的最高加热温度为 350℃。流道板的温度过高，会使导线的绝缘层老化，温度控制器也会故障频发。

金属管状电热管的最高耐压可达 600V，功率密度可达到 $13 \mathrm{W/cm}^2$。热流道常用软管管径 $d = 6.0 \sim 10.0 \mathrm{mm}$，偏差为 $\pm 0.3 \mathrm{mm}$；长度 $L = 240 \sim 2600 \mathrm{mm}$，偏差为 $\pm 5 \mathrm{mm}$。金属管大都采用不锈钢，最高工作温度可达 600℃，也可用碳钢制造，但最高温度仅 400℃，或者用镍基合金钢制造，耐温可达 850℃。但不能用铜管或铝管，两者的工作温度均低于 350℃，不能用于热流道板的加热。

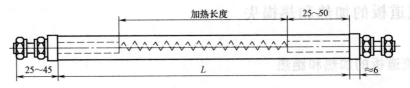

加热长度   25~50

25~45 L ≈6

图 11-21   金属管状电热管

软管两端有不发热长度 25~50mm。有的还连接陶瓷绝热环，紧固螺纹长度 25~45mm。常用管径有 6mm、6.5mm、6.6mm、8mm、8.5mm 和 10mm 等规格。管径 8mm 的电热管的部分参数见表 11-7，表中列出前 30 个长度系列。最长产品 2000mm，最大功率 3250W。还有方形截面 6mm×6mm、7mm×7mm 和 8mm×8mm 的不锈钢电热软管。软管的最小弯曲半径，以管的中心线而定，为 12~16mm。

表 11-7　管径 8mm 不锈钢电热软管的长度和功率

长度/mm	加热长度/mm	常规功率/W	大功率/W	长度/mm	加热长度/mm	常规功率/W	大功率/W
300	240	450	600	675	516	1000	1200
325	265	450	600	700	640	1100	1300
350	290	500	700	725	665	1100	1300
375	315	500	700	750	690	1150	1350
400	340	550	750	775	715	1150	1350
425	365	550	750	800	740	1200	1400
450	390	600	800	825	765	1200	1400
475	415	600	800	850	790	1300	1500
500	440	700	900	875	815	1300	1500
525	465	700	900	900	840	1400	1600
550	490	800	900	925	865	1400	1600
575	515	800	900	950	890	1450	1650
600	540	900	1100	975	915	1450	1650
625	565	900	1100	1000	940	1550	1750
650	590	1000	1200	1025	965	1550	1750

（2）金属管状加热器的检测　金属管状加热器的检验和测试标准有：

1）外观。金属管表面平整光洁、壁厚均匀、不应有明显凹凸及皱折。接线头牢固可靠。

2）尺寸。按图纸尺寸检测，在公差范围内。

3）功率偏差。在充分发热的条件下，电热器额定功率的偏差不应超过额定功率的（5%~10%）。

4）冷态绝缘电阻按 JB/T 2397—2010。电热器的热态泄漏电流不大于 5mA，其结果应符合电热器的冷态绝缘电阻不低于 50MW。

5）热态绝缘电阻按 JB/T 2397—2010。电热器在规定的实验条件下经历 2000 通断实验，而不发生损坏，其结果应符合热态绝缘电阻不低于 1MW。

6）泄漏电流。电热器的热态泄漏电流不大于 5mA。

7）绝缘强度。电热器在规定的实验条件和实验电压下保持 1min 应无闪烁和击穿。交流电压 1000V 测试 1min 不击穿。

8）通断电能力。电热器在规定的实验条件和输入功率下应能承受 30 次循环过载实验，不应生损坏。

9）工作寿命。电热器在额定电压下，连续通电 1000h 不损坏。

2. 金属管状加热管的安装

此种经弯曲的电热管，一般安装在流道板的前后两个大平面。平行并对称于流道的两侧。这样，在整个流道的长度和喷嘴的邻近区域易获得均衡的温度分布。两根导线分别在电热管相对的两端，消除了管内电阻丝绝缘破坏的可能性。电热管的两端各有 50mm 长的冷段，没有被加热，应该安装在流道板的外面。不发热的部分和接线部分，装配和操作时要避让。

管状电热软管固装方法如图 11-22 所示。应固定在流道板的槽内，并用导热好的铜或铝嵌条或压板包埋，或用铜合金烧焊。

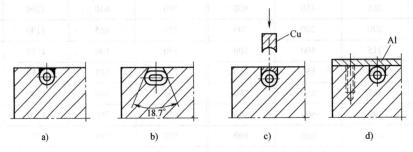

图 11-22　流道板上固装金属管状电热软管方法
a) 导热胶或堆焊封埋　b) 嵌入倒斜度的槽中　c) 铜条嵌埋　d) 片材夹紧

1）图 11-22a 中，电热管嵌入槽中用导热胶或堆焊封埋。加热后软管很容易翘起。

2）图 11-22b 是将电热软管嵌入在割出倒斜度的槽内。倒斜槽可使软管的导热效率提高。但是，在流道板上铣削加工凹槽困难，铣刀磨损快。需要高性能的数控机床和刀具。

3）图 11-22c 所示，用铜条嵌埋导热管后，磨光流道板表面。加工方便且导热可靠，现今常用。由于铜与钢的热胀系数差异，导致槽内热应力不平衡，引起铜条局部翘起，软管与钢槽局部接触不良。若发生在流道的转角位置，低温会产生冷料。

4）图 11-22d 是用铝片将电热管夹紧在槽内。表面压紧，易装易换。在压紧铝板松动和变形时，电热管翘起会影响热传导。

3. 金属管状加热管的分区布排

（1）流道板上管状加热软管布排
金属管状加热管的弯曲半径与它的管径有关，最小弯曲半径 10～12mm。电热管应使用弯曲样板弯卷。防止电热管与凹槽的间隙过大和不均匀。

双面流道板上管状加热软管布置如图 11-23 所示，说明管状加热软管布置要符合热力学要求。有四个分喷嘴的流道板，两个平面都布置加热管。图 11-23a 的

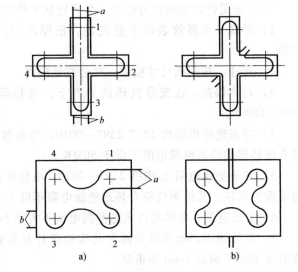

图 11-23　双面流道板上管状加热软管布置
a) 不良布置　b) 正确布置
a—流道板正面管状加热器　b—流道板反面管状加热器

布置使流道板上位置 1 和位置 3 的制件型腔加热不足。下垂喷嘴与流道板的连接面的位置设置引出线，会使这两个型腔注塑制件的冲击强度低于另两个制件。图 11-23b 所示是正确的电热管布置。

（2）流道板的加热区　将流道板分成若干加热区，实行独立的温度控制。每个加热区给单个或多个喷嘴供料，如图 11-24 所示。对于较大些的流道板就应将流道板多几个区加热。注射点不对称的流道板更应分区。不容易加工塑料如 PBT、PET 和 PA66 等，也应该多分几个区加热。热流道板分成几个加热区，取决于喷嘴的数目与尺寸。

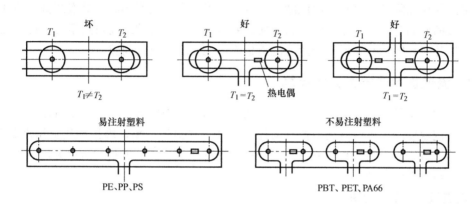

图 11-24　流道板上加热区划分和加热器的布排

注：T_1 和 T_2 是流道板的温度。

各注射点的分喷嘴，装有加热器和测温热电偶，是加热区。独立加热的主流道喷嘴也是个加热区。

流道自然平衡的多个型腔模具，流道板的形状对称，加热区的位置和分布也是对称的。多个型腔模具的流道板上，加热区数目越少，热流道装备的成本越低，但影响温度的精确调节。

每个加热区有一个热电偶和单独加热器也有它自己的温度调节器。温度控制器（箱）由各加热区的温度调节器所组成。每个温度调节器有各自抽屉式电子器件组装件，可独立拆卸并检测。注射模上接插件要与测温和加热元件分组正确连接，经电缆连接到对应的温度调节器。温度调节器原理和操控在 11.4.2 节介绍。

利用分区测试可以在注射现场对加热温度失去控制进行检测。例如，注塑制件出现黑纹或冷料。对流道板的各加热区升温或降温 10℃ 左右。如果还出现黑纹或冷料，那就是某个喷嘴的温度失控，有局部过热，物料积滞，或者局部加热不足。用排除法将失控区诊断检出，再停车修理。

4. 流道板的绝热

流道板加热器在一定时间内，将流道板从室温加热升温至塑料熔体注射温度。达到给定温度的流道板，在热流道注射模生产过程中应保持热平衡状态。由温度调节器自动控制加热器，补偿热损失。维持热流道温度的恒定，取决于对流道板的绝热设计。

流道板悬置于定模板框架中，四周留有空气间隙。流道板与定模板依靠 5～15mm 间隙绝热。大型的流道板应有较大的空气间隙。

热对流损耗也应该重视。流道板四周空气间隙必须完全封闭，防止产生烟囱效应使热量散失。沿着导线到接线盒常有热流渗出，需要严密封闭。

流道板与定模板的接触部位会有热传导损耗。连接螺钉、支承座和定位销等会传导热量。采用不锈钢、钛合金甚至陶瓷零件隔热，减小传导散热。减少接触面积也是常用方法。

为了使热流道板对各定模板的辐射损失最小，常加装反射板和绝热隔板，用低辐射系数的铝片覆盖流道板的表面，反射片用螺钉与流道板连接。要考虑铝片的热胀系数约为钢的2倍，应留有热补偿余量。有时为降低成本，用厚度0.015mm的铝箔包覆流道板，也可用波纹状的铝箔充填在周围的空隙中。由于铝箔很薄，它的热传导作用很小。

用绝热隔层能降低流道板表面温度，并减少辐射损失。用耐热的无机泡沫做隔热片，再用硅酸盐类的胶黏剂粘在流道板的金属表面，要考虑它们具有的最高耐热温度，也可在隔热层外再覆铝片。在隔热与反射复合片与流道板表面之间还有空气间隙。

11.3.2 流道板的热损失分析计算

加热器的功率是在一定时间内，流道板从室温加热至塑料熔体注射温度所需功率。当流道板达到给定温度时，由温度调节器自动控制，补偿热损失功率，维持热流道温度的恒定。首先设计计算流道板升温加热功率，然后分析计算生产运行的流道板的热损失。寻觅减少热损失和维持热平衡的途径。

1. 流道板升温加热功率

加热流道板所需功率由三部分组成。首先是达到给定注射温度所需电加热功率。其次为补充流道板的传导，对流和辐射热损耗功率。再其次，电网电压波动影响和加热器的热效率。

流道板升温所需加热器功率计算式为

$$P = \frac{mC\Delta T}{60t\eta_o} \tag{11-33}$$

式中 P——流道板加热器的电功率（kW）；

m——流道板的质量（kg）；

C——流道板材料的比热容 [kJ/(kg·℃)]，对钢材 $C=0.48$kJ/(kg·℃)；

t——流道板的加热升温时间（min）；通常为20~30min，时间长短取决于流道板尺寸大小和注射工艺温度；

ΔT——流道板注射工作温度与室温之差（℃）；

η_o——加热流道板的效率系数，流道板的绝热条件良好 $\eta_o=0.47\sim0.56$；承压圈和支承垫都能绝热，但无防辐射的铝箔设计，取 $\eta_o=0.44\sim0.50$；当流道板系统的绝热条件很差，承压圈和支承垫用碳钢制造，又无防辐射的措施，则 $\eta_o=0.33\sim0.38$。

此效率系数 $\eta_o=\eta_d\eta_e$，其中 η_d 为加热器的电热效率；η_e 是流道板热损耗的补充功率系数。

热流道对周边的低温模板的热传递，造成的热损失必须加热补充。尽管流道板悬挂在模框内，以空气绝热。但存在承压圈和支承垫的热传导及间隙中空气的热对流损失，还有流道板外表面的热辐射损失。在良好的绝热条件下，此三种热损失总和是模板升温加热功率的60%~70%，有流道板热损失系数 $\eta_e=0.63\sim0.59$。反之，绝热设计很差时，热损失是升温功率的 1.5 倍左右，$\eta_e = 0.42$。

加热器的电热效率 η_d 主要是考虑电网电压波动的影响。电热元件的制造质量，电热器在流道板上的安装质量等都会影响电热效率。一般电热效率 $\eta_d = 0.8 \sim 0.9$。

加热器的功率是在一定时间内，流道板从室温加热至塑料熔体注射温度所需功率。当流道板到达给定温度时，由温度调节器自动控制，补偿热损失功率。补偿塑料注射模生产期间热流道的热传导、热对流和热辐射的热损失，维持热流道系统温度的恒定。

2. 流道板的热损失

塑料注射模热流道的热损失，包括热传导、热对流和热辐射。

（1）热传导损失 图 11-25 所示热流道系统的热传导，主要由流道板上的承压圈和支承垫，及固定螺栓或不加热的主流道喷嘴，传热给定模固定板 1、垫块 4 和定模板 6。减少热传导损失的途径有：减小承压圈和支承垫的接触面积，从而减少热流；采用热导率较低的材料制造承压圈和支承垫，如不锈钢，钛合金和烧结陶瓷；用不锈钢制造固定螺钉。热流道模具材料的热导率见表 11-8。

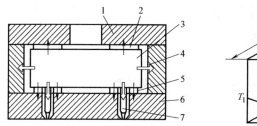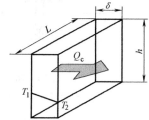

图 11-25 热流道系统的热传导

1—定模固定板　2—承压圈　3—流道板　4—垫块　5—支承垫　6—定模板　7—流道

T_1—热流道板的注射工作温度　T_2—注射模具结构件的温度

表 11-8 热流道模具材料的热导率 λ　　　　［单位：W/(m·℃)］

材料	热导率	材料	热导率	材料	热导率	材料	热导率
工业铜 Cu	约 350	CuCoBe	225	CuBe	209	铝合金	130~170
预硬化钢 P20(3Cr2Mo) 3Cr2 NiMo (718) SM1(55CrNiMnVS)	34~36.5	淬火钢 T8A	30~36	中碳耐热合金钢 H11~H13(美) DIN 1.2343(德) 4Cr5 MoSiV	26~29.5	中碳锰钢 65Mn 60Si2Mn	52
中碳铬钢 40Cr 35 CrMo 38 CrMoAl	21	烧结陶瓷	<3	不锈钢	16~26	钛合金	7
		铝	200~230	石棉板	0.18	层压绝热板	0.2
水	0.6	空气	0.04	LDPE	0.35	PS	0.15

热流道系统的固态零部件的热传导由式（11-4），描述为热流道板的传导热损失

$$Q_c = \frac{\lambda}{\delta} A_c (T_1 - T_2) \tag{11-34}$$

式中　λ——绝热零件材料的热导率 ［W/(m·℃)］，见表 11-8；

δ——绝热零件的厚度（m）；

A_c——绝热零件的接触面积（m²）；

T_1——流道板的工作温度（℃）；

T_2——模具结构件的温度（℃）。

（2）热对流损失　为了减小流道板的热损失，热流道系统的热对流如图 11-26 所示。间隙中的空气与金属间存在热交换和对流热损失。流道板的对流热损失，不但发生在它与注射模的结构零件之间，甚至发生在流道板与注射模外壁的空气之间。减少对流热损失常用方法有：封闭流道板周边的间隙空间，限制和阻隔空气的流通；在流道板的大面积的表面上，或在模具结构件里侧加装绝热板。

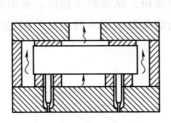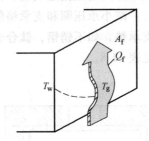

图 11-26　热流道系统的热对流

T_w—流道板壁面的温度　T_g—周边环境空气的温度

流道板与周边金属表面间空气存在热交换，由式（11-11）计算热对流损失

$$Q_f = \alpha_f A_f (T_w - T_g) \tag{11-35}$$

式中　α_f——对流给热系数 [W/(m²·℃)]，空气 $\alpha_f = 5 \sim 10W/(m^2 \cdot ℃)$；

A_f——流道板的表面面积（m²）；

T_w——流道板壁面的温度（℃）；

T_g——周边环境空气的温度（℃）。

（3）热辐射损失　图 11-27 所示为热流道系统的热辐射。这种辐射传热是的热流道系统热损失的组成部分。热辐射交换发生在流道板与定模板模架结构件之间。降低热辐射损失途径有：流道板表面磨削后抛光，板厚的四周侧面也应该如此；保持流道板周边间隙空间的清洁；流道板外表面上安装光亮的大面积铝箔反射片；在流道板的外表面或在模框的里表面上安装大面积的绝热板。从流道板壁面的黑体辐射系数 C_0，可以认识到流道板表面质量和光

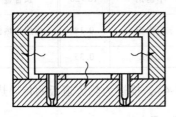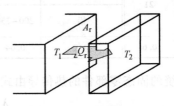

图 11-27　热流道系统的热辐射

T_1—流道板壁面的温度　T_2—定模板的里壁面的温度

亮程度的重要性。光亮的铝箔覆盖 $C_o = 0.18W/(m^2 \cdot K^4)$；经抛光的光亮壁面 $C_o = 0.40W/(m^2 \cdot K^4)$；经发黑处理或锈蚀的灰暗壁面 $C_o = 2.62W/(m^2 \cdot K^4)$。$C_o$ 值越小，热辐射损失越低。

如图 11-27 所示，高温的流道板表面向外界辐射能量。由式（11-12）和式（11-13）可知，流道板的辐射热损失用下式计算

$$Q_r = \alpha_r A_r (T_1 - T_2) \tag{11-36}$$

$$\alpha_r = C_o \frac{\left(\dfrac{T_1}{100}\right)^4 - \left(\dfrac{T_2}{100}\right)^4}{\Delta T} \tag{11-37}$$

式中　　　　A_r——定模板里壁的表面面积（m^2）；

α_r——辐射给热系数 $[W/(m^2 \cdot K)]$；

$\Delta T = T_1 - T_2$，T_1——流道板壁面的绝对温度（K）；

T_2——定模板壁面的绝对温度（K）；

C_o——热辐射系数 $[W/(m^2 \cdot K^4)]$，见表 11-3。

3. 流道板热损失计算示例

[**例 11**]　图 11-28 所示的热流道系统，有流道板外形 80mm×500mm×46mm，又有三个承压圈和支承垫外径为 25mm，内孔径为 14mm，厚为 5mm。要求流道板的最高工作温度 360℃；注射模的温度 100℃。计算加热功率。

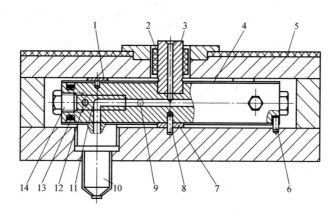

图 11-28　板式流道板的绝热设计

1—承压圈　2—主喷嘴加热器　3—主流道杯　4—反射隔热板　5—绝热板
6—止转销　7—支承垫　8—中央定位销　9—热电偶　10—热流道分喷嘴
11—堵塞　12—销钉　13—金属管状电热弯管　14—旋塞

解：① 流道板的质量，由钢的密度 7.85kg/dm³ 求得

$$m = 0.8 \times 5 \times 0.46 \times 7.85 kg = 14.4 kg$$

② 流道板与定模板的温差

$$\Delta T = T_1 - T_2 = 360℃ - 100℃ = 260℃$$

③ 设流道板的升温时间 20min，板材的比热容 $C = 0.48kJ/(kg \cdot ℃)$，流道板升温加热功率为

$$P_n = \frac{mC\Delta T}{60t} = \frac{14.4 \times 0.48 \times 260}{60 \times 20} kW = 1.5kW$$

④ 三个承压垫圈的热传导面积为

$$A_c = \frac{\pi}{4}(0.025^2 - 0.014^2) \times 3m^2 = 0.001m^2$$

⑤ 垫圈的热传导功率损耗。用 4Cr5MoSiV 中碳合金钢，查表 11-8 得 $\lambda = 26W/(m \cdot K)$，代入式（11-34），有

$$Q_c = \frac{\lambda}{\delta}A_c(T_1 - T_2) = \frac{26}{0.005} \times 0.001 \times (360-100)W = 1352W$$

若用钛合金制造垫圈，由表 11-8 查得 $\lambda = 7W/(m \cdot K)$，传导耗热为

$$Q_c = \frac{\lambda}{\delta}A_c(T_1 - T_2) = \frac{7}{0.005} \times 0.001 \times (360-100)W = 365W$$

⑥ 流道板的热对流和热辐射的功率损失。流道板温度 $T_1 = 273+360K = 633K$，模具温度 $T_2 = 273+100K = 373K$，得 $\Delta T = T_1 - T_2 = 260K$。发黑锈蚀暗表面的流道板的辐射系数 $C_o = 2.62W/(m^2 \cdot K^4)$；而光亮铝箔覆盖时 $C_o = 0.18W/(m^2 \cdot K^4)$。已知流道板辐射表面积 $A_r = 0.134m^2$。由两种状态计算功率损失。

无绝热设计的流道板，用式（11-37）先计算热辐射系数，得

$$\alpha_{r1} = C_o\frac{\left(\frac{T_1}{100}\right)^4 - \left(\frac{T_2}{100}\right)^4}{\Delta T} = 2.62 \times \frac{\left(\frac{633}{100}\right)^4 - \left(\frac{373}{100}\right)^4}{260}W/(m^2 \cdot K) = 14.2W/(m^2 \cdot K)$$

再考虑流道板周边间隙中空气对流热损失，已知对流系数 $\alpha_f = 10W/(m^2 \cdot K)$。用式（11-35）和式（11-36）求此流道板的对流和辐射热损失为

$$Q_{fr1} = (\alpha_f + \alpha_{r1})A_r\Delta T = (10+14.2) \times 0.134 \times 260W = 843W$$

绝热设计的流道板，计算安装反射箔片的热辐射系数为

$$\alpha_{r2} = C_o\frac{\left(\frac{T_1}{100}\right)^4 - \left(\frac{T_2}{100}\right)^4}{\Delta T} = 0.18 \times \frac{\left(\frac{633}{100}\right)^4 - \left(\frac{373}{100}\right)^4}{260}W/(m^2 \cdot K) = 0.98W/(m^2 \cdot K)$$

如图 11-28 所示，大面积上安装反射箔片 $A_{r1} = 0.08m^2$，小面积上无反射面 $A_{r2} = 0.054m^2$。由此得对流和辐射热损失为

$$Q_{fr2} = [(\alpha_f + \alpha_{r2})A_{r1} + (\alpha_f + \alpha_{r1})A_{r2}]\Delta T = [(10+0.98) \times 0.08 + (10+14.2) \times 0.054] \times 260W$$
$$= 568W$$

若使流道板在 20 分钟内升温，绝热条件下所需的加热功率为 $P_n = 1500W$。见表 11-9 所列数据，P_n 比起流道板热损失 1176~2562W，不能升高到目标温度。式（11-33）流道板升温所需加热器功率计算，必须计入加热流道板的效率系数 η_o（0.33~0.56）。可见流道板系统绝热条件对减少热损失的意义。节能是热流道系统的重要质量指标。

表 11-9 本例计算数据总汇 （单位：W）

计算项目	热损失多的流道板	热损失少的流道板
流道板升温加热功率	1500（绝热条件）	1500（绝热条件）

（续）

计算项目	热损失多的流道板	热损失少的流道板
热传导损失功率	1352（用普通钢垫圈）	365（用钛合金垫圈）
对流和辐射热损失	843（板表面灰暗）	568（大面积上用反射片）
其他因素的电损耗10%	364	243
总计	4059	2676

由表11-9所列数据可知，承压圈和支承垫采用绝热材料钛合金，是普通钢热传导损失27%。如果再加装铝箔反射片，所需总功率为2676W，为无绝热设计总电功率的60%，而其中维持热流道生产的电功率仅为1176W。

4. 流道板加热功率简便计算

简便算法考虑流道板的升温加热和工作状态的热补偿，需要计算流道板的体积和表面积，熟悉流道系统的热传导、热对流和热辐射的绝热设计。了解封闭式热流道的结构设计，要输入流道板的支承垫的几何和物理参量。流道板悬挂在定模框，各种承压圈或支承块用不锈钢、钛合金或陶瓷制成，有支承和隔热双重功能。

热流道板升温所需功率是指在0.25h或1h内，将钢制流道板从室温T_0加热到所需的流道板温度T_m。计算式为

$$P_1 = \frac{mC\Delta T}{60t\eta_d} = 10\frac{m\Delta T}{t} \tag{11-38a}$$

式中　P_1——流道板升温的加热功率（W）；

ΔT——所需升高的温度，$\Delta T = T_m - T_0$（℃）；

m——热流道板，包括螺钉等的总质量（kg）；

t——升温时间（min）；大模具30~60min，中型模具25~35min，小型模具15~25min；

C——钢的热比容，480J/(kg·℃)；

η_d——加热器效率，$\eta_d = 0.8$。

热流道板辐射和对流引起的热损失，在流道板温度200~300℃时，1cm^{2}表面积近似为

热辐射损失 = $(0.00302\Delta T - 0.356)\alpha$

对流热损失 = $0.00079\Delta T - 0.043$

式中　α——金属表面状态的热辐射率。流道板表面达到镜面时$\alpha = 0.04~0.05$，车削表面$\alpha = 0.4$，氧化表面$\alpha = 0.8~0.9$，完全黑体$\alpha = 1$。

现取氧化锈蚀表面$\alpha = 0.8$，设A为热流道板的表面积cm^2，则两者的热损失

$$P_2 = (0.003206\Delta T - 0.3278)A \tag{11-38b}$$

式中　P_2——流道板热辐射和热对流的功率损失（W）；

A——流道板的全表面积（cm^2）。

热流道板传导引起的热损失，主要是由于支承零件传热的结果。架空安装的空气传热在较大表面积时才计入，应作空气支承处理。各支承垫的热传导损失为

$$P_3 = \sum\frac{a\Delta T'\lambda}{\delta} \tag{11-38c}$$

式中　P_3——各支承垫的总传导热损失（W）；

　　　a——支承垫的接触面积（cm^2）；

　　　$\Delta T'$——热流道板与定模板的温差（℃）；$\Delta T' = T_m - T_M$，T_m 为流道板工作温度；T_M 为定模板温度；

　　　δ——支承垫的厚度（cm）；

　　　λ——支承垫的热导率 [W/(cm·℃)]；中碳钢 $\lambda = 0.5336$W/(cm·℃)，不锈钢 $\lambda = 0.1624$W/(cm·℃)，空气 $\lambda = 0.000356$W/(cm·℃)。

考虑热流道板传导、对流、辐射引起的热损失，假设流道板温度 200~300℃，表面氧化锈蚀的热辐射率 $\alpha = 0.8$。加热器效率 $\eta_d = 0.8$，并有 1.1 的计算余量，则由上述三式加热流道板所需总功率的计算式为

$$P = \left[10\frac{m\Delta T}{t} + (0.003206\Delta T - 0.3278)A + \sum \frac{a\Delta T'\lambda}{\delta} \right] \times 1.1 \qquad (11\text{-}38d)$$

[例12] 某流道板表面积 $A = 1848$cm²。不计入加热器的热流道板总重 $m = 23.4$kg。要求升高 $\Delta T = 200$℃ 温度，流道板温度 $T_m = 200 + 20$℃ $= 220$℃，定模板温度 $T_M = 60$℃，两者温差 $\Delta T' = 220 - 60$℃ $= 160$℃。升温时间 $t = 30$min。现有中碳钢支承垫的面积 $a = 1.54$cm²，厚 $\delta = 1$cm，有四个；$a = 3.2$cm²，$\delta = 1$cm，有一个；$a = 2.17$cm²，$\delta = 2$cm，有四个，热导率 $\lambda = 0.5336$W/(cm·℃)。

解： 数据代入总功率计算式（11-38d），流道板加热所需的总功率为

$$P = \left[10 \times \frac{23.4 \times 200}{30} + (0.003206 \times 200 - 0.3278) \times 1848 + \frac{4 \times 1.54 \times 160 \times 0.5336}{1} + \right.$$

$$\left. \frac{1 \times 3.2 \times 160 \times 0.5336}{1} + \frac{4 \times 2.17 \times 160 \times 0.5336}{2} \right] \times 1.1\text{W} = 2775\text{W}$$

11.4　热流道的温度调节

热流道温度控制系统，控制对象是流道板和喷嘴，也涉及浇口区域。热电偶是检测温度的元件。温度调节器将获得的信号控制加热器，执行流道板和喷嘴的升温和热补偿。

11.4.1　热电偶

热电偶的测温原理是基于热电偶的热电效应。热电偶产生的热电势 E 会随被测温度 T 的变化而变化，因此利用热电偶作为测温敏感元件，便可取得热电势作为温度测量的信息。

热电偶的热电效应如图 11-29 所示，两根不同材料的金属 A 和 B，其两端连接在一起组成一个闭合回路，而且两个接点的温度 $T \neq T_0$ 时，回路内将有电流产生。在材料一定情况下，电流的大小正比于接点温度 T 和 T_0 的函数之差，而其极性则取决于金属丝的材料。显然，回路内电流的出现，证实了当 $T \neq T_0$ 时，内部有热电势存在，即热电效应。图中 A、B 称为热电极，A

图 11-29　热电偶的热电效应

为正极，B 为负极。放置于被测介质温度为 T 的一端，称工作端或热端。另一端称为参比端或冷端，通常处于室温或恒定的温度之中。参比端应远离工作端，才能保持温度的恒定，这就要使用补偿导线。补偿导线通常用两根廉价的金属材料做成。这样使测得热电势稳定。科研仪表对非 0℃ 的参比端还要进行温度补偿。可采用仪表的机械零点校正或电子线路的补偿电桥法。经测试对照，补偿温度在热流道注射温度范围内，误差很小。

工业上常用热电偶的两金属材料进行区分，称为分度号，有 S、R、B、K、N、E、J 等16 种。其中测温较高的有 S 分度号，为铂铑 – 铂两金属，测温 $-20 \sim 1300℃$，价格较高，并不用于模具的测温。镍铬 – 镍（NiCr-Ni）的 K 分度号，测温 $-20 \sim 1260℃$，热电势大，且线性好，日本的热流道系统中都采用。J 分度号为铁 – 铜镍（Fe-CuNi）双金属，使用 $-20 \sim 760℃$ 温度，在欧洲和北美常用在注射模热流道系统中。热电偶的分度号不同，给出的热电势不同，反映在仪表温度值有几十摄氏度，不能混淆接线。分度号错误，则喷嘴或流道板不能正常升温。必须首先确认 J 型还是 K 型分度号，才能输入到相应的温度调节器。现代的温度控制器上有 J 型与 K 型的选择切换的功能。其次，热电偶的引出线有极性，必须由线缆着色和标号，对准接线。注意，热电偶引线输出 mV 弱电势，不能与强电加热器的功率线搞错。

热流道模具上使用的热电偶，在流道板上大多用图 11-30a 所示的钩头式。弯头有 $\phi 4$ 的探针安装在流道板前表面的孔中，并用 M4 螺钉紧固。在喷嘴上大都用针棒式，如图 11-30b 所示。将两金属的工作端焊后，插入不锈钢管铠装，也称为针型热电偶。针头外径 d 有 1.0mm 和 1.5mm 二种系列，补偿导线长度 $L = 50 \sim 250mm$，有 50mm、100mm、150mm、200mm 和 250mm。引出线长度通常有 1m。

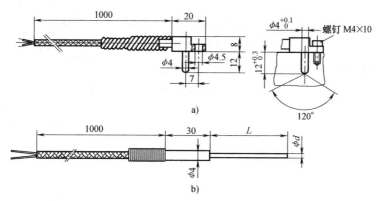

图 11-30　各种热电偶的种类

a）钩头式　b）针棒式

外部加热的流道板上，热电偶应该位于加热器与流道之间。热电偶安装在流道板外侧的较冷区域，将会使流道中的塑料熔体过热。

如图 11-31 所示，喷嘴上的热电偶有两种安装位置。一种在喷嘴的前端，靠近浇口，另一种在喷嘴的中央。图 11-31a 所示为检测浇口区温度，能控制浇口熔料的冻结。图 11-31b 所示为校核喷嘴的最高温度，可以防熔体的过热。也有将热电偶安装在其他位置的。故热流道模具操作者要合理地控制喷嘴温度，必须知道热电偶工作端的位置。

热流道系统在注射工作时，模具的运动零部件和注塑机安全门的运动会挤压热电偶的引线。泄漏的高温熔体会侵蚀热电偶，使之短路。温度调节器测得短路点的模具温度或室温，会使加热器加剧升温。因此，插座和走线的位置必须安全可靠。

11.4.2 温度控制器

热流道系统的温度控制器（箱）都是组合式，每个流道板和喷嘴的控制区有一个温度调节器单独测温、自动加热控温。热流道系统的温度调节器的用途，是测量流道板和喷嘴的温度并保持在给定的温度值。

1. 开关式温度调节

典型的温度控制回路对应热流道系统的某个加热区，如图 11-32 所示，热电偶 3 的热电势电压，与被测温度呈线性关系。它是控制回路的输入信息作用值 x。在温度调节器 4 中经电子线路，与人工设置的温度给定值 w 作比较。调节器的输出信号 y，经控制单元 5，由图示的继电器及电路开关控制加热器 2 执行断开或断电。

流道板的温度控制，就是达到目标温度后，操作加热器的控制开关。自动控制的温度调节器与人工监察控制的区别在于，自动控制的加热器温度控制结果，反馈给温度调节器。

图 11-33 中，温度控制回路实现了信息反馈，但加热器被两位式的开关所控制。它进行着满功率的加热或断开。由于流道板和喷嘴的热滞后，有较大的温度起伏，会超出塑料注射加工温度的范围。两位式温度控制不适合热流道系统的加热和保温。

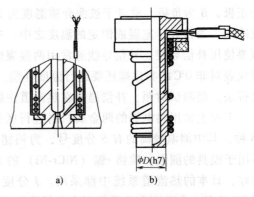

a) b)

图 11-31 喷嘴上的热电偶的位置
a) 在浇口区 b) 在喷嘴中央

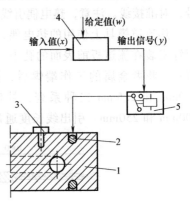

图 11-32 典型的温度控制回路
1—流道板 2—加热器 3—热电偶
4—温度调节器 5—控制单元

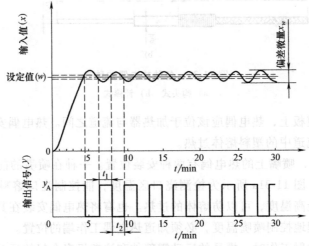

图 11-33 温度调节器开关式操作
t_1—通电工作时间 t_2—断开时间

2. 温度 PID 自适应调节

（1）PID 调节 图 11-34 中，测定的输入值 x 与给定值 w 之间，存在偏差值 x_w。对于偏差值 x_w 的不同调制，可获得比例 P，微分 D 或积分 I 的调节特性。比例调节特性 P 如图 11-34a 所示，加热功率改变与偏差微量 x_w 成正比。偏差 x_w 越大，加热功率输出 y 变化越大。使控制对象很快地到达给定值。偏差微量 x_w 越来越小，能较为迅速地克服扰动的影响。但控制精度不高，温度波动较大。

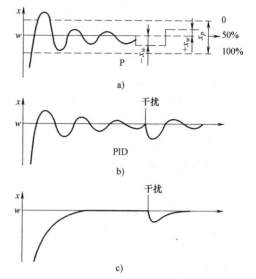

微分 D 的调节特性是加热功率改变正比于偏差微量 x_w 对时间微分。当温度上升太快，加热功率减小；温度迅速下降时，功率增加。因此调节速度快，抗干扰能力强，但加热升降波动大，控制精度不高。微分 D 的输出只与偏差 x_w 变化速度有关，而与偏差存在与否无关，即偏差固定不变时，不论其数值多大，微分 D 调节器都无输出。因此在热流道温度调节时没有单独使用。

积分 I 的调节特性是加热功率改变正比于偏差微量 x_w 对时间的积分，能使控制温度与给定值稳定地符合，调节精度高。但是达到稳定的过程很长，也不能单独用于热流道的温度调节。

图 11-34 温度调节器的特征

a) P 比例调节 b) PID 调节 c) 自适应调节

热流道系统的温度调节器使用最多的是 PID 的比例-积分-微分作用调节特性。如图 11-34b 所示，它综合了各种调节规律的优点。比例调节是将输出功率与热电偶输入信号保持一定的比例关系。微分调节是在出现干扰时，利用偏差梯度的剧变，迅速产生较大的功率校正。积分调节使功率幅度的改变速度与偏差微量保持适当比例。PID 调节控制温度波动幅度减小，较迅速地接近给定值。热流道系统在每一次注射时，对流道板和喷嘴有一个温度干扰。PID 调节每次的偏差 x_w，有迅速调节加热器的功能，避免了系统的温度有上大的跳跃，有利于塑料加热，并延长了加热器的使用寿命。但是 PID 的温度调节过程中，还有控制温度超出给定值的过程，称为"超调"。

（2）自适应调节 它是在 PID 综合调节的基础上，抑制在调节过程中的"超调"现象。对注射中的干扰现象的也得到改善，如图 11-34c 所示。温度调节器从启动开始，就对测量温度进行实时监控。通过对输入值的超前响应，抑制超调，要有效地控制加热功率。热流道系统加热器的交流加热电压，由温度调节器供给。控制加热功率是移相触发控制。调节器的微处理单元，有相应的算法。输出某个信号，截取加热电压的正弦交流波后，传输给加热器。

现代注射模热流道的温度自动控制都能实现这种自适应的调节特性。这种调节特性实现，将热电势的模拟信号放大，转换成数字电路的脉冲信号，由微处理单元调制。

3. 软启动温度功能

软启动功能在冷态开机或系统从一个状态转变成另一状态并且温度远低于设定温度时，

控制输出加热功率由小到大，使热流道系统平缓升温至软启动的设定温度，从而减少由于电压冲击对加热元件的损坏。图 11-35 所示的软启动阶段中，软启动设定温度为 124℃；软启动设定时间从 0~999s，通常设定在 2~10min。如果控制对象温度小于 100℃，则进入软启动模式；如大于 100℃ 则直接进入自动控制。在升温时如果超过软启动设定时间或温度已升至 124℃，系统则由软启动进入自动控制状态。在软启动未结束时，可操作切换到自动控制。

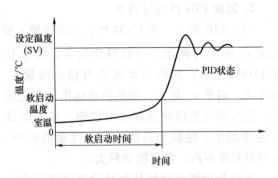

图 11-35　软启动时温度调节特性

4. 自整定控制

自整定是调节器的微处理单元，通过对负载进行自动测试和计算，并针对不同的负载，自动设定合适的 P、I、D 参数，以达到最佳控制效果。图 11-36b 所示为模糊自整定 PID 控制方式，自整定是 P、I、D 参数的设置过程。在软启动阶段之后为自整定时间，进行温度 PID 自适应调节。自整定结束后，即使切断电源，P、I、D 参数将被自动保存。图 11-36a 所示为 PID 控制方式，在温度维持阶段，控制温度超出给定值的偏差过大，克服注射周期干扰不足，温度波动大。

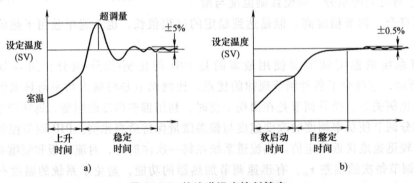

图 11-36　热流道温度控制精度

a) PID 控制方式　b) 模糊自整定 PID 控制方式

图 11-36a 所示为温度控制器采用 PID 控制方式，热流道系统温度响应曲线有很大的超调量，而且系统进入稳定状态的时间也很长。测定温度与给定温度偏差，即温控精度为 ±5%。给定的加热温度 200℃，测定温度的误差 ±10℃。早期的热流道温度控制器是进行现场调试的。调试到超调量最小，稳定时间最短时，就可以得出一组最优的 PID 调节参数 K_P、K_I 和 K_D。这组最优的调节参数是对该热流道系统的条件下，才能有良好调节效果。系统受到干扰，如环境温度变化，则需要重新整定 PID 参数，此操作过程相当烦琐费时。因而各种智能 PID 温控器相继出现，现普遍使用温控器的温控精度达到 ±0.5%。图 11-36b 所示的模糊自整定 PID 控制方式温控器已商品化。

注射机的热流道系统温度控制应用模糊控制器，如图 11-37 所示。模糊控制器能根据热流道系统输出的温度偏差 e 和偏差变化率 e_c（$=de/dt$）决定被控对象的输入。PID 调节参数

K_P、K_I 和 K_D 改为用计算机程序存储在微处理处的模糊模块中。先将热流道温度误差和误差变化率分成若干区段。用来判别温度偏差 e 的大、中、小和零；温度偏差变化率 e_c 的大、中、小和方向。用自然条件语句转化为模糊条件语句，输出优化的 PID 调节参数 K_P、K_I 和 K_D。软启动加热器后，控制线路接通模糊自整定的线路，可得到良好的温度调节效果。它的全称为全参数模糊自整定 PID 调节器，是高精度的温度自动控制。

5. 温度控制器和应用

温度控制都已采用数字电子线路的控制器，这种数字控制器具有微处理器的功能。从热流道公司购置的温度控制器如图 11-37 所示。热流道系统上每个加热区的加热电源、温度测量和控制有单独温度调节器。在温度调节器抽屉的面板上显示温度测量值和各种参数。有输入和显示温度给定值；报警温度设定和报警器；设定软启动时间等。在每个温度调节器的线路板上都有单独的集成块。它是专门为热流道温度控制专门设计的微处理器。它以可编程序控制器（PLC）为核心，有 CPU 运算处理功能，即算术逻辑运算和程序控制功能，也有只读存储器 ROM 和读写存储器 RAM。PID 控制算法用计算机程序存储在 ROM 存储器中。

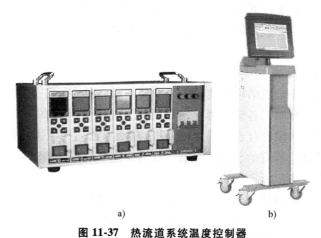

a)　　　　　　　　　　b)

图 11-37　热流道系统温度控制器

a）模糊自整定 PID 温度控制器　b）温度控制柜

温度控制器可根据热流道系统的温度控制区数目组装。每个温度的检测与加热区都有个温度调节器，可以按需组装。每个温度调节器通过导槽和接插件，与主控箱连接并定位。每个温度调节器有独立开关按键。温度调节器有软启动设置和温度和报警设置需操作工精准控制。自整定的参数设置，实现了自动化的调整，操作简便且智能化。加热功率和电流显示，还有热电偶分度号选调和显示等。

（1）软启动设置　温度调节器通常启动方式是开机后自动进入软启动，能自动切换到自动调节，也可以等软启动完成后，按手动键进入手动控制。软启动，手动和自动均有按键，且有指示灯。出厂调节器上设定软启动时间是 4min，在 240s 内升温到 124℃。流道板加热到注射温度需 20min 左右，因此需设定到 600s 约 10min。先加热到 124℃，再自适应控制加热。喷嘴升温到给定温度是 2~5min，需设定软启动时间 120s 左右。按各加热区需要，由各个调节器设定。

（2）温度和报警设置　首先设定加热的温度。在 SV 设定显示屏上显示后确认。按注射材料工艺要求设定。设定报警温度 AL1 和 AL2，有一套完整的温度控制的操作。

1）偏差报警温度 AL1 又称超温报警，是对于加热给定温度的上偏差值。如给定温度 200℃，AL1 输入 20℃，则上限报警温度为 220℃。若温度测量值大于或等于设定值加上偏差值时，蜂鸣器报警。屏上显示超温报警温度与实测温度的跳换，负载输出电压线性下降，直至报警解除。AL1 的出厂值为+30℃，适用无定形塑料，一般可默认。对于结晶型的塑料改设为+20℃或+10℃。

2）偏差报警温度 AL2 又称低温报警，是对于加热给定温度的下偏差值。如给定温度 200℃，AL2 输入 10℃，则下限报警温度为 190℃。若温度测量小于或等于设定值减去偏差值时，蜂鸣器报警。PV 显示屏上呈现低温报警温度与实测温度的跳跃，负载电压下降，直至报警解除。AL2 出厂值是-30℃，适用于无定形塑料。对于结晶型的塑料改设为-20℃或-10℃。

热流道系统的温度控制区达到十个以上的注射模塑越来越多。因此有一个调节器控制两个加热区，已经有一卡双点温控器的商品供应。图 11-37b 所示的热流道系统的温度控制柜，是多点和单屏幕的工业计算机。它有高速的微处理器，高频率的温度测量。用先进的 PID 控制算法，达到±0.5%以上温控精度。它提供稳定可靠加热功率，又有可选择的软启动功能。它有大尺寸液晶显示和触摸屏。对各点的温度数据和电流及功率，有显示报告、记忆统计和报警功能。

6. 常见异常现象的处理

大型注塑制件和多个型腔的注射模，有较多的喷嘴。在流道板上有较多的加热区。当有十几个以上的温度调节器时，各调节器上显示的测量温度，对于真实温度存在误差。SV 屏的给定温度对于所需正确温度存在偏差。SV 显示温度一致，并不说明热流道系统各部位温度一致，也并不是各部位所需的合理温度值。有时会使个别或一些注射点的注射失败，成型的注塑制件质量达不到要求。

因此，在塑料熔体试射的最后阶段，要以各个浇口处塑料的流动性和注射制件质量，来判断温度调节的结果。如以浇口的流延和拉丝、浇口料头和浇口附近制件质量，来判别熔体流动性，调节相应注射点及加热区的给定温度。这项温度调节系统的误差修正工作，需要熟悉热流道系统的设计，熟悉注射塑料熔体的流动性，且需要丰富的实践经验。

温度调节系统误差的原因有两个方面。一方面是温度调节系统的设计和制造的误差。如热电偶的参比端的温度补偿有误差；热电偶的位置和安装质量不佳。又如加热器的质量和安装质量优劣，加热器功率密度的不均匀。电网电压和环境温度变化，都会使实际温度分布不均衡。另一方面是热流道的浇注系统设计和制造误差。流道和浇口中流动剪切速率变化，使熔体的黏度变化。浇口的几何尺寸和孔径的误差，喷嘴浇口区温度等因素，也会造成剪切速率和黏度的变化，改变熔体的流动性。流道板各位置和各个喷嘴的绝热条件不同，热损耗有多有少，使实际温度有高低，各注射点的熔体流动性有差异。

因此，应根据各注射点和加热区的温度对注射熔体流动性的表现，修正各调节器的设定温度值，补偿测定温度和实际温度的误差。热流道注塑模注射试模阶段，各加热区的测温调控是一种常用方法。流道板和喷嘴升温加热，塑料熔体注射模塑若干次。在开模时，用温度测试仪检测各喷嘴射出熔体的温度偏差。控制两注射点的温度偏差在 5℃ 之内。经各温度调节器的补偿无效，温差超过 5℃，则必须改进热流道部件的设计、制造和装配。

第12章

热流道的流道板

热流道的流道板将塑料熔体经流道送到各注射点的喷嘴，是流道系统的中心部件。正确的流道板设计以传热学和流变学为基础，实现塑料熔体合理分配和输送。达到流量和压力的流变平衡。流道板是高压高温的容器，处于低温的定模板中央。要求塑料熔体不能泄漏，必须有热膨胀补偿设计，并有精良的结构设计和制造。

12.1 流道板流道的熔体传输

流道的熔体传输基于以下原则：

1）对多个型腔模具注射成型的制件，浇注系统的流道布置和设计有等流程和不等流程二种。前者实行几何平衡传输，后者实行流变平衡传输。塑料熔体必须在相等压力下以相同的温度和适宜的剪切速率，输送至每个型腔。必须保证同时充满所有型腔，并以同样时间传递保压压力。

2）成型大小和形体不同制件的多个型腔注射模，塑料熔体经流道板的流道和喷嘴的传输，能同时充填完成各个制件型腔。

3）多个注射点的单个型腔的注射成型时，型腔的各区域具有合理的注射流动参量。熔体流动前沿没有不稳定扰动，并能改善制件的熔合缝的质量。

12.1.1 多型腔等流程几何平衡的熔体传输

以相等的流程长度来设计流道系统，给予几何参量的平衡，曾经称为自然平衡布置，如图 12-1 所示。从主流道喷嘴到各喷嘴的流动距离相等。只要对称布置的对应分流道的圆截

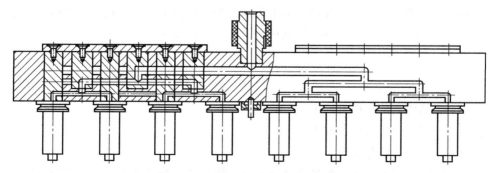

图 12-1 热流道系统流道板的自然平衡布置

面的半径相同，就可以实现各浇口喷嘴的平衡浇注。

在多个型腔的热流道注射模的流道板上，流道的布置和截面尺寸的设计，必须实现注射的塑料熔体对各型腔的平衡流动，以保证注塑制件的质量和精度的一致性。但是，此种流道板的自然平衡的布排，会使流道太长。使浇注系统中的压力降增大。而且，注射温度下的塑料熔体驻留在流道中的时间增加。

在多个型腔的冷流道模具中，各个型腔之间间距和底板厚度，按照金属模板抵抗变形和破坏能力进行设计和校核。在多个型腔的热流道模具中，当喷嘴的安装直径大于制件的投影面时，各注射点之间的间距就应该由喷嘴外径决定。还需要注意分喷嘴之间的间距至少为 $10 \sim 15 mm$。多层次流道结构的流道板，便于达到自然平衡，但流道板体积和散热面积较大。

1. 等流程浇注的流道系统的布局

为了使多个型腔模具实行平衡浇注，采用图 12-2 所示的注射点的布置方式。一类是 2^n，2、4、8、16 和 32 的型腔对称的等路径布置。另一类是 3 的倍数，常用 3、6、9、12 和 24 个型腔的等路径布置。

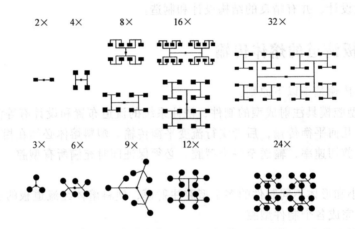

图 12-2 常见的多个型腔的几何平衡的布置

（1）各级流道直径的比例关系 几何平衡是基于对各注射点流经路程相同的布局。对所有的型腔或单个型腔的所有浇口，流道的长度是相等的。为获得平衡浇注，流道板上分喷嘴是同样的种类及型号，有相同尺寸的长度和浇口是重要的。而且必须按比例关系，用式（12-1）设计计算各级流道直径。

多个型腔注射热流道系统常见的几何平衡的布排，按流道长度一致布排对称。流道分流后，应将流道合理地等比缩小。在多层次的分流道直径计算时，有

$$d_{i+1} = \frac{d_i}{N_{i+1}^{\frac{1}{3}}} \tag{12-1}$$

式中 d_i——上游流道的直径（cm）；

　　　d_{i+1}——下游流道的直径（cm）；

　　　N_{i+1}——下游流道的分叉数。

如经流变计算的第一分流道直径 $d_1 = 1cm$，分为二的分叉流道，分流道直径 $d_2 = 1 \times$

$2^{-\frac{1}{3}} = 0.79\text{cm}$；分为三的分叉流道，分流道 $d_2 = 1 \times 3^{-\frac{1}{3}} = 0.69\text{cm}$；分为四分叉流道，分流道 $d_2 = 1 \times 4^{-\frac{1}{3}} = 0.63\text{cm}$。根据此直径分配式的计算结果，各层次的分流道中熔体的剪切速率和剪切应力大致相等。分岔数目 $N = 5$ 和 6 时，平衡的实际效果较差。

（2）等流程平衡浇注流道的设计　图 12-2 所示的几何平衡布置的流道截面，必须根据塑料熔体的流动性能设计计算流道直径。以塑料熔料熔融态的中间温度和适中的螺杆推进速率，计算注射熔料在流道中的剪切速率与剪切应力。预测表观黏度，估算流道全程的压力降。这个计算过程要依据各种塑料熔体的流变曲线。必须考虑到塑料熔体是非牛顿流体，剪切速率升高时表观黏度下降，流动性改善明显。浇注系统流道和喷嘴中压力损失不超过 35MPa，并使主流道喷嘴有 1000s^{-1} 以上的剪切速率，各流道中的剪切速率为 500s^{-1} 左右，各种塑料流动熔体的黏度大致有 $2000\text{Pa} \cdot \text{s}$。设计计算的热流道直径应精确到 0.1mm。

经验设计的流道板，常有过分粗大的流道直径，使熔体流动的剪切速率较低，黏度升高，消耗过多的注射压力。另外，如果制件型腔很小，而流道的容积较大，会延长熔体在流道中的停留时间，损伤高分子材料，影响塑料制件的质量。尤其对于热敏性的物料，如 PVC 和 POM 及一些添加阻燃剂和有机着色剂物料，在料筒和热流道中停留时间超过 5 ~ 10min，会产生分解和挥发。

经验设计的流道板，片面强调流道钻孔方便，各级分流道的直径统一。塑料熔体在各级分流道的流动剪切速率不合理，流动黏度和剪切应力不稳定，消耗注射压力。流道分叉直径比不合理，会使注射流动不畅通。

（3）流道板的平衡浇注的流道布排　利用流道板的空间，可以取得多型腔等流程流道布置的流动平衡的充填结果。图 12-3a 是冷流道的平面布置，X 型流道布排 8 个型腔的浇注。主干流道在分岔位置过后的 4 个分流道，塑料熔体的流动速率是不同的。剪切热诱导各支流的熔体条件差异，导致这 4 个制件质量不一致。

图 12-3b 所示流道板中，主干流道拐角后，再垂直分岔。这种搭桥布局，将减少各支流熔体条件差异，获得多个型腔的平衡浇注。第 7 章的图 7-25、图 7-26 和图 7-27，分析 H 布排 8 个型腔的平衡浇注，有剪切诱导注射流动不平衡的起因研究。热流道的流道板叠加，以过桥式主干流道布置，是等流程多型腔的浇注平衡的有效途径。

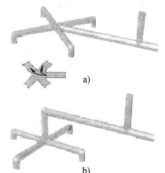

2. 单层直排 8 型腔的 2×2×2 流道设计

高 60mm 外径 12mm 的有底的 PMMA 筒套，制件有 15g。筒口有连接螺纹，用侧向分型滑块成型。因此 8 件筒套塑件必须直排。动模型芯和脱模机构已经有很大的高度。要求热流道设计单层的流道板。已确定用针阀喷嘴注射制件底面中心。喷嘴流道直径 10mm，阀针直径 4mm，长 150mm，阀针头浇口直径 1.5mm。流变学设计计算的流道布局为单层直排 8 型腔的 2×2×2 流道，如图 12-4 所示。此种布局的最大特点是单层流道板面积小，厚度小，温度分布均匀又节能。

图 12-3　X 型分岔的热流道的布置优于冷流道
a) 冷流道的平面布置
b) 热流道的垂直布置

（1）计算注入流道系统的体积流率　查表 2-5 可知 PMMA 熔体的密度 $\rho_m = 1.1\text{g/cm}^3$，

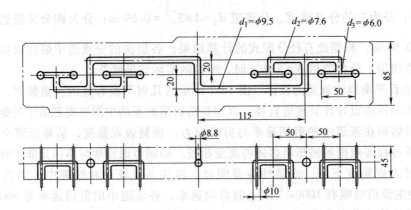

图 12-4　单层直排 8 型腔的 2×2×2 流道设计

每个制件的熔体体积 $v_i = G_i/\rho_m = 15/1.1\,\text{cm}^3 = 13.64\,\text{cm}^3$，又有每次注射熔体体积 $V = 8 \times v_i = 8 \times 13.64\,\text{cm}^3 = 109.1\,\text{cm}^3$。

查表 5-2 可知螺杆推进的注射时间 $t = 1.5\text{s}$，主流道喷嘴的体积流率为

$$Q = \frac{V}{t} = \frac{109.1}{1.5}\,\text{cm}^3/\text{s} = 72.7\,\text{cm}^3/\text{s}$$

第 3 分流道的体积流率为

$$q_3 = \frac{v_i}{t} = \frac{13.64}{1.5}\,\text{cm}^3/\text{s} = 9.09\,\text{cm}^3/\text{s}$$

得第 1 和第 2 分流道的体积流率，$q_1 = 36.4\,\text{cm}^3/\text{s}$，$q_2 = 18.2\,\text{cm}^3/\text{s}$。

（2）计算各分流道和主流道喷嘴的直径　查表 3-2，在 266.7℃ 时流动速率 MFR = 11g/10min 的 PMMA 塑料熔体，在剪切速率 $\dot{\gamma} = 10^2 \sim 10^3 \text{s}^{-1}$ 时，稠度 $K' = K = 1109\text{Pa} \cdot \text{s} = 0.1109\text{N} \cdot \text{s}/\text{cm}^2$，流动指数 $n = 0.602$。参照表 5-3，分流道合理的剪切速率为 $\dot{\gamma} = 500\text{s}^{-1}$。用 $n = 0.602$ 代入式（3-21）。第 1 分流道直径为

$$d_1 = \frac{1.366}{\sqrt[3]{\dot{\gamma}}}\sqrt[3]{\frac{q_1(3n+1)}{n}} = \frac{1.366}{\sqrt[3]{500}}\sqrt[3]{\frac{36.4(3\times0.602+1)}{0.602}}\,\text{cm} = 0.95\,\text{cm} = 9.5\,\text{mm}$$

将 $q_2 = 18.2\,\text{cm}^3/\text{s}$ 代入式（3-21），其他参数同上。第 2 分流道直径为

$$d_2 = \frac{1.366}{\sqrt[3]{\dot{\gamma}}}\sqrt[3]{\frac{q_2(3n+1)}{n}} = \frac{1.366}{\sqrt[3]{500}}\sqrt[3]{\frac{18.2(3\times0.602+1)}{0.602}}\,\text{cm} = 0.76\,\text{cm} = 7.6\,\text{mm}$$

将 $q_3 = 9.09\,\text{cm}^3/\text{s}$ 代入式（3-21），其他参数同上。第 3 分流道直径为

$$d_3 = \frac{1.366}{\sqrt[3]{\dot{\gamma}}}\sqrt[3]{\frac{q_3(3n+1)}{n}} = \frac{1.366}{\sqrt[3]{500}}\sqrt[3]{\frac{9.09(3\times0.602+1)}{0.602}}\,\text{cm} = 0.60\,\text{cm} = 6.0\,\text{mm}$$

二分叉的三级分流道直径的比率为 0.79。与式（12-1）的运算一致。

查表 3-2，流动速率 MFR = 11g/10min 的 PMMA 塑料熔体在剪切速率 $\dot{\gamma} = 10^3 \sim 10^4 \text{s}^{-1}$ 时，稠度 $K' = K = 2682\text{Pa} \cdot \text{s} = 0.2682\text{N} \cdot \text{s}/\text{cm}^2$，流动指数 $n = 0.474$。查表 5-3，主流道的合理剪切速率 $\dot{\gamma} = 1400\text{s}^{-1}$。

用式（3-21），以此时 $n=0.474$ 代入。主流道喷嘴的直径为

$$d_0 = \frac{1.366}{\sqrt[3]{\dot{\gamma}}}\sqrt[3]{\frac{Q(3n+1)}{n}} = \frac{1.366}{\sqrt[3]{1400}}\sqrt[3]{\frac{72.7(3\times0.474+1)}{0.474}}\,\mathrm{cm} = 0.88\mathrm{cm} = 8.8\mathrm{mm}$$

（3）各分流道的剪切速率　式（3-7），第1分流道 $R_1 = 0.95/2 = 0.475\mathrm{cm}$，计算管壁上的剪切速率为

$$\dot{\gamma}_1 = \frac{4q_1}{\pi R_1^3} = \frac{4\times36.4}{3.14\times0.28^3}\mathrm{s}^{-1} = 433\mathrm{s}^{-1}$$

同样，第2分流道 $q_2 = 18.2\mathrm{cm}^3/\mathrm{s}$，$R_2 = 0.38\mathrm{cm}$；第3分流道 $q_3 = 9.09\mathrm{cm}^3/\mathrm{s}$，$R_3 = 0.30\mathrm{cm}$，可得第2和第3管壁上的剪切速率，$\dot{\gamma}_2 = 422\mathrm{s}^{-1}$ 和 $\dot{\gamma}_3 = 429\mathrm{s}^{-1}$。在各级分流道管壁上的剪切速率是基本相同的。

（4）分流道剪切应力　剪切速率 $\dot{\gamma} = 10^2 \sim 10^3\mathrm{s}^{-1}$ 时，稠度 $K = 1109\mathrm{Pa}\cdot\mathrm{s} = 0.1109\mathrm{N}\cdot\mathrm{s}/\mathrm{cm}^2$，流动指数 $n = 0.602$，第1分流道的最大剪切速率 $\dot{\gamma}_1 = 433\mathrm{s}^{-1}$。用式（3-4）计算剪切应力，得

$$\tau_1 = K\dot{\gamma}_1^n = 0.1109\times433^{0.602}\mathrm{N/cm}^2 = 4.29\mathrm{N/cm}^2$$

以剪切速率 $\dot{\gamma} = 10^2 \sim 10^3\mathrm{s}^{-1}$ 时，稠度 $K = 0.1109\mathrm{N/cm}^2$，流动指数 $n = 0.602$，第2和第3分流道剪切速率 $\dot{\gamma}_2 = 422\mathrm{s}^{-1}$，$\dot{\gamma}_3 = 429\mathrm{s}^{-1}$，可得第2和第3管壁上的剪切应力，$\tau_2 = 4.22\mathrm{N/cm}^2$，$\tau_3 = 4.26\mathrm{N/cm}^2$。在各级分流道管壁上的剪切应力也基本相同。流道系统注射流动的塑料熔体是稳定的层流。

（5）各段流道和流道系统的压力损失　图12-4上第1、第2和第3分流道中心线长度 $L_1 = 17.5\mathrm{cm}$、$L_2 = 7\mathrm{cm}$ 和 $L_3 = 2.5\mathrm{cm}$。用式（3-6b）计算第1分流道的压力损失为

$$\Delta p_1 = \frac{2\tau_1 L_1}{R_1} = \frac{2\times4.29\times17.5}{0.475}\mathrm{N/cm}^2 = 316\mathrm{N/cm}^2 \approx 31.6\times10^5\mathrm{Pa}$$

流道半径 $R_2 = 0.38\mathrm{cm}$，$R_3 = 0.30\mathrm{cm}$，流道管壁 $\tau_2 = 4.22\mathrm{N/cm}^2$，$\tau_3 = 4.26\mathrm{N/cm}^2$。可得第2和第3分流道的压力损失，$\Delta p_2 = 15.5\times10^5\mathrm{Pa}$，$\Delta p_3 = 7.1\times10^5\mathrm{Pa}$。

流道系统的压力损失 $\Delta p = \Delta p_1 + \Delta p_2 + \Delta p_3 = 54.2\times10^5\mathrm{Pa}$。

经验设计图12-4所示流道板，如果取 $d_1 = d_2 = d_3 = 10\mathrm{mm}$。同样的注射条件下各分流道的剪切速率 $\dot{\gamma}_1 = 371\mathrm{s}^{-1}$、$\dot{\gamma}_2 = 185\mathrm{s}^{-1}$ 和 $\dot{\gamma}_3 = 92.6\mathrm{s}^{-1}$，分流道中剪切速率逐级下降，熔体流动不稳定。剪切应力虽有下降，但因流体黏度有所提高，剪切应力并非线性直降。流道系统的压力损失 $\Delta p = 43.5\times10^5\mathrm{Pa}$。相比流道板流变学设计，流道粗大并没有使压力损失下降很多。

3. 双层16型腔的流道设计

高23mm外径52mm的HDPE有内螺纹盖帽，制件有5.7g。盖帽面积较大，内螺纹无须外侧抽。因此16件筒套制件成方阵排列，以 $4\times2\times2$ 分叉布局流道。已确定用16个针尖侧孔喷嘴。喷嘴流道直径5mm，针尖浇口直径1.0mm。双层16型腔的 $4\times2\times2$ 流道设计如图12-5所示。图12-6所示的叠式16型腔的 $4\times2\times2$ 流道板的最大特点是双层，由五块流道板组装，刚性差。流道板表面面积和高度大，散热面积大。

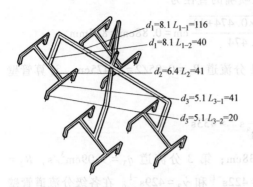

图 12-5 双层 16 型腔的 4×2×2 流道设计

注：图中单位均为 mm。

图 12-6 叠式 16 型腔的 4×2×2 流道板

（1）计算注入流道系统的体积流率 查表 2-5，HDPE 熔体的密度 $\rho_m = 0.727\text{g/cm}^3$。
每个制件的熔体体积

$$v_i = G_i/\rho_m = 5.7/0.727\text{cm}^3 = 7.84\text{cm}^3$$

每次注射的熔体体积为

$$V = \frac{16 \times G_i}{\rho_m} = \frac{16 \times 5.7}{0.707}\text{cm}^3 = 125.5\text{cm}^3$$

查表 5-2，螺杆推进的注射时间 $t = 1.6\text{s}$，主流道喷嘴的体积流率为

$$Q = \frac{V}{t} = \frac{125.5}{1.6}\text{cm}^3/\text{s} = 78.4\text{cm}^3/\text{s}$$

第 3 分流道的体积流率为

$$q_3 = \frac{v_i}{t} = \frac{7.84}{1.6}\text{cm}^3/\text{s} = 4.9\text{cm}^3/\text{s}$$

可得第 1 和第 2 分流道的体积流率，$q_1 = 19.6\text{cm}^3/\text{s}$，$q_2 = 9.8\text{cm}^3/\text{s}$。

（2）计算各分流道和主流道喷嘴的直径 查表 3-2，在 230.7℃ 时流动速率 MFR = 9.8g/10min 的 HDPE 塑料熔体，在剪切速率 $\dot{\gamma} = 10^2 \sim 10^3\text{s}^{-1}$ 时，稠度 $K' = K = 4663\text{Pa} \cdot \text{s} = 0.4663\text{N} \cdot \text{s/cm}^2$，流动指数 $n = 0.434$。

用式（3-21）以分流道合理的剪切速率 $\dot{\gamma} = 500\text{s}^{-1}$ 和此时 $n = 0.434$ 代入。第 1 分流道直径为

$$d_1 = \frac{1.366}{\sqrt[3]{\dot{\gamma}}}\sqrt[3]{\frac{q_1(3n+1)}{n}} = \frac{1.366}{\sqrt[3]{500}}\sqrt[3]{\frac{19.6(3 \times 0.434+1)}{0.434}}\text{cm} = 0.81\text{cm} = 8.1\text{mm}$$

用式（3-21）以 $q_2 = 9.8\text{cm}^3/\text{s}$ 和 $q_3 = 4.9\text{cm}^3/\text{s}$ 代入，其他参数同上。第 2 分流道直径 $d_2 = 6.4\text{mm}$。第 3 分流道直径 $d_3 = 5.1\text{mm}$，与喷嘴流道直径 5mm，衔接良好。

查表 3-2，流动速率 MFR = 9g/10min 的 HDPE 塑料熔体在剪切速率 $\dot{\gamma} = 10^3 \sim 10^4\text{s}^{-1}$ 时，稠度 $K' = K = 9750\text{Pa} \cdot \text{s} = 0.9750\text{N} \cdot \text{s/cm}^2$，流动指数 $n = 0.327$。

用式（3-21）以合理的剪切速率 $\dot{\gamma} = 1400\text{s}^{-1}$ 和此时 $n = 0.327$ 代入。主流道喷嘴的直径为

$$d_0 = \frac{1.366}{\sqrt[3]{\dot{\gamma}}}\sqrt[3]{\frac{Q(3n+1)}{n}} = \frac{1.366}{\sqrt[3]{1400}}\sqrt[3]{\frac{78.4(3 \times 0.327+1)}{0.327}}\,cm = 0.95cm = 9.5mm$$

各段流道的相关参数见表 12-1。

表 12-1　双层 16 型腔的 4×2×2 各段流道的相关参数

流道	流道长 L_i/cm	流道直径 d_i/mm	流道半径 R_i/cm	各段流过体积 v_i/cm^3	各段流过体积流率 $q_i/(cm^3 \cdot s^{-1})$
第一流道	15.6	8.1	0.41	31.4	19.6
第二流道	4.1	6.4	0.32	15.7	9.8
第三流道	6.1	5.1	0.26	7.8	4.9

（3）各段流道的剪切速率和剪切应力　结果见表 12-2，在各级分流道管壁上的剪切速率和剪切应力基本相同。流道系统注射流动的塑料熔体是稳定的层流。

（4）各段流道和流道系统的压力损失　计算方法和结果见表 12-2，流道系统的压力损失在合理范围内。总计有

$$\Delta p = \Delta p_1 + \Delta p_2 + \Delta p_3 = 896N/cm^2$$

表 12-2　双层 16 型腔的 4×2×2 各段流道的压力损失计算

参数及计算式	各段流率 $q_i = \frac{v_i}{t}(cm^3/s)$	各段剪切速率 $\dot{\gamma}_i = \frac{4q_i}{\pi R_i^3}(s^{-1})$	幂参数		剪切应力 $\tau_i = K'\dot{\gamma}_i^n$ $(N \cdot cm^{-2})$	各段压力降 $\Delta P_i = \frac{2L_i\tau_i}{R_i}(N \cdot cm^{-2})$
			n	K' $(N \cdot s \cdot cm^{-2})$		
第一流道	19.6	362	0.434	0.4663	6.014	457.7
第二流道	9.8	381	0.434	0.4663	6.149	157.6
第三流道	4.9	355	0.434	0.4663	5.963	279.8

12.1.2　多个型腔流程不等流道系统的流变平衡

1. 局部等流程浇注的布局

热流道系统流道板的流变平衡布置如图 12-7 所示，从主流道喷嘴到各个喷嘴浇口的流动距离不相同。不同的流程压力会造成各注射点的熔体充模压力的差异。以各注射点有相同的压力降来设计流道系统。对不同的流径长度给以流道截面的调节。经流变学平衡计算，可以达到各注射点的平衡浇注。

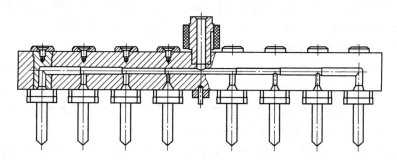

图 12-7　热流道系统流道板的流变平衡布置

图 12-8 的直排 6 型腔的流道布置，浇注成型不等流程的多个制件。如果主干流道和各分流道的直径相同，射入各型腔的塑料熔体的温度和压力条件不同，则各个型腔成型制件的精度和质量不一致。用流变平衡设计计算方法调整主干流道各段和各分流道直径，使 A 型腔的充填压力等于 $\Delta P_1 + \Delta P_2$，B 型腔的压力等于 $\Delta P_1 + \Delta P_2 + \Delta P_3$，C 型腔的压力等于 $\Delta P_1 + \Delta P_2 + 2\Delta P_3$，能提高成批生产制件的精度和质量。

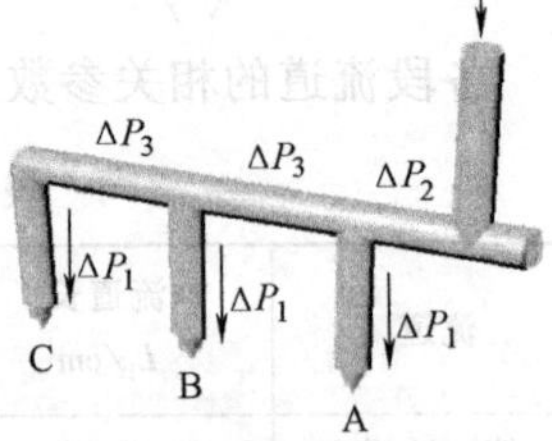

图 12-9 所示为 12、16 和 32 型腔模具的非几何平衡流道。图中三种布局都为非几何平衡，从主流道起至各注射点的流程长度不同，显然离主流道远的注射点的熔体充模压力较低，所注射制件的保压不足。成型后制品的密度较低，收缩率较大。会使各个型腔成型制品的质量与尺寸不一致，降低制件的精度。因此必须经流变学计算，调节流道截面尺寸，使所有注射点的熔体压力一致。图 12-9a 是常见的 12 型腔的非几何平衡的型腔布置。图 12-9b 和图 12-9c 布排的第一层次的分流道实现了几何平衡，但最末层次是非几何平衡，所以是一种混合型的流道系统。在此系统中，实现第二层次的流变学平衡较为容易。

图 12-8　直排 6 型腔的压力平衡浇注

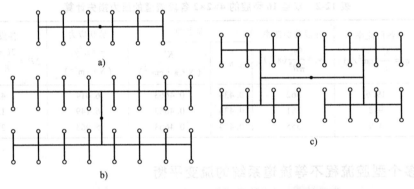

图 12-9　直排 12、16 和 32 型腔的非几何平衡的流道

a) 12 型腔的直排的流道　b) 16 型腔的直排　c) 32 型腔的部分几何平衡的流道布局

人工计算或者计算机流动模拟的流变学平衡与自然平衡的流道系统相比较，流道的长度较短，流道的总体积较小，因此流道板较简单，体积小重量轻。

对于多个型腔的流变学平衡浇注，也可以用计算机模拟方法进行。但须对流道系统和注塑制件进行计算机造型，然后多次修改流道直径，直到屏幕显示各注射点有相同的压力降。由于造型和修改的操作费时，以致花费设计的工时反而比设计计算要多。

2. 8 型腔单层直排流道的流变平衡设计

多个型腔流道系统的流变平衡，可以人工完成设计计算。图 12-10 所示为 8 型腔的流道的流变平衡设计。将短流程流道直径减小，又将长流程直径增大，获得压力状态的平衡。从主流道始，至每个注射点的熔体在流道中的压力降都是 5.2MPa。此例计算采用共聚甲醛 POM，注射熔体温度 200℃，各个型腔体积 $v = 3\mathrm{cm}^3$。

图 12-10a 所示流道系统的一半被分成 4 个流程，有 4 个型腔。又将每个流程分成若干个计算段。从 0 处起，流程 D 仅有一段；流程 C 有二段；B 有三段；流程 A 是等直径 d_1 的三段。不计流道中熔体的体积，流过 A1 段的熔体体积为 $3v$，A2 段为 $2v$，A3 段为 v。

（1）计算注入流道系统的体积流率 每次注射塑料熔体体积 $V = 8v = 8 \times 3 = 24\text{cm}^3$。查表 5-2，注射时间 $t = 0.7\text{s}$。如图 12-10 所示，$A3$、$B3$、$C2$ 和 $D1$ 段的体积流率为

$$q_3 = \frac{v}{t} = \frac{3}{0.7}\text{cm}^3/\text{s} = 4.3\text{cm}^3/\text{s}$$

以此类推，$A2$ 和 $B2$ 段的体积流率 $q_2 = 8.6\text{cm}^3/\text{s}$，$A1$、$B1$ 和 $C1$ 段的流率 $q_1 = 12.8\text{cm}^3/\text{s}$，$D_1$ 段流率 $q_4 = 4.3\text{cm}^3/\text{s}$。

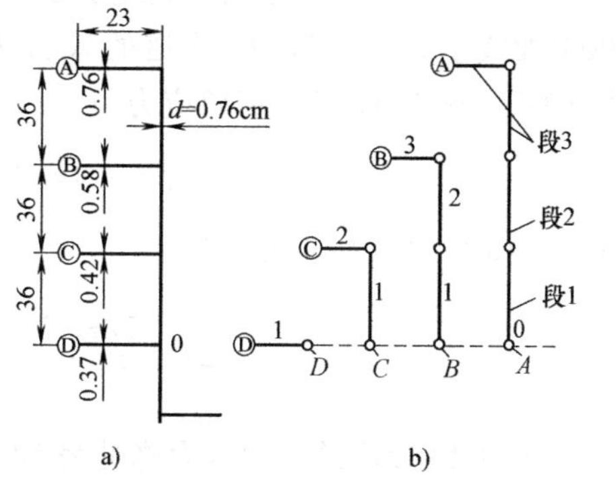

（2）计算各流程各段流道直径 先假设流程 A 的流道直径 $d_1 = 8\text{mm}$，半径 $R_1 = 0.4\text{cm}$。用式（3-7）试算各段流道的熔体流动剪切速率，有

图 12-10 8 型腔的流道的流变平衡设计

a）型腔分布和流道直径计算结果 b）流程的计算分段

$$\dot{\gamma}_1 = \frac{4q_1}{\pi R_1^3} = \frac{4 \times 12.8}{3.14 \times 0.4^3}\text{s}^{-1} = 255\text{s}^{-1}$$

此流道系统各段流道半径 $R_1 = R_2 = R_3 = R_4$，计算各段的剪切速率，其中 $R_3 = 0.4\text{cm}$ 时，有

$$\dot{\gamma}_3 = \frac{4q_3}{\pi R_3^3} = \frac{4 \times 4.3}{3.14 \times 0.4^3}\text{s}^{-1} = 85.6\text{s}^{-1}$$

在 $A3$ 流道中，$q_3 = 4.3\text{cm}^3/\text{s}$ 时熔体剪切速率 $\dot{\gamma}_3 = 85.6\text{s}^{-1} < 100\text{s}^{-1}$，流道中输送熔体的黏度过稠。经几次试算，确定流程各段分流道直径 $d_1 = 0.78\text{cm}$。各流程流道中剪切速率和各段流道半径见表 12-3，$\dot{\gamma}_1 = 297\text{s}^{-1}$ 和 $R_1 = 0.38\text{cm}$，$\dot{\gamma}_2 = 199\text{s}^{-1}$ 和 $R_2 = 0.29\text{cm}$，$\dot{\gamma}_3 = 100\text{s}^{-1}$ 和 $R_3 = 0.21\text{cm}$。

表 12-3 各流程流道中剪切速率和各段流道半径

段号	流率 /(cm³/s)	直径/半径 /cm	流道长 /cm	剪切速率 /s⁻¹	表观黏度 /Pa·s	剪切应力 /MPa	压力降 /MPa
$A1$	12.8	0.76/0.38	3.6	297	370	0.1099	2.08
$A2$	8.6	0.76/0.38	3.6	199	420	0.0836	1.58
$A3$	4.3	0.76/0.38	5.9	100	520	0.0500	1.55
						合计	5.21
$B1$	12.8	0.76/0.38	3.6	297	370	0.1099	2.08
$B2$	8.6	0.76/0.38	3.6	199	420	0.0836	1.58
$B3$	4.3	0.58/0.29	2.3	225	400	0.0900	1.43
						合计	5.09
$C1$	12.8	0.76/0.38	3.6	297	370	0.1099	2.08
$C2$	4.3	0.42/0.21	2.3	591	230	0.1359	2.98
						合计	5.06
$D1$	4.3	0.37/0.185	2.3	865	240	0.2076	5.16
						合计	5.16

（3）计算各流程流道总计压力损失　在 POM 的流变曲线（图 12-11）中，在熔体温度 200℃曲线上，以流程 A1 流道的剪切速率 $\dot{\gamma}_1 = 297\text{s}^{-1}$，查得表观黏度 $\eta_a = 370\text{Pa} \cdot \text{s}$。用式（3-5）求得 A1 段的剪切应力为

$$\tau = \eta_a \dot{\gamma} = 370 \times 297 \text{MPa} = 0.1099\text{MPa}$$

用式（3-6）计算压力降，得

$$\Delta P = \frac{2L\tau}{R_1} = \frac{2 \times 3.6 \times 0.1099}{0.38}\text{MPa} = 2.08\text{MPa}$$

A2 和 A3 段流道中的压力降见表 12-3。由此得流程 A 总压力降为

$$2.08\text{MPa} + 1.58\text{MPa} + 1.55\text{MPa} = 5.21\text{MPa}$$

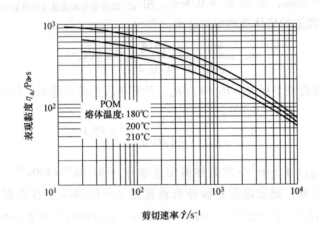

图 12-11　共聚甲醛 POM 的流变曲线

（4）试算 B3、C2 和 D1 段流道直径，直到 B、C 与 D 三流程的压力损失等于 A 流程的压力降。试算确定流程 A 三段分流道直径 $d_1 = 0.76\text{cm}$，半径 $R_1 = 0.38\text{cm}$，有压力损失 5.21MPa。计算出流程 B 中 B3 段应有压力降 1.43MPa，经试算以 $\dot{\gamma}_3 = 225\text{s}^{-1}$ 对应流变曲线上表观黏度 $\eta_a = 400\text{Pa} \cdot \text{s}$，得到半径 $R_3 = 0.29\text{cm}$。同样的计算方法，可计算出流程 C 中 C2 段流道半径 $R_3 = 0.21\text{cm}$。也可计算出流程 D 中 D1 段流道半径 $R_3 = 0.185\text{cm}$。四个流程的压力降是相等的。

流程 B 中 B1 和 B2 段与 A1 和 A2 段的长度一致，为 3.6cm。为实现流变平衡，B3 段与 A3 段应有相同的压力降，也就是 B3 段的 2.3cm 长流道有较细的直径，与 A3 段有相近的压降（1.43~1.55MPa）。经计算得 B3 段直径为 0.58cm 时，可实现平衡浇注。

8 型腔单层直排流道的流变平衡设计有以下三条说明：

1）较高的熔体温度和较短的注射时间，都能改善塑料熔体的流动性，有利于充模压力的传递。计算过程中，应取适中的注射时间和熔融温度。在注射生产中，对于流变平衡计算中设定的时间与温度有调节余地。

2）8 型腔的两种热流道如图 12-12 所示，8 型腔的直排的流变平衡的流道板是单层的。相比几何平衡布置的流道板，流道长度短了，流道板的高度压缩了一半。

3）本例流变学平衡计算，塑料熔体的性能数据回避了稠度 K 和流动指数 n。不同于本书陈述的流变学平衡计算的途径。两者的计算原理和方法是相同的。用 K 和 n 参数计算压力降时不考虑表观黏度 η_a。

3. 16 型腔流道的流变平衡设计

高 22mm 外径 35mm 的 HDPE 盖帽，壁厚 1.73mm，有 4.6g。16 件盖帽制件直排二行，以 2×2×4 分叉布局流道。已确定用 16 个导流梭的针尖喷嘴。喷嘴流道直径 5mm，针尖浇口直径 1.0mm。16 型腔流道的流变平衡设计图解如图 12-13 所示。流道板的最大特点是单层整块，刚性好，高度低。

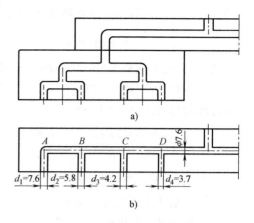

图 12-12 8 型腔的两种热流道

a）3 层次的自然平衡流道板

b）流变学平衡的流道板

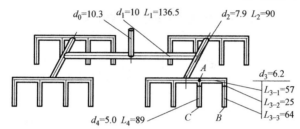

图 12-13 16 型腔流道的流变平衡设计图解

（1）计算注入流道系统的体积流率 查表 2-5，HDPE 塑料熔体的密度 $\rho_m = 0.727 \text{g/cm}^3$。每个制件的熔体体积 $v_i = G_i/\rho_m = 4.6/0.727 \text{cm}^3 = 6.33 \text{cm}^3$。每次注射塑料熔体体积 $V = 16 \times 6.33 \text{cm}^3 = 101 \text{cm}^3$。查表 5-2，注射时间 $t = 1.38\text{s}$。每次注射熔体的体积流率

$$Q = \frac{V}{t} = \frac{101}{1.38} = 73.4 \text{cm}^3/\text{s}。$$

第 1、2 和 3 分流道的体积流率 $q_1 = 36.7 \text{cm}^3/\text{s}$，$q_2 = 18.35 \text{cm}^3/\text{s}$ 和 $q_3 = 9.18 \text{cm}^3/\text{s}$。如图 12-13 所示，在第三分流道 A 分岔，有 $q_4 = 4.59 \text{cm}^3/\text{s}$。

（2）确定几何平衡流道的直径 查表 3-2，在 230.7℃ 时流动速率 MFR = 9g/10min 的 HDPE 塑料熔体，在剪切速率 $\dot{\gamma} = 10^2 \sim 10^3 \text{s}^{-1}$ 时，稠度 $K' = K = 4663 \text{Pa} \cdot \text{s} = 0.4663 \text{N} \cdot \text{s/cm}^2$，流动指数 $n = 0.434$。

以分流道合理的剪切速率 $\dot{\gamma} = 500 \text{s}^{-1}$ 和此时 $n = 0.434$ 代入式（3-21）。$q_1 = 36.7 \text{cm}^3/\text{s}$ 的第 1 分流道直径

$$d_1 = \frac{1.366}{\sqrt[3]{\dot{\gamma}}} \sqrt[3]{\frac{q_1(3n+1)}{n}} = \frac{1.366}{\sqrt[3]{500}} \sqrt[3]{\frac{36.7(3 \times 0.434+1)}{0.434}} \text{cm} = 0.999 \text{cm} = 10 \text{mm}$$

将 $q_2 = 18.35 \text{cm}^3/\text{s}$，其他参数同上代入。第 2 分流道直径

$$d_2 = \frac{1.366}{\sqrt[3]{\dot{\gamma}}} \sqrt[3]{\frac{q_2(3n+1)}{n}} = \frac{1.366}{\sqrt[3]{500}} \sqrt[3]{\frac{18.35(3 \times 0.434+1)}{0.434}} \text{cm} = 0.791 \text{cm} = 7.9 \text{mm}$$

用式（12-1）计算分流道直径 $d_2 = d_1 \times 2^{-\frac{1}{3}} = 10 \times 0.79 = 7.9$mm。$q_3 = 9.18\text{cm}^3/\text{s}$ 对第 3 分流道直径 $d_3 = d_2 \times 2^{-\frac{1}{3}} = 7.9 \times 0.79 = 6.2$mm。

查表 3-2，流动速率 MFR $=9$g/10min 的 HDPE 塑料熔体在剪切速率 $\dot\gamma = 10^3 \sim 10^4\text{s}^{-1}$ 时，稠度 $K' = K = 9750\text{Pa} \cdot \text{s} = 0.9750\text{N} \cdot \text{s}/\text{cm}^2$，流动指数 $n = 0.327$。

以合理的剪切速率 $\dot\gamma = 1400\text{s}^{-1}$ 和此时 $n = 0.327$ 代入式（3-21）。主流道喷嘴的直径

$$d_0 = \frac{1.366}{\sqrt[3]{\dot\gamma}} \sqrt[3]{\frac{Q(3n+1)}{n}} = \frac{1.366}{\sqrt[3]{1400}} \sqrt[3]{\frac{101.3(3 \times 0.327+1)}{0.327}} \text{cm} = 0.103\text{cm} = 10.3\text{mm}$$

（3）设计计算调整流道的直径　如图 12-13 所示，流变平衡计算是调整 AC 流程的流道直径，使熔体输送流程压力损失相等。让 B 和 C 两注射点的压力大致相等。AB 流程在流道板上流道直径为 $d_4 = 5.0$mm。将 $AB1$ 流程 $= L_{3-1} = 57$mm，计入 $AB2 = L_{3-2} + L_{3-3} = 89$mm。16 型腔热流道的流变平衡计算见表 12-4。AB 流程压力损失为 4.26MPa。将 AC 流程，逐次调整喷嘴直径 $d_c = 5$mm，压力降等于 4.34MPa 时，可实现流变平衡。

表 12-4　16 型腔热流道的流变平衡计算

段号	流率 $q_i = \dfrac{v_i}{t}$ （cm³/s）	直径/半径 （cm）	流道长 （cm）	剪切速率 $\dot\gamma_i = \dfrac{4q_i}{\pi R_i^3}$ (s⁻¹)	剪切应力 $\tau_i = K'\dot\gamma_i^n$ (MPa)	压力降 $\Delta P_i = \dfrac{2L_i\tau_i}{R_i}$ (MPa)
$AB1$	4.59	0.62/0.31	5.7	196	0.0461	1.70
$AB2$	4.59	0.62/0.31	8.9	196	0.0461	2.56
					合计	4.26
AC	4.59	0.5/0.25	8.9	374	0.0610	4.34

16 型腔单层直排流道的流变平衡设计有以下四点说明：

1）实例 2×2×4 的最后一级是非平衡的流道布局。如图 12-13 所示，前 2×2 级是平衡布置。其流道设计计算，必须使熔体输送具有 $5 \times 10^2\text{s}^{-1}$ 左右的剪切速率。这样才能给下游的非平衡的流道的流变平衡，提供流道直径调整的余地。

2）由图 12-13 和表 12-4 可知，流变平衡是通过流道直径调整，实现 AB 和 AC 流程的压力损失相等。而且，被调整流道中仍要有 $100 \sim 1000\text{s}^{-1}$ 的剪切速率。不允许输送熔体的 $\dot\gamma < 100\text{s}^{-1}$，非牛顿流体黏度太高，会使流动阻力过大。

3）流变平衡计算的 AC 流程在流道板上长度仅为 25mm。实现与 AB 流程的压力平衡不现实。为此将下游喷嘴流道加入，与流道板流道直径一起调整。AB 和 AC 流程中包含了两个长为 65mm 的喷嘴流道。因此也确保喷嘴流道中熔体平稳输送。

4）单一块的 16 型腔 2×2×4 流道板结构如图 12-14 所示，十六个型腔的直排的流变平衡的流道板是单块一层的。与图 12-6 所示 16 型

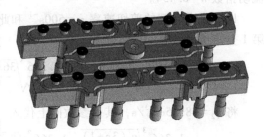

图 12-14　单一块的 16 型腔 2×2×4 流道板结构

腔几何自然平衡布置的流道板相比，流道长度变短，流道板的高度压缩了一半。节省了流道板所用钢材，装配方便。减少了散热面积和加热器的功率。

12.2　流道板的结构设计

流道板的结构设计首先保证塑料熔体合理输送，在流道中没有滞留的死点。要保证在热流道系统在工作预期内，无熔体泄漏。还要保证在高温工作条件下，有足够的刚度和机械精度。因此，必须深入了解流道板零部件的结构设计细节和装配过程。

12.2.1　流道板的总体结构

流道板的总体结构能实现流道系统输送熔体的剪切速率和压力降要求。

1. 流道系统的特征

（1）流道板上的流道应有合理的几何参量　首先满足注射点的数目和布排，理论设计计算流道和喷嘴直径有以下两方面的要求：

1）合理的流道直径，应该从主流道始，随着流道分叉，直径越来越细。按流变学原理计算确定流道直径。流道系统包括喷嘴流道和浇口，到各注射点的压力降应该相等。浇注系统压力降应小于35MPa。传输的熔体应有合适的流动速率和剪切速率。各级流道中熔体流动的剪切速率为$500s^{-1}$左右。流变学平衡计算时流道直径应精确到0.1mm。生产中的热流道系统的所有流道直径相同，会使熔体注射流动不稳定。

2）考虑塑料熔体在流道里允许渡过的时间。需校核每次注射的循环时间，检查型腔注射量与流道容量的比例。熔体在流道中停留的时间等于塑料加热降解时间的10%~20%。

流道板中塑料熔体的停留时间t_d为

$$t_d = \frac{V_1}{V_2}t_c \tag{12-2}$$

式中　t_d——流道板中塑料熔体的停留时间（s）；

　　　V_1——流道板中熔体的体积（cm^3）；

　　　V_2——制件型腔中熔体的体积（cm^3）；

　　　t_c——注塑周期（s）。

流道板上常见的流道直径为6~10mm。流道直径小于6mm会使传输压力降过大。流道直径大于10mm，使熔体在流道中停留时间过长。大型制件的流道直径在22~26mm。

采用较小直径流道，有利于热敏性塑料熔体减少在流道里的停留时间和着色塑料的更换。采用较大直径流道有利于压力传递和大流程比的制件浇注，适合高黏度塑料和对剪切敏感塑料熔体的流动充模。

（2）热流道系统特点　经流变学计算分析和生产经验，热流道有别于冷流道。注射流动时冷流道的管壁会生成半凝固的塑料皮层，而且在逐渐变厚。熔体在皮层保温下，以更高的剪切速率涌流。

1）热流道系统的压力损失与相同直径的冷流道相比，要低25%~30%。

2）热流道管壁的表面粗糙度要比冷流道低。越光滑的流道壁，越有利于塑料熔体输送。

3）减少弯道，流道不采用一分五和一分六分叉。弯道容易形成熔料滞留，会增加熔体流动阻力。过多分叉会破坏熔体平衡。

4）近年来，注塑制件的壁厚趋薄。高压（$2000×10^5$Pa）高速注射机得到应用。热流道下还有冷流道系统。热流道板要承受$1500×10^5$Pa以上高压，密封防漏更加困难。

2. 流道板结构和厚度

（1）叠式流道板结构　多个型腔热流道的注射模，需采用叠式的流道板。图 12-15 所示的 6 型腔的叠式流道板结构，可参照前轴侧图 12-6。主流道喷嘴与上层流道板，在下层四块流道板上。五块叠式的流道板结构增加了高度。流道在板中相叠和相贯，使流道板的温度分布不均匀。局部高温有损塑料熔体，有可能发生热降解。每块流道板的温度控制和绝热困难，而且刚性差，散热面积大。这种叠式流道板多用于开放式多喷嘴的热流道系统。流道板要嵌入定模固定板中，主流道喷嘴不加热，并不适合针阀式喷嘴的热流道系统。

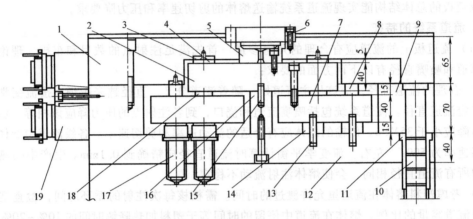

图 12-15　6 型腔的叠式流道板结构

1—定模固定板　2—上流道板　3—镶块　4—承压圈　5—主流道喷嘴　6—定位环　7—下流道板（四件）
8—支承柱　9—定模垫框　10—导柱　11—导套　12—定模板　13—止转定位销　14—支承圈
15—中心定位销　16—中央支承垫　17—针尖式喷嘴　18—支承垫　19—接线盒

（2）单块的流道板和厚度　多个型腔或单腔的针阀式多喷嘴热流道系统，常用单块的流道板。图 12-16 和图 12-17 所示的单块流道板结构，16 型腔注塑制件需要有够大流道板面积。定模固定板 1 有足够间距容纳气缸及其冷却管道。定模板要有足够间距加工各级流道的长孔。定模板的高度减小，刚性好，加工方便。加热和布线容易，流道板温度控制精度高。

单块流道板布局和结构常用于大中型制件注塑成型，采用针阀式多喷嘴的热流道系统，也适用于多个型腔的开放式多喷嘴系统。开放式喷嘴的流道板的板厚和流道直径见表 12-5。单块流道板可参考表 12-5，依照流道板的板长和喷嘴流道直径确定板厚。

表 12-5　开放式喷嘴的流道板的板厚和流道直径（4Cr13）　　　（单位：mm）

板厚	<550	550~1000	>1000
喷嘴流道直径 12mm 及以下	45	50	55
喷嘴流道直径 12mm 以上	50	55	60

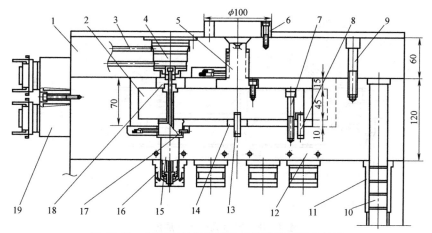

图 12-16　16 型腔针阀喷嘴的单块流道板的注射模

1—定模固定板　2—流道板　3—冷却水管　4—气缸　5—加热的主流道喷嘴　6—定位环　7—压紧
定模螺钉　8—流道板的止转销　9—连接螺钉　10—导柱　11—导套　12—定模板　13—中心定位销
14—中央承压圈　15—针阀喷嘴　16—喷嘴冷却套　17—喷嘴的止转销　18—支承垫　19—接线盒

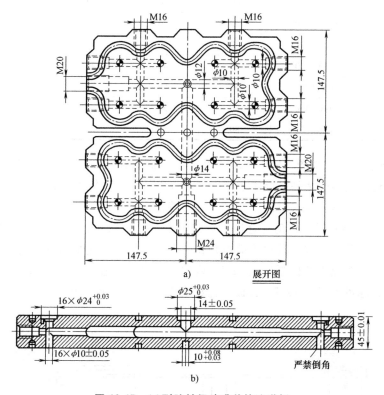

图 12-17　16 型腔针阀喷嘴单块流道板

（3）单层流道的流道板结构和厚度　下面介绍两种适用开放式多喷嘴的流道板设计。

1）封堵式流道板。封堵式一板一层流道如图 12-18 所示，适用于开放式多喷嘴。两注射点单排，板四周空气间隙为 15mm。封堵式单层的流道板的板厚见表 12-6。流道两端用旋塞封堵的流道板板厚可参考表 12-6。流道两端用锥形流道密封塞，熔体转弯阻力小，没有滞留。定模固定板上抗挤压的镶块硬度在 35HRC 以上。流道板用耐热合金钢 H11（美）制造。

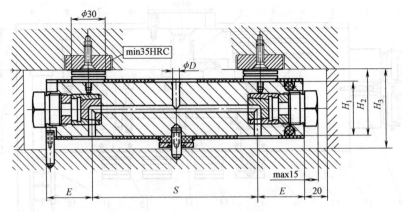

图 12-18　封堵式一板一层流道

表 12-6　封堵式单层的流道板的板厚（H11 钢）　　　　　（单位：mm）

主流道直径 D	S	B（板宽）	E	H_1	H_2	H_3
6	65~235	80	40	46	56	66
	>235~420	80	40	46	56	66
10	72~235	80	40	46	56	66
	>235~520	80	40	46	56	66
14	82~170	80	50	56	66	76
	>140~460	80	50	56	66	76
	>460~600	80	50	56	66	76

　　2）镶嵌式流道板。如图 12-19 所示，流道套镶嵌在流道板中，不但方便了流道加工，而且省去了流道两端面的堵塞。能用于开放式喷嘴的注射，也能用于针阀式喷嘴。流道套零件加工方便，能保证弯道和岔道的曲面精度。流道套可以系列化、标准化生产。已加工好流道的镶块，以低温-5℃下的滑动配合压入到热流道板中。镶嵌式流道板是热流道系统组合式设计和制造又一重大进步。两块流道板叠起的上流道板已普遍采用镶嵌式结构。

　　镶嵌式单层的流道板的板厚见表 12-7。两注射点单层，板四周空气间隙为 15mm，流道镶嵌的流道板板厚可参考表 12-7。其板厚比封堵式的流道板薄一些。

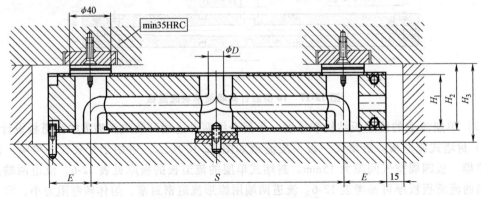

图 12-19　镶嵌式一板一层流道

表 12-7　镶嵌式单层的流道板的板厚（H11 钢）　　　　　　　（单位：mm）

主流道直径 D	S	B（板宽）	E	H_1	H_2	H_3
6	73~235	80	40	40	53	63
	>235~420	80	40	40	53	63
10	80~235	80	40	40	53	63
	>235~520	80	40	40	53	63
14	100~210	80	40	48	61	71
	>210~520	80	40	48	61	71
	>520~620	80	40	48	61	71

（4）一块流道板做成两层流道　8 型腔、8 型腔以下，一般采用一块流道板，双层的流道布局，如图 12-20 所示。图 12-20a 所示为 2×4 一板双层布置。图 12-20b 所示为 2×2×2 一板双层，流道板较宽。图 12-20c 所示为 2×2×2 两板三层流道布置，流道板较长些。

如图 12-12a 所示的 8 型腔注射成型，是 3 层流道设计成两板叠加。其中一块流道板是双层流道。改成图 12-12b 以单层直排的设计，实现单块单层。图 12-10 所示的单层直排 8 型腔的 2×4 流道设计，将双层流道横向布局。可以设计成单层直排，在 12.1.2 节中有详细陈述。又如图 12-13 和图 12-14 所示，16 个型腔的直排 2×8 流道的流变平衡设计，也可实现单块流道板的单层流道。

在一块流道板的双层流道设计中，流道加工和封堵要留有足够的空间，流道之间要有足够壁厚，封堵要有侧向平台。两层流道相叠如图 12-21 所示。

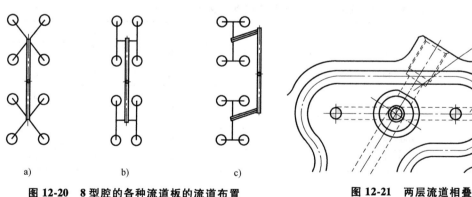

图 12-20　8 型腔的各种流道板的流道布置

a）2×4 的一板双层　b）2×2×2 的一板双层

c）2×2×2 的两板三层

图 12-21　两层流道相叠

1—第一层流道　2—第二层流道

嵌套式一板二层流道如图 12-22 所示。用已加工流道的镶块，以液氮低温处理，嵌入流道板中。分岔注射点单排，板四周空气隙 15mm，流道镶嵌的流道板板厚可参考表 12-8。与表 12-7 单排的流道板的板厚 H_1 比较，两层流道并没有使板厚增加多少。嵌套式流道板的优点更突出。流道嵌套可以做成三分岔和四分岔，实现图 12-23 的布局。

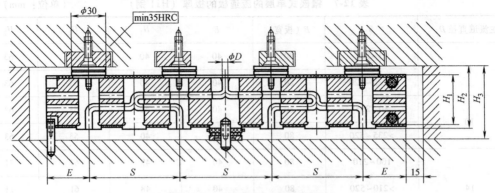

图 12-22　嵌套式一板二层流道

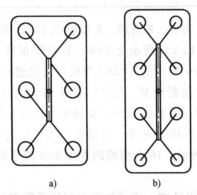

图 12-23　嵌套式一板二层布局

a) 三分岔嵌套　b) 四分岔嵌套

表 12-8　镶嵌式单排的双层流道板的板厚（H11 钢）　　　　　（单位：mm）

主流道直径 D	S	B（板宽）	E	H_1	H_2	H_3
6	73~78	80	40	40	53	63
	>78~140	80	40	40	53	63
10	80~153	80	40	60	73	83
	>153~173	80	40	60	73	83
14	100~142	80	40	68	81	91
	>142~206	80	40	68	81	91

3. 流道板加工

（1）流道转角和分岔加工　流道板的流道要用专门卧式深孔钻床加工，才能保证流道长孔的精度。在润滑液强力冷却作用下，硬质合金深孔钻头切削能达到较好表面粗糙度。在流道板的流道堵塞被旋塞装固后，转角和分岔要用球头立铣刀，切削球面。最后在液压机上，将金刚砂膏挤入流道，抛光孔壁。前述嵌套式的流道板，流道镶套的加工方便，能改善转角和分叉加工精度，但加工成本比封堵式流道板高。

（2）铣削流道　如图 12-24 所示的铣削流道的拼焊流道板有 10 个注射点。剖分的流道板将流道敞开，复杂的流道可铣削数控走刀加工。自然平衡或流变平衡的流道布局都能实现。流道转角和分叉均为流线平滑曲面，熔料无滞留的死点。但是焊接质量很难保证，焊缝材料容易被腐蚀。

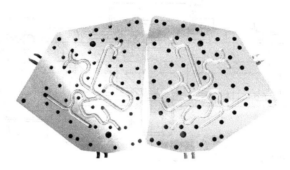

图 12-24　铣削流道的拼焊流道板

12.2.2　主流道喷嘴、承压圈和旋塞

1. 主流道喷嘴

主流道喷嘴也称主射嘴，连接注射机喷嘴和流道板。常用的一种为直接加热的主流道喷嘴，并有热电偶测温，如图 12-25 所示。在主射嘴长度大和注射周期较长时，必须直接加热保温。能可靠维持主流道中塑料熔体的温度。第二种是间接加热的主流道喷嘴，如图 12-26 所示，依靠伸入注射模的注射机喷嘴和流道板两者热传导保温。但保温并不可靠，只能用于熔融温度较宽的 ABS、PS 和 SAN 等无定形塑料及慢结晶的 HDPE 和 PP 塑料的注射。添加矿物填料和充填玻璃纤维含量较高时或含有添加剂时，用直接加热并测温的主流道喷嘴为好。

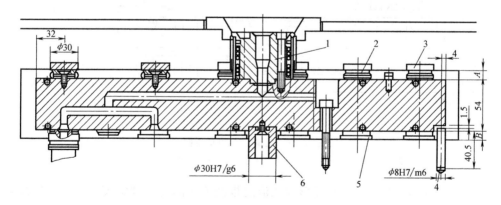

图 12-25　直接加热的主流道喷嘴

1—主流道喷嘴　2—硬嵌件　3—承压圈　4—止转销　5—分喷嘴　6—中央定位支承垫

A—流道板与定模固定板间的气隙高，10~15mm　B—流道板与定模板间的气隙高，10mm

主流道喷嘴的入口凹球坑，被硬度很高的注射机喷嘴头撞压。它要用热作模具钢 4Cr5MoSiV 或 H11（美）制造，硬度为 53~55HRC。它应防止在注射中产生反喷、流延和吸入空气。球面半径 R 大于注射机喷嘴头球半径。主流道喷嘴的入口略大于注射机喷嘴口径 0.5mm。

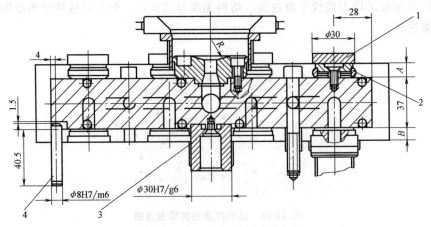

图 12-26　间接加热的主流道喷嘴

1—硬嵌件　2—承压圈　3—中央定位支承垫　4—止转销

A—流道板与定模固定板间的气隙高，10~12mm　B—流道板与定模板间的气隙高，10mm

2. 承压圈

图 12-27 中，承压圈 1 和中央定位支承垫 5 承受螺钉固定预紧力。为了防止承压圈压塌定模固定板，在相应位置要镶入硬嵌件 2，其硬度在 50~60HRC 为好。流道板的热膨胀存在于流道板平面和喷嘴轴线方向，应防止在注射时产生流道板和喷嘴的装配接触面上熔料泄漏。

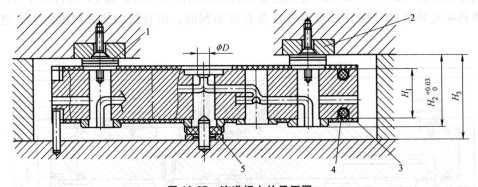

图 12-27　流道板上的承压圈

1—承压圈　2—硬嵌件　3—反射隔热板　4—管状电热管　5—中央支承垫

如图 12-28 所示，热量以热损耗形式从流道板经承压圈传递到定模固定板。热损耗 Q_P 以半圆形波形从承压圈向定模板扩散。现设定 T_{HR} 和 T_P 分别为定模板和流道板中央的温度。T_1 和 T_2 是承压圈表面，与流道板和定模板的接触温度。假定承压圈与周边环境之间无热对流和热辐射，且承压圈为实心圆柱体。

流道板中热损耗 Q_P 的计算式为

$$Q_P = 2\pi r_S \lambda_{HR} \delta_S \frac{T_{HR} - T_1}{\delta_{HR} - r_S} \quad (12\text{-}3a)$$

承压圈的传热面积 $A_S = \pi r^2$，在承压圈中热损耗 Q_P 的计算式为

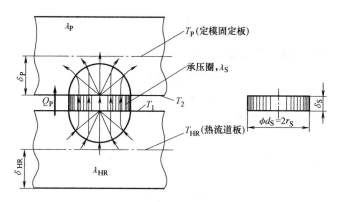

图 12-28 流道板通过承压圈向定模固定板传递热量

$2\delta_P$—定模固定板厚度 $2\delta_{HR}$—流道板厚度 δ_S—承压圈厚度 ϕd_S—承压圈直径 r_S—承压圈半径

$$Q_P = A_S \frac{\lambda_S}{\delta_S}(T_1 - T_2) \tag{12-3b}$$

在定模固定板中热损耗 Q_P 的计算式为

$$Q_P = 2\pi r_S \lambda_P \delta_P \frac{T_2 - T_P}{\delta_P - r_S} \tag{12-3c}$$

将式（12-3a）、式（12-3b）、式（12-3c）联立，消去 T_1 和 T_2，得承压圈系统中热损耗 Q_P 的计算式为

$$Q_P = \frac{T_{HR} - T_P}{\dfrac{\delta_{HR} - r_S}{2\pi r_S \lambda_{HR}\delta_{HR}} + \dfrac{\delta_P - r_S}{2\pi r_S \lambda_P \delta_P} + \dfrac{\delta_S}{\pi r_S^2 \lambda_S}} \tag{12-4}$$

式中 Q_P、T_{HR}、T_P、δ_{HR}、δ_P、δ_S、r_S 见前述和图 12-28；

λ_{HR}——流道板钢材的热导率 $[W/(m \cdot ℃)]$，见表 11-2、表 12-9；

λ_P——定模固定板钢材的热导率 $[W/(m \cdot ℃)]$，见表 11-2、表 12-9；

λ_S——承压圈材料的热导率 $[W/(m \cdot ℃)]$，见表 11-2、表 12-9。

表 12-9 三种承压圈材料的热性能

材料	热导率 $\lambda/[W/(m \cdot ℃)]$	弹性模量 $E/\times10^3 MPa$	线胀系数 $\alpha/\times10^{-6}℃^{-1}$
淬透钢，DIN 1.2767（X45NiCrMo4）	30	210	13.3
钛合金，DIN 3.7164（TiA16V4）	6.5	110	6.5
陶瓷	3.0	—	3

式（12-4）计算结果与式（11-4）计算的热损耗结果相比，较为精确。

计算钢、钛合金和陶瓷三种材料的承压圈，比较它们的热损耗。它们的热导率见表 12-9。承压圈的结构尺寸相同，承压圈半径 $r_S = 15mm$，承压圈厚度 $\delta_S = 5mm$，定模固定板厚度和流道板厚度 $2\delta_P = 2\delta_{HR} = 40mm$。流道板温度 $T_{HR} = 250℃$，定模固定板温度 $T_P = 50℃$。代入式（12-4）后计算得钢制承压圈的系统中热损耗 $Q_P = 485W$。钛合金承压圈 $Q_P = 158W$，是钢的 0.325 倍。陶瓷承压圈 $Q_P = 79W$，是钢的 0.163 倍。

承压圈圆柱体在压力 F 下的弹性压缩量为

$$\Delta f = \frac{F\delta_S}{EA} \qquad (12\text{-}5)$$

同样的承压圈用钢和钛合金制造，可得钛合金的压缩变形量是钢的一半，有

$$\frac{\Delta f_1}{\Delta f_2} = \frac{E_2}{E_1} = \frac{110}{210} \approx 0.5$$

钛合金承压圈不但线胀系数小，而且弹性变形量小。热流道中用钛合金做承压圈很普遍。

由承压圈热损耗式（12-3b），得

$$Q_P = A_S \frac{\lambda_S}{\delta_S} \Delta T$$

对于一定的材料的 λ_S 和温差 ΔT，即

$$Q_P \propto \frac{A_S}{\delta_S}$$

六种承压圈的结构如图 12-29 所示。在承压圈的几何形体和尺寸设计时，为减小接触面积 A_S 考虑用管状圈。图 12-29a 是用实心管状圈。图 12-29b 和图 12-29c 可有效减小接触面积，但提高了加工成本。

图 12-29d 增长承压圈的厚度 δ_S，常用于中央定位支承垫。支承圈直径 $d_S = 30\text{mm}$，管壁厚 4mm，厚度 $\delta_S = 50\text{mm}$ 时，$A_S/\delta_S = 6.5\text{mm}$，同样直径和管壁厚，热损耗 Q_P 是厚度 $\delta_S = 5\text{mm}$ 时的 0.1 倍。若用耐热阻热钢管两端配合压入到板上的孔中，但这两端的配合加工较难。图 12-29d 中只有一端有配合嵌入底圈，另一端只用钢管支承，用弹性销对中固定在流道板。

图 12-29e 是用陶瓷材料做承压圈。由于承压圈在流道板上受到热膨胀后的压力和剪切力，易发生脆裂。要用强度低的韧性钢材做它的滑动座板。滑动座板的加工比陶瓷片方便得多。这种串联两种材料的承压圈，用式（11-8）计算热导率。图 12-29f 所示用盘簧替代实心承压圈。用盘簧的弹力防止流道板与喷嘴的接触面之间泄漏塑料熔体。除此之外，还可用端面滚针轴承替代承压圈。

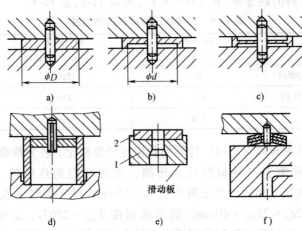

图 12-29　六种承压圈的结构

a) 实心　b) 一端中空　c) 二端中空　d) 厚钢管　e) 陶瓷与滑动板　f) 弹簧板

1—钢　2—陶瓷

承压圈的安装方法如图 12-30 所示。图 12-30a、b 分别用销钉和沉头螺钉固定，热损耗较大，加工也不方便。图 12-30c 上用弹性销固定，结构较简单，热损耗较小。

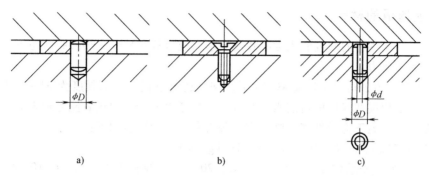

图 12-30　承压圈的三种安装方法

a）销钉固定　b）沉头螺钉固定　c）弹性销固定

3. 旋塞

旋塞在流道板上流道钻孔的开口端，用来改变塑料熔体的方向，防止泄漏，要求转角处无滞留塑料的死角。在滞留区的塑料经历的加热时间长，会降解变色。旋塞大多用螺纹连接。

图 12-31 所示为流道转角的六种旋塞结构。图 12-31a 中的密封圆柱的前平面，图上箭头所指位置为滞留区。此密封塞的配合是 H7/n6。图 12-31b 上将密封塞的工作面，加工成圆球面，能使塑料熔体拐弯的流动畅快。但在箭头所指的尖角位置有熔体滞留。图 12-31c 上是将密封塞，作为流道转角的一部分。它与流道的配合接触面上会有塑料滞留。钻头和球头铣刀切削加工时，单向的切削反力，会引偏流道孔。图 12-31d 为前者的改进，接触面在直流道上。只要制造精良，不会有滞留。从图 12-31a 到图 12-31d 的四种密封塞，后面虽有螺纹旋塞固紧，但在高压塑料熔体冲刷下也会发生密封塞自转。鉴于塑料熔体对圆柱密封塞有强力摩擦力矩，必须加装销钉或螺钉止转。图 12-31e 上的密封塞为圆锥柱体，背后有螺纹孔可供拆卸。密封塞前端为圆平面，不需要止转。熔体流动速率较低时转角上有环流，阻力较大，会有滞留。图 12-31f 为较好的旋塞密封，熔体拐转流动的阻力最小，无滞留。只要

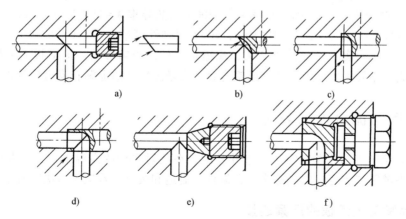

图 12-31　流道转角的六种旋塞结构

a）平面密封塞　b）球面密封塞　c）角球面密封塞　d）流道密封塞　e）锥形密封塞　f）锥形流道密封塞

装配时对准，不需要止转。但加工零件多，成本高。为防腐蚀，密封塞不能用铜或铜合金制造。

12.2.3 流道板的材料

对流道板所用钢材的硬度和刚度有较高要求。流道板和喷嘴在热膨胀状态下，要求钢材承受较大的表面压力。

1）有的热流道公司采用调质 4Cr13 不锈钢制造流道板，要求硬度为 31~34HRC。流道单层，流道两端用旋塞封堵的流道板，其板厚可参考表 12-6。加热后流道板表面发暗，抗辐射性能变差。在高温下力学性能下降，有开裂现象。它的性能如下：

① 密度 $7.75t/m^3$，20℃ 比热容 459.8J/(kg·K)。

② 20~100℃ 线胀系数 $\alpha = 11.8×10^{-6}/℃$，20~300℃ 线胀系数 $\alpha = 12.6×10^{-6}/℃$。

③ 20℃ 热导率 $\lambda = 25.3W(m·K)^{-1}$，350℃ 热导率 $\lambda = 27.2W(m·K)^{-1}$。

④ 20℃ 时弹性模量 $E = (2.100~2.235)×10^5MPa$，200℃ 时弹性模量 $E = 1.97×10^5MPa$。

2）有的热流道公司采用硬度 32HRC 的预硬化钢 DIM 1.2312（牌号 40CrMnMoS8-6）制造流道板，或者用 P20（美），我国牌号为 3Cr2Mo。它在调质处理后，硬度为 28~35HRC。它在工作温度为 200~300℃ 有较好的硬度，它的性能如下：

① 密度 $7.81t/m^3$，20℃ 时比热容 459.8J/(kg·K)。

② 20~300℃ 线胀系数 $\alpha = 13.4×10^{-6}/℃$（DIN 1.2312，40CrMnMoS8-6）。

③ 20℃ 时热导率 $\lambda = 36W(m·K)^{-1}$，200℃ 时热导率 $\lambda = 31.4W(m·K)^{-1}$。

④ 20℃ 时弹性模量 $E = 2.12×10^5MPa$。

3）在紧固时流道板承受较高作用力，需 35~40HRC 硬度时，用淬透钢 DIN 1.2767 钢（牌号 X45NiCrMo4），20~100℃ 时线胀系数 $\alpha = 13.3×10^{-6}/℃$，或者美国淬透钢 GF7，适合高光泽抛光。

4）在很高温度下工作的流道板，可使用耐热钢 DIN 1.2343（牌号 X38CrMoV5-1），或者美国的标准耐热工具钢 H11。流道板板厚可参考表 12-6、表 12-7 和表 12-8。它在工作温度为 250~350℃ 时有较好的刚度，线胀系数较小。H11 钢的性能如下：

① 密度 $7.69t/m^3$，20℃ 比热容 459.8J/(kg·K)。

② 20~100℃ 时线胀系数 $\alpha = 10.5×10^{-6}/℃$，20~300℃ 时线胀系数 $\alpha = 11.0×10^{-6}/℃$。

③ 20℃ 时热导率 $\lambda = 27.6W(m·K)^{-1}$，200℃ 时热导率 $\lambda = 28.8W(m·K)^{-1}$。

④ 20℃ 时弹性模量 $E = 2.27×10^5MPa$，200℃ 时弹性模量 $E = 2.16×10^5MPa$。

对于会发生化学腐蚀的塑料如 PVC，流道板上的流道需镀铬。流道板上装配接触面必须经磨削抛光。不要用硬度不足的钢或铝合金，会增加熔体的泄漏和流道板的损伤。

12.3 喷嘴与流道板的装配

热流道系统的零部件在室温下制造并装配，在注射生产的高温下运行。要防止熔体泄漏，必须考虑喷嘴与流道板的热膨胀。在设计、制造和装配时都应该解决热补偿问题。

12.3.1 喷嘴与流道板的压紧连接

流道板零部件装配正确才能保证密封无泄漏，保证热流道系统长期正常运行。这里介绍开放式和针阀式多喷嘴，与流道板的压紧和密封。

1. 压紧连接和熔体泄漏

图 12-32 所示为典型热流道系统的装配图。流道板发生泄漏部位有两个方向，一是流道的封堵端面；二是流道板与喷嘴，与主流道喷嘴之间。

如图 12-32 所示，流道板上的流道通常是在对称轴线上钻出。钻出后两端加以密封。先用堵塞 23 止堵并引流。堵塞是个弯头两通，应对准流道和喷嘴的流道。要求流道内壁光滑，配合紧密，无泄漏和无滞料死点。如图 12-31 所示，旋塞是圆柱外形，要用定位销钉止转并防松。然后用紧定螺钉压紧堵塞。

冷流道系统在注射和保压后，塑料在低温下迅速冷却固化，熔体泄漏很少发生。而高温的热流道系统维持了熔体的可流动状态，并且受到注射与保压高压冲击。在室温下装配紧固的热流道系统，在高温下注射生产。流道板的热变形，特别是温度控制的不稳定和热变形的不均匀，都会使流道板中的熔体泄漏。流道板的设计、装配和加工工艺不当也会引起泄漏。注射工艺的不当，超高压的注射和过高的温度冲击是主要原因。注射低黏度的 HDPE 和 PP 等塑料熔体更容易发生泄漏。图 12-32 中，左侧针尖式喷嘴 21、针阀式喷嘴 16 和流道板 5 的压紧面 A，也是最常见的熔体泄漏面。

流道板的熔体泄漏会严重损坏模具，并导致停产。但在模具外面的泄漏不容易察觉。生产操作要留意成型制件缺料的现象。在完成每次准确注射量的情况下，出现了模塑型腔充填不完整，有泄漏的迹象。有熔料溢流到流道板周边的空隙里，应立即停止注射，待模具冷却后检查热流道系统。

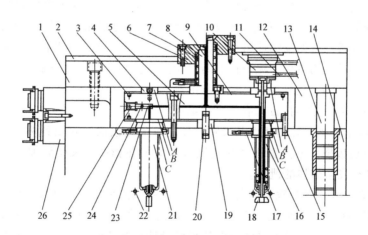

图 12-32　热流道系统装配图

1—定模固定板　2—绝热板　3—金属管状电热管　4——承压圈　5—流道板　6—定位环　7—加热圈
8—主流道喷嘴　9—反射隔热板　10—气缸　11—冷却水管　12—定模板　13—导柱导套
14—定模板　15—止转定位销　16—针阀式喷嘴　17—加热热电偶引线　18—注塑制件　19—支承垫
20—中心定位销　21—针尖式喷嘴　22—冷却水管　23—堵塞　24—定位销　25—旋塞　26—接线盒
A—间隙面　B—压紧面（泄漏面）　C—安装定位面

图 12-32 中，流道板 5 悬架在板框中，上有定模固定板 1，下有定模板 14。流道板是被电加热器加热的高温部件，四周是由冷却系统维持的低温模板。以空气作为绝热材料，流道板的上下平面和四周与模板间都有空隙。喷嘴的大部分表面与定模板之间也都有间隙。

　　为避免流道板将热量传递给定模固定板和定模板，承压圈 4 和一个支承垫 19 应该用绝热材料制造，又因为在喷嘴轴线上，流道板和喷嘴承受热膨胀应力，两者应该是耐压的高强度材料。承压圈和支承垫的接触面积过大，不利于绝热；面积太小，压力过大会压溃定模固定板和定模板。

　　模具中央轴线上，流道板于定模板之间配有中心定位销 20。加上流道板边缘的止转定位销 15，保证流道板的定位精度，保证周边空隙均匀，也保证了流道板与喷嘴上的流道对准。中心定位销 20 与流道板之间应该有密配。止转定位销 15 在流道板 5 的径向缺口之间，必须有足够的间隙。它仅限止流道板的转动，只有这样才能防止流道板产生过大的热应力和热变形。使流道板在径向先行自由膨胀，然后再在喷嘴轴线方向作用，有约束的热膨胀。

　　喷嘴和流道板的压紧连接有两类结构。

　　1）图 12-32 左侧所示为开放式多喷嘴。喷嘴与流道板之间防止泄漏的方法，是将定模固定板 1 上的压力，经承压圈 4 压紧到流道板对面的针尖式喷嘴 21，又承压到定模板 14 的孔中。流道板 5 四周和上下都有间隙面对模板。此间隙取决于装配高度，流道板与模具间的温差。要预测计算加热流道板与喷嘴热膨胀的伸长量。另一方面应校核计算装配零件在热应力作用下表面允许的压力，防止受挤压表面产生塑性变形而造成熔体泄漏。

　　应注意，流道板和喷嘴间的热功率线和热电偶导线，在定模板 12 的凹槽通道引出。这些导线应安全地掩埋在低温的定模板中，要防止模具装配时被模板压死，防止泄漏熔料的烧蚀。主流道喷嘴也有功率线和测温热电偶信号线引出。

　　2）图 12-32 右侧装有针阀式喷嘴。此种流道板被针阀式喷嘴的阀针穿过。因此，阀针长度与流道板厚度需对应，要严格控制。驱动气（液压）缸装在定模固定板 1 中，板中还要开设气或油介质的通道。此固定板也因此加厚许多，为了保证阀针活动自如，定模固定板、流道板和定模板三者的喷嘴注射点的轴心线必须对准。由于涉及流道板的径向膨胀，流道板与定模板的对准尤为重要。流道板的两对角上，止转定位销 15 辅助固定了流道板的垂直度。针阀式喷嘴越多，模具越大，装配越困难。

　　喷嘴和流道板的压紧连接方向有三个接触面。

　　1）图 12-32 中 B 面为流道板 5 与喷嘴在压力下的连接面。它受到两个方向的热膨胀的相互干扰，即流道板横向的热膨胀和喷嘴轴线方向的热膨胀。又受到加工和装配误差的影响，B 面上经常会发生熔体的泄漏。

　　2）图 12-32 中 C 面是喷嘴台肩与定模板 14 上孔座的承压面。在装有众多喷嘴的定模板上，各孔座底必须在同一平面上。它们距流道板的 B 底面、定模固定板的 A 面，必须有较高精度的尺寸公差。C 面是喷嘴轴线方向热膨胀量计算的基准面。轴线方向喷嘴台肩、流道板和承压圈 4 的制造误差，会影响流道板与喷嘴壳体之间的压力。压力不足或多个喷嘴轴向压力有差异，都会造成在 B 面的熔体泄漏。

　　3）图 12-32 中 A 面是承压圈 4 和定模固定板 1 之间的装配面。在室温下它们之间应留有 $0.03 \sim 0.05$ mm 的间隙。否则喷嘴轴线上的各零件的热膨胀所产生的压应力会压溃定模固定板。多个喷嘴轴向压力有差异，会引起流道板的弯曲变形，会造成 B 面上熔体的泄漏。

2. 压紧和密封

　　(1) 碟片板簧压紧　图 12-33 所示为热流道系统。小体积的气缸和小直径的针阀式喷嘴更适合成型多个型腔的小制件。

结构简单的气缸镶嵌在定模固定板 2 中，直接用模板孔隙进气。流道嵌套 25 镶嵌在流道板 3 中，保证阀针的运动精度。加热的主流道喷嘴 9 凸出在定位圈 8 外，致使定模固定板 2 更薄，定模部分也更低。

高温下喷嘴壳体长度和流道板 3 厚度产生的热膨胀，压扁碟片板簧 22。板簧给喷嘴支承垫 24 反弹力作用在定位面 C 上。流道嵌套 25 与气缸垫 7，压紧流道板防止 B 面上熔体泄漏。热流道系统在室温时，定模固定板 2 与气缸垫 7 之间的 A 面上有碟片板簧 22 的预紧力。根据喷嘴和流道板的热膨胀伸长量与板簧的刚性变形计算室温下的压缩，校核板簧在高温下的压紧力。

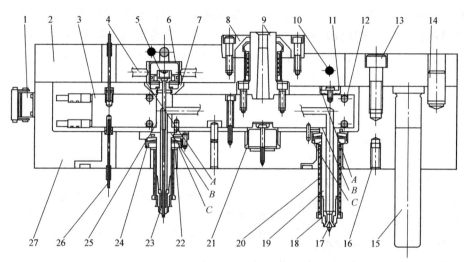

图 12-33　热流道系统

1—电气接插件　2—定模固定板　3—流道板　4—气管　5—活塞　6—气缸套　7—气缸垫
8—定位圈　9—主流道喷嘴　10—冷却管　11—支承垫　12—加热盘条　13—连接螺钉
14—定位销　15—导柱　16—型腔板的连接螺纹　17—喷嘴针尖浇口　18—喷嘴头　19—喷嘴壳体
20—加热线圈　21—中央定位支承　22—碟片板簧　23—阀针　24—喷嘴支承垫
25—流道嵌套　26—热电偶　27—定模框板
A—间隙面　B—压紧面（泄漏面）　C—安装定位面

（2）金属 O 型密封圈　在流道板与喷嘴之间的防泄漏有两种情况。大多数热流道制造商使用柔性的金属 O 型密封圈密封，如图 12-34 所示。对于低刚度的模具和流道板，使用密

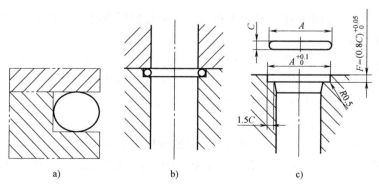

图 12-34　金属 O 型密封圈的密封

a）原理　b）装配图　c）密封槽

封圈特别有利。密封圈在喷嘴轴线方向，应该有高度 C 20%~30% 的预紧量，防止压力熔体的泄漏。

在模具被拆卸或模具连续工作约六个月后，密封圈应该换新。有一些热流道制造商不使用密封圈，流道板与喷嘴之间的接触表面，依靠压紧力密闭防漏，还在喷嘴的顶端配合面上挖 0.5mm 深的半圆截面的环槽，一旦泄漏时有控制漏料的空间，也有一些热流道制造商，喷嘴接触端面上挖圆环凹槽，放软铜密封环。

金属 O 型密封圈用钢管或不锈钢管制成，管壁厚为 0.254mm，壁上有透气小孔。钢管外镀银厚为 0.0254~0.0381mm。标准系列的金属 O 型圈的外径 A = 8.738~38.100mm，高度 C = 0.889~1.575mm，壁厚 T = 0.254mm。喷嘴端面上的容圈槽必须精确加工，既要保证紧固后有足够的预紧量，又要让环圈在变形后有一定的容让的空间。金属 O 型密封圈的密封原理如图 12-34a 所示，在装配压紧后，密封圈的两个环平面和圈的外径应有恰当的弹性压缩变形。此种热工动力设备上使用的金属密封圈价格昂贵。

流道内塑料熔体注射压力高达 50MPa，有的塑料熔体温度超过 300℃。空心金属 O 型环适用于高温和高压熔体密封场合。金属 O 型密封圈如图 12-35 所示，在环的内侧钻有若干小孔，允许熔体充填。流道中熔体在 O 型圈里侧加压推挤，既

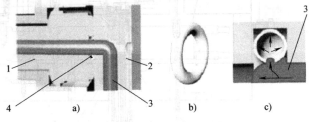

图 12-35　金属 O 型密封圈
a) 密封圈的安装　b) 环的内侧有小孔　c) 高压熔体的充填和推挤
1—喷嘴　2—流道板　3—流道中熔体　4—金属 O 型密封圈

阻挡熔体泄漏，又能长期维持输送流动。由于管内压力随介质压力的增大而增大，增大环圈的自紧性能。

高压注塑时应用厚壁管的自紧 O 型环圈。金属 O 型环的壁厚 T = 0.254mm，管径 C = 1.575mm。不锈钢管的弹性回弹量为 0.0762~0.0508mm，线压为 35.6~267N/cm。开口沟槽中的金属 O 型圈直接与塑料输送熔体接触，也可用闭口沟槽，埋嵌在喷嘴端面的环槽中。沟槽尺寸都需慎重计算，考虑 O 型圈的压扁度，并精确加工。

3. 多喷嘴和流道板的压紧连接装配

防止热流道系统的泄漏，应对开放式浇口多喷嘴执行图 12-36 所示的安装次序和精度要求。

1) 将喷嘴安装在定模板中。从定模板的表平面校核所有喷嘴的装配平面的高度是否一致，偏差 ±0.01mm。

2) 磨削支承垫的高度，置于定模板上时与喷嘴装配平面等高，偏差 ±0.01mm。

3) 不放金属 O 型密封圈的情况下，试装流道板。校核止转定位销的轴线方向和径向是否留有必需的间隙，然后用螺栓把流道板紧固到定模板上。

4) 用螺栓将垫板框紧固到定模板上。

5) 配合所有的承压圈，来获得制造商推荐的间隙。若有间隙为 0.05mm，系统加热后，喷嘴轴线方向膨胀约为 0.1mm，则有干涉量为 0.05mm。大型和高温的热流道系统需要仔细计算所需间隙或过盈量。

6) 拆卸流道板，在喷嘴上放置金属密封圈。所有密封圈应高出喷嘴端平面约为

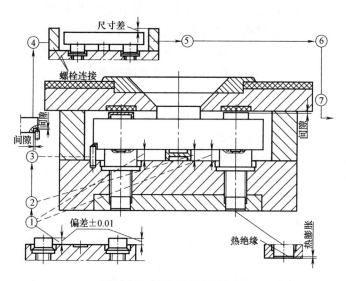

图 12-36 流道板的装配步骤

0.3mm。再次安装流道板。如果不安装密封圈，步骤 6）就不执行。

7）紧固定模固定板。

流道板受热后线膨胀，每 100℃ 的升温，每 100mm 就有约 0.1mm，再加上不正常的装配载荷，很容易产生高压熔料泄漏。在安装和紧固流道板时，一些装配的错误会引起熔体泄漏和操作上的问题。流道板装配错误造成的熔料泄漏如图 12-37 所示。

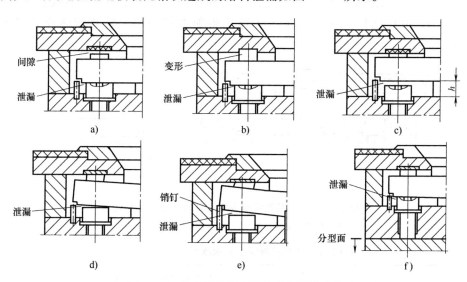

图 12-37 流道板装配错误造成的熔料泄漏

a）过量的间隙　b）间隙过小　c）中央支承垫太高　d）中央支承垫太低　e）止转定位销太高　f）密封圈损坏

1）如图 12-37a 所示，由于过量的间隙，注射压力作用下喷嘴与流道板脱离，其间熔料泄漏。图 12-37b 中的间隙过小，热伸长超过预期。承压圈陷进了定模固定板，阻止了流道板沿着喷嘴表面移动。喷嘴被推到一侧，两者的流道错位，熔料泄漏。

2）如图 12-37c、d 所示，由于中央支承垫太高，流道板被架空在支承垫上。流道板与喷嘴脱离，其间熔料泄漏。由于中央支承垫太低，从注射机螺杆施加高压熔体将流道板压弯，引起熔料泄漏。此外，密封圈在喷嘴平面之上有约 0.3mm 的预压缩量。如果此密封圈没有预压量，喷嘴轴线方向没有初始压紧力，系统加热后会有熔料泄漏。

3）如图 12-37e 所示，止转定位销太高，流道板的边角被架在此销钉上。喷嘴与流道板间的间隙会使熔料泄漏。

4）如图 12-37f 所示，喷嘴的注射端面重压了动模板。喷嘴没有热膨胀的空间而产生了压力。使此喷嘴上的密封损坏，熔料泄漏。

5）各喷嘴的高度不均匀使最短的喷嘴与流道板间存在间隙，引起熔料泄漏。

6）定模的模板太薄刚度差，紧固螺栓与流道板的间距太大。流道板的热膨胀，使开模时的定模产生弯曲变形，熔料从喷嘴上泄漏。

4. 高温下的螺栓连接

热流道系统的螺纹连接是项重要的技术项目。螺钉的优质钢或合金钢在 350℃ 左右的高温下，其屈服极限、拉伸强度和弹性模量随着温度升高而降低。螺栓在 350℃ 以上高温下，超过 1000h 后，原有预紧力将会降低 50%。热流道系统连接和密封在长期工作后，有松弛现象。聚醚醚酮 PEEK 和聚醚酮 PEK 的熔体温度达到 400℃，高温对螺纹连接影响更大。因此，热流道系统的连接螺栓和螺钉应该用耐热合金钢制造，达到 12.9 的性能等级。

喷嘴有高低和模板弯曲变形造成的熔料泄漏如图 12-38 所示，喷嘴与流道板之间没有足够的夹紧力会导致塑料熔体泄漏。如果夹紧力太大会造成流道板等零件变形和破损。各螺栓连接的夹紧力不均匀，造成流道板弯曲变形产生装配误差也会引起熔料泄漏。因此，热流道注射模的装配时在紧固螺栓时要用测力矩扳手严格控制扭矩，应按具有标准螺纹的螺栓所承受的扭矩（表 12-10）施行。不仅要保证各螺栓施加力矩一致，还要按螺栓的紧固顺序（图 12-39）拧紧。

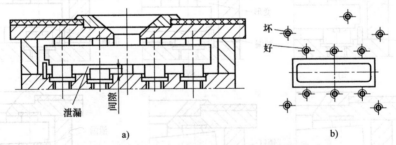

图 12-38 喷嘴有高低和模板弯曲变形造成的熔料泄漏

a）多个喷嘴高度偏差大 b）定模板和流道板弯曲变形

表 12-10 具有标准螺纹的螺栓所承受的扭矩 M

螺栓直径	性能等级	承压面摩擦系数 f 下的扭矩 $M/\text{N·m}$		
		0.10	0.14	0.20
M6	8.8	8.5	10.4	12.5
	10.9	12.5	15.5	18.5
	12.9	14.5	18.0	21.5
M8	8.8	20.5	25	31
	10.9	30	37	45
	12.9	35	43	53

（续）

螺栓直径	性能等级	承压面摩擦系数 f 下的扭矩 $M/\text{N} \cdot \text{m}$		
		0.10	0.14	0.20
M10	8.8	41	51	62
	10.9	60	75	90
	12.9	71	87	106
M12	8.8	71	87	106
	10.9	104	130	155
	12.9	121	150	180
M14	8.8	113	140	170
	10.9	165	205	250
	12.9	195	240	290
M16	8.8	170	215	260
	10.9	250	310	380
	12.9	300	370	450

注：GB/T 3098.1—2010 中，性能等级 8.8 的中碳钢螺栓的抗拉强度 $R_m = 800\text{MPa}$。性能等级 10.9，合金中碳钢制造螺栓的拉伸强度 $R_m = 1000\text{MPa}$。性能等级 12.9 的耐热合金钢螺栓的抗拉强度 $R_m = 1200\text{MPa}$。

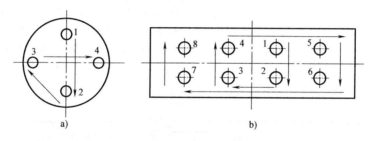

图 12-39　螺栓的紧固顺序

a）喷嘴的紧固　b）流道板的紧固

5. 针阀式多喷嘴的安装

热流道企业不绘制系统的装配图，一般用图 12-40 和图 12-41 所示的气动针阀式多喷嘴系统安装图来指导工作。

（1）气动针阀式多喷嘴系统结构特点

1）定模固定板 3 与注射机固定板之间需要安装隔热板 24，可减少模具散热，节能安全。

2）定模固定板里有气缸 4，故最少做到 60mm 厚，并且需要其硬度在 30HRC 以上。

3）因定模固定板较厚，故针阀式热流道系统用加热型主射嘴，安装之前应注意固定板上是否有主射嘴加热器的出线槽。

4）为防止气缸升温，密封圈失效过快，造成气体泄漏，阀针失去动力。热流道企业要求模具生产企业，在定模固定板加工冷却管道和管螺牙。冷却管道 23 在两根气管中间，以环绕气缸更好。冷却管道设计布置以提高冷却效率和便于加工为准则。

5）每个气缸都有进出两管道。按电磁阀控制各个阀针 16 的动作要求，在定模固定板上设置气动回路。同步动作的几个气缸有同一气路。单独动作阀针有独立气动回路。

（2）针阀式多喷嘴的尺寸检查　总体安装过程按图 12-41 所示进行，应先检查各个针阀

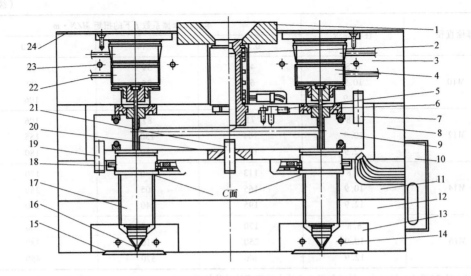

图 12-40　安装中的气动针阀式多喷嘴系统

1—定位圈　2—主流道喷嘴　3—定模固定板　4—气缸　5—热电偶　6—承压圈
7—止转定位销　8—定模垫块　9—流道板　10—接线盒　11—定模垫块　12—定模板
13—定模镶块　14—冷却水管　15—注塑制件　16—阀针　17—针阀式喷嘴　18—喷嘴止转销
19—止转定位销　20—中央支承垫　21—中央定位销　22—气管　23—冷却管道　24—隔热板

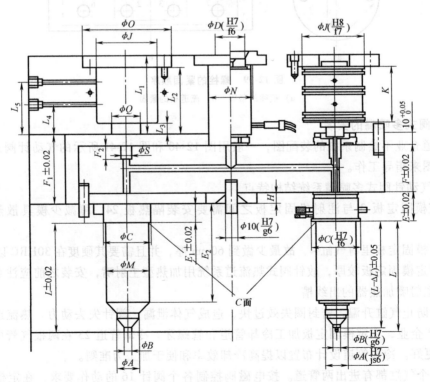

图 12-41　针阀式多喷嘴系统的装配尺寸和开孔尺寸

注：浇口在定模板的装配和开孔。

式喷嘴上的安装配合尺寸。检查流道板、气缸、支承垫和承压圈等零件的安装尺寸。再检查定模板和定模固定板上的开孔尺寸。

1）首先检查各喷嘴的开孔孔径和深度。ϕC、ϕM、E_1 和 E_2 等尺寸要严格按照公差核对，符合图 12-41 所示要求。要确保各喷嘴孔的 C 基准面，在同一平面上。同时应该检查主喷嘴的开孔 ϕN。

2）检查各气缸的开孔孔径和深度，ϕO、ϕJ、ϕQ、ϕS、L_1、L_2、L_3 和 F_1 等尺寸要严格按照公差核对，应符合图纸要求。ϕJ 尺寸为与气缸配合尺寸，必须保证。此孔的不平度要求较高，太粗糙会导致漏气。

3）着重核查浇口孔的开孔尺寸，为此，各孔的深度要有严格精度控制。针阀式多喷嘴的浇口开孔会有两种情况。图 12-41 中，浇口孔开在定模板或定模镶件上，其中的 ϕB 和 ϕA 为滑配合尺寸，要严格保证精度。另一种为整体式喷嘴，浇口套装在喷嘴头上。多个开孔及其位置要符合图纸要求。

4）接着检查流道板的定位和安装紧固尺寸，检查流道板上注射点的位置尺寸，检查内容和开放式多喷嘴大致相同。不同的是针阀式多喷嘴系统的流道板与定模固定板也有定位要求，系统中多一个止转定位销，还应该检查出线开槽尺寸是否符合图纸，最后检查定模垫块的高度 F_1。

5）最后应该检查定模固定板上气路和水路的畅通又无泄漏。钻削工艺孔的入口封堵可靠。管接头连接良好。同时检查引出线槽的开设。

针阀式多喷嘴的热流道设备在模具生产企业现场安装。实施喷嘴与流道板的压紧装配，和在注射模中安装，还有热电偶安装，喷嘴和流道板加热，气动阀针的调试等。安装成功是成功注塑的前提。有关安装过程和加热调试可查阅参考文献 ［12］。

12.3.2 喷嘴与流道板压紧装配的热补偿

预测流道喷嘴和流道板的膨胀量，在常温下加工和装配时进行补偿，能避免热应力损伤零件；防止流道板过量变形产生熔体泄漏；防止喷嘴头的浇口痕迹过大。

1. 流道板系统的喷嘴轴向热补偿

塑料注射模的热流道系统结构零件在室温下装配，而流道板、喷嘴和承压圈等被装固在定模的框架里，注射加工时有热膨胀。所以在进行热流道系统的定位、紧固和绝热设计时，必须进行以下三种热补偿计算：

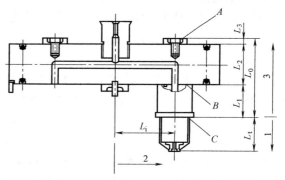

1）喷嘴的热膨胀。室温下热流道系统的喷嘴轴线热膨胀趋势如图 12-42 所示。尺寸 L_t 段的热膨胀：即定模板的安装基准面 C 算起的喷嘴长度的热膨胀，关系到浇口闭合和痕迹。

2）流道板的横向伸长。热流道板中央被销钉固定，加热后先向四周径向热伸长。如图 12-42 所示的横向尺寸 L_i 热

图 12-42 室温下热流道系统的喷嘴轴线热膨胀趋势

1—喷嘴的热膨胀 L_t 2—流道板横向热膨胀 L_i

3—喷嘴轴线方向热膨胀 L_0

A—间隙面 B—熔料泄漏面 C—喷嘴安装台肩

伸展，造成针阀式喷嘴的弯曲变形。关系到阀针和浇口在工作温度下直线对准。

3）流道板上喷嘴轴线方向的热膨胀。如图12-42所示的尺寸 L_0 段热膨胀，会影响流道板和各个喷嘴的压紧和密封，造成 B 面上熔体泄漏。

（1）流道板的喷嘴轴线方向的热补偿　流道板的热补偿结构如图12-43所示。在图12-43中，Δ 为室温下承压圈4与定模固定板2之间的间隙。图12-42中定位基准面 C 与定模固定板的距离为 L_0，受热伸长 ΔL_0。它由喷嘴的安装台肩高度 L_1、流道板厚度 L_2 和承压圈厚度 L_3 的热膨胀之和组成。L_0 的热伸长会顶压定模固定板。在此方向上，不能产生过大的压应力，以防流道板受压变形及把固定板压坏，防止流道板与喷嘴配合面 B 上产生塑料熔料的泄漏。

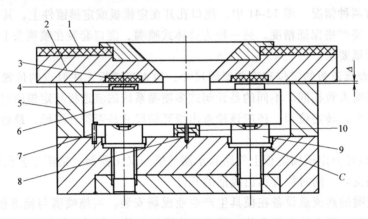

图 12-43　流道板的热补偿结构

1—绝热板　2—定模固定板　3—嵌件　4—承压圈　5—垫块　6—流道板

7—止转销　8—定位销　9—分喷嘴　10—支承垫

Δ—注射点轴线方向应留间隙　C—分喷嘴定位基准面

喷嘴台肩高度为 $L_1\pm0.01$mm，流道板厚度为 $L_2\pm0.01$mm，承压圈作为调节补偿量的修正零件，能保证承压圈与定模固定板之间的间隙 Δ。

流道板系统在喷嘴轴线方向的零部件有喷嘴、流道板和承压圈，如图12-43所示。其中承压圈4受热膨胀产生压力，又起绝热作用，常用不锈钢制造，也可用钛合金或陶瓷材料。为达到较好的绝热效果，需减小承压圈与定模固定板的接触面积。如果喷嘴轴线方向热伸长过大，热应力会压坏定模固定板。固定板应有较好的强度或用高硬度的嵌件3来抵抗压应力。

（2）流道板系统喷嘴轴线方向的热伸长量　热流道系统喷嘴轴线方向的热伸长如图12-44所示。为计算预留间隙，在图12-44中的喷嘴轴线方向 L_0 的热膨胀量为

$$\Delta L_0 = \alpha L_0 \Delta T \tag{12-6}$$
$$\Delta T = T_f - T_m$$

式中　ΔL_0——流道板系统喷嘴轴线方向的热伸长量（mm）；

　　　L_0——室温下流道板系统零部件在轴线方向的总长度（mm）。

　　　T_f——流道板的工作温度（℃）；

　　　T_m——定模板的工作温度（℃）。

流道板系统零部件热膨胀产生的热应力为

$$\sigma = \Delta L_0 E / L_0 \tag{12-7}$$

将式（12-6）代入式（12-7），有

$$\sigma = \alpha E \Delta T \tag{12-8}$$

E 是系统零件的弹性模量，对于钢材取 $2.1 \times 10^5 \mathrm{MPa}$。计算所得的热应力 σ 应小于定模固定板接触面上的许用压应力 $[\sigma]_p$。

若承压圈过厚，如图 12-44a 所示，与固定板之间间隙过小或在装配时已有过盈压缩量。在注射时的热膨胀状态下，喷嘴的轴线上会产生热应力。当承压圈太薄时，如图 12-44b 所示，与定模固定板之间间隙过大，喷嘴的入口端面与流道板之间压紧和密封失效。在注射压力下，高压熔体也会从此处泄漏。

为保证流道板系统安装正确，要对喷嘴轴线方向进行热补偿计算，使承压圈与固定板在装配温度下有合理的间隙。装配时要保证所有喷嘴轴向的定位支承端面 C 是同一平面。各个喷嘴轴线上的间隙不同或过盈不均

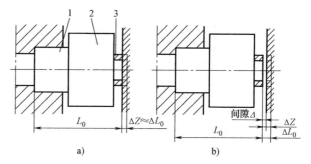

图 12-44 热流道系统喷嘴轴线方向的热伸长

a）$\Delta = 0$ 时　b）$\Delta > 0$ 时

1—喷嘴　2—流道板　3—承压圈

匀，流道板会产生倾斜，喷嘴产生侧向偏移，也会造成熔体泄漏。

热流道系统的喷嘴、流道板和承压圈等零部件有不同的形状和截面积，各种材料的弹性模量和热胀系数不同，需要将这些零部件串联起来，用有限元的数值分析方法计算。承压圈与定模固定板之间预留间隙的精确计算是比较困难的。

[例 13] 注射 PC 物料的热流道模具，对喷嘴轴线方向热补偿进行计算。流道板和喷嘴的工作温度 $T_f = 300 \mathrm{℃}$，定模板温度 $T_m = 90 \mathrm{℃}$。如图 12-42 和图 12-44 所示，喷嘴座高 $L_1 = 35 \mathrm{mm}$，流道板厚 $L_2 = 55 \mathrm{mm}$，承压圈厚 $L_3 = 10 \mathrm{mm}$。

解： 1）流道板系统零部件轴向热膨胀后，热应力作用在模具固定板上。热胀系数取流道板和喷嘴材料的中间值 $\alpha = 12 \times 10^{-6} / \mathrm{℃}$。由式（12-8）得

$$\sigma = \alpha E (T_f - T_m) = 12 \times 10^{-6} \times 2.1 \times 10^5 \times (300 - 90) \mathrm{MPa} = 529 \mathrm{MPa}$$

2）固定板材料的屈服应力 $\sigma_y = 800 \mathrm{MPa}$，取安全系数 $n = 2$，得许用压应力为

$$[\sigma]_p = \sigma_y / n = 800 / 2 \mathrm{MPa} = 400 \mathrm{MPa} < \sigma = 529 \mathrm{MPa}$$

3）喷嘴轴线方向总长 L_0 及热膨胀伸长量的计算 ΔL_0，得

$$L_0 = L_1 + L_2 + L_3 = 35 + 55 + 10 \mathrm{mm} = 100 \mathrm{mm}$$

$$\Delta L_0 = \alpha L_0 \Delta T = 12 \times 10^{-6} \times 100 \times (300 - 90) \mathrm{mm} = 0.25 \mathrm{mm}$$

热流道系统在安装时，注射点的轴线方向应留有间隙量 Δ。当间隙 $\Delta = 0$，$\Delta Z = \Delta L_0 = 0.25 \mathrm{mm}$ 时，$[\sigma]_p$ 小于热应力 σ，会损伤定模固定板的接触表面。大型流道板和高温熔融塑料注射时，热膨胀伸长量 ΔL_0 应被仔细计算。间隙 Δ 应小于 ΔZ，要保证有一定的弹性压力。间隙 Δ 大致是膨胀伸长量 ΔL_0 的二分之一。而且，对于多喷嘴热流道系统，保证各注射点的间隙量一致很重要。

2. 流道板的横向热补偿

流道板的横向热伸长如图 12-45 所示。在室温下流道板上流道出口位置的尺寸为 L_p，工作温度下流道板上流道出口位置的尺寸为 L_q，有

$$L_q = L_p \left[1 + \alpha_{Fe}(T_f - T_r) \right] \quad (12\text{-}9a)$$

$$L_q = L_i \left[1 + \alpha_{Fe}(T_m - T_r) \right] \quad (12\text{-}9b)$$

式中　L_p——室温下流道板上流道出口位置尺寸（mm）；

　　　L_i——室温下喷嘴注射点的位置尺寸（mm）；

　　　L_q——工作温度下流道板上流道出口位置的尺寸（mm）；

　　　T_f——流道板的工作温度（℃）；

　　　T_m——定模板的工作温度（℃）；

　　　T_r——室温（℃）。

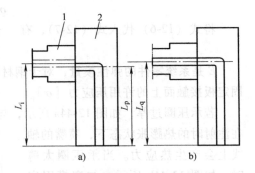

图 12-45　流道板的横向热伸长

a) 室温或装置温度　b) 工作温度

1—喷嘴　2—流道板

3. 针阀式多喷嘴热流道注射模塑的示例

（1）注射盖板镶条　14 英寸笔记本电脑屏幕盖板上有块铝合金压铸件，掀开电脑盖的塑料把手用 40%玻璃纤维充填的聚苯硫醚 PPS 注射模塑。铝合金压铸件只能在模具中央放置和固定，构成两块铝板嵌件和两根镶条的注射模。图 12-46 所示为铝板注塑制件。PPS 熔料由热流道传输至铝板侧面的型腔，因此热流道流道板长达 580mm。

玻璃纤维增强 PPS 耐热且阻燃，有优异的力学性能。熔体温度为 295～335℃，最高温度为 355℃。PPS 是高结晶度的聚合物，要求模具温度为 120～180℃。GR-PPS 在热流道中剪切流动时熔体黏度不稳定，为 750～1000Pa·s。GR-PPS 注塑镶条有绝缘和外观的要求，不能用高温的喷嘴直接注射。因此又加设冷流道，长度为 99mm。每根镶条有 4 个点浇口浇注。包括冷流道，浇注系统消耗压力 39MPa。注射机注射压力达到 100MPa 时，流道板的热流道和针阀式喷嘴经受 66～80MPa 高压，很容易产生漏料。而且 GR-PPS

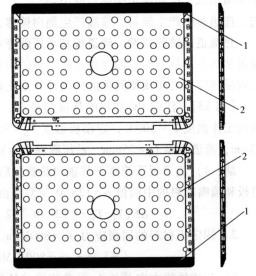

图 12-46　铝板注塑制件

1—PPS 注塑制件　2—铝合金

物料对阀针头与浇口之间，阀针与导套之间磨损剧烈。玻璃纤维增强 PPS 四喷嘴的热流道系统如图 12-47 所示。

（2）流道板的流道布置　最初四喷嘴的流道用 H 型 2×2 布置，如图 12-48a 所示。包括喷嘴的流道在内，每个分喷嘴至主喷嘴的流道长度为 445mm。整个浇注系统（包括冷流道）压力损失超出正常的 35MPa 范围。生产时的注射压力很高，热流道系统的流道板和喷嘴要承受超高压。因此热流道系统的熔料常有泄漏，针阀式喷嘴的零件磨损快、寿命短。

改用 X 型 1×4 布置，减去一个 90° 的弯道，减短了流道 78mm，如图 12-48b 所示。H 型 2×2 布置时从主流道末端到喷嘴浇口的压力损失为 13MPa，而 X 型 1×4 布置的压力损失为 7MPa。热流道的压力损失减少约 6MPa，可相应降低注射压力。热流道系统承受压力降低后，不再出现漏胶。四个分喷嘴的阀针开闭也较为稳定。

此外，为了保证流道板有 350℃ 的高温，X 型 1×4 布置布置时用五个感温加热区。流道板上加热软管的总功率达到 10kW。原 H 型 2×2 布置是三个感温加热区，总功率 5.6kW。热电偶测温点增加，保证流道板温度均衡。

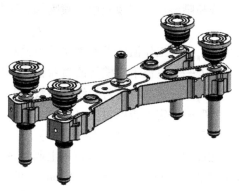

图 12-47　玻璃纤维增强 PPS 四喷嘴的热流道系统

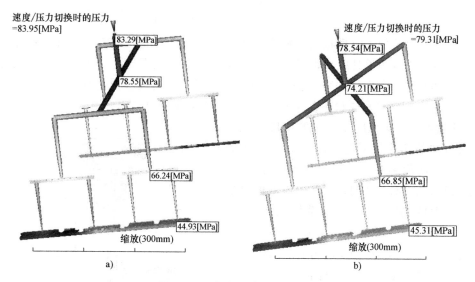

图 12-48　浇注系统的流动分析

a）H 型 2×2 布置　b）X 型 1×4 布置

（3）流道板热膨胀补偿设计　热流道系统的流道板长为 580mm，厚为 55mm。高温大尺寸流道板的横向的线膨胀量很大，在流道板厚度和分喷嘴轴线上也有很大的线膨胀。必须补偿这两个方向的热膨胀。

1）流道板横向热补偿计算。针阀式喷嘴的热补偿如图 12-49 所示，在高温状态下喷嘴阀针距模具中央距离为

$$L_n = l_n \left[1 + \alpha_n (T_f - T_r) \right]$$

式中　L_n——工作温度下喷嘴阀针距模具中央距离（mm）；

　　　l_n——室温下流道板上阀针轴线距模具中央距离（mm）；

　　　α_n——流道板材料的线胀系数（1/℃）；

　　　T_f——热流道加热温度（℃）；

　　　T_r——装配时室内温度（℃）。

分喷嘴装压在定模板中，喷嘴阀针距模具中央距离为

$$L_g = l_g [1 + \alpha_g (T_m - T_r)]$$

式中　L_g——工作温度下喷嘴阀针距模具中央距离（mm）；

　　　l_g——室温下定模板的喷嘴轴线距模具中央距离（mm）；

　　　α_g——定模板材料的线胀系数（1/℃）；

　　　T_m——定模板的温度（℃）；

　　　T_r——装配时室内温度（℃）。

在高温工作状态下，流道板上阀针轴线应与定模板的喷嘴轴线重合，即 $L_n = L_g$。设计图样上喷嘴阀针轴线为 $l_g = 271.82$mm，可解得室温下流道板上阀针轴线距模具中央距离 l_n。流道板用 H11 制造，有 $\alpha_n = 11.0 \times 10^{-6}/℃$。定模板用 P20 制造，有 $\alpha_g = 13.4 \times 10^{-6}/℃$。流道板温度 $T_f = 350℃$，模具温度 $T_m = 160℃$，$T_r = 20℃$。计算得

$$l_n = \frac{l_g [1 + \alpha_g (T_m - T_r)]}{[1 + \alpha_n (T_f - T_r)]} = \frac{271.82 [1 + 13.4 \times 10^{-6} (160 - 20)]}{[1 + 11.0 \times 10^{-6} (350 - 20)]} \text{mm} = 271.89 \text{mm}$$

因此，在室温下加工定模板时，喷嘴轴线距模具中央距离 $l_g = 271.82$mm。室温下加工流道板，阀针中心线距模具中央距离 $l_n = 271.89$mm。在室温下将流道板和喷嘴装入定模板时，喷嘴壳体和阀针有少量的弯曲弹性变形。在高温下注射成型时这两条轴线重合，$L_n = L_g = 272.33$mm。阀针以直线状态在导滑套上滑动，并对准浇口启闭。

2）喷嘴轴向的膨胀量计算。在图 12-49 中，喷嘴轴线方向的膨胀量从定位面 C 算起，到承压圈顶面 A，此段距离 $l_z = 90$mm。尽管有喷嘴体、流道板和承压圈三种钢材，其中流道板的厚度最大，用 H11 制造，其线膨胀系数 $\alpha_n = 11.0 \times 10^{-6}/℃$。高温状态的膨胀伸长量为

$$\Delta l = l_z \alpha_n (T_f - T_m) = 90 \times 11.0 \times 10^{-6} \times (350 - 160) \text{mm} = 0.19 \text{mm}$$

如果在室温下以 $l_z = 90$mm 装配，承压圈顶面 A 与定模固定板之间不留间隙，$\Delta = 0$，高温下固定板表面要承受很大热应力。因此从定位面 C 到承压圈顶面 A 距离，室温下加工尺寸 $l'_z = 89.9$mm。A 顶面上留有 $\Delta = 0.1$mm 的间隙。间隙 Δ 应小于热膨胀伸长量 Δl，要保证有一定的弹性压力。热流道注射模装配的经验，其间隙 Δ 大致是膨胀伸长量 Δl 的二分之一，合理间隙减小了横向和轴向热膨胀的干涉。

（4）高温高压下的针阀式分喷嘴　为提高工作可靠性和使用寿命，有以下四方面的改进：

1）阀针的直径从原来的 4mm 改成 6mm，并用热作高速钢制造。在提高阀针稳定性和刚性同时也增加了耐磨寿命。

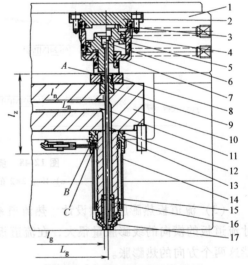

图 12-49　针阀式喷嘴的热补偿

1—定模固定板　2—缸盖　3—密封橡胶圈
4—耐磨橡胶圈　5—活塞　6—压紧螺钉
7—缸体　8—承压圈　9—导滑套　10—流道板
11—分流道　12—阀针　13—喷嘴体　14—加
热器　15—导套　16—导热套　17—浇口喷嘴头
A—间隙面　B—熔料泄漏面　C—喷嘴安装台肩

2）为提高喷嘴轴线上阀针 12 与导滑套 9，导套 15 和浇口喷嘴头 17 的同轴度。减小流道板的横向热膨胀造成的阀针弯曲变形，图 12-49 所示的承压圈 8 与导滑套 9 之间，用径向间隙补偿流道板的横向热伸长和四个浇口中心线的误差，用导滑套 9 紧压端面密封。

3）如图 12-49 所示阀针 12 在浇口附近用导套 15 导向。它增加了阀针滑动支承点，减小阀针的弯曲变形。保证了阀针在闭合时对浇口有精确对准，明显提高浇口的强度和寿命。

4）此热流道系统处于 300℃ 以上高温，所有电气布线的绝缘层会很快老化，需定期更换。玻璃纤维增强的物料对零件磨损严重，喷嘴的阀针 12 和浇口喷嘴头 17 需定期更换。

图 12-49 所示气缸驱动的针阀喷嘴，很长的阀针穿越流道板，吊扣在活塞的中央，又受到流道板的横向热膨胀影响。阀针的中轴线很难保证在圆环流道的中线位置。多种因素使得熔体泄漏。近年来，针阀式多喷嘴注射时，喷嘴与流道板的螺纹连接成一体，密封效果有所改善。

12.3.3　针阀式喷嘴与流道板的螺纹连接

热流道技术发展，流道板与喷嘴在压力下的连接方式，部分被整体式热流道系统替代。本节分析流道板的热补偿和喷嘴的弯曲强度，陈述喷嘴与流道板的螺纹连接的设计和安装。

1. 整体式热流道接的设计

压力装配的热流道喷嘴容易漏胶。多个型腔的小制件的整体式热流道使热流道系统结构紧凑。多个型腔的浇注应用针尖式喷嘴。小喷嘴轴线之间的间距在 10~20mm 时，喷嘴用螺纹连接流道板。

近年来，平板电脑、游戏机和手机等电子产品消费多、产量大。针阀式喷嘴较开放式喷嘴的应用比例提高。如果塑料熔体在针阀式喷嘴的浇口直接射入制件的表面，浇口痕迹显现在塑料薄板的表面上。浇口在热流道喷嘴与定模板间的热屏障位置上，温度变化大。塑料熔体注射剪切速率高，流动不稳定。制件上浇口附近区域经常会有流动痕等缺陷。整体式热流道的多喷嘴的注射点在冷流道上。对定模板上注射点的位置尺寸精度要求不高。

整体式热流道的针阀式喷嘴如图 12-50 所示，针阀式喷嘴壳体 18 与流道板用螺纹连接。锥头阀针 19 用活塞 6 驱动。驱动液压缸 3 安装在流道板上。整体式热流道的结构设计的主要特征陈述如下。

1）整体式热流道的螺纹连接。喷嘴壳体 18 以螺纹 M20×1 连接流道板，连接螺牙应有足够强度和较高精度，要能拆卸。螺牙表面经过氮化处理。六角头端面与流道板之间有足够间隙，让封胶端面有足够的压紧力，还要有防止螺纹连接松动的措施。喷嘴壳体 18 应有周向定位，让加热导线引入。喷嘴壳体 18 上没有

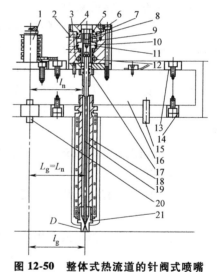

图 12-50　整体式热流道的针阀式喷嘴

1—主喷嘴　2—输油口　3—驱动液压缸
4—缸盖　5—密封圈　6—活塞　7—油封圈
8—挡圈　9—锁紧螺钉　10—调节螺钉
11—活塞密封圈　12—冷却水管　13—承压圈
14—支承圈　15—止转销　16—流道板
17—导套　18—喷嘴壳体　19—锥头阀针
20—中央定位销　21—浇口套
L_g—工作温度下喷嘴注射点的位置尺寸
L_n—工作温度下定模板上流道出口位置的尺寸
l_g—室温下喷嘴注射点的位置尺寸
l_n—室温下流道板上流道出口位置尺寸
D—喷嘴头的圆柱接触面

轴向定位的台肩，只有浇口套 21 的圆柱面动配在定模板的安装孔 D 中。

2）喷嘴中的阀针有驱动液压缸 3 的活塞 6 驱动。热流道系统常以 3~5MPa 压力油输入，作用在直径为 35~50mm 的活塞上。对于直径为 5~6mm 的阀针，液压缸活塞有效面积，可产生的闭合力为 2205~11800N。阀针在闭合时能推挤 104.4MPa 以上的高压塑料熔体。液压缸用冷却水循环制冷，可串接 2~3 个液压缸。液压缸保持在 40~45℃温度，保证液压缸上密封圈正常工作。还用 15mm 厚的钛合金承压圈，阻隔流道板上热量的传输。坐落在流道板上的液压缸需要钛合金绝热。喷嘴轴线方向产生的热膨胀，不会受到定模固定板的干涉，而自中央定位销 20 向外热延伸流道板，需计算预测横向膨胀量。

3）如图 12-50 所示的针阀式喷嘴，锥头阀针 19 用液压缸活塞驱动。在很大驱动闭合力作用下，阀针的圆锥头频繁冲击浇口洞口。调节螺钉 10 可从调节在活塞 6 的轴向位置。然后用锁紧螺钉 9 锁紧，如图 10-20 的液压缸结构。这种喷嘴阀针在装配过程中，让活塞支承面上受到最大闭合压力，而 40°的圆锥销面上既能有效密封，又承受较小的闭合力。

4）在室温下将多个喷嘴压入定模板的浇口孔中，在热流道系统升温的过程中，螺纹连接的喷嘴还会产生轴线方向的弯曲变形。流道板从中央起始，有横向的热膨胀变形 ΔL。而喷嘴的浇口段固定在定模板中。在喷嘴与流道板螺纹连接有附加弯矩下，喷嘴壳体浇口段的危险截面需要有足够的破裂强度。

5）流道板的横向热膨胀的热伸长，随着横向尺寸参数增大愈加严重。针阀式喷嘴的流道粗又外壳大，常见壁厚为 3~6mm，轴向柔度差。为实现喷嘴壳体既有强度又要有弯曲柔性，在喷嘴螺纹连接段外，割挖周向凹槽，提高轴线方向的弯曲柔度。此凹槽截面由圆弧和斜面组成，防止应力集中。开槽位置在喷嘴壳体非危险截面，喷嘴筒体的最小壁厚应仍有足够的强度。为了便于整体式热流道的安装，将热流道和喷嘴加热到 120℃，插装到定模板中。

2. 喷嘴与流道板螺纹连接时横向热补偿

整体式热流道设计和装配时必须考评流道板的横向热膨胀的补偿，减少喷嘴的弯曲变形。喷嘴壳体既要有防开裂的强度，又要有轴线方向的柔度，才能使喷嘴与流道板间的螺纹连接可靠。

注射温度下流道板上流道出口位置的尺寸为 L_n，可由下式预测

$$L_n = l_n [1 + \alpha_n (T_f - T_r)] \tag{12-10a}$$

同样，室温下定模的喷嘴轴线位置 l_g，对于注射温度时横向热膨胀至 L_g 位置，有

$$L_g = l_g [1 + \alpha_g (T_m - T_r)] \tag{12-10b}$$

式中　l_n——室温下流道板上流道出口位置尺寸（mm）；

　　　l_g——室温下喷嘴注射点的位置尺寸（mm）；

　　　L_n——工作温度下流道板上流道出口的位置的尺寸（mm）；

　　　L_g——工作温度下定模板上注射点位置的尺寸（mm）；

　　　T_m——模具的温度（℃）；

　　　T_r——室温（℃）；

　　　T_f——塑料熔料的注射温度（℃）。

在高温注射状态下，流道板上流道中轴线应与定模板的喷嘴轴线重合时，式（12-10a）和式（12-10b）相等，$L_n = L_g$。可求室温下流道板上流道出口的位置尺寸 L_n。

[例14] 如图 12-51 所示的热流道板全长为 740mm，宽为 174mm。设计图纸上，最远的注射点距离模具中心 $l_g = 376$mm。流道板用 H11 钢，有 $\alpha_n = 11.0 \times 10^{-6}/℃$。定模板用 P20（美），有 $\alpha_g = 13.4 \times 10^{-6}/℃$。温度 $T_f = 240℃$，$T_m = 45℃$，$T_r = 20℃$。

在高温工作状态下，流道板上流道中轴线应与定模板的喷嘴轴线重合，式（12-10a）和式（12-10b）相等，得到室温下流道板的流道中轴线距离模具中央 l_n 为

$$l_n = \frac{l_g[1+\alpha_g(T_m-T_r)]}{[1+\alpha_n(T_f-T_r)]} = \frac{376 \times [1+13.4 \times 10^{-6} \times (45-20)]}{[1+11.0 \times 10^{-6} \times (240-20)]}mm = 375.22mm$$

在室温下加工定模板时，应为图样上设计喷嘴轴线距模具中央距离 $l_g = 376$mm。室温下加工流道板，流道板上流道出口轴线距模具中央距离 $l_n = 375.22$mm。在高温下注射成型时这两条轴线重合，$L_n = L_g = 376.13$mm。

流道板上喷嘴安装的横向位置尺寸，最大膨胀量为 0.91mm。在工作温度下，喷嘴浇口套固装在 45℃ 的定模板上。喷嘴的螺纹连接段有 240℃ 工作温度。在注射工作温度下，流道板上流道轴线能与定模板的喷嘴轴线重合。

图 12-51 所示的喷嘴长为 206mm，外径为 24mm，壳体壁厚为 6.5mm。喷嘴壳体有较大的刚性。在室温下将多个喷嘴头压入定模板圆柱孔 D 中，在热流道系统升温的过程中，螺纹连接的喷嘴还会产生轴线方向的弯曲变形。为此，在喷嘴螺纹连接段外，割挖周向凹槽，提高轴线方向的弯曲柔度。

3. 针阀式喷嘴的弯曲强度和柔度

流道板与针阀式喷嘴用螺纹连接时，流道板在注射温度下有横向热膨胀，而喷嘴固定在低温的定模板里，喷嘴壳体在轴线方向有弯曲变形，壁厚上受到弯曲载荷，说明螺纹连接喷嘴壳体的弯曲强度有问题。

喷嘴与流道板用螺纹连接的受力图如图 12-51 所示。针阀式喷嘴与流道板用螺纹连接。整体式热流道系统安装进模具时，应该加热到适当温度，定模板加热到模具的工艺温度。模具制造加工和装配在室温下进行。喷嘴注射位置尺寸，流道板上流道的出口位置，都应考虑流道板的横向热补偿。在注塑生产过程中，阀针的轴线和浇口的中心在同一直线上。一旦停产卸下模具，喷嘴头尚在定模板里，在轴向就有弯曲变形。

由喷嘴壳体的强度分析可知，针阀式喷嘴壳体破裂的危险截面仍在浇口段 D。如图 12-51 所示，由于流道板的横向热伸长量 ΔL，引起一端固定的悬臂圆筒壳体的弯曲变形，存在圆管壁的周期性的周向应力 σ_θ 引起的疲劳破坏。流道板从模具中央位置起始，有横向的热膨胀

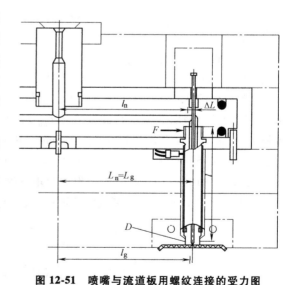

图 12-51 喷嘴与流道板用螺纹连接的受力图

L_g，L_n—工作温度下喷嘴注射点和定模板上流道出口的位置尺寸

l_g，l_n—室温下喷嘴注射点和流道板上流道出口的位置尺寸

ΔL—流道板的横向热伸长量　F—流道板的横向热膨胀力

D—喷嘴头的圆柱接触面

变形 ΔL。

[例 14] 如图 12-51 所示，热流道板全长为 740mm，宽为 174mm，厚为 180mm。钢材 P20 钢（美），$1.5 \times 10^{-5}/\text{℃}$，温度 $T_1 = 240\text{℃}$，$T_n = 45\text{℃}$，$T = 20\text{℃}$……

喷嘴的浇口段固定在定模板中，固定截面上有弯曲应力 σ_b 作用。自由端的弯矩 M 和作用力 F 关系式为

$$\Delta L = \frac{Ml^2}{3EJ_b} = \frac{Fl^3}{3EJ_b} \tag{12-11a}$$

由式（12-11a）得喷嘴浇口处的横向作用力为

$$F = \frac{3EJ_b \Delta L}{l^3} \tag{12-11b}$$

然后，计算危险截面在弯矩 $M = Fl$ 作用下的弯曲应力为

$$\sigma_b = \frac{Fl}{W_b} \tag{12-11c}$$

两式中　J_b——喷嘴筒体的危险截面轴惯性矩（mm^4），圆筒 $J_b = \frac{\pi}{64}(D^4 - d^4)$；

$\quad\quad\quad W_b$——喷嘴筒体的危险截面抗弯截面模量（mm^3），圆筒 $W_b = \frac{\pi}{32}(D^3 - d^3)$；

$\quad\quad\quad \Delta L$——流道板的横向热伸长量（mm）；

$\quad\quad\quad l$——喷嘴的有效长度（mm）；

$\quad\quad\quad E$——喷嘴钢材在工作温度下的弹性模量（MPa），400℃下，合金钢 $E = 170 \times 10^3 \text{MPa}$。

将危险截面上，轴向应力 σ_b 和周向应力 σ_θ 作向量合成，可得到喷嘴与流道板螺纹连接时壁厚的强度校核计算式，即

$$\sigma_{max} = (\sigma_b^2 + \sigma_\theta^2)^{\frac{1}{2}} \leqslant [\sigma_{-1n}]_b \tag{12-11d}$$

由前述 4Cr5MoSiV1（H13）钢的疲劳极限 $\sigma_{-1n} = 370\text{MPa}$。考虑到合成应力 σ_{max} 比单周向应力 σ_θ 复杂，不确定因素多。安全系数 n 取 2，$[\sigma_{-1n}]_b = 185\text{MPa}$。

[例 15]　如图 10-23b 所示，针阀式喷嘴壳体的流道直径 $d = 8\text{mm}$，喷嘴头上内孔 $d = 12\text{mm}$。参考表 10-7，如果喷嘴壳体的平均半径 $R_m = 8\text{mm}$，喷嘴壳体强度计算合格，又见表 10-8，对应的危险截面的圆管的最小壁厚 $t_{min} > 2.1\text{mm}$。现确定外径为 $D = 18\text{mm}$，此圆管实际壁厚 $t = 3\text{mm}$，壳体的平均半径 $R_m = 7.5\text{mm}$。喷嘴与流道板之间采用螺纹连接，假定横向热伸长量 $\Delta L = 0.5\text{mm}$，喷嘴的弯曲力臂长度 $l = 150\text{mm}$。分喷嘴的输出段，壳体内熔体压力 $p = 65\text{MPa}$（$650 \times 10^5 \text{Pa}$）左右。校核附加弯矩下喷嘴头壳体强度。

1）用式（12-11）计算喷嘴危险截面的弯曲应力，即

$$J_b = \frac{\pi}{64}(D^4 - d^4) = \frac{\pi}{64}(18^4 - 12^4)\text{mm}^4 = 4135.1\text{mm}^4$$

$$W_b = \frac{\pi}{32}(D^3 - d^3) = \frac{\pi}{32}(18^3 - 12^3)\text{mm}^4 = 402.9\text{mm}^4$$

$$F = \frac{3EJ_b \Delta L}{l^3} = \frac{3 \times 170 \times 10^3 \times 4135.1 \times 0.5}{150^3}\text{N} = 312.4\text{N}$$

$$\sigma_b = \frac{Fl}{W_b} = \frac{312.4 \times 150}{402.9}\text{MPa} = 116.3\text{MPa}$$

2）按式（10-5a）计算喷嘴危险截面的周向应力为

$$\sigma_\theta = \frac{R_m p}{t} = \frac{7.5 \times 65}{3} \text{MPa} = 162.5 \text{MPa}$$

3）代入式（12-11d），校核计算喷嘴壳体危险截面的应力为

$$\sigma_{max} = (\sigma_b^2 + \sigma_\theta^2)^{\frac{1}{2}} = (116.3^2 + 162.5^2)^{\frac{1}{2}} \text{MPa} = 199.8 \text{MPa} > [\sigma_{-1n}]_b = 185 \text{MPa}$$

计算结果说明，即使流道板与喷嘴在压力连接下，喷嘴壳体强度合格，如图 10-23b 所示。针阀式喷嘴与流道板采用螺纹连接，喷嘴壳体承受弯曲力矩作用仍有破裂的风险。对于大口径流道的针阀式喷嘴，要实现与流道板的螺纹连接，有必要进行弯曲力矩作用下喷嘴壳体的强度校核。因此，喷嘴长度大、流道板横向尺寸大时，喷嘴与流道板不宜采用螺纹连接。

由此可知，大直径的喷嘴壳体，在喷嘴与流道板螺纹连接有附加弯矩的情况下，需要有大的壁厚，才能保证强度。大型的流道板和喷嘴，喷嘴壳体刚性过大，流道板的横向热伸长所产生弯矩就足以破坏喷嘴。因此，采用喷嘴与流道板螺纹连接方法时，目前有两种方法。一种方法是在喷嘴壳体的适当位置，可开挖圆周凹槽，提高喷嘴轴线方向的柔度。另一种方法是在流道板与喷嘴的连接位置，实现流道板的横向热补偿，避免或减少附加弯矩。整体式热流道的安装，将流道板和喷嘴加热到一定温度，插装到定模板中。

4. 整体式热流道的应用

（1）整体式热流道的优势 整体式热流道系统有以下五方面的优势：

1）相比压力连接，喷嘴与流道板螺纹连接减少了 50% 的熔胶泄漏可能性。

2）喷嘴取消了大直径的台肩段。没有多个喷嘴台阶孔在定模板孔座中的轴向定位一致性问题，避免了一项定模板的加工误差对安装精度的影响。

3）避免喷嘴台肩对定模板孔座的热传导，使定模型腔板的冷却更有效。热流道系统的温度分布趋于合理。

4）直筒式的喷嘴壳体的切削加工方便，省工省料。

5）整体式热流道系统在注射模具的安装和调整，比起压力连接式热流道，简洁一些。

（2）整体式热流道的一体化组装 图 12-52 所示为整体式热流道的一体化组装件。大型的 14 针阀喷嘴的热流道的注射点下游为冷流道与浇口。在整体式热流道系统中，喷嘴和流道板形成了一个部件。熔体从流道板流进喷嘴，不会产生偏差以及流动死角。喷嘴通过螺纹连接到流道板中，消除了喷嘴与流道板之间的熔体泄漏。

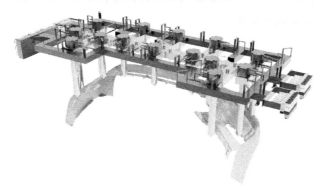

图 12-52 整体式热流道的一体化组装件

整体式热流道系统还能够直接预装配液压系统，包括电磁液压控制阀。电器以及液压线路也可以按照客户的要求进行配置。整体式热流道系统交付前会经历系统的电气、温度、液压或气压的检测，因此可以轻松地在模具内进行安装，并尽快投入生产。

当模具或系统需要常规的维护时，整体式热流道系统可以同样采用简单的步骤从模具上拆卸下来，可以单独在模具外进行修理和检测。

通常，整体式热流道系统降低了维修成本。连接加热器和配电箱的导线被安放在专门设计的导管中，这对模具或者热流道系统拆卸都是很有利的。同时，能够进行免拆卸日常维护，并减小了接线错误发生的概率。

（3）热半模的生产　整体式热流道是在热流道生产企业进行一体化组装。热半模是整体式热流道生产进一步定模部分加工和安装。

图 12-53 所示的 32 针阀热半模装配体具有热流道的主要部件：整体式热流道已经安装完成流道板、若干分喷嘴、气缸或液压缸、主射喷嘴和所有管线。又有定模上组件：橡胶隔热板、定模固定板、容纳流道板的流道型腔板以及四根导柱。在热半模安装时，只要检测模板上各个安装尺寸，即可直接安装。

图 12-53　32 针阀热半模装配体

整体式热流道在完成一体化装配后，由热流道企业加工定模的隔热板，定模固定板，流道型腔板。并装上整体式热流道，完成电工布线，安装水管、气管和油管。除了定模型腔板外，热流道企业完成定模部分加工和安装。这样保证了热流道系统的主喷嘴、流道板和分喷嘴在定模中的位置精度。改善了热流道生产企业与注射模生产企业的协作关系。热流道企业生产热半模必须有加工定模各模板的能力，备有大型的铣床和磨床，精密的加工中心。

当系统为针阀式喷嘴时，因气缸/液压缸都是已经处于装好状态，故在设计和加工定模固定板和流道型腔板时，已经做好缸体和出线槽的开孔，能有效防止干涉。在设计和调试针阀式热流道系统时，要统筹考虑气缸/液压缸的冷却，在定模固定板上布置冷却管道。保证气缸/液压缸在额定温度以下，有足够的并联回路和冷却液。并现场调试各喷嘴阀针正常启闭。

所有的热流道零部件和各模板都要以四导柱为设计和安装基准。保证热半模在四导柱的引导下精确对准定模型腔板和动模。

第13章

科 学 注 塑

科学注塑工艺的理论和实践，近年来已被塑料注射加工行业所接受。本章介绍科学注塑的理论，讨论制件质量的一致性和注塑试模的两阶段，全面介绍保证制件外观的工艺实验测试和设置，概要介绍保证制件尺寸精度的工艺实验和设置。

13.1　科学注塑工艺

科学注塑（Scientific molding）要实现成功注射模塑生产，保证制件的外观质量和尺寸精度的一致性，应实行两阶段的注塑工艺开发（Two Stage molding set-up）。

13.1.1　两阶段的工艺开发

1. 科学注塑的概念

（1）注塑工艺　传统的注塑工艺主要是进行注射机的速度、压力、温度和时间等参数设置。现代注塑工艺的制订应考虑包括从塑料粒子进入注塑企业，直到成为制品整个过程。每个加工步骤都会对制件质量产生影响。例如，塑料的储存、干燥及制件脱模后的收缩都会对注塑制件的质量产生影响。

（2）塑料注射成型是项系统工程　塑料制件设计、塑料材料选择、模具设计和制造、注射机的功能、注射成型工艺，这五个要素共同决定注塑制件的质量。

塑料注塑制件的形体是薄壁组合结构。制件壁厚均匀一致是重要的准则。壁厚的确定要经过塑料熔体流动性校核。塑料制件与金属零部件的设计原则和方法有重大的区别。

根据注塑制件的性能要求选择合适的塑料品种。要了解塑料的注塑工艺性能，如塑料熔体的黏度、注射模塑的收缩。塑料材料在注射成型过程中，固态粒子加热塑化为黏流态，最终成型固态形体。影响形态转变的因素，决定注塑制件的质量。

制品设计和材料选择后，就进入模具设计和制造阶段。注塑模具要求每个制件单独设计和制造，生产周期长成本高。模具设计和制造的质量，最终决定制件质量是否合格。不良的浇口会在邻近区域，出现诸多的外观缺陷。模具的排气不良，造成制件上边角缺料，制件表面可见流动痕和气泡，甚至有材料分解，变色烧焦。模具成型零件的塑性变形和磨损，直接影响制件的尺寸精度。

模具设计完成同时，应选择合适的注射机型号，应该对塑料注射量、闭合的锁模力、最大的注射压力和模具的安装参数进行校核。注射机螺杆的最大液压推力影响注射速率,是重要的功能参数。

(3)实验设计(design of experiment) 按计划输入变量,然后测量输出参数的变化,分析得到相应的数据。这种系统实验的方法称为实验设计。它是科学注塑优化工艺设置的方法和途径。

科学注塑将实验设计方法引入注射成型,还利用数理统计原理,规划了若干个注射工艺参数组合在一起,实验测试黏度曲线、压力降测试和浇口封闭测试等。经过黏度、压力降和浇口封闭实验结果分析,获得优化的注射速率和压力,得到合理的保压压力和时间。所设置参数,能实现稳健的生产,保证注塑制件的质量。

黏度和压力降的测试可以用其他途径替代。黏度可用流变仪测量。注射流程压力降可利用计算机的流动分析,也可用物理方程计算,但没有用实验测试可靠准确。实验测试在注塑生产的现场进行,测试中材料、注塑机和模具的工艺条件,与该制件注射成型工艺设置一致。

(4)注射工艺参数 注射工艺参数指对成型制件的质量有直接影响的工艺参数,不包括开合模的速度等。有大中型截面浇口的注射模塑,将保压阶段改称为保压补偿阶段,又将其划分为收缩补偿和保压补偿两个时间分段。因此有收缩补偿的压力和时间、保压补偿的压力和时间4个工艺参数。13个工艺参数的设置和优化,简述如下:

1)料筒温度。塑料粒子熔融依靠料筒的电热和螺杆转动的剪切热。要求喷嘴射出熔体的质量良好。为保证成型制件质量,压力熔体的组分分布均匀,温度分布均衡。加热塑料熔体的温度范围,由材料供应商推荐。

2)模具温度。模具温度的设置应使熔体流动的流程末端也能维持熔体具有合适的流动性。注射无定形塑料,只要熔体的流动性合适和制件的外观质量合格,可按模具温度的下限设置。注射结晶型塑料,高的模具温度才能确保材料结晶的能量。为保证制件质量,应该用实验测试模具温度和冷却时间。

3)注射速度。将熔体注入模具时,螺杆推进的线速度就是注射速度。一旦熔体充满模具型腔,在保压补偿阶段螺杆低速推动。在黏度曲线上,从黏度变化小的曲线平坦区域,可获知优化的注射速度,以此确保制件外观质量合格。

4)注射压力。注射压力是为达到设定的注射速度所需要的压力。设定注射压力值应高于正常需要压力。如果设定压力值比所需要压力高出20%~50%且不影响注射速度,那么注射压力的高低不影响制件质量。压力降测试可获知成功注射应供给的压力。必须关注该台注射机能提供的最大注射压力。长流程大尺寸制件型腔,注射充填所需压力很高,会出现注射机的注射压力不能满足的情况。

5)收缩补偿压力。用于补偿保压的首个子阶段。在注射阶段熔体充填型腔后,为补偿冷却收缩,需要靠压力补偿一些材料。收缩补偿压力决定制件成型收缩率和尺寸精度。补偿压力不足会使制件呈现诸多外观缺陷。采用浇口封闭实验测试制件重量的方法,可以优化收缩补偿压力设置。

6)收缩补偿时间。可用浇口封闭实验测试,分析制件重量对于时间的曲线,优化收缩补偿时间。

7)保压补偿压力。用于补偿保压的第二个子阶段。保压补偿压力作用在型腔里的材料上，防止发生朝流道方向的倒流，直到浇口冻结封闭为止。此时刻密闭型腔内材料的比体积，将决定成型制件的重量和质量。浇口冻结封闭实验曲线，可以确定保压补偿压力的设置。

8）保压补偿时间。用于补偿保压的第二个子阶段。这个时间如果超过浇口封闭时间，不会再增加型腔内塑料量和压力。如果保压补偿时间短，少于浇口冻结时间，会引起重量变化和尺寸精度下降。浇口封闭实验测试，能确定合理的保压补偿时间。

9）螺杆转速。螺杆转速是螺杆塑化时的转动速度。料筒的电加热和螺杆旋转的剪切热使塑料熔化。螺杆旋转促进材料的混炼，使熔体的材料组分均匀，又使温度分布均衡。通常，结晶型塑料比无定形塑料需要更高的转速。旋转速度过快，剪切力越大，可能导致熔体降解和焦化，尤其对于 PVC 和 POM 等剪切热敏感的材料。旋转速度过低，则塑化时间长。转速的设定，应保证螺杆的塑化时间比制件冷却时间短。目前，尚没有成熟技术来优化螺杆转速。

10）背压。背压是螺杆旋转塑化而后退储料时，施加的液压力。塑化时的背压，压实熔体，可挤出所含挥发物，有利于获得稳定的注射量。过高背压增加螺杆旋转产生的剪切热，会破坏玻璃纤维之类的添加物，还会导致塑料收缩率变化，最终影响制件尺寸。现在还没有成熟技术来优化背压。

11）冷却时间。冷却时间是模具闭合直至塑料冷却至顶出温度的时间。塑料熔体接触模具便开始冷却。实际的冷却时间等于注射时间、补偿保压时间、设置的冷却时间三者之和。冷却时间可以通过实验测试优化。熔体在模具随着时间进程，热状态不断变化。浇口封闭后的冷却时间长短，影响制件的顶出温度，最终都会影响塑料的收缩率。冷却时间是成型制件注射周期的重要组成。为追求注射成型生产率，要每秒必争地找到最佳的设定值。

12）注射量。注射量就是螺杆塑化向后移动距离。螺杆的零位指螺杆处于料筒的最前端位置，也指螺杆塑化的起始位置。注射量以直线距离和体积计算，根据制件重量和熔体的密度推算。熔体密度与温度有关，因而难以精准确定。补偿保压阶段后，必须对螺杆头前缓冲垫厚度进行注射量的修正。

缓冲垫为补偿保压时间结束后，留在螺杆头前的塑料量。如果没有缓冲垫，压力将螺杆头推进到料筒和喷嘴发生金属的碰撞和磨损。一般有缓冲垫厚度为 2~6mm。缓冲垫材料保持加热状态，很容易发生降解。

13）切换位置。注射阶段切换到补偿保压阶段的螺杆位置，称为切换位置，也称 V/P 转换位置。切换可以通过计时器的时间信号，或螺杆移动信号完成。塑化位置（零位）和切换位置之间的熔体体积应该等于注射阶段充填的塑料体积。而在实际注射阶段中，模具一般填充至满射的 95%~98%。进行试射时，应根据需要变动切换位置，获得满射 95%~98% 的制件。如果低熔体温度试射时为满射 98%，在高熔体温度试射时很可能完全满射。高熔体温度试射时调整切换位置，也获得同样满射 98% 的制件。在注射阶段，多个型腔成型制件的重量应保持相近。

（5）注射工艺参数控制功能 在控制制件质量时有以下特征。

1）可以控制的参数，可根据需要调整，如用模具温度调控器控制模具温度。

2）常量的工艺参数，在各工艺参数调试时，塑化过程中的背压，保持不变。

3）不可控的工艺参数，如原材料不同批次的熔体黏度差异，或玻璃纤维含量的差异。

4）工艺参数是变量，如注射速率受到注射流动行程的压力降变化影响。

科学注塑的稳健注射工艺，可确保制件质量的一致性。注塑制件的外观质量或称外部质量或表观质量，直接影响它的使用价值。作为装饰零件，表面缺陷影响美观。制件的外观质量无法用数量表示，只代表某种状态，如变色和料花。而制件的重量和尺寸精度可以用数字加单位准确衡量，它们影响制件的力学性能和光学性能等，并影响制件的装配。

采用多个型腔的模具，各个型腔成型制件重量有差异，主要是熔体注射流动的不平衡，流道系统设计不当所致。即使是等流程布置的流道系统，熔体流动生成剪切热，会有流动浇注的不平衡导致各型腔的制件重量和质量的不一致。

保压压力过低和保压时间不够，材料对型腔补偿欠缺，制件会有缩水和凹陷等外观缺陷。注射速度过慢，熔体温度低，制件会有短射和流痕等问题。如果工艺参数出现波动，会出现制件外观质量问题。例如，有污渍的排气槽，会使熔体注射速度下降，制件上会有反映。

2. 制件质量的一致性

工艺确定下来，注塑生产无须做任何更改，可保证合格制件质量的一致性。制件质量一致性，大致有三种注射成型的加工状态。

1）采用多个型腔模具，所有成型制件重量和质量相同。

2）模次间的制件长度一致性，如图 13-1 所示。在连续注塑生产中，只要工艺参数不变，后模次与前一次制件的尺寸精度一致。

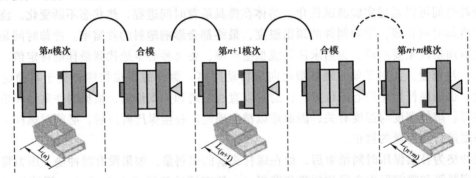

图 13-1　模次间的制件长度一致性

注：制品长度 $L_{(n)} = L_{(n+1)} = L_{(n+\cdots)} = L_{(n+m)}$

3）批次间的一致性是指工艺参数相同的注射成型，但有不同批次的材料投入，生产制件的质量相同。

3. 常见的注塑制件外观缺陷

科学注塑试模的第一阶段，把制件的外观质量作为判别成功与否的衡量标准。试模的技术人员要识别各种外观缺陷。以下对常见的制件缺陷做简要介绍。

1）短射（欠注）。塑料熔体无法达到模具型腔的相应部位。这是由于塑料熔体的注射压力不足，或者注射量不够所致。注射流动没有到达型腔底部位置，也有可能该位置排气不畅，被挤压的空气抵御了熔体。

2）溢料（飞边）。熔融塑料溢出模具型腔。熔体充填流动从模具分型面中溢出，冷却后形成飞边。这可能是锁模力不足，分型面分离造成的；也可能是模具刚性不好，模板弹性变形所致。注射时剂量过多会胀模，或者注射压力过高也会胀模。塑料熔体的黏度过低也会导致产生该缺陷。

3）缩水（凹陷、缩痕）。成型制件表面离开型腔的平整壁面。凹陷经常出现在有筋和台柱交错的壁厚表面。厚壁中央塑料冷却收缩时，温差热应力将表层拉向里层，就形成凹陷。注射时增大注射压力和保压压力，能减少远离浇口制件末端的凹陷。

4）缩孔（真空泡、空洞）。透明或半透明塑料制件的厚壁和拐角处能够看到真空泡。其实深色制件中也有，就是看不到。产生真空泡和空洞的根本原因是壁薄厚不均匀，在壁厚部位的过量收缩。当壁厚的表皮先行冷却且又刚硬时，中央部位塑料在缓慢冷却中，被向外表层拉伸，形成负压真空泡，俗称气孔或缩孔。注射时增大注射压力和保压压力，提高模具温度有利于压力传递，能减少缩孔。

5）翘曲变形。制件的形状位置有偏差。制件脱离了模具型腔后，自由状态下的制件偏离了原金属模具型腔的形状和位置。制件内部质量的不均衡，是产生翘曲变形的原因。在塑料熔体流动和冷却固化成型时，制件各部位的收缩和分子取向并不一致。残余流动应力和温差残余应力分布在各位置不均衡。当残余应力不为塑料制件结构的刚性所容忍时，产生了永久的变形。防止制件的翘曲变形是一项综合的系统工程，要选取弹性模量大的塑料材料，塑料制件要有刚性的结构设计，要有合理的注射流动和保压工艺，要有高效和均匀的模具冷却系统，还要有安全均匀的顶出脱模装置等。

6）气泡。材料中混有水分和挥发物，并混入喷射的熔体。排气困难，型腔中气体混入熔体。

7）料花。高温的熔体携带蒸汽和添加剂降解的挥发物，喷射流动拉伸和翻卷，与金属表面接触留下流动的条纹。提高原材料的干燥程度，降低熔体温度，调低注射速率，改善排气，能避免料花。

8）银纹。熔体流过狭小间隙，注射速率过快，过大的流动剪切应力使分子链断裂和分离，引发细微的裂纹。

9）流纹。注塑制件上料流推进的痕迹是由于塑化的熔体温度过低，加上模具温度偏低所致。高黏度低温冷料，在型腔间隙中行进会出现明显的流纹。

10）暗斑和暗纹。注塑制件上出现黑色或褐色的糊料斑点，或者暗色的流纹。这是部分塑料熔体温度过高或加热时间过长，又经高剪切流动的激化，引起塑料分解，还会进一步被烧糊或烧焦。排气不畅受阻，高温高压的气体也会灼伤制件的边角。采用热流道注射后，这种熔体局部过热的可能性增加，热流道系统中的剩料和滞留物料会在制件上留下暗斑和暗纹。

11）应力发白。脱模过程中制件强度不足，型芯上包紧力过大。在强行脱模时会使制件表面留下擦痕或者变形起皱。细顶杆作用的制件薄壁部位易产生应力发白和凹痕等。

12）可见熔合缝。大量注射制件都有熔合缝生成。融合区两股熔体合流的连接程度，决定熔合缝的力学性能。升高熔体温度和模具温度能提高均匀融合。熔合位置有气体困入，制件表面有可见熔合缝。V形的凹槽下潜伏裂纹，都会损伤制件的强度。在熔体汇合区必须充分排气。

13）喷射流痕。细小的浇口面对大型腔，熔体的蛇形流动沿低温的金属表面推进，熔体不能充分融合。防止该缺陷须降低注射速率，甚至改变浇口的位置。

14）浇口晕斑。浇口垂直于制件平板，辐射扩展流动的剪切变化剧烈，浇口邻近区域呈现周向晕斑。

浇口痕迹和浇口附近区是制件易产生缺陷的区域。大截面的浇口根部会有真空泡，对应部位有凹陷。浇口附近残余应力较大且集中，还会出现应力发白、脆化、银纹和开裂。冷流道浇口在剪去或切割料头时，要避免残留凸起，也要避免损伤制件表面。开放式喷嘴的浇口在热力闭合时，会有各种浇口痕迹。制件表面上的尖锥钉，是开放式浇口熔料经拉丝所遗留的。针阀式喷嘴也会在制件上留下阀针头印痕。

生产实际中塑料制件表面质量的缺陷还有很多。例如，制件表面无光泽，它与材料品种、型腔表面抛光质量有关；又如，色泽不均、颜色不一致，它与着色剂选用和着色工艺有关，也受注射工艺影响。产生以上所述各种模塑制件的质量问题，在生产现场要找到主要原因，这就要求技术人员有全面的注射生产的专业知识，才能正确诊断并排除。

4. 注塑试模的两阶段

图 13-2 所示为两阶段的试模步骤。

第一阶段为模具功能和制件外观验收。推荐各种实验测试，建立工艺窗口，优化工艺参数保证制件质量一致性。

第一阶段的试模：把制件外观质量作为判别注射成功与否的标准。试模技术人员应能识别各种外观缺陷，分析各种缺陷产生原因。要调用注射机的各项功能，用实验测试方法，调整和优化各项工艺参数，得到外观质量合格的注塑制件。

第一阶段的验收：模具各个型腔成型制件重量差异超出客户的要求，应该重新设计流道系统，改进模具。压力降测试后，浇注流道和浇口的压力损失过大，或者制件型腔的流程比过大，注塑机不能提供足够压力，应加大流程通道的截面。经过工艺窗口测试，判定工艺参数的调整不能改善制件的外观质量，将试模失败结果告知客户，请制造企业改进模具。

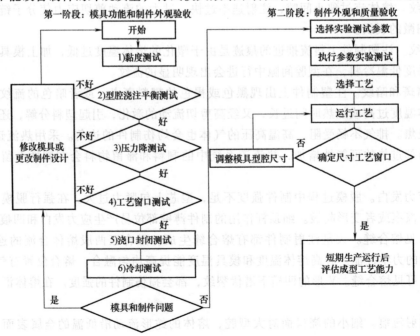

图13-2　两阶段的试模步骤

注塑成型工艺开发采取两段式步骤。第一步应确定模具具有稳定生产外观合格制件的能力，而且工艺窗口足够宽大。注射模批量生产的工艺参数确定后，就进行制件的尺寸检测。如果尺寸不合格，就进入第二步，制件尺寸的工艺调整。

第二阶段为制件外观和质量验收。制件尺寸的工艺调整，应该在外观质量有保证的工艺窗口内。避免选取外观工艺窗口的边缘工艺参数。以多项工艺参数的实验检测，确定尺寸工艺窗口。进行短期生产，评估该模具成型工艺的能力。如果制件的尺寸实验检测，不能成型尺寸合格的制件，应考虑注射模具设计和加工的改进。常见的处理如下：

1）降低尺寸精度，加大公差。

2）如果是孔类尺寸，以相配合的外形尺寸为基准，切削修正，直到方便装配。

3）重新设计并加工相关的模具成型零件。

13.1.2　制件尺寸的工艺调整

在工艺调整制件尺寸前，要审核精度等级。若设置了不合理的尺寸公差，塑料注射成型加工是很难达到的。成型收缩率较大的结晶型塑料，制件尺寸达不到高精度的狭小公差要求。在注射生产现场，依靠几个工艺参数调整，不可能成型尺寸合格的制件。

开发工艺调整制件尺寸，必须设计实验测试。由以下三方面的实验测试获得工艺窗口，才能成型尺寸合格制件。

（1）初步测试评估工艺调整尺寸　造成注塑制件尺寸波动的原因是塑料的收缩特性。熔融塑料在型腔里冷却冻结，体积减小。收缩量大小将决定制件最终尺寸。

熔体温度低，模具温度低，保压压力高，保压时间长，冷却时间长，都会影响制件外形尺寸。但是不同工艺参数对长度变化影响程度不同。不能随意调节制件长度尺寸，应该进行实验测试。型芯柱体所成型的制件孔类尺寸，冷却收缩过程受到约束。保压压力增大，孔径反而减小。

图13-3所示为工艺参数波动引起制件尺寸超差。测量制件的某个实际尺寸，超过了最大极限尺寸，或者小于最小极限尺寸，为此做了三个参数作为影响因素的实验检测，检测长度和直径，确定工艺调整尺寸的公称尺寸，见表13-1。

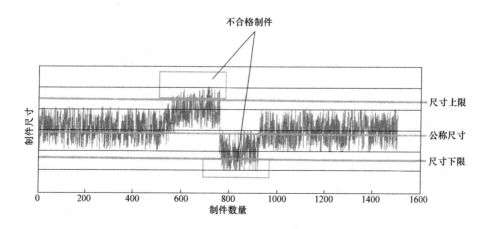

图13-3　工艺参数波动引起制件尺寸超差

表 13-1　初步测试评估工艺调整尺寸

编号	实验参数设定			检测对象	
	模具温度/℃	冷却时间/s	保压压力/10Pa	长度/mm	直径/mm
1	40	30	30	144.73	6.35
2	40	30	55	144.40	6.15
3	40	20	30	144.60	6.32
4	40	20	55	144.30	6.15
5	20	30	30	144.83	6.37
6	20	30	55	144.50	6.16
7	20	20	30	144.65	6.32
8	20	20	55	144.34	6.16

（2）压力-比体积-温度（p-V-T）的最佳保压控制　有了注射模型腔的压力和温度的测量，就可以实现基于 p-V-T 曲线的优化控制。P-V-T 最佳保压控制能获得外观质量和尺寸精度合格的塑料制件。科学注射实践提出，对生产材料和模具注射试模时，实验测定保压时间、保压压力和冷却时间，从而保证注射制件的重量和质量合格。

p-V-T 控制首先要确定在等比体积状态的压力值。图 13-4 所示为某塑料注射成型中的 p-V-T 曲线。线 Ⅰ 代表熔体温度 T_M 下注射状态。在点 Ⅱ 切换到保压阶段。线 Ⅲ 是型腔内压力 $p_M = 130\text{MPa}$ 的保压阶段。从点 Ⅳ 处，浇口冻结闭合。线 Ⅴ 所处阶段，型腔内材料是等比体积变化，制件材料温度下降。从点 Ⅵ 开始，线 Ⅶ 为材料在温度和压力下降中，制件密度增大，体积收缩。在密闭注塑制件在冷却中成型。控制浇口冻结的温度和压力，对制件的形状尺寸精度起决定性作用，也使注塑制件的取向、残余应力和翘曲变形程度最小。在型腔温度下降到脱模温度 T_E 时，型腔内压力等于大气压 0.1MP，开模顶出制件。

（3）建立尺寸与工艺参数的函数关系　塑料收缩冷却过程中，比体积的变化如图 13-4 所示。在注射阶段高温熔体又以高速注射速度，流动充填制件型腔。冷却过程中，塑料熔体比体积以正比关系线性下降。到了保压阶段，推挤少量塑料进入型腔，补偿型腔里制件，直至浇口封闭。在保压时间内，冷却制件的比体积仍在线性下降。在制件材料处于玻璃态的转化过程中，比体积缓慢下降，制件体积收缩，外形长度尺寸缩小。模具打开后制件强行脱模，收缩仍在进行。但

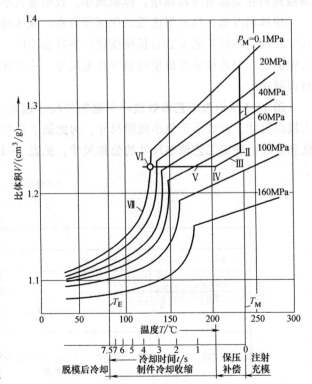

图 13-4　某塑料注射成型中的 p-V-T 曲线
P_M—材料压力　T_M—熔体温度　T_E—脱模顶出温度

已经不属于 p-V-T 物理状态曲线范畴。

在注射周期的注射充填、保压补偿和冷却过程中，无论是无定形塑料或结晶型塑料，还是聚合物的混合物，熔体温度、保压压力、保压时间、模具温度与制件长度尺寸都有线性函数关系。

工艺参数与制件长度尺寸有正比例的线性关系。但是某些尺寸，如制件的内径会有反比例的关系。保压压力增加，内径反而减小。由于预测困难，需要实验测试确定。

建立尺寸与工艺参数的关系，通常，第一步，实验测试保压压力对制件长度尺寸影响。该实验主要是测量高低保压压力下的长度，绘制成保压压力对长度尺寸的工艺窗口。采集最大极限尺寸对应的高低保压压力，即工艺窗口的左右界限；再采集长度最小极限尺寸对应的最低保压压力，就可以绘成工艺窗口。保压压力对制件长度的影响如图 13-5 所示。

第二步，实验测试保压压力与熔体温度对于长度尺寸的工艺窗口（图 13-6），从而测得合格的制件长度。图 13-6 与图 13-5 中，高低保压压力相同。

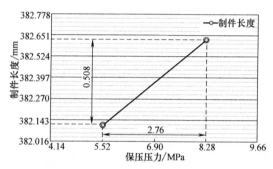

图 13-5 保压压力对制件长度的影响

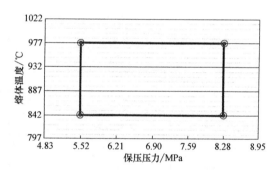

图 13-6 保压压力与熔体温度对制件长度的影响

第三步，实验测试保压压力与模具温度对于长度尺寸的工艺窗口。分析三个工艺窗口，可以得到关于保压压力、熔体温度和模具温度的工艺调整范围，实施长度尺寸的控制。

实验测试尺寸等值线与工艺窗口的关系如图 13-7 所示。制件长度等值线上任一点，对

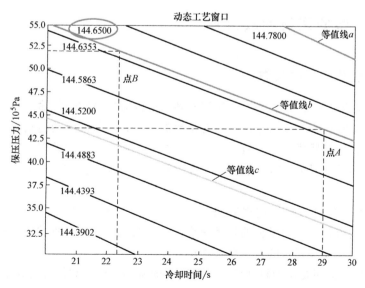

图 13-7 实验测试尺寸等值线与工艺窗口的关系

应 X 轴的冷却时间和 Y 轴的保压压力。公称尺寸为 144.6500mm 的等值线 b 上，对 A 点有冷却时间 29.0s，保压压力 42.1×10⁵Pa。对 B 点有冷却时间 22.4s，保压压力 52.5×10⁵Pa。可读到上限尺寸 144.7800mm 等值线 a 和下限尺寸 144.5200mm 等值线 c。对此图的上限和下限尺寸等值线，以及点 A 和点 B 引出的冷却时间，就是注塑生产合格尺寸的工艺窗口。

在实验测试图 13-7 所示的尺寸等值线图之前，必须预测制件长度公称尺寸对应的工艺参数，见表 13-2。保压压力、冷却时间和模具温度对制件长度尺寸影响明显，可建立多元工艺变量与尺寸函数的线性关系。制件长度 $Y = mX_i + c$，X_i 为工艺变量。X_1 为保压压力，X_2 为冷却时间，X_3 为模具温度。可用两个工艺参数测得制件长度，确定系数 m 和常数 c。以上三个工艺参数中，保压压力对尺寸影响最大。

表 13-2 制件尺寸和直径的预测的数据采集

模具温度/℃		冷却时间/s		保压压力/10⁵Pa	
30	↑↑	25	↑↓	42.5	↓↑
	公差上限	公称尺寸	公差下限	预测值	
长度/mm	0.013	144.65	0.13	144.544	
直径/mm	0.2	6.25	0.2	6.25	
模具温度/℃		冷却时间/s		保压压力/10⁵Pa	
30	↑↓	25	↑↓	30	↓↑
	公差上限	公称尺寸	公差下限	预测值	
长度/mm	0.013	144.65	0.13	144.385	
直径/mm	0.2	6.25	0.2	6.16	

多个型腔模具的注射模塑，相邻两个型腔的重量和尺寸有差异。实验测试两个型腔制件的尺寸等值线，交互两个工艺窗口，重叠的工艺窗口中心对应长度的公称尺寸。工艺窗口的两参数为保压压力与熔体温度。相关内容详见参考文献 [13]。

13.2 科学注塑的注射参数设置

13.2.1 合模装置的参数设置

模具安装在注射机的合模装置上，螺杆不转动时没有塑料粒子传输。在空料注射循环周期中，冷却系统正常运行。各路冷却管道有足够的流量，冷却液流动达到湍流状态。如果有热流道的流道板，加热器要通电。料斗中的塑料粒子，应该经干燥处理。

操作者应该熟悉注射机上合模装置的工作原理，了解液压机械合模装置和全液压合模装置的区别。

1) 打开和闭合模具的行进过程要快，启动与闭合模板时要轻柔。全液压式的合模装置，依靠液压油的流量调节动模板的移动速度。液压机械式合模装置的动模板的速度取决于曲肘机构的特性，移模液压缸的流量调节作用较小。

2) 模具的打开空间要让塑料制件顺利坠落，通常不需要比制件高度大很多。

3) 顶出制件的速度要快些，但不能损伤塑料制件。顶出也应该是慢—快—慢的双斜坡的速度。全液压式的合模装置有独立的顶出液压缸，应合理设置顶出速度。液压机械式合模装置有固定的长推杆经脱模机构作用制件脱模。动模板的开模速度就是制件的脱模速度。

4）模具的脱模机构设置回程杆，保护模板上型芯。

5）合模装置的锁模力必须大于型腔里高压熔体的膨胀力。足够的锁模力才能防止分型面上物料溢出。可根据成型制件在分型面上的投影面积，预测模板上的膨胀力。液压机械式合模装置的曲肘机构具有增力作用。对各副模具的闭合高度，应有调整机构控制锁模力。现代注射机上装有压力传感器，能显示锁模力的大小。

13.2.2　欠注射充填制件型腔的操作

实施注满制件型腔95%的注射成型的工艺操作，是为了得到螺杆推进的合理计量，正确掌控 V/P 切换的时间。

1. 欠注射充填的原理

塑料熔体充填制件型腔的95%，螺杆停止推进。高压熔体不会立即撞击模具的壁面，留下最终的空间。如果余留的空间太少，注射流动的前沿会撞粘在模壁上。锁模力不足时会在分型面上溢出熔体，成型制件上有片条状的溢边。类似情况还有斜滑块因锁紧不足，引起制件侧向的溢边。在金属嵌件装配的拼合缝上，或者推杆四周也会出现溢边。

欠注射充填型腔的95%状态下，注射熔体速率慢下来。熔体的压力不足，在模壁面上为网点状接触，不易发生溢料。

2. 初始试射的参数设置

1）螺杆的计量推进为10~25mm，逐次增加达到充填制件型腔75%。注射螺杆的推进速率设置为中间值，施加的注射压力也设置为中间值。

2）保压压力设置为零。保压时间以实验测试，获知的浇口冻结时间为准，通常为10~20s。

3）冷却时间控制在注射周期的25%左右。倘若是厚壁制件，应适当延长冷却时间。

3. 欠注射充填的计量

若干次的欠注，逐次增大螺杆计量，最后获得95%~99%的充填。为保证螺杆推进的速度，同时施加所需的注射压力。注射机喷嘴头的射出熔体应有额定压力的70%左右，并调整保压的压力和时间、冷却时间等工艺参数，直到能稳定生产外观质量合格的制件。

1）注射机的注射速率和注射压力是两个独立的控制量。输入液压缸的液压油的流量控制螺杆位移注射速度。多级注射的各级切换点和速度，由操作者设置。经计时器触发转换到各级速度。

2）注射与保压两阶段的切换，用螺杆的计量位置的信号实现。此时螺杆的前端有一定体积的塑料熔体。螺杆速度 v 切换到压力 p，即 v/p 切换点，由压力阀输出的压力油驱动螺杆缓慢推进。计时器在保压时间终止时，让螺杆停止。

3）注射机的工艺量大都是开环控制。现代的电动注射机和计算机控制发展了工艺参数的闭环控制。

13.2.3　优化注射速度

在科学注塑实践中，用注射模的黏度曲线确定符合工艺要求的最快注射速度。

1. 注射速度的优化

图 13-8 所示为计算机的注射流动数值分析结果，显示了注射速度对熔体温度的影响。小截面的浇口将高压熔体注满扁矩形长条，图示为注射流动初期呈现的温度分布。如图 13-8a 所示，快的注射速度在注射流动过程中产生剪切热，使得型腔里的熔体温度升高10℃。过高的熔体温度会引起冷却成型的制件有过大的收缩，热敏性塑料的制件上会有热点和烧伤。如图 13-8c 所示，慢的注射速度下，长条熔体的各位置有较大温度差异，成型制件的收缩不均，会产生翘曲变形。图 13-8b 中，以优化的注射速度注射，能改善熔体的流动性，长度方向的熔体温度差别小，保证了制件的质量。

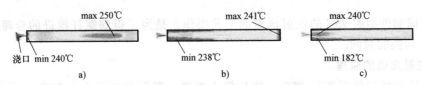

图 13-8　注射速度对熔体温度的影响

a）快的注射速度　b）优化的注射速度　c）慢的注射速度

图 13-9 所示为相对注射速度变化对非牛顿区间的低黏度塑料影响。可以在生产塑料制件的注射机和模具上实验测试。用喷嘴输出的高压熔体注射量，以注射速度推算相对黏度。注射速度就是螺杆推进的线速度。在高注射速度和高剪切速率下塑料黏度明显变稀。在低注射速度和低的剪切速率下黏度变化很小。注射速度对制件型腔的中注射熔体黏度影响更小。

对照图 3-5 所示的塑料熔体的流变曲线。在注射成型的注射阶段，聚合物熔体经受剪切应力作用，由此产生的剪切速率与注射速度成正比。剪切速率变化会引起熔体黏度变化。由于流道、浇口和型腔截面的变化，以及输送压力和温度变化，注射流动的稳定性很难保证。图 13-10 所示为 HDPE 在不同温度下的黏度曲线。在注射速度较快的流动区域，剪切速率对黏度影响小，趋于稳定。螺杆推进速率变化引起的熔体黏度变化极小。因此，高速注射对降低熔体黏度，保证熔体输送的稳定性，改善塑料熔体的物理条件特别重要。

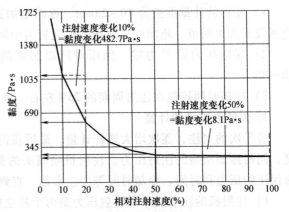

图 13-9　相对注射速度变化对非牛顿区间的低黏度塑料影响

模具内的流变学测试结果表明，与低速注射相比较高速注射熔体前沿的压力波动小，不同批次塑料材料的黏度差异也小。图 13-10 中，HDPE 在不同温度下的黏度曲线的轮廓走向是平行一致的。熔体温度高低的差异并不重要。

2. 注射机上测绘黏度曲线

（1）注射工艺的设置

1）参照塑料粒子供应商提供的熔体温度范围，以中间值设置温度。

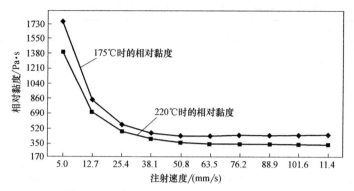

图 13-10　HDPE 在不同温度下的黏度曲线

2）保压压力和时间无须设置。实验只运行注射，没有保压。

3）确保浇口里材料冻结前不运行螺杆旋转塑化。防止螺杆塑化后退的背压，附加到注射的熔体中。设置螺杆塑化起始时间迟于浇口冻结的时刻。

4）注射压力设置为最大的可用值。注射体积量少的小模具，注射压力过大会损伤细长型芯等零件。

5）冷却时间设置要足够大，确保制件已冷却到顶出温度。

（2）黏度测试的操作

1）注射机以螺杆位置的模式切换。用慢速注射调整计量位置，短射充填 50% 制件。

2）逐步提高至注射机的最高注射速度。调整计量位置，得到制件体积 95%～98% 充填。如果出现制件有焦化等外观缺陷，应调低注射速度。

3）再一次成型制件，记录注射时间和注射停止时刻的最大油压。如果螺杆推进速度 125mm/s，需要油压 12.8MPa，应设置注射压力为 15.2MPa。设置注射压力应高于推进螺杆的峰值油压。

4）小幅度降低注射压力，速率比从 90% 降到 80%，80%～70%……的最高相对注射速度，或者从 125mm/s 降到 114mm/s……。记录每次的注射时间（s）和峰值注射压力（Pa 或 MPa）。

5）重复上述操作步骤，直至注射速度降到最低限度。可将有效注射范围分为 10～12 档，以获得足够多的注射速度节点上对应的相对黏度。

（3）黏度曲线的数据处理　表 13-3 是图 13-11 所示黏度曲线的数据处理过程。每点的相对黏度（Pa·s）用下式计算：

$$相对黏度 = 峰值注射压力 \times 注射时间 \times 螺杆增强比 \qquad (13-1)$$

1）塑料熔体注满流道与型腔的体积，可以在注射机上测定，用螺杆直径和计量长度推算，也可以用以下方法预测：

① 成型制件的重量（g），折算成固态体积，再换算成注射温度下的塑料熔体体积，还要经计算加入流道中熔体体积。

② 用计算机软件造型的制件型腔和流道三维结构图形，可查询得到一次注射的塑料熔体体积。

2）螺杆的增强比可查阅相关注塑机的技术手册，也可假设为 10。

表 13-3 黏度曲线的数据处理过程（螺杆的增强比 = 10）

序号	注射液压油的峰值压力/Pa	注射时间/s	注射速度/(mm/s)	相对剪切速率/s⁻¹	相对黏度/Pa·s
1	94.53	0.32	127	3.125	30.3
2	90.39	0.35	114	2.857	31.7
3	85.28	0.37	102	2.703	31.6
4	81.21	0.40	89	2.500	32.5
5	70.52	0.47	76	2.128	33.1
6	62.93	0.55	64	1,818	34.6
7	56.93	0.67	51	1.493	39.3
8	52.58	0.88	38	1.136	46.3
9	59.96	1.25	25	0.800	74.6
10	60.58	2.48	13	0.403	150.2
11	48.99	4,10	7.6	0.244	200.1
12	55.89	8.00	5.1	0.125	447.1
13	60.03	10.50	3.8	0.095	630.3

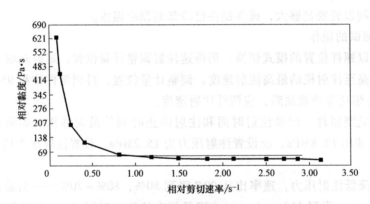

图 13-11 利用相对黏度曲线优化的注射速率

对于图 13-11 所示相对黏度曲线，可用下式获得优化的注射速率对应的优化相对黏度（Pa·s）：

$$优化相对黏度 = （最大黏度-最小黏度）\times 0.025 + 最小黏度 \qquad (13-2)$$

计算得到优化的注射速度和注射时间。图 13-11 所示相对黏度曲线的优化注射速度为 38mm/s，注射时间为 0.88s。大致对应表 13-3 中序号 8 的实验数据。相对黏度实际值没有太大意义。

对于实验测绘的相对黏度曲线，有以下四种情况需要面对：

1) 如果相对黏度曲线没有平坦延续，说明注射机没有高速注射能力，不能提供足够高的液压力。

2) 没有设置注射压力，螺杆推力不足。螺杆无法达到设定的注射速度。注射时间不准确，得到的黏度曲线没有价值。

3) 注射制件的外形尺寸小于 8mm，注射体积量小于料筒容积 20%，螺杆没有时间建立稳定的压力。塑料熔体呈弹性，压力的读数误差大，测得的相对黏度曲线不精确。

4）注射速度越低，熔体的黏度越高，流动性越差。在短射的状态下，比较高速率低黏度熔体对型腔注射量要少，成型制件的尺寸会小些。

3. 最快注射速度的工艺要求

最快注射速度必须适应在模具型腔内稳定充填的要求。注射速度的快慢分段影响制件的质量。

（1）高速注射对注塑成型的影响

1）嵌件固定在模具里，容易被高速熔体挤压移位和变形，同样会使细长型芯弯曲变形，致使成型制件报废。

2）高速流动生成剪切热会烧伤浇口区域的材料，常有流痕或裂纹等缺陷。剪切热引起聚合物降解，形成变色或焦化等缺陷。热敏性 PVC 等材料更容易产生这些弊病。

3）高速熔体流动充模，必须有高效的排气设计，还要有清污的保养。排气不畅会造成制件多种缺陷。

（2）分段变速的预设　如图 13-12 所示，注射机螺杆划分区段分别以预设的注射速度推进，称为注射速度分段。如果熔体在通过浇口时注射速度过快，浇口区域会产生流痕等外观缺陷。操作者在相应区段降低注射速度，然后再提高注射速度。如果 v/p 切换时间是 20mm，螺杆应在 30mm 附近减速，才能平稳到达 20mm 的预定位置。射入型腔的材料多少会引起制件质量变化，影响制件的一致性。在设置变速分段数目和确定速度时，应考虑熔体的动量对于液压系统压力的响应时间。螺杆推进变速段的长度小于 5mm 是无效的。

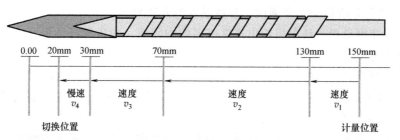

图 13-12　注射速度分段

13.2.4　注射充填的压力降测试

1. 注射流程压力降测试

在注射流程的压力降测试之前，已经确定螺杆推进计量的切换位置，也已经测试绘制了相对黏度曲线，能实现制件型腔 95%~98% 注射充填。为注射流动过程中有稳定的黏度，确定了优化的注射速率。注射流程压力降测试可以获知各区段的压力损耗，并获知成功注射应供给的注射压力。如果注射机的液压缸不能满足应有的注射速度和注射压力，要求改进注射模的设计，降低流程各区段流动阻力，改换注射机喷嘴，流道系统通道加大，浇口截面增加，制件型腔间隙增大。

图 13-13 所示为三级分流道对单个型腔浇注时，流程各区段的压力分布。做流程各区段的压力降曲线时，利用该模具的相对黏度图形曲线，确定优化注射速度。注射熔体黏度低，流动性良好。图中最大注射压力线，是指注射液压缸能施于螺杆头的最大推力，也是保证制

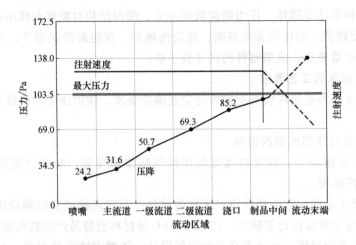

图 13-13 三级分流道对单个型腔浇注时，流程各区段的压力分布

件重量和质量的必要条件。流程各区段通道狭小，制件型腔排气不良等因素都会增大压力损耗。

2. 各区段的压力降测试的操作

黏度测试时不受注射机最大注射压力限制按照前述黏度测试方法，假定了流程各区段后，设置熔体温度、计量位置、切换位置和注射速度。

如果受阻于注射压力，黏度测试不能完成就不能获知稳定的相对黏度，不能决定相应注射速度。当务之急是改做压力降测试，参数设置的方法如下：

1）将注射速度设置为注射机给出速度范围的中间值，找出螺杆计量位置，并在制件被95%～98%充满的位置切换。

2）对于黏度测试过程中记录的最高压力，提高20%左右，设置为注射压力。

压力降曲线测试过程中，用减少注射计量方法，成型各区段的制件、流道等，记录它们的注射压力的峰值，测试步骤如下：

1）开始压力降测试。若干次注射成型的制件外观质量合格，记录的注射压力峰值将是此制件成型结束所需的压力。

2）调螺杆计量的切换位置，成型模塑制件的一半，记录注射压力的峰值，将作为此制件成型所需的平均压力。

3）以每次减少能成型制件计量的5%～10%，逐次收集到各区段浇口、二级流道、一级流道和主流道的压力降。

4）测试注射机喷嘴射出的塑料熔体压力。停止对模具注射，将注射装置后退，记录空射过程中注射压力的峰值，就是塑料熔体射出喷嘴所需压力。

5）绘制塑料熔体自喷嘴始的流程各区段所需压力，为压力降的测试线图。

在各区段的压力测试开模后，不完整的制件，或者部分的流道凝料粘在模具里。这时脱模顶杆失效，要求在20～30s内人工清除；否则，会影响压力降的测试数据。

图13-14所示为两种喷嘴的压力降的测试线图。在用小口径喷嘴注射充填模具时，制件末端所需注射压力超过了注射机能供给的最大压力。改用较大口径的喷嘴后，从保证制件外观质量角度考虑，可初步判定工艺流程可继续进行。

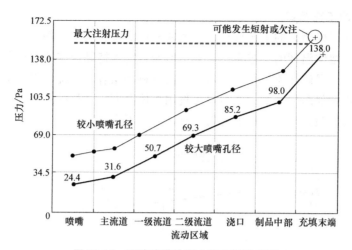

图 13-14　两种喷嘴的压力降的测试线图

热流道注射模塑的压力降测试，将流道板里流道和喷嘴作为一个区段，测试制件型腔中各区段和末段的压力降。

模具多个型腔的流道等流程布置，注射充填后出现成型制件重量不等。其原因有可能是各浇口的冻结封闭有先后，出现各个型腔浇注不平衡。在压力降测试中发现上述问题，可提高注射压力 10%～20%。如果是剪切热引起浇注不平衡，制件重量不一致，第 7 章中有详细解析。

3. 压力降曲线的解析

按第 5 章式（5-1）和表 5-4 所述，冷流道浇注系统的压力降限制在 35～40MPa 以下。在注射高黏度、流程比大、高精度的制件时，注射的型腔内应有 45MPa 的平均压力。

以图 13-14 为例，解析大口径喷嘴的实线压力降曲线，主流道至二级分流道有 37.7MPa 压力降，浇口段到充填末端的压力降为 52.8MPa，测得制件末端压力为 138.0MPa。故必须用螺杆最大推力 150MPa 以上的注射机，成批量注塑生产制件。

如果现有注射机最大注射压力小于 138MPa，那只能改进注射模设计。加大流道截面，将会增加流道凝料。增加浇口数目，降低制件注射流程，但会有熔合缝生成。

13.2.5　保压压力的工艺窗口

保压压力的最高及最低界限，与熔体温度或模具温度建起两个参数的窗口。在此工艺窗口中心，给出设置保压压力和温度的合理参数，这是注射生产外观合格制品的一项保证措施。如果这个窗口过于狭小，无法容纳批量生产中的工艺波动，理应修改模具，甚至重新设计制造模具。保压压力的工艺窗口的测试是重要且不可缺的一项工艺流程。

1. 保压压力对制件外观质量的影响

浇口内的材料尚在冻结过程中，型腔内制件处于冷却收缩中，需要塑料熔体补偿，使填补的制件重量达到公差要求，保证批量生产的制件重量的一致性。而后的一段时间内施加一定程度的保压压力，推挤材料提高制件型腔内压力。直至浇口完全封闭，型腔内制件在有足够内压下冷却，达到一定的固态密度。保压不足，冷却成型制件有较大收缩量，会出现凹陷和缩孔等缺陷；过度保压，制件有较大残余应力，脱模后制件显现翘曲变形。

2. 保压压力的工艺窗口

对于投产的注射模测试的工艺窗口，按塑料材料形态有两种。图 13-15 所示是无定形聚合物的保压压力与熔体温度的工艺窗口。无定形聚合物维持黏流态的温度范围较宽，浇口里高温熔体冻结慢。高温熔体流动性好，对型腔内材料补偿容易。浇口封闭前，有机会进行压力补偿。因此，根据保压压力的工艺窗口可选用熔体温度。过热的熔体温度界限是防止塑料降解；低温熔体的界限是防止保压的补偿不足，生产不合格制件。

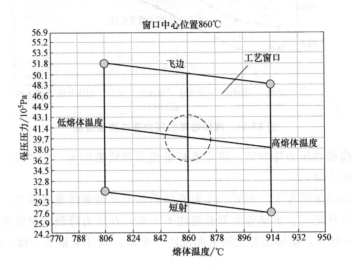

图 13-15 无定形聚合物的保压压力与熔体温度的工艺窗口

图 13-16 所示是结晶型聚合物的保压压力与模具温度的工艺窗口。浇口里结晶型塑料的凝固过程，依赖模具温度。如果冷却效率低，模具温度偏高，浇口里材料凝结慢，材料补偿比较充分。而且制件材料结晶度高，有利提升制件的重量和质量。模具温度升高，冷却时间增加，注射模塑的生产率低。所以最高模具温度作为工艺窗口的上限。反之，模具温度低，制件的保压补偿不充分，成型制件的收缩量大，出现外观质量问题，所以设有模具温度的下限。

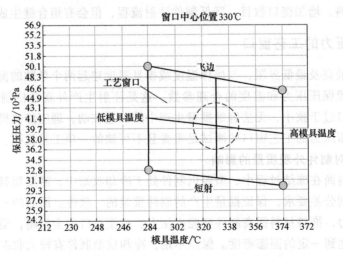

图 13-16 结晶型聚合物的保压压力与模具温度的工艺窗口

3. 保压压力与熔体温度工艺窗口的测试

测试对象必须是已经完成黏度曲线的注塑模具，注射该模具的优化注射速度已经确定。注射工艺的设置有以下步骤：

1）模具温度设置为推荐温度范围的中间值。

2）注射机料筒温度设置为熔体推荐温度的下限。

3）注射速度设置为黏度曲线实验获得的优化速率。

4）所有保压压力和时间均设置为零。

5）螺杆旋转塑化储料延时的时间，设置为估算的制件保压时间。

6）冷却时间设置应长于一般估计值。

7）开始注射成型并调节螺杆计量切换位置。制件型腔95%~98%充满。制件重量应标记为"仅注射阶段制件重量"。

8）成型大约10模制件，让注射成型条件稳定。

9）开始保压时间应为浇口冻结封闭时刻，从该时刻开始保压工艺窗口测试。通常，根据浇口截面大小，基于经验确定。下一节将介绍浇口封闭测试。

工艺窗口区域图形成的过程如下：

1）逐步地小幅度增加保压压力，观察制件从外观缺陷到改善，记录外观合格制件的低保压压力。

2）将低保压压力标记为"低温-低压"的侧角。

3）用类似步骤的增量，逐步提高保压压力，记录制件出现不合格迹象时高保压压力"低温-高压"的上侧角。

4）将熔体温度提高到推荐范围的上限。再逐步地小幅度增加保压压力。观察制件外观从合格到变坏，记录外观合格制品的高保压压力。保压压力标记为"高温-高压"的侧角。可组合得到，低保压压力标记为"高温-低压"的下侧角。

5）连接这四角就形成了注塑工艺窗口。

6）参照工艺窗口的中心点，设置保压压力和塑料熔体温度。

13.2.6 测试浇口封闭确定保压时间

浇口冻结封闭测试确定保压时间，是科学注塑的一项先进技术。

1. 常规的保压压力和时间的设置

（1）常规的保压压力设置 通常，保压压力设置为注塑机50%~70%最高压力，这个范围就是试模的压力界限。同时，并对制件质量肉眼观察。以注射压力的50%作为保压压力，是不可取的经验法则，将会给保压时间的设置带来更大麻烦，不能保证制件的重量和质量。

最低保压压力界定在制件形体没有完整成型，呈现凹陷和缩水等缺陷。保压不足的原因是多方面的。常见原因有注射机的注射液压缸的推力不足；制件壁厚过大，或者壁厚变化剧烈，造成在多个型腔模具的浇注流动的不平衡。

在小批量试模中，出现成型制件过分光亮，制件脱模困难，或者制件脱模后有翘曲变形，可界定为保压压力过大。在最大保压压力界限线上注射生产，会加剧模具成型零件的磨损。

保压压力按最大与最小界限的中间值设置。如果最大与最小保压压力太接近，甚至没有，就无法解决制件的外观质量问题。这时需要修理模具，甚至修改塑料制件的设计。

（2）保压时间的设置方法　浇口在注射阶段有调节熔体流量的功能。注射模的浇口种类多，结构复杂。如果浇口和流道设计合理，加工精准，那么浇口中材料完全冻结封闭前，在保压阶段浇注系统应该有足够的补偿功能，以保证制件的重量和质量。一旦浇口封闭，持续保压会空耗液压动能，还延长了注射周期。保压时间拟定有以下三种途径：

1）制件称重法。制件的重量随保压时间增大的曲线如图 13-17 所示。螺杆推进的 v/p 切换时刻为保压的起始时间。材料经过浇口补偿制件的收缩。冷却计时器的信号终止保压。流道中的冻结皮层不影响对制件的补偿。补偿收缩阶段制件的重量有明显的增大，在之后的保压过程中制件的重量增加微小。图 13-17 中，重量曲线上的 6s 时刻初步确定为保压时间结束。考虑到浇口中材料凝固的过程，将保压时间延长 0.5~1.0s，保压时间设置定为 6.7s。

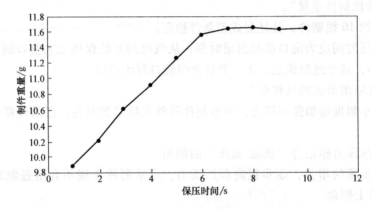

图 13-17　制件重量随保压时间增大的曲线

2）型腔内压力测试法。浇口邻近附近位置设置压力传感器，可测绘得到图 13-18 所示的型腔内压力曲线。保压开始时，浇口中材料并没有冻结，型腔内压力上升很快。在保压计时的 5s 时刻，塑料材料倒流至流道。在 6s 或更长时间保压，型腔内压力降低缓慢。

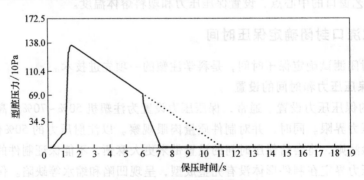

图 13-18　型腔内压力曲线
实线—保压时间 5s　虚线—保压时间 6s

3）热流道的开放式浇口。热流道模具的喷嘴为开放式浇口。浇口中材料凝固过程缓慢，保压结束后，浇口中材料处于温热状态。如图 13-19 所示的制件重量测试曲线，制件重量有陡增与渐长两个阶段。两者的变换时刻为 7s，确定为保压时间的终止。保压结束后，热流道中塑料维持熔融状态。

2. 测试浇口冻结封闭

利用浇口冻结过程中制件重量变化确定保压时间。较低的塑料熔体黏度、较高的保压压力、熔体温度和模具温度都会延长浇口的冻结时间。

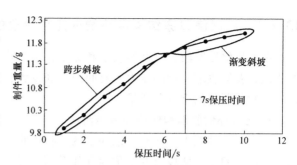

图 13-19 制件重量测试曲线

1）将注射速度设定为黏度曲线测试得到的优化值。

2）将工艺设置在保压压力工艺窗口中心，或者靠近窗口右上象限的上侧角。压力和温度靠近较高值。

3）设定冷却时间足够长，确保制件顺利脱模顶出。

4）将保压时间降至零，确保浇口封闭前，不启动螺杆旋转塑化。

5）保压时间从零起，每次递增1s，冷却时间就减少1s。收集制件并称重，直至浇口封闭，大约收集10次。制作保压时间与制件重量清单，见表13-4。

表 13-4 浇口封闭测试表

保压时间/s	制件重量/g	保压时间/s	制件重量/g
0	24.28	5	25.02
1	24.66	6	25.02
2	24.79	7	25.02
3	24.90	8	25.02
4	24.99		

6）绘制图 13-20 所示浇口封闭曲线图，确定浇口封闭时间。封闭时间是制件重量达到稳定之前的时间。

3. 确定保压时间

如果是多个型腔，流道系统为等流程的几何平衡布置，所有型腔的注射速率相同，它们浇口的封闭曲线应该相似。根据其中某一腔的制件重量，即可绘制曲线图。为了确保所有浇口在保压结束前都自行封闭，保压的时间应该比测定的浇口封闭时间长约1s。

如果制件重量已经比较稳定，随着保压时间增加制件重量又突然增大，说明出现了过保压。由于浇口截面较大等，浇口内和附近区域材料尚未完全冻结，有部分材料还在推挤，图 13-20 的虚线说明这种状态。

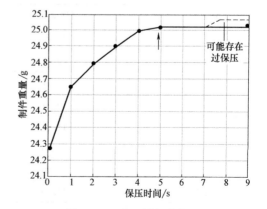

图 13-20 浇口封闭曲线图

采用直径粗大的浇口注射大型制件，浇口冻结至封闭经历时间很长。这种情况下，要把补偿保压分为补偿收缩和保压补偿两阶段，浇口封闭的实验测试，要分别确定补偿收缩和保压补偿的压力和时间。

13.2.7　测试浇口冻结决定补偿保压两阶段的压力和时间

在补偿保压阶段，有补偿收缩和保压补偿两阶段的外观工艺窗口。科学注塑以浇口冻结的测试，获知收缩补偿的压力和时间的正确设置，又获得保压补偿的压力和时间合理设置，以确保塑料制件的重量和质量。

1. 区分补偿收缩和保压补偿两阶段

在大多数情况下，注塑工艺并不区分补偿收缩和保压补偿两阶段。补偿保压设置保压压力和保压时间后，两段合并统称为保压阶段。单个保压阶段的优化，可由 13.2.6 节，测试浇口封闭确定保压时间和保压压力。然而，浇口截面较大时，制件重量与时间曲线并不出现平坦的区域，这种制件很容易因过保压而不合格。下述六种情况有必要区分补偿收缩和保压补偿两阶段。

1）聚烯烃塑料和各热塑性弹性体，浇口冻结过程中制件重量有较长时间增加，较难趋于平稳。

2）直浇口的浇口截面粗大，等待浇口完全冻结封闭不切实际。制件重量会随保压时间延长而增加，会导致浇口邻近区域出现过保压的外观缺陷。

3）大截面浇口，在桶、盒类制件的中央浇注，浇口处可能开裂或断裂。

4）热流道喷嘴的开放式浇口的材料处于熔融状态，在压力下有塑料输送流动。

5）热流道的针阀式喷嘴浇口，采用机械关闭。只有补偿收缩阶段，没有保压补偿阶段。

6）浇口邻近区域出现过保压的外观缺陷，可以修改扩大浇口。修理模具后，测试浇口冻结确定保压补偿两阶段的压力和时间，以两阶段设置投入注塑生产。

2. 浇口冻结曲线的测试操作

1）补偿压力取补偿收缩压力和保压补偿压力的最大值，假设为 55.2MPa。设置补偿时间，其应为补偿收缩时间与保压补偿时间之和，假设这个时间是 15s。

2）将补偿时间增加 1s，收集制件并称重，记录制件重量与补偿时间，见表 13-5。绘制时间 0~10s 的制件重量与补偿时间关系图，如图 13-21 所示。

表 13-5　浇口封闭测试各时刻的制件重量

补偿时间/s	制件重量/g	制件重量增量/g	制件重量增长率（%）
0	9.88	—	—
1	10.45	0.57	5.769
2	10.77	0.32	3.062
3	10.94	0.17	1.578
4	11.07	0.13	1.118
5	11.10	0.03	0.271
6	11.10	0	0
7	11.10	0	0
8	11.10	0	0
9	11.10	0	0
10	11.10	0	0

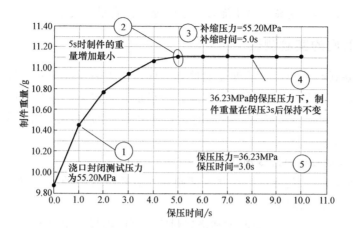

图 13-21　浇口封闭测试和两阶设置

3）观察图形曲线和制件重量，判断制件重量变化开始放缓的时间，也就是从曲线的斜率变化找到。从图 13-21 中，可确定补偿收缩时间为 5.0s，补偿收缩压力为 55.20MPa，还可确定"仅有收缩补偿的制件"重量为 11.10g。

4）开始第二阶段的保压补偿阶段测试。保压补偿结束时刻设置为 10.0s，保压补偿时间是 5.0s，保压补偿的压力也设置为 55.20MPa。

5）在保压补偿的压力 55.20MPa，保压补偿时刻 10.0s，制件重量为 11.23g，高于"仅有收缩补偿的制件"重量 11.10g。

6）每次降低约 1.725MPa 压力，分步逐次降保压压力，每次称重制件。当制件重量等于 11.10g 时，第二阶段保压补偿的压力为 36.23MPa。这说明在 8s 时刻，浇口封闭，塑料不流入型腔，也不倒流出型腔。

7）接着以保压补偿 36.23MPa 的压力，1s 为步距逐次缩小保压时间。本例中在时刻 2s 时，制件重量为 11.08g。这说明在此期间，在低压下塑料材料倒流出型腔。为防止倒流，在高压 55.20MPa 下，收缩补偿的时间应在制件重量恢复到 11.10g 时。对应的收缩补偿的时间为 5s，加上保压补偿时间有 3s，保压补偿阶段时间 8s。

8）在保压补偿阶段，依照浇口冻结封闭过程合理的两阶设置（图 13-21）：收缩补偿的压力为 55.20MPa，收缩补偿的时间为 5s；保压补偿的压力为 36.23MPa，保压补偿的时间为 3s。

3. 影响浇口冻结过程因素

冷流道浇注系统的浇口，按其截面分有小、中、大三类。小截面浇口的直径在 2mm 以下，浇口里材料冻结快，需要很小的材料补偿量。小型制件的成型制件质量尚能保证。注射单个型腔的大型制件的直浇口，长度为 100mm，浇口大端直径为 12mm。在保压时间内补偿过度，浇口邻近区域的外观质量很差。

热流道注射模中喷嘴为开放式浇口，保压时间延长，制件重量增加更为剧烈，更需要用测试浇口冻结来合理设置保压压力和时间。

热流道系统采用针阀式喷嘴，阀针机械运动闭合浇口。从浇口冻结曲线的测试中获得补偿收缩的时刻，阀针关闭浇口，不存在保压补偿阶段。

以上确定保压压力和时间的方法，适用于制件外观的工艺窗口，制件尺寸不在考察的范围内。熔体温度和模具温度高，会使浇口冻结缓慢，影响制件尺寸。

13.2.8 冷却时间的实验测试

熔融塑料接触到制件型腔壁面便开始冷却。保压结束后，冷却开始计时。冷却时间过短，在开模顶出制件过程中，伤及柔软塑料，会呈现外观缺陷。冷却时间过长，注射周期长，影响注射成型的生产率。因此，冷却时间应该优化，使制件的外观质量和尺寸精度保持稳定。冷却时间测试有两种途径。

1. 确保制件外观质量缩短冷却时间

应完成第一阶段的工艺测试，建立保证制件外观质量合格的工艺窗口。再测试制件尺寸，缩短冷却时间。流程如下：

1）根据黏度测试、工艺窗口测试和浇口封闭测试的结果，拟定各项工艺参数。

2）开始成型。待工艺稳定后，收集三次模塑的制件。

3）将冷却时间缩短 1s 或 2s，待工艺稳定后，再收集三次模塑的制件。

4）持续缩短 1s 或 2s 冷却时间，待工艺稳定后，再收集三次模塑的制件。直到冷却时间到极限值。

出于注塑安全考虑，注射机在半自动模式下运行。冷却时间再三缩短后，制件脱模温度升高，制件黏着模具和强力顶出，引发外观质量缺陷。对每批制件进行尺寸测量，可以确定最短的冷却时间。

2. 测量制件尺寸确定冷却时间

如图 13-7 所示，采用冷却时间与保压压力的工艺窗口，按制件尺寸的实验测试等值线，也能确定最短的冷却时间和尺寸数值合格的冷却时间。直接测量尺寸确定冷时间的流程如下：

1）用保压压力、冷却时间和模具温度初步试测，见表 13-1，得到冷却时间的低值、中间值和高值。测量这三个时刻下的尺寸。

2）绘制尺寸与冷却时间的关系线图，分析尺寸数据随冷却时间变化规律。

3）确定尺寸数据合格的冷却时间。

4）用确定的冷却时间注塑 30 模，统计分析确定此工艺的能力。

测定冷却时间与制件尺寸的关系如图 13-22 所示，尺寸 B 不受冷却时间变化的影响。但

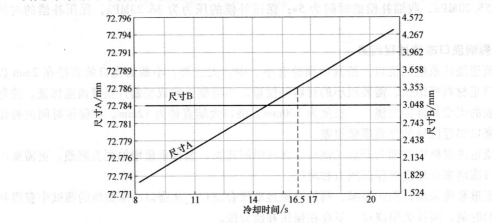

图 13-22 测定冷却时间与制件尺寸的关系

尺寸 A 会随冷却时间的长短而变化。尺寸 A 的公称尺寸为 72.784mm。因此，为了缩短注射周期，应将冷却时间设置为 16.5s。按客户的尺寸公差，对应上限与下限的极限尺寸就是冷却时间调整的范围。

冷却时间的确定过程很复杂，但是又极为重要。制件脱模后的翘曲变形和后期收缩，影响制件尺寸。大型注塑制件尺寸测量尤其困难。冷却时间通常是注射周期的主要部分。薄壁的大面积制件的冷却时间很短，模具要有足够闭合时间，来配合完成螺杆塑化的储料。因此，塑化时间不能超过冷却时间。厚壁制件的冷却时间与模具温度关系密切，在测试和生产过程中模具温度的设置和均衡性是项难题。

参 考 文 献

［1］ 徐佩弦. 高聚物流变学及其应用［M］. 北京：化学工业出版社，2003.

［2］ 唐志玉. 大型注塑模具设计技术原理与应用［M］. 北京：化学工业出版社，2004.

［3］ 弗伦克勒，扎维斯托夫斯基. 注射模具的热流道［M］. 徐佩弦，译. 北京：化学工业出版社，2005.

［4］ 林纳，恩格. 注射模具130例［M］. 吴崇峰，等译. 北京：化学工业出版社，2005.

［5］ 王建华，徐佩弦. 注射模的热流道技术［M］. 北京：机械工业出版社，2006.

［6］ 徐佩弦. 塑料制品设计指南［M］. 北京：化学工业出版社，2007.

［7］ 徐佩弦. 塑料制品与模具设计［M］. 上海：华东理工大学出版社，2010.

［8］ BEAUMOUT J P. Runner and gating design handbook［M］. 2nd ed. Liberty Twp：Hanser Garder Publications，2007.

［9］ 翁格尔. 热流道技术［M］. 杨卫民，丁玉梅，等译. 北京：化学工业出版社，2008.

［10］ FUH J Y H，ZHANG Y F，NEE A Y C，et al. 计算机辅助注射模设计和制造［M］. 徐佩弦，译. 北京：机械工业出版社，2010.

［11］ 徐佩弦. 塑料注射成型与模具设计指南［M］. 北京：机械工业出版社，2014.

［12］ 徐佩弦，张占波，王利军. 热流道注射模塑［M］. 北京：机械工业出版社，2016.

［13］ 库尔卡尼. 科学注塑：稳健成型工艺开发的理论与实践［M］. 王道远，等译. 北京：化学工业出版社，2022.